新疆文物保护研究丛书

（甲种本之一）

新疆文物保护工程勘察设计方案集

（一）

新疆维吾尔自治区文物古迹保护中心　编

科 学 出 版 社

北　京

内 容 简 介

本书收录了新疆文物古迹保护中心编制的16个文物保护勘察设计方案，内容涉及新疆天山南北的多处古遗址、古建筑及近现代建筑。

本书适合文物保护与管理、古建筑修缮等专业领域的科技工作者，以及高等院校相关专业的师生参考阅读。

图书在版编目(CIP)数据

新疆文物保护工程勘察设计方案集.1／新疆维吾尔自治区文物古迹保护中心编.—北京：科学出版社，2013.1

（新疆文物保护研究丛书.甲种本：1）

ISBN 978-7-03-036189-9

Ⅰ.①新… Ⅱ.①新… Ⅲ.①古建筑－文物保护－考古勘察－设计方案－新疆 Ⅳ.①TU-87

中国版本图书馆CIP数据核字（2012）第297236号

责任编辑：孙 莉 吴书雷／责任校对：包志虹

责任印制：赵德静／封面设计：谭 硕

科学出版社 出版

北京东黄城根北街16号

邮政编码：100717

http：//www.sciencep.com

北京彩虹伟业印刷有限公司 印刷

科学出版社发行 各地新华书店经销

*

2013年1月第 一 版 开本：889×1194 1/16

2013年1月第一次印刷 印张：28

字数：800 000

定价：198.00元

（如有印装质量问题，我社负责调换）

编辑委员会

序

新疆古称西域。由于地处古代东西方经济、文化交流通道“丝绸之路”的要冲地段，地上和地下文物的资源极为丰富。据统计，新疆现有各类文物点4000余处，其中，全国重点文物保护单位58处，自治区重点文物保护单位375处，尤以分布广泛的古城址、古墓葬、石窟寺和古建筑等大遗址最具特色；各级文物收藏机构现有各类馆藏文物30余万件，其中珍贵文物6084件，一级文物707件，二级文物1339件，三级文物4038件。这些宝贵的文化遗产是中华文明宝库的瑰宝，也是新疆各民族文化渊源的历史见证。

新中国成立以来，党中央、国务院、有关部门和自治区各级党委、政府高度重视和支持新疆文物保护事业，先后投入大量人力、物力和财力，对自治区境内多处濒临损毁的大遗址和重点文物保护单位进行抢救维修，同时有计划、分步骤积极开展馆藏文物的建档及保护。在具体开展工作的过程中，作为新疆维吾尔自治区文物局的直属单位，新疆文物古迹保护中心发挥了重要作用。

新疆文物古迹保护中心的前身是1989年正式成立的“新疆文化厅克孜尔千佛洞石窟维修办公室”，当时主要任务是负责克孜尔石窟维修工程的施工管理工作。1992年3月，更名为“新疆文化厅文物保护维修办公室”。2001年7月，更名为“新疆文物古迹保护中心”。

23年来，在自治区文化厅的正确领导下、在自治区文物局的具体指导下，新疆文物古迹保护中心的老中青三代人，上下一心、努力拼搏、奋发有为，积极投身于新疆文物保护的规划、勘察、设计和施工。尤其是2005年以来，国家文物局“十一五”期间重大文物保护项目——“丝绸之路”新疆段重点文物保护项目启动，中心的同志们积极参与，各项业务能力和水平得到了进一步的提高。目前，该中心已取得国家文物局颁发的文物保护工程勘察设计甲级资质和文物保护工程施工一级资质，跻身于全国文物保护行业队伍的前列。单位的主要业务范围已从最初的施工管理发展为新疆文化遗产保护与研究、区域性文物保护规划的编制、文物古迹维修加固工程的勘察设计和维修施工、古代及近现代文物建筑的维修保护、古代壁画和石质文物保护、工业遗产保护、文物信息咨询等多个领域。同时，新疆文物古迹保护中心拥有自己的网站“新疆文物保护网”，编辑出版学术期刊《新疆文物保护》。

这次，新疆文物古迹保护中心决定将以往所做的多个新疆文物保护工程勘察设计方案结集出版，我认为很有意义。方案集的出版，一方面，可以展示该中心多年来的工作业绩；另一方面，可以为关注新疆文物保护事业的各界人士提供业务方面的参考。我自20世纪80年代即开始在新疆文博战线工作，亲身经历了新疆文物事业的发展进程，亲眼目睹了新疆文物古迹保护中心由小变大、由弱变强的转变。当下，正值“中央新疆工作座谈会”召开两周年之际，我衷心祝愿新疆文物古迹保护中心的同志们戒骄戒躁，乘势而上，百尺竿头，更进一步，在新的历史时期为新疆文化文物工作的大发展大繁荣作出新的贡献。是为序。

新疆维吾尔自治区文物局　局长

盛春寿

2012 年 5 月 18 日

目　　录

新疆昌吉市老粮仓修缮工程设计方案

第一部分　勘 察 报 告

一、基 本 概 况

昌吉市位于天山山脉中段北麓，准噶尔盆地南缘。地处北纬43°06′~45°20′、东经86°24′~87°37′。东与米泉、乌鲁木齐市为邻，西和呼图壁县接壤，南与和静县相连，北同和布克赛尔蒙古自治县、福海县交界。昌吉市主要有沙漠、平原、山地三种地貌，东西平均宽约30千米，南北平均长约260千米，总面积为7963.9平方千米，其中市区面积12.9平方千米，总人口为375159人。属于温带大陆性气候，冬季严寒，夏季炎热，年平均气温山区2.1℃，平原6.1℃，沙漠5.7℃，平原地区一月平均气温-17℃，七月为24.6℃。极端最高温度42℃，极端最低温度-38.2℃。年日照时数，山区2545小时，平原地区2833小时，沙漠地区2936小时。全市各地平均风力约为1~2级，平均无霜期160天。年平均降水量，山区5334.3毫米，平原地区180.1毫米。年蒸发量1792.5毫米。冬季最大积雪厚度300厘米以上，山区可达650厘米。昌吉东距首府乌鲁木齐市35公里，距乌鲁木齐国际机场18公里，第二座亚欧大陆桥312国道和乌奎高速公路穿境而过，是通向北疆各地的交通要道。昌吉是自治区西部大开发扶优扶强对象，是天山北坡经济带中首批推出的重点城市。

图一　老粮仓外景

老粮仓坐落于昌吉市城北老城墙一侧，位于宁边古城内，处于宁边古城保护范围内。总面积为650平方米。整个建筑系土木结构，是昌吉市第一代仓库。现为县市级文物保护单位(图一)。

二、历史沿革

1758 年（乾隆二十三年），昌吉开始军屯，驻军3000 名，始建仓库，用于储粮积谷，以备军用。

1762 年农历八月，昌吉城建成，并有了“宁边城”名称。

1767 年（乾隆三十二年），昌吉一地共储备各类粮食 223 石。1773 年（乾隆三十八年），清政府设立昌吉县。

1777 ~ 1800 年（乾隆四十二年至嘉庆五年），征粮 6075 石。1807 年（嘉庆十二年）正月，昌吉县粮仓储粮 22 万石。

新中国成立后，此处曾是中国人民解放军存放军粮的地方，为保卫祖国边疆起到了重要作用。

三、建筑布局及各单体建筑结构现存情况

（一）建筑布局

老粮仓坐落于昌吉市内，是清代抬梁式木构架建筑。它由坐西朝东、坐北朝南面阔四间的两个单体构成（图二、图三）。屋顶为悬山式，每间房均有天窗，整体保存比较完整。其中，1 号粮仓的框架由 13 榀房架构成，高度为 5. 06 米，长度为 45. 45 米，宽度为 7. 8 米；2 号粮仓的框架由 11 榀房架构成，高度为 5. 33 米，长度为 37. 675 米，宽度为 7. 5 米。

由于年久失修，风吹雨淋，再加上多年来管理责任不明确所造成的人为破坏，使原有建筑受到损害。近年来，有关单位为了搞绿化，又在粮仓后引水浇灌，使附近地表下的土壤水分含量增大，加至屋顶绝大部分瓦件丢失导致漏雨，粮仓内部没有采取防潮、隔潮处理措施。粮仓周围地坪均为硬化水泥地面，致使室内湿度过大，引发了墙体酥碱，建筑构件柱、枋、梁逐渐腐朽开裂、

图二　1 号粮仓外景

承载不足等险情。另外，仓库内的电线随意布置，存在火灾隐患，不符合消防要求。

墙体：外墙墙体均由土坯砌筑并外抹草泥而成，下宽上窄。外墙砌筑厚度下为900毫米，上最窄处为450毫米，内墙厚度为600毫米。墙体泛潮酥碱，地面以上的内墙外墙均有不同程度的泛潮、酥碱、剥落和倾倒现象。目前大部分外墙均用土坯砌成1.8米高的墙垛支撑。墙体底部存有许多老鼠洞。2号粮仓南面的墙角，有人搭建了狗窝，对原有建筑造成破坏。

泛潮、酥碱现象主要发生在自地面以上墙体1米以内的部位。这种现象与屋顶漏雨、地表下的土壤水分含量增大、院内水泥地面阻碍了地下水的蒸发有关。

墙面：墙面刷白色涂料。由于屋内漏雨，加上年久失修，墙面污染较严重，表面有局部的裂缝和脱皮现象，建议重新粉刷。

屋顶：为悬山式屋顶。从下到上结构层依次为，椽、竹篾、芦苇秆、草泥。每间隔80厘米压一条红砖。由于年久失修、材料老化，芦苇席已有小面积的腐朽现象，已基本失去防水功能，因此在维修过程中，应在保持屋面结构不变的情况下，重做屋面及防水，建议屋面防水采用改性草泥防水层，并铺设瓦件。

天窗：严重破损倾斜，瓦件丢失。

屋架：由于长年经受风雨，导致部分梁、椽、枋、柱承载不足，以致开裂、断裂。柱子底部埋在地下，受潮腐朽，预计40%需要更换。

门：门框现已变形、破损，铁门锈蚀。

地面：为青砖铺成。青砖有两种规格，一种为270毫米×270毫米，厚度53毫米；另一种为240毫米×115毫米，厚度53毫米。

2号粮仓北面、西面、南面没有散水。

花饰：由于自然原因，斗拱及梁头的花饰均遭到不同程度的破坏。

图三　2号粮仓外景

（二）老粮仓现状图表（表1～表4）

表1　1号粮仓现状（一）

<table>
<tr><td colspan="7"></td></tr>
<tr><td>残破说明</td><td colspan="6">1. 墙体泛潮酥碱，地面以上1米内的内墙外墙（内外）均有不同程度的泛潮、酥碱、剥落和倾斜。目前大部分外墙均用土坯砌成墙垛支撑，且有老鼠及人为破坏现象；2. 墙面污染较严重，并有裂缝及墙皮剥落现象；3. 屋面由于年久失修、材料老化，草泥剥落、竹篾腐朽已基本失去防水功能，基本没有瓦件；4. 天窗严重破损倾斜，基本没有瓦件；5. 部分梁、椽、枋、柱由于年久、雨水腐蚀风蚀导致承载不足开裂、断裂，柱子底部埋在地下，受潮腐朽；6. 门框现已变形、破损，铁门锈蚀；7. 地面青砖大小规格不一；8. 散水破损严重；9. 花饰：由于自然原因，斗拱及梁的花饰均遭到不同程度的破坏</td></tr>
<tr><td rowspan="3">残损状况</td><td colspan="6">墙体残损状况</td></tr>
<tr><td>屋内墙体大面积坍塌</td><td>屋内墙体开裂</td><td>屋内墙体泛潮酥碱、脱皮</td><td>外墙泛潮酥碱、脱皮</td><td>西面山墙开裂、倾倒</td><td>墙体用墙垛支撑</td></tr>
<tr><td></td><td></td><td></td><td></td><td></td><td></td></tr>
</table>

表2　1号粮仓现状（二）

残破程度	墙体残损状况		屋面残损状况			屋架残损状况
	东面山墙已经倒塌，现用红砖重新砌筑 	老鼠在墙体下部打洞 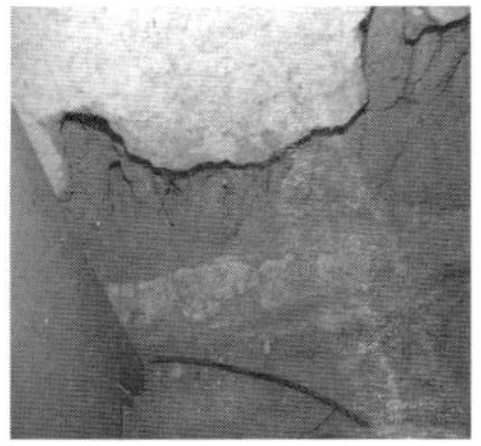	屋面年久失修、材料老化，大部分瓦件丢失 	屋面年久失修、材料老化，严重破损 	天窗严重破损、倾倒 	梁承载不足断裂，需用临时柱子支撑 
	屋架残损状况					电线线路状况
	梁承载不足，有裂隙需用临时柱子支撑 	檐柱开裂承载不足 	金柱开裂承载不足 	檐垫板、檐枋、檐檩开裂 	临时支撑的柱子开裂 	电线线路不符合防火要求 
	地面状况			门残损状况	拱、梁装饰状况	
	粮仓背面绿化，使地表以下土质水分含量增加 	仓库外地面为水泥地面	粮仓内地砖规格不一 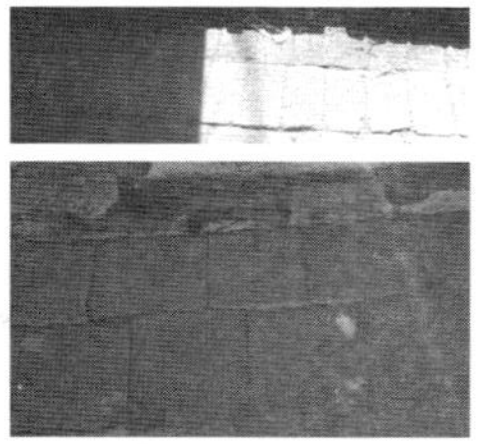	门框变形，铁门锈蚀 	斗拱卷杀及雕刻有不同程度的自然破损 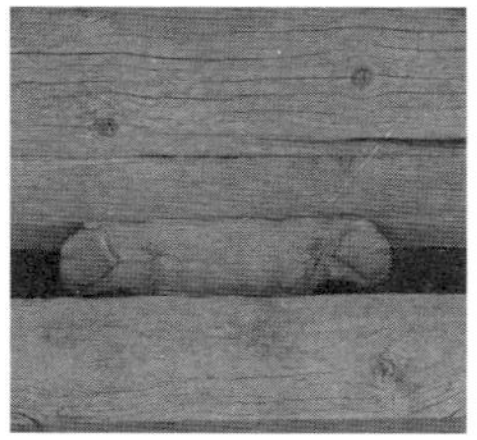	梁头上的雕刻，有不同程度的自然破损 

表3　2号粮仓现状（一）

残破说明	1. 墙体泛潮酥碱，地面1米以上的内墙外墙均有不同程度的泛潮、酥碱、剥落现象。目前大部分墙体外均用土坯砌成墙垛支撑，且有老鼠及人为破坏现象；2. 墙面污染较严重，并有裂缝及墙皮剥落现象；3. 屋面由于年久失修、材料老化，竹篾腐朽，草泥剥落，已基本失去防水功能，且基本没有瓦件；4. 天窗严重破损倾斜，基本没有瓦件；5. 部分梁、椽、枋、柱由于年久、雨水腐蚀风蚀导致承载不足开裂、断裂，柱子底部埋在地下，受潮腐朽；6. 门框变形、破损，铁门锈蚀；7. 地面青砖大小规格不一；8. 北面、西面、南面没有散水；9. 花饰：由于自然原因，斗拱及梁的花饰均遭到不同程度的破坏					
残损状况	墙体残损状况					
	屋内墙体泛潮酥碱、脱皮	屋内墙体开裂	外墙泛潮酥碱、脱皮	北面山墙泛潮酥碱，大面积脱皮	屋顶漏雨，污染墙面	墙体需用墙垛支撑

表4　2号粮仓现状（二）

残破程度	墙体残损状况	屋面残损状况			屋架残损状况	
	老鼠在墙内打洞	屋面年久失修、材料老化，破损严重	天窗严重破损、倾倒	屋面年久失修、材料老化，大部分瓦件丢失	梁承载不足断裂，需用临时柱子支撑	檐柱承载不足开裂
					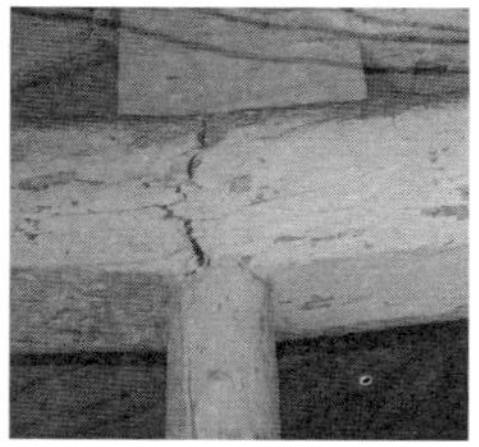	
	屋架残损状况	地面状况				电线线路状况
	檐柱下沉	粮仓背面绿化使地表以下土质水分含量增加	仓库外地面为水泥地面	粮仓内地砖规格不一	粮仓北面没有散水	电线线路不符合防火要求
				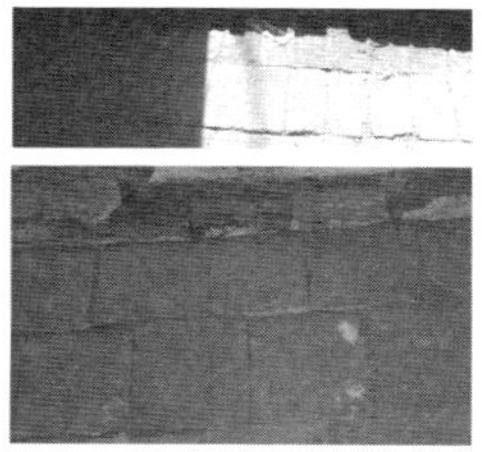		
	门残损状况	人为破坏情况	拱、梁装饰状况			
	门框变形，铁门锈蚀	在粮仓旁边建造狗窝	斗拱卷杀及雕刻有不同程度的自然破损	梁头上的雕刻，有不同程度的自然破损		

四、评 估

（一）价值评估

（1）昌吉市老粮仓作为清代以来驻军的一个屯粮场所，已成为当地政治、经济、文化的历史见证。它是我们现阶段进行爱国主义传统教育的宝贵精神财富，对于维护祖国统一，加强新疆稳定以及反对分裂斗争具有直接现实的重要意义。

（2）昌吉市老粮仓是清代新疆的一个有特殊用途的建筑，具有一定的建筑艺术价值。同时，对于清代新疆的政治史、经济史以及军事史的研究，也有不容忽视的参考价值。

（3）随着当地经济的快速发展，广大群众的精神文化需求日益强烈，抢救维修和合理利用这座优秀文化遗产是当地广大群众的共同心声。作为一处人文景观，昌吉市老粮仓可以促进当地旅游业的发展，进而带动经济的增长。

（二）管理条件评估

有专门机构——昌吉市文化体育管理局负责其保护管理工作。昌吉市文化体育管理局工作人员属于行政事业单位，在编人员3人，隶属于昌吉市文体局。

（三）现状评估

（1）整座老粮仓，建筑结构风格独特。虽然建筑部分已经破损，但整体外观及布局保存基本较好。

（2）粮仓的墙体大面积的坍塌、剥落、脱皮，在地坪以上1米范围内局部墙体酥碱。整个框架的柱、梁、枋等均出现不同的腐朽、裂缝、断裂、下沉现象。室内的电线随意在柱子及梁上布置，线路不符合消防要求。如果不及时进行抢修和保护，这座属于县市级的文物保护单位的病害将进一步发展，破损情况将更加严重，甚至有发生塌毁的潜在危险。

第二部分 修缮设计方案

一、修缮依据

（1）按照《中华人民共和国文物保护法》关于“保护为主，抢救第一，加强管理，合理利用”的文物工作方针，修缮尽量保留现存文物建筑的基本特色和构件，适当恢复文物建筑原状；

（2）《中华人民共和国文物保护法实施条例》（2003年）；

（3）《文物保护工程管理办法》（2003年）；

（4）《中国文物古迹保护准则》（2004年修订）；

（5）《建筑抗震设计规范》（GB50011-2001）；

（6）《建筑抗震设防分类标准》（GB50223-95）；

（7）《昌吉市老粮仓现场勘察报告》。

二、修缮设计原则

严格遵守“不改变文物原状”的原则，尽可能真实完整地保存建筑的历史原貌和建筑特色。在维修过程中以原建筑现有传统做法为主，尽可能使用原有的建筑材料，完整保存并归安原有的建筑构件。维修工作的补配构件，做到原材料、原工艺，按原形制修复，加固补强部分要与原结构、原构件连接可靠，新补配的构件需要建档记载。

三、修缮性质

本次工程属于抢险加固修缮工程，经过现场勘察后，决定昌吉老粮仓采取落架维修的方案。

（1）重点修缮：老粮仓建筑本体。

（2）其他修缮工程：消防、照明等设施。

四、修缮方案

（一）老粮仓本体修缮：落架修缮，恢复装修

屋顶：为悬山式屋顶。从下到上结构层依次为瓦件、椽、芦苇席、草泥，每间隔 80 厘米压一条红砖。由于年久失修，材料老化，草泥剥落、竹篾腐朽，已基本失去防水功能，因此在维修过程中，拆除原有屋顶结构，妥善保存原有较好的梁、椽。依次编号，重新利用。经过现场勘察有 20% 的梁、椽被腐蚀，需要更换。屋顶具体做法为：芦苇席两层；草泥背分 2 至 3 层赶压坚实，平均厚度为 150 毫米；SBS 改性沥青防水卷材一道，然后铺设瓦件。据现场勘察发现原有瓦片尺寸为 200 毫米 ×100 毫米 ×20 毫米和 200 毫米 ×130 毫米 ×20 毫米两种规格。瓦面涂抗渗剂一道，或在宽瓦前将瓦件在抗渗剂中浸泡。屋顶结构层修缮完毕后，恢复屋顶及屋顶上部的装饰部分。在施工中需要更换的构件必须按照原构件尺寸和颜色进行更换。

飞椽、望板、角梁：检修劈裂的飞椽、望板。经勘察发现以上构件 50% 保存完好，无需更换。木构件表面砍刮干净后做防腐处理。望板变形、弯曲，90% 已经糟朽。对糟朽部分进行修补或更换，并做防腐处理。柱子更换数量为 50%，其余 50% 经过检修后可以使用。在施工中需要更换的飞椽、望板等构件必须按照原构件尺寸和颜色更换。

梁架：部分梁、椽、枋、柱由于年久、雨水腐蚀、风蚀导致承载力不足开裂、断裂。柱子底部埋在地下，受潮腐蚀，预计 40% 需要更换。破坏情况不严重的部分梁架进行修整，做法：

表面砍刮干净后，用干燥旧木条嵌补并用结构胶粘牢，最后表面做防腐处理。

木柱：部分檐柱局部糟朽比较严重，出现倾斜、变形、弯曲，急需更换。粮仓内的金柱有50%出现局部开裂，采用干燥旧木条嵌补并用结构胶粘牢，加铁箍两道，铁箍宽50～100毫米。在施工中需要更换的柱子必须按照原构件尺寸、材质和颜色进行更换。落架后保存较好的柱子归位，所有木柱均做防腐处理。

墙体：为土坯砌筑墙体。由于屋面漏雨，加上年久失修，墙面污染比较严重，表面有局部的裂缝和脱皮现象，需要重新砌筑墙体。具体做法：首先拆除原有墙体，妥善保存好原有较好的土坯，依次编号。其次砌筑墙体的土坯尺寸必须与原有土坯尺寸一致。墙体砌筑完毕后表面抹灰作旧处理。

门、天窗：门框现已变形、破损，铁门锈蚀，表面油漆已经褪色。由于年久失修。几乎所有的门都已经锈蚀，此次维修建议整修所有的门，具体形状和尺寸见门窗详图。在施工中需要更换的门窗必须按照原构件尺寸和颜色进行更换。所有门窗做防腐后刷原有颜色的油漆。

地面：为红砖地面，局部已经开裂。据现场勘察发现原有地面为青砖地面，具体做法：拆除现有红砖地面，素土夯实后，加夯3∶7灰土一层，夯实厚度为150毫米，铺一层厚度为30毫米的细砂，在细砂表面铺筑270毫米×270毫米×60毫米规格的青砖。

花饰：由于自然原因，斗拱及梁头的花饰均遭到不同程度的破坏。此次维修将恢复为原始尺寸和颜色。

（二）照明、消防

照明应从就近电源处把电引入室内，但应符合《建筑电气工程施工质量验收规范》（GB50303）的要求。

消防：消防方面应酌情按照消防要求配置相关器材。

五、注意事项

（1）由于现场勘测时间有限，有些部位勘测不是很完善，有些地方难免有所疏漏，待保护工程进行时再做进一步的补充完善施工图。

（2）工程施工前应认真进行现场核对，如发现老粮仓遭受新的破坏，现场状况与设计不符时，应及时联系设计单位，进行设计变更后方可进行施工。

（3）方案中的梁、椽子、短柱的更换数量均按百分比表述，具体数量详见预算表。

（4）在施工过程中要注意文物及施工人员的安全。

（5）由于现场测绘条件有限，施工时若发现构件尺寸和个别隐蔽部位与图纸不符时，应以现存实物为主；本说明与施工图参照阅读，如施工遇到特殊情况及施工中出现的技术性问题需及时通知设计单位，协商解决。

参考资料

[1] 昌吉市地方志编纂委员会:《昌吉市志》，新疆人民出版社，2003年。
[2] 当地文物部门提供的资料。

项目主持：梁 涛
勘察设计：梁 涛 路 霞 冶 飞 徐桂玲
报告编写：路 霞 徐桂玲 冶 飞

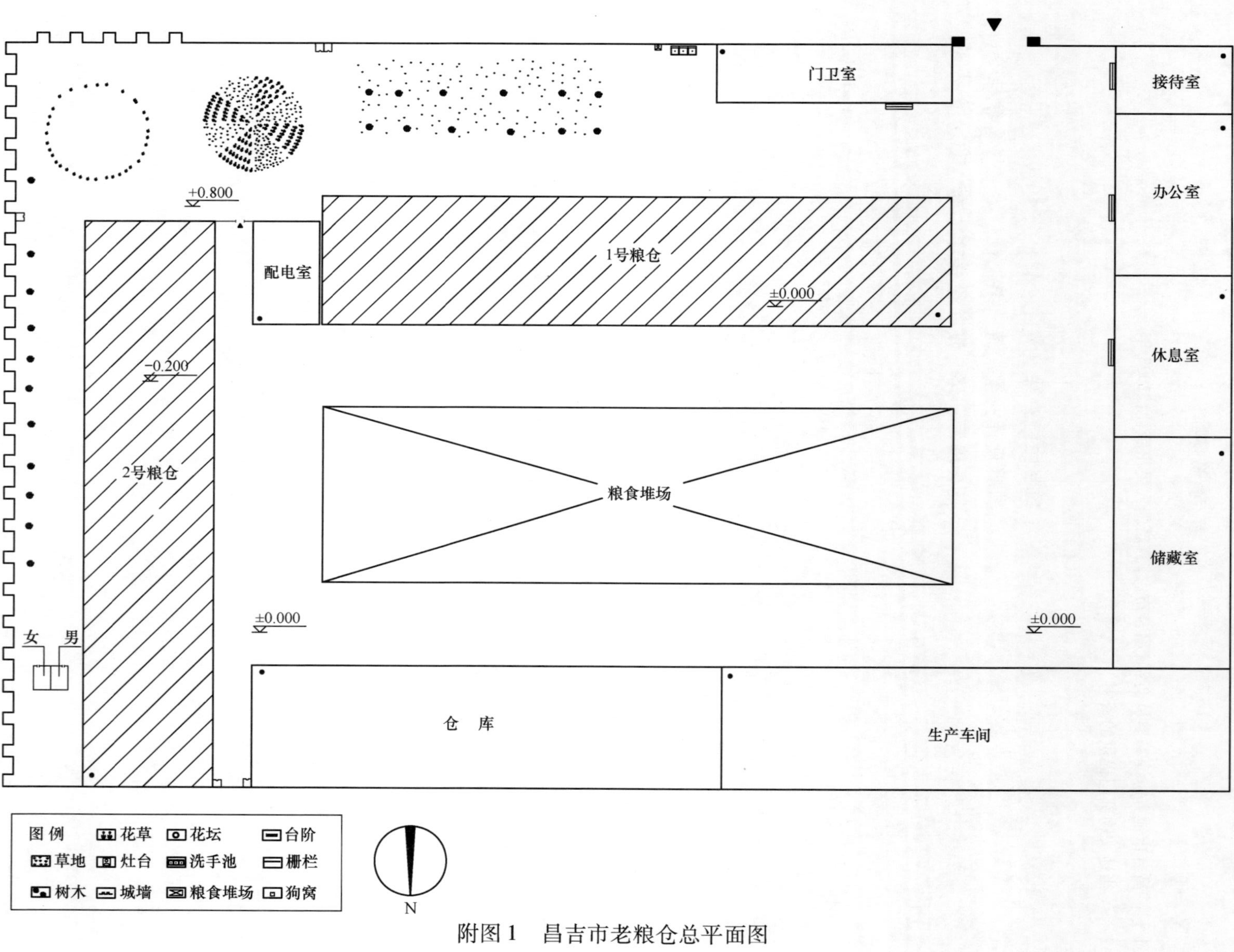

附图1 昌吉市老粮仓总平面图

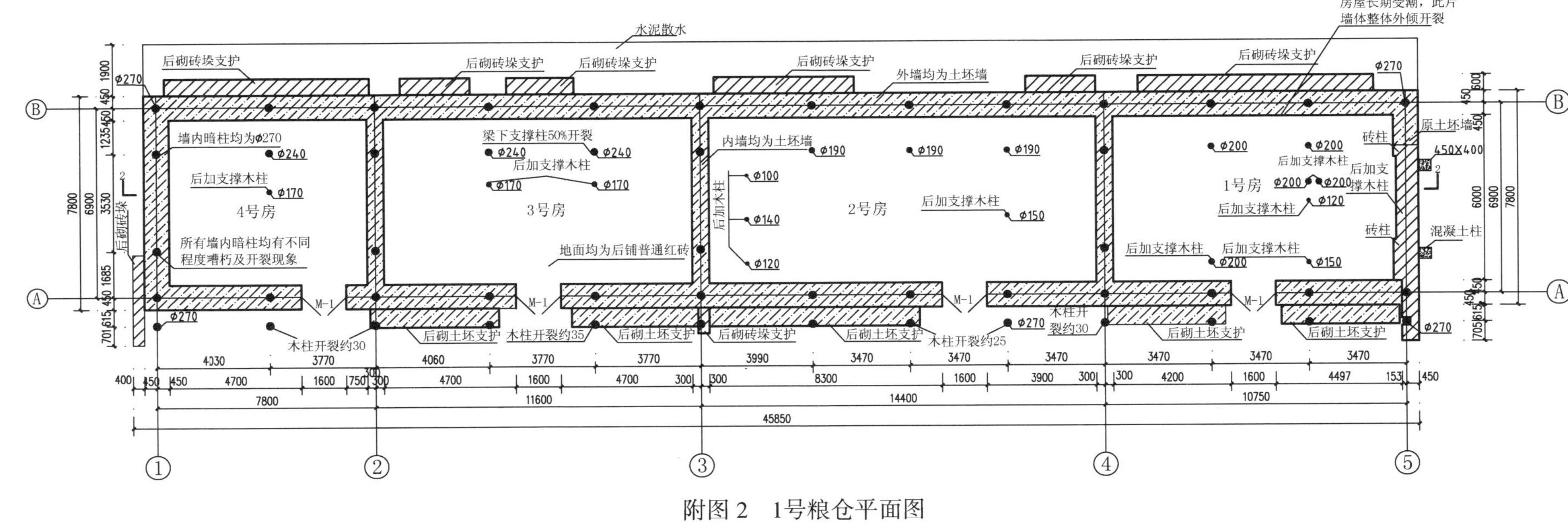
房屋长期受潮，此片墙体整体外倾开裂
水泥散水
后砌砖垛支护
外墙均为土坯墙
原土坯墙
450X400
砖柱
后加支撑木柱
混凝土柱
墙内暗柱均为φ270
4号房
3号房
2号房
1号房
梁下支撑柱50%开裂
内墙均为土坯墙
后加木柱
地面均为后铺普通红砖
所有墙内暗柱均有不同程度糟朽及开裂现象
后砌土坯支护
木柱开裂约30
木柱开裂约35
木柱开裂约25
后砌砖垛
M-1
45850
附图 2　1号粮仓平面图

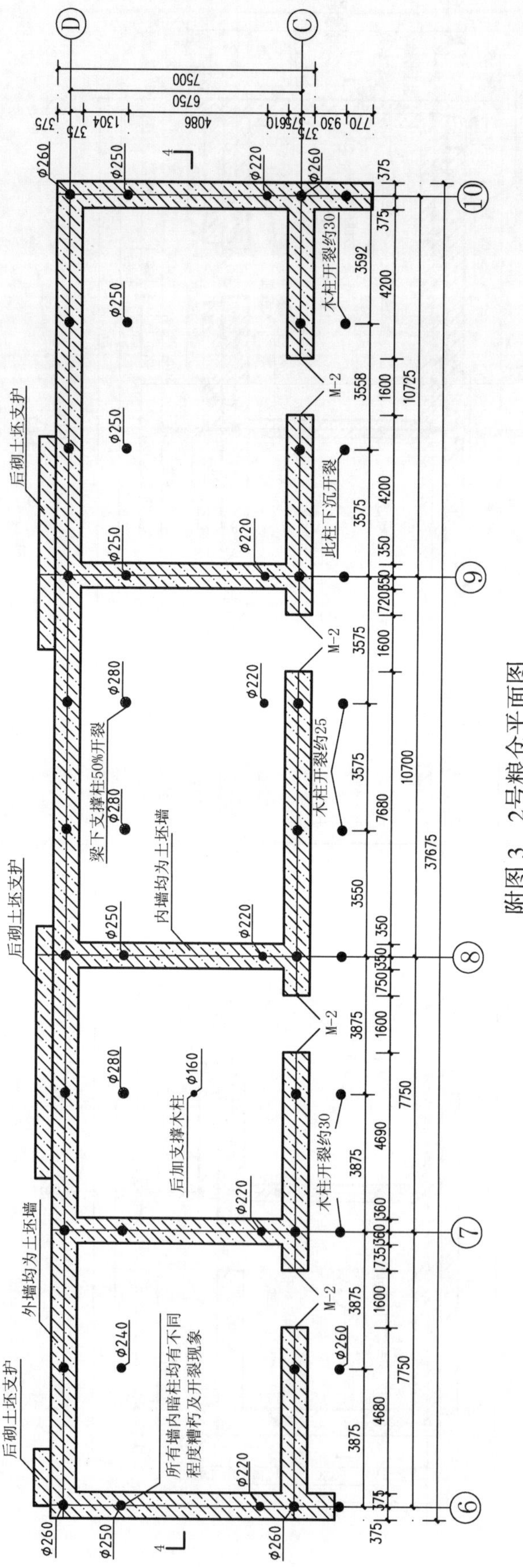
D
C
7500
6750
后砌土坯支护
外墙均为土坯墙
所有墙内暗柱均有不同程度糟朽及开裂现象
后加支撑木柱
木柱开裂约30
内墙均为土坯墙
梁下支撑柱50%开裂
木柱开裂约25
此柱下沉开裂
M-2
10725
10700
7750
7750
37675
6
7
8
9
10

附图3　2号粮仓平面图

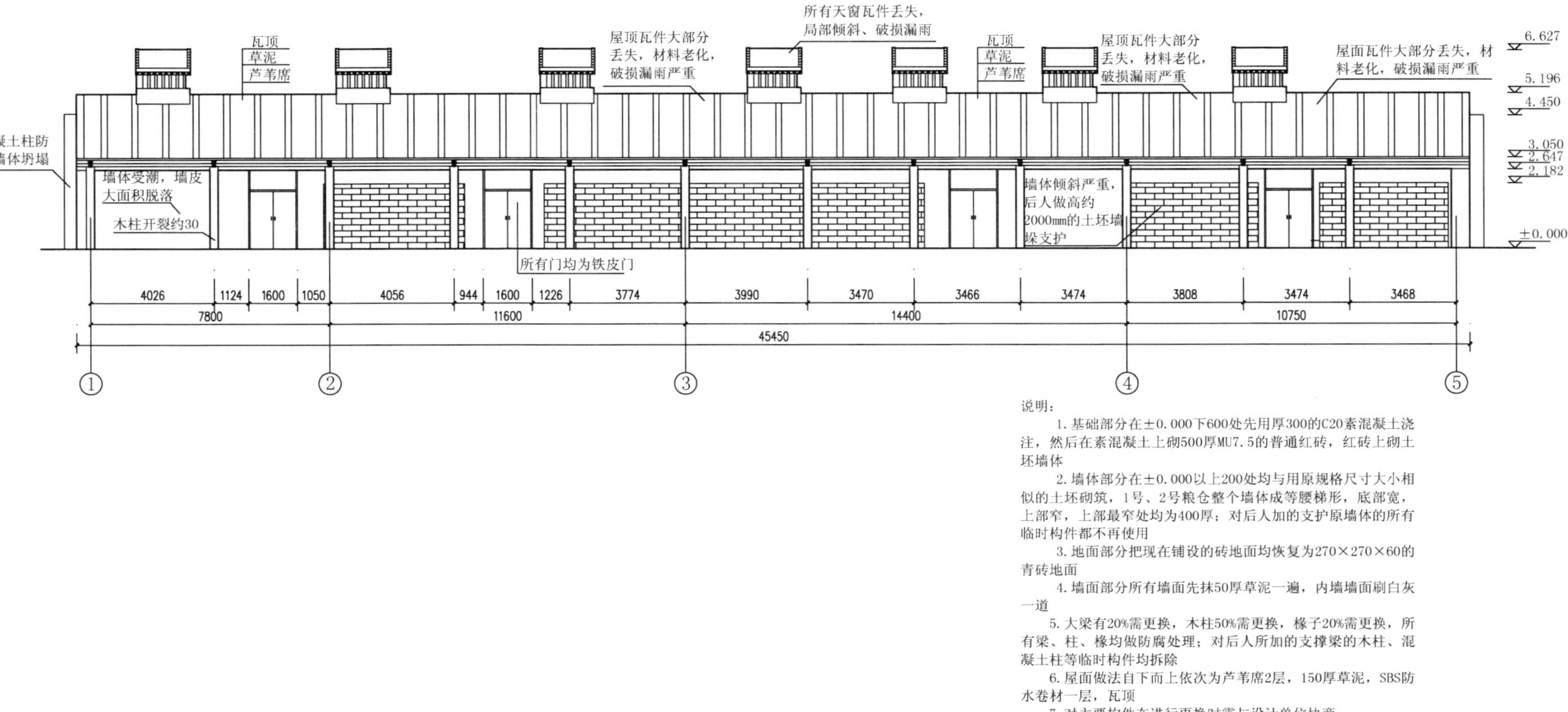

说明：

1. 基础部分在±0.000下600处先用厚300的C20素混凝土浇注，然后在素混凝土上砌500厚MU7.5的普通红砖，红砖上砌土坯墙体

2. 墙体部分在±0.000以上200处均与用原规格尺寸大小相似的土坯砌筑，1号、2号粮仓整个墙体成等腰梯形，底部宽，上部窄，上部最窄处均为400厚；对后人加的支护原墙体的所有临时构件都不再使用

3. 地面部分把现在铺设的砖地面均恢复为270×270×60的青砖地面

4. 墙面部分所有墙面先抹50厚草泥一遍，内墙墙面刷白灰一道

5. 大梁有20%需更换，木柱50%需更换，椽子20%需更换，所有梁、柱、椽均做防腐处理；对后人所加的支撑梁的木柱、混凝土柱等临时构件均拆除

6. 屋面做法自下而上依次为芦苇席2层，150厚草泥，SBS防水卷材一层，瓦顶

7. 对主要构件在进行更换时需与设计单位协商

附图4　①～⑤轴立面图

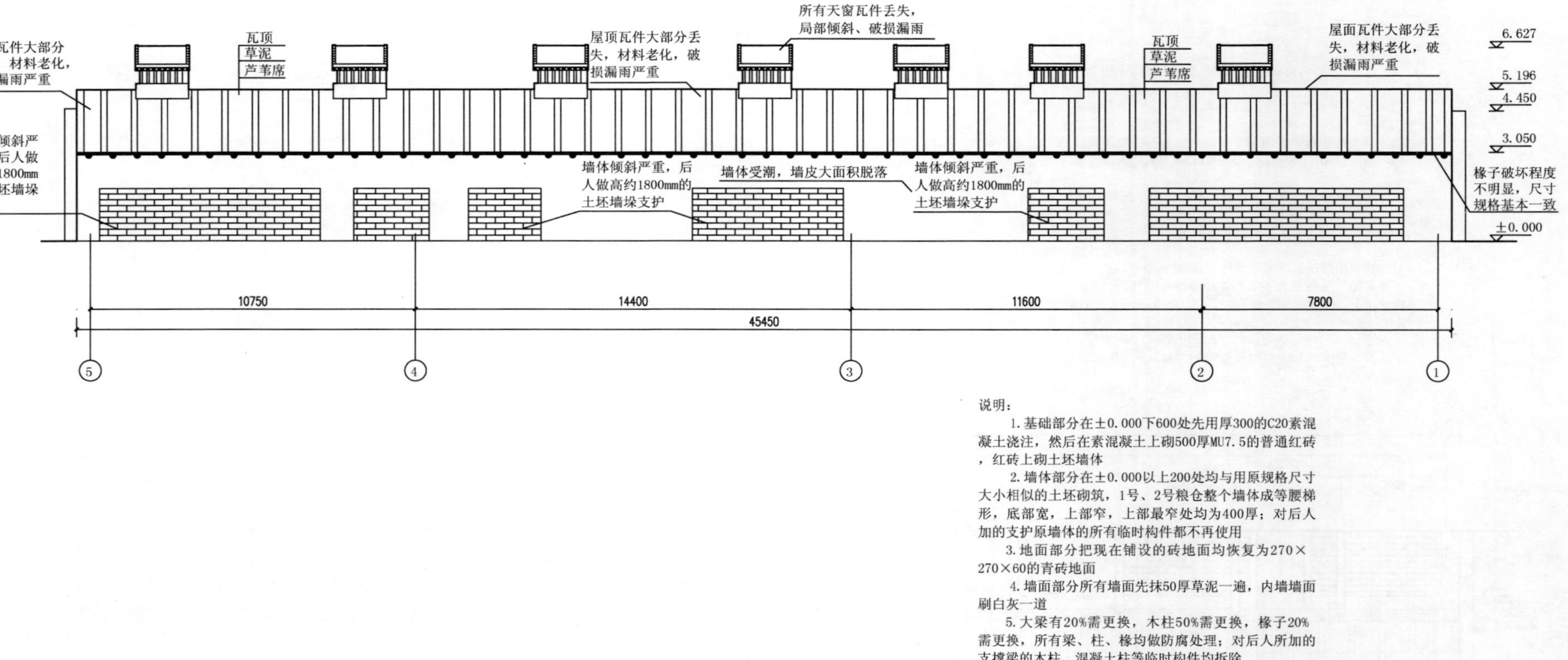

说明：

1. 基础部分在±0.000下600处先用厚300的C20素混凝土浇注，然后在素混凝土上砌500厚MU7.5的普通红砖，红砖上砌土坯墙体

2. 墙体部分在±0.000以上200处均与用原规格尺寸大小相似的土坯砌筑，1号、2号粮仓整个墙体成等腰梯形，底部宽，上部窄，上部最窄处均为400厚；对后人加的支护原墙体的所有临时构件都不再使用

3. 地面部分把现在铺设的砖地面均恢复为270×270×60的青砖地面

4. 墙面部分所有墙面先抹50厚草泥一遍，内墙墙面刷白灰一道

5. 大梁有20%需更换，木柱50%需更换，椽子20%需更换，所有梁、柱、椽均做防腐处理；对后人所加的支撑梁的木柱、混凝土柱等临时构件均拆除

6. 屋面做法自下而上依次为芦苇席2层，150厚草泥，SBS防水卷材一层，瓦顶

7. 对主要构件在进行更换时需与设计单位协商

附图 5　⑤～①轴立面图

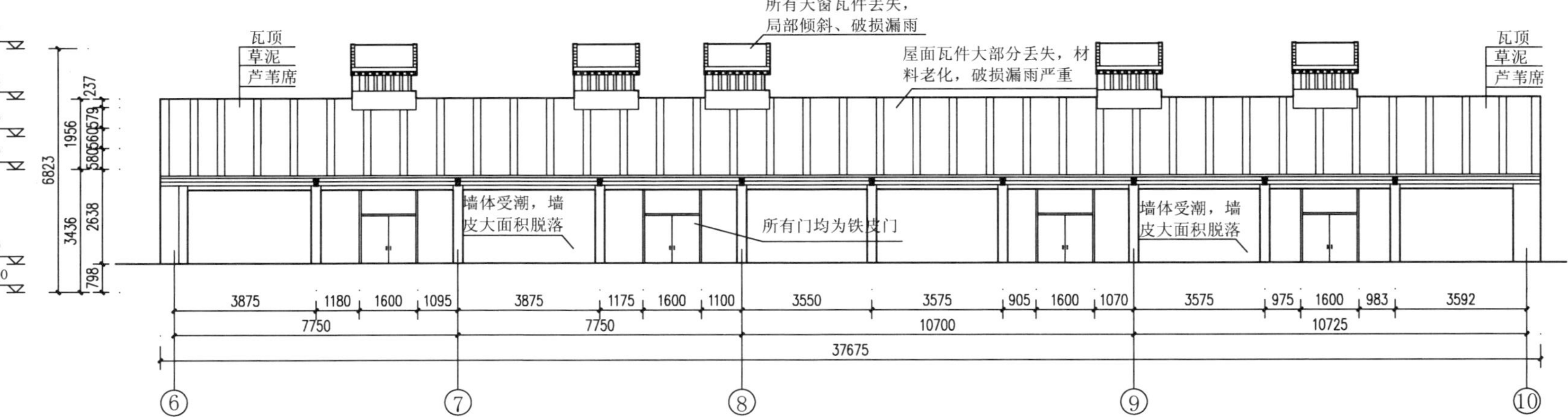

说明：

1. 基础部分在±0.000下600处先用厚300的C20素混凝土浇注，然后在素混凝土上砌500厚MU7.5的普通红砖，红砖上砌土坯墙体

2. 墙体部分在±0.000以上200处均与用原规格尺寸大小相似的土坯砌筑，1号、2号粮仓整个墙体成等腰梯形，底部宽，上部窄，上部最窄处均为400厚；对后人加的支护原墙体的所有临时构件都不再使用

3. 地面部分把现在铺设的砖地面均恢复为270×270×60的青砖地面

4. 墙面部分所有墙面先抹50厚草泥一遍，内墙墙面刷白灰一道

5. 大梁有20%需更换，木柱50%需更换，椽子20%需更换，所有梁、柱、椽均做防腐处理；对后人所加的支撑梁的木柱、混凝土柱等临时构件均拆除

6. 屋面做法自下而上依次为芦苇席2层，150厚草泥，SBS防水卷材一层，瓦顶

7. 对主要构件在进行更换时需与设计单位协商

附图6 ⑥～⑩轴立面图

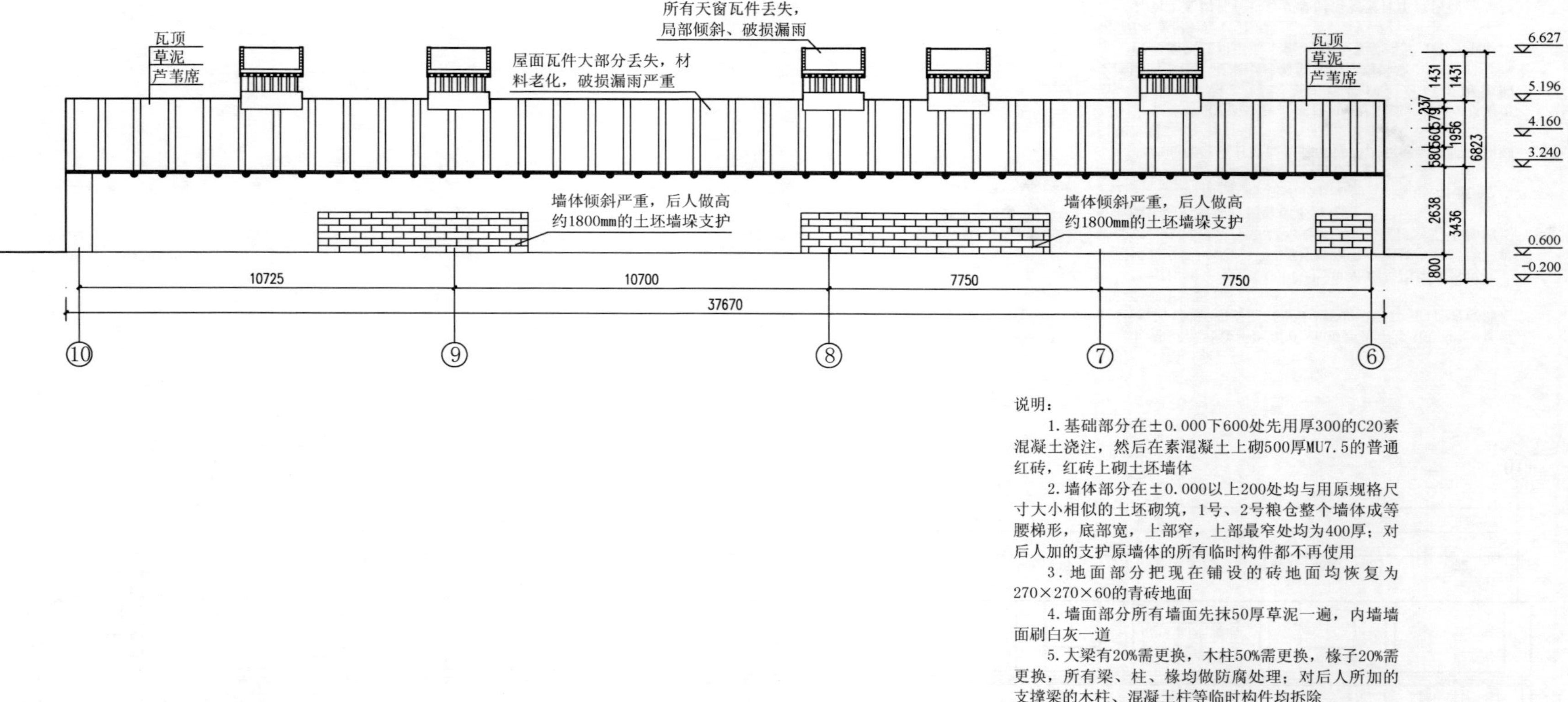

说明：

1. 基础部分在±0.000下600处先用厚300的C20素混凝土浇注，然后在素混凝土上砌500厚MU7.5的普通红砖，红砖上砌土坯墙体

2. 墙体部分在±0.000以上200处均与用原规格尺寸大小相似的土坯砌筑，1号、2号粮仓整个墙体成等腰梯形，底部宽，上部窄，上部最窄处均为400厚；对后人加的支护原墙体的所有临时构件都不再使用

3. 地面部分把现在铺设的砖地面均恢复为270×270×60的青砖地面

4. 墙面部分所有墙面先抹50厚草泥一遍，内墙墙面刷白灰一道

5. 大梁有20%需更换，木柱50%需更换，椽子20%需更换，所有梁、柱、椽均做防腐处理；对后人所加的支撑梁的木柱、混凝土柱等临时构件均拆除

6. 屋面做法自下而上依次为芦苇席2层，150厚草泥，SBS防水卷材一层，瓦顶

7. 对主要构件在进行更换时需与设计单位协商

附图7 ⑩～⑥轴立面图

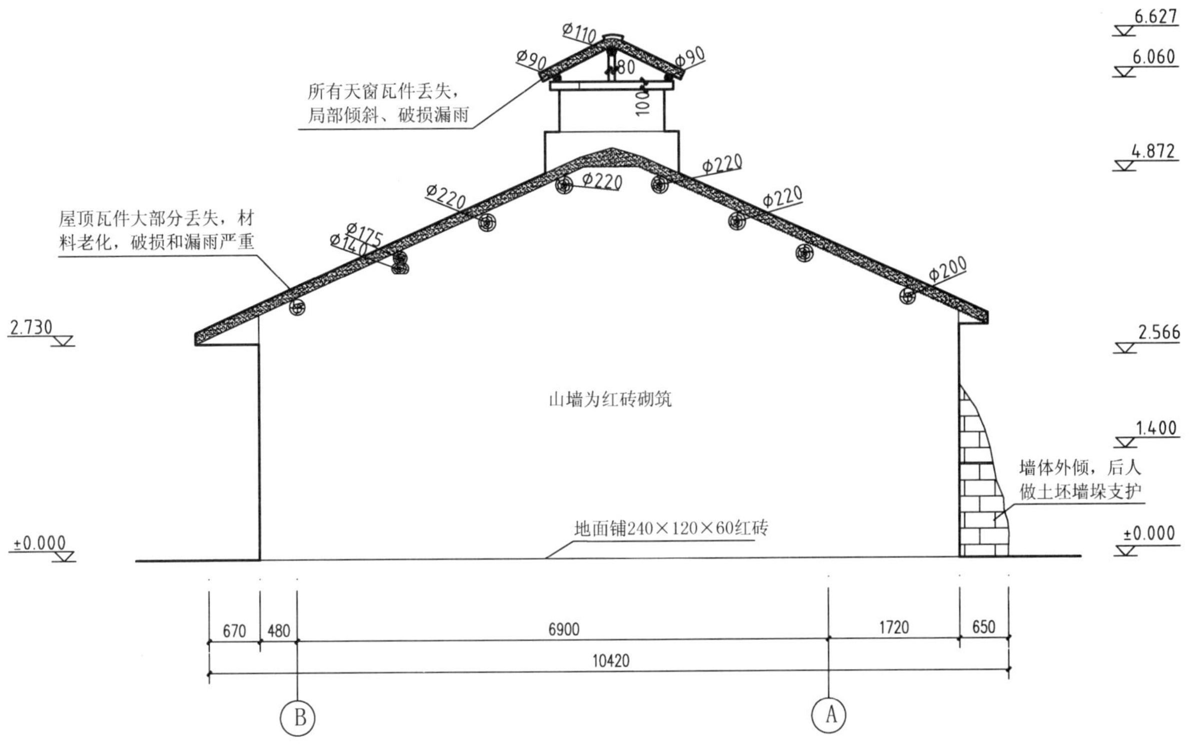
所有天窗瓦件丢失，
局部倾斜、破损漏雨
屋顶瓦件大部分丢失，材
料老化，破损和漏雨严重
山墙为红砖砌筑
墙体外倾，后人
做土坯墙垛支护
地面铺240×120×60红砖
6.627
6.060
4.872
2.730
2.566
1.400
±0.000
670
480
6900
1720
650
10420
B
A

附图8 Ⓑ～Ⓐ轴立面图

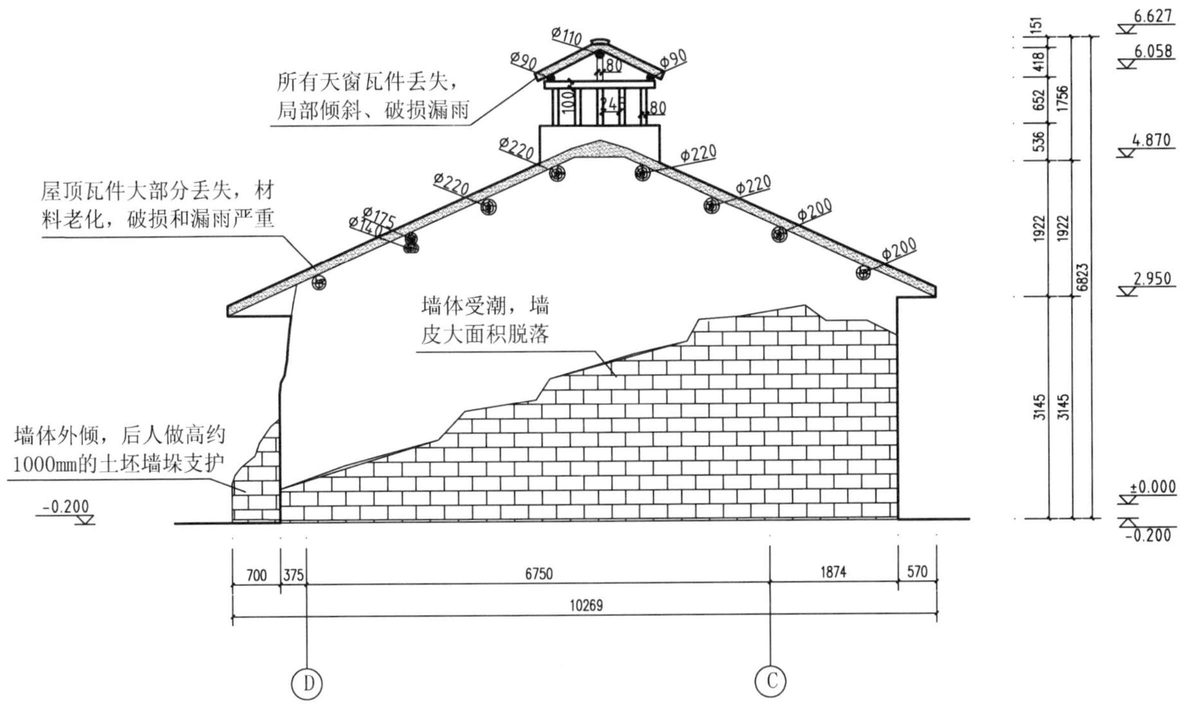
所有天窗瓦件丢失，
局部倾斜、破损漏雨
屋顶瓦件大部分丢失，材
料老化，破损和漏雨严重
墙体受潮，墙
皮大面积脱落
墙体外倾，后人做高约
1000mm的土坯墙垛支护
-0.200
6.627
6.058
4.870
2.950
±0.000
-0.200
700
375
6750
1874
570
10269
D
C

附图9 Ⓓ～Ⓒ轴立面图

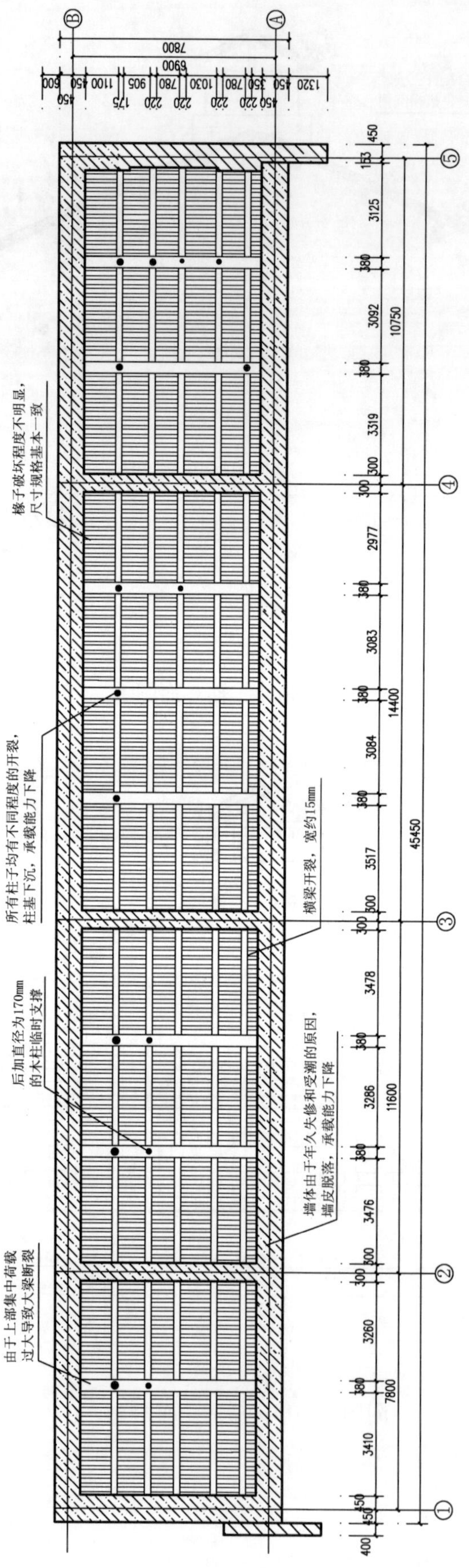

附图10　1号粮仓仰视结构图

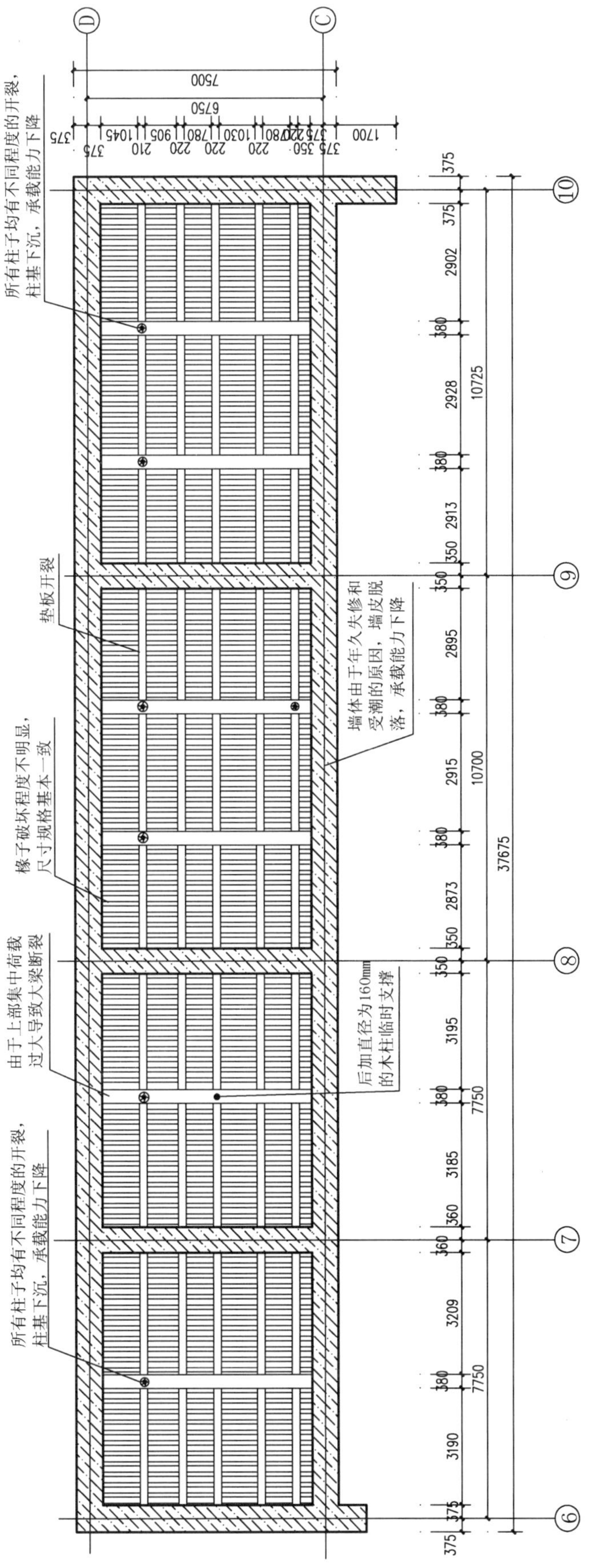

附图 11　2 号粮仓仰视结构图

新疆乌什县钟鼓楼勘察报告及修缮工程设计方案

第一部分　勘 察 报 告

一、基 本 概 况

乌什县位于新疆塔里木盆地西北边缘的天山南麓，地处东经78°23′～80°01′、北纬40°43′～41°51′，乌什北部有天山山脉，经英沼尔山与吉尔吉斯斯坦共和国接壤，南部隔卡拉铁克山与柯坪县相望，西部与阿合奇县毗邻，东邻阿克苏市、温宿县。乌什县地势西北高东南低，县境内主要有山地、平原两种地貌。全县总面积为9091平方公里，总人口为18.5万人，属于温带干旱性气候，平均气温为9.1℃，年降水量为88.3毫米，蒸发量为1540.6毫米，无霜期为183～203天，年日照时数为2850小时，年有效积温为3438℃。乌什县距乌鲁木齐市公路里程1111公里。向东经阿克苏乘火车或汽车，向北经库车、轮台、库尔勒等县市直达新疆首府乌鲁木齐，乘汽车向北经库车、新源可达伊宁市，经阿克苏乘火车或汽车向西南可达阿图什、喀什及红其拉甫口岸至巴基斯坦和印度。经阿克苏乘飞机可达全疆及内地各大中城市及沿海地区。

钟鼓楼是阿克苏地区保存比较完整的清代土木结构建筑（图一），坐落于乌什县县城内，占地面积为289.6平方米，分两层，略呈正方形。钟鼓楼具有明显的清代建筑结构风格。

图一　钟鼓楼外景

二、历史沿革

根据考古发现，大约在距今3000年前的商周时期，乌什县境内就出现了农耕文化。汉唐时期，这里是古丝绸之路上的重要驿站。汉代时为温宿国地，唐代在西域置温肃州，州治大石城。又称作于祝。元、明以来有倭赤、乌赤等名称，或为其地。1755年（清乾隆二十年）后地名汉文定为乌什。据《西域同文志》载："回语乌什即乌赤，盖山石突出之谓，城居山上故名"，与宋元以来历史地名一致。1759年（乾隆二十四年）设乌什办事大臣，1883年（光绪九年）设乌什直隶厅，隶阿克苏道。1913年（"民国"二年）改直隶厅为乌什县。1929年后行政区划均属阿克苏地区。

乌什县钟鼓楼始建于1895年（光绪二十一年）。1942年，中共党员林基路任乌什县县长时曾在楼内办公。1984年，阿克苏地区文管所曾对钟鼓楼进行了简单的修缮。1998年10月，钟鼓楼被乌什县人民政府定为县级文物保护单位（图二）。1999年又被新疆维吾尔自治区人民政府公布为自治区级文物保护单位。

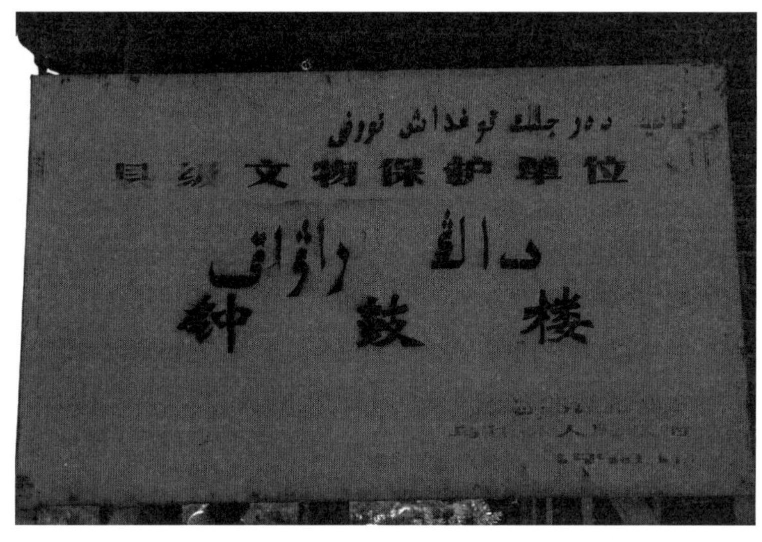

图二　保护标志牌

三、建筑布局及现存情况

乌什县钟鼓楼是一座土木结构的建筑，造型独特，颇具匠心。

钟鼓楼分为上下两层。下层是砖木结构，长度为8.44米、宽度为8.217米、高度为4.18米。此层的柱础表面风化、檐柱已经腐朽，木柱开裂且偏移，基础下沉约50毫米。下层墙体为砖墙体，厚度为620毫米，砖墙体已经开裂。窗户为圆形窗户，窗户上雕花的油漆已褪色模糊不清。大部分木材，如梁、椽子，因年久失修已经糟朽，飞椽、望板、角梁、平板枋、垫板多有变形、油漆已经脱落。四根角柱已经倾斜。屋顶为歇山式屋顶，屋顶表面80%以上构件残损，且普遍漏雨严重。

上层是木结构，边长为7.685米，高度为6.02米。二层墙体为50毫米厚的木板墙，墙体木板已经腐朽，木板表面油漆已褪色。角柱油漆已经褪色且局部有开裂。窗户已经糟朽且局部褪色。横梁、斗拱、角梁表面油饰掉色局部开裂。檐口下沉，屋面普遍漏雨。台基由夯土筑成，表面砌筑毛石。由于年久失修及台基东南角处有三棵树根，导致台基夯土松动、台基毛石开裂。台基上的围栏因年久失修，也有不同程度的残损。

四、残破状况及相关原因分析

参见乌什县钟鼓楼残损现状图表（表1～表4）。

五、评　　估

（一）价值评估

（1）乌什县钟鼓楼作为一座清代汉式建筑，是新疆南部唯一现存的钟鼓楼，已成为当地政治、经济、文化的历史见证。它是我们现阶段进行爱国主义传统教育的宝贵精神财富，对于维护祖国统一，加强新疆稳定以及反对分裂斗争具有直接现实的重要意义。

（2）乌什县钟鼓楼构造独特，整体布局及梁架结构为清式建筑风格，深受中国传统建筑文化的影响，保持了中国古代建筑传统做法，具有鲜明的中原古代建筑文化艺术特点。它与建于伊犁惠远城内的钟鼓楼南北呼应，促进了新疆与祖国内地的建筑文化交流，对研究新疆古代建筑艺术有较高的参考价值。

（3）随着当地经济的快速发展，广大群众的精神文化需求日益强烈，抢救维修和合理利用这一优秀文化遗产是当地广大群众的共同心声。作为一处人文景观，乌什县钟鼓楼可以促进当地旅游业的发展，进而带动经济的增长。

（二）管理条件评估

有专门机构——阿克苏地区乌什县文物管理所负责对其保护管理。

（三）现状评估

（1）乌什县钟鼓楼建筑施工精细，有独特的建筑结构风格，虽然局部损坏比较严重，但建筑外观及布局保存比较好，轮廓很清晰，基本上还保留着原来的风貌。

（2）建筑结构布局保存较好，虽然许多木构件已经糟朽、腐蚀，但是其外观及形状还保留原有的面貌和特征。经现场勘察整个钟鼓楼有倾斜的趋势，如果不及时进行抢修和保护，这座自治区级的文物保护单位的钟鼓楼很快有塌毁的危险。

（3）钟鼓楼周围离房屋及马路太近，不利于文物的保护。建筑的观赏路线较好，但构成建筑背景的环境很差，破坏了建筑优美的轮廓线。

表 1　乌什钟鼓楼残损图表（一）

残破说明	1. 基础由于受树根的影响出现开裂，地面夯土松软，导致北面基础下沉 10 厘米左右，整个地面走势为南高北低；2. 台阶为水泥砌筑，表面有不同程度的磨损；3. 大木构架梁、柱普遍存在开裂、干裂现象，柱子及构件表层腐朽，个别檩条糟朽严重，根据现场勘测发现柱子偏移轴线约 6 厘米左右，柱基下沉约 5 厘米，椽子约有 40% 糟朽需要更换；4. 墙体存在裂缝，西南角拐角处尤为严重，裂缝宽度约为 3 厘米；5. 油饰彩画普遍存在褪色、剥落，6. 瓦顶屋面经后人改造过，目前已松动，瓦面杂草丛生，瓦片碎裂缺失严重；7. 檐口大面积尿檐，沟滴部分残损；8. 楼梯经后人改造过，现为铁制楼梯				
残损状况	钟鼓楼屋顶现状及其坡度情况	钟鼓楼二层屋顶东南角残损现状	斜梁与墙体连接处的做法	台阶旁水泥装饰	梁柱搭接处细部详图

表 2　乌什钟鼓楼残损图表（二）

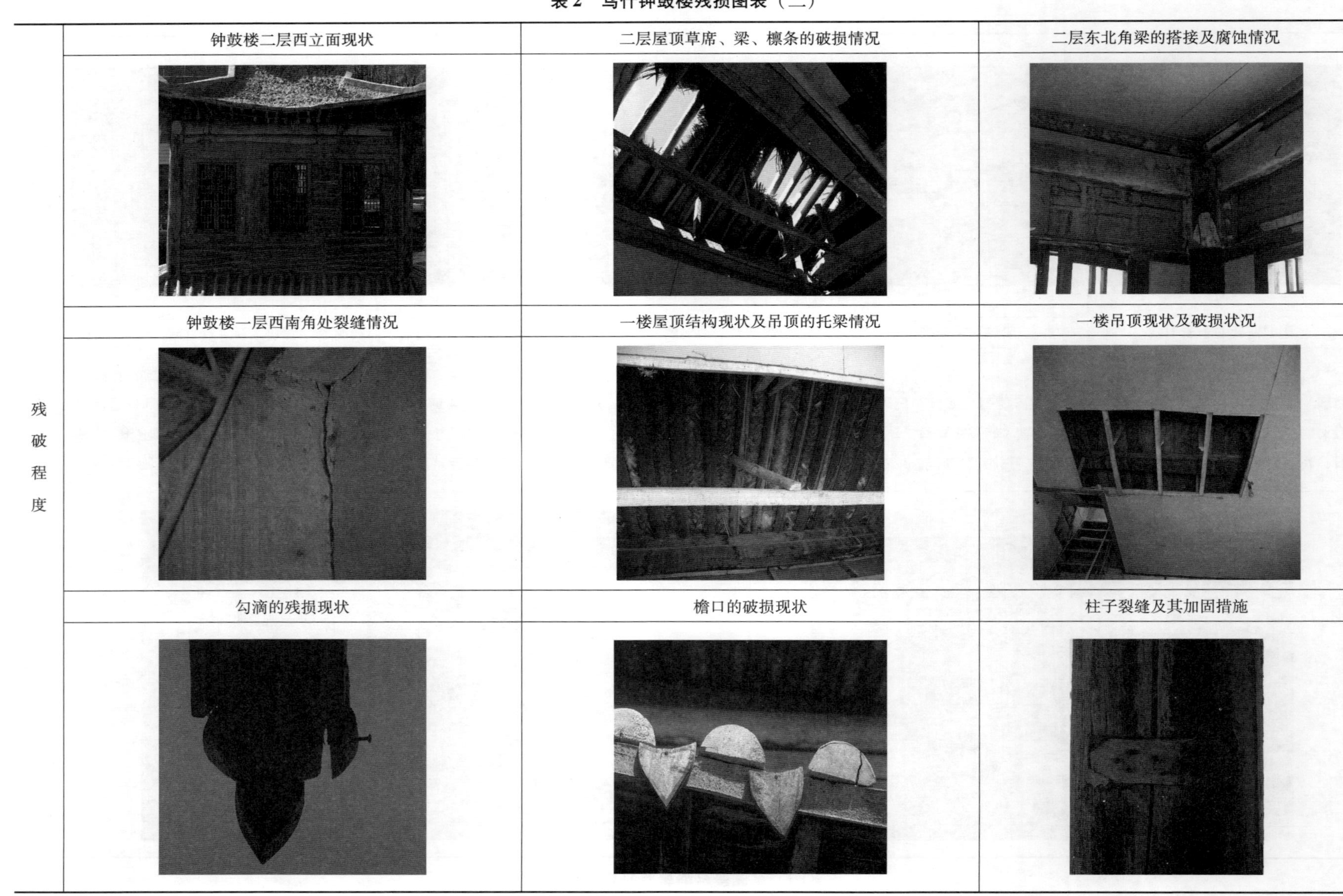

残破程度			
残破程度	钟鼓楼二层西立面现状	二层屋顶草席、梁、檩条的破损情况	二层东北角梁的搭接及腐蚀情况
	钟鼓楼一层西南角处裂缝情况	一楼屋顶结构现状及吊顶的托梁情况	一楼吊顶现状及破损状况
	勾滴的残损现状	檐口的破损现状	柱子裂缝及其加固措施

表3　乌什钟鼓楼残损图表（三）

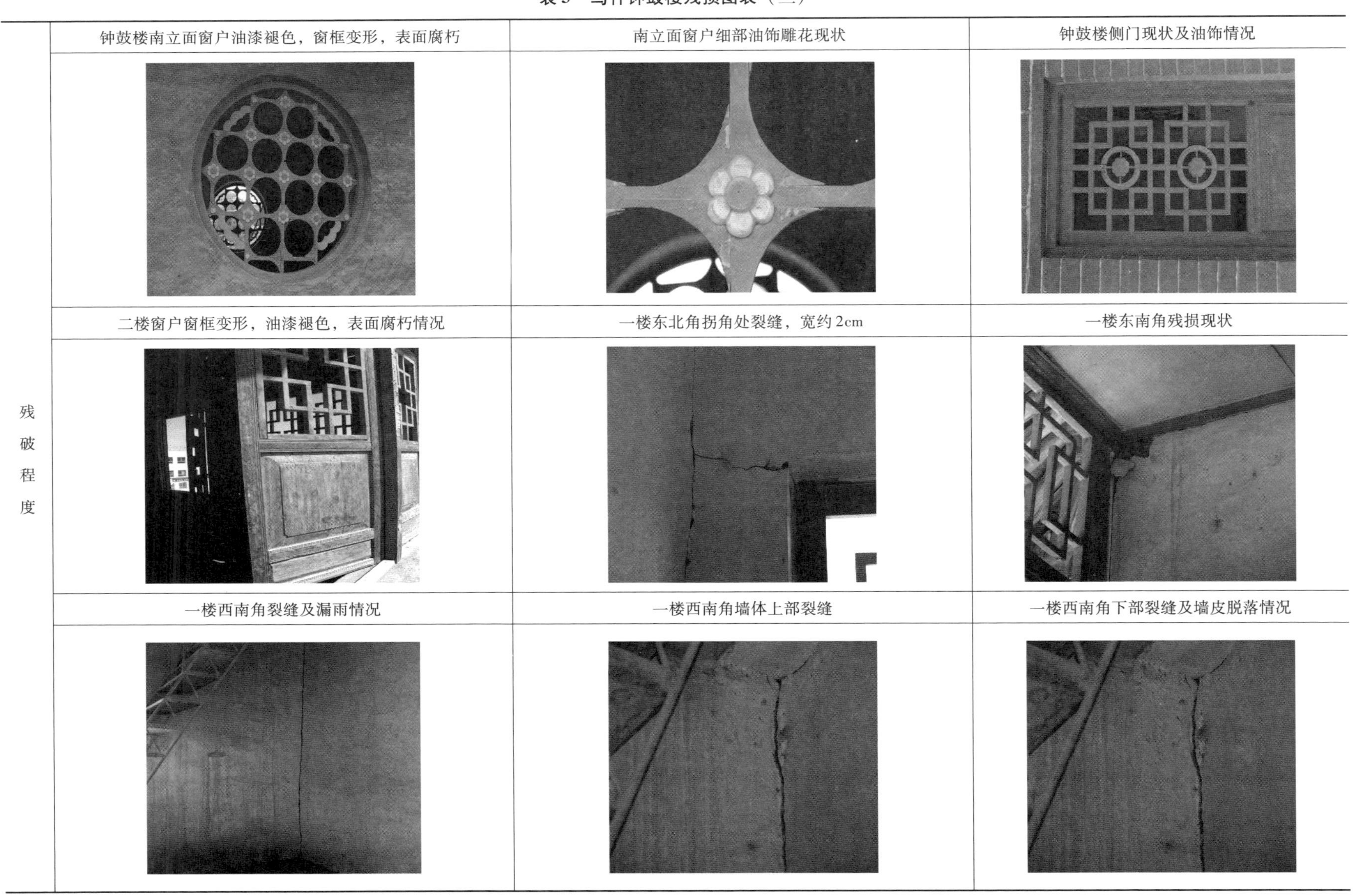

残破程度			
	钟鼓楼南立面窗户油漆褪色，窗框变形，表面腐朽	南立面窗户细部油饰雕花现状	钟鼓楼侧门现状及油饰情况
	二楼窗户窗框变形，油漆褪色，表面腐朽情况	一楼东北角拐角处裂缝，宽约2cm	一楼东南角残损现状
	一楼西南角裂缝及漏雨情况	一楼西南角墙体上部裂缝	一楼西南角下部裂缝及墙皮脱落情况

表 4　乌什钟鼓楼残损图表（四）

残破程度	檐椽头、望板糟朽、望板渗漏	檐口排水现状及沟滴的残损状况	内部梁架、柱及墙体的连接情况

	钟鼓楼东南角屋顶现状	一楼西北角处裂缝情况	窗侧墙体开裂情况
	柱子随础石下陷，柱开裂和风蚀现象严重	钟鼓楼正立面墙体内柱基与柱子的情况	东南角柱子下沉约 5cm

第二部分　修缮设计方案

一、修缮依据

（1）按照《中华人民共和国文物保护法》关于“保护为主，抢救第一，加强管理，合理利用”的文物工作方针，修缮尽量保留现存文物建筑的基本特色和构件，适当恢复文物建筑原状；

（2）《中华人民共和国文物保护法实施条例》（2003年）；

（3）《文物保护工程管理办法》（2003年）；

（4）《中国文物古迹保护准则》（2004年修订）；

（5）《建筑抗震设计规范》（GB50011-2001）；

（6）《建筑抗震设防分类标准》（GB50223-95）；

（7）按照《乌什县钟鼓楼现场勘察测量报告》关于建筑残破现状及相关原因分析；

（8）对前一次维修中对钟鼓楼文物建筑造成不良影响的部分做法酌情纠正。

二、修缮设计原则

严格遵守“不改变文物原状”的原则，尽可能真实完整地保存楼内建筑的历史原貌和建筑特色。在维修过程中以原建筑现有传统做法为主，尽可能地使用原有的建筑材料，完整保存并归安原有的建筑构件；维修工程的补配构件，做到原材料、原工艺，按原形制修复；加固补强部分要与原结构、原构件连接可靠；新补配的构件，需要仔细建档记载。

三、修缮性质

本次工程属于抢险加固修缮工程，经过现场勘察后，决定乌什钟鼓楼采取落架维修的方案。

（1）重点修缮：钟鼓楼建筑本体。

（2）其他修缮工程：消防、照明等设施。

四、修缮方案

1. 钟鼓楼本体修缮：落架修缮，恢复装修

屋顶：拆除原有屋顶结构，妥善保存原有较好的梁、椽子、依次编号，重新利用。经过现场勘察有70%的梁、椽子已经被腐蚀，芦苇席已经糟朽，瓦片老化，大部分已丢失。屋顶结构

层为：望板进行CCA防腐处理；铺设SBS改性沥青卷材防水一层；草泥背分2～3层赶压坚实，平均厚度为100毫米；4∶6掺灰泥宽瓦，厚40～50毫米，筒瓦下灰泥装满，熊头灰抹足挤严；麻刀白灰捉节夹陇，勾抹严实，当匀陇直；瓦面涂刷抗渗剂一道（或在宽瓦前将瓦件在抗渗剂中浸泡）屋顶结构层修缮完毕后，恢复屋顶及屋顶上部的装饰部分。在施工中需要更换的构件必须按照原构件尺寸和颜色进行更换。飞椽、望板、角梁：检修劈裂的飞椽、望板，经勘察发现所有角梁表面油漆褪色，材质保存较好，无需更换。角梁表面砍刮干净后做防腐处理，最后在表面刷原有颜色的油漆。望板变形、弯曲、90%已经糟朽，对糟朽部分进行修补或更换，并用CCA防腐处理，飞椽部分更换，更换数量为90%，其余10%经过检修可以继续使用，需要更换的飞椽、望板要做防腐处理。在施工中需要更换的飞椽、望板构件，必须按照原构件尺寸和颜色进行更换。

吊顶：局部已经开裂，表面油漆脱落，且吊顶的连接凌乱不堪，根据现场勘察原来没有吊顶，现有吊顶为后人改造过的，为了突出建筑结构的特点，显示出其文化底蕴，此次保护修缮不再设置吊顶。

梁架：梁架表面保护层油漆已经褪色。梁架结构经现场勘察有30%的梁、椽子已经糟朽不能使用，需要更换。局部腐蚀部分表面砍刮干净后用干燥旧木条嵌补并用结构胶粘牢，最后表面做防腐处理。在施工中需要更换的梁架必须按照原构件尺寸和颜色进行更换。

木柱：一层檐柱表面油漆已经全无，局部糟朽比较严重，已经倾斜、变形、弯曲，急需部分更换。一层四个金柱及二层四个金柱因年久失修，也糟朽了，需要部分更换，柱子局部开裂部分用干燥旧木条嵌补，用结构胶粘牢，加铁箍两道，铁箍宽约50～100毫米，厚为30～40毫米。木柱更换数量为30%。在施工中需要更换的木柱必须按照原构件尺寸和颜色进行更换。落架后保存较好的柱子归位，需要更换的柱子应尽量按照原有柱子的尺寸、材质进行更换。所有木柱防腐后再刷原有颜色的油漆。

墙体：一层墙体为青砖砌筑墙体，表面抹灰现已脱落，青砖表面老化，需重新砌筑墙体。具体做法：首先拆除原有墙体，妥善保存原有较好的青砖，依次编号。其次砌筑墙体的青砖尺寸必须与原有青砖尺寸一致，墙体砌筑完毕后表面抹灰作旧处理。二层墙体为木墙体，木墙体表面油漆已褪色变形，木材长年裸露在外，受外界环境的影响已糟朽，需要局部更换，更换数量为原有木板的90%。所有木板防腐后再刷原有颜色的油漆。

门窗：门窗油漆已经褪色，局部变形、弯曲。由于年久失修二层约有50%的窗户已经损坏没有了，所以这次维修建议整修所有门窗，并安装透明玻璃，具体形状及尺寸见门窗详图。在施工中需要更换的门窗必须按照原构件尺寸和颜色进行更换。所有门窗防腐后再刷原有颜色的油漆。

楼地面：二层地面为水泥地面，是后人改造过的，水泥表面有裂缝，水泥下面是木板，二层水泥地面太厚，引起一楼荷载过大，据现场勘察，原来地面为木地面，此次修缮把原来的水泥地面换成厚50毫米的木地面，木地面表面防腐后刷一道油漆，在施工中必须按原有颜色进行涂刷。

地面：一层地面为水泥地面，局部已经开裂。据现场勘察发现原有地面为青砖地面，具体做法：拆除现有水泥地面，素土夯实后，加夯3∶7灰土一层，夯实厚度为150毫米，铺一层厚度为 30 毫米厚的细砂，在细砂表面铺筑青砖（55 毫米 ×110 毫米 ×225 毫米）。室外铺六角形青砖。

台基：拆除原有台基，重新砌筑四周毛石挡土墙，夯土。具体做法：首先拆除原有夯土、砌筑部分，然后在原有的位置上分层夯筑夯土（夯土为 3∶7 灰土），夯土单层厚度为 150 毫米，夯筑到设计位置后，为了增加柱础的承载力，特增设 C20 混凝土地圈梁（具体做法及结构详见地圈梁图）。四周用 M10 砂浆砌筑毛石，台基顶面打 C20 的混凝土圈梁，厚度为 200 毫米，在它上面放柱础，柱础材质为木材（具体结构及样式详见柱础图），要预留柱础，做防腐处理，以便后面的安装。

2. 照明、消防

照明：应从就近电源处把电引入室内，但应符合《建筑电气工程施工质量验收规范》（GB50303）的要求。

消防：消防方面应酌情按照消防要求进行配置。

五、注 意 事 项

（1）由于现场勘测时间有限，有些部位勘测还不是很完善，有些地方难免有所疏漏，待保护工程进行时再做进一步补充完善施工图。

（2）工程施工前应认真进行现场核对，如发现钟鼓楼遭受到新的破坏，现场状况与设计不符时，应及时联系设计单位，进行设计变更后方可进行施工。

（3）方案中的梁、椽子、短柱的更换数量均按百分比表示，具体数量详见预算表。

（4）在拆除、施工工程中要注意文物及施工人员的安全。

（5）由于现场测绘条件所限，施工时若发现构件尺寸和个别隐蔽部位与图纸不符时，应以现存实物为主；本说明与施工图参照阅读，如施工遇到特殊情况及施工中出现的技术性问题需及时通知设计单位，协商解决。

参 考 资 料

［1］ 乌什县地方志编纂委员会：《乌什县志》，新疆人民出版社，2003 年。

［2］ 当地文物部门提供的资料和照片。

项目主持：梁　涛

项目负责：阿布都艾尼・阿不都拉

报告编写：陆继财　阿里木・阿布都热合曼
冶　飞　徐桂玲

勘察设计：梁　涛　阿布都艾尼・阿不都拉
阿里木・阿布都热合曼　陆继财
冶　飞　徐桂玲

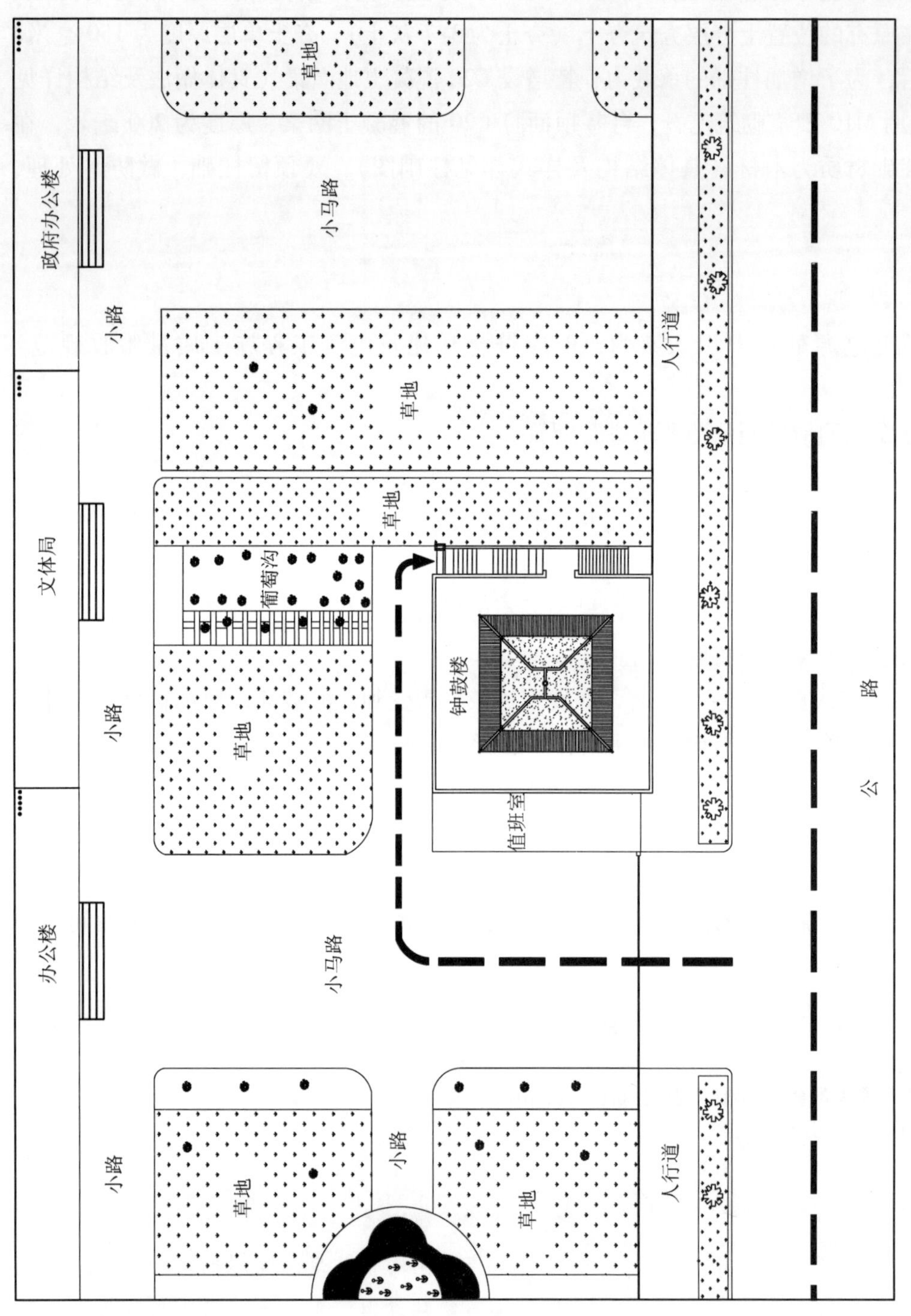

附图1　乌什县钟鼓楼总平面图

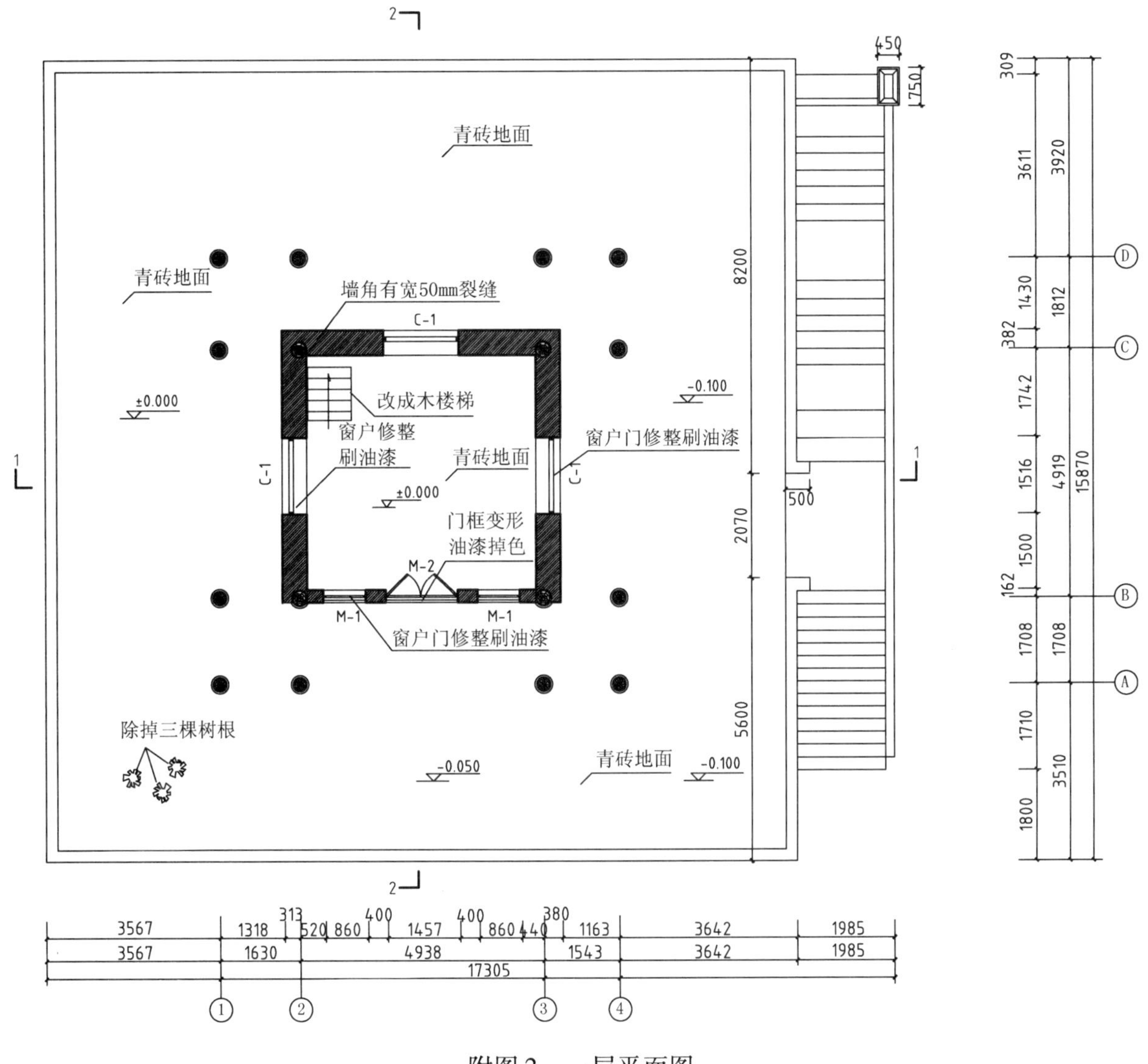
青砖地面
青砖地面
墙角有宽50mm裂缝
C-1
改成木楼梯
窗户修整
刷油漆
青砖地面
窗户门修整刷油漆
±0.000
±0.000
-0.100
门框变形
油漆掉色
M-2
M-1
M-1
窗户门修整刷油漆
除掉三棵树根
-0.050
青砖地面
-0.100
8200
2070
5600
500
450
750
3567
1318
313
520
860
400
1457
400
860
440
380
1163
3642
1985
1630
4938
1543
17305
309
3611
3920
1430
1812
382
1742
1516
4919
15870
1500
162
1708
1708
1710
3510
1800

附图2　一层平面图

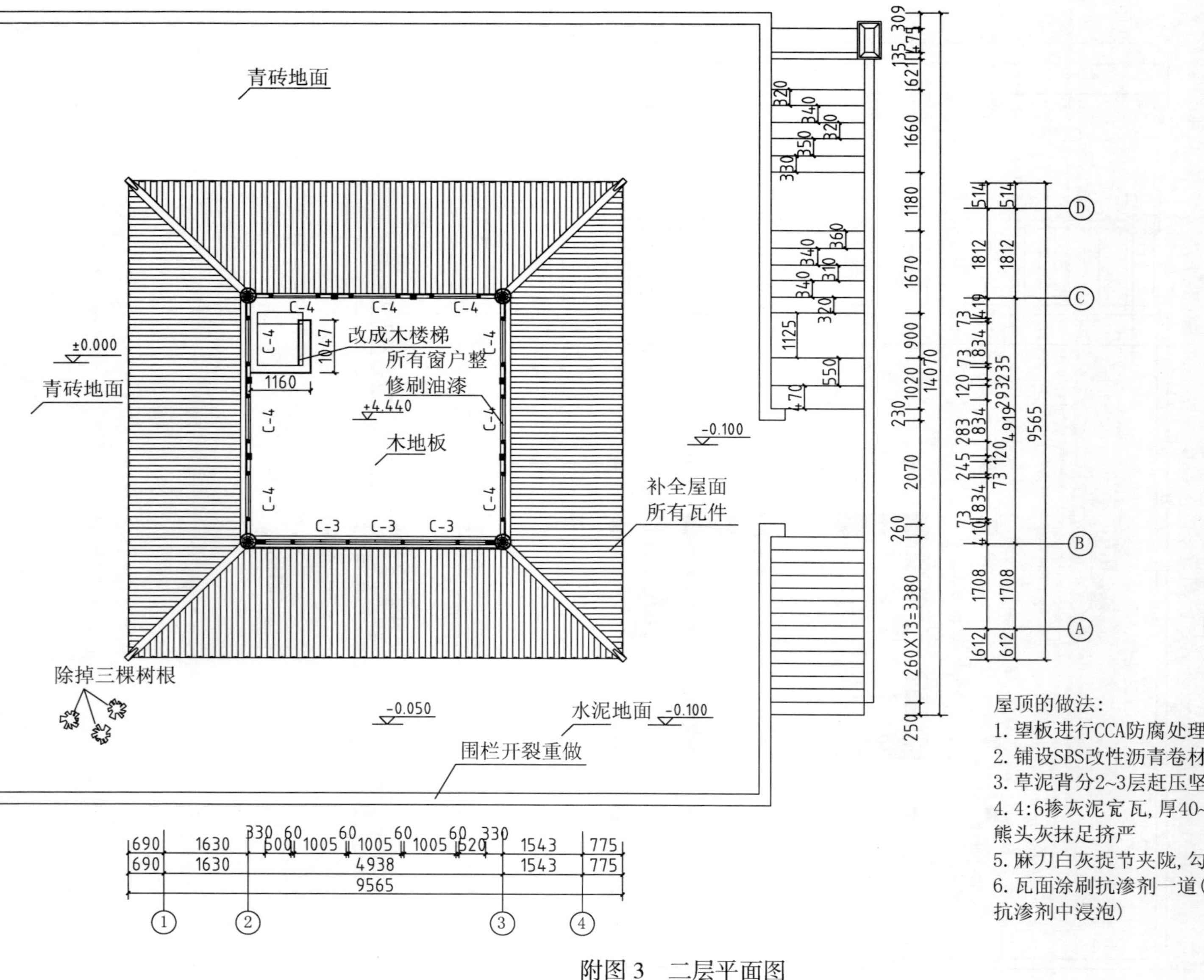

屋顶的做法:

1. 望板进行CCA防腐处理
2. 铺设SBS改性沥青卷材防水一层
3. 草泥背分2~3层赶压坚实，平均厚度100mm
4. 4:6掺灰泥宽瓦，厚40~50mm，筒瓦下灰泥装满，熊头灰抹足挤严
5. 麻刀白灰捉节夹陇，勾抹严实，当勾陇直
6. 瓦面涂刷抗渗剂一道(或在宽瓦前将瓦件在抗渗剂中浸泡)

附图 3　二层平面图

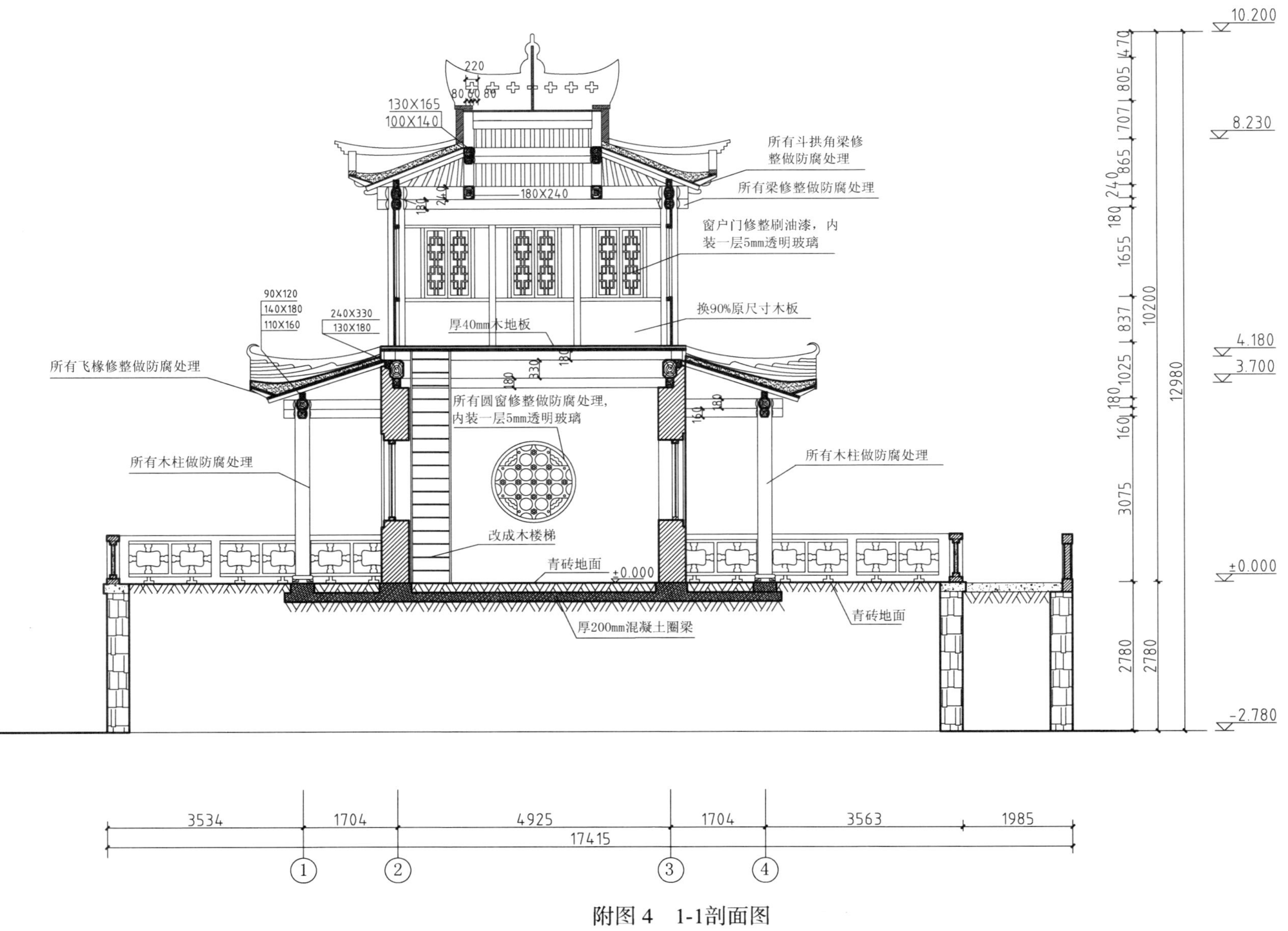
所有斗拱角梁修整做防腐处理
所有梁修整做防腐处理
窗户门修整刷油漆，内装一层5mm透明玻璃
换90%原尺寸木板
厚40mm木地板
所有飞椽修整做防腐处理
所有圆窗修整做防腐处理，内装一层5mm透明玻璃
所有木柱做防腐处理
所有木柱做防腐处理
改成木楼梯
青砖地面
青砖地面
厚200mm混凝土圈梁
130X165
100X140
180X240
90X120
140X180
110X160
240X330
130X180
10.200
8.230
4.180
3.700
±0.000
-2.780
12980
10200
2780
3534
1704
4925
1704
3563
1985
17415

附图 4 1-1剖面图

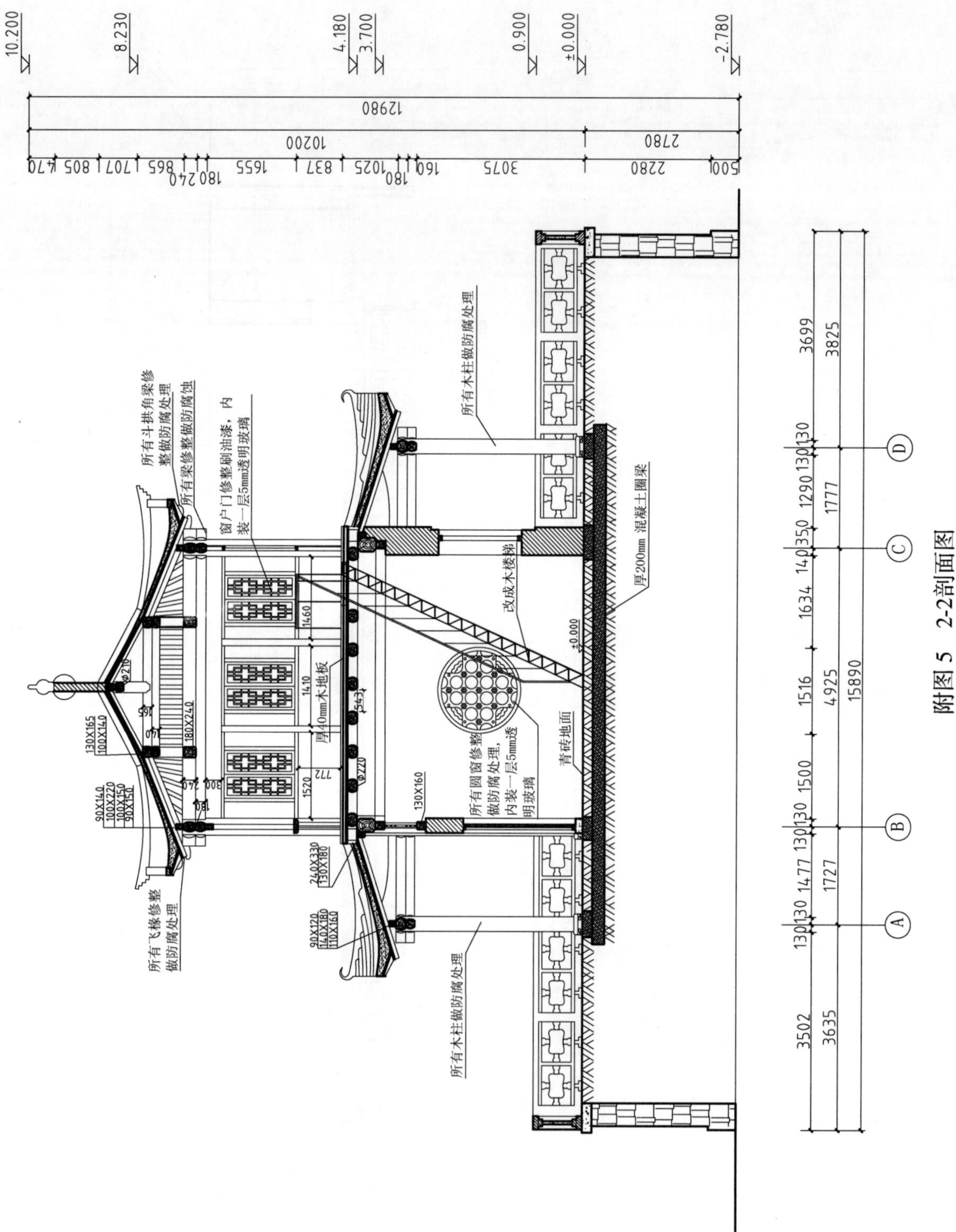
所有斗拱角梁修整做防腐处理
所有梁修整做防腐蚀
窗户门修整刷油漆，内装一层5mm透明玻璃
所有木柱做防腐处理
厚200mm 混凝土圈梁
改成木楼梯
青砖地面
所有圆窗修整做防腐处理，内装一层5mm透明玻璃
厚40mm木地板
所有飞椽修整做防腐处理
所有木柱做防腐处理
10.200
8.230
4.180
3.700
0.900
±0.000
-2.780
12980
10200
2780
15890

附图5　2-2剖面图

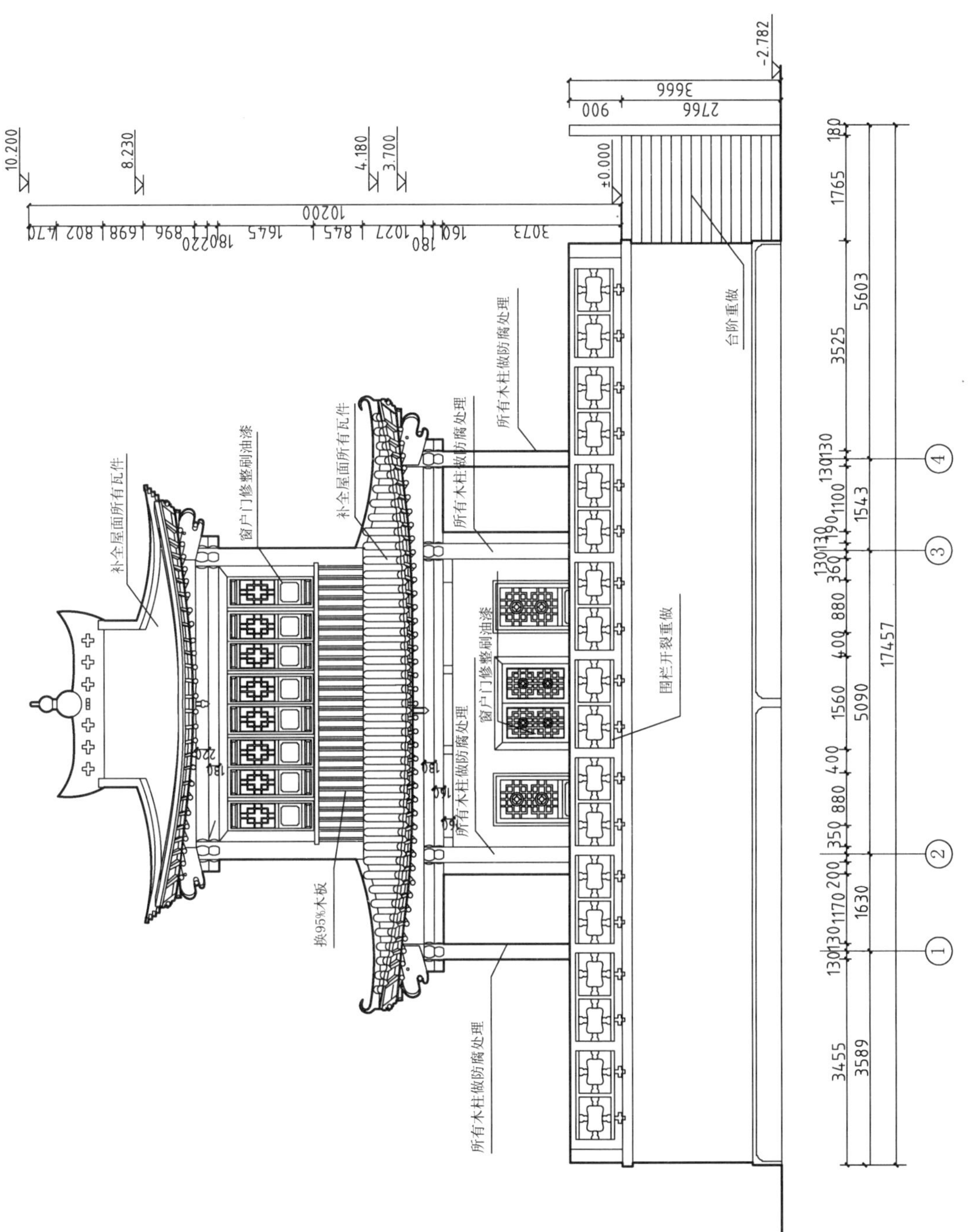

补全屋面所有瓦件
窗户门修整刷油漆
补全屋面所有瓦件
所有木柱做防腐处理
所有木柱做防腐处理
窗户门修整刷油漆
所有木柱做防腐处理
换95%木板
所有木柱做防腐处理
围栏开裂重做
台阶重做
10.200
8.230
4.180
3.700
±0.000
-2.782
10200
3666
900
2766
17457
5603
5090
3589
3455

附图6 ①～④轴立面图

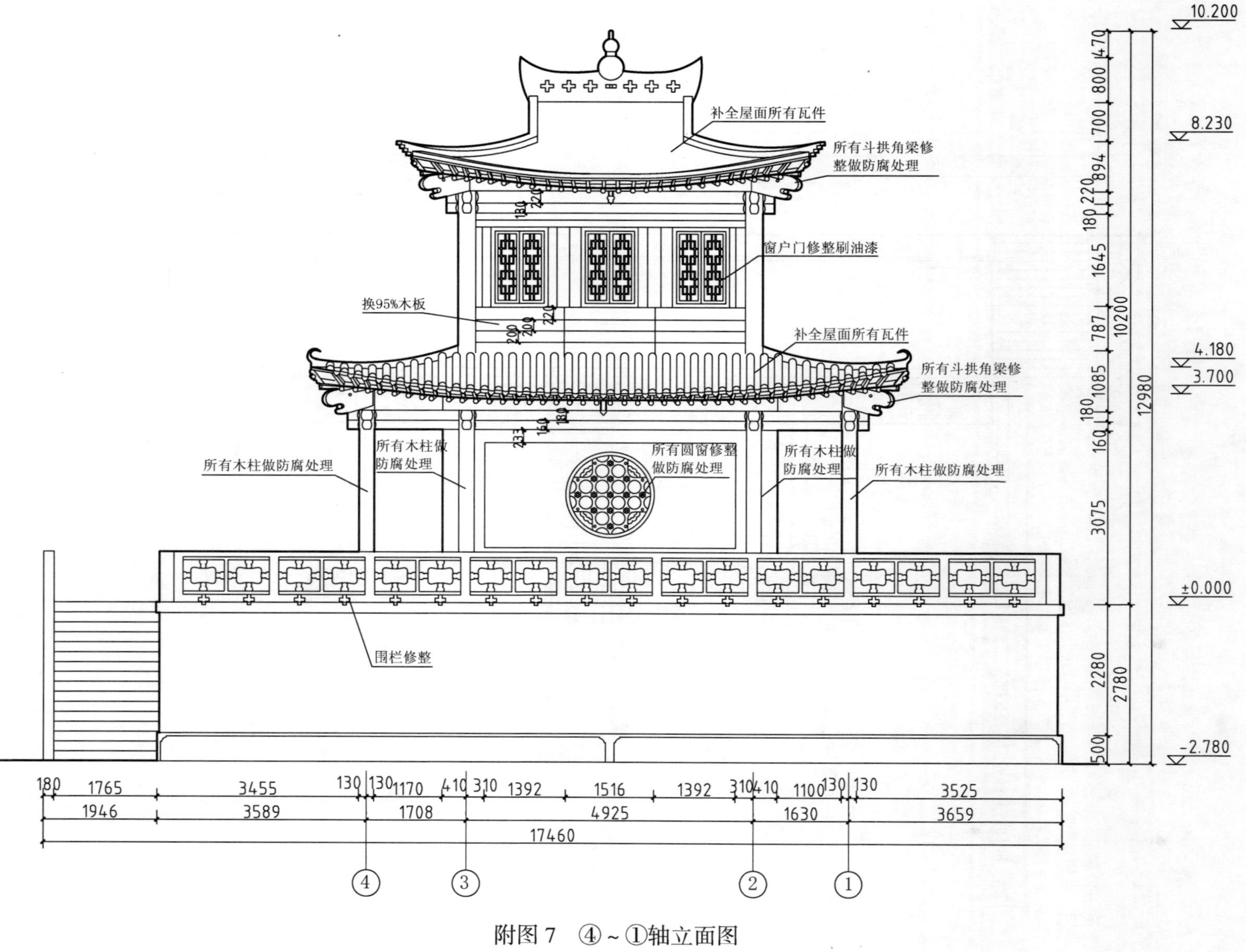
10.200
8.230
4.180
3.700
±0.000
-2.780
补全屋面所有瓦件
所有斗拱角梁修整做防腐处理
窗户门修整刷油漆
换95%木板
补全屋面所有瓦件
所有斗拱角梁修整做防腐处理
所有木柱做防腐处理
所有木柱做防腐处理
所有圆窗修整做防腐处理
所有木柱做防腐处理
所有木柱做防腐处理
围栏修整
470
800
700
894
220
180
1645
787
1085
180
160
3075
2280
500
10200
2780
12980
180
1765
3455
130
130
1170
410
310
1392
1516
1392
310
410
1100
130
130
3525
1946
3589
1708
4925
1630
3659
17460
④
③
②
①

附图7　④~①轴立面图

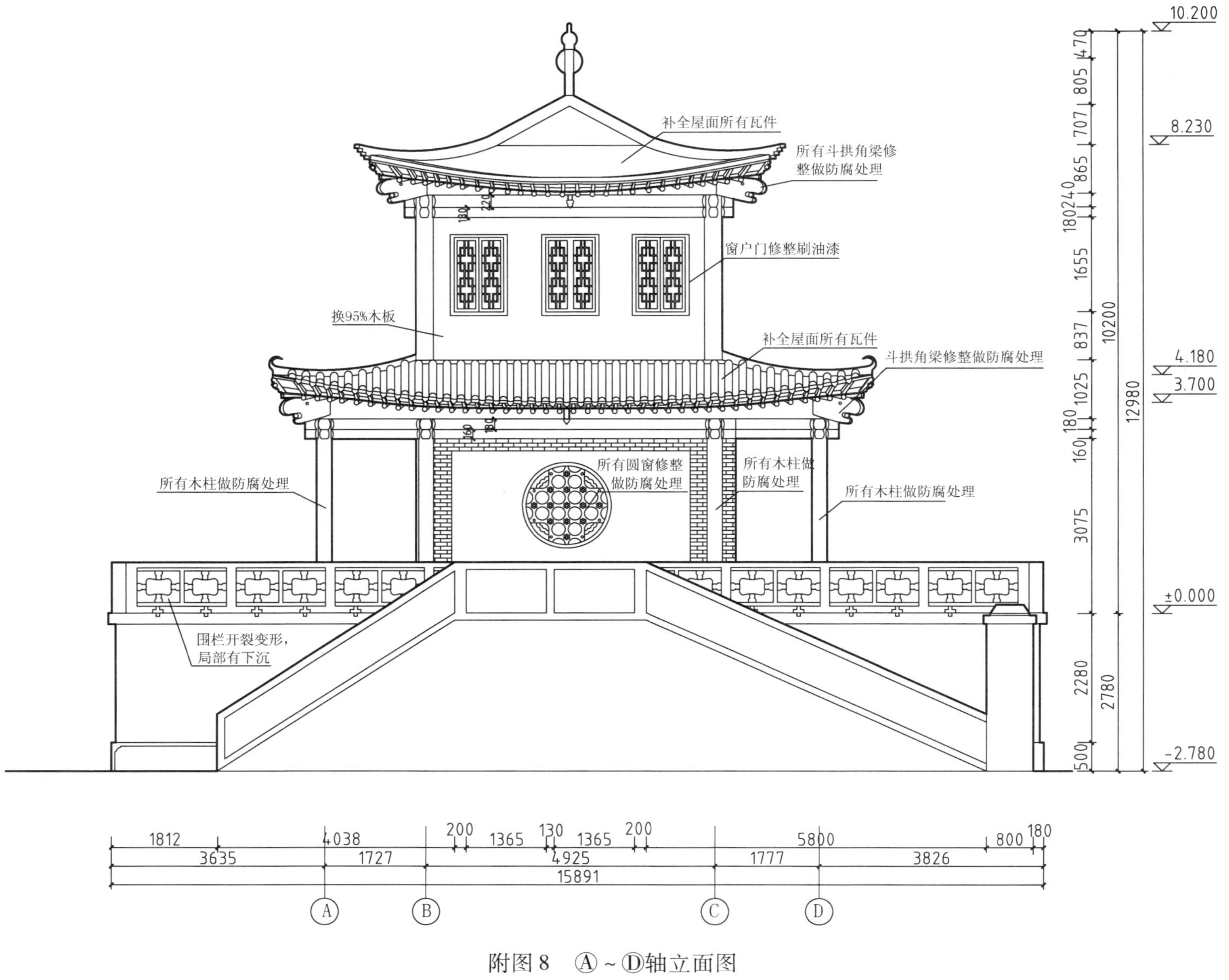
补全屋面所有瓦件
所有斗拱角梁修整做防腐处理
窗户门修整刷油漆
换95%木板
补全屋面所有瓦件
斗拱角梁修整做防腐处理
所有木柱做防腐处理
所有圆窗修整做防腐处理
所有木柱做防腐处理
所有木柱做防腐处理
围栏开裂变形，局部有下沉
10.200
8.230
4.180
3.700
±0.000
-2.780
12980
10200
2780
15891
3635
1727
4925
1777
3826

附图8 Ⓐ～Ⓓ轴立面图

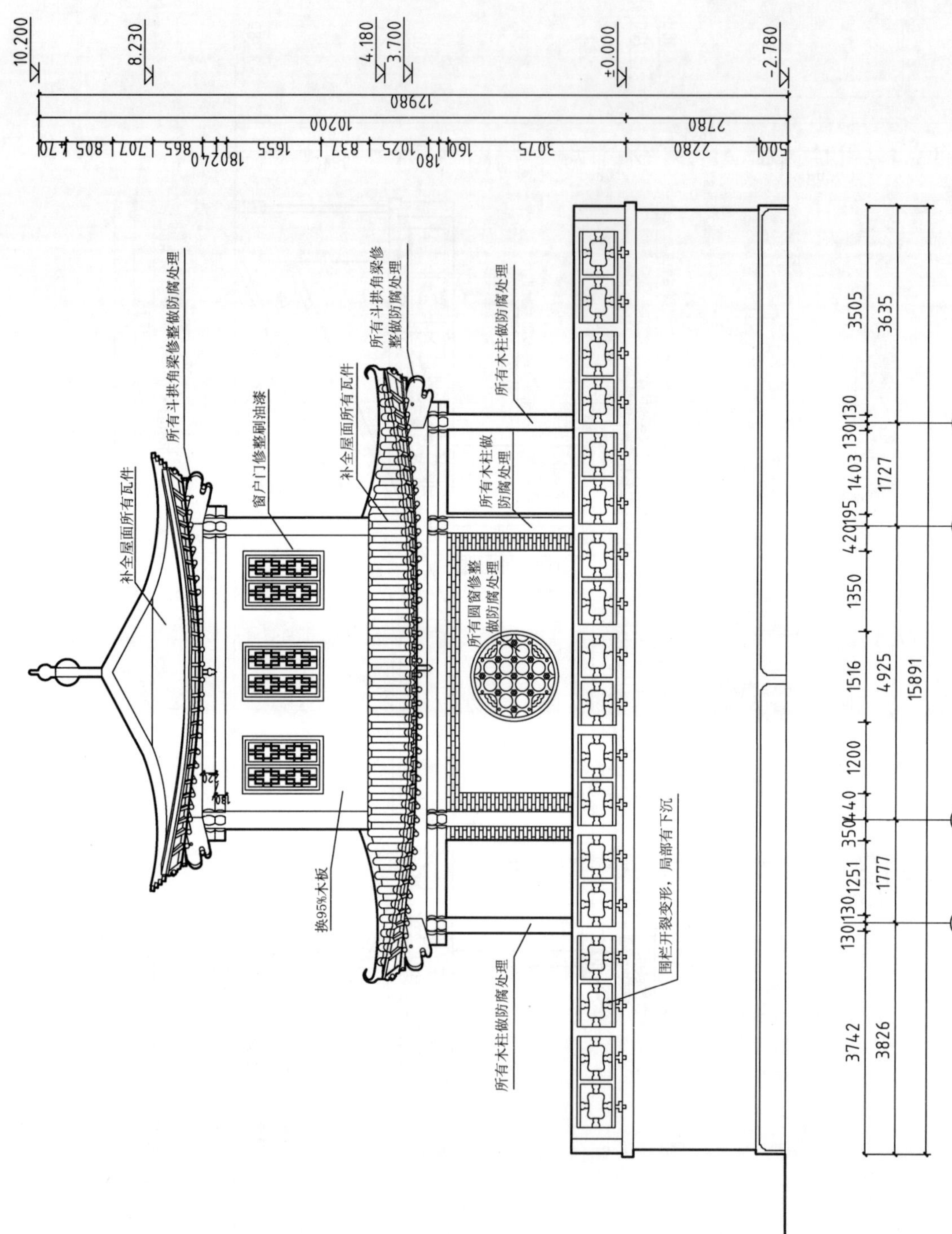
10.200
8.230
4.180
3.700
±0.000
-2.780
12980
10200
2780
补全屋面所有瓦件
所有斗拱角梁修整做防腐处理
窗户门修整刷油漆
补全屋面所有瓦件
所有斗拱角梁修整做防腐处理
所有木柱做防腐处理
所有木柱做防腐处理
所有圆窗修整做防腐处理
换95%木板
围栏开裂变形，局部有下沉
所有木柱做防腐处理
3505
3635
1727
4925
15891
1777
3742
3826
A
B
C
D

附图9　Ⓓ～Ⓐ轴立面图

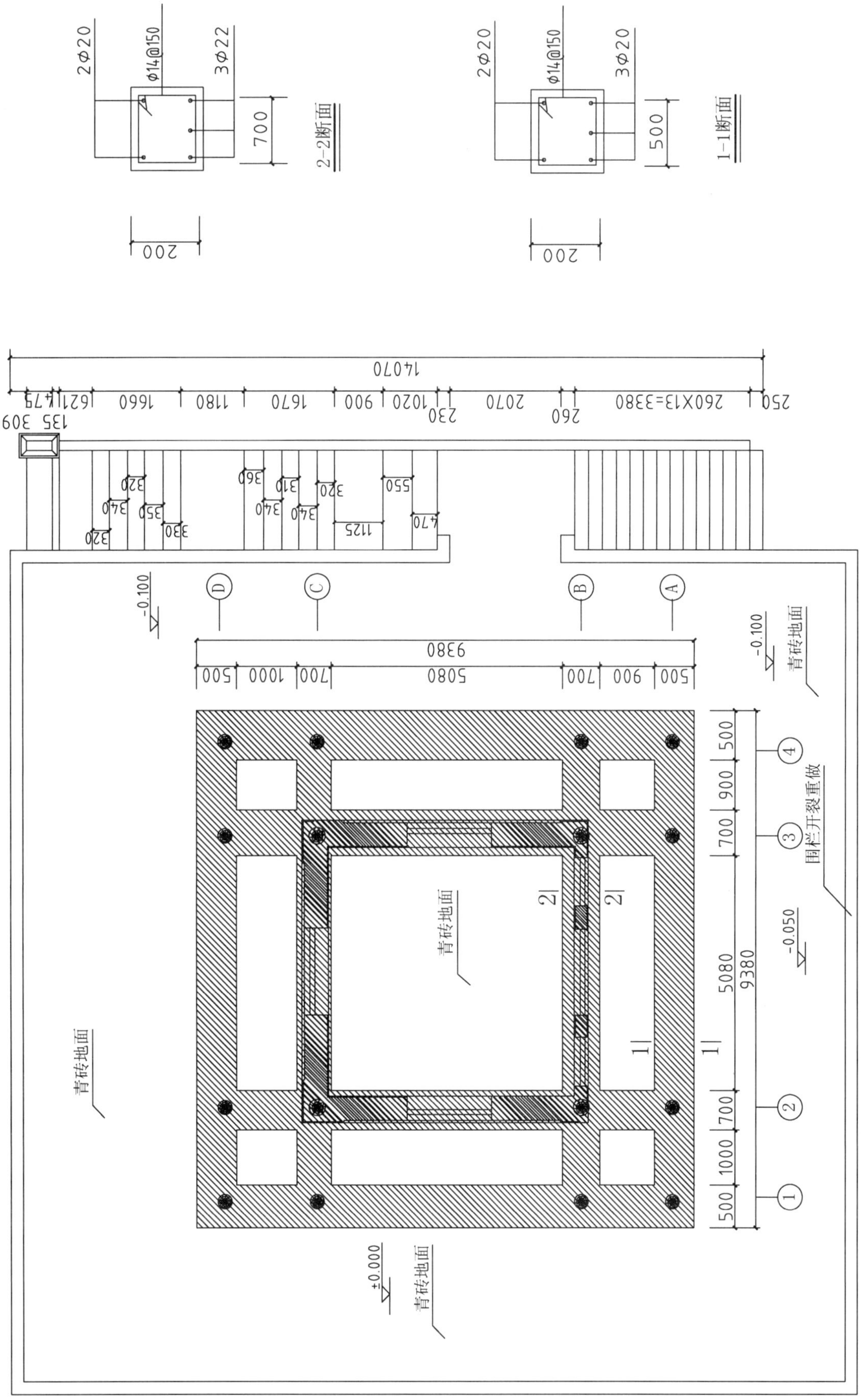

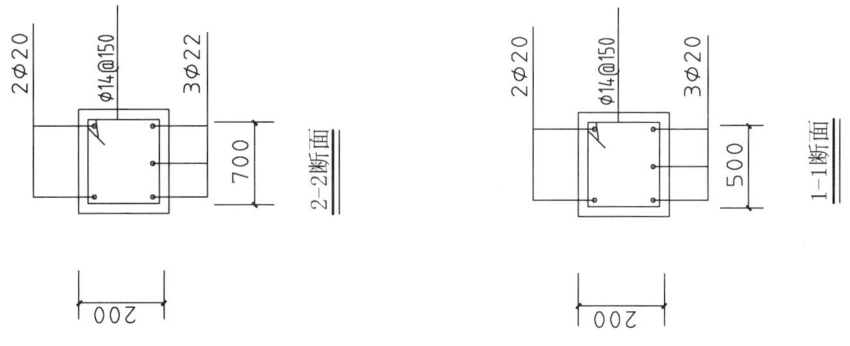

附图10 混凝土圈梁布置图

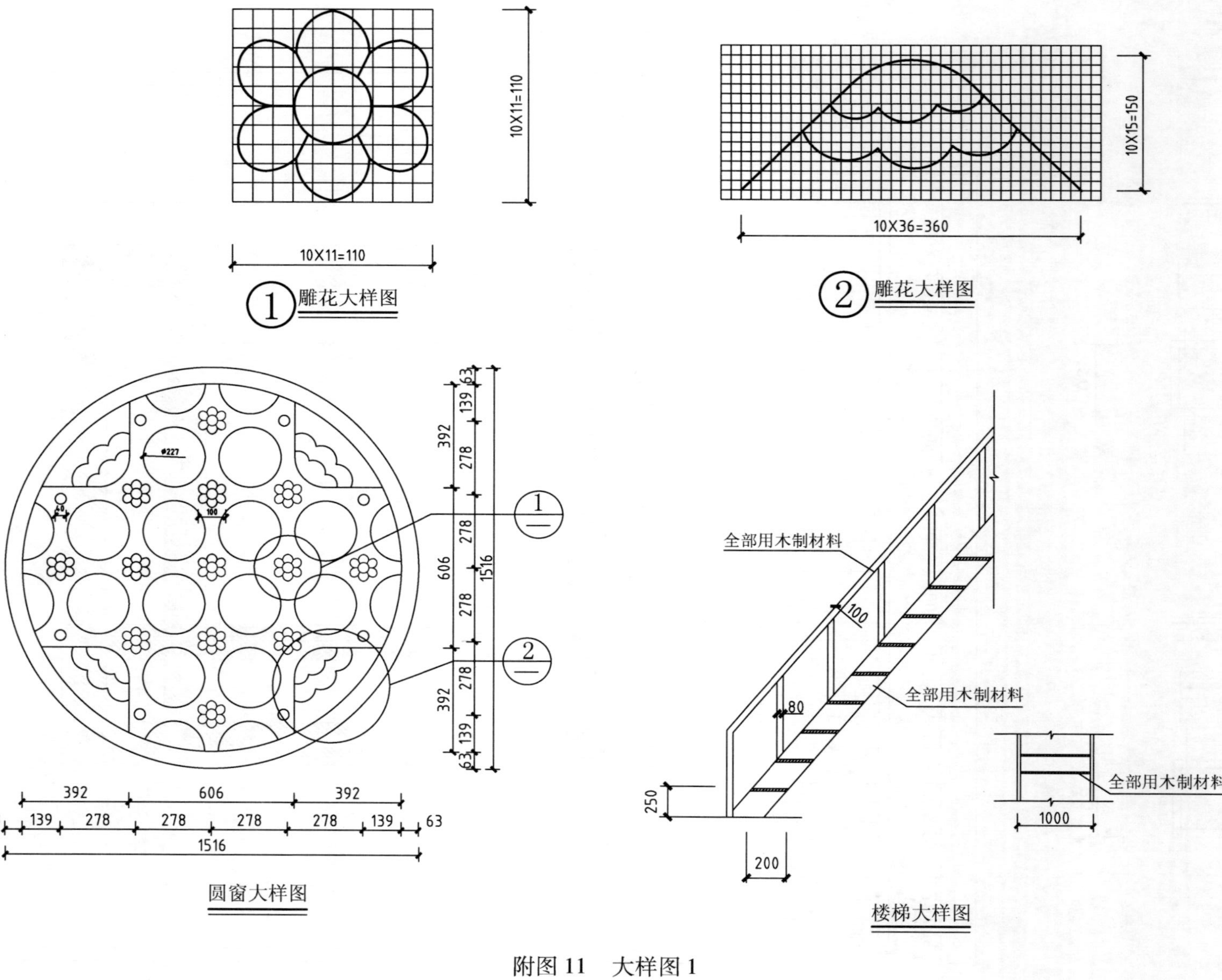
10X11=110
10X11=110
① 雕花大样图
10X15=150
10X36=360
② 雕花大样图
Φ227
100
40
392 606 392
63 139 278 278 278 278 139 63
1516
圆窗大样图
全部用木制材料
100
全部用木制材料
80
全部用木制材料
250
200
1000
楼梯大样图

附图 11　大样图 1

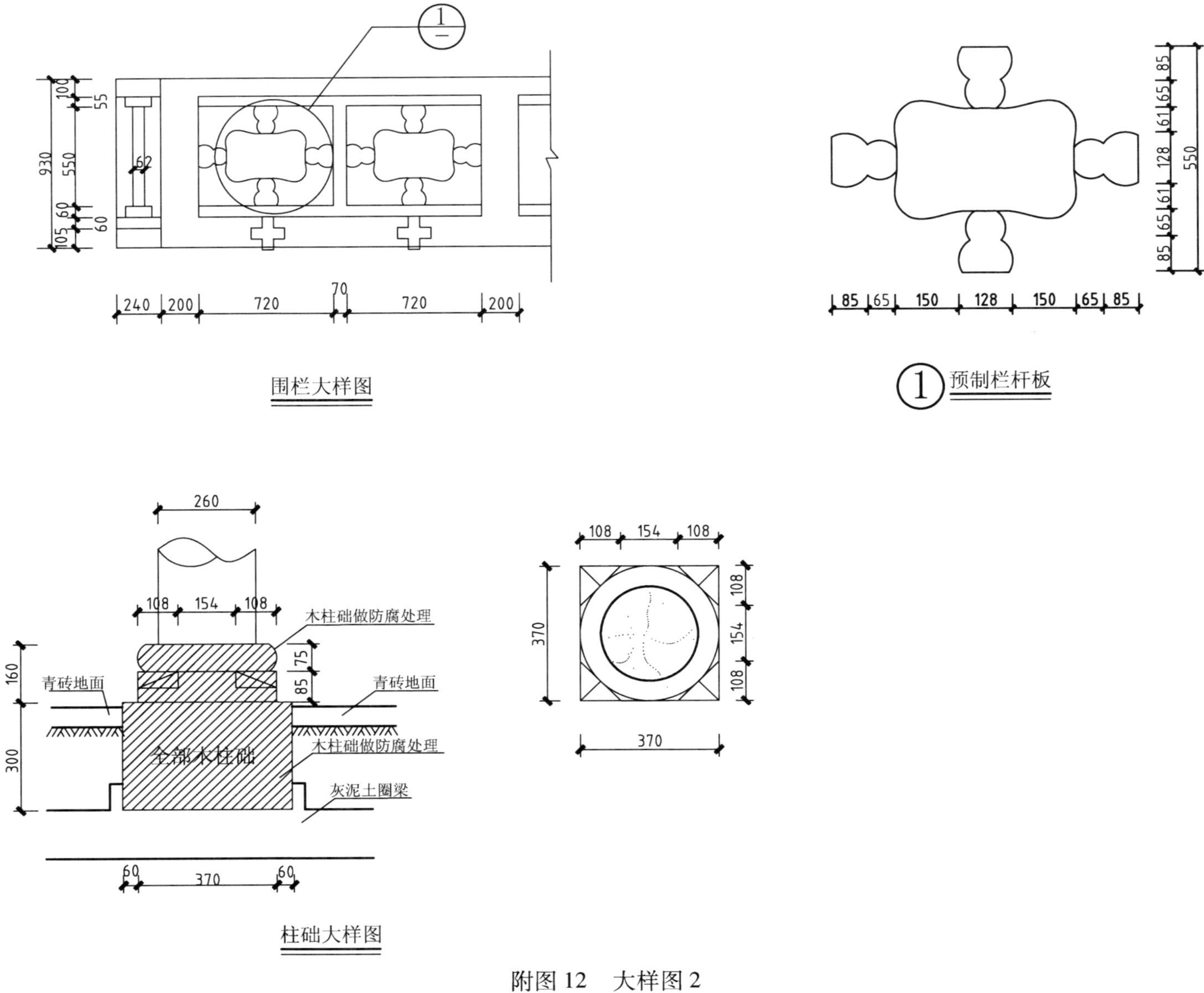

附图12 大样图2

新疆和静县王爷府勘察报告及修缮设计方案

第一部分　勘察报告

一、基本概况

和静县王爷府坐落于新疆维吾尔自治区巴音郭楞蒙古自治州和静县县城内。和静县位于新疆中部天山中段南麓的焉耆盆地西北部，地处东经82°28′~87°52′、北纬42°06′~43°33′。其周边与乌鲁木齐市、库尔勒市等17个县市毗邻。和静县境内主要有山地、平原两种地貌。全县总面积为39686平方公里，总人口为17.75万人，属于中温带大陆性气候，平均气温为8.5℃。最高气温为38.5℃，最低气温为-30℃。降水量为172.1毫米，蒸发量为1656.6毫米。无霜期为181天，年日照时数为3049小时，年有效积温为3908.5℃。县城北距乌鲁木齐市公路里程456公里，铁路里程512公里。和静县地处南北疆交通要道，公路四通八达，有乌（鲁木齐）库（尔勒）公路、独（山子）库（车）公路、库（车）伊（犁）公路等国道穿过。全县有干线公路5条，总长716公里；县乡公路34条，总长441公里；专用公路3条，总长59公里。南疆铁路横贯县境254公里，在县城建有南疆最大的铁路货场。

王爷府是巴州规模较大、保存比较完整的土木结构建筑，占地面积为1000多平方米，分东殿、西殿和正殿，有大小房27间。阁楼为正殿，略呈正方形（图一）。据说，南路旧土尔扈特部落最后一个封建主满楚克扎布（满汗王）继承汗位后，在此居住并处理各项政务，因此它又称为满汗王府。这里曾是土尔扈特部落政治、经济、文化和宗教活动的中心。

二、历史沿革

距今约3000年左右，和静县境内就有古人类生息。春秋晚期和汉初，有姑师（车师）人在这一带活动。

汉时，今和静境为焉耆国地。

唐初，今和静境属西突厥。

图一 王爷府全景

宋明之际，今和静境先后属察合台汗国和叶尔羌汗国。

1771 年（清乾隆三十六年），在外游牧的西蒙古厄鲁特四部之一的土尔扈特部不堪沙俄的残暴统治，在首领渥巴锡汗的率领下，克服艰难险阻，毅然东归回到祖国的怀抱。清政府对土尔扈特部予以妥善安置。渥巴锡及其同族10个扎萨克，分东、南、西、北四路，称旧土尔扈特部。其中，渥巴锡所随的旧土尔扈特部南路即在今和静。

1927 年，由王爷之叔多布敦确比勒才仁布楞活佛亲自设计，王爷府建成。1938 年，当地改制设县，初名“和通县”，后又改为“和靖县”。1950 年，和靖县人民政府成立，属焉耆专员公署。1954 年，属巴音郭楞蒙古自治州。1965 年，县名改为“和静县”至今。解放初，县人民政府一度设在王爷府内。后来经整修，这里成为和静县民族博物馆，陈列了有关历史珍贵文物、服饰、生活用品、历史人物照片，以及在该县发掘的出土文物等。现为自治区级重点文物保护单位。

据档案记载，和静县王爷府 1987 年进行一次维修，内容不详，估计为一次小修。

1996 年，自治区人民政府拨款重修东、西配殿和大殿内设施。

三、建筑布局与各单体建筑结构及现存情况

（一）建筑布局

王爷府坐落于和静县县城内，南临县政府，北与广场接临，东西分别隔路与县宾馆和县幼儿园相望。王爷府是一座中西蒙结合的土木结构建筑，坐北朝南，端庄典雅，高大雄伟（图二）。现存王爷府有正殿、东殿、西殿等组成。正殿分为两层，一楼为汗王摄政、处理日常事物处。高度为6.1 米，宽度为18.02 米，长度为18.84 米。一楼有四个300 毫米×300 毫米的木

柱，木柱一直延伸至二楼屋顶。室内现存有王爷及其部下的桌椅和画像，还珍藏着许多珍贵的文物。正殿外墙由砖包土坯的方法砌筑而成，外墙厚为73厘米；正殿内墙由土坯砌筑而成，有三种厚度，分别为42厘米、55厘米、63厘米。一楼吊顶至屋顶下表面之间的夹层内积灰较厚、且里面电线线路杂乱无章。二楼专为供奉满汗王祖先神位之用，一层屋顶上有六个欧式窗户和四个烟囱，二层结构为木结构。配殿是土木结构建筑，层数为一层，成Z形。配殿由东西两殿组成，对称分布，高度为5.6米，墙厚为62厘米。窗户及屋檐下有美丽的雕刻图案装饰。西殿现在主要为博物馆工作人员办公区，只有两间房屋陈设文物。东殿主要是文物陈列区，里面收藏有大量珍贵的文物。

图二　王爷府正门

（二）正殿

基础：为砖基础，埋入土层以下240毫米。近年来随着和静县城城市建设脚步的加快，王爷府四周的绿化面积不断加大，并且浇灌采取的是地面漫灌法，使附近地表下的土质水分含量增大，地下水位提高。其中，位于王爷府南面的绿化广场，夏季浇灌草木的用水量很大（图三）。环境的变化导致了王爷府范围内的地下水位上升，加上王爷府建造时未做防潮处理，以及以前维修时留下的缺陷，逐渐引发了基础酥碱、墙体承载力降低等现象。

墙体：外墙墙体由砖包土坯的方法砌筑而成。其中，砖的砌筑厚度为250毫米，土坯的砌筑厚度为480毫米。外墙体总厚度为730毫米，内墙有三种厚度，分别为42厘米、55厘米、63厘米。墙体泛潮酥碱，地面以上的外墙均有不同程度的泛潮水印。目前这种情况主要发生在自地面以上，1米以下的墙体部位，外墙表现最为明显。这种现象与地下水位上升及院内水泥地面阻碍了地下水的蒸发有关。

门窗：所有的门窗结构完好，均为木质，但油漆已褪色，局部有小变形，需要重新涂刷和矫正。正殿所有门框都是原来保留下来的，门扇在1996年小修一次。

图三　正殿南面

台阶：正殿南面的阶梯是由石材制成，表面有轻微的磨损，两侧是由青砖砌筑而成，受潮比较严重，砖体表面已腐蚀。正殿北面的阶梯是由青砖砌筑而成，表面有轻微的磨损，受潮也比较严重，表面已泛碱。建议重新砌筑正殿的台阶。

雨篷：由木材制成，表面为铁皮。由于年久失修铁皮已锈蚀，需要更换。

地面：正殿的地面均为木制地板，厚度为50毫米，地板下有1040毫米的架空支撑。大厅里的木地板在1987年的时候改造过一次，改造后的木地板比较薄，目前地板表面油漆已褪色，需重刷油漆。结构部分保存基本完好，只有局部需要更换木地板，更换数量为总量的10%。

木地板下支撑：支撑高约1040毫米，由砖砌筑而成，个别有土坯砌筑而成。砖墩截面为380毫米×380毫米的正方形，个别砖墩有破损，约占总量的10%。砖墩的上面有一层十字交错的椽子，经勘察椽子保存完好，但椽子上有杂乱无章的电线，维修时需要处理。

墙面：墙面刷白色涂料。由于屋面漏雨，部分墙面被污染，表面有局部的小裂缝和脱皮现象，加上前次维修已很久，表面也很脏，无法清洗，故需要重刷白色涂料。

木楼梯：楼梯保存完好，局部有褪漆现象，建议重刷油漆，刷油漆时必须按原有颜色进行涂刷。

烟囱：正殿一层屋顶对称设有四个烟囱，烟囱距外墙均为5.85米。材质为青砖，伸出屋面约2米左右，截面为680毫米×680毫米的正方形。前一次维修已将烟囱口封堵，此次勘察发现，已没有漏雨现象。

屋面：为铁皮制坡屋面，由于铁皮的结合部位和固定铁皮的钉眼发生氧化，产生了缝隙，漏雨现象比较严重，屋顶的铁皮和木结构层都被雨水腐蚀，需要重做屋顶。

花饰：由于自然原因，正殿的油漆和花饰均遭到不同程度的破坏，需要重新修缮。

屋架：经过前次维修，梁、椽保存基本完好，但是二层部分梁、椽规格不统一，粗细不均匀，部分已被雨水腐蚀，约有 20% 需要更换。梁的直径约为 240 毫米，椽子间距 350 毫米，直径约为 80 毫米。

吊顶：正殿吊顶材质为三合板。由于屋面漏水，导致吊顶被雨水腐蚀，且吊顶上部电线十分密集。由于该建筑为土木建筑结构、屋顶为铁皮屋面，铁皮接缝处腐蚀破损张开，尘土大量进入，导致吊顶上部汇集了一层 5 厘米厚的尘土。

（三）东、西殿

基础为砖基础，近年来随着地下水位的提高及周边环境的改变，加上王爷府建造时未做防潮处理以及以前维修时留下的问题，使基础酥碱、承载力下降，逐渐引发了东西殿局部濒临倒塌的危险。故东西殿需要重做基础。

墙体：东西殿的墙体由砖包土坯砌筑而成（图四）。墙厚均为 620 毫米。由于地下毛细水的升腾作用，导致了墙体出现泛潮、脱皮、酥碱、下沉，土坯承载能力严重下降。这种现象在东殿一号、二号房屋表现得尤为突出，裂缝贯穿整面墙体，宽约 30 毫米，墙体严重倾斜，随时有可能倒塌。

图四　东殿南面

门窗：所有的门窗结构完好，均为木制，但油漆已褪色。东西殿大部分门框都是原来保留下来的，门扇在 1996 年小修一次。其中在东殿五号房，由于前次安装疏忽，有一扇窗户安装反了。需要调整该窗户。

台阶：正殿南面的阶梯是由石材制成，表面有轻微的磨损，两侧是由青砖砌筑而成，受潮比较严重，砖体表面已腐蚀。正殿北面的阶梯是由青砖砌筑而成，表面有轻微的磨损，受潮也比较严重，表面已泛碱。建议重新砌筑正殿的台阶。

雨篷：由木材制成，表面为铁皮，由于年久失修，木材、铁皮已锈蚀，需要更换。雨篷上的花纹也模糊不清了，需要重新修补。

地面：东西殿的地面现在均为水泥地面。据现场勘察，西殿3号房间地面有一块保存完好的八边形青砖，以此推测先前东西殿地面铺设的均为八边形青砖。维修以后，水泥地面阻碍了地下水的正常蒸发，从而引发基础酥碱，墙体蜕皮，泛潮，直接影响到建筑及文物的安全。建议地面均换成八边形青砖，因八边形青砖透水性和吸水性都很好。

墙面：墙体由土坯砌筑而成，内墙面刷白色涂料。由于天气寒冷，室内采用火炉取暖，同时屋面有漏雨现象，使内墙面被污染，加上前次维修已很久，表面也很脏，无法清洗，故需要重刷白色涂料。外墙面由于土坯受潮，以及水泥抹灰于土坯墙的粘结力不好，导致了外墙皮大面积脱落，从而使土坯直接受到雨、雪、风的破坏，大大降低了土坯墙体的承载力。

烟囱：西殿四号房屋顶有一砖砌烟囱，截面尺寸为350毫米×350毫米，伸出屋顶850毫米，现已废弃不用了。另外，由于东西配殿没有供暖设施，工作人员为了取暖，就在西殿3号房间的屋顶上打洞，修建了一个直径为150毫米的铁皮烟囱，这既破坏了王爷府本身，也与文物周围的大环境不相适应。

屋面：东西配殿的屋面均为坡屋面。从下到上结构层依次为，芦苇席、草泥、水泥找平层、牛毛毡防水处理层、绿豆砂保护层。由于年久失修、材料老化，芦苇席已有小面积的腐朽现象，防水层已基本失去防水功能，绿豆砂保护层也遭到不同程度的破坏。因此在维修过程中，保持屋面结构层安全的情况下，屋面防水需要做重点处理。建议屋面防水采用改性草泥防水层。

花饰：由于自然原因，东西殿上的花饰及花饰上的油漆涂料也遭到不同程度的老化、损坏。特别是雨篷上的花饰受自然因素的破坏较为严重。所以在维修时需要重新做花饰及刷漆。

屋架：经过前次维修梁、椽保存基本完好，只有6号房间有一根大梁裂缝贯穿全梁，裂缝宽度为30毫米。但是梁、椽的直径、大小规格极其不统一。经现场勘察，梁的直径约为240毫米，椽子直径约为80毫米。椽子的间距为220毫米。屋架保存了原有的结构和样式。

吊顶：东西殿吊顶材质均为三合板，由于屋面漏水，导致吊顶被雨水腐蚀，糟朽。吊顶上的积灰较厚，且吊顶上有杂乱无章的电线。

通过对王爷府的详细勘查，建议正殿揭顶修缮，恢复装修。东西配殿落架修缮。

四、残破状况及相关原因分析

（一）正殿现状图表（表1～表4）

（二）东殿现状图表（表5～表7）

（三）西殿现状图表（表8～表10）

表 1　正殿现状（一）

<table>
<tr><td colspan="6"> </td></tr>
<tr><td>残破说明</td><td colspan="5">1. 基础为砖基础，已经开始酥碱，承载力降低，南面没有发现散水，其他三面 1996 年维修时做了水泥散水；2. 外墙体为砖包土坯，内墙为纯土坯砌筑，墙体泛潮酥碱，地面以上的外墙均有不同程度的泛潮水印；3. 所有门窗结构完好，均为木门窗，油漆已经剥落；4. 台阶由条石制成，表面有轻微磨损；5. 雨篷的铁皮已经锈蚀；6. 地面、地板及各种花饰的油漆都有不同程度的剥落；7. 吊顶材质为三合板，由于屋顶漏雨而腐蚀；8. 屋架的梁、椽规格不统一，粗细不均匀，部分梁椽被雨水腐蚀</td></tr>
<tr><td rowspan="3">残损状况</td><td colspan="3">地基和散水情况</td><td>地下情况</td><td>二层屋架情况</td></tr>
<tr><td>大殿地基情况</td><td>南侧西段陡独下部</td><td>大殿南侧没有散水</td><td>大殿木地板下情况</td><td>1996 年维修过的屋架梁</td></tr>
<tr><td> </td><td> </td><td> </td><td> </td><td> </td></tr>
</table>

表2 正殿现状（二）

残破程度

正殿二层屋架状况

大梁被雨水腐蚀

屋架接头部位凌乱不规则

经后人改造过的屋架

屋架被熏黑

椽子粗细不一，大梁被雨水腐蚀

大梁被雨水腐蚀，电线位置不符合消防要求

当地抢救加固采取的方法

大殿二层烟囱情况

屋架构件老化情况

梁架负担沉重

屋顶漏雨严重

屋架开裂情况

严重漏雨，屋架腐蚀

二层屋顶漏雨腐蚀现象

二层屋架支撑现状

表 3　正殿现状（三）

残破程度	正殿檐口状况		正殿局部构件现状		
	正殿檐口	西侧山墙檐口漏雨	正殿屋顶窗户及烟囱	窗户上原来雕花痕迹及现状	正殿檐口及花饰

	正殿局部构件现状		正殿装修情况		
	正殿前门保存原先门框形式	顶棚情况	经后人改造过的地板比较薄	正殿过道原来的木地板	内门现状

	正殿局部构件现状情况				
	正殿西面窗户现状	前门雨篷现状	正殿西侧墙面及窗户现状	王爷府大门现状	1996 年修补的门槛

表4 正殿现状（四）

残破程度	正殿二层木构件现状			正殿墙体情况	
	阁楼顶棚现状	屋顶窗户内部情况	二层会议室墙角处做法	檐口漏雨对墙体的危害	梁与墙的接头部位
	正殿楼梯现状			正殿台阶残损现状	
	楼梯背面现状	楼梯积灰现象严重	通往二层的楼梯通道	正殿后门台阶酥碱现象严重	大殿前门台阶现状

表 5　东殿现状（一）

<table>
<tr><td colspan="6"> </td></tr>
<tr><td>残破说明</td><td colspan="5">1. 基础为砖基础，已经开始酥碱，承载力降低，南面没有发现散水，其他三面 1996 年维修时做了水泥散水；2. 外墙体为砖包土坯，内墙为纯土坯砌筑，墙体泛潮酥碱，地面以上的外墙均有不同程度的泛潮水印；3. 所有门窗结构完好，均为木门窗，油漆已经剥落；4. 台阶由条石制成，表面有轻微磨损；5. 雨篷的铁皮已经锈蚀；6. 地面、地板及各种花饰的油漆都有不同程度的剥落；7. 吊顶材质为三合板，由于屋顶漏雨而腐蚀；8. 屋架的梁、椽规格不统一，粗细不均匀，部分梁椽被雨水腐蚀</td></tr>
<tr><td rowspan="3">残损状况</td><td colspan="2">女儿墙残损状况</td><td colspan="3">墙体残损状况</td></tr>
<tr><td>女儿墙开裂外倾</td><td>山墙和女儿墙错开严重</td><td>2005 年 7 月当地文物部门做的临时抢险加固支撑</td><td>墙体严重酥碱，脱皮，土层也已剥落</td><td>南墙西段下部泛潮酥碱情况</td></tr>
<tr><td> </td><td> </td><td> </td><td> </td><td> </td></tr>
</table>

表 6　东殿现状（二）

残破程度	墙体残损状况				
	东殿东侧山墙现状	东侧山墙出现 1 米高、6 米宽的大面积泛潮酥碱	王府背立面下部墙体大面积泛潮酥碱	东侧山墙北段原有外门被堵死	东侧整面山墙酥碱泛潮
				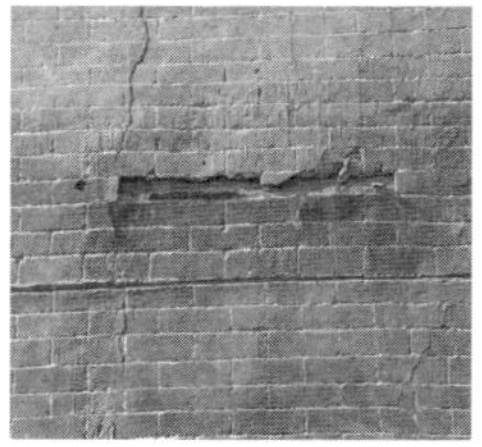	
	墙体残损状况				
	内墙窗侧严重开裂	北墙中段出现上下垂直裂缝体	北立面墙体上部裂缝情况	南面墙体向东倾斜，窗侧裂缝宽约 4 厘米，长约 4 米	东殿南墙窗户现状
	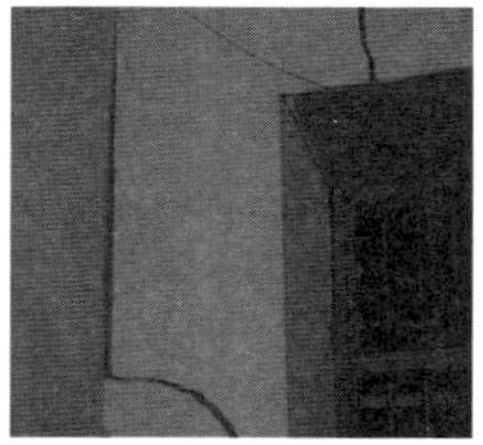	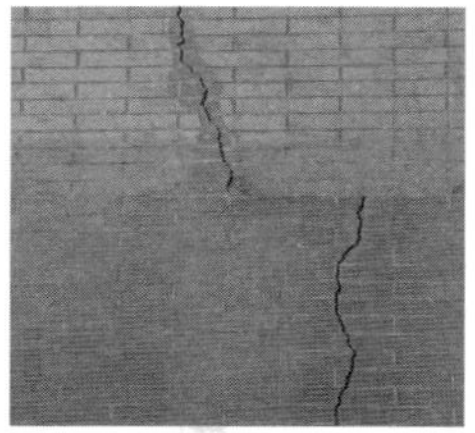			
	墙体残损状况			栅栏残损状况	
	排水沟引起的破坏	檐口残损状况	东殿西面外门现状	王府北面围栏缺损现状	

表7　东殿现状（三）

残破程度	墙体残损状况		室内残损状况		
	墙体下沉情况	山墙内部的毛细水上升痕迹及其引起的裂缝	室内陈列布置	室内陈列情况	南侧西山墙内部裂缝和泛潮情况
	台阶残损状况	屋架残损状况			
	东殿外台阶情况	侧梁开裂情况	大梁劈裂严重	大梁干裂情况	东南角房屋木构件严重腐蚀
	屋面残损状况				
	两毡三油屋面	屋面沥青老化情况	沥青屋面开裂缝情况	屋顶和墙体连接处开裂情况	东殿屋面整体状况

表 8　西殿现状（一）

<table>
<tr><td colspan="6"> </td></tr>
<tr><td>残破说明</td><td colspan="5">1. 基础酥碱，承载力下降，西南角基础下沉较严重，南面和西面没有散水，另外两面的散水在 1996 年维修过；2. 墙体泛潮、脱皮、酥碱，出现大批裂缝；3. 门窗结构完好，但油漆已褪色；4. 地面为水泥砖，泛潮严重；5. 雨篷表面的铁皮已经锈蚀，木材需更换；6. 台阶表面有轻微磨损，西侧 10 号门的台阶松动；7. 室内墙面由于采暖和漏雨而被污染；8. 烟囱已经废弃</td></tr>
<tr><td rowspan="3">残损状况</td><td colspan="5">散水残损现状</td></tr>
<tr><td>西殿南侧散水情况</td><td>西殿东面入口处台阶及散水情况</td><td>北面山墙维修时加的散水</td><td>东侧山墙后加散水现状</td><td>经勘察发现原散水痕迹</td></tr>
<tr><td colspan="5">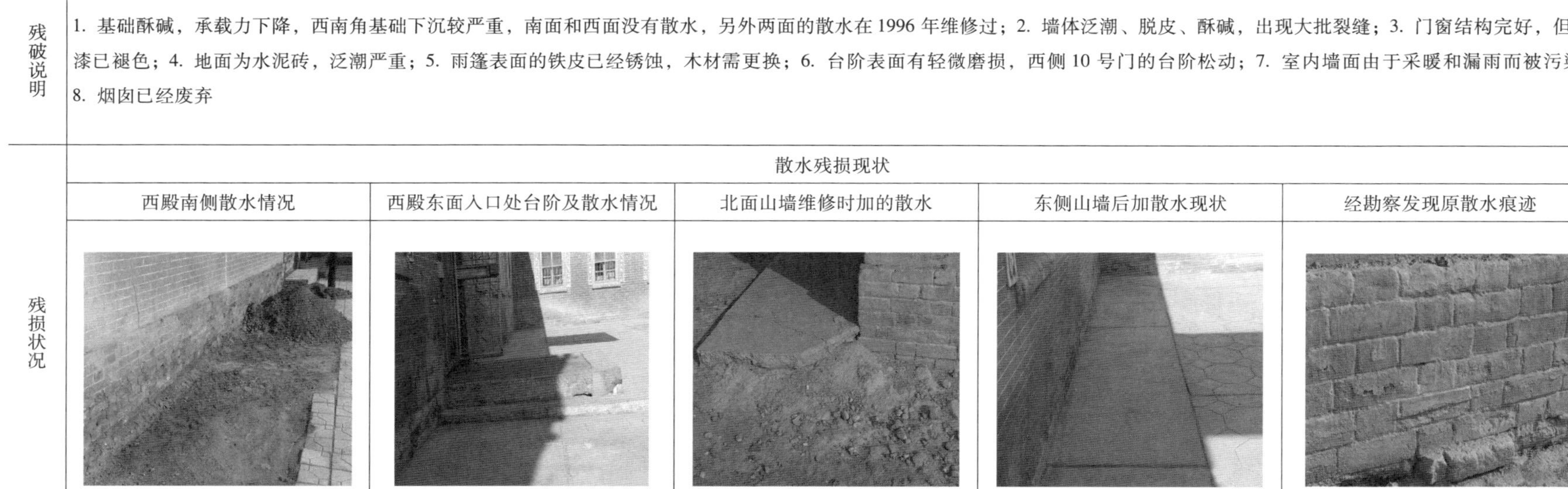</td></tr>
</table>

表 9　西殿现状（二）

残破程度	屋面残损状况				
	后人改造过的女儿墙现状	屋顶开裂情况	屋顶坡度	屋顶下沉情况	屋面坡度及烟囱位置现状

	西殿西侧面现状	女儿墙残损状况	檐口残损状况		
	西殿西立面墙体脱皮开裂情况及栅栏残损现状	南侧东山墙女儿墙向南倾斜情况	东侧山墙檐口渗水情况	东侧山墙檐口向南倾斜	西侧山墙北段屋顶至地面开裂情况
			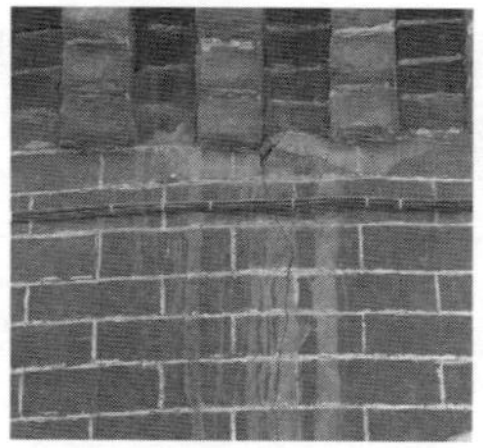		
	地基残损状况	台阶残损状况		室内地面残损状况	
	南墙东段地基及探坑情况	西侧山墙外门台阶松动情况	西殿院内台阶现状	室内水泥砖潮湿情况	现办公室过道发现原来的青砖
					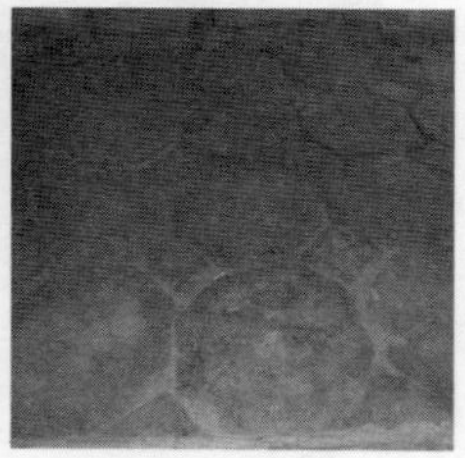

表 10　西殿现状（三）

<table>
<tr><td rowspan="9">残破程度</td><td colspan="5">墙体残损状</td></tr>
<tr><td>南侧窗台下侧裂缝情况</td><td>西殿西侧外门现状</td><td>东侧山墙偏南段下部裂缝</td><td>东侧山墙北段外鼓</td><td>东侧山墙南部下段墙体酥碱泛潮严重</td></tr>
<tr><td></td><td></td><td></td><td></td><td></td></tr>
<tr><td colspan="5">墙体残损状</td></tr>
<tr><td>南面西段墙下部裂缝，土坯压碎</td><td>南墙西段下部青砖酥碱严重</td><td>山墙内部泛潮酥碱，下部尤为严重</td><td>西侧山墙裂缝、脱皮严重</td><td>室内墙体酥碱脱皮现象严重</td></tr>
<tr><td></td><td></td><td></td><td></td><td></td></tr>
<tr><td colspan="2">院内现状</td><td colspan="2">屋架残损状况</td><td>室内装修状况</td></tr>
<tr><td>西殿院内水泥砖铺设情况</td><td>原始青砖形状</td><td>椽子干裂严重，且粗细不统一</td><td>椽子的排列布置现状</td><td>吊顶下部现状</td></tr>
<tr><td></td><td></td><td></td><td></td><td></td></tr>
</table>

五、评　　估

（一）价值评估

（1）和静王爷府原为西蒙古旧土尔扈特部首领处理政务和居住的处所，目前和静县民族博物馆设在这里。原有建筑以及其中所保存的文物，为研究当地的历史文化，尤其是土尔扈特东归这一震惊中外的历史壮举提供了重要的实物资料。这些资料是当前我们进行爱国主义传统教育不可多得的宝贵精神财富，对于加强民族团结，构建和谐社会具有重要现实意义。

（2）和静王爷府布局考究，设计独特，既融合了中俄两国的一些建筑风格，又体现出蒙古族的民族特色，对于研究新疆近代建筑艺术有重要的参考价值。

（3）和静王爷府是新疆一处承载了许多历史文化信息的少数民族建筑，本身具有相应的人文景观价值，可以促进当地的旅游业开发，进而拉动地方经济的发展。

（二）管理条件评估

有专门机构——巴州和静县民族博物馆负责日常的保护管理工作。

（三）现状评估

（1）和静王爷府宏大壮观，有独特的民族建筑结构风格。虽有一些建筑已经毁坏，但建筑外观及布局保存比较好。

（2）和静王爷府建筑结构保存较好，东西配殿已有大面积的墙体脱皮和严重的剥落，局部基础酥碱，部分外墙正面临坍塌。如果不及时进行抢修和保护，这座属于自治区级文物保护单位的王爷府很快会从人们的视线中消失。

（3）建筑内部的陈列设备、照明及供暖情况比较差，不利于珍贵文物的收藏和博物馆的展出。

综上所述，在保存现状的前提下，进行抢救性的修缮。

第二部分　修缮设计方案

一、修 缮 依 据

（1）按照《中华人民共和国文物保护法》关于“保护为主，抢救第一，加强管理，合理利用”的文物工作方针，修缮尽量保留现存文物建筑的基本特色和构件，适当恢复文物建筑原状；

（2）《中华人民共和国文物保护法实施条例》（2003 年）；

（3）《文物保护工程管理办法》（2003 年）；

（4）《中国文物古迹保护准则》（2004 年修订）；

（5）《建筑抗震设计规范》（GB50011-2001）；

（6）《建筑抗震设防分类标准》（GB50223-95）；

（7）按照《和静县王爷府现场勘察测量报告》关于各单体建筑残破现状及相关原因分析；

（8）参照《和静县满汗王府维修项目建议书》的有关原则及修缮要求进行修缮。

二、修缮性质

（1）重点修缮：正殿、东殿、西殿等。

（2）其他修缮工程：大门、围墙、排水、甬路、消防、照明等设施。

三、修缮方案

1. 正殿

揭顶修缮，恢复装修。

基础：大殿四角基础采用灌浆加固。具体做法：首先把一个角基础下部的 1/4 土方挖去，浇筑 C20 号混凝土。待混凝土强度达到标准强度的 85% 时，再做另一个角的 1/4 部分。依次类推，逐个完成。混凝土的厚度为 300 毫米，其他两边各比基础多出 100 毫米。浇注完毕后应注意混凝土的养护。

墙体：只对缺损部分进行修补，经现场勘察约占墙体总量的 5% 需要修补。内墙重刷涂料。外墙花饰损坏部分，恢复花饰。具体做法：重刷内墙涂料时，需先把原有涂料表面的灰尘清理干净，然后再粉刷。把挑檐处的三合板换成厚度为 30 毫米的木板，并恢复原有花饰。在恢复过程中必须按原有颜色和样式进行恢复。把二层阁楼的三合板墙体改为木板墙体，木板厚度为 30 毫米，按原有样式雕刻花纹，按原有颜色涂刷油漆。

门窗：重刷一道油漆，矫正变形门窗。做法：把表面清理干净后，人工涂刷。在施工中必须按原有颜色进行涂刷。

台阶：正殿南面的台阶泛碱现象比较严重，表面已泛白，故需要拆除南面的台阶，重新用青砖砌筑，应按原有样式砌筑。正殿北面的台阶条石已磨损，两侧的青砖已被地下水腐蚀，因此也需要全部拆除，用青砖重新砌筑。应按原有样式砌筑。正殿正门一侧有石狮，一侧没有，在修缮工程中重新修建一座石狮。

雨篷：因雨篷年久失修，雨篷表面的铁皮已锈蚀，需要更换正殿雨篷上部的铁皮。

木地板：地板局部有褪漆现象，故需重刷一道油漆。做法：把表面清理干净后，人工涂刷。在施工中必须按原有颜色进行涂刷。木地板结构部分保存基本完好，局部地板已老化，已满足不了人们参观及使用功能的需要，故局部需要更换。更换数量约为总量的 10% 。

散水：把现有的水泥散水全部拆除，换成八边形青砖散水。具体做法：拆除现有散水，然后铺一层厚 30 毫米的细砂，在细沙上铺一层青砖，散水坡度为 2% ，散水宽度为 1000 毫米。

原先没有散水部分，按新设计的散水修建。散水与墙体接触部分要抹一层防水砂浆。

梁架：经检修大部分梁、柱、檩、椽保存完好。只有二层椽子因年久失修有 90% 的损坏需要更换。具体做法：先把原有损坏部分的梁、柱、椽拆除，换上规格统一的梁、柱、椽，搭接一定要牢固。

屋顶：拆除重做，由于屋顶年久失修，屋顶排水属于自由落水，导致屋顶漏雨，墙体、基础受潮，直接影响到王爷府及王爷府内文物的安全。建议按原有结构和样式修建，沿正殿北面墙体转角处设两个落水管。屋面排水采用有组织的外排水，具体做法见屋顶排水图。

烟囱：正殿二楼屋顶设有四个烟囱，经勘察后发现烟囱已被处理过，烟囱已封死，没有漏雨现象。因此在维修时不需再处理。

吊顶：拆除原有的三合板吊顶，换成厚 30 毫米的木板。原有木板的龙骨保存完好，不需修缮。木板用铁钉固定在原有龙骨上，木板表面刷原有颜色的油漆。

2. 东、西殿

落架修缮，恢复装修。

基槽：考虑到东、西殿离正殿很近，为了避免影响到正殿的基础，故采用人工挖基槽的方法。

基础：基槽挖完后，用砂浆和毛石来砌筑基础，基础应按《砌筑规范》的要求来砌筑。基础表面应设一道水泥砂浆防潮层。具体做法及尺寸见基础详图。

台阶：拆除现有台阶，妥善保存原有较好的条石，局部有损坏的需要更换，约占总量的 50% 。

室内地面：拆除现有水泥地面，换成八边形青砖地面。具体做法：把原有水泥地面拆除，然后铺一层厚 30 毫米的细砂，在细砂上铺一层八边形青砖，具体样式见详图。

散水：把现有的水泥散水，全部拆除，换成八边形青砖散水。具体做法：拆除现有散水，然后铺一层厚 30 毫米的细砂，在细砂上铺八边形青砖，散水宽度为 1000 毫米，散水的坡度为 2% 。散水与墙体接触部分要抹一层防水砂浆。东西殿原先没有散水的部分，按新设计的方法做散水。

墙体：拆除现有墙体，妥善保存原有较好的青砖，按照原样式重新砌筑。所有墙体厚度均为 620 毫米。外墙外侧砌筑 250 毫米厚的青砖。外墙内侧砌筑 370 毫米厚的土坯，内侧涂刷白色涂料。所有内墙砌筑土坯，内墙两侧涂刷白色涂料。重新砌筑墙体应按照《砌筑规范》的要求进行砌筑。每隔八皮砖，每层要放 3 根直径为 8 毫米的通长拉结筋，在纵横墙交接处增加角筋。拉结筋及角筋的使用应符合有关的构造要求。

门窗：重刷一道油漆，矫正变形门窗。做法：把表面清理干净后，人工涂刷。在施工中必须按原有颜色进行涂刷。

雨篷：因雨篷年久失修，雨篷表面的铁皮已锈蚀，木材局部有糟朽，所以东西配殿的雨篷需拆除重建，应按原有结构和样式修建。恢复原有花饰。

屋顶：拆除现有残存屋顶，妥善保存梁、椽子及短柱。修建屋顶的具体结构为：从下至上依次为椽子、两层芦苇席子、10 厘米厚的芦苇保温层、4 厘米厚的改性草泥（比例为 4 公斤草泥、1 公斤的乳化沥青）、8 厘米厚的黄土找平层、4 厘米的改性草泥。东西配殿的原有梁、椽子，由于使用年代已久、大小规格不统一，需要更换总量的 80% 。屋面排水采用有组织的外排水。具体排水见屋面排水图。

烟囱：只有西殿屋顶上部有一个砖砌烟囱和一个铁筒烟囱。据勘察发现这个铁筒烟囱是后来工作人员为了取暖而修的，现场勘察东殿没有烟囱，所以在新建东西殿时，不再修建烟囱。

吊顶及木龙骨：由于原有木龙骨大小规格不统一，所以重新做木龙骨，木龙骨做成边长为 500 毫米的正方形，木龙骨伸入墙内 240 毫米。拆除原有的三合板吊顶，换成厚 30 毫米的木板，木板用铁钉固定在木龙骨上。吊顶与吊顶接缝处用厚 10 毫米的木压条装饰。木板及压条表面刷原有颜色的油漆。

屋顶及院内排水说明：屋顶采用有组织的外排水，院内铺青砖，设坡度，屋顶及院内的雨雪水通过排水沟，排到井中或院外。

四、周边环境整治

（1）因王爷府周围 500 米范围内没有公共厕所，县博物馆周围卫生环境较差。为了给当地群众及县博物馆工作人员带来方便，改善周围环境，故需采用彩钢板房屋，修建一座厕所。

（2）因王爷府建筑本身就是文物，且其中又珍藏着大量珍贵文物。为了减少人为因素的破坏，更好的管理博物馆，保护文物，现在工作人员已不宜在原建筑房屋内办公，故需另外建两间办公用房（采用彩钢板房屋）。

（3）王爷府周围原有铁围栏损坏比较严重，需要进行恢复修缮。

（4）因年久失修，东、西殿大门已不能满足使用功能的要求，故东、西殿大门需要重做。在施工中必须按原有结构样式和颜色进行施工。东、西大殿大门两侧的围栏，经现场勘察砖砌体已经受潮酥碱，上部的钢筋已经锈蚀，故需要重新修建。修建时把钢筋铁栅栏换成木栅栏，木栅栏表面刷红色油漆。具体样式及尺寸见东西殿围栏详图。

（5）因东、西院内地坪为水泥地面，使地面水分无法排出，致使建筑受潮而破坏，所以新方案考虑拆除水泥路面，全部铺成八边形青砖。

（6）甬路：王爷府的北面、东面、西面甬路分别铺至铁围栏内侧；南面甬路按原有的面积铺设，甬路的材料为八边形青砖。具体做法：先拆除原有的甬路，再平整场地，然后铺一层厚度为 30 毫米的细砂，最后铺设八边形青砖。

五、注 意 事 项

（1）本维修以主体为主，没有考虑供水、暖气的需要。如有这方面需要，请另行安排设计。

（2）由于现场勘测时间有限，有些部位勘测还不是很完善，有些地方难免有所疏漏，待保护工程进行时再做进一步补充完善施工图。

（3）工程施工前应认真进行现场核对，如发现王爷府遭受到新的破坏，现场状况与设计不符时，应及时联系设计单位，进行设计变更后方可进行施工。施工东西殿时，应保证大殿的安全。

（4）方案中的梁、椽子、短柱的更换数量均按百分比表述，具体数量详见预算表。

（5）在施工工程中要注意文物及施工人员的安全。

参考资料

[1] 新疆和静县史志编撰委员会：《和静县志》，新疆人民出版社，1995年。

[2] 当地文物部门提供的资料和照片。

[3] 中共和静县委宣传部：《走进和静》，新疆美术摄影出版社，2000年。

项目主持：梁　涛

项目负责：阿布都艾尼·阿不都拉

报告编写：陆继财

参加工作人员：梁　涛　阿布都艾尼·阿不都拉

路　霞　陆继财　冶　飞　徐桂玲

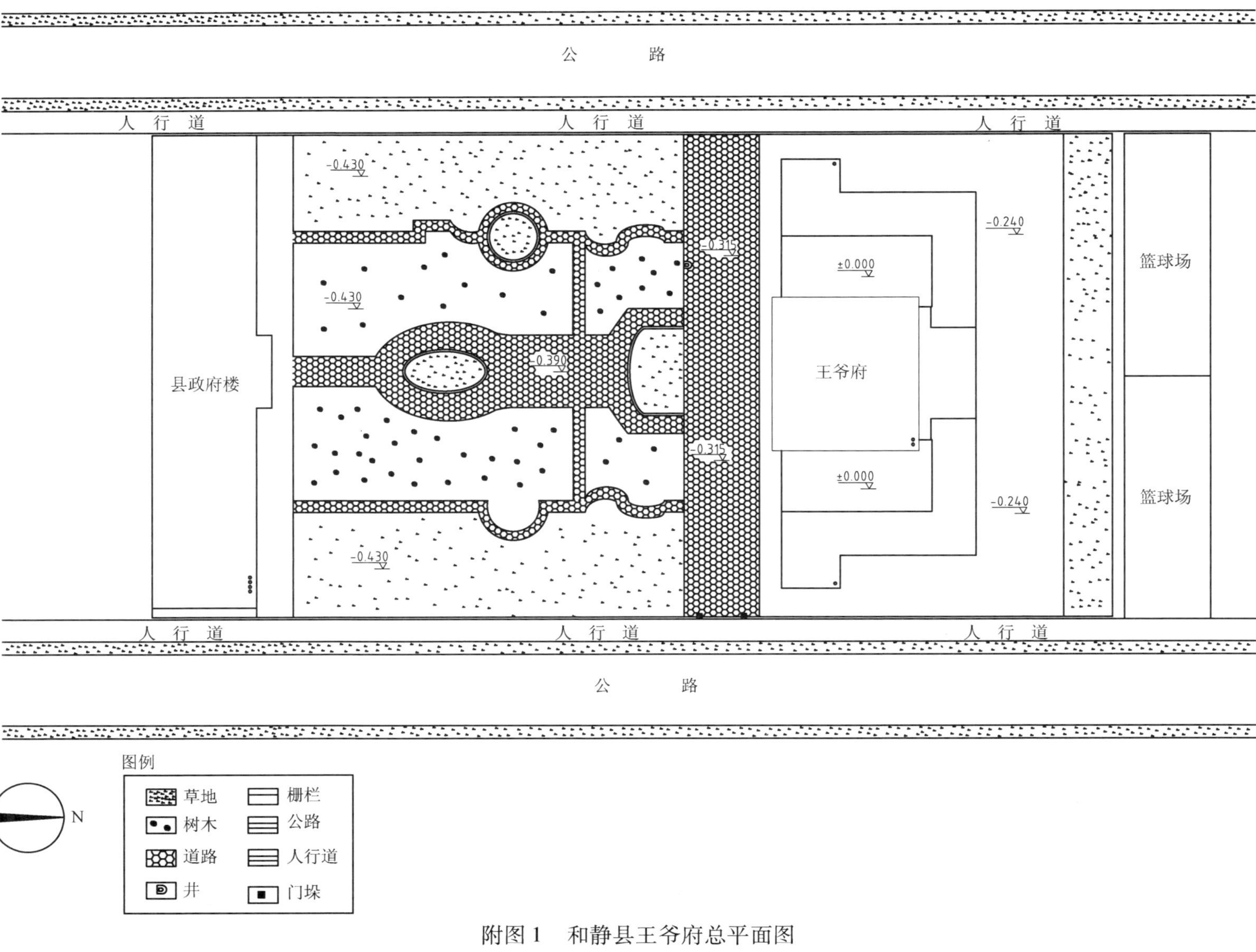

附图1 和静县王爷府总平面图

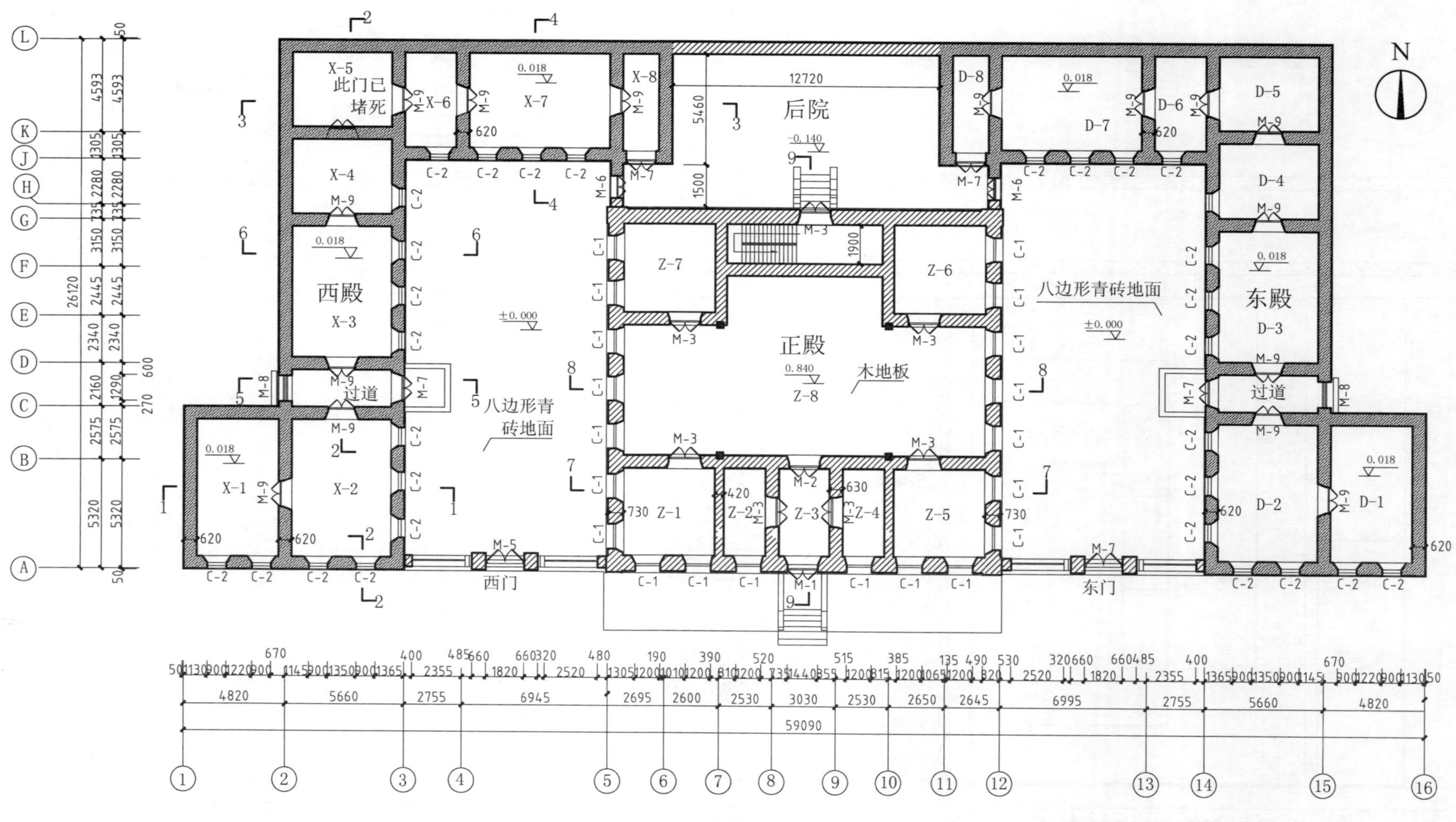

附图2　和静王爷府平面图

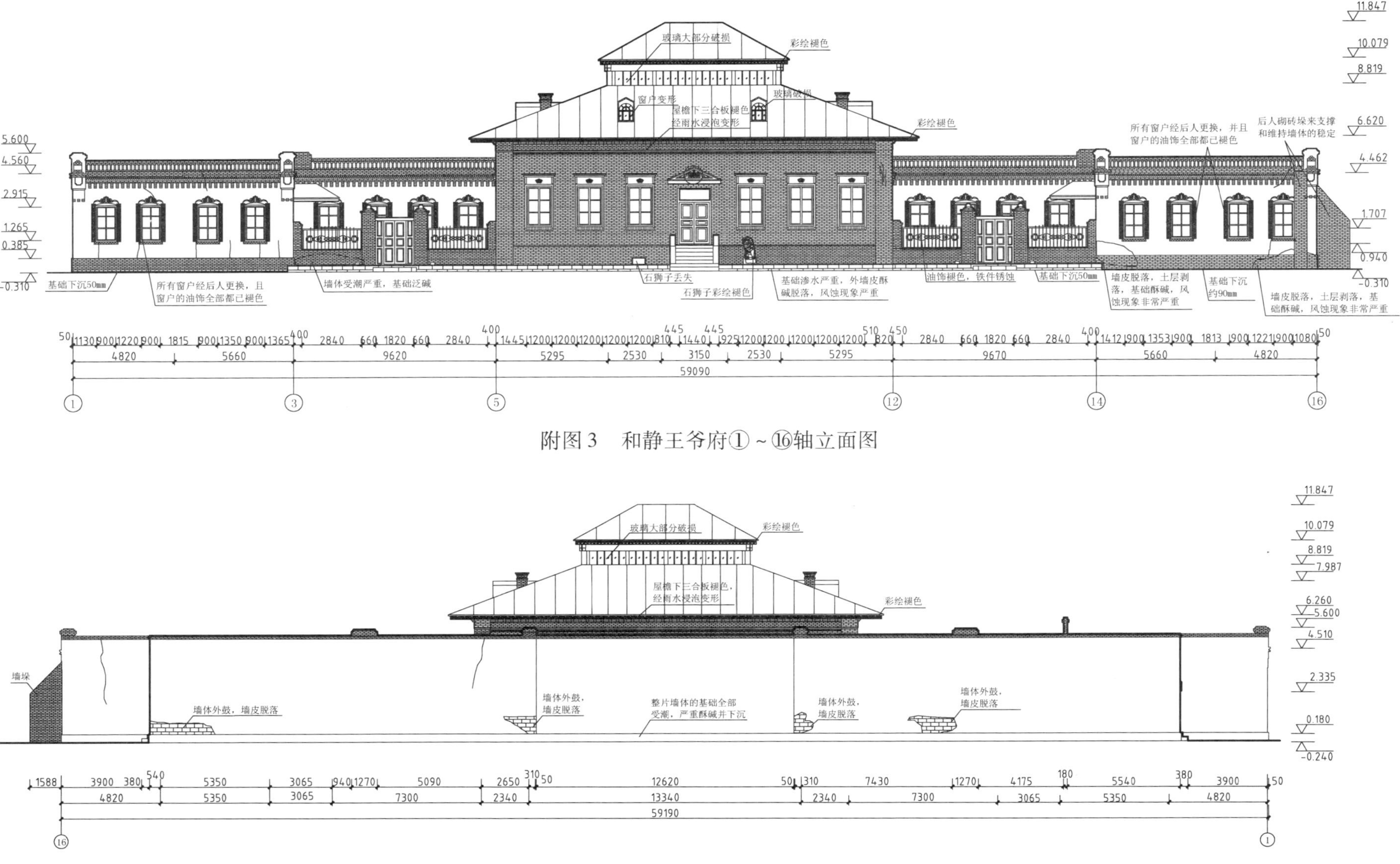

附图 3　和静王爷府①～⑯轴立面图

附图 4　和静王爷府⑯～①轴立面图

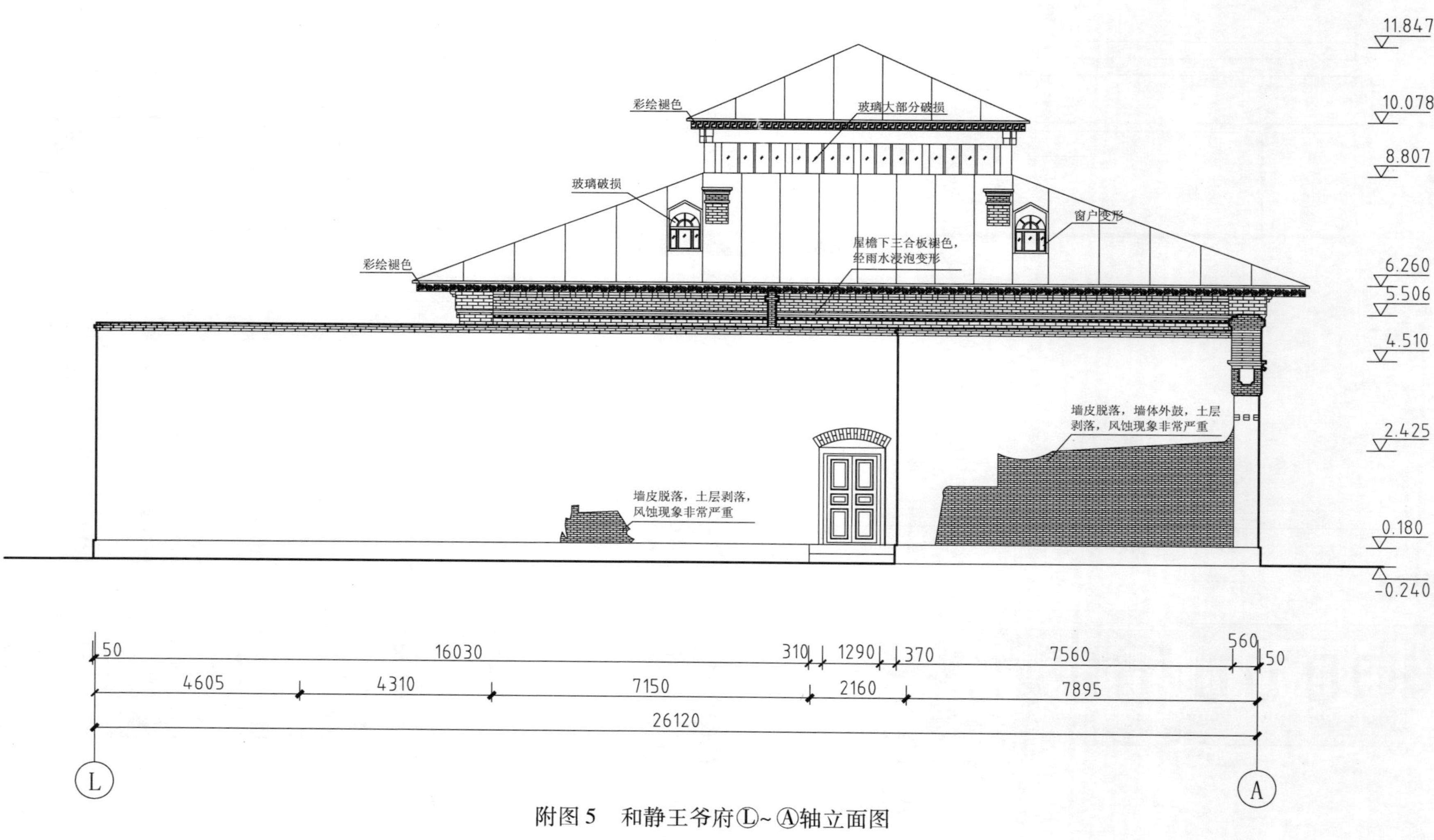
11.847
10.078
8.807
6.260
5.506
4.510
2.425
0.180
-0.240
彩绘褪色
玻璃大部分破损
玻璃破损
窗户变形
屋檐下三合板褪色，经雨水浸泡变形
彩绘褪色
墙皮脱落，墙体外鼓，土层剥落，风蚀现象非常严重
墙皮脱落，土层剥落，风蚀现象非常严重
50
16030
310
1290
370
7560
560
50
4605
4310
7150
2160
7895
26120
L
A

附图5　和静王爷府Ⓛ~Ⓐ轴立面图

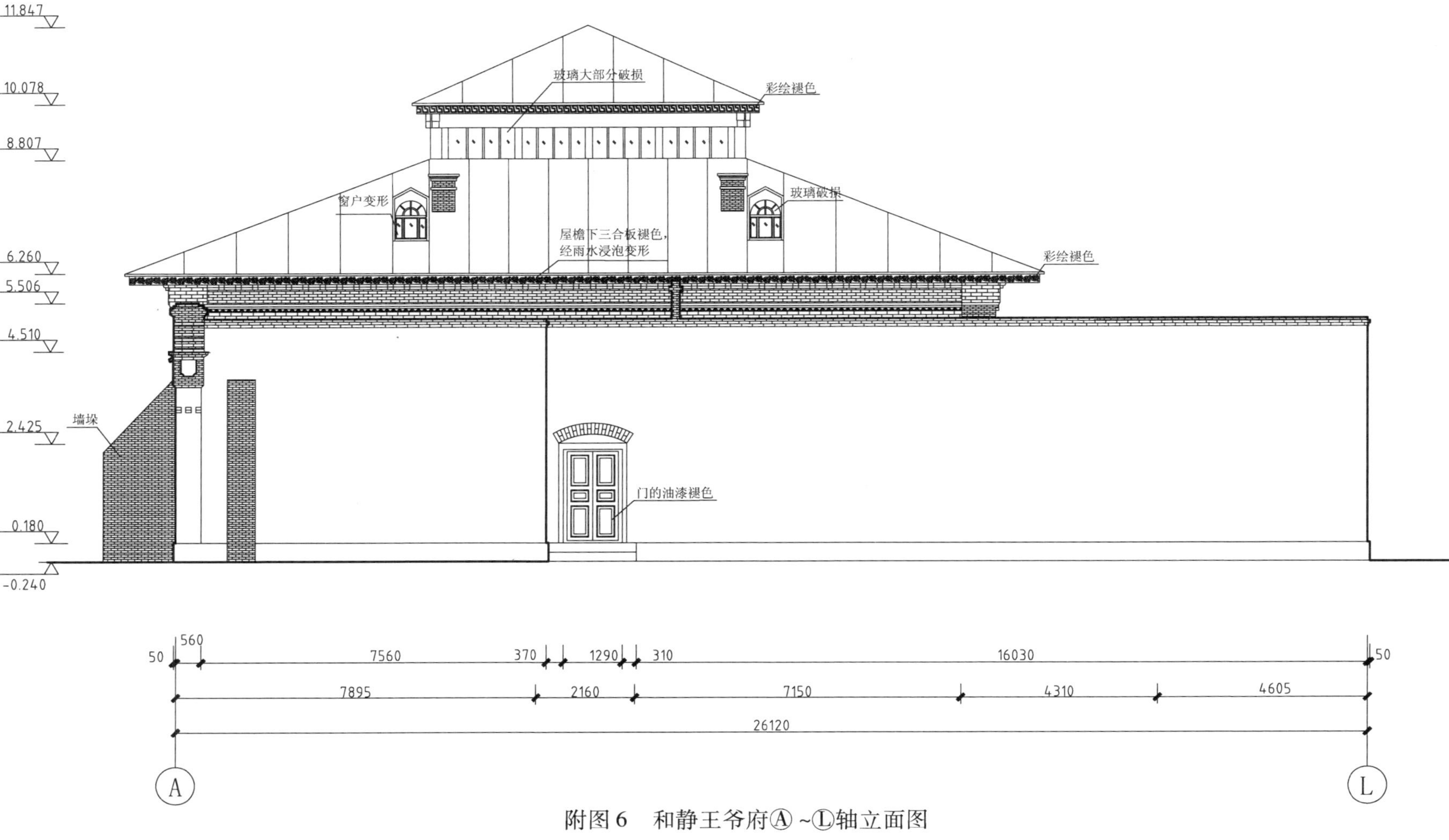
11.847
10.078
8.807
6.260
5.506
4.510
2.425
0.180
-0.240
玻璃大部分破损
彩绘褪色
窗户变形
玻璃破损
屋檐下三合板褪色，
经雨水浸泡变形
彩绘褪色
墙垛
门的油漆褪色
50
560
7560
370
1290
310
16030
50
7895
2160
7150
4310
4605
26120
A
L

附图6　和静王爷府Ⓐ~Ⓛ轴立面图

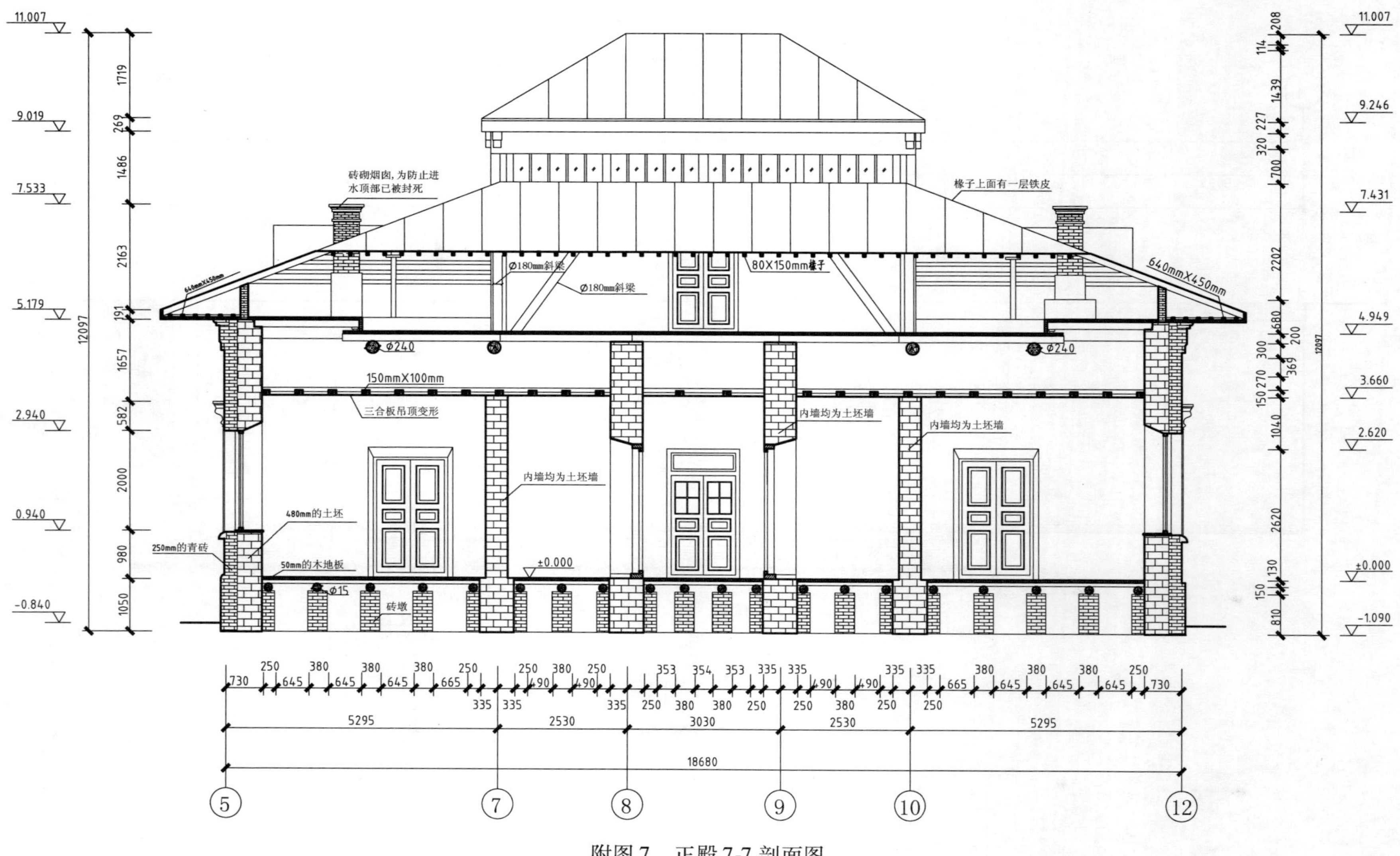
砖砌烟囱，为防止进水顶部已被封死
椽子上面有一层铁皮
640mm×450mm
Ø180mm斜梁
Ø180mm斜梁
80×150mm椽子
Ø240
Ø240
150mm×100mm
三合板吊顶变形
内墙均为土坯墙
内墙均为土坯墙
内墙均为土坯墙
480mm的土坯
250mm的青砖
50mm的木地板
±0.000
Ø15
砖墩
11.007
9.019
7.533
5.179
2.940
0.940
-0.840
9.246
7.431
4.949
3.660
2.620
-1.090
12097
5295
2530
3030
18680
5
7
8
9
10
12

附图7　正殿7-7剖面图

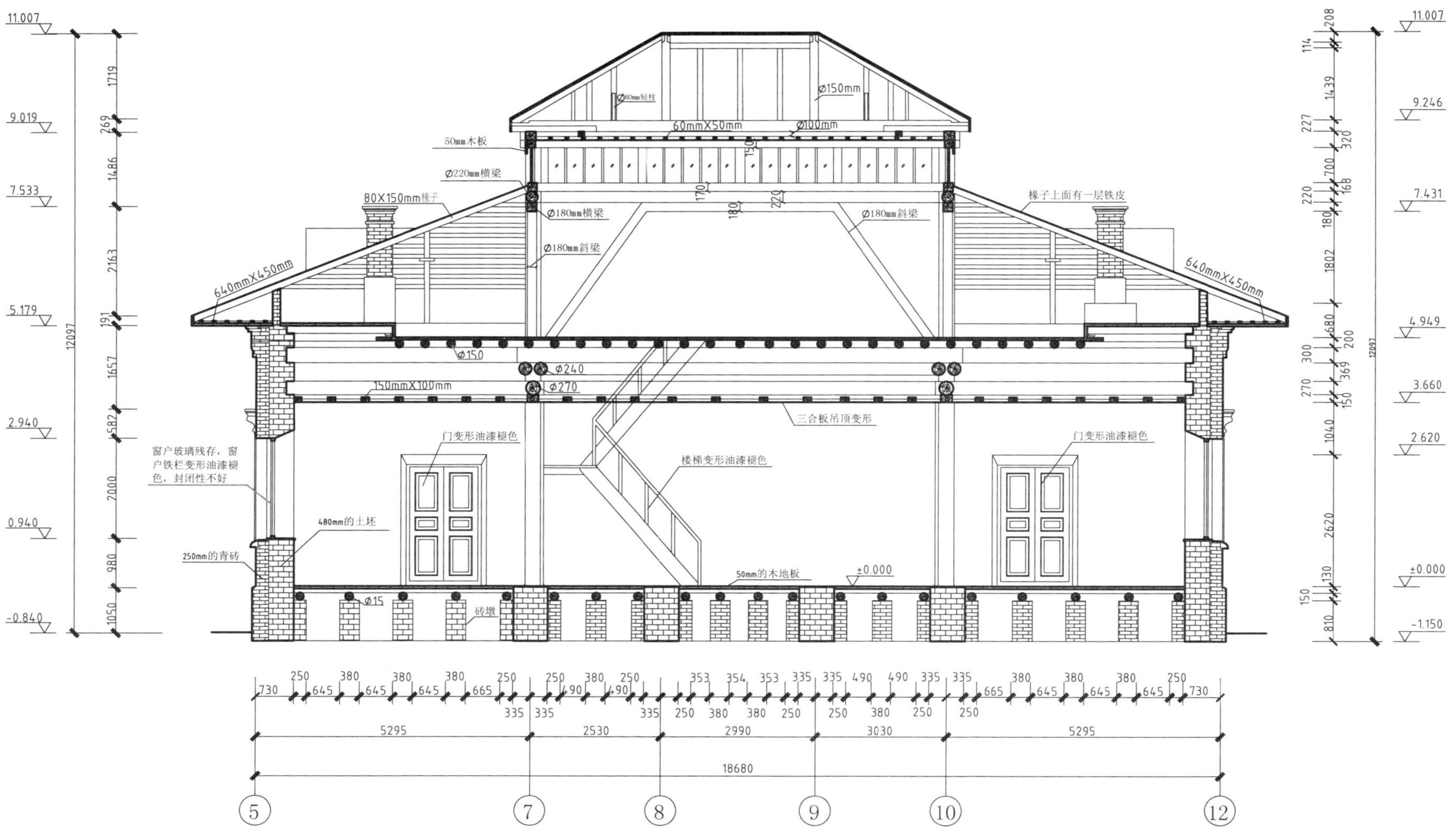
Ø150mm
60mmX50mm
Ø100mm
50mm木板
Ø220mm横梁
80X150mm椽子
Ø180mm横梁
Ø180mm斜梁
Ø180mm斜梁
椽子上面有一层铁皮
640mmX450mm
640mmX450mm
Ø150
Ø240
150mmX100mm
Ø270
三合板吊顶变形
门变形油漆褪色
门变形油漆褪色
楼梯变形油漆褪色
窗户玻璃残存，窗户铁栏变形油漆褪色，封闭性不好
480mm的土坯
250mm的青砖
50mm的木地板
±0.000
Ø15
砖墩
11.007
9.019
7.533
5.179
2.940
0.940
-0.840
9.246
7.431
4.949
3.660
2.620
-1.150
12097
5295
2530
2990
3030
18680
5
7
8
9
10
12

附图8 正殿8-8剖面图

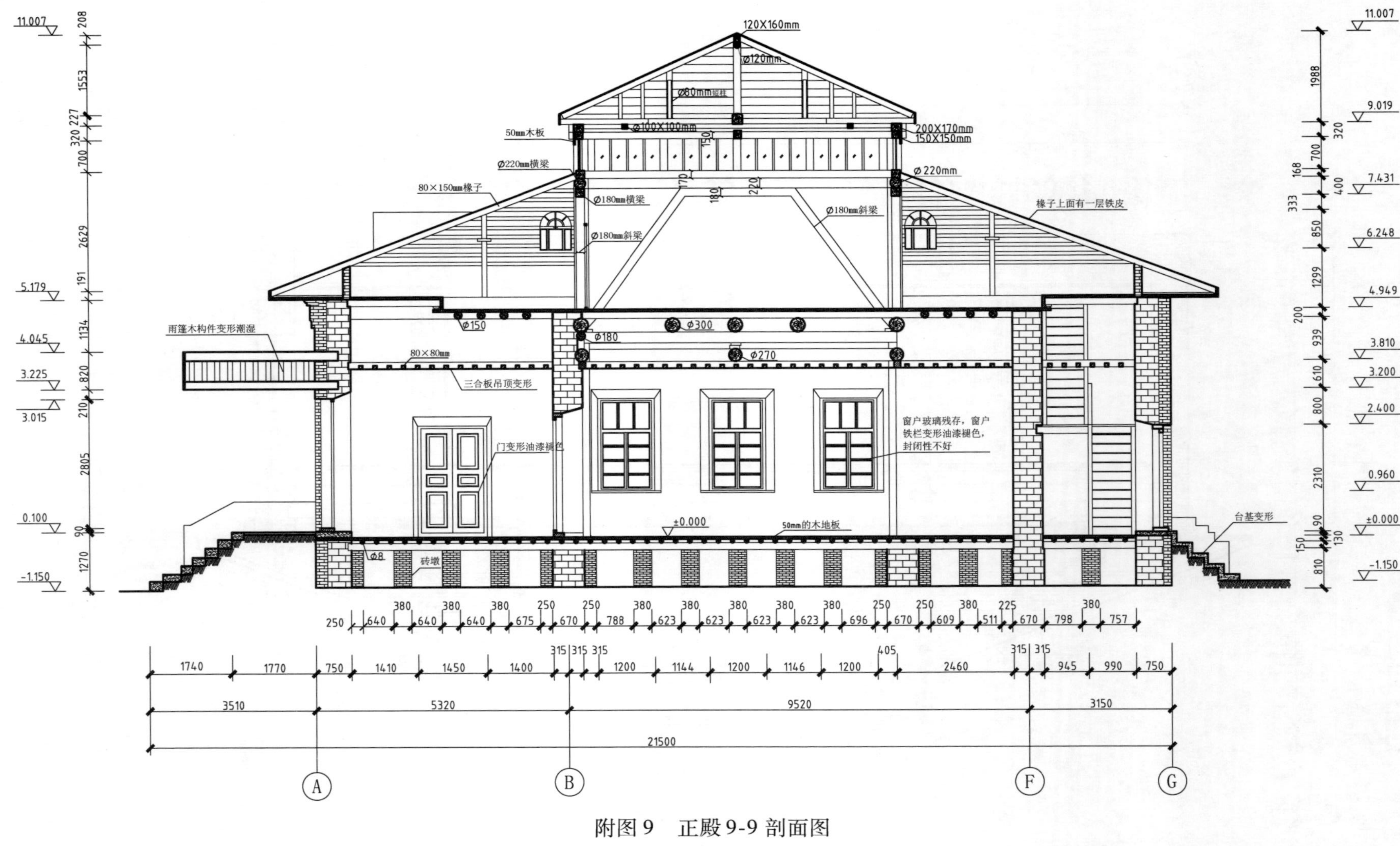
120X160mm
Ø120mm
Ø80mm短柱
Ø100X100mm
50mm木板
200X170mm
150X150mm
Ø220mm横梁
Ø220mm
80×150mm椽子
Ø180mm横梁
Ø180mm斜梁
椽子上面有一层铁皮
雨篷木构件变形潮湿
Ø150
Ø180
Ø300
Ø270
80×80mm
三合板吊顶变形
门变形油漆褪色
窗户玻璃残存，窗户铁栏变形油漆褪色，封闭性不好
±0.000
50mm的木地板
台基变形
Ø8
砖墩
11.007
9.019
7.431
6.248
5.179
4.949
4.045
3.810
3.225
3.200
3.015
2.400
0.960
0.100
-1.150
21500
3510
5320
9520
3150
A
B
F
G

附图 9　正殿 9-9 剖面图

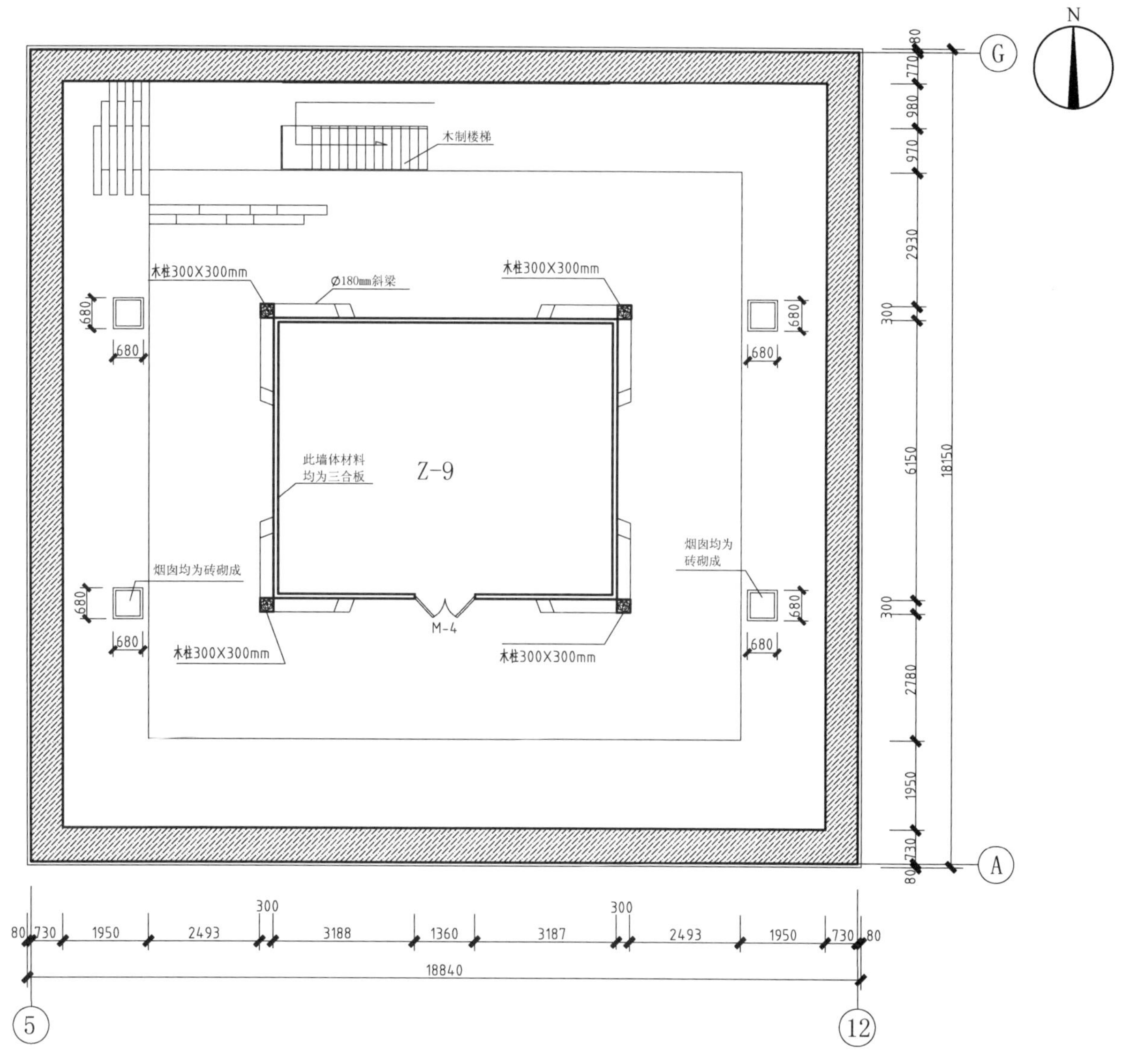

附图 10　正殿二层平面图

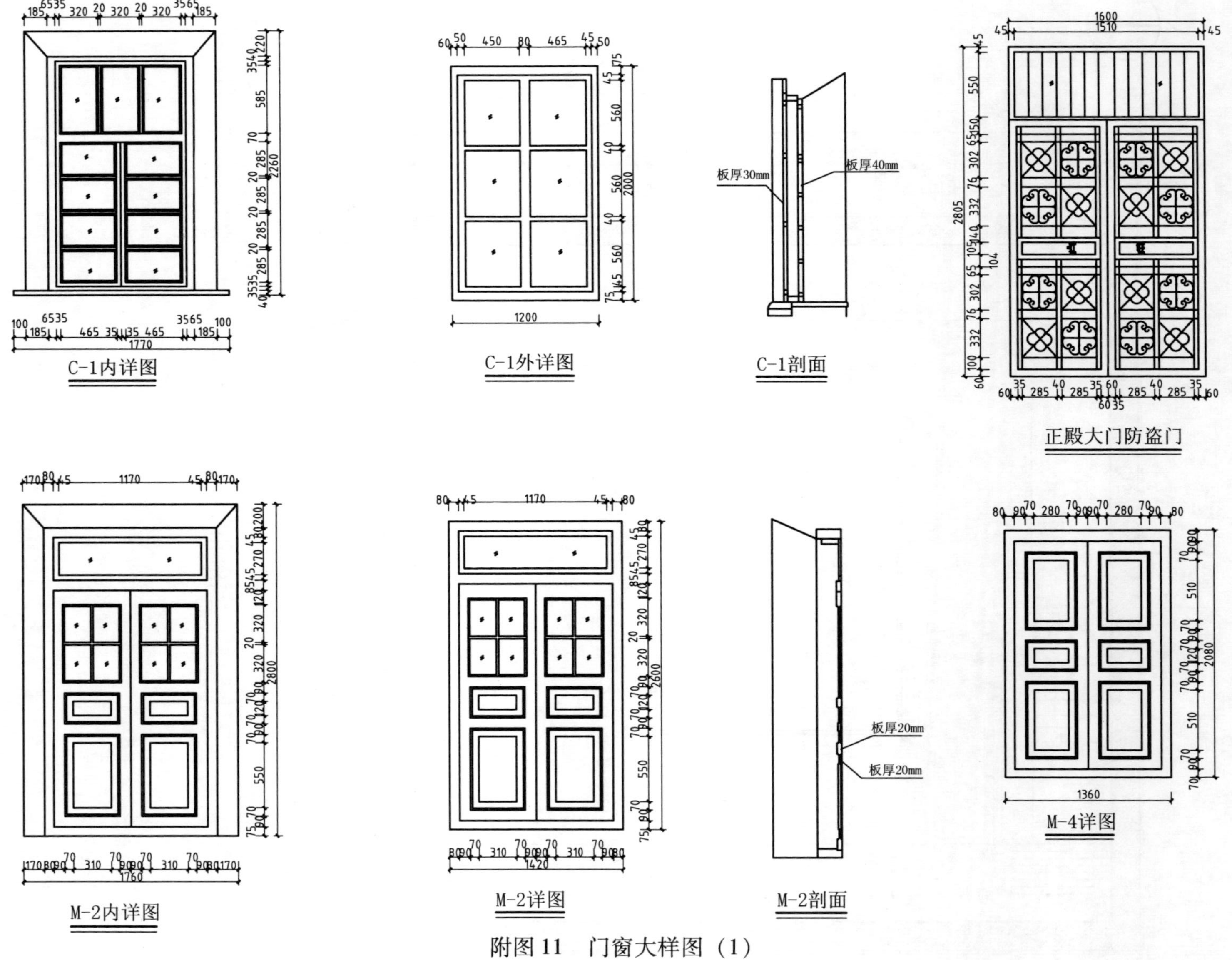
C-1内详图
C-1外详图
板厚30mm
板厚40mm
C-1剖面
正殿大门防盗门
M-2内详图
M-2详图
板厚20mm
板厚20mm
M-2剖面
M-4详图

附图 11 门窗大样图（1）

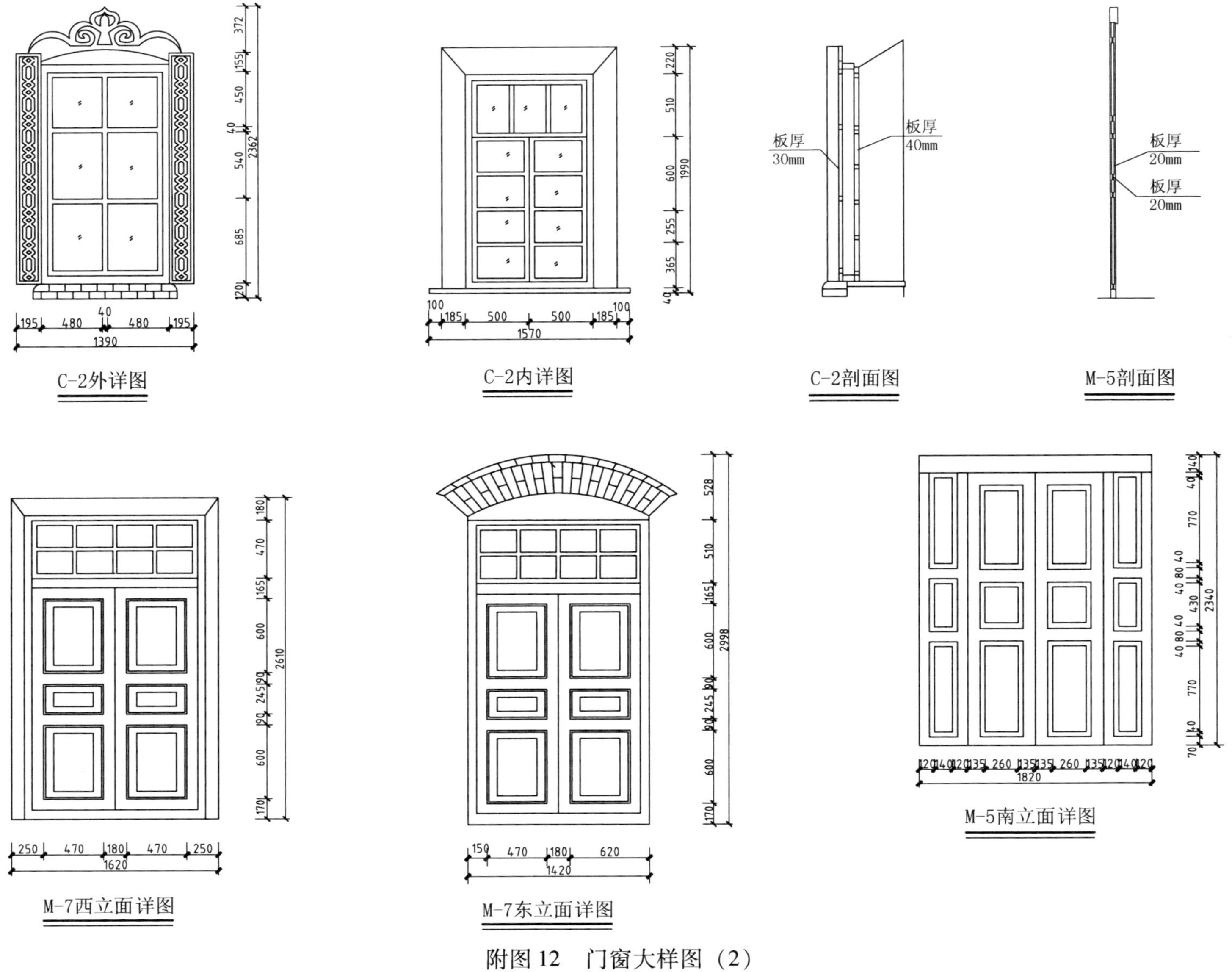
C-2外详图
C-2内详图
板厚
30mm
板厚
40mm
C-2剖面图
板厚
20mm
板厚
20mm
M-5剖面图
M-7西立面详图
M-7东立面详图
M-5南立面详图

附图12 门窗大样图（2）

新疆库车县默拉纳额什丁麻扎勘察报告及修缮设计方案

第一部分 勘察报告

一、基本概况

库车县隶属于新疆阿克苏地区，位于天山中部南麓，塔里木盆地北缘，地理位置为北纬40°46′~42°35′，东经82°35′~84°17′，东与巴音郭楞蒙古自治州的轮台县为邻，东南与尉犁县相接，南靠塔克拉玛干沙漠，西南与沙雅县相连，西以渭干河为界与新和县隔河相望，西北与拜城县接壤，北部与巴音郭楞蒙古自治州和静县毗连，属阿克苏地区东端。县境南北长193千米，东西宽164千米，全县面积1.52万平方千米。县城东距自治区首府乌鲁木齐直线距离448千米，公路里程753千米，西距行署地阿克苏直线距离227.5千米。库车县地形北高南低，自西北向东南倾斜，最高海拔高程为4550米，最低海拔高程为922米。库车县地处暖温带，热量丰富，气候干燥，降水稀少，夏季炎热，冬季干冷，年温差和日温差都很大，属暖温带大陆性干旱气候。由于境内面貌复杂，形成明显的区域性气候差异。库车县日照全年达2924.8小时。平原地带年平均气温11.4℃，7月最高，平均25.8℃，1月最冷，平均-8.0℃。年极端最高气温41.5℃，极端最低气温-27.4℃，年平均降水量67.3毫米。

库车县交通十分便利，国道、省道、县乡公路纵横交织，南疆铁路横穿县城，并与石油、煤炭铁路专用线连接，民航直达乌鲁木齐、阿克苏，是南疆五地州的交通枢纽和南疆至北疆的大动脉，具有南联北拓、东进西挺的地域优势。

默拉纳额什丁麻扎是阿克苏地区规模较大、保存比较完整的土木结构建筑（图一）。该建筑的重点保护区面积为6765平方米，分为麻扎、礼拜殿、宣礼塔及麻扎门楼四个部分。宣礼塔塔尖高耸，拱顶和塔身正面外墙均以绿色琉璃砖贴面，具有浓郁的伊斯兰建筑风格。麻扎原址是额什丁和卓的道堂，他死后被葬在这里，始建墓祠。我们现在所见的麻扎建筑为清朝同治年间重新修建，为一处综合性的宗教场所。

图一 默拉纳额什丁麻扎外景

二、历史沿革

库车县历史悠久，是汉唐时期著名的西域古国龟兹的故地。唐朝曾以此地为西域最高军政长官安西都护府的驻地。蒙元时为察合台汗国的属地。1758 年（清乾隆二十三年）定名库车，设库车办事大臣。1884 年设库车直隶抚民厅，辖现沙雅、新和县境。1902 年改设库车直隶州，归属阿克苏道，辖沙雅县。1913 年改设库车县。1922 年隶属新疆省第四区行政督察专员公署。1950 年属阿克苏专区，设库车镇。1971 年隶属阿克苏地区。

历史上的龟兹国是一个著名的佛教王国，公元 3 世纪时佛教及其艺术在当地已非常兴盛，绵延达千年之久。据《拉失德史》记载，察合台汗国时期，即将继承汗位的蒙古后王秃黑鲁帖木儿在阿克苏邂逅了来自中亚的贾马里丁和卓，受后者的劝导，决定继承汗位后皈依伊斯兰教。1347 年，秃黑鲁帖木儿正式继位。此时贾马里丁已去世，但其子额什丁遵照父嘱，面见了秃黑鲁帖木儿。后者皈依了伊斯兰教，其大量属民也随即入教。一年后，额什丁来到库车，成功地使当地居民改信了伊斯兰教。在库车，额什丁建立自己的道堂，成立了宗教法庭，还修建了一所经文学校。在统治者的支持下，额什丁家族的影响不断扩大，逐渐在南疆形成了一个以库车为中心的和卓宗教贵族势力。额什丁大约在 15 世纪去世。默拉纳额什丁麻扎是新疆著名的伊斯兰教古迹之一，作为一处宗教场所一直沿用至今。

1928 年，北大教授黄文弼进行考察。

1985 年，库车县文管所与新疆社会科学院宗教所拜访额什丁和卓第十八孙帕替丁，同时对该建筑进行考察。

1989 年 9 月，阿克苏地区文物普查队、阿克苏地区文管所、库车县文管所进行普查、拍照。该建筑现为自治区级重点文物保护单位。

三、建筑布局与各单体建筑结构及现存情况

默拉纳额什丁麻扎现在的建筑主要由宣礼塔、礼拜殿、麻扎本体、门楼及其亲属墓地组成。从空间上可以将麻扎划分为前院、后院和东院三部分（图二）。

图二　默拉纳额什丁麻扎正面

库车县文物管理所在20世纪80年代为加强对麻扎本体的保护，紧依麻扎南部的宣礼塔和西礼拜殿，在麻扎前院修建了西墙、东墙和南墙，将麻扎正面的主体——宣礼塔、礼拜殿及悬挂于礼拜殿南墙下的“天方列圣”木制牌匾包围在保护墙之内。同时，在麻扎新修建的南墙中部安装了两扇大铁门，作为进出麻扎的唯一通道。

进入前院，迎面看到的即为麻扎最雄伟的组成部分之一宣礼塔。宣礼塔由两层塔身及顶部的拱顶组成。塔身呈方形，高约11米左右，塔身边长约6米×6米，为砖砌，塔身正中开有门洞，由此可进入麻扎的后院及东院。塔身门洞两侧的正壁，由上至下依次排列着共计10个小龛。宣礼塔正壁外墙上用绿色琉璃砖贴面，其余部分则用白色石灰粉刷。琉璃砖为方形，中部有阳文四出大菊花瓣，方砖中部花瓣四角空白处填有阳文卷草花纹样装饰。

宣礼塔顶部为覆钵状的拱顶，拱顶表面也用绿色的琉璃砖贴面。拱顶贴面琉璃砖上的花纹装饰有别于塔身的贴面琉璃砖花饰，数量较少。宣礼塔的拱顶和四角见有覆钵状的塔刹。拱顶顶部做有两层葫芦状覆钵，覆钵顶部已毁。葫芦状覆钵通高约0.4米。宣礼塔身四角为紧贴于塔身的圆柱，圆柱上贴铺有绿色琉璃砖。宣礼塔身正中门道长约7米。宣礼塔西侧有木阶梯可直通塔身二层。二层内空旷，南北两侧壁各开有三个高约0.85米，宽约0.8米，深约0.24米的龛。东壁开有瞭望孔，高约0.1米，宽约0.25米，深约0.9米（同塔身墙壁的厚度）。西壁亦开有一个瞭望孔。有木梯阶可直通塔身顶部。

礼拜殿南墙与宣礼塔西侧紧紧相依，礼拜殿南墙顶部伸出一个二层屋檐。屋檐下用4根高约

4米，呈东西向排列的木柱支撑着。礼拜殿的南墙开有3个大木花格窗。在东部第一根木柱和宣礼塔之间礼拜殿南墙上方高悬着一块木制牌匾。牌匾正中由西向东横墨书“天方列圣”4个汉文大字，木匾汉字下部为一段阿拉伯文字。牌匾右侧由上至下墨书汉文三行，“古龟兹国在宋理宗时，有圣人默拉纳额什丁，由西域祖国万里来传以天方圣道，化革土胡鲁库蒙部数十万众教之，时义大矣哉，藩转饷驻斯，幸获谒其祠墓，爰题四字用志景仰云。”牌匾左侧由上至下墨书汉文两行，“蓝翎直隶州，用同知衔，河南候补班，前知县李藩题献。大清光绪七年孟秋月。”

过宣礼塔门道即为后院。紧依宣礼塔东部有一小屋，是日常看护打扫麻扎人员的住所。后院东部有一道南北向的院墙，将后院和东院分隔开来。院墙中部建有一座土门楼，通过门楼可直通东院。后院内地面用方砖铺就，后院西部为礼拜殿，礼拜殿坐西向东。礼拜殿有一双扇木制雕花门，门两侧各开有两个木制花格窗。礼拜殿的顶部有一伸出约2米的二层屋檐，屋檐为一排南北向5根木柱支撑着。屋檐下为一长约1.5米，高约0.5米的土台，土台表面用方砖铺设。礼拜殿的北部有一木制的边门。礼拜殿由冬礼拜室和夏礼拜室组成，殿内雕梁画栋，宽敞高大。

夏礼拜室在礼拜殿的西半部分，南墙有2个木制的花格窗，北墙也有2个，东墙有4个，西墙有2个。花格窗高约2.3米，宽约1.5米。夏礼拜室的西墙为隔墙，南部有门可直通冬礼拜室。夏礼拜室内有南北向的两排木柱，每排有4根。夏礼拜室的西墙正中设有阿訇的讲经座，南墙有3个高约2.5米，宽约1米，深约0.3米的长方形门洞状物，西墙有4个，北墙有3个。其中西墙中部门洞状物的上方见有影塑的边饰，为蓝底绿花。

冬礼拜室在礼拜殿的北半部分，夏礼拜室的西墙即为冬礼拜室的东墙，其建筑样式与夏礼拜室相同，均为土木结构。冬礼拜室南墙有一个木制的花格大窗，西墙有两个。西墙正中见有一个与夏礼拜室相同的用砖砌成的门洞状物，其实应为讲经座。冬礼拜室内见有一排南北向的8根木柱。

后院与东院之间的南北向横墙中部建有一个门楼，高约4米，门洞中安装有两扇大木门，木门上有雕花木格。入门楼北侧有一棵大树和一个坟墓，南面则为坟场，有三棵大树。经过门楼向东有一条长约30米用方砖铺就的通道，直通主墓室，通道两边为长条形的花池。额什丁的墓室坐东向西，墓室上方为出檐的木构建筑，四周以木柱支撑，边长约16米×16米，高约4.5米。墓室四周有一圈木制的暗窗格围栏，将墓室与外界隔开，木围栏的西面正中装有两扇木制的暗花格木门。墓室的南面见有大小若干个墓台，据说为额什丁亲属的坟地。

各单体建筑现状如下：

1. 麻扎

基础：外廊柱地圈梁下为木制基础，墙体下基础为卵石砌筑。外廊柱下为木基础，垂直于外廊地圈梁，埋入土层中，截面尺寸为250毫米×250毫米，长度为1000毫米。由于木基础常年埋入土中，已经糟朽、腐蚀，需要更换。卵石基础完好，无需处理。

外廊柱地圈梁：外廊柱地圈梁为木制，通长设置，已经糟朽、腐蚀，需要更换。

墙体、围栏及柱子：外廊一周有围栏围筑而成，正面破损比较严重，需要全部重新制作安装，其余三面基本完好（图三），只需局部维修。墙体为土坯砌筑而成，墙体厚度为1020毫米后，基本完好，墙皮局部酥碱、风化，地面以上的墙体均有不同程度的泛潮水印，目前这种情况主要表现在自地面以上，1米以下的墙体部位，这种现象与房内琉璃砖地面阻碍了地下水的蒸发有关。柱子为木制柱子，直径为200毫米，四个角柱及部分廊柱糟朽、开裂较为严重，影响到结构的安全，需要更换，其余柱子加固后继续使用。

图三 麻扎侧面与背面

门窗：除外廊大门变形，破坏比较严重外，其余门窗结构完好，门窗均为木门窗，局部有小变形，需要重新做防腐和矫正。

台阶：麻扎正面的阶梯是由红砖砌筑而成，表面有轻微的磨损，两侧砖垛是由红砖砌筑，表面抹水泥砂浆而成，局部有破损。

地面：麻扎外为330毫米×330毫米×60毫米的方砖，大部分丢失，部分方砖破损；麻扎外廊正面及麻扎内地砖为截面尺寸280毫米×280毫米×60毫米的琉璃方砖。此方砖透气性、透水性差，阻碍了地下水的蒸发，使木构件和墙体受潮，影响结构安全，需要拆除；麻扎外廊其余三面为380毫米×180毫米×60毫米红砖，破损较为严重，需要重新铺设。

墙面：墙面刷白色石灰浆，由于受潮表面有局部的气鼓、脱皮现象。

屋面：为平屋顶，从上到下结构层依次为：120毫米厚草泥，2层芦苇席，直径60毫米的椽子。由于年久失修，各层材料老化，没有防水层，导致局部漏雨，因此在维修过程中，应在保持屋面结构不变的情况下，增加屋面防水层。

花饰：由于自然原因，麻扎的油漆和花饰均遭到不同程度的破坏，需要重新修缮。

屋架：由于自然因素，麻扎墓室内有三根大梁局部开裂，需要加固。

望板：由于望板常年裸露，受风、雨、雪的侵蚀较多，已经糟朽、腐蚀，需要更换。

通过对麻扎的详细勘查，建议麻扎揭顶修缮，恢复花饰。

2. 礼拜殿（图四）

基础：为卵石砌筑而成，截面尺寸为700毫米×550毫米，卵石基础基本完好，无需处理。

墙体：礼拜殿的墙体由土坯砌筑而成，墙厚共用5种，其中外墙厚有550毫米、620毫米、

770毫米。内墙厚有630毫米、850毫米的两种，墙体基本完好，不做处理。

门窗：大部分门窗结构完好，个别门窗缺失，外墙上的部分门窗油漆褪色，所有门窗均为木制。

台阶：礼拜殿内外台阶为水泥制成。由于水泥地面的透气性差，阻碍了地下水的蒸发，影响结构安全，建议全部拆除。

图四　礼拜殿

地面：礼拜殿的地面现在均为水泥地面，水泥地面阻碍了地下水的正常蒸发，从而引发基础酥碱，墙体脱皮，泛潮，直接影响到建筑及文物的安全。建议地面及院内水泥地面全部拆除换成青砖，因青砖透水性和吸水性都很好。

墙面：墙体由土坯砌筑而成，礼拜殿前室内外均刷白色石灰浆，基本完好，局部有脱皮现象，需要修补。礼拜殿后室外墙刷白色石灰浆，内墙地面以上，1.2米以下刷绿色油漆，其余刷白色油漆。内墙面基本完好，不需处理，外墙面有墙皮脱落现象。

烟囱：烟囱基本完好，不做处理。

屋面：礼拜殿屋面均为平屋面，从下到上结构层依次为，椽子、两层草席、200毫米厚草泥。由于年久失修、材料老化，芦苇席已有小面积的腐朽现象，椽子也遭到不同程度的破坏。因此在维修过程中，应在保持屋面结构不变的情况下，增加屋面防水层。

花饰：基本完好，不做处理。

屋架：梁体结构、柱子结构、椽子基本完好，局部有裂缝，需要加固处理，梁损坏部分约为10%，柱子损坏部分约为20%，椽子损坏部分约为20%，梁、柱子、椽子的截面尺寸详见图纸，屋架保存了原有的结构和样式。

通过对礼拜殿的详细勘查，建议揭顶修缮。

3. 宣礼塔（图五）

基础：宣礼塔无基础，在夯土层上直接砌筑而成。

墙体：宣礼塔的墙体由红砖砌筑而成，墙厚约为1000毫米，墙体基本完好，局部有缺失部分，需要补砌。

门窗：所有的门窗结构完好，均为木制，油漆涂料已经掉色，需要重新涂刷。涂刷时必须按照原颜色涂刷。

地面：宣礼塔的地面现在均为水泥地面，阻碍了地下水的正常蒸发，从而直接影响到建筑及文物结构的安全。建议宣礼塔内水泥地面全部拆除换成青砖，因青砖透水性和吸水性都很好。

图五　宣礼塔外景

墙面：宣礼塔的墙面内外均刷白色石灰浆，已经开始起皮、脱落，需要铲除，重新粉刷白色石灰浆，缺失的琉璃瓦砖需要补贴。

屋架：梁体结构、椽子基本完好，只需做防腐处理。

拱顶：拱顶上的琉璃瓦砖大部分已经缺失，需要补贴，补贴时，必须按照原工艺、原材料进行补贴。

4. 麻扎的门楼（图六）

基础：麻扎门楼有两种基础，一种为青砖基础，主要分布在墙体下，青砖基础厚120毫米，宽度同墙厚。青砖由于年代久远，地下潮湿，已经酥碱、风化、腐蚀，承载力极低，已经承受不了上部的荷载，从而导致墙体倾斜150毫米；另一种基础为木、砖混合结构的基础。这种基础主要分布在柱子下，第一层为木基础，厚度为60毫米，宽度同柱子。第二层为青砖基础，在木基础下，厚度也是60毫米，宽度同柱子。建议重新做基础。

墙体、木棱花格及柱子：墙体由厚土坯砌筑而成，具体尺寸见图纸。墙体根部风化比较严重，墙体整体倾斜，有坍塌的危险，当地文物主管部门已经用木支撑支护。木棱花格使用的木头已经变形、糟朽，局部有更改的迹象，需要调回原样式。柱子糟朽、开裂，不规整，需要同一尺寸及规格。

图六　麻扎门楼

门：此门已变形，破坏也比较严重，需要按原样式及结构重新制作、安装。

地面：麻扎门楼地面为黄土地面，土质酥松，建议铺设青砖地面。因青砖透水性和吸水性都很好。

墙面：麻扎门楼墙面刷白色石灰，白色石灰里面为草泥，局部有脱落的现象，墙皮松动。

屋面：墙体上部屋顶按原结构恢复，增加屋面防水层。柱子、梁上部屋顶的结构从下到上结构层依次为：椽子、两层草席、120 毫米厚草泥。由于年久失修、材料老化，芦苇席已有小面积的腐朽现象，木板也遭到不同程度的破坏。因此在维修过程中，应在保持屋面结构不变的情况下，增加屋面防水层。

屋架：梁体结构、椽子局部有裂缝，已经糟朽，梁、椽子的截面尺寸详见图纸，屋架保存了原有的结构和样式。

通过对麻扎门楼的详细勘察，建议落架维修。

四、残破状况及相关原因分析

默拉纳额什丁麻扎建筑现状图表。

（一）麻扎、主墓室、门楼现状图表（表 1 ~ 表 3）

（二）礼拜殿现状图表（表 4、表 5）

（三）宣礼塔现状图表（表 6、表 7）

表 1　默拉纳额什丁麻扎现状

<table>
<tr><td colspan="6"></td></tr>
<tr><td>残破说明</td><td colspan="5">1. 墙体基础为卵石基础，保存比较完好；外廊柱地圈梁为木圈梁，已经糟朽腐蚀，需要更换；2. 墙体为土坯砌筑，厚 1020 毫米，墙皮局部酥碱、风化，地面以上的墙体有不同程度的泛潮水印；3. 柱子直径为 200 毫米，角柱及部分廊柱糟朽、开裂严重，需要更换；4. 围栏正面磨损比较严重，需要重新制作安装，其余三面基本完好；5. 门窗：除外廊大门变形破坏严重外，其余门窗结构完好；6. 地面为方砖铺设，大部分丢失，需要重新铺设；7. 墙面刷白色石灰浆，局部出现气鼓脱皮现象；8. 屋面：为平屋顶，其结构层已经老化，没有防水层，导致局部漏雨；9. 花饰：由于自然原因，油漆和花饰遭到不同程度的破坏；10. 屋架：麻扎室内三根大梁局部开裂；11. 望板已经糟朽腐蚀需更换</td></tr>
<tr><td rowspan="3">残损状况</td><td colspan="5">麻扎基础及地面情况</td></tr>
<tr><td>麻扎门楼基础现状</td><td>麻扎外地面方砖</td><td>麻扎廊内琉璃砖</td><td>尺寸为 380 × 180 × 60（毫米）的方砖</td><td>麻扎墙下基础现状</td></tr>
<tr><td></td><td></td><td></td><td></td><td></td></tr>
</table>

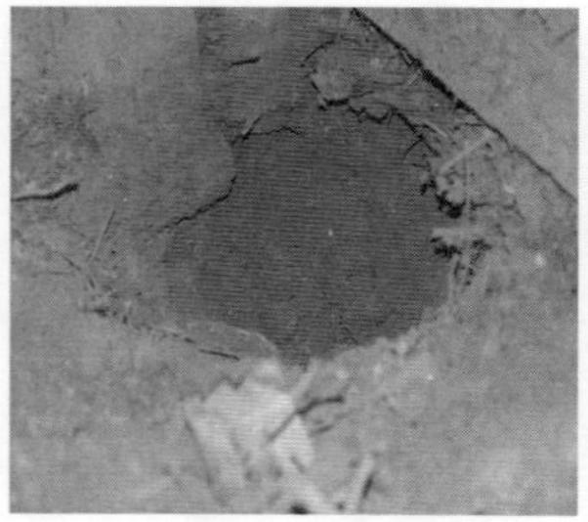

表 2　麻扎主墓室细部构件现状

残破程度					
残破程度	麻扎廊道内墙体及地面现状 	木棱花格柱础现状 	木棱花格柱彩绘现状 	麻扎主墓室墙皮气鼓脱落情况 	木棱花格栏杆残损现状 
	麻扎木构件残损现状				
	主墓室木棱花格扇门和窗现状 	麻扎主墓室内梁架遭雨水腐蚀情况 	麻扎廊柱开裂情况 	麻扎主墓室木棱花格扇门现状 	麻扎墙体花饰彩绘现状 
	主墓室檐口及细部现状			主墓室及周边环境	
	麻扎正立面残损情况 	麻扎檐口残破现状 	主墓室檐口琉璃瓦件 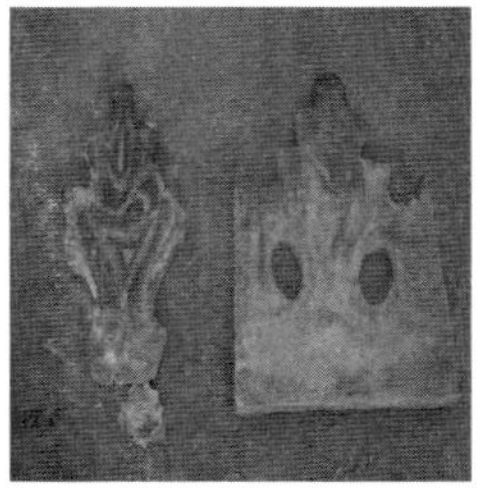	主墓室内现状 	主墓室周边环境现状 

表 3　默拉纳额什丁麻扎门楼现状

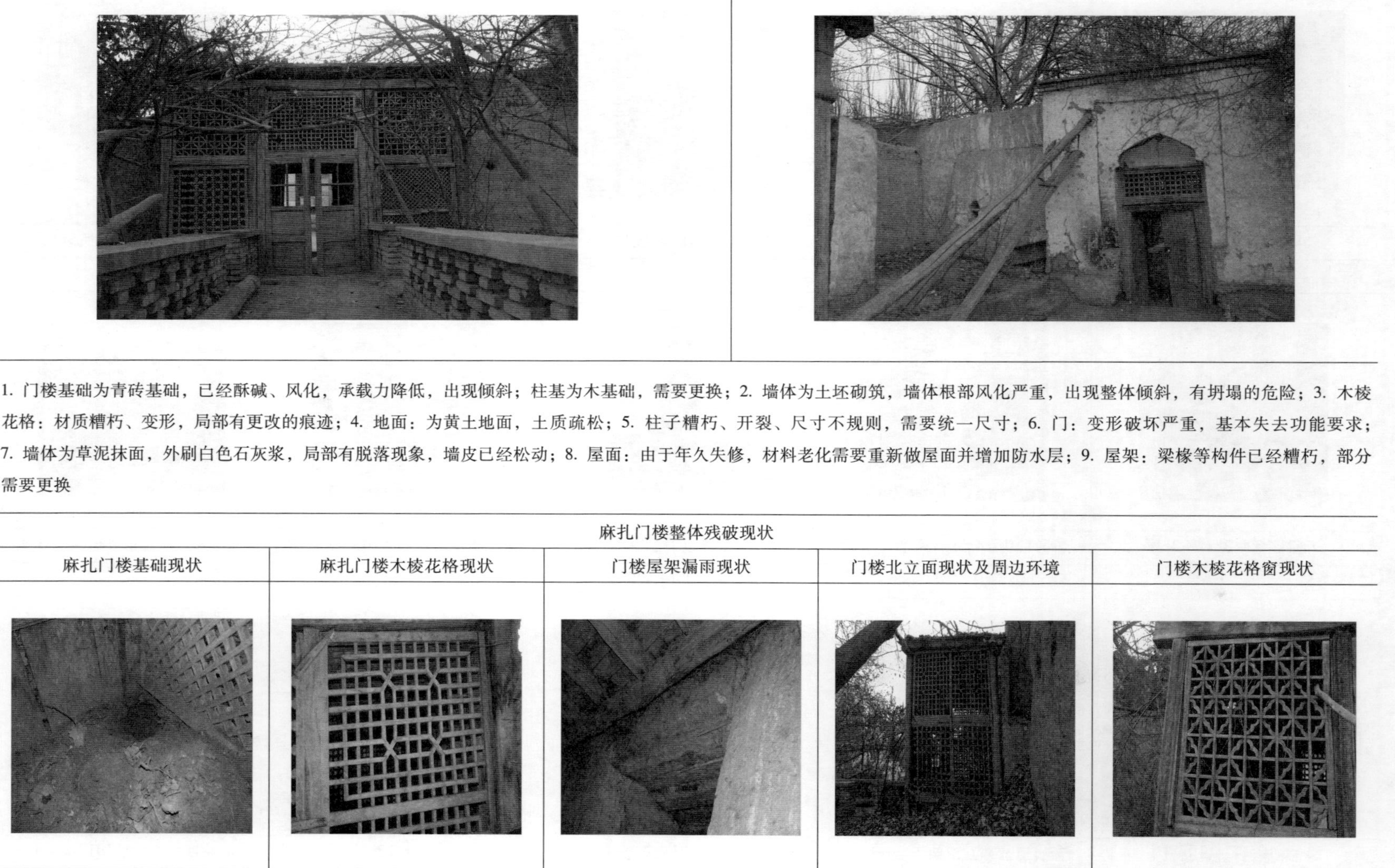

残破说明	1. 门楼基础为青砖基础，已经酥碱、风化，承载力降低，出现倾斜；柱基为木基础，需要更换；2. 墙体为土坯砌筑，墙体根部风化严重，出现整体倾斜，有坍塌的危险；3. 木棱花格：材质糟朽、变形，局部有更改的痕迹；4. 地面：为黄土地面，土质疏松；5. 柱子糟朽、开裂、尺寸不规则，需要统一尺寸；6. 门：变形破坏严重，基本失去功能要求；7. 墙体为草泥抹面，外刷白色石灰浆，局部有脱落现象，墙皮已经松动；8. 屋面：由于年久失修，材料老化需要重新做屋面并增加防水层；9. 屋架：梁椽等构件已经糟朽，部分需要更换				
残损状况	麻扎门楼整体残破现状				
	麻扎门楼基础现状	麻扎门楼木棱花格现状	门楼屋架漏雨现状	门楼北立面现状及周边环境	门楼木棱花格窗现状

表 4　库车县默拉纳额什丁麻扎礼拜殿现状

残破说明	1. 基础为卵石基础，卵石基础上砌有三皮砖，部分砖已经开始酥碱，在早期维修时礼拜殿后墙做了水泥台基；2. 整个墙体均为土坯砌筑，靠近③轴线的附属山墙泛潮酥碱比较严重，且此段墙体无基础；3. 大部分门窗油漆已经开始剥落；4. 台阶也是后人改造过的红砖台阶，表面有轻微磨损现象；5. 部分外廊檐柱出现下沉和歪闪现象，个别檐柱出现裂缝需要维修加固；6. 外廊上各种花饰的油漆有不同程度的剥落；7. 礼拜殿室内外地面均被改造为水泥地面；8. 屋架的梁、椽规格基本上统一，部分梁椽被雨水腐蚀，需要更换				
残损状况	地基、地面和墙面情况				
	清真寺墙下基础	外廊墙下的柱基础	外廊屋面漏雨严重	外廊附属墙体底部酥碱严重	室外的水泥地面

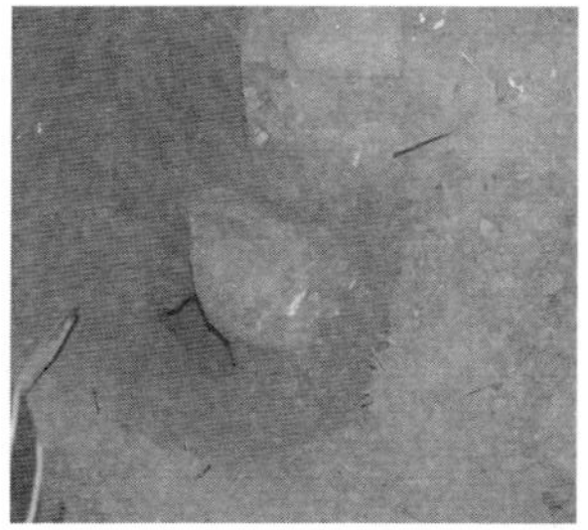

表 5　库车县默拉纳额什丁麻扎礼拜殿现状

残破程度

窗户破损

室外墙皮脱落

外廊屋檐被雨水侵蚀严重

外廊地圈梁开裂

窗户上木圈梁断裂

屋面漏雨渗水

被改造的室内水泥地面

后砌水泥台阶

电路存在隐患

表 6　库车县默拉纳额什丁麻扎宣礼塔病害

室内墙皮大面积脱落	外墙琉璃砖部分缺失	穹顶琉璃砖大面积脱落
穹顶装饰物残破缺失	外墙墙皮大面积片状起甲脱落	外墙墙皮大面积片状起甲脱落

表7　库车县默拉纳额什丁麻扎宣礼塔病害

楼梯大部分构件缺失	楼顶残破	外墙琉璃砖部分缺失
外墙残破现状	外墙残破现状	外墙琉璃砖部分缺失

五、评　　估

（一）价值评估

（1）默拉纳额什丁麻扎是新疆著名的伊斯兰教建筑，在信教的群众中有很大的影响力。抢救维修和合理利用这座优秀文化遗产是当地广大群众的共同心声。维修保护这个麻扎，有利于加强民族团结，构建和谐社会。

（2）默拉纳额什丁麻扎具有独特的民族建筑风格，虽然麻扎的局部已经被毁坏，但建筑外观保存比较好。它是历史较早的伊斯兰教建筑的典型，对于新疆宗教史及建筑史的研究具有较高的参考价值。

（3）默拉纳额什丁麻扎所蕴含的历史文化信息使其具有相应的人文景观价值，可以促进当地的旅游开发，进而带动地方经济的发展。

（二）管理条件评估

有专门机构——库车县文物局负责对其保护管理工作。库车县文物局工作人员属于事业单位编制，在编人员16人，隶属于库车县文体局。

（三）现状评估

（1）整座麻扎宏大壮观，有独特的民族建筑结构风格，虽有一些建筑已经毁坏，但建筑外观及布局保存比较好。

（2）建筑结构保存较好，麻扎门楼墙体根部已经酥碱、掏蚀墙体脱皮，基础酥碱，墙体面临坍塌。如果不及时进行抢修和保护，这座属于自治区级文物保护单位的麻扎很快会从人们的视线中消失。

（3）麻扎现已是库车县信仰伊斯兰教群众的主要宗教活动场所。修缮后，可为广大穆斯林群众提供方便。

（4）麻扎的照明及供暖情况比较差，需要进一步的改善。

综上所述，在保存现状的前提下，进行抢救性的修缮。

第二部分　修缮设计方案

一、修缮依据

（1）按照《中华人民共和国文物保护法》关于“保护为主，抢救第一，加强管理，合理利用”的文物保护原则，修缮尽量保留现存文物建筑的基本特色和构件，适当恢复文物建筑原状；

（2）《中华人民共和国文物保护法实施条例》（2003 年）；

（3）《文物保护工程管理办法》（2003 年）；

（4）《中国文物古迹保护准则》（2004 年修订）；

（5）《建筑抗震设计规范》（GB50011-2001）；

（6）《建筑抗震设防分类标准》（GB50223-95）；

（7）按照《库车县默拉纳额什丁麻扎现场勘察测量报告》关于各单体建筑残破现状及相关原因分析；

（8）参照《库车县默拉纳额什丁麻扎维修项目建议书》的有关原则及修缮要求进行修缮；

（9）相关文献资料。

二、修缮设计原则

严格遵守“不改变文物原状”的原则，尽可能真实完整的保存麻扎的历史原貌和建筑特色。原状保护是以文物点被公布为自治区级文物保护单位时的形状为依据进行修缮设计。在维修过程中以原建筑现有传统做法为主，尽可能使用原有建筑材料，完整保存并归安原有的建筑构件；维修工程的补配构件，要做到原材料、原工艺，按原形制修复；加固补强部分要与原结构、原构件连接可靠；新补配的构件需要详细档案记载。

三、修 缮 性 质

（1）重点修缮：麻扎本体、清真寺、宣礼塔、麻扎门楼等。

（2）其他修缮工程：卫生间、围栏、净身房、消防、照明等设施。

四、修 缮 方 案

1. 麻扎

揭顶修缮，恢复装饰。

基础：墙体下卵石基础良好，不需做处理；外廊地圈梁下四角为圆形块石基础，基础直径为 500 毫米，厚度为 250 毫米，需要更换。其余基础在每个对应的柱子下，垂直于地圈梁方向设置木基础，长度为 1000 毫米，截面尺寸为 250 毫米 × 250 毫米，需要更换。所有木制基础必须做防腐处理后方可使用。

外廊柱地圈梁：外廊柱地圈梁为木制，通常设置，已经糟朽、腐蚀，需要全部更换，所有更换外廊柱地圈梁必须做防腐处理后方可使用。

墙体、围栏及柱子：墙体基本完好，不需处理；外廊围栏只有正面全部更换，其余三面局部维修。围栏的更换及维修必须按照原结构、原样式、原尺寸进行，且要做防腐处理；柱子局部损坏，更换的柱子详见施工图。对于开裂 5 毫米以内的柱子采用环氧树脂腻子堵缝严实，对于裂缝宽度超过5毫米的柱子采用木条粘牢补严。如果裂缝不规则，需要凿成规则的几何形槽口，以便于嵌补，所有柱子在使用前必须做防腐处理。

门窗：除外廊大门变形、破坏比较严重外，需要按照原样重新制作安装，其余只需局部矫正。所有构件要做防腐处理。

台阶：麻扎正面的阶梯是由红砖砌筑而成，表面有轻微的磨损。两侧砖垛是由红砖砌筑，表面抹水泥砂浆而成，局部有破损，只需局部修补，抹水泥砂浆即可。

地面：麻扎外为330毫米×330毫米×60毫米的方砖，大部分丢失，部分方砖破损；麻扎外廊正面及麻扎内地砖为截面尺寸280毫米×280毫米×60毫米的琉璃方砖。此方砖透气性、透水性差，阻碍了地下水的蒸发，使木构件和墙体受潮，影响结构安全，需要拆除；麻扎外廊其余三面为380毫米×180毫米×60毫米红砖，破损较为严重，需要重新铺设。具体做法：先清理原有地砖，然后铺一层砂垫层，再铺设地砖。

墙面：墙面刷白色石灰浆，由于受潮表面有局部的气鼓、脱皮现象，先把气鼓、脱皮部分清除，然后重新粉刷。

屋面：屋面为平屋顶，从上到下结构层依次为：120毫米厚草泥，2层芦苇席，直径60毫米的椽子。由于年久失修，各层材料老化，没有防水层，导致局部漏雨。因此在维修过程中，应在保持屋面结构不变的情况下，增加屋面防水层。椽子更换10%，芦苇席全部更换，在椽子和芦苇席之间增加一道SBS防水卷材。

花饰：由于自然原因，麻扎的油漆和花饰均遭到不同程度的破坏。麻扎大门两侧柱子原有花饰，但现在一个柱子有，一个柱子没有，根据当地文物主管部门提供的资料显示，两侧都有，所以恢复柱子上的花饰。恢复麻扎屋顶上正面的琉璃砖。恢复麻扎墙体上的花饰。

屋架：由于自然因素，麻扎墓室内有三根大梁局部开裂，需要加固。具体加固措施为在裂缝处，用木条嵌补，并用胶粘牢。

望板：由于望板常年裸露，受风、雨、雪的侵蚀较多，已经糟朽、腐蚀，需要全部更换。

2. 礼拜殿

基础：为卵石砌筑而成，截面尺寸为700毫米×550毫米，卵石基础基本完好，无需处理。

墙体：礼拜殿的墙体由土坯砌筑而成，墙厚共有五种，其中外墙厚有550毫米、620毫米、770毫米。内墙厚有630毫米、850毫米的两种，墙体基本完好，不做处理。

门窗：所有门窗均为木制，大部分门窗结构完好，个别门窗缺失，外墙上的部分门窗油漆掉色，恢复缺失门窗并对褪色的门窗重刷油漆。

台阶：礼拜殿内外台阶为水泥制成。由于水泥地面的透气性差，阻碍了地下水的蒸发，影响结构安全，建议全部拆除，改为青砖砌筑而成。

地面：礼拜殿的地面现在均为水泥地面，阻碍了地下水的正常蒸发，长期下去，将引发基础酥碱，墙体蜕皮，泛潮，直接影响到建筑及文物的安全。建议地面及院内水泥地面全部拆除换成青砖，铺设青砖前，先铺设砂子垫层。

墙面：礼拜殿前室内外均刷白色石灰浆，基本完好，局部有脱皮现象，需要修补。礼拜殿后室外墙刷白色石灰浆，内墙地面以上，1.2米以下刷绿色油漆，其余刷白色油漆。内墙面基本完好，不需处理，外墙面需重新刷白色石灰浆。

烟囱：烟囱基本完好，不做处理。

屋面：礼拜殿屋面均为平屋面，从下到上结构层依次为椽子、两层草席、200 毫米厚草泥。由于年久失修、材料老化，芦苇席已有小面积的腐朽现象，椽子也遭到不同程度的破坏。因此在维修过程中，应在保持屋面结构不变的情况下，增加屋面防水层。在椽子和芦苇席之间增加一道 SBS 防水卷材。

花饰：基本完好，不做处理。

屋架：梁体结构、柱子结构、椽子基本完好，局部有裂缝，需要加固处理，梁损坏部分约为 10%，柱子损坏部分约为 20%，椽子损坏部分约为 20%，梁、柱子、椽子的截面尺寸详见图纸。屋架保存了原有的结构和样式，损坏部分需要更换，并做防腐处理。

3. 宣礼塔

基础：宣礼塔无基础，在夯土层上直接砌筑而成。不做处理。

墙体：宣礼塔的墙体由红砖砌筑而成，墙厚约为 1000 毫米，墙体基本完好，局部有缺失部分，需要补砌。

门窗：所有的门窗结构完好，均为木制，油漆涂料已经掉色，需要重新涂刷。涂刷时必须按照原颜色涂刷。

地面：宣礼塔的地面现在均为水泥地面。建议宣礼塔内水泥地面全部拆除，换成青砖，因青砖透水性和吸水性都很好。

墙面：宣礼塔的墙面内外均刷白色石灰浆，需要铲除，重新粉刷白色石灰浆，缺失的琉璃瓦砖需要补贴。

屋架：梁体结构、椽子基本完好，只需做防腐处理。

拱顶：拱顶上的琉璃瓦砖大部分已经缺失，需要补贴。补贴时，必须按照原工艺、原材料进行补贴。

4. 麻扎的门楼

基础：麻扎门楼有两种基础，一种为青砖基础，主要分布在墙体下，青砖基础厚 120 毫米，宽度同墙厚；另一种基础为木板。这种基础主要分布在柱子下，第一层为木基础，厚度为 60 毫米，宽度同柱子，第二层为青砖基础，在木基础下，厚度也是 60 毫米，宽度同柱子。建议重新做基础。

墙体、木棱花格及柱子：墙体由厚土坯砌筑而成，具体尺寸见图纸。墙体根部风化比较严重，墙体整体倾斜，有坍塌的危险，当地文物主管部门已经用木棍支撑支护。木棱花格使用的木头已经变形、糟朽，局部有更改的迹象，需要调回原样式。建议重新砌筑墙体，制作木棱花格，安装柱子。

门：此门已变形、破坏也比较严重，需要按原样式及结构重新制作、安装。

地面：麻扎门楼地面为黄土地面，土质酥松，建议铺设青砖地面。在铺设青砖地面之前，做一层砂垫层。

墙面：麻扎门楼墙面刷白色石灰，白色石灰里面为草泥，局部有脱落的现象，墙皮松动。建议重新做墙面。

屋面：墙体上部屋顶按原结构恢复，增加屋面防水层。柱子、梁上部屋顶的结构从下到上结构层依次为：椽子、两层草席、120mm 厚草泥。由于年久失修、材料老化，芦苇席已有小面积的腐朽现象，木板也遭到不同程度的破坏。因此在维修过程中，应在保持屋面结构不变的情况下，增加屋面防水层。在椽子和芦苇席之间增加一道 SBS 防水卷材。

屋架：梁体结构、椽子局部有裂缝，已经糟朽，梁、椽子的截面尺寸详见图纸，屋架保存了原有的结构和样式。建议按照原结构样式恢复。

五、周边环境整治

（1）因本麻扎周围 500 米左右，没有公共厕所，麻扎周围卫生环境较差。为了给广大信教群众及当地文物主管部门工作人员带来方便，为了改善周围环境，故需修砖混厕所一座，面积控制在 20 平方米左右。

（2）前院内管理用房、净身房已经不能满足使用要求，故需要拆除重新建设，拟建管理用房 2 ~ 3 间，总面积控制在 60 平方米以内。一间净身房面积控制在 60 平方米以内。为了更好地管理麻扎，保护文物，在原大门进口处修建警卫室一间，面积控制在 10 平方米左右，具体实施由当地文物主管部门组织实施。所有新建房屋高度必须控制在 3 米以下。

（3）前院暴露在庭院的麻扎无围护。建议采用铁艺围栏围护起来，具体做法由当地文物主管部门自定。

（4）把清真寺内、前院、后院的水泥地面全部拆除，拆除后铺设青砖地面。

（5）后院院墙已经严重倾斜，需要重新夯筑。建议按照原有结构样式及尺寸重新夯筑。

（6）因为清真寺为人群聚居地，建议进一步完善照明、消防的设施。

六、注 意 事 项

（1）本维修以文物本体为主，拟建的新建筑有厕所、管理用房、净身房。清真寺内的消防、照明存在安全隐患，需要按照相关规范要求进一步完善。

（2）由于现场勘测时间有限，有些部位勘测还不是很完善，有些地方难免有所疏漏，待保护工程进行时再做进一步补充完善施工图。

（3）工程施工前应认真进行现场核对，如发现麻扎遭受到新的破坏，现场状况与设计不符时，应及时联系设计单位，进行设计变更后方可进行施工。

（4）方案中的梁、椽子、柱子的更换数量均按百分比表述，具体数量详见预算表。

（5）在施工工程中要注意文物及施工人员的安全。

参 考 资 料

[1] 《库车县志》编撰委员会编：《库车县志》，新疆大学出版社，1993 年。

[2]　新疆维吾尔自治区文物保护单位“四有”档案（内部资料）。

[3]　当地文物部门提供的部分资料和部分照片。

[4]　艾山 · 阿不都热衣木：《伊斯兰教建筑艺术》，新疆人民出版社，1989 年。

项目主持：梁　涛

项目负责：冶　飞

报告编写：陆继财

参加人员：梁　涛　阿布都艾尼 · 阿不都拉　阿里木 · 阿布都热合曼　冶　飞　陆继财　赵永升　雪克来提　徐桂玲

附图1 默拉纳额什丁麻扎总平面图

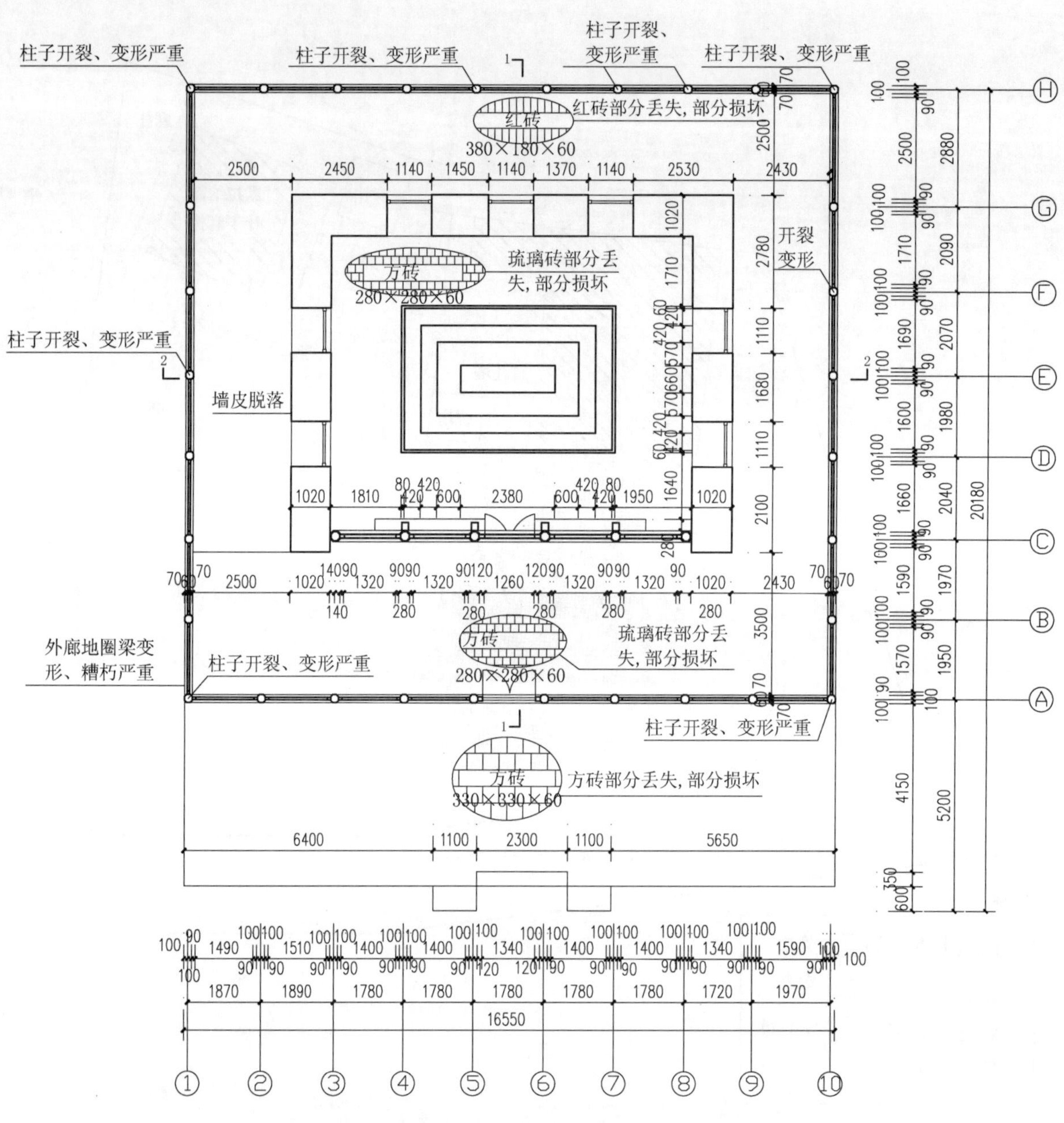
柱子开裂、变形严重
柱子开裂、变形严重
柱子开裂、变形严重
柱子开裂、变形严重
红砖
380×180×60
红砖部分丢失，部分损坏
方砖
280×280×60
琉璃砖部分丢失，部分损坏
开裂变形
柱子开裂、变形严重
墙皮脱落
方砖
280×280×60
琉璃砖部分丢失，部分损坏
外廊地圈梁变形、糟朽严重
柱子开裂、变形严重
柱子开裂、变形严重
方砖
330×330×60
方砖部分丢失，部分损坏
16550
20180

附图 2　麻扎平面图

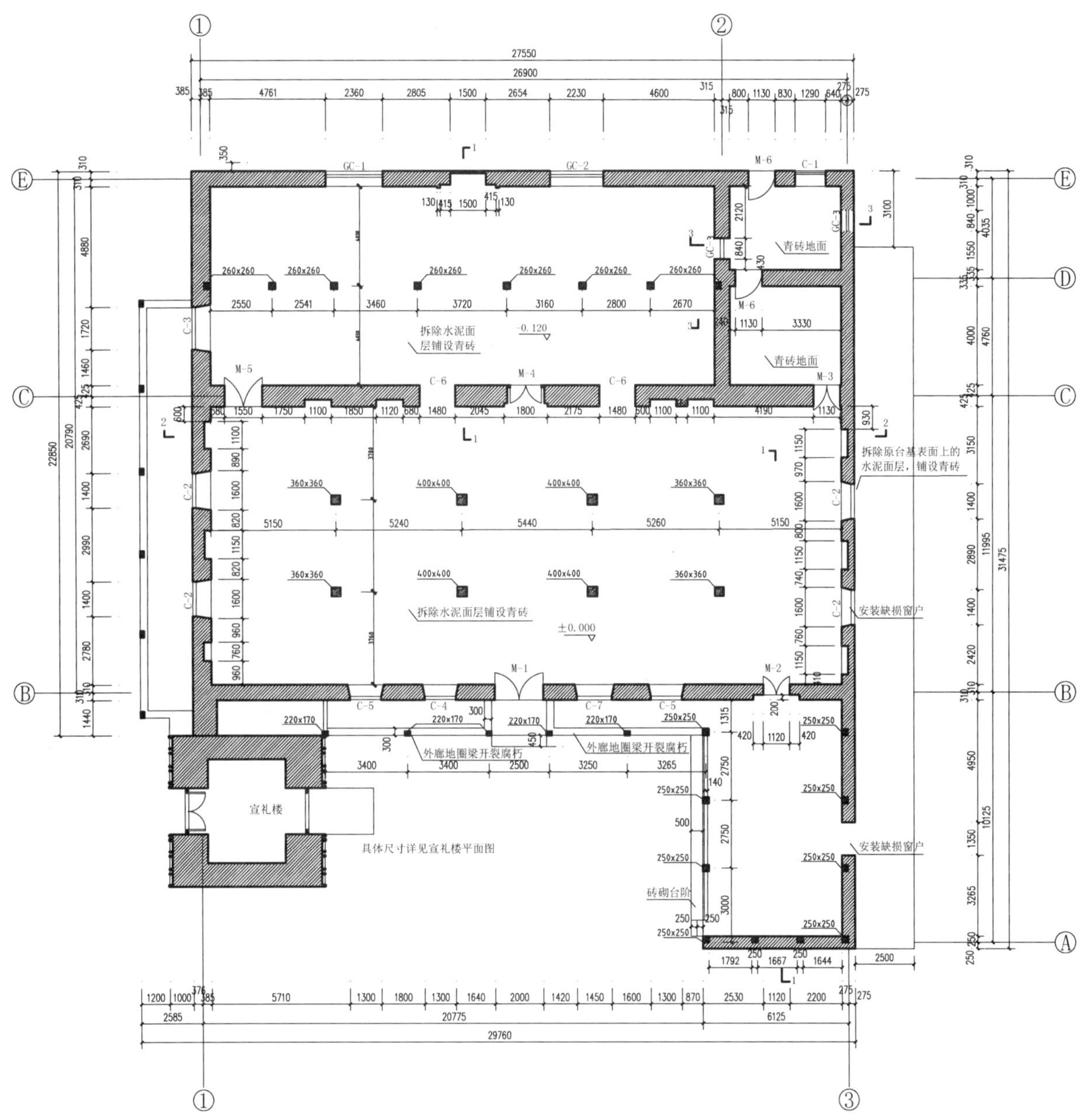
拆除水泥面
层铺设青砖
青砖地面
青砖地面
拆除原台基表面上的
水泥面层，铺设青砖
拆除水泥面层铺设青砖
安装缺损窗户
外廊地圈梁开裂腐朽
外廊地圈梁开裂腐朽
宣礼楼
具体尺寸详见宣礼楼平面图
砖砌台阶
安装缺损窗户

附图3 礼拜殿平面图

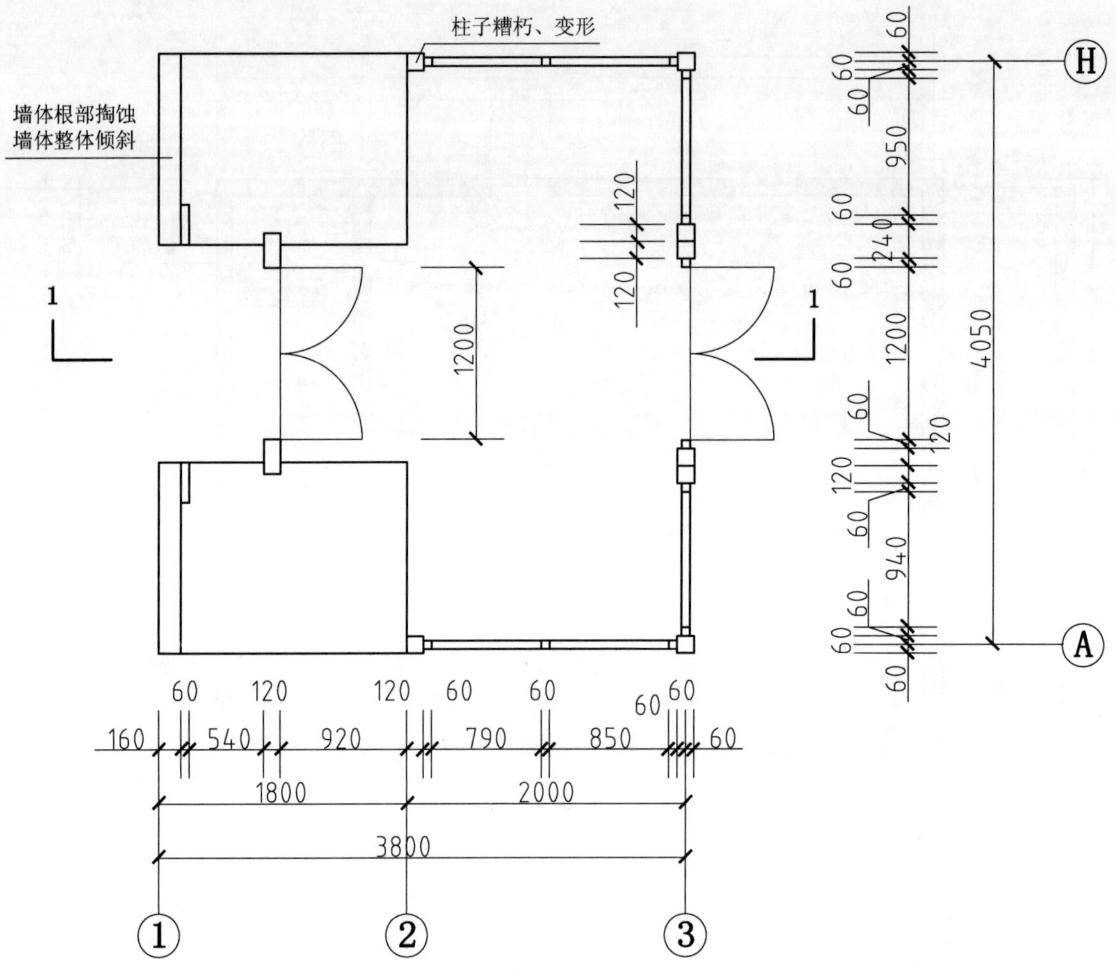
柱子糟朽、变形
墙体根部掏蚀
墙体整体倾斜
1
1
120
120
1200
60
60
60
950
60
240
60
1200
60
120
120
60
940
60
60
60
4050
H
A
60
120
120
60
60
60
60
160
540
920
790
850
60
1800
2000
3800
1
2
3

附图4　麻扎门楼平面图

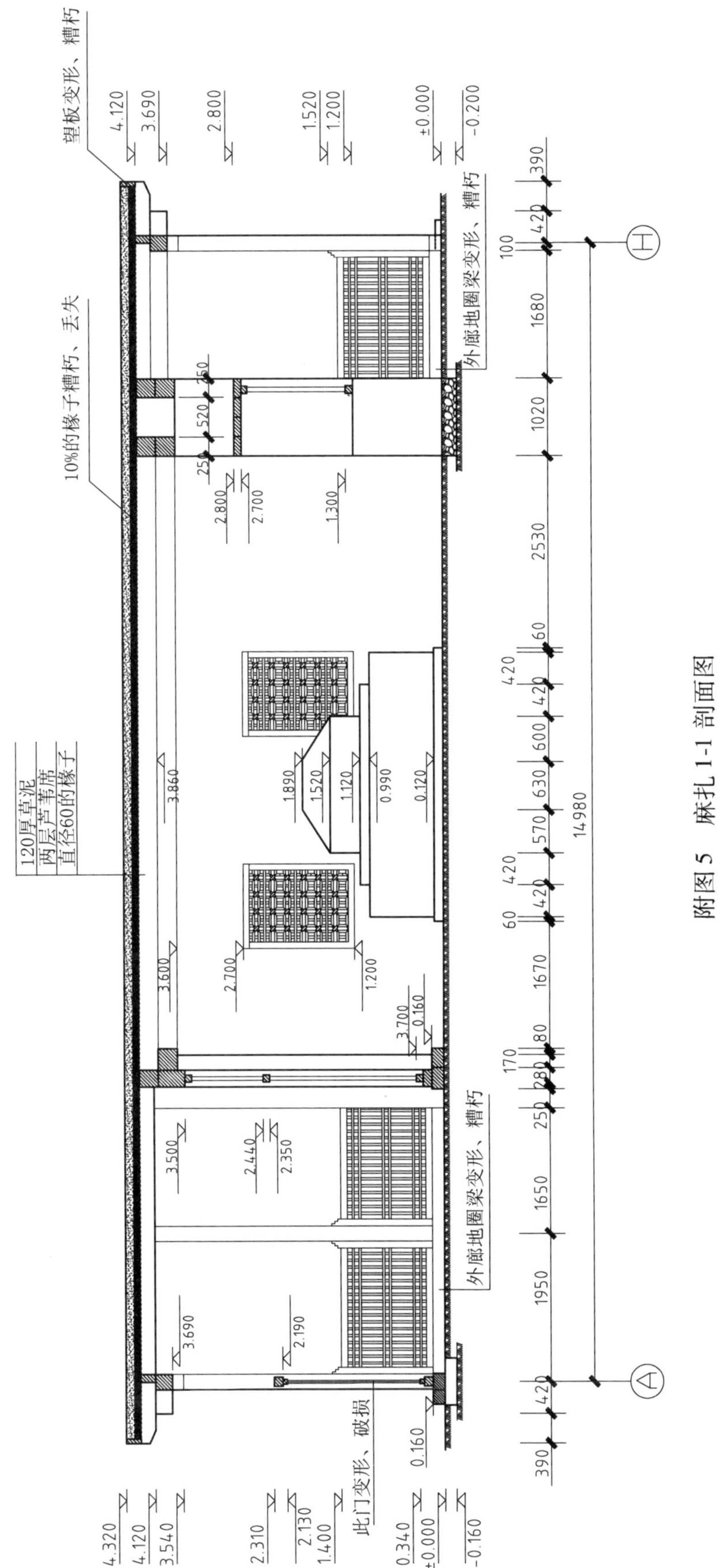
望板变形、糟朽
10%的椽子糟朽、丢失
120厚草泥
两层芦苇席
直径60的椽子
外廊地圈梁变形、糟朽
外廊地圈梁变形、糟朽
此门变形、破损
14980

附图5 麻扎1-1剖面图

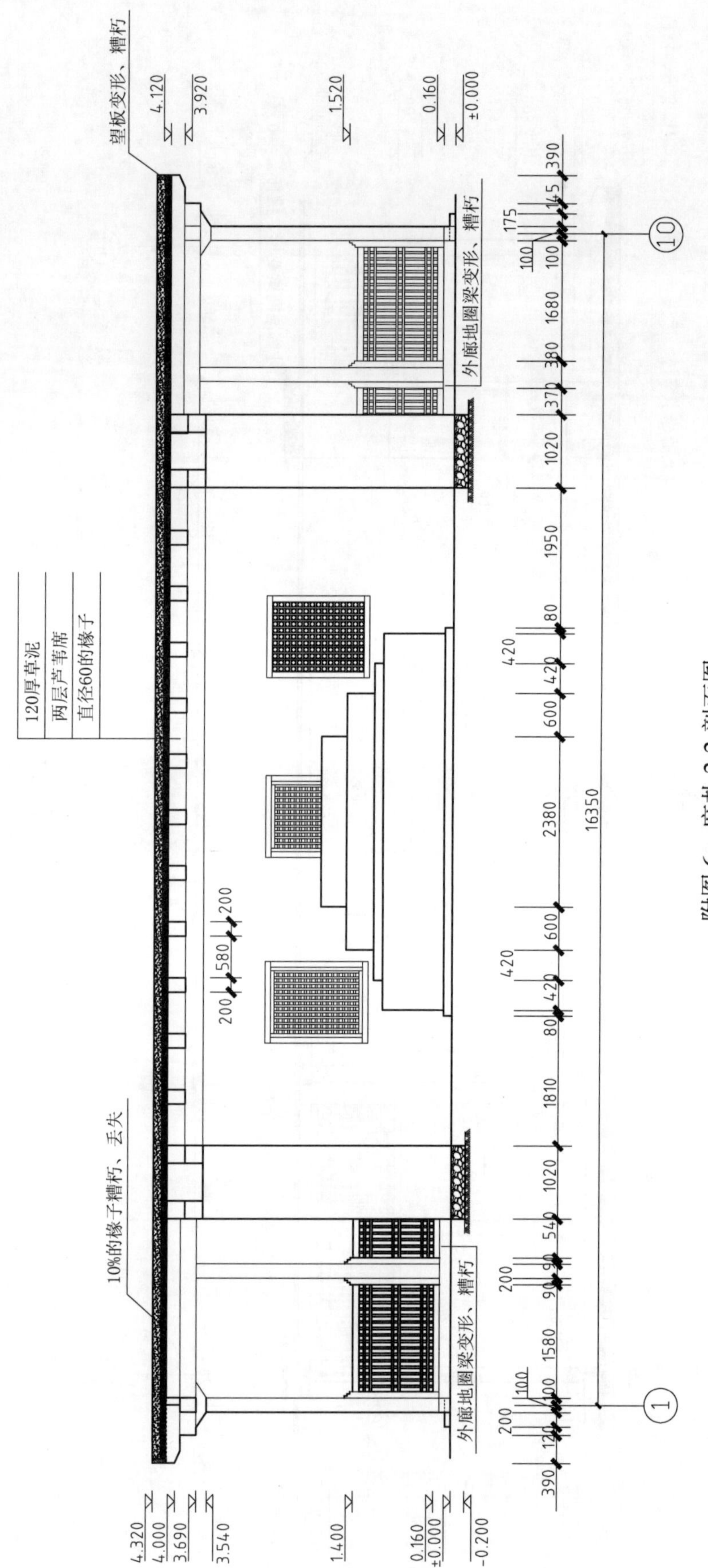
望板变形、糟朽
120厚草泥
两层芦苇席
直径60的椽子
外廊地圈梁变形、糟朽
10%的椽子糟朽、丢失
外廊地圈梁变形、糟朽
16350

附图6　麻扎2-2剖面图

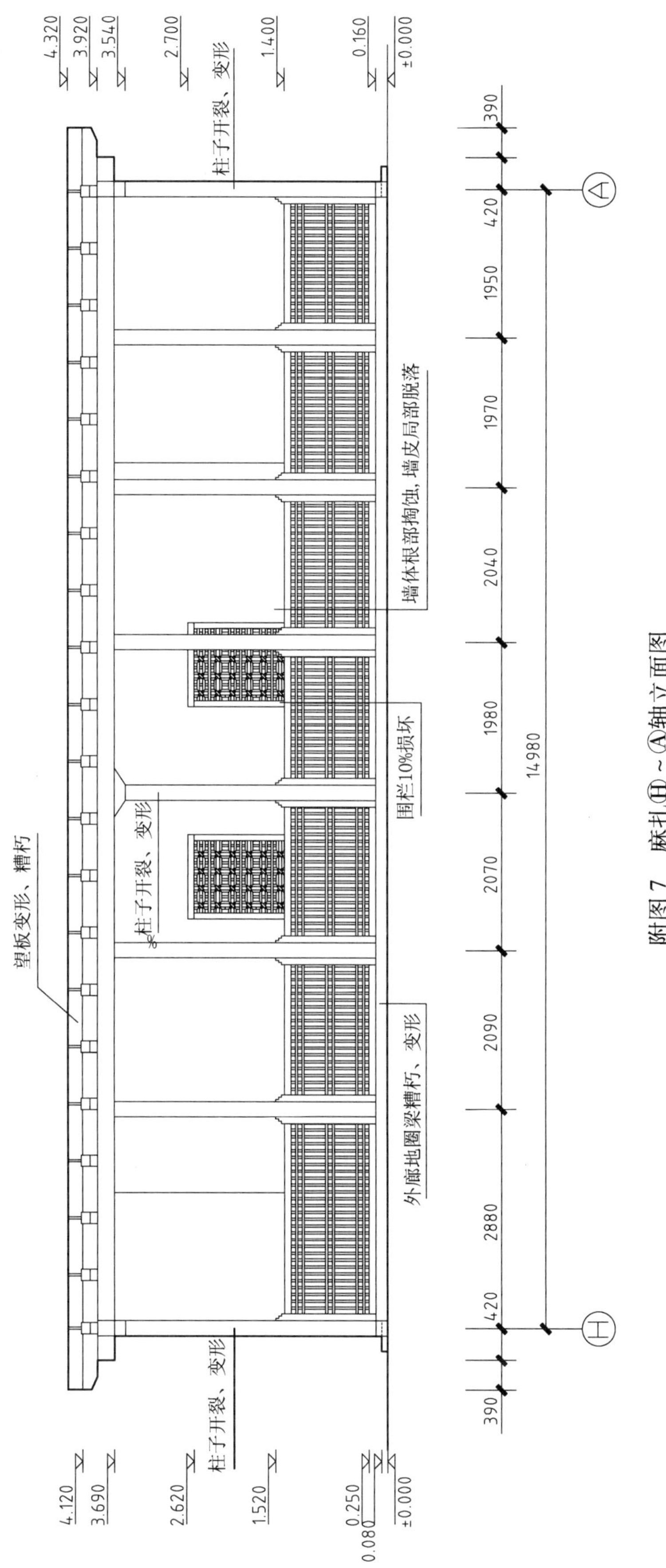
4.320
3.920
3.540
2.700
1.400
0.160
±0.000
柱子开裂、变形
墙体根部掏蚀，墙皮局部脱落
围栏10%损坏
柱子开裂、变形
望板变形、糟朽
外廊地圈梁糟朽、变形
柱子开裂、变形
4.120
3.690
2.620
1.520
0.250
0.080
±0.000
390
420
1950
1970
2040
1980
2070
2090
2880
420
390
14980
A
H

附图7　麻扎Ⓗ~Ⓐ轴立面图

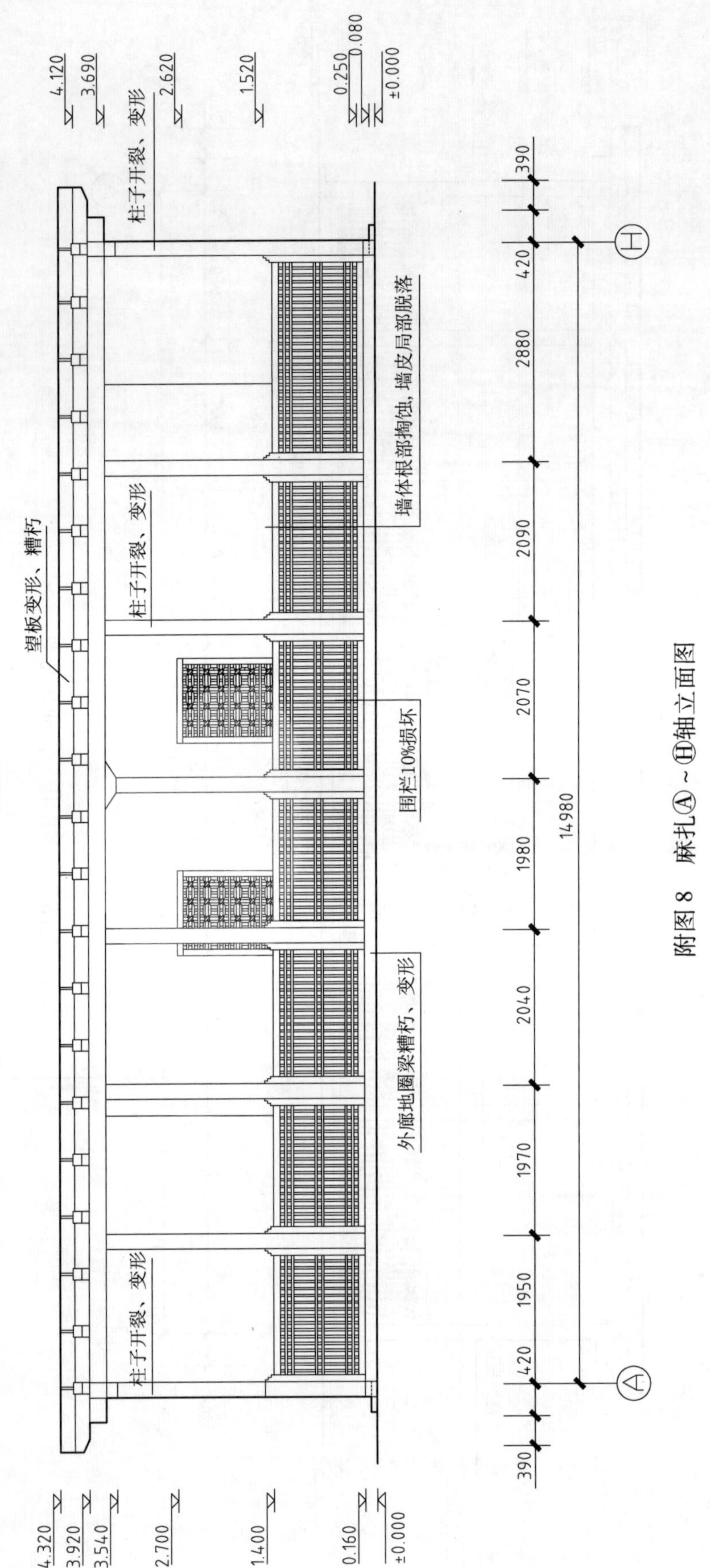

4.120
3.690
2.620
1.520
0.250
0.080
±0.000
柱子开裂、变形
墙体根部掏蚀，墙皮局部脱落
望板变形、糟朽
柱子开裂、变形
围栏10%损坏
外廊地圈梁糟朽、变形
柱子开裂、变形
390
420
2880
2090
2070
1980
2040
1970
1950
420
390
14980
Ⓗ
Ⓐ
4.320
3.920
3.540
2.700
1.400
0.160
±0.000

附图 8　麻扎Ⓐ～Ⓗ轴立面图

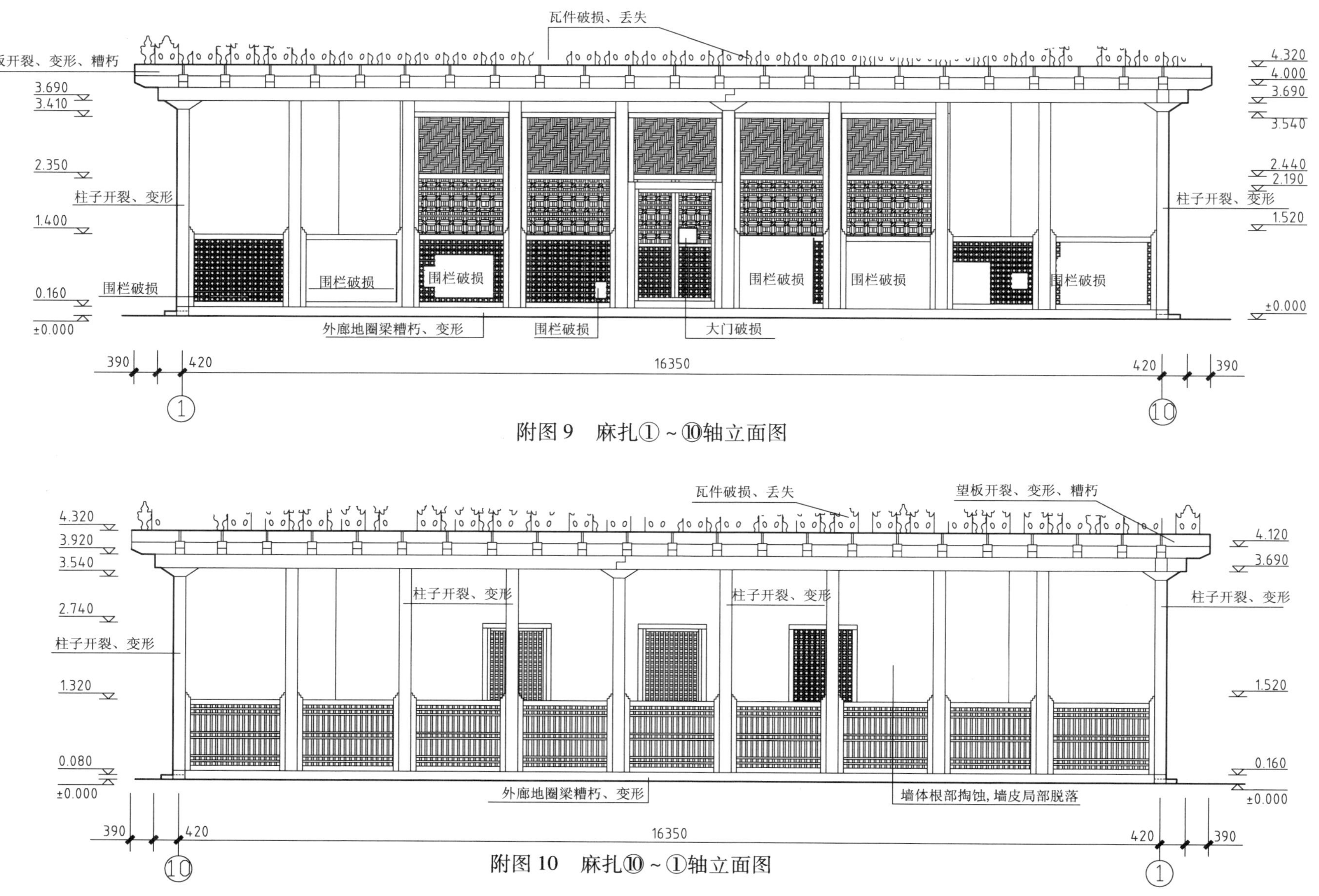

附图9 麻扎①～⑩轴立面图

附图10 麻扎⑩～①轴立面图

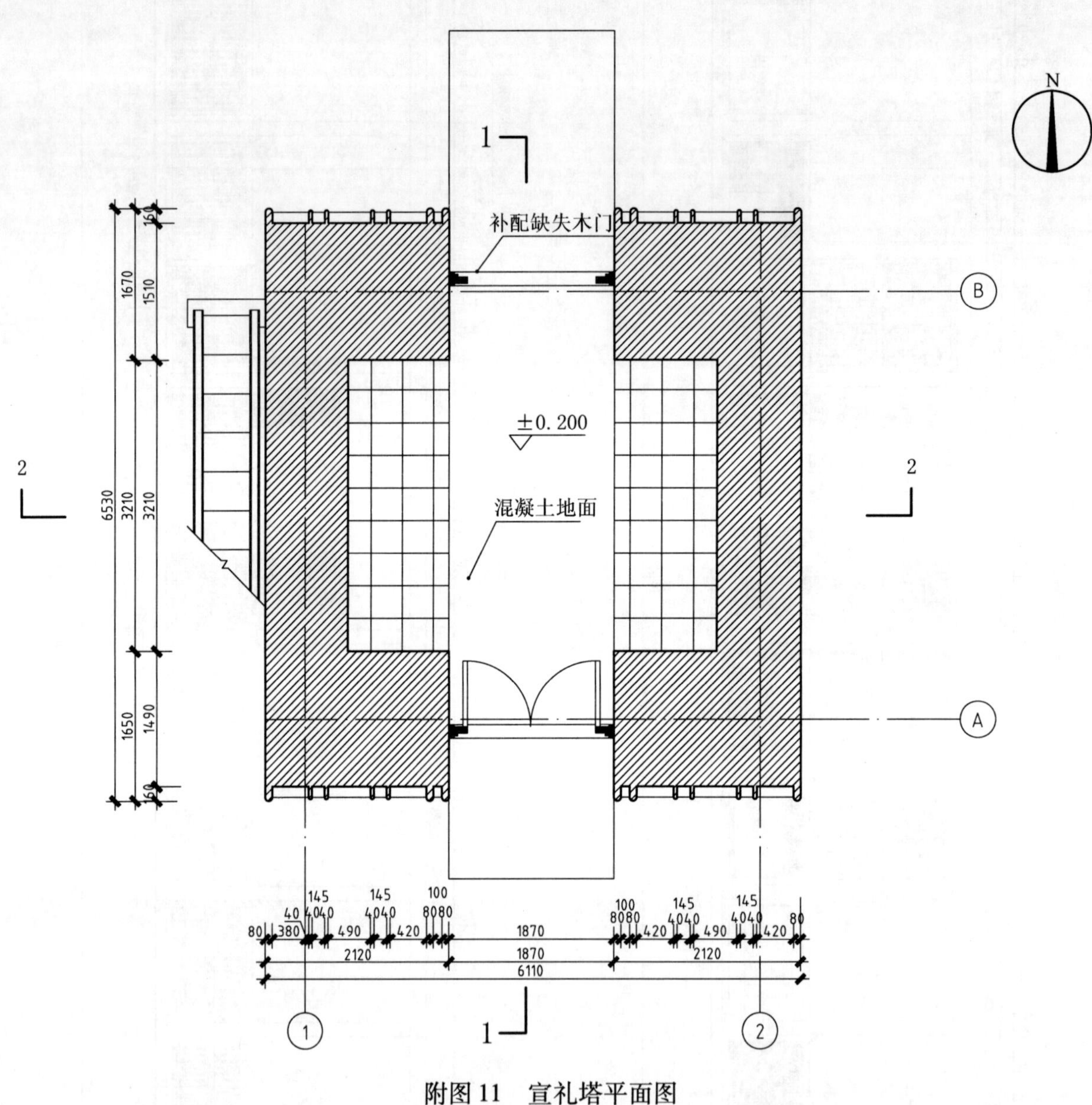

1
补配缺失木门
B
±0.200
混凝土地面
2
2
A
1670
1510
6530
3210
3210
1650
1490
160
160
145
145
100
100
145
145
40
80
380
4040
490
4040
420
8080
1870
8080
420
4040
490
4040
420
80
2120
1870
2120
6110
1
1
2
N

附图 11　宣礼塔平面图

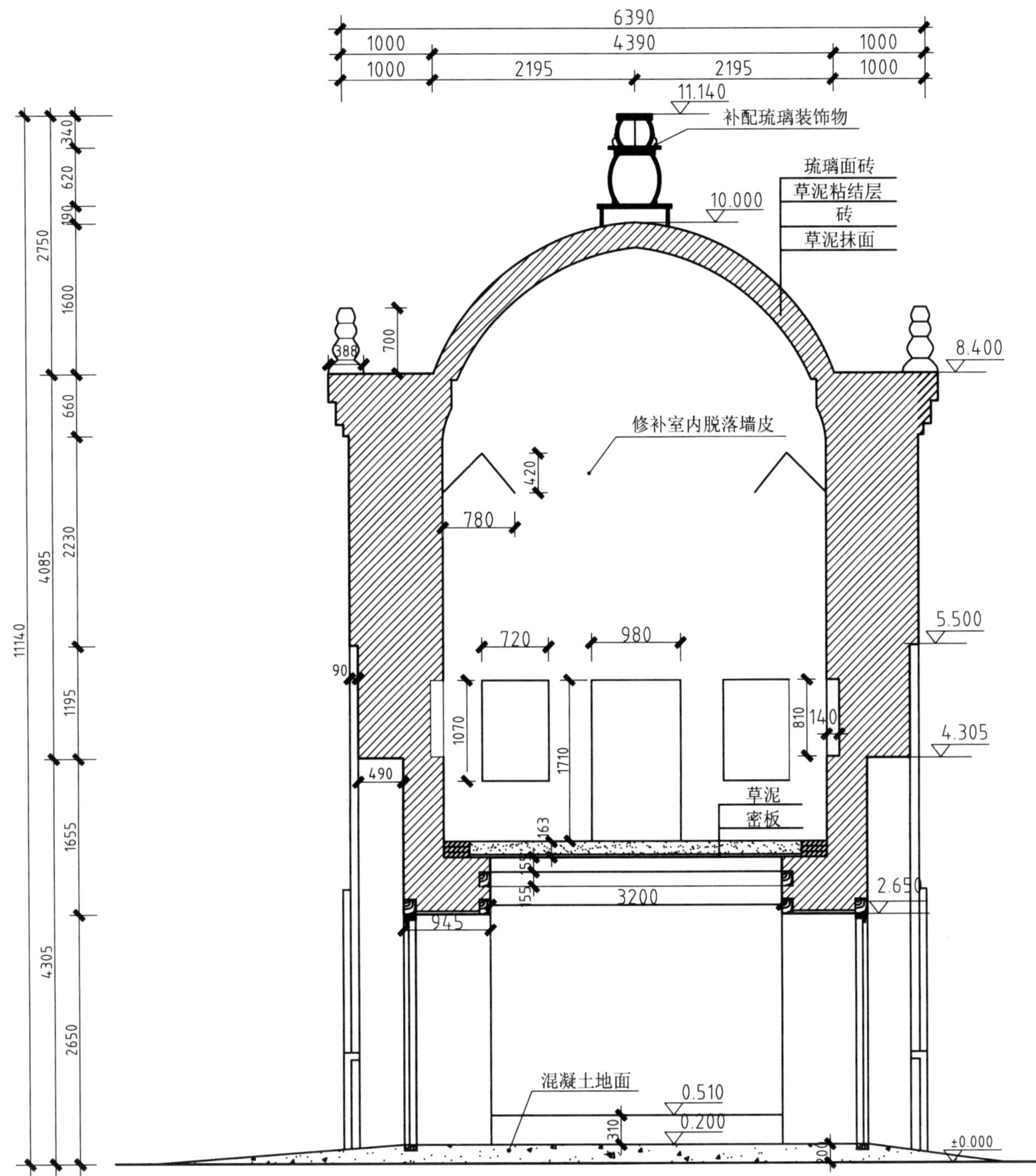

附图 12　宣礼塔 1-1 剖立面图

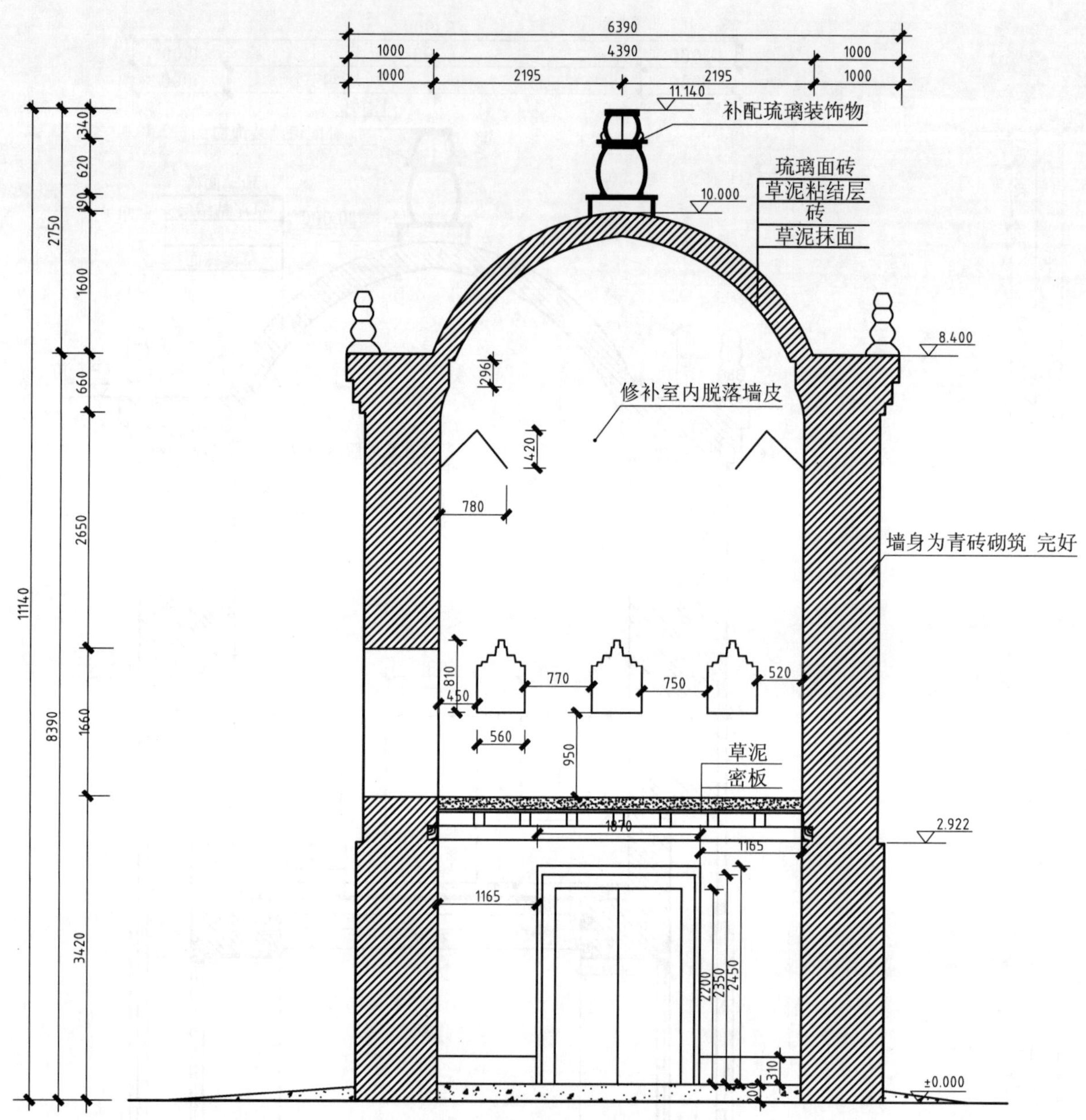

附图 13　宣礼塔 2-2 剖立面图

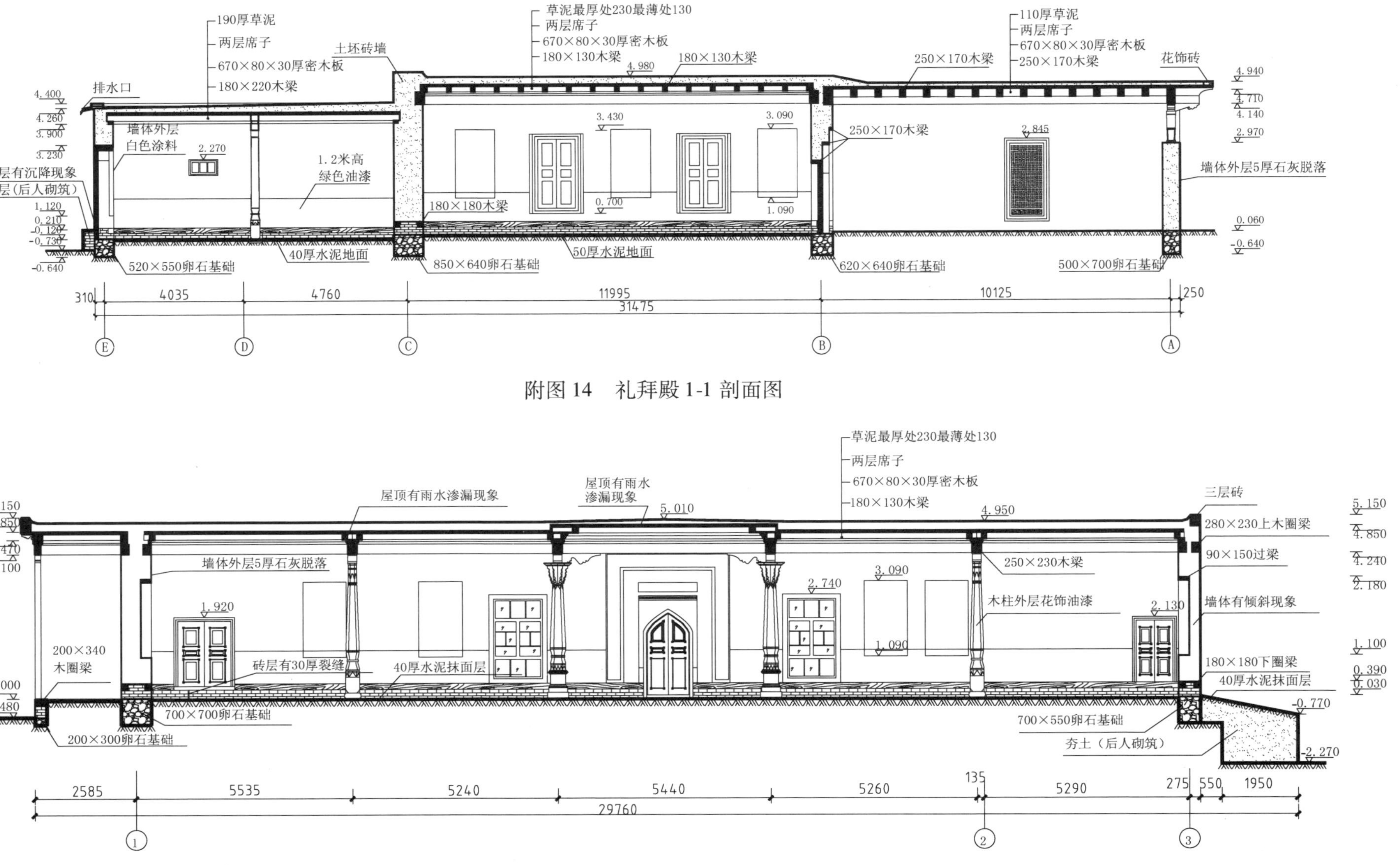
190厚草泥
两层席子
670×80×30厚密木板
180×220木梁
土坯砖墙
草泥最厚处230最薄处130
两层席子
670×80×30厚密木板
180×130木梁
4.980
180×130木梁
110厚草泥
两层席子
670×80×30厚密木板
250×170木梁
250×170木梁
花饰砖
4.940
4.710
4.140
2.970
4.400
4.260
3.900
3.230
排水口
墙体外层
白色涂料
2.270
1.2米高
绿色油漆
3.430
3.090
250×170木梁
2.845
墙体外层5厚石灰脱落
砖层有沉降现象
砖层（后人砌筑）
1.120
0.210
-0.120
-0.730
-0.640
180×180木梁
0.700
1.090
0.060
-0.640
520×550卵石基础
40厚水泥地面
850×640卵石基础
50厚水泥地面
620×640卵石基础
500×700卵石基础
310
4035
4760
11995
10125
250
31475
E
D
C
B
A
附图 14　礼拜殿 1-1 剖面图

草泥最厚处230最薄处130
两层席子
670×80×30厚密木板
180×130木梁
屋顶有雨水渗漏现象
屋顶有雨水
渗漏现象
5.010
4.950
三层砖
280×230上木圈梁
90×150过梁
250×230木梁
墙体外层5厚石灰脱落
木柱外层花饰油漆
墙体有倾斜现象
5.150
4.850
4.470
4.100
5.150
4.850
4.240
2.180
1.920
2.740
3.090
2.130
1.090
1.100
200×340
木圈梁
砖层有30厚裂缝
40厚水泥抹面层
180×180下圈梁
40厚水泥抹面层
+0.000
-0.480
0.390
0.030
-0.770
700×700卵石基础
200×300卵石基础
700×550卵石基础
夯土（后人砌筑）
-2.270
2585
5535
5240
5440
5260
135
5290
275
550
1950
29760
1
2
3
附图 15　礼拜殿 2-2 剖面图

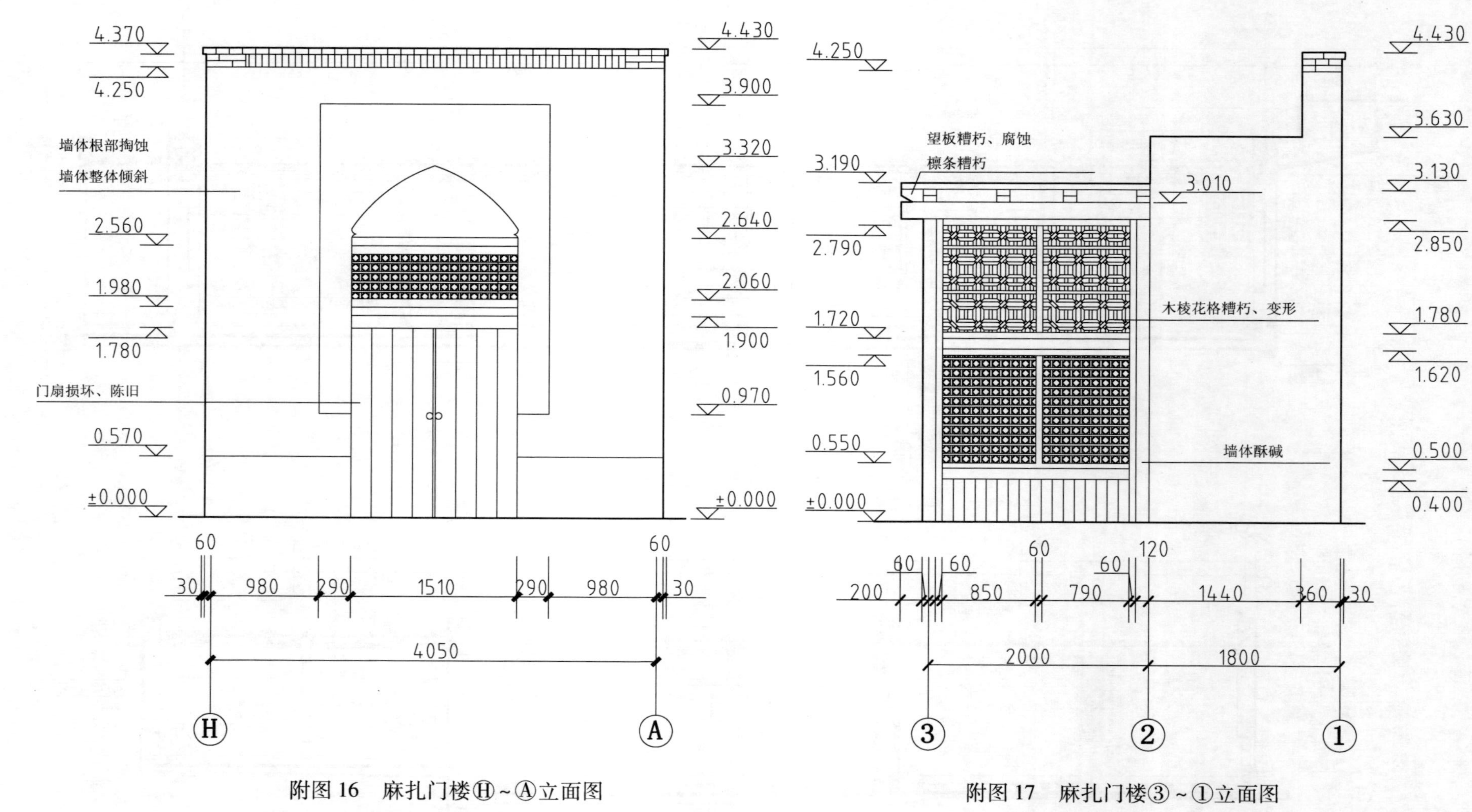

附图 16 麻扎门楼Ⓗ~Ⓐ立面图

附图 17 麻扎门楼③~①立面图

新疆库车县林基路烈士纪念馆
勘察报告及修缮设计方案

第一部分　勘察报告

一、基本概况

库车县隶属于新疆阿克苏地区。它位于天山中部南麓，塔里木盆地北缘，地理位置为北纬40°46′~42°35′，东经82°35′~84°17′。库车东与巴音郭楞蒙古自治州的轮台县为邻，南靠塔克拉玛干沙漠，西以渭干河为界与新和县隔河相望，北与巴音郭楞蒙古自治州和静县毗连，属阿克苏地区东端。县境南北长193公里，东西宽164公里，全县面积1.52万平方公里，县城东距乌鲁木齐直线距离448公里，公路里程753公里，西距阿克苏市直线距离227.5公里。

库车县的地形北高南低，自西北向东南倾斜，最高海拔高程为4550米，最低海拔高程为922米。截止2000年第五次人口普查，全县有92071户，388593人，其中主要是以维吾尔族为主体的多民族聚居区。库车县地处暖温带，热量丰富，气候干燥，降水稀少，夏季炎热，冬季干冷，年温差和日温差都很大，属暖温带大陆性气候，日照全年达2924.8小时。7月最长，日平均9.1小时。12月最短，日平均6.1小时。年无霜期266天，年平均气温11.4℃，7月最高，平均25.8℃，一月最低，平均-8.0℃，年极端最高气温41.5℃，最低气温-27.4℃。

林基路烈士纪念馆位于库车县老城区，距新城县政府四公里，占地32.5亩，地理坐标东经80°55′28″，北纬41°43′26″，海拔高度1070米。整个林基路烈士纪念馆院内现有主要建筑为：林基路烈士纪念馆一栋、林基路宿舍一栋、八角亭一座、县衙府一栋、博物馆陈展室两栋及库车县文物局办公室一栋。

图一　林基路烈士纪念馆外景

本次勘察的主要对象是林基路纪念馆院内的林基路宿舍、八角亭及当年的库车县县衙府三处建筑遗址。县衙府建于20世纪二三十年代。林基路宿舍和八角亭是林基路1942年至1943年在库车县任职期间自己亲自设计和修建的。原八角亭由于年久失修，结构基本功能都已丧失，存在严重的安全隐患问题，于1977

年拆除，后来又在原址上进行重建，1979 年 10 月建成，我们目前看到的八角亭就是后来重建的。

二、历史沿革

林基路同志原名为林为梁。1915 年出生在广东台山市。早年参加革命，1925 年加入中国共产党。1938 年 2 月，应时任新疆边防督办盛世才的请求，我党派林基路同志到新疆工作。他到达新疆后即被派往新疆学院（今新疆大学）担任教务长一职。在此期间，他实行教育改革，推行“教用合一”的理论联系实际的教学方针，并积极开展抗日救亡宣传工作。1939 年调往南疆工作，林基路同志先后任库车县县长、乌什县县长。在库车的时间里，他大力宣传抗日救国道理，彻底贯彻执行了党的一系列方针和指示，加强了民族团结，并且开渠道、修水坝、建学校，为库车人民办了许多好事。值得特别一提的是，他还亲自设计和主持修建了自己的办公室、宿舍、花园、果园、凉亭等建筑。1941 年，盛世才投靠国民党，开始在新疆大肆迫害共产党员和进步人士。1942 年林基路被盛世才匪帮拘捕入狱，在狱中写有《囚徒歌》，正气浩然，次年壮烈牺牲。

林基路同志是中国共产党的优秀党员，忠诚的共产主义战士，他为全中国人民的彻底解放献出了宝贵的生命。新中国成立以来一直为各族人民瞻仰。

1976 年 3 月 20 日，库车县人民政府公布林基路烈士纪念馆为县级文物保护单位。

1993 年 5 月，库车县财政局拨款 3.3 万元维修林基路烈士纪念馆。1996 年 5 月，纪念馆被库车县委政府命名为“爱国主义和青少年德育教育基地”。1998 年元月又被列为“阿克苏地区爱国主义教育基地”。1999 年，县政府投入资金 14 万元新盖办公室 7 间，修围墙 270 米，大门 1 个，警卫室 2 间，还硬化了地面等。2001 年，自治区宣传部命名林基路纪念馆为“全疆爱国主义教育基地”，同年 12 月又列为自治区“青少年爱国主义教育基地”。

2003 年，在自治区党委宣传部、自治区文物局的大力支持下，库车县委政府对林基路烈士纪念馆展厅进行了改扩建，由原来的 284 平方米扩建到 350 平方米。展厅内容进行重新调整和补充。同时对其他部分建筑进行了加固、维修和粉刷，院内进行了美化、绿化，总投资达 80 余万元。同年，林基路烈士纪念馆被自治区人民政府公布为自治区级文物保护单位。

三、建筑布局及现存情况

（一）林基路宿舍布局及现存概况

1. 布局

林基路宿舍是一座土木结构的建筑（图二），整个建筑坐落在长 12.96 米，宽 11.34 米，高 0.95 米的一个台基上，大小共两间，分为前室和后室。前室是林基路用来办公和接待客人的，后室是林基路夫妇的卧室。整个宿舍总建筑面积为 154 平方米，三面阳台环绕，正面阳台前有一个小花圃，花圃内曾种有各种果树和花草。

图二　林基路宿舍外景

2. 保存现状

基础：①台基基础。台基四边均有基础，基础用卵石砌筑，卵石厚度为 300 毫米，经勘察台基基础局部有下沉现象，下沉高度约为 50 毫米，两处靠近台阶部分的台基均有泛潮、酥碱现象。在卵石基础上砌筑有青砖两皮，两皮青砖高 130 毫米。②宿舍基础。宿舍无基础，整个宿舍直接坐落在台基的夯土上。夯土密实度很高，无潮湿、沉降等现象。夯土上砌有青砖两皮，青砖上砌筑土坯墙体。

台基：台基长 12. 96 米，宽 11. 34 米，高 0. 95 米。整个台基是由夯土夯筑而成，台基的四面用青砖砌筑而成，在每个柱础之间用砖砌成长方形装饰块。台基室外地面以上两皮砖设有高 150 毫米的木圈梁；正面台基靠近花圃，由于花圃长期浇水的缘故，导致台基的正面长期受潮，造成台基表面的青砖和夯土有不同程度的酥碱、脱落现象。

台阶：林基路宿舍外的台基两侧各有砖砌台阶一个（后人砌筑）。原台阶为青砖砌筑，台阶表面抹有水泥砂浆，共有四个踏步，踏步高 220 毫米，宽 300 毫米，长 1080 毫米。由于此台阶为后人砌筑，且表面还抹有水泥砂浆，导致这两处台阶部分的台基透气性很差，致使台基均出现了不同程度的酥碱、泛潮现象。建议拆除此台阶，恢复以前的青砖台阶。

地面：①办公室和卧室房内均铺有 240 毫米 × 240 毫米 × 50 毫米方形青砖。经勘察地面青砖完好，未发现有破损、缺失现象。②室外台基地面现为水泥地面（后人改造），原为青砖地面。因水泥地面透气性能较差，加上台基产生的不均匀沉降等原因，导致现在台基的表面产生多处裂缝，最大裂缝宽度达到 30 毫米。建议地面恢复原来青砖地面。

勒脚：墙体勒脚高度为 180 毫米，用水泥砂浆做成。经勘察，勒脚完好。

门窗：所有门窗均为木质，门框、窗框、玻璃都基本完好，无变形、开裂、破损现象，门窗框均刷有咖啡色油漆。

木栏杆：台基正面和两个侧面上均设有木栏杆。木栏杆高 520 毫米，直径为 40 毫米。因年久失修，大部分木栏杆的油漆都已脱落，约 10% 左右的木栏杆和栏杆扶手开裂变形。5 根木栏杆丢失，建议重刷栏杆和扶手油漆，更换开裂变形的木栏杆。

花圃围栏：有约 5% 的花圃围栏的木栏杆和砖柱有变形、断裂等现象，建议补修。

圈梁：圈梁为木制，沿内外墙体两侧布置，中间为土坯填充。圈梁分底部圈梁和上部圈梁，底部圈梁位于夯土基础以上两皮砖的上部，与室内地面平齐，截面尺寸为 120 毫米 ×120 毫米。上部圈梁截面尺寸为 180 毫米 ×180 毫米，距底部圈梁 3 米。上下圈梁均未发现开裂、外鼓等现象，基本完好。

墙体：内外墙墙体均为土坯砌筑。内外墙厚均为 400 毫米，在勘察过程中未发现墙内有暗柱，内外墙体完好，无酥碱、泛潮等现象。

墙面：墙面刷有白色石灰浆。墙面无掉墙皮、裂缝等现象。

檐柱：为木制矩形方柱，截面尺寸为 170 毫米 ×180 毫米，共 10 根。柱底均有柱基，是用尺寸为 500 毫米 ×500 毫米 ×950 毫米的青砖砌筑而成；有两处柱基有下沉现象，下沉高度约为 80 毫米。所有檐柱上的油漆均有不同程度的脱落，建议重刷油漆，重做下沉柱基部分的基础。

屋顶：屋顶刷有白色石灰浆，屋外的廊内有三合板吊顶，吊顶完好。

屋架：房内及房外廊内的梁、椽及密板都能正常使用，无破损、开裂等现象。梁的高宽分别为 160 毫米 ×130 毫米，间距约为 370 毫米，椽子直径 70 毫米，间距 200 毫米，密板尺寸为 70 毫米 ×400 毫米。

屋面：为上人平屋顶，屋面最顶层草泥厚度的中间和两边有差异，结构层都一样。从上到下结构层依次为 160 毫米（中部）、130 毫米（边）厚草泥，20 毫米厚的草席，30 毫米厚密板组成。经勘察发现屋面完好，仅在屋檐边上因瓦件丢失，有轻微渗雨现象，对屋面整体结构没有影响。

烟囱：屋顶上有一个土坯砌筑的烟囱，截面尺寸均为 300 毫米 ×240 毫米，具体位置见屋面排水图。由于烟囱未做封闭处理，有漏雨迹象，但不严重，墙体及室内烟道均未受到太大影响。建议在烟囱顶部做封闭处理，防止雨水落入烟道，腐蚀墙体。

屋面排水：屋面为四面有组织排水，排水坡度约为 2% 。四面铺有 360 毫米 ×240 毫米瓦片，部分瓦片已经丢失，具体位置见屋面排水图。

花饰：由于风雨侵蚀等自然原因，房间的屋檐挡板上的油漆大部分已经脱落，廊上木柱之间的一些雀替由于柱基的下沉也被拉裂，部分油漆也已脱落。建议补刷油漆。

通过对林基路宿舍的详细勘察，建议对宿舍采用局部维修。

（二）县衙府布局及现存情况

县衙府是一座土木结构的建筑（图三），建于 20 世纪二三十年代，总建筑面积 554. 4 平方米，大小共有 12 间。目前大部分房间已成为堆放杂物的库房，部分房间曾经还圈养过牲畜，其中还有一间房是县衙府当时的厨房，厨房内现还保留有灶台、壁橱等，另有 9 间房内有壁柜。房间外有雨篷一个，原衙府正背面各有雨篷一个，现仅存有背面的一个雨篷；雨篷主要由两根木柱支撑，雨篷上雕有伊斯兰风格的花饰。衙府原来的正门已经被封堵，门廊现作为一间储藏室使用。

图三　库车县衙府外景

基础：基础是用卵石砌筑而成，基础高320毫米，宽1200毫米。经勘察，基础基本完好，南面靠近林基路小学的部分外墙体的卵石基础有外露现象。基础上砌有770毫米厚的青砖。

地面：①室内地面。经勘察，县衙府的12个房间的室内地面用了四种不同材料铺砌，其中有5间是用240毫米×240毫米×50毫米方形青砖地面。经了解，这是县衙府在建造时最初采用的铺设地面形式；有4间地面为水泥地面（均为后人改造），曾主要用于圈养牲畜；有2间地面为240毫米×120毫米×55毫米普通红砖地面，此种地面也是后人铺砌的；还有1间地面为370毫米×180毫米×80毫米长方形青砖地面。建议所有房间均恢复为240毫米×240毫米×50毫米方形青砖地面。②室外地面。县衙府室外地面原为夯土地面，现已被后人改造为水泥地面，这是导致衙府外墙体酥碱、泛潮的最根本原因。建议拆除县衙府室外周边的水泥地面，更换为青砖地面。

勒脚：所有房间内外均未做勒脚。

门窗：所有门窗玻璃全部破损，50%的门框、窗框都已变形。门窗上油漆基本都已脱落，其中还缺失门两扇，窗一个。缺失的门窗现用土坯砌筑封堵。

圈梁：为木制圈梁，沿墙体两侧布置，中间为土坯填充。圈梁分底部圈梁和上部圈梁，底部圈梁位于距室内地面240毫米的青砖上，截面尺寸为240毫米×120毫米。上部圈梁截面尺寸为160毫米×120毫米，上部圈梁距底部圈梁2.64米。经勘察发现部分圈梁有开裂、外鼓现象，所有木圈梁均未做防腐处理。建议所有木圈梁做防腐处理。

墙体：内外墙墙体均为土坯砌筑，外墙厚为1000毫米，内墙厚为900毫米。在勘察过程中发现所有外墙的窗间墙之间均有一根截面尺寸为170毫米×170毫米的暗柱。暗柱支撑在上下圈梁之间。大部分房间的墙体1米以下都出现不同程度的酥碱、泛潮等情况，被后人改造为水泥地面的房间和靠近衙府室外的外墙酥碱、泛潮现象尤为严重。因为水泥地面的透气性很差，这严重阻碍了地下毛细水的蒸腾，所以这部分墙体的酥碱、泛潮现象比较严重。在后院东南角方向的一间房还残留有高低不齐的两段墙体，一段为外墙，一段为内墙。外墙厚520毫米，上面还残留有门窗；内墙厚480毫米，无门窗，这两段墙体均有不同程度的裂缝。此间房的屋顶已全部坍塌。建议加固这两段墙体并清理坍塌屋顶的建筑垃圾。

墙面：墙面刷有白色石灰浆，由于部分房间内受潮严重且还存在有漏雨现象，房间内墙皮已开始大面积脱落。建议重刷所有墙面。

壁橱：整个县衙府的12间房共有9个壁橱。壁橱门上刷有绿色的油漆，但因年久失修，长期无人管理，约有60%左右壁橱上的油漆都已掉色，5个壁橱上的门都已丢失。建议重刷所有壁橱的油漆，按原样重做壁橱上丢失的门。

屋顶：房间内和走廊内顶棚均刷有白色石灰浆，部分房间屋顶有漏雨现象。

梁架：梁的截面尺寸为300毫米×200毫米，间距约为650毫米；密板厚10毫米，间距30毫米。房间内和外廊内的梁、密板基本上都能正常使用，但均未做防腐处理。部分梁板因屋面漏雨被雨水侵蚀需要更换，约占15%左右。

屋面：从上到下结构层依次为90毫米草泥，20毫米草席，50毫米密板，间距为650毫米、尺寸为300毫米×200毫米的梁，间距30毫米、厚10毫米的密板，20毫米草泥。从整体来看，屋面结构情况还比较完好，仅靠近雨水管的一面有漏雨现象。其中东南角的一个部位比较严重，屋面已经坍塌，坍塌部分形成一个长520毫米，宽300毫米的孔洞。

壁炉和烟囱：壁炉为土坯砌筑，共设有12个。壁炉局部有破损，大部分基本上已经不能正常使用；屋顶上共设有12个烟囱，截面尺寸均为350毫米×320毫米，材质为土坯，伸出屋面的高度和距外墙的距离各不相同，具体尺寸及位置见屋面排水图。经勘察发现，烟囱的漏雨现象比较严重，墙体及室内的壁炉均受到影响，目前已经不能使用。建议重砌烟囱，并在烟囱顶部做雨帽，防止雨水落入烟道，侵蚀墙体。

屋面排水：屋面为有组织排水，排水坡度约为2%，屋檐共设有9个雨水口，其中2个设在雨篷上，具体位置见屋面排水图。

雨篷：雨篷长4.2米，宽3米，支撑在两根木制方柱上。方柱下宽上窄，上部为170毫米×170毫米，下部尺寸为200毫米×200毫米。雨篷另一端搭接在衙府墙体上，方柱刷有绿色油漆。目前两根方柱均有向一边倾斜现象，导致整个雨篷也随之倾斜。两个木柱中的一根木柱还有下沉现象，下沉约50毫米左右。雨篷三面雕刻有伊斯兰风格的装饰。整个雨篷都刷有绿色油漆，由于雨水等侵蚀，大部分油漆都已脱落。雨篷上抹有35毫米的草泥，三面砌有200毫米厚的砖。目前雨篷的漏雨现象比较严重，基本上已经丧失正常使用功能，建议雨篷按原样重做。

消防：房屋内线路不符合相关电线线路安全规定，应该严格按照相关规定规范线路并作好消防措施。

通过对县衙府的详细勘察，建议对其进行局部维修。

（三）八角亭布局

八角亭是林基路纪念馆中的一个附属木结构建筑（图四）。整个建筑坐落于一个11.5米×11.5米×1.5米的正方体台基上。总建筑面积132.25平方米。该亭是林基路1942年在库车县工作期间自己亲自设计和修建的，后来由于长期风雨侵蚀，加之年久失修，在1977年拆除。后来又在当年旧址上开始重建，1979年10月建成。

图四　八角亭全景

现存情况如下。

台基：部分用夯土夯砌而成，台基有基础，用卵石砌筑，厚度为300毫米，台基上面抹有水泥砂浆，四面用石块砌成，台基完好。

木柱：八角亭主要用八根直径250毫米的木柱支撑，柱础是直径为420毫米，高为300毫米的水泥柱础；木柱表面刷有红色油漆，由于年久失修，风雨侵蚀等原因，大部分木柱油漆都已脱落，需要重刷油漆。

水泥凳、圆桌：亭内的水泥凳和圆桌均有不同程度损坏，建议进行补修。

栏杆：栏杆为木制，直径为70毫米，间距70毫米，高630毫米。栏杆表面刷有黄色油漆，大部分已脱落，建议重刷。

梁架：八角亭梁架基本都完好，未发现有断裂、偏移等现象。望板直径为80毫米，间距50毫米，表面刷黄色油漆。由于屋面未做防水处理，部分望板的油漆已经脱落，建议重刷。

屋顶：屋顶是用三合板做的吊顶，未做油饰彩绘。因屋面未做防水，屋顶的三合板有漏雨现象，三合板上的油漆因雨水侵蚀已开始掉色。

屋面：垂脊受到雨水的侵蚀，表面油漆开始脱落。屋面未做防水，也没有挂瓦，所以漏雨现象比较严重。建议屋面做防水、挂瓦。

四、残破状况及相关原因分析

（一）林基路宿舍现状图表（表1）

（二）八角亭现状图表（表2）

（三）库车县衙府现状图表（表3～表6）

表1　林基路宿舍现状

<table>
<tr><td colspan="6">
林基路宿舍正立面</td><td colspan="0">
林基路宿舍侧立面</td></tr>
<tr><td>残破说明</td><td colspan="5">1. 台基基础为卵石基础，高300mm，两处柱础有下沉现象，靠近水泥台阶和花圃处的台基有酥碱、泛潮现象；室内无基础；2. 地面室内为方形青砖地面，室外为后人改造的水泥地面，水泥地面裂缝较多；3. 台阶为后人用普通砖所砌，因表面抹有水泥，导致台基部分酥碱、潮湿；4. 栏杆和檐柱均为木制，表面油漆均有脱落现象；5. 屋外廊上为三合板吊顶，吊顶因屋面漏雨，表面油漆开始脱落；6. 屋面部分瓦件丢失，屋檐处有漏雨现象；7. 屋面烟囱均为土坯砌筑，因雨水侵蚀，局部已坍塌</td></tr>
<tr><td rowspan="3">残损状况</td><td colspan="2">基础情况</td><td colspan="2">地面情况</td><td>墙体现状</td></tr>
<tr><td>台基基础现状</td><td>室内无基础，墙体直接砌在台基的夯土层上</td><td>房间内的青砖地面</td><td>室内240mm×240mm×50mm的青砖</td><td>室外水泥地面开裂比较严重</td></tr>
<tr><td>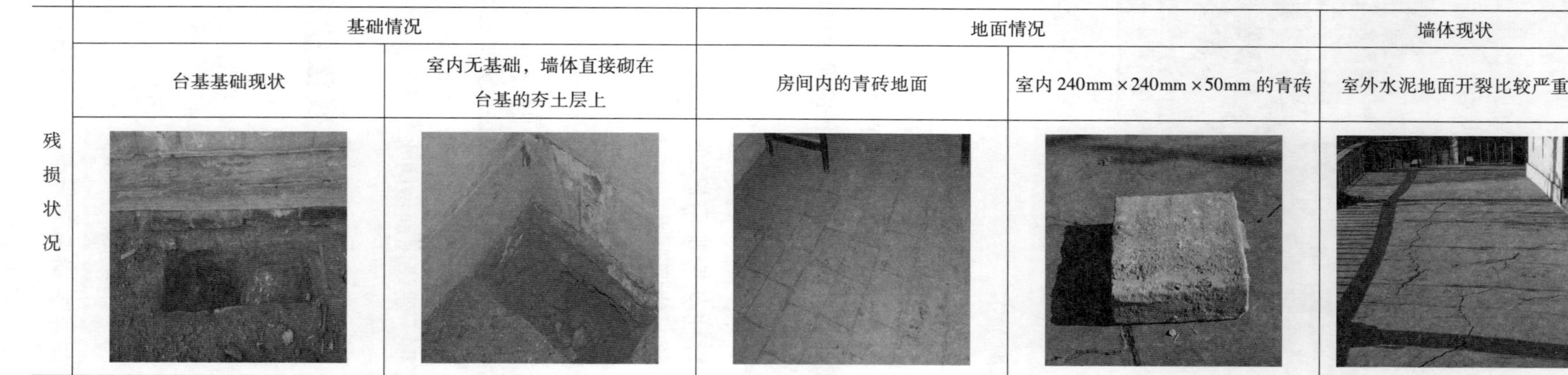</td><td>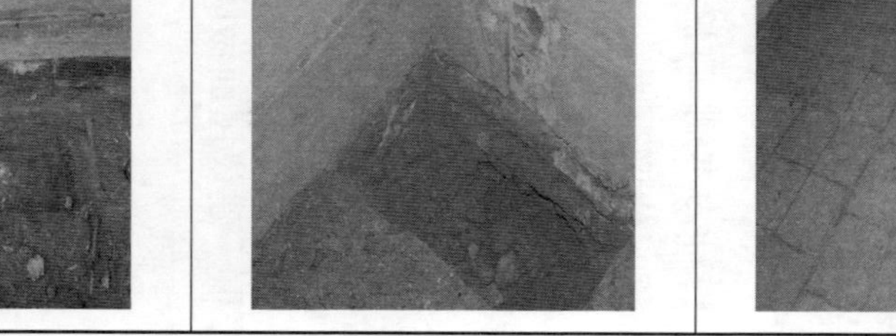</td><td></td><td></td><td></td></tr>
</table>

表 2　八角亭现状

八角亭正立面

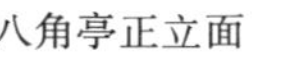

八角亭侧立面

残破说明	1. 台基部分用夯土夯砌而成，台基有基础，用卵石砌筑，厚度为 300mm，台基上面抹有水泥砂浆，四面用石块砌成，台基完好，有足够的承载力；2. 木柱表面刷有红色油漆，由于年久失修，风雨侵蚀等原因，大部分木柱油漆都已脱落；3. 望板由于屋面为做防水处理，望板漏雨严重；4. 栏杆表面刷有黄色油漆，表面大部分油漆也已脱落；5. 屋顶有漏雨现象，三合板上的油漆因雨水侵蚀已开始褪色；6. 八角亭内的水泥登和桌均有不同程度损坏；7. 屋面未做防水，也没有挂瓦，所以漏雨现象比较严重				
残损状况	木柱现状	望板现状	水泥登桌现状	屋顶现状	屋面现状
	木柱表面油漆掉色现状情况	望板因屋面漏雨，表面油漆掉色	亭内的水泥凳桌均有不同程度的人为破损	屋面未做防水，屋顶上有漏雨现象，三合板上的油漆因雨水侵蚀已开始褪色	屋面未做防水，也没有挂瓦，漏雨现象比较严重

表 3　库车县衙府现状

<table>
<tr><td colspan="3">
县衙府正立面</td><td colspan="3">
县衙府背立面</td></tr>
<tr><td>残破说明</td><td colspan="5">1. 基础为卵石基础，没有出现下沉现象，有足够的承载力；2. 地面形式多样，室内主要以方形青砖地面为主，其他水泥地地面、红砖地面均为后人改造，室外为水泥地面，也是经后人改造的，凡经后人改造成水泥地面的房间，墙体均出现大面积酥碱、泛潮现象；3. 墙体均为土坯砌筑，其中外墙厚 1000mm，内墙厚 900mm，其中 50% 的墙体出现不同程度的酥碱、泛潮现象，东南脚残留有高低不一的两面土坯墙体，一段外墙，一段内墙，窗间墙内设有暗柱；4. 所有门窗均为木门窗，玻璃全部破损，门窗框大部分变形，门窗油漆已经剥落，部分门窗丢失，现用土坯封堵；5. 雨篷倾斜严重，屋面漏雨，导致雨篷上各种花饰的油漆剥落；6. 梁架结构基本完好，局部梁架由于屋顶漏雨被腐蚀需要更换，数量为 30% 左右；7. 屋面靠近雨水管部位漏雨现象比较严重，局部地区已经坍塌；8. 屋面的烟囱均为土坯砌筑，现大部分已经坍塌</td></tr>
<tr><td rowspan="3">残损状况</td><td>基础现状</td><td colspan="3">地面现状</td><td>墙体现状</td></tr>
<tr><td>用卵石砌筑的基础，高 320mm，靠近林基路小学的基础裸露在外面</td><td>被后人改造的水泥地面</td><td>房间内的青砖地面</td><td>县衙府室外被后人改造的水泥地面现状</td><td>房间内墙体酥碱、泛潮严重现状</td></tr>
<tr><td></td><td></td><td></td><td></td><td></td></tr>
</table>

表 4　库车县衙府现状

残破程度	台基现状				
	水泥台阶现状	因水泥台阶导致台基酥碱、泛潮现状	靠近花圃台基酥碱现状	东面柱础下沉现状	西面柱础下沉现状

	门窗现状		木构件破损现状		
	库车县衙府门现状	库车县衙府窗户现状	栏杆为木制，表面黄色油漆已开始脱落	木制方柱上的油漆已开始脱落	因屋檐漏雨，廊内吊顶上三合板油漆脱落现状

	屋面破损现状				
	屋檐有漏雨现象，部分瓦件已丢失	柱础的下沉，使屋檐下沉，雀替和木柱连接部位开裂	屋面现状	烟囱现状	屋面瓦片现状

表 5　库车县衙府现状

残破程度	墙体现状				
	墙体受潮后酥碱严重，墙皮大面积脱落	县衙府廊内墙体受潮后酥碱严重，墙皮大面积脱落	残留在县衙府后院的外墙现状，墙体厚 520mm	残留在县衙府后院的另一段内墙现状，墙厚 480mm	因室外地面被改造成水泥地面，外墙体酥碱、潮湿现状

	门窗现状				
	县衙府背立面墙体现状	县衙府房间内门现状	外墙窗户，外层有防护栏	外墙窗户已经坍塌玻璃破损	外墙窗户现状

	门窗现状				烟道破坏情况
	外墙厨房门现状	窗户丢失，用三合板和土坯封堵窗口现状	此门已丢失，现用土坯砌筑封堵门口现状	县衙府房间内门现状	烟道漏雨严重，导致底部墙体酥碱，泛潮

表 6　库车县衙府现状

	雨篷现状情况			屋顶漏雨现状情况	
残破程度	雨篷严重倾斜现状	因雨篷屋面漏雨严重，雨篷檐板、雀替油漆脱落	由于雨篷倾斜，雀替和木柱之间被拉裂	屋面漏雨造成廊内屋顶草泥脱落的现状	房间内壁柜现状情况
				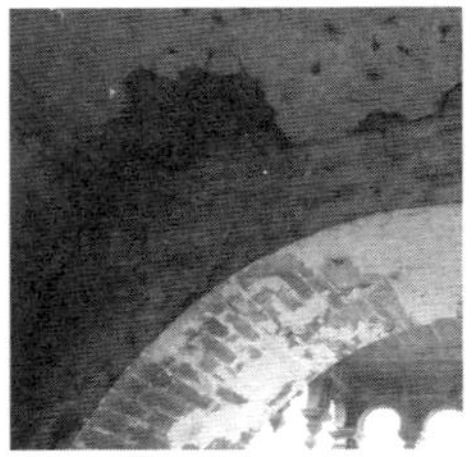	
	木构件结构残损情况				
	县衙府底圈梁现状情况	县衙府顶部圈梁现状情况	窗间墙暗柱现状情况	屋顶梁架结构现状	屋顶密板残损情况

	屋面残损现状情况			县衙府周围环境情况	
	县衙府屋面现状	烟囱残损现状	由于屋面漏雨，靠近落水管附近形成一个孔洞	县衙府后院环境现状情况	县衙府周围环境，南面为林基路小学，东面为树林带
			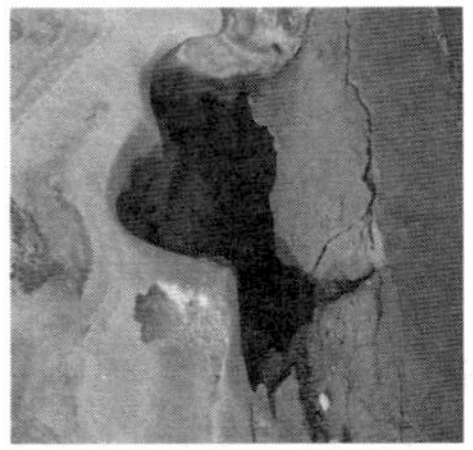		

五、评　　估

（一）价值评估

（1）林基路烈士纪念馆是新疆为数不多的当代革命文物遗址，是新中国成立前中国共产党在新疆团结各族群众，积极开展工作，为人民谋福利的实物资料。

（2）林基路烈士纪念馆是对各族人民群众进行革命传统教育、爱国主义教育、思想品德教育的好课堂，对于加强民族团结，反对民族分裂，建设和谐社会具有重要意义。

（3）林基路烈士纪念馆内的宿舍设计带有一定的伊斯兰风格。建于民国时期的县衙府在新疆为数不多，其建筑结构形式带有一定的苏式建筑风格。它们对于新疆近代建筑艺术的研究有参考价值。

（二）管理条件评估

林基路烈士纪念馆与库车县文物局、库车县博物馆为一体，三块牌子一套人马，办公即在林基路烈士纪念馆院内。近几年来，库车县委、政府特别重视文化事业的发展，加强了对林基路烈士纪念馆的管理和投入，人员编制由原来的15人增加到18人，由原来的股级提升到副科级。

（三）现状评估

（1）林基路烈士纪念馆内的八角亭，除屋面未做防水也未挂瓦外，建筑外观及布局保存都比较好。只要局部维修后，即可增加文物本体的使用寿命。

（2）林基路宿舍，除台基部分有下沉，局部木构件油漆脱落外，建筑外观和布局也都保存比较好，不存在安全隐患。只需局部加固维修，保护维修后即可增加文物本体的使用寿命。

（3）县衙府，主要存在的问题就是墙体酥碱比较严重，部分室内地面和室外地面被改造为水泥地面，屋面局部有漏雨现象等，建筑外观和布局也都保存比较好。县衙府目前已存在严重的安全隐患问题，如不及时维修，可能随时会有坍塌危险。

（4）县衙府内的陈列设备、照明情况比较差，需要进一步改善。

综上所述，在保存现状的前提下，进行抢救性的修缮。

第二部分　修缮设计方案

一、修缮依据

（1）按照《中华人民共和国文物保护法》关于“保护为主，抢救第一，加强管理，合理利用”的文物保护原则，修缮尽量保留现存文物建筑的基本特色和构件，适当恢复文物建筑原状；

（2）《中华人民共和国文物保护法实施条例》（2003 年）；

（3）《文物保护工程管理办法》（2003 年）；

（4）《中国文物古迹保护准则》（2004 年修订）；

（5）《建筑抗震设计规范》（GB50011-2001）；

（6）《建筑抗震设防分类标准》（GB50223-95）；

（7）《林基路纪念馆现场勘察测量报告》；

（8）参照《林基路纪念馆维修项目建议书》的有关原则及修缮要求进行修缮；

（9）相关文献资料。

二、修缮设计原则

严格遵守“不改变文物原状”的原则，尽可能真实完整的保存纪念馆内建筑的历史原貌和建筑特色。在维修过程中主要参照原建筑的原有传统做法，尽可能使用原有建筑材料，完整保存并归安原有的建筑构件；维修工程的补配构件，要做到原材料、原工艺，按原形制修复；加固补强部分要与原结构、原构件连接可靠；新补配的构件需要详细档案记载。

三、修缮性质

经过现场勘察，决定对林基路烈士纪念馆院内的八角亭、宿舍、县衙府三处古建筑采取局部修缮、局部恢复装修。本次维修旨在通过对建筑的维修及对配套设施的建立和完善，消除建筑物的各种安全隐患。

（1）重点修缮：林基路宿舍、县衙府、八角亭。

（2）其他修缮工程：排水、消防、院落整治、照明及避雷等设施。

四、修缮方案

1. 林基路宿舍

局部修缮。

台阶：拆除现有的水泥台阶，用青砖按原有样式重砌台阶。

台基：补砌靠近花圃正面台基上脱落的青砖和土坯。

地面：拆除室外台基上的水泥地面，恢复成原来的青砖地面。

檐柱：重刷所有檐柱上的油漆并做防腐处理，拆除两处下沉檐柱，重砌下沉的柱基部分。拆除前首先采取必要的支护措施，把两处下沉木柱处的上部挑檐支撑好后，方可拆除柱下基础。拆除后重新夯实柱下基础的夯土，然后重砌柱下卵石基础。

木栏杆：更换开裂、变形的木栏杆和栏杆扶手 10% 左右。所有栏杆和扶手表面重刷油漆并做防腐处理。

花圃围栏：整修花圃变形、断裂的木围栏和砖柱约 5% 左右。

屋面：为防止将来屋面漏雨，在屋面顶层上增加一道 SBS 防水卷材。为减轻屋面自重，调整屋面草泥厚度。调整后的屋面结构层从上到下依次为：草泥层 100 毫米（最厚处）至 80 毫米（最薄处），SBS 防水卷材层，20 毫米厚草席，80 毫米 ×30 毫米间距 20 毫米密板，180 毫米 × 180 毫米木梁，60 毫米 ×10 毫米木板，20 毫米草泥抹灰。

烟囱：由于雨水的侵蚀，烟囱的土坯严重剥落、酥碱，需要按原有尺寸及样式重新砌筑，并在烟囱顶部做雨帽，雨帽的材质为普通红砖。

花饰：重刷屋檐挡板的油饰，校正外廊上开裂变形的雀替。

2. 八角亭

局部修缮。

（1）重刷所有木柱、望板、锤脊、栏杆的油漆并做防腐处理。

（2）对八角亭内破损的水泥凳子和桌子进行修补，恢复原貌。

（3）做屋面防水，挂瓦。具体做法：先在望板上抹望板灰，然后做灰泥背，铺底盖瓦。

3. 县衙府

揭顶修缮，重砌部分墙体。

基础：将靠近林基路小学一侧裸露在外的外墙基础用土回填并夯实。回填高度同县衙府室外地面平齐，回填宽度从基础外边算起 1. 5 米。

地面：①室内地面。拆除部分房间的水泥、红砖等地面，所有房间地面均铺设 240 毫米 × 240 毫米 ×50 毫米的方形青砖。②室外地面。拆除县衙府室外的水泥地面，室外地面标高以靠近库车县文物局办公室的室外地面为 ±0. 000，拆除水泥地面后铺设青砖。

门窗：校正所有变形门窗并安装玻璃。对于不能继续使用和已丢失的门窗，按原样重做。其中，缺失门两扇，窗一个，需校正门窗约占 50% 左右，重刷所有门窗的油漆。

圈梁：更换开裂、变形严重不能正常使用的木圈梁，约占 30% 左右。对所有木圈梁做防腐处理。

墙体：拆除酥碱、泛潮严重的墙体，主要以靠近林基路烈士纪念馆的外墙体为主，约占 50% 。拆除后，用土坯按原墙厚重砌墙体。对于酥碱不严重的墙体，清理土坯表面已经酥碱的部分，根据土坯酥碱程度确定不同的补砌方式。对于东南角残留的两段墙体，在目前的现状基础上进行局部加固处理，清理两段墙体间坍塌的屋顶部分。为保证靠近林基路小学的县衙府外墙基础保持干燥不受雨水的侵蚀，需要把林基路小学与县衙府之间的砖墙拆除，然后向林基路小学校内推移 1 米重砌。

墙面：因原有墙面石灰浆已经开始大面积剥落，所以仍用白石灰浆重新粉刷所有墙面。

壁橱：重刷所有壁橱的油漆，按原样重做壁橱上丢失的 5 个门。

屋架：经勘察大部分梁架结构保存完好，约有 15% 的梁板因为屋顶漏雨被腐蚀需要更换。具体做法：先把原有损坏部分的梁、柱、椽拆除，换上规格统一的梁、柱、椽，要求搭接一定要牢固，并做防腐处理。

屋面：仅拆除靠近落水管漏雨部分的屋面，其他地方进行局部修补。修补后在屋面增加 SBS 防水卷材一道。维修后的结构从上到下依次为：90 毫米厚草泥，SBS 防水卷材一道，20 毫米草泥找平层，20 毫米草席，50 毫米密板，300 毫米 ×200 毫米间距为 650 毫米的梁，间距 30 毫米厚 10 毫米的密板，20 毫米草泥。

壁炉和烟囱：壁炉表面重新粉刷石灰浆。烟囱由于雨水的侵害，土坯严重剥落酥碱，需要按原有尺寸及样式重新砌筑，并在烟囱顶部做雨帽，雨帽的材质为普通红砖。

屋面排水说明：屋顶仍采用有组织的外排水，屋面坡度为 2%，具体排水情况及做法见屋面排水详图。

4. 照明、消防、避雷

照明应符合《建筑电气工程施工质量验收规范》（GB50303）的要求，拆除原有照明线路，按照要求将电线引入室内；消防方面要根据县衙府的现有条件，室内按照消防要求配置消火栓；避雷方面按照避雷要求进行安装。

五、周边环境整治

（1）建议将林基路宿舍前的花圃内重新栽种一些花草，果树等。

（2）将县衙府前的水泥地面拆除，更换成青砖地面。

（3）对县衙府后院树林带进行整治，建议采用滴灌浇水。

六、注 意 事 项

（1）由于现场勘测时间有限，有些部位勘测还不是很完善，有些地方难免有所疏漏，待保护工程进行时再做进一步补充，完善施工图。

（2）工程施工前应认真进行现场核对，如发现林基路宿舍、县衙府遭到新的破坏，现场状况与设计不符时，应及时联系设计单位，进行设计变更后方可进行施工。

（3）方案中的梁、椽子、短柱的更换数量均按百分比表述，具体数量详见预算表。

（4）在拆除、施工过程中要注意建筑本体及施工人员的安全。

（5）由于现场测绘条件有限，施工时若发现构件尺寸和个别隐蔽部位与图纸不符时，应以现存实物为主；本说明与施工图参照阅读，如施工遇到特殊情况及施工中出现的技术性问题需及时通知设计单位，协商解决。

参 考 资 料

［1］《库车县志》编撰委员会编：《库车县志》，新疆大学出版社，1998 年。

[2]　《库车年鉴》编撰委员会编：《2005 年库车年鉴》、《2006 年库车年鉴》，新疆人民出版社，2005 ~ 2006 年。
[3]　当地文物部门提供的部分资料和照片。
[4]　新疆文物局编辑：《新疆维吾尔自治区文物“四有”档案》（内部资料）。

项 目 主 持：梁　涛
项 目 负 责：阿里木 · 阿布都热合曼
报 告 编 写：冶　飞　徐桂玲
主要参加人员：梁　涛　阿里木 · 阿布都热合曼　徐桂玲
　　　　　　　赵永升　路　霞　冶　飞　陆继财　雪克来提
　　　　　　　丁炫炫　何　林　师　洋　陈　伟

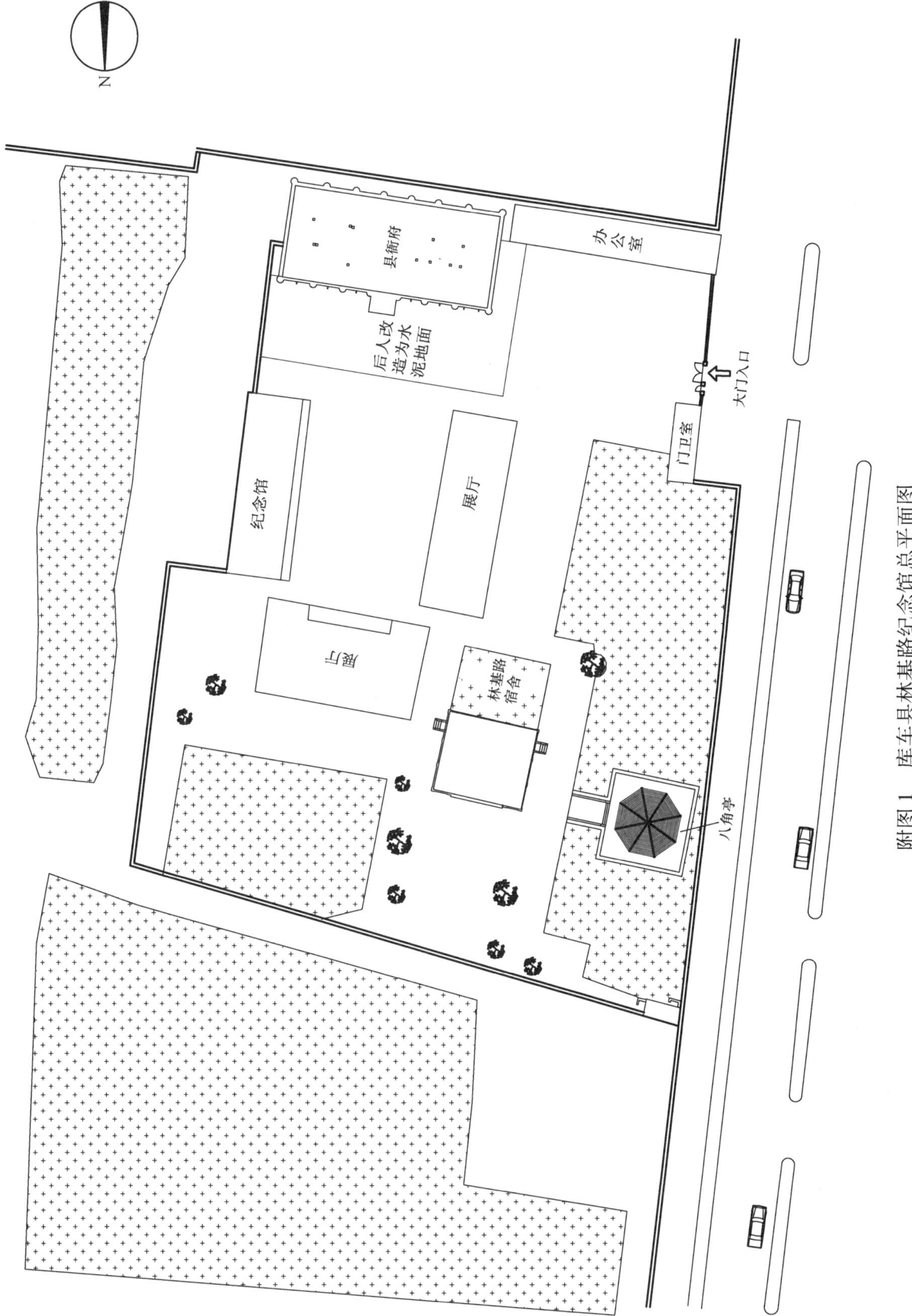

附图1　库车县林基路纪念馆总平面图

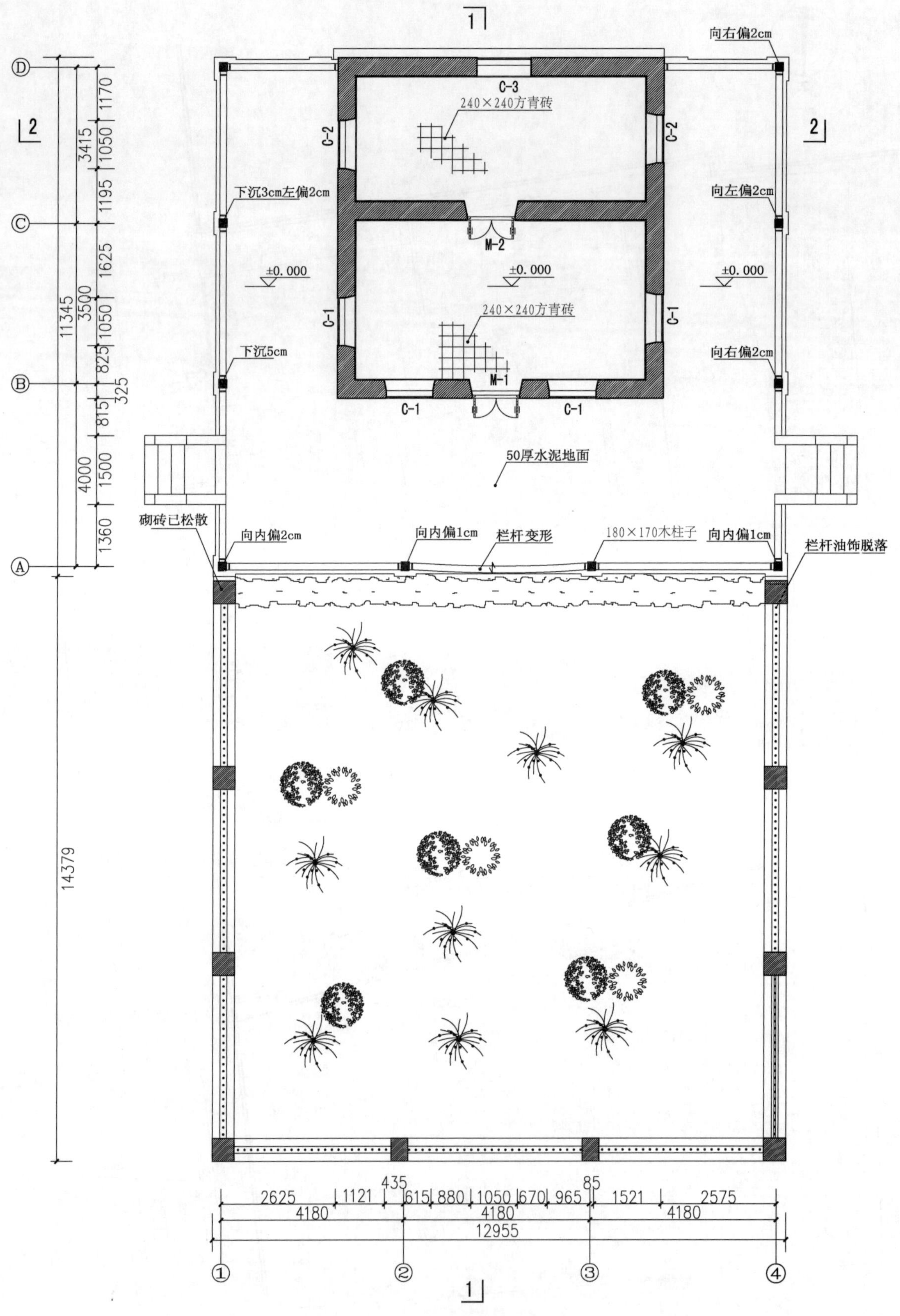

附图2　林基路宿舍平面图

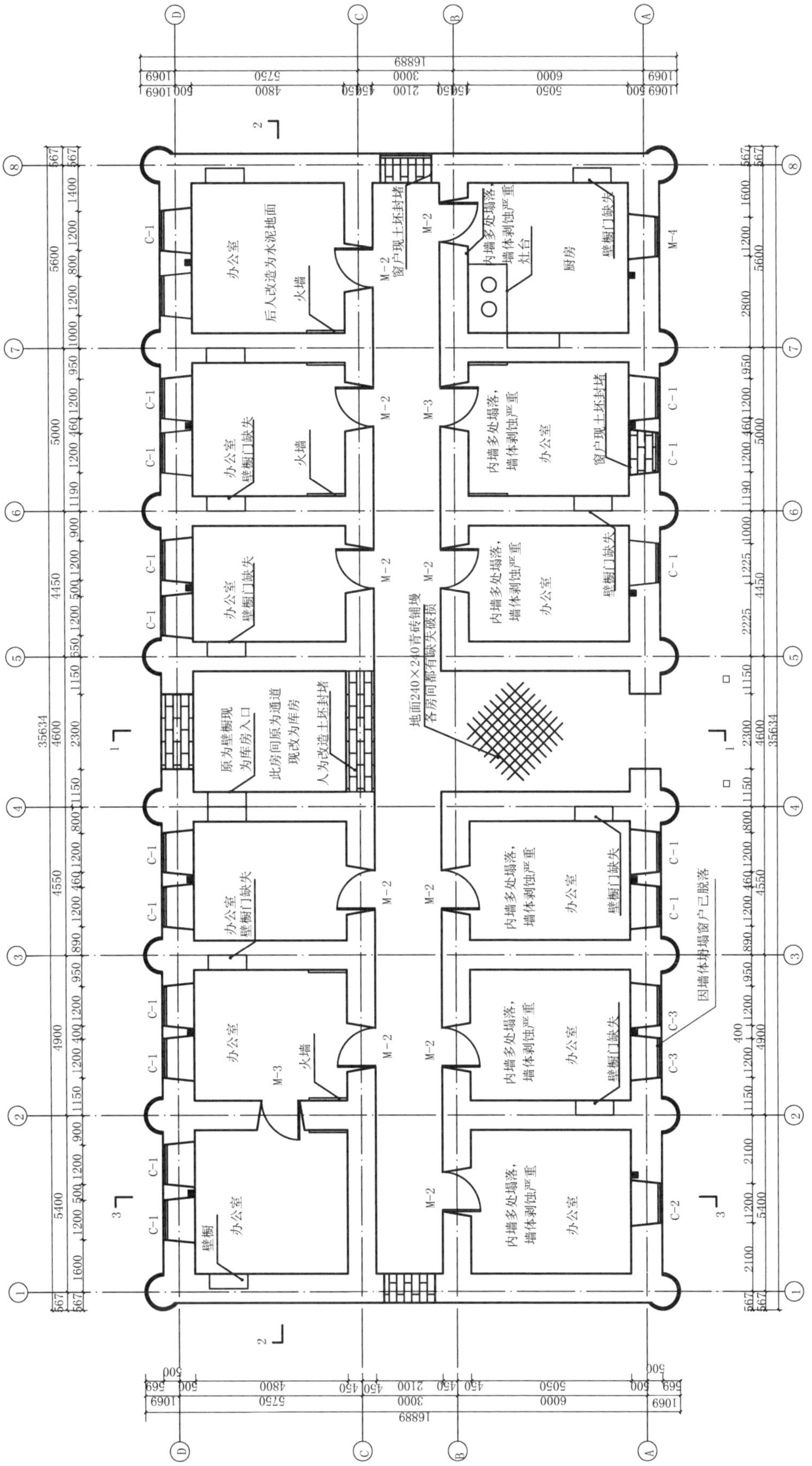
办公室
后人改造为水泥地面
火墙
窗户现土坯封堵
厨房
灶台
壁橱门缺失
内墙多处塌落，
墙体剥蚀严重
原为壁橱现
为库房入口
此房间原为通道
现改为库房
人为改造土坯封堵
地面240×240青砖铺墁
各房间都有缺失破损
因墙体坍塌窗户已脱落
壁橱
M-2
M-3
M-4
C-1
C-2
C-3
16889
35634

附图3 县衙府平面图

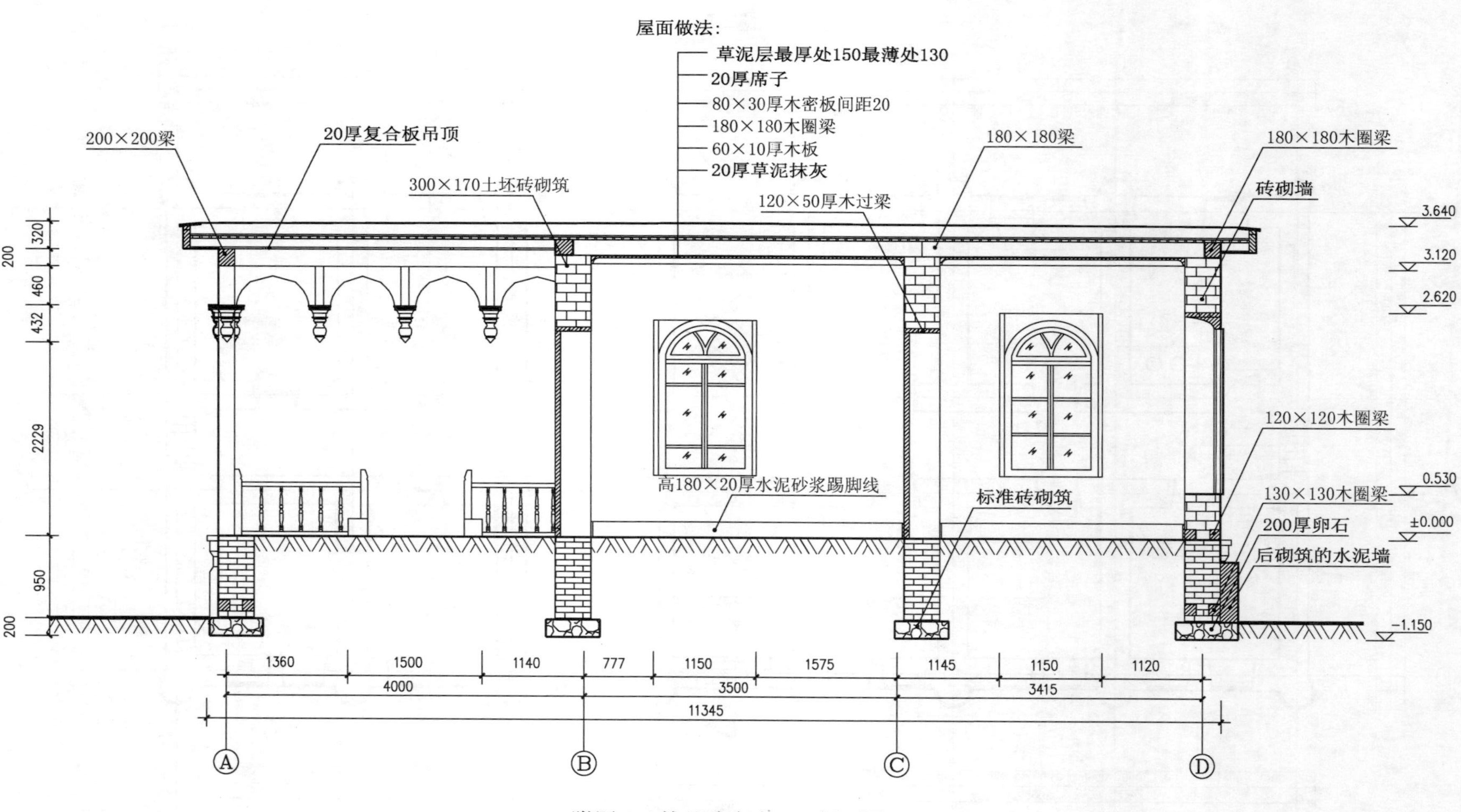
屋面做法：
草泥层最厚处150最薄处130
20厚席子
80×30厚木密板间距20
180×180木圈梁
60×10厚木板
20厚草泥抹灰
200×200梁
20厚复合板吊顶
300×170土坯砖砌筑
120×50厚木过梁
180×180梁
180×180木圈梁
砖砌墙
3.640
3.120
2.620
120×120木圈梁
0.530
130×130木圈梁
±0.000
200厚卵石
后砌筑的水泥墙
-1.150
高180×20厚水泥砂浆踢脚线
标准砖砌筑
320
200
460
432
2229
950
200
1360
1500
1140
777
1150
1575
1145
1150
1120
4000
3500
3415
11345
A
B
C
D

附图 4　林基路宿舍 1-1 剖面图

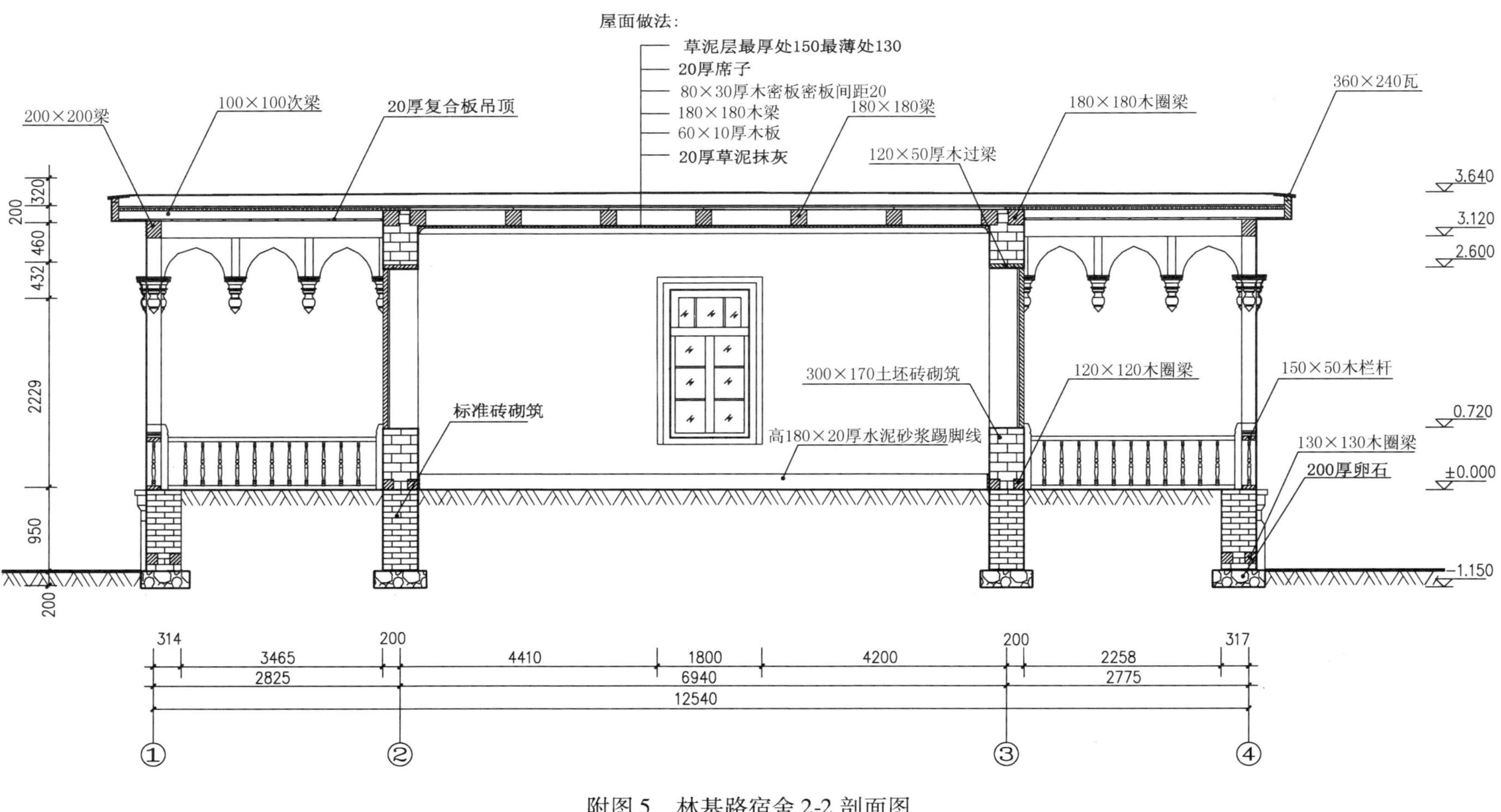
屋面做法:
草泥层最厚处150最薄处130
20厚席子
80×30厚木密板密板间距20
180×180木梁
60×10厚木板
20厚草泥抹灰
200×200梁
100×100次梁
20厚复合板吊顶
180×180梁
120×50厚木过梁
180×180木圈梁
360×240瓦
3.640
3.120
2.600
300×170土坯砖砌筑
120×120木圈梁
150×50木栏杆
0.720
标准砖砌筑
高180×20厚水泥砂浆踢脚线
130×130木圈梁
200厚卵石
±0.000
-1.150
200
320
460
432
2229
950
200
314
3465
2825
200
4410
1800
6940
4200
200
2258
2775
317
12540
①
②
③
④

附图5 林基路宿舍2-2剖面图

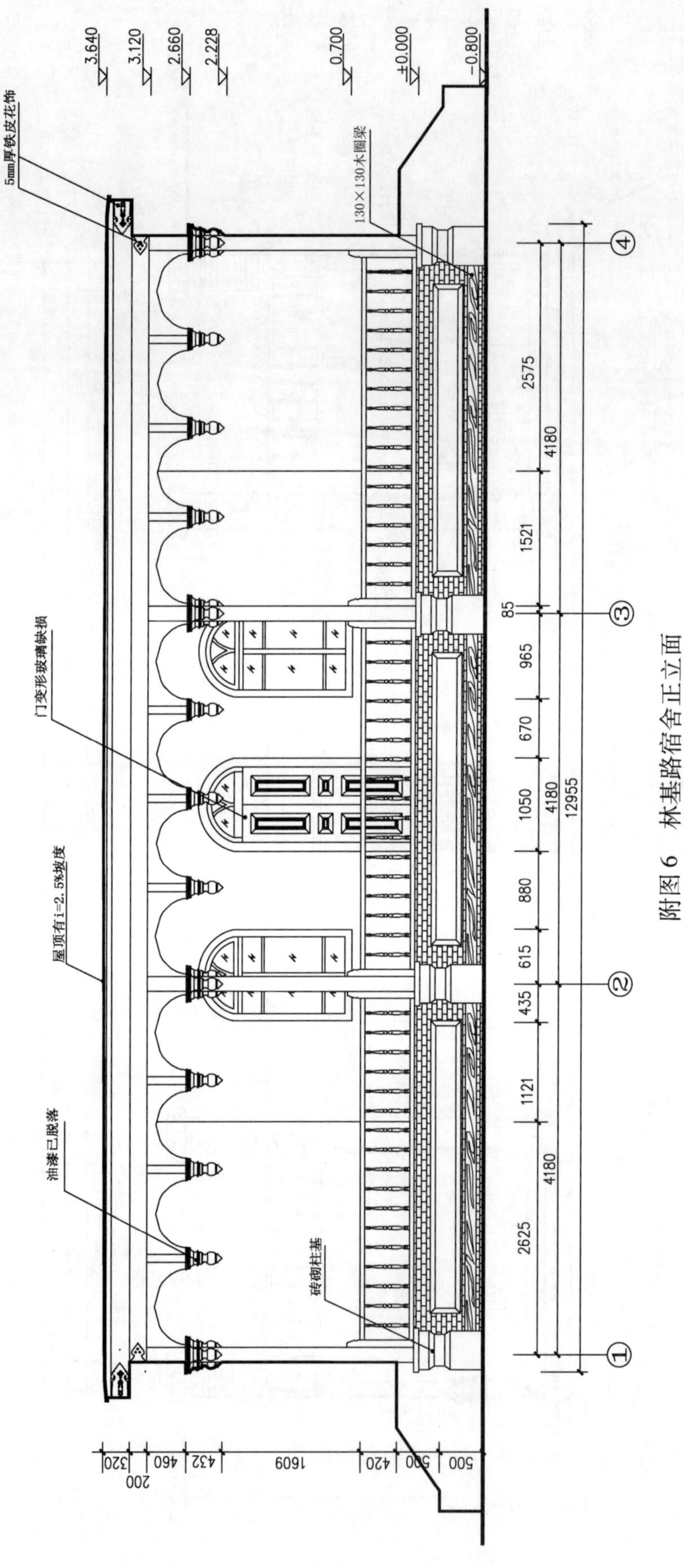
3.640
3.120
2.660
2.228
0.700
±0.000
-0.800
5mm厚铁皮花饰
130×130木圈梁
门变形玻璃缺损
屋顶有i=2.5%坡度
油漆已脱落
砖砌柱基
2575
4180
1521
85
965
670
1050
4180
12955
880
615
435
1121
4180
2625
320
200
460
432
1609
420
500
500
①
②
③
④

附图6　林基路宿舍正立面

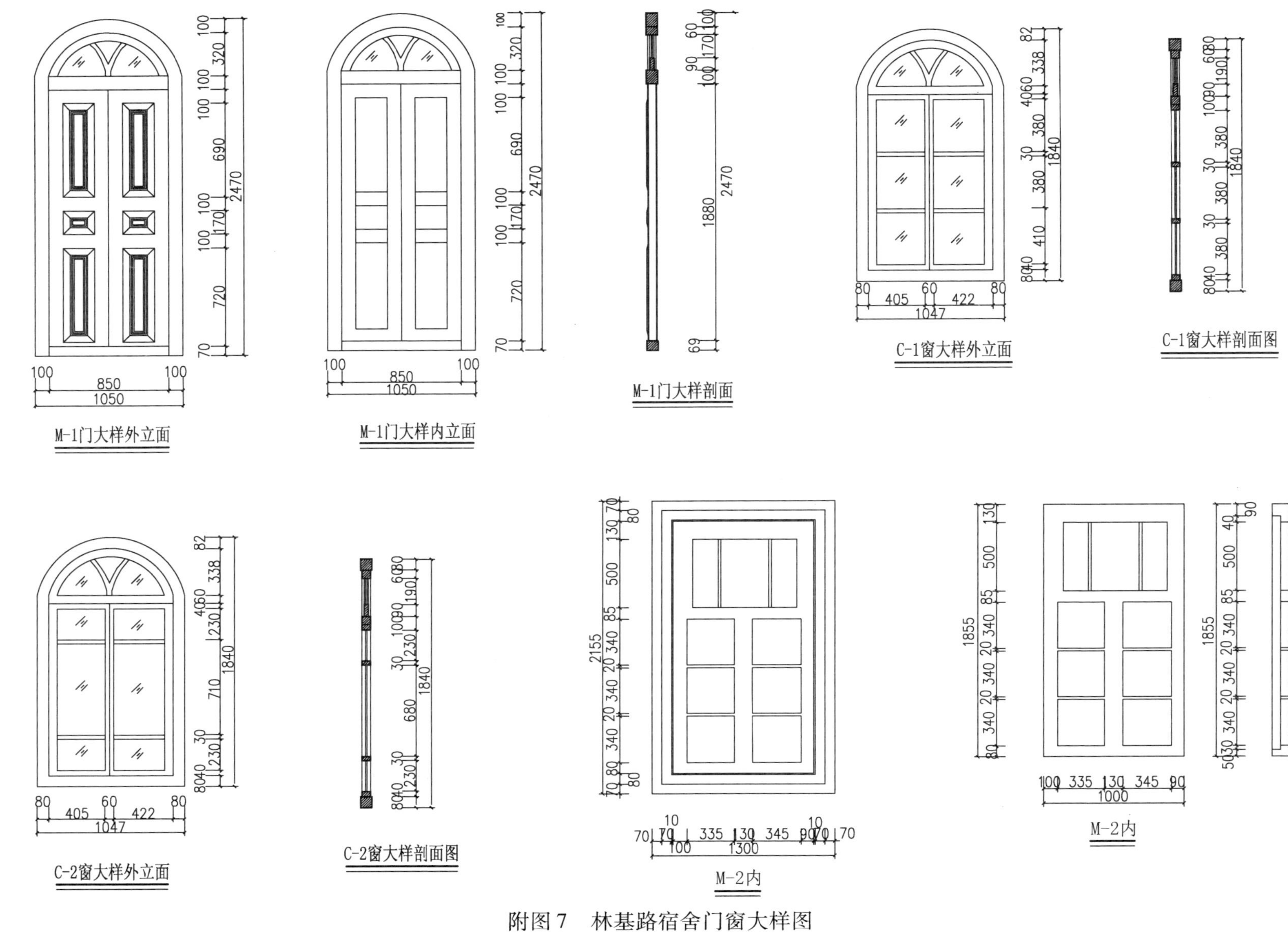

附图7　林基路宿舍门窗大样图

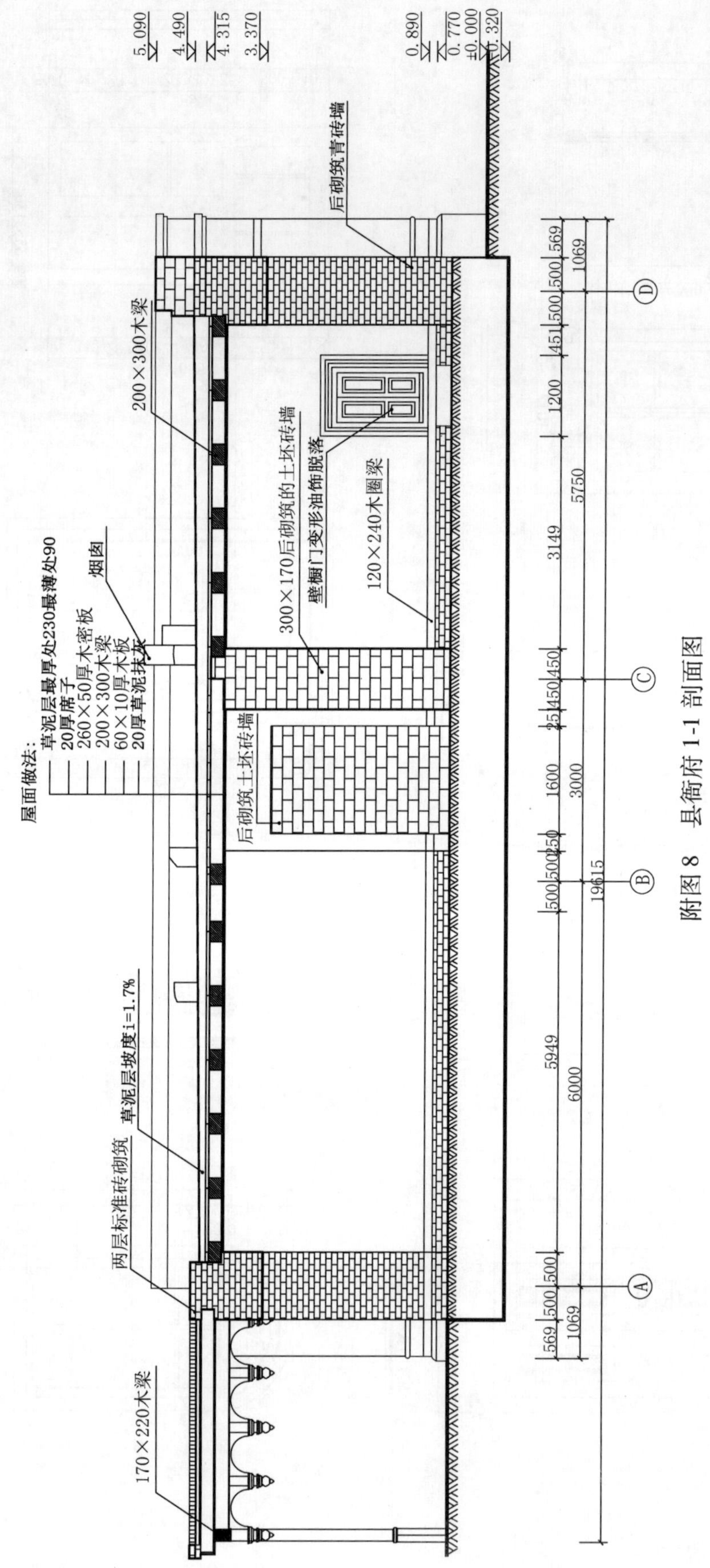

5.090
4.490
4.315
3.370
0.890
0.770
±0.000
-0.320
后砌筑青砖墙
200×300木梁
壁橱门变形油饰脱落
120×240木圈梁
300×170后砌筑的土坯砖墙
烟囱
屋面做法:
草泥层最厚处230最薄处90
20厚席子
260×50厚木密板
200×300木梁
60×10厚木板
20厚草泥抹灰
后砌筑土坯砖墙
草泥层坡度i=1.7%
两层标准砖砌筑
170×220木梁
569
500
500
451
1200
3149
450
450
25
1600
250
500
500
5949
500
500
569
1069
5750
3000
6000
1069
19615
A
B
C
D

附图 8　县衙府 1-1 剖面图

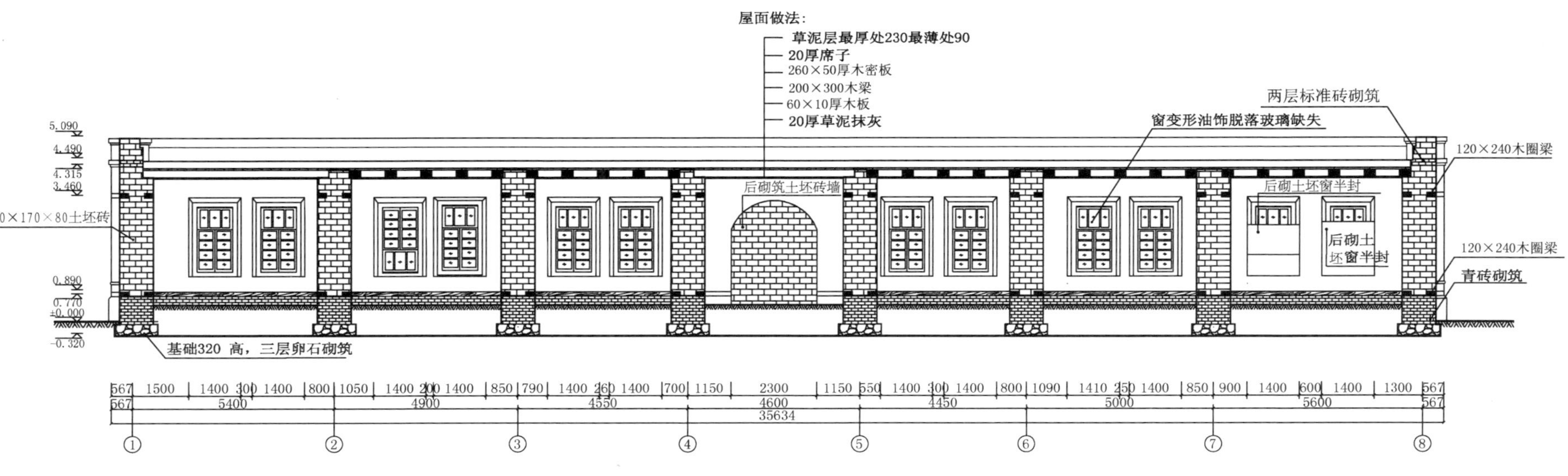
屋面做法：
草泥层最厚处230最薄处90
20厚席子
260×50厚木密板
200×300木梁
60×10厚木板
20厚草泥抹灰
两层标准砖砌筑
窗变形油饰脱落玻璃缺失
120×240木圈梁
后砌筑土坯砖墙
后砌土坯窗半封
后砌土坯窗半封
120×240木圈梁
青砖砌筑
300×170×80土坯砖
基础320 高，三层卵石砌筑
5.090
4.490
4.315
3.460
0.890
0.770
±0.000
-0.320
567 1500 1400 300 1400 800 1050 1400 200 1400 850 790 1400 260 1400 700 1150 2300 1150 550 1400 300 1400 800 1090 1410 250 1400 850 900 1400 600 1400 1300 567
567 5400 4900 4550 4600 4450 5000 5600 567
35634
①
②
③
④
⑤
⑥
⑦
⑧
附图9　县衙府2-2剖面图

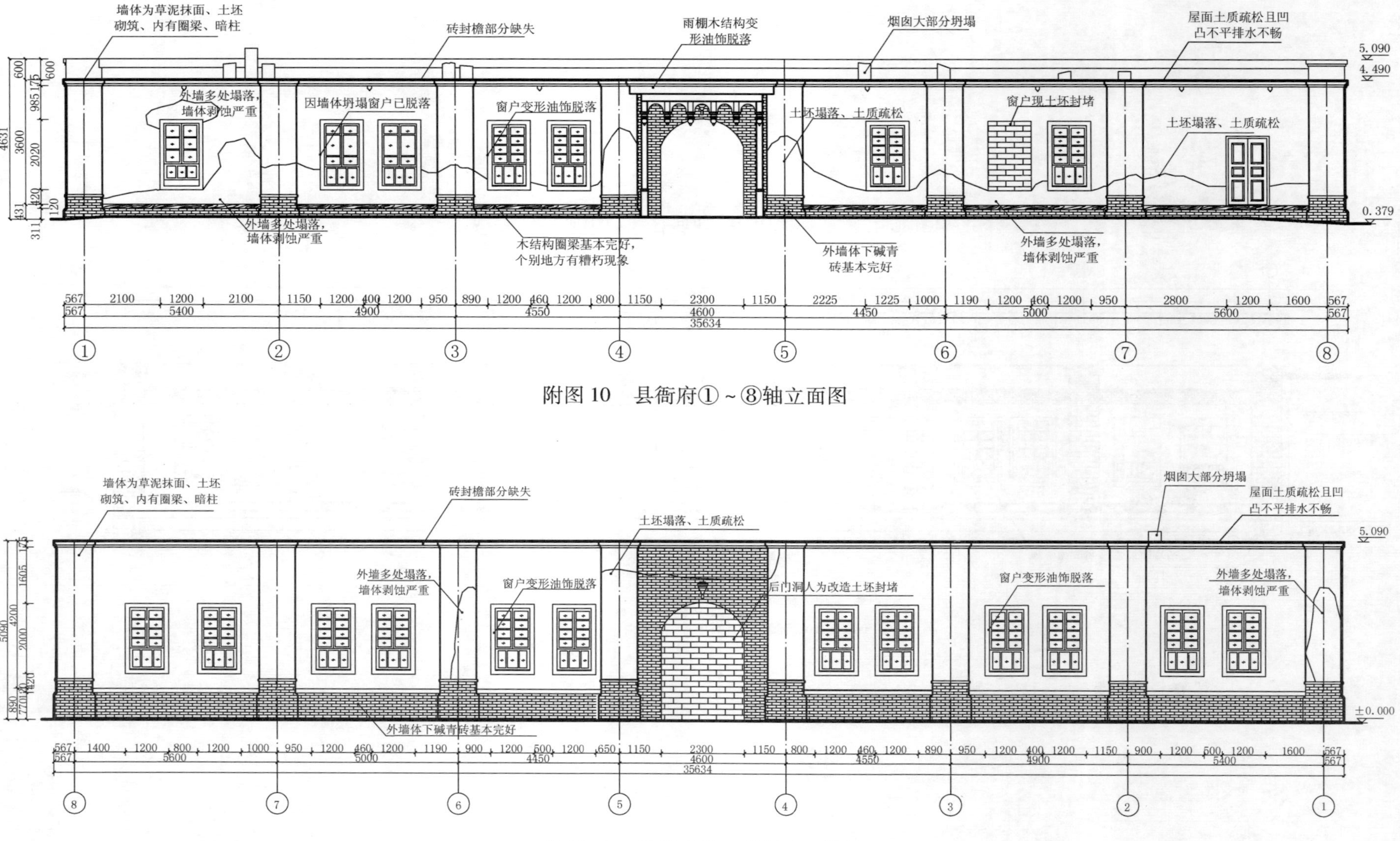

附图 10　县衙府①～⑧轴立面图

附图 11　县衙府⑧～①轴立面图

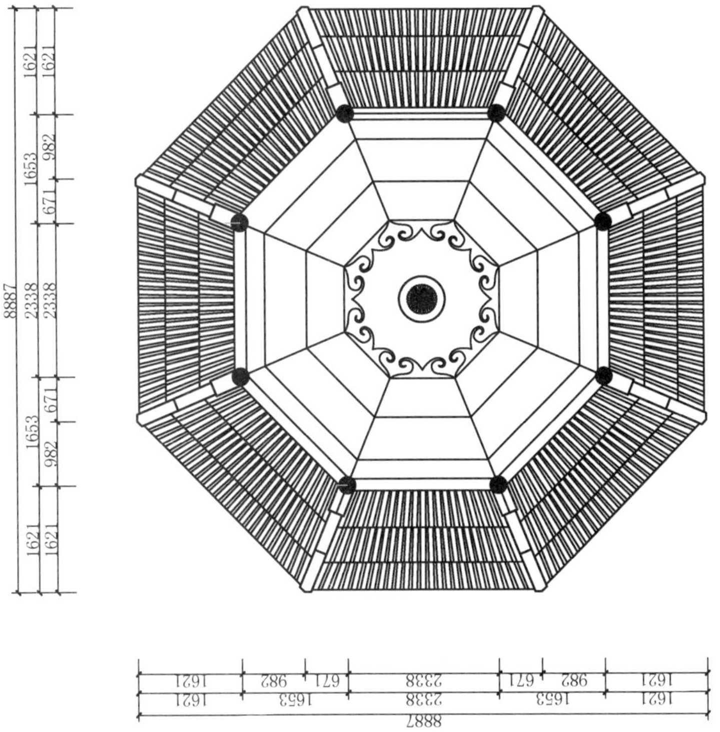

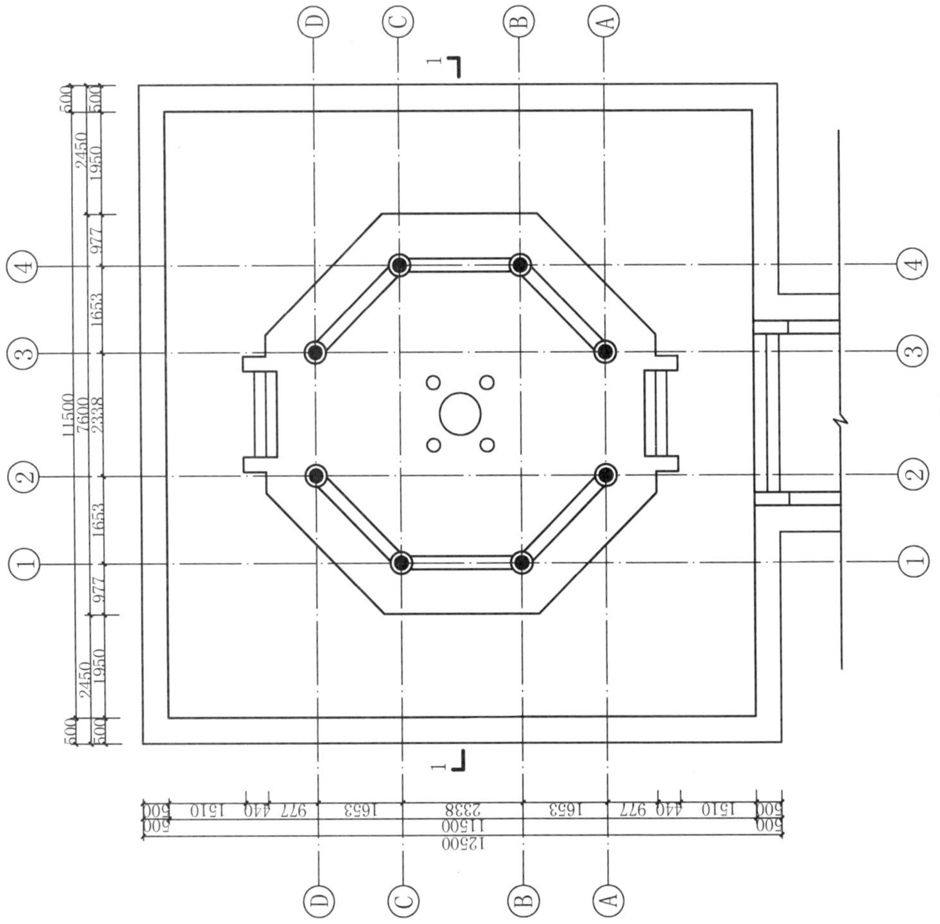

附图12　八角亭平面、仰视图

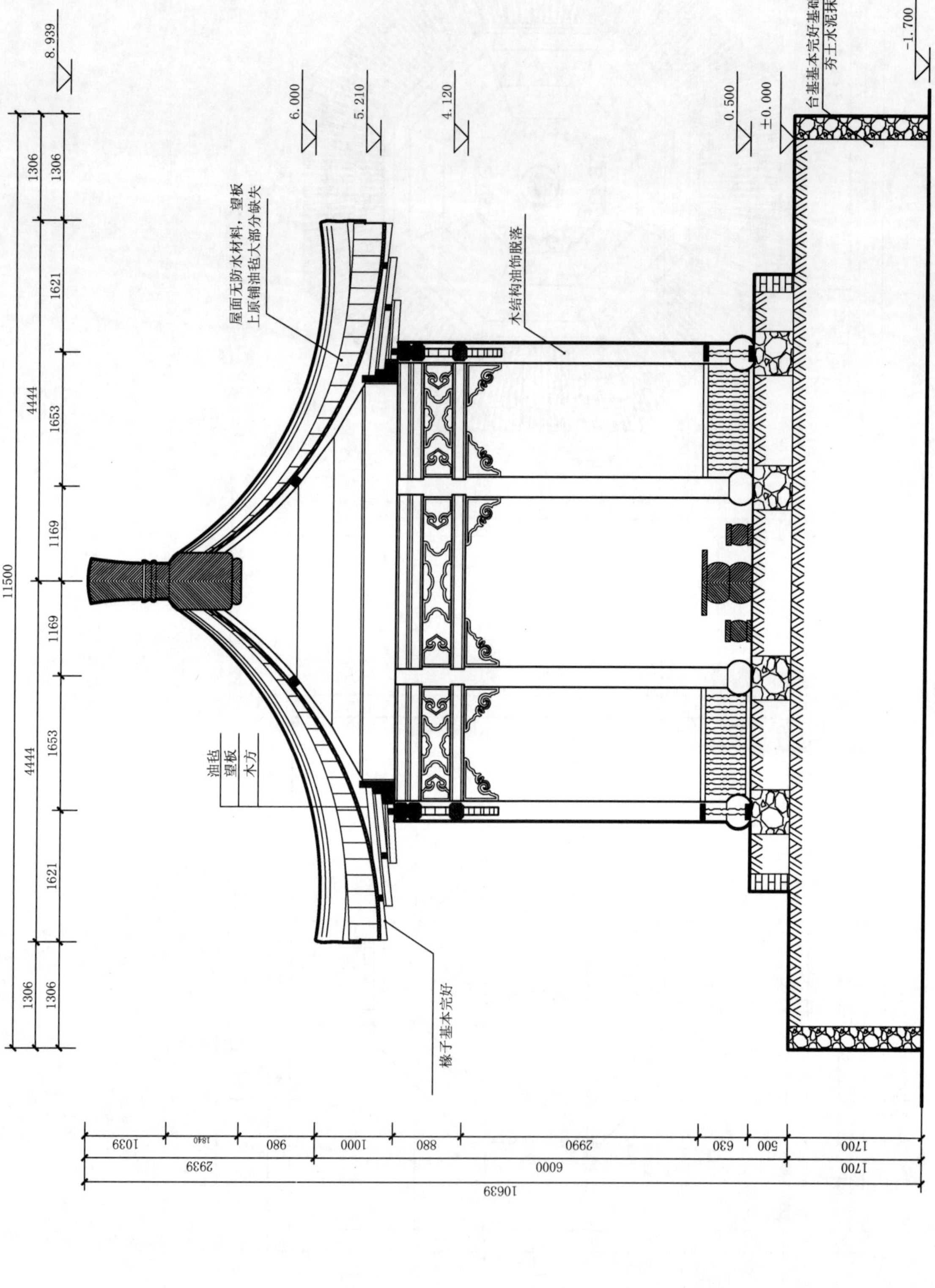

附图13　八角亭1-1剖立面图

新疆玛纳斯县陕西会馆勘察报告及修缮设计方案

第一部分　勘 察 报 告

一、概　　况

玛纳斯县地处天山北麓，准噶尔盆地南缘，东距乌鲁木齐 126 公里。玛纳斯县东与呼图壁县接壤，西以玛纳斯河西岸与石河子市、沙湾县为界，南以天山主峰与和静县毗连，北与和布克赛尔蒙古自治县为邻。地理坐标为北纬 43°27′33″～45°38′53″，东经 85°34′37″～86°43′09″，全境属大陆干旱气候，季温差大，日照时间长。

陕西会馆，又称西安会馆，坐落在县人民医院院内。据知情人介绍，原建筑有戏楼、山门、会馆，这三座建筑由南向北依次排列在中轴线上。戏楼、山门现已无存，不知毁于何年代。现存的会馆是一处坐北向南的砖木结构建筑，长 25 米，宽 14 米，屋脊残高 9 米。大殿梁上刻有“陕西全省宾馆众首士迈出清泰、元兴公等督式创修”，并刻着“大清光绪十九年林钟月念日敬立”。两壁曾绘有“长安八景”图，前房廊雕刻细致，描有 15 个不同写法的“寿”字。字字各异，盘龙飞凤。整座建筑庄重古朴，气势宏伟。

二、历 史 沿 革

玛纳斯地区在 1778 年（清乾隆四十三年）正式建县，名绥来县，隶迪化州管辖。1950 年成立绥来县人民政府，1954 年改名为玛纳斯县，1958 年隶昌吉回族自治州管辖，1975 年隶石河子地区管辖，1979 年仍隶昌吉回族自治州管辖至今。

清末民初，玛纳斯城内建有陕西会馆、山西会馆、五凉会馆、中州会馆、两湖会馆、四川会馆及天津公所。陕西会馆建得最早，于光绪十九年（1893 年）建成，距今 113 年。每年农历二月初二是会馆活动日，俗称“过会”，此外还办些社会公益活动。1937 年（民国 26 年）汉文会成立，县长经支充下令，各同乡会馆一律停止活动，全部财产交汉文会接管，以兴办地方

图一　保护标志牌

文化教育事业。从此，各会馆活动停止，建筑年久失修，被拆或坍塌，现仅保留陕西会馆。1966 年，县医院为了解决医院办公条件，曾对房屋做过修缮。“文化大革命”中，会馆遭到毁坏，现装饰已非原来面目。1988 年 10 月，自治区文物普查队对该馆进行了调查，建议定为县级文保单位。1994 年 3 月，会馆被定为州级文物保护单位（图一）。2003 年 2 月，被定为自治区级文物保护单位。

三、建筑布局及各建筑的形式与结构

陕西会馆进深三间，是九檩硬山布瓦顶前檐廊殿式建筑（图二）。

由于会馆外地面不断提升，现台基几乎无存。原踏跺已失，仅残余有后维修的水泥地面。两山墙为青条砖砌筑，室内为青砖铺墁，前檐墙为后来重砌。

图二　玛纳斯陕西会馆外景

梁架结构为三架梁上置脊瓜柱，三架梁与五架梁之间置柁墩，三架梁有角背。五架梁下置柁墩，七架梁下置金柱与檐柱间置抱头梁、檐拄上置挑檐桁，随梁枋及穿插枋。檐檩、脊檩及上金檩、下金檩置随檩枋，上金檩、下金檩及脊檩下则只用随檩枋，基本完好，前檐有斗无拱。

原前后装修已尽失，现存门窗为县医院占用时期改做。

四、残破现状及相关原因分析

（一）陕西会馆建筑残损情况图表（表 1、表 2）

表1　会馆屋面情况

残破程度	屋顶多处损坏情况	正吻缺失	瓦屋顶多处损坏情况	沟头滴水全部丢失	瓦垄松动，后人添加的铁皮烟囱
	会馆屋面残损情况				
	后坡筒瓦板瓦全部由方砖代替	后坡屋面的方砖	残留滴水原貌	屋顶苇席多处破损	线路存在不安全隐患
	会馆屋架情况				
	屋顶漏雨现象严重	室内吊顶的破坏情况	室内烟囱对屋顶的破坏情况	屋顶漏雨对梁架的破坏情况	会馆梁架结构情况

表 2　会馆柱的现状情况

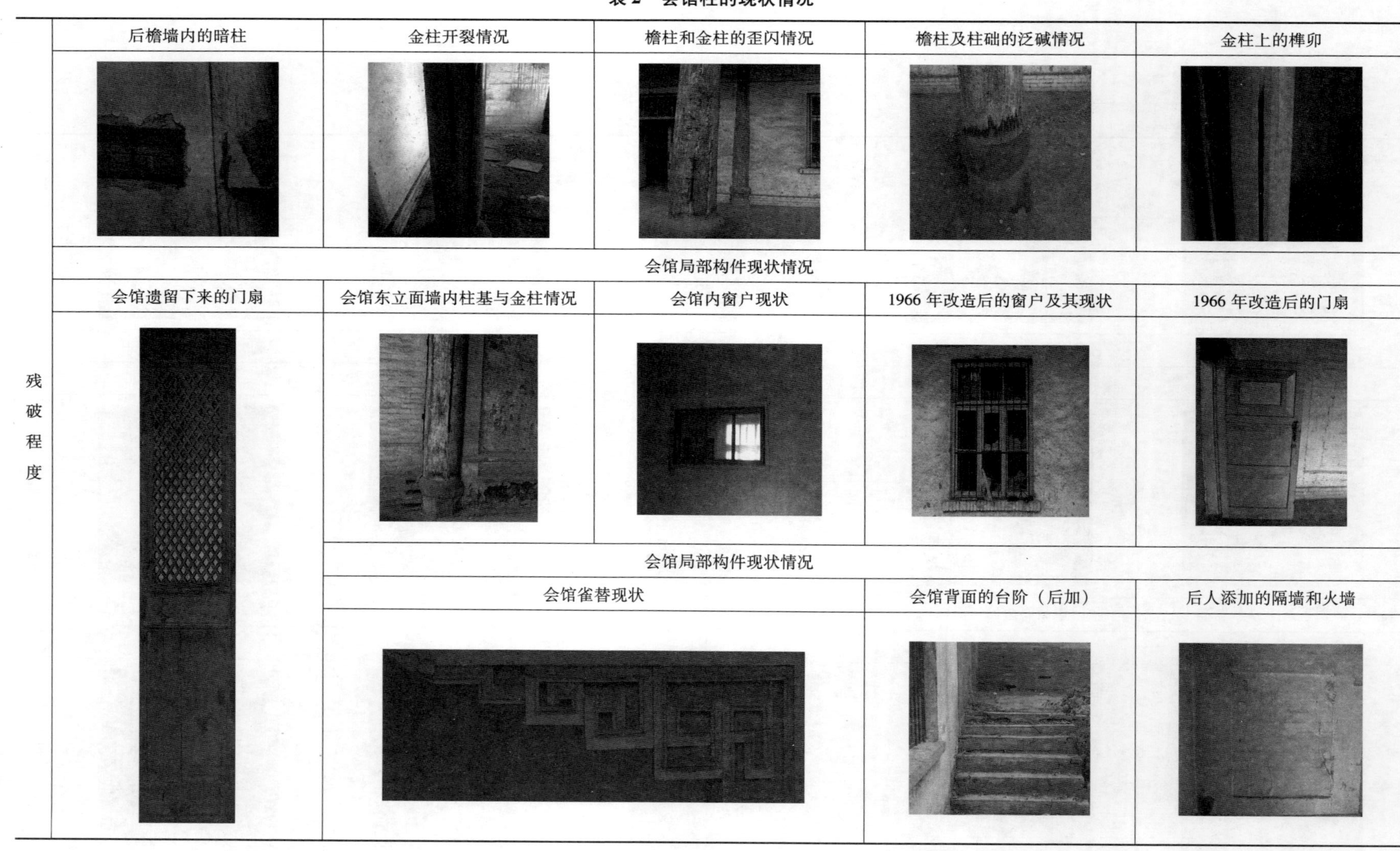

残破程度					
	后檐墙内的暗柱	金柱开裂情况	檐柱和金柱的歪闪情况	檐柱及柱础的泛碱情况	金柱上的榫卯
	会馆局部构件现状情况				
	会馆遗留下来的门扇	会馆东立面墙内柱基与金柱情况	会馆内窗户现状	1966 年改造后的窗户及其现状	1966 年改造后的门扇
		会馆局部构件现状情况			
		会馆雀替现状		会馆背面的台阶（后加）	后人添加的隔墙和火墙

（二）残损部位现状及原因分析表（表3）

表3 残损部位现状及原因分析表

部位	残破现状	原因分析
台基、散水	原台基现已无存，垂带、踏跺、散水全失	年久失修，人为因素
地面	现地面以青砖铺墁，基本完好，较少部分缺失	人为因素
墙体	条砖砌筑，但酥碱严重。西墙有多处较大裂缝，墙体中部略向外歪闪鼓出；有多处人为铁件加固。前檐墙为现代改砌	自然因素，人为因素
柱	檐柱下半部小部分糟朽开裂，金柱也有开裂现象，前檐金柱由于现代墙体未拆除情况不明	自然因素
柱顶石	前檐柱柱顶石部分碎裂，前檐金柱柱顶石完好，后檐金柱柱顶石完好。后檐柱由于墙体未拆除情况不明	人为因素，自然因素
梁架	梁架95%以上开裂，抱头梁有部分开榫现象	自然因素，人为因素
装修	前、后檐均为后改门窗	人为因素
椽飞	后檐飞椽全失，前檐飞椽部分缺失，连檐瓦口全无	自然因素，人为因素
瓦顶	正吻、垂兽、小跑全部遗失；正脊和西山后坡垂脊，西山前坡垂脊，东山两条垂脊全无；后坡筒瓦、板瓦全失，取而代之的是青砖，檐部勾头、滴水大部分缺失，东山排山勾滴全失，西山排山勾滴全失；瓦垄大部分脱节松动	年久失修，人为因素
墀头、砖博风	除后檐东山墀头保存完好，其他三处部分不完整，雕饰不清；东山博风砖及部分西山博风砖保存较好	自然因素，人为因素
油饰	大部已剥落。后檐金柱刷有绿色油漆	人为因素，自然因素

相关附属设施：

陕西会馆北侧有县医院占用时所建房屋，严重影响了会馆布局的清晰和完整；现东侧围墙与建筑本体很近且与院内古建筑极不协调。院内地面为黄土地面，且凹凸不平，杂草丛生，排水不畅。

五、评　　估

（一）价值评估

（1）陕西会馆为自治区级重点文物保护单位。

（2）陕西会馆用材比例朴实、科学，结构处理严密、实用，特别是前檐雕饰独具特色。其中15个不同写法的“寿”字木雕盘龙飞凤更是出彩之处，在近代新疆木结构建筑中较为少见。整座建筑外观给人朴素、凝重又飘逸的感觉，是研究清代建筑的珍贵实例。

（3）陕西会馆作为当地的近代建筑，其所具有的历史文化内涵又使建筑本身兼具人文景观的价值，不仅对当地历史研究有参考价值，而且对于开发当地旅游产业，拉动地方经济发展有积极作用。

（二）管理条件评估

有专门的机构——玛纳斯县文管所负责对其保护管理工作。玛纳斯县文管所成立于1988年，目前在编人员两名。

（三）现状评估

（1）陕西会馆大木结构基本完好。

（2）瓦屋顶台基部分由于人为改造破坏严重，多处漏雨危及木构架，吻兽尽失，垂脊、瓦饰全无，前后檐装修、墙体已面目全非。又因年久失修，会馆还存在大部分瓦垄松动脱节，后坡筒瓦、板瓦全失，取而代之的是青砖，墙体酥碱、后檐飞椽全失，油饰脱落，台基无存。

（3）院内无避雷设施和排水消防系统，地面凹凸不平，杂草丛生。又因其地处县医院内，东面办公楼西南北面为住宅楼包围，整体周边环境较差。

第二部分　修缮设计方案

一、修缮依据

（1）《中华人民共和国文物保护法》及其实施条例中关于“不改变文物原状”的文物修缮原则等有关规定。

（2）《陕西会馆勘察报告》及其实测图。

（3）《中国文物古迹保护准则》相关内容。

（4）《文物保护工程管理办法》。

（5）《建筑抗震设计规范》（GB50011-2001）。

（6）《建筑抗震防范分类标准》（GB50223-95）。

（7）陕西会馆现存实际状况及陕西会馆价值所决定的长远发展和保护利用的需要。

（8）相关文献资料。

二、修缮设计原则

严格遵守不改变文物原状的原则，尽可能真实完整的保存建筑的历史原貌和建筑特色。在维修过程中以本建筑现有传统做法为主要的修复方法。尽可能地使用原有建筑材料，完整保存并归安原有的建筑构件；维修工程的补配构件要做到原材料、原工艺，按原形制修复；加固补强部分要与原结构、原构件连接可靠；新补配的构件需要详细档案记载。

三、修缮性质及修缮原则

经过现场勘察决定采取揭顶修缮。本次维修旨在通过对其建筑的维修及对配套设施的建立和完善，消除建筑物的各种安全隐患，展现陕西会馆健康、整体形象。

（1）重点修缮：陕西会馆文物本体。

（2）院落整治和排水工程，包括院内道路的敷设、围墙及排水系统。

（3）其他修缮工程：陕西会馆避雷、消防、照明、采暖工程。其原则是避雷、消防、照明在消除古建筑安全隐患的同时，应尽量减少对古建筑自身风貌的影响。

四、修 缮 方 案

1. 陕西会馆本体修缮

揭顶修缮，恢复装修（本方案不包括油饰彩画部分）。

陕西会馆：台基砌筑，大木检修、补配，墙体拆除，装修恢复，揭瓦宽顶等。

台基、散水：拆除现有水泥台基，依据清式做法重新砌筑台基，用240毫米×120毫米×60毫米青砖重新包砌台基，补配压面石，重新砌筑前檐垂带、踏跺；做三七灰土两步，用240毫米×240毫米×60毫米青砖铺墁散水。

地面：补配缺失青砖，用原有方砖原有形式铺墁（30%）。

墙体：墙体下碱用原规格的砖，按原山墙下碱作法补砌，内墙面黄泥掺白灰打底，麻刀白灰罩面。

墀头、砖博风：补砌砖博风雕饰。

柱：检修、加固、剔补各柱，柱身开裂缝宽度小于4厘米的檐柱采用铁件加固，并做防腐处理。

柱顶石：原状不动。

梁架：对各构件进行检修，剔补、加固劈裂及糟朽部位，校正梁架并以铁活加固（在实测中95%以上梁架不同程度开裂，均需加固）。

装修：前檐金柱间设隔扇门、槛窗（隔扇槛窗尺寸依据现场遗留的隔扇和勘察榫卯的位置制定，下槛、中槛、上槛、风槛、踏板、抱框、门枕按照清代做法则例制定）。

木基层：补配前后檐缺失的椽望、连檐、瓦口、飞椽，依据现有规格式样重做，重新铺钉前檐望板。

瓦顶：拆除瓦顶，揭除时尽量做到不损坏原有瓦件芦苇席，待瓦宽时使用；损坏严重不能再使用的，按原来规格、式样补配；勾头、滴水依照现有式样补配；脊兽做法：正脊按现存式样砌筑，垂脊按清代垂脊式样垒砌，吻兽式样按清代硬山风格制作；泥背厚度依照原有厚度来做，使用改性沥青防水卷材一道，苫背上涂刷聚氨酯防水材料两道，瓦件图刷抗渗剂一道，按原瓦垄数重新宽瓦。

2. 院落整治和排水工程

清理院内地面：将陕西会馆周围地面降至重新砌筑台明以下48厘米处，其他位置以此为基准，由会馆本体向北放坡2%，由中轴线向两边放坡2%；原土夯实，做三七灰土一步，分别在东北、西北角留出水口。

沿中轴线在建筑南铺墁宽3.5米的甬路。

按照确定后的保护范围处砌筑四面围墙，围墙高2.64米，墙上身用机砖砌筑，外抹灰饰红，下碱青砖砌筑；做布瓦顶皮条脊，不用吻兽。

3. 照明、消防

照明应从就近电源处把电引入室内，但应符合《建筑电气工程施工质量验收规范》（GB50303）的要求。

消防方面应酌情按照消防要求进行配置。

根据陕西会馆现有条件，室内配置按消防要求配置消火栓，照明拆除原有照明线路《建筑电气工程施工质量验收规范》（GB50303）要求引入室内。

避雷方面应酌情按照避雷要求进行安装。

五、注意事项

（1）由于现场勘测时间有限，有些部位勘测还不是很完善，有些地方难免有所疏漏，待保护工程进行时再做进一步补充完善施工图。

（2）工程施工前应认真进行现场核对，如发现陕西会馆遭受到新的破坏，现场状况与设计不符时，应及时联系设计单位，进行设计变更后方可进行施工。

（3）方案中的梁、椽子、短柱的更换数量均按百分比表述，具体数量详见预算表。

（4）在施工工程中要注意文物及施工人员的安全。

（5）由于现场测绘条件所限，施工时若发现构件尺寸和个别隐蔽部位与图纸不符时，应以现存实物为主；本说明与施工图参照阅读，如施工遇到特殊情况及施工中出现的技术性问题需及时通知设计单位，协商解决。

参考资料

[1] 玛纳斯县地方志编纂委员会：《玛纳斯县志》，新疆大学出版社，1993年。

[2] 玛纳斯县地名委员会：《玛纳斯县地名图志》（内部资料），1985年。

[3] 当地文物部门提供的资料和照片。

项目主持：梁　涛

项目负责：赵永升

报告编写：赵永升　徐桂玲

参加人员：梁　涛　阿布都艾尼·阿不都拉　阿里木·阿布都热合曼
赵永升　徐桂玲　雪克来提　冶　飞　陆继财

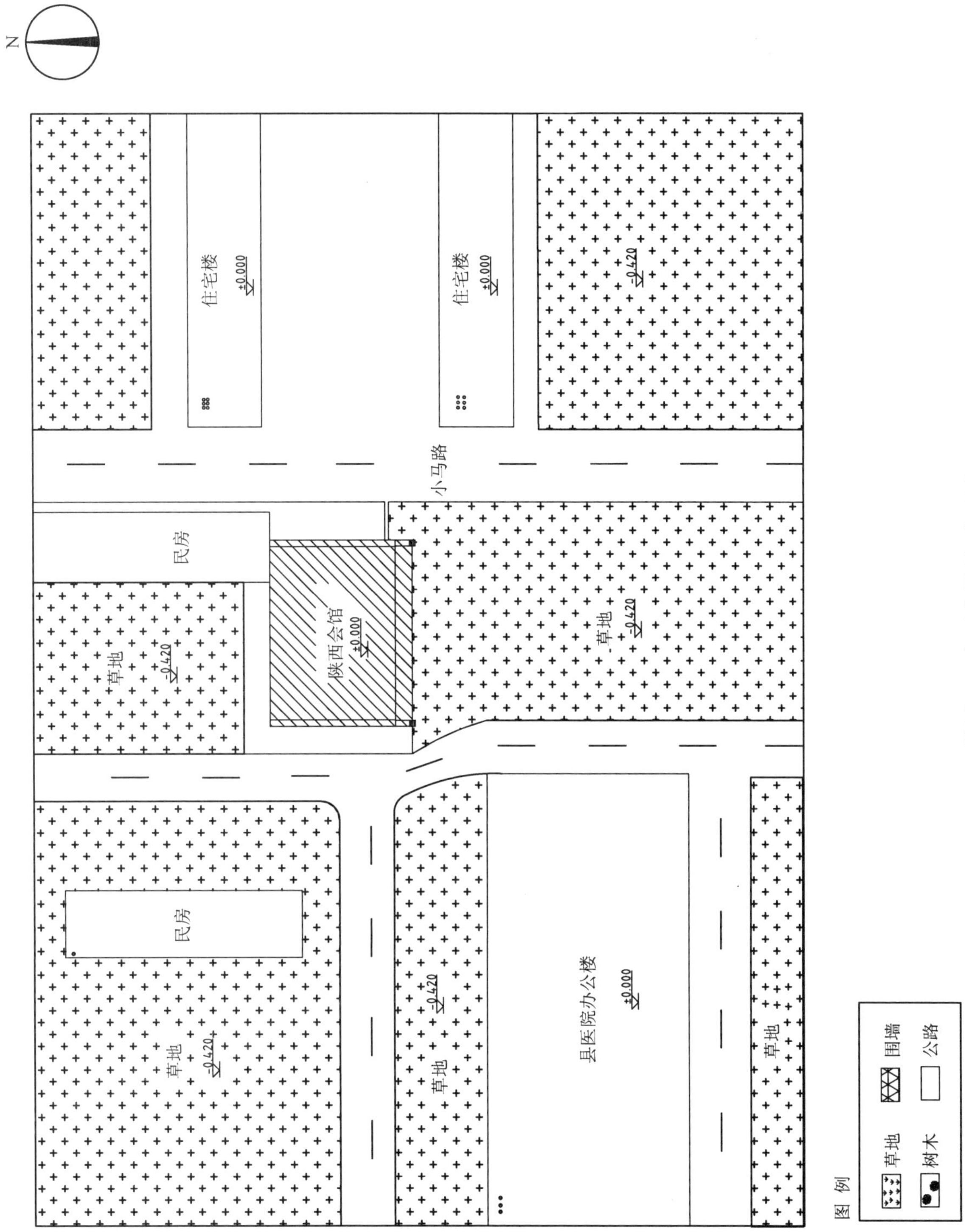

附图1　陕西会馆总平面图

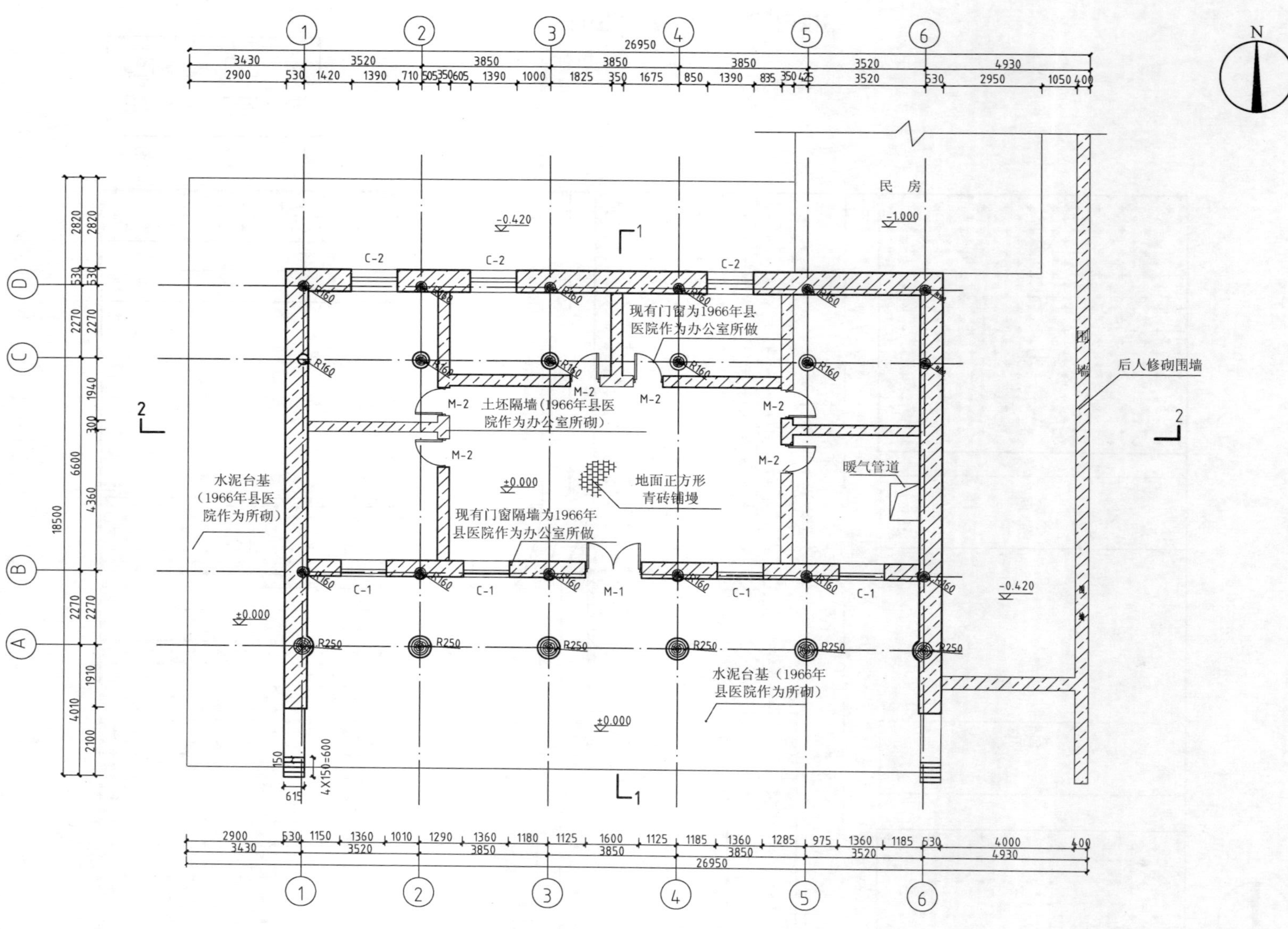

附图2 陕西会馆建筑平面图

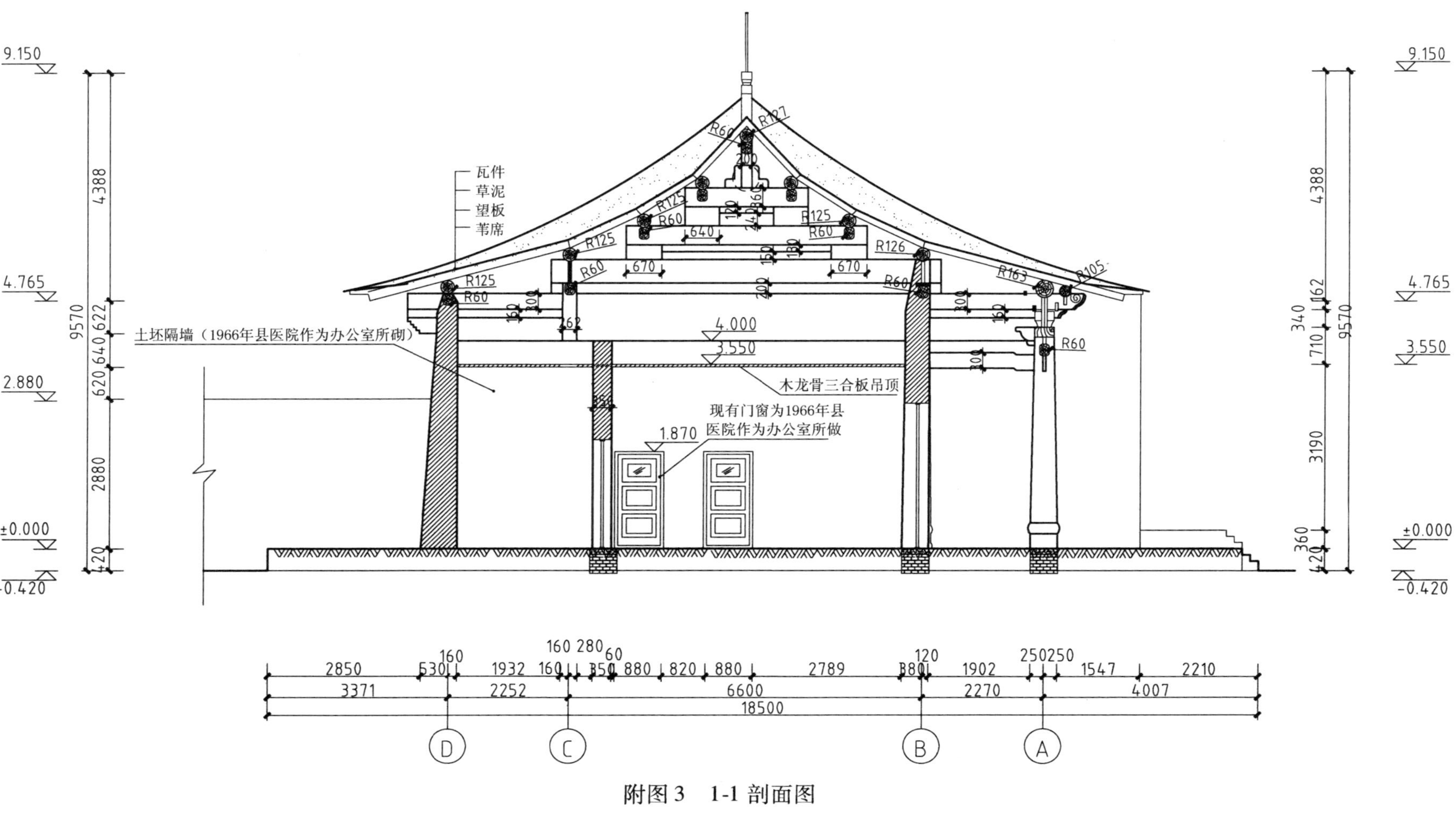
9.150
4.765
2.880
±0.000
-0.420
3.550
4.000
1.870
9570
4388
3190
瓦件
草泥
望板
苇席
土坯隔墙（1966年县医院作为办公室所砌）
木龙骨三合板吊顶
现有门窗为1966年县医院作为办公室所做
2850
3371
2252
6600
2270
4007
18500
D
C
B
A

附图3 1-1 剖面图

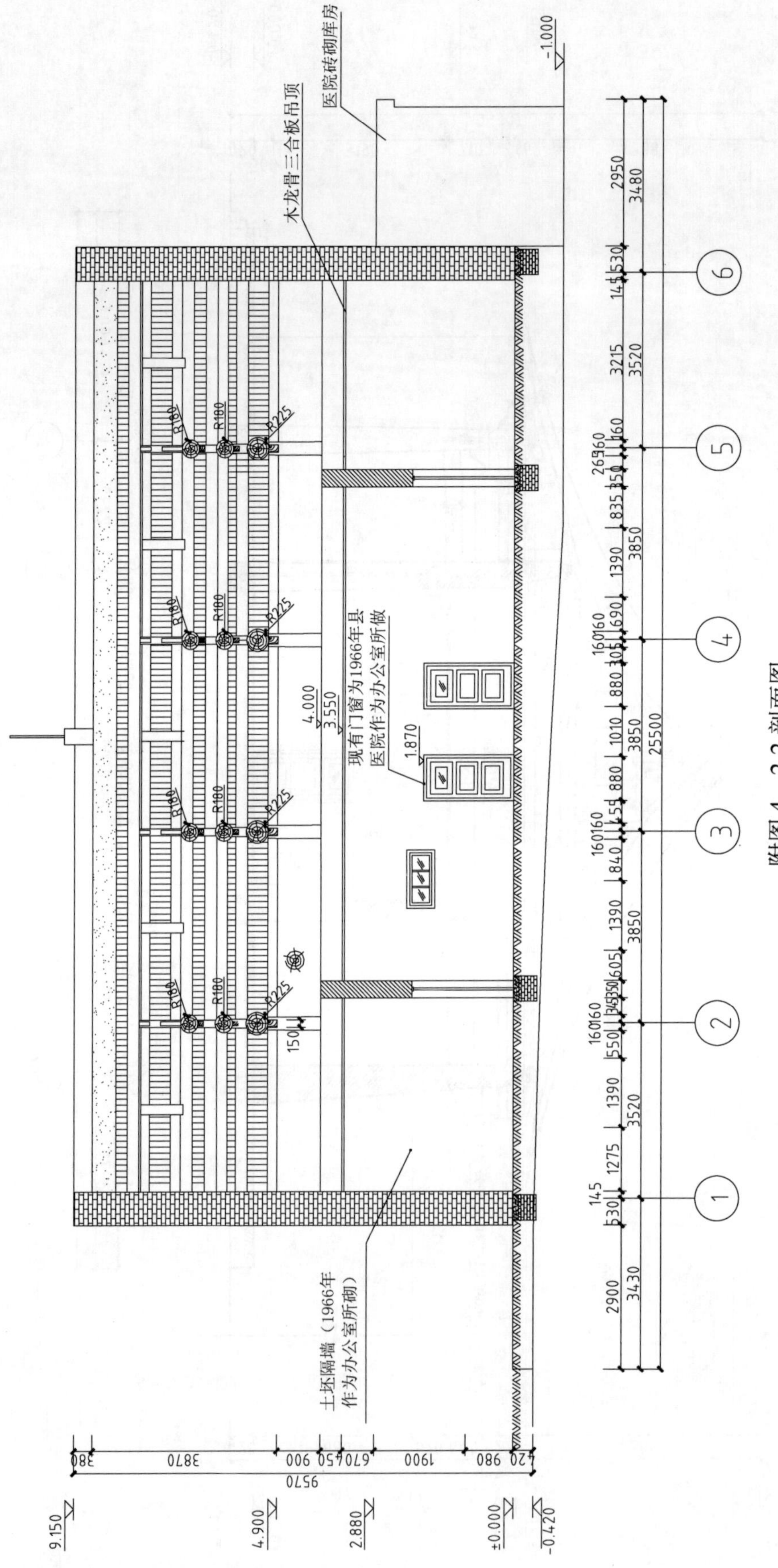
木龙骨三合板吊顶
医院砖砌库房
现有门窗为1966年县医院作为办公室所做
土坯隔墙（1966年作为办公室所砌）
9.150
4.900
2.880
±0.000
-0.420
4.000
3.550
1.870
-1.000
25500

附图4　2-2剖面图

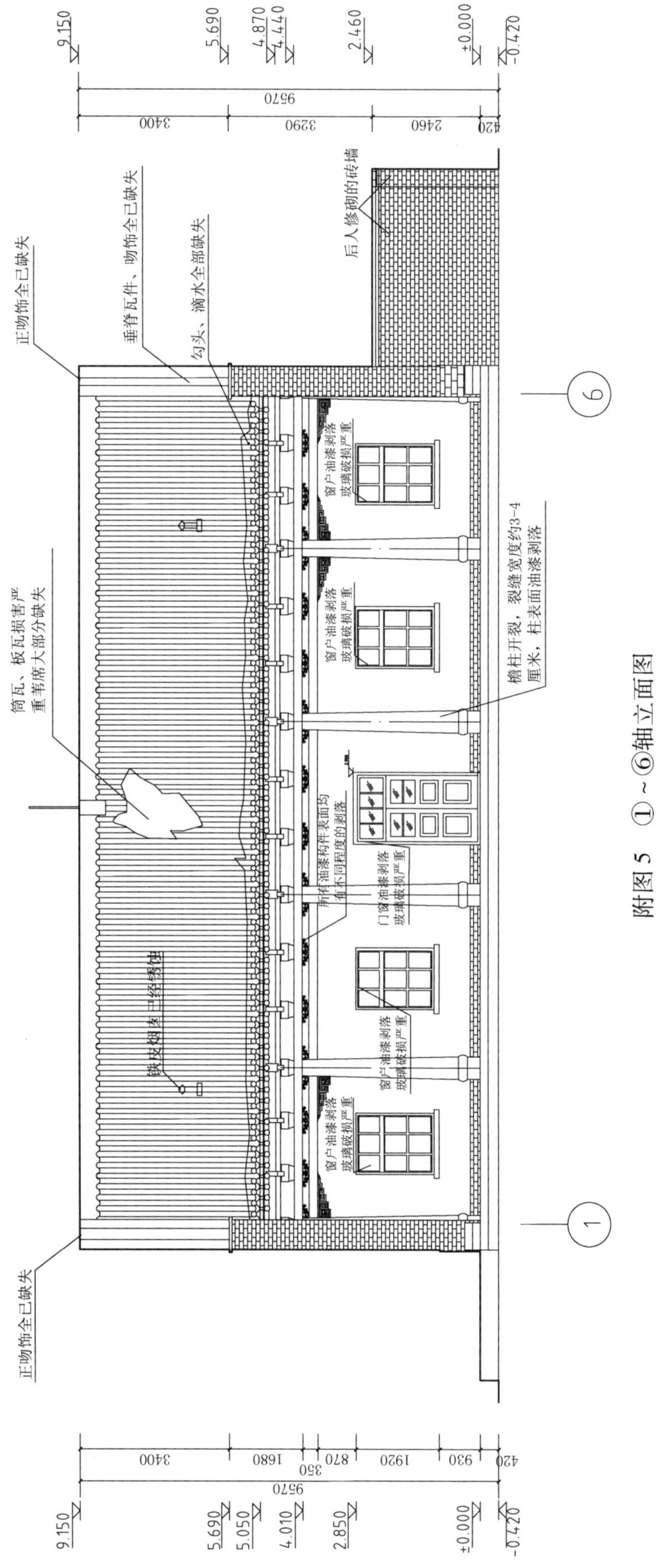
9.150
5.690
4.870
4.440
2.460
±0.000
-0.420
9570
3400
3290
2460
420
正吻饰全已缺失
垂脊瓦件、吻饰全已缺失
勾头、滴水全部缺失
后人修砌的砖墙
筒瓦、板瓦损害严重
苇席大部分缺失
窗户油漆剥落
玻璃破损严重
檐柱开裂，裂缝宽度约3-4
厘米，柱表面油漆剥落
所有油漆构件表面均
有不同程度的剥落
门窗油漆剥落
玻璃破损严重
铁皮烟囱已经锈蚀
正吻饰全已缺失
6
1
3400
1680
350
870
1920
930
420
9570
9.150
5.690
5.050
4.010
2.850
±0.000
-0.420

附图5 ①～⑥轴立面图

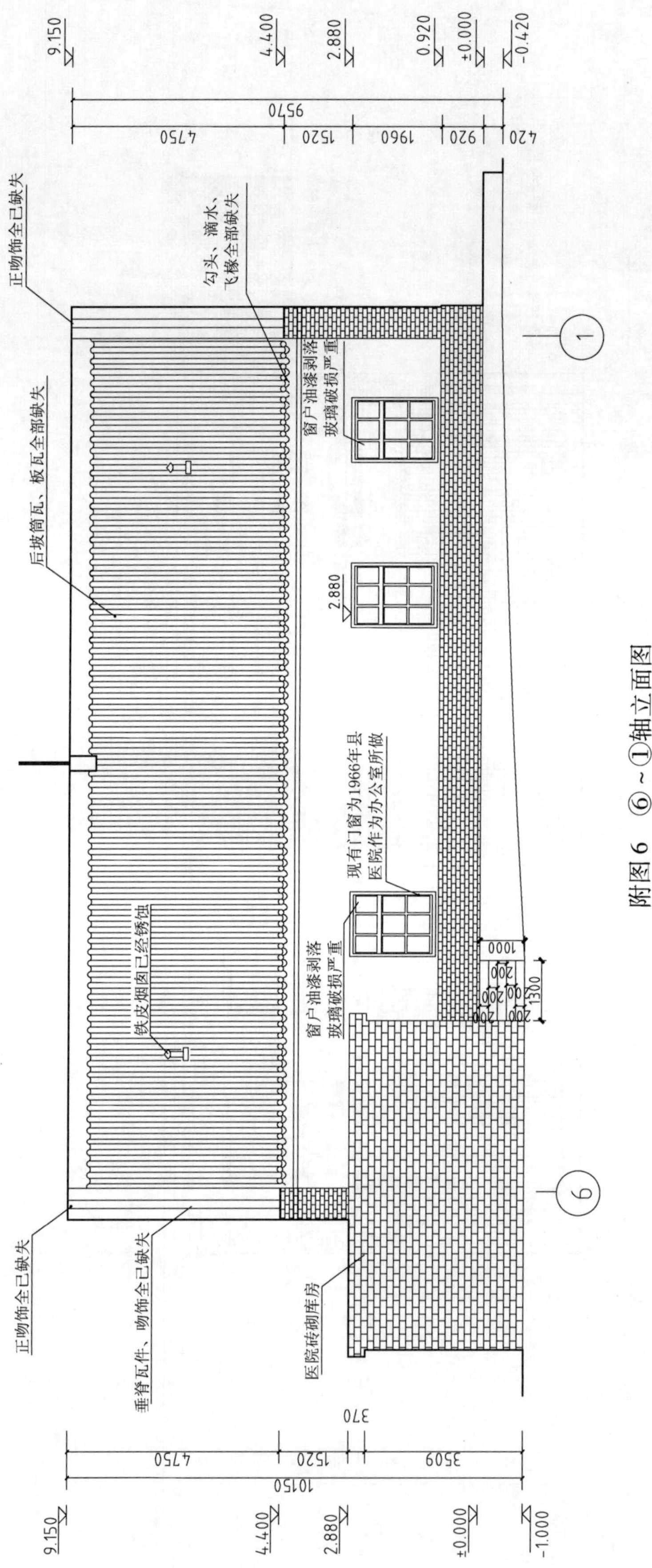
正吻饰全已缺失
后坡筒瓦、板瓦全部缺失
勾头、滴水、飞椽全部缺失
窗户油漆剥落
玻璃破损严重
现有门窗为1966年县
医院作为办公室所做
铁皮烟囱已经锈蚀
垂脊瓦件、吻饰全已缺失
医院砖砌库房
9.150
4.400
2.880
0.920
±0.000
-0.420
-1.000
9570
4750
1520
1960
920
420
10150
3509
370
1000
1300
200

附图6　⑥～①轴立面图

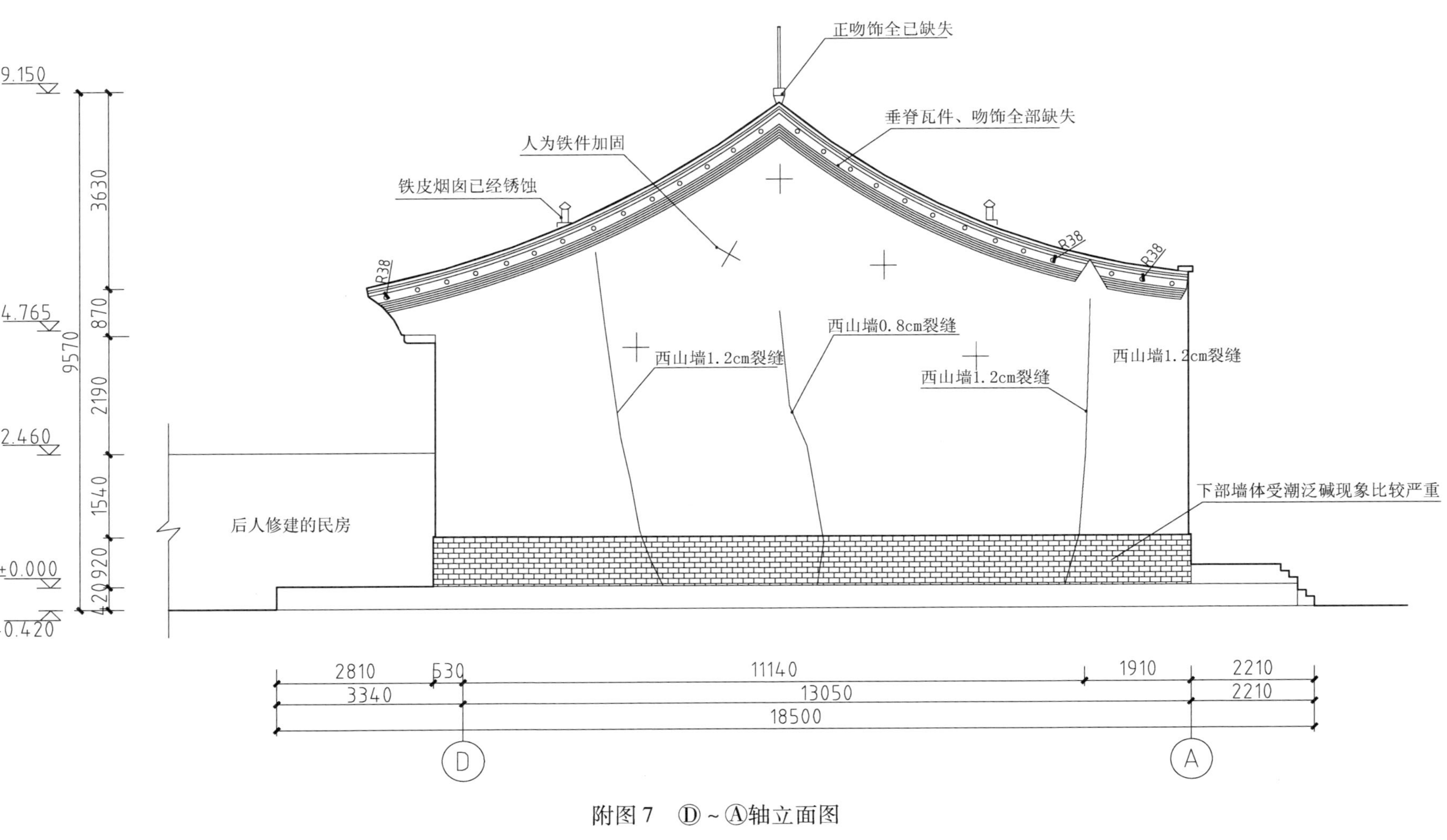
正吻饰全已缺失
垂脊瓦件、吻饰全部缺失
人为铁件加固
铁皮烟囱已经锈蚀
R38
R38
R38
西山墙0.8cm裂缝
西山墙1.2cm裂缝
西山墙1.2cm裂缝
西山墙1.2cm裂缝
下部墙体受潮泛碱现象比较严重
后人修建的民房
9.150
4.765
2.460
±0.000
-0.420
3630
870
2190
1540
920
420
9570
2810
530
11140
1910
2210
3340
13050
2210
18500
D
A

附图7　Ⓓ~Ⓐ轴立面图

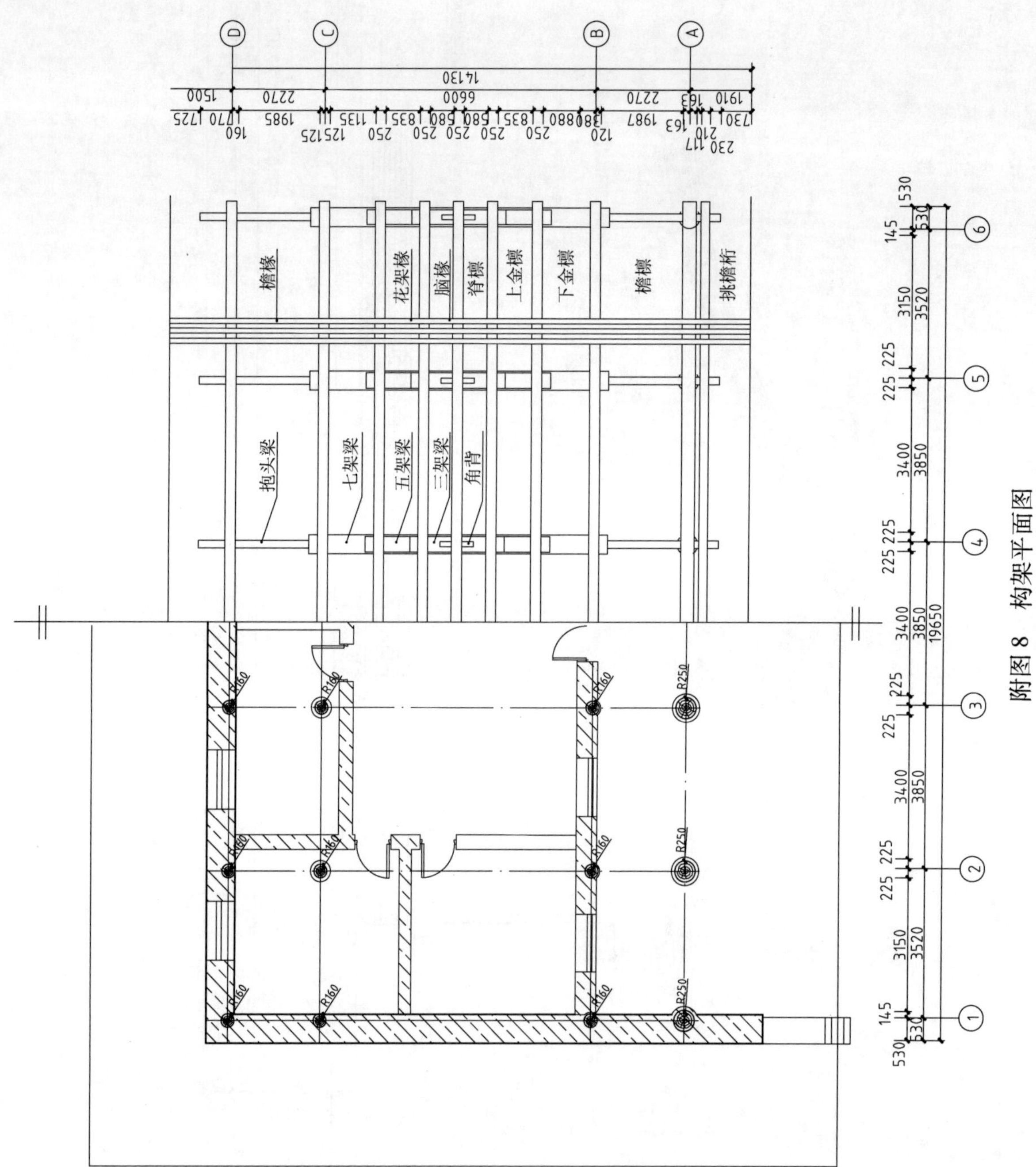

附图 8　构架平面图

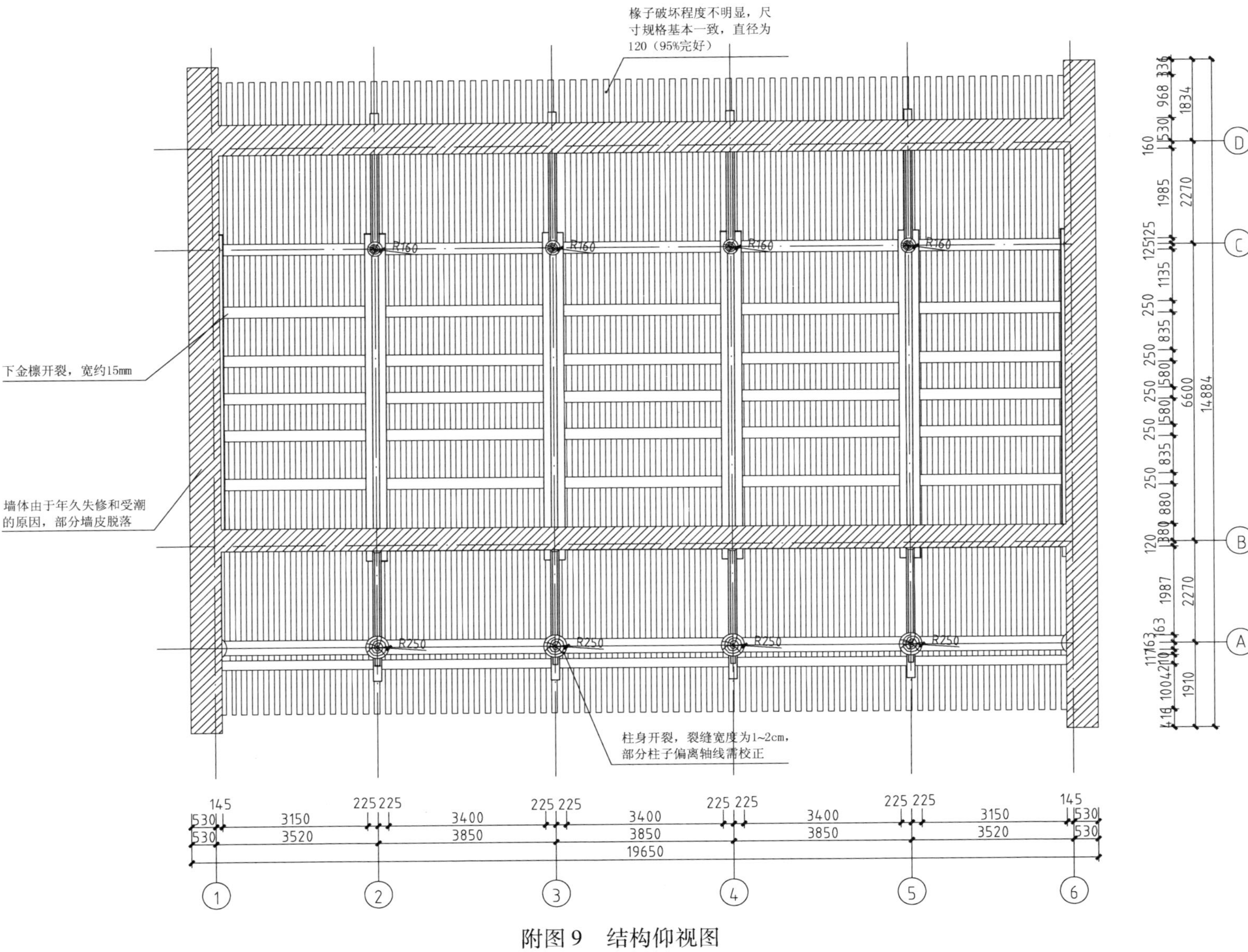
椽子破坏程度不明显，尺寸规格基本一致，直径为120（95%完好）
下金檩开裂，宽约15mm
墙体由于年久失修和受潮的原因，部分墙皮脱落
柱身开裂，裂缝宽度为1~2cm，部分柱子偏离轴线需校正

附图9 结构仰视图

650
1000
寿字大样图(一)
寿字大样图(二)
寿字大样图(三)
寿字大样图(四)
寿字大样图(五)
寿字大样图(六)
寿字大样图(七)
寿字大样图(八)

附图10 “寿”字大样图

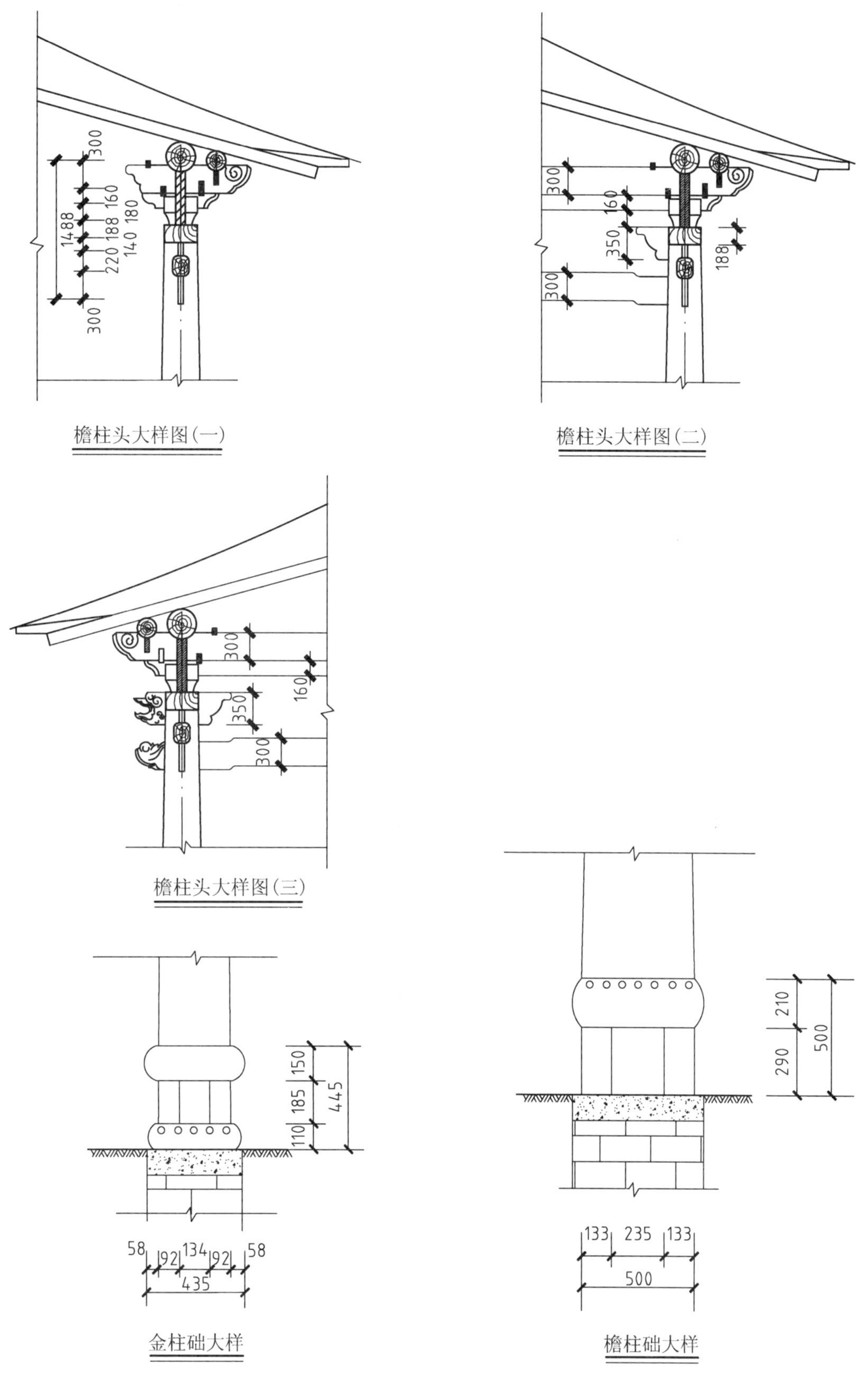

附图 11 柱头、柱础大样图

新疆墨玉县夏合勒克封建庄园勘察报告及修缮设计方案

第一部分　勘 察 报 告

一、基 本 概 况

墨玉县隶属于新疆和田地区，位于昆仑山北麓，塔克拉玛干大沙漠的边缘，地处东经79°08′~80°51′，北纬36°36′~39°38′。墨玉县东与和田县隔河相望，西临戈壁与皮山县接壤，南抵喀喇昆仑山北麓，北入塔克拉玛干大沙漠与阿瓦提县相邻。县城距乌鲁木齐公路里程1961公里。截止2001年底，墨玉县总人口为41.2万人。居民以维吾尔族为主，其中维吾尔族40.6万人，占总人口的98.6%，汉族人口5504人，占总体人口的1.33%。全县辖1镇15个乡、364个行政村，1631个村民小组，县境内驻有兵团十四师47团场。

墨玉县总面积2.5万平方公里，全县东西宽45~112.5公里，南北长319.5公里，地势南高北低，海拔在1120~3600米。西北部是冲积沙漠平原，生长着大面积的胡杨林、红柳。

墨玉县的气候属暖温带干燥荒漠气候，四季分明，夏季炎热，干燥少雨，春季升温快，秋季降温快，降水量稀少，光照充足，无霜期长，昼夜温差大。年平均气温在11.3℃，1月平均气温-6.5℃，7月平均气温24.8℃，极端最低气温-18.7℃，年平均降水量为36~37毫米，蒸发量2239毫米，无霜期177天，年日照时数为2655小时。

夏合勒克封建庄园位于墨玉县城西北15公里的扎瓦乡夏合里克村，地理坐标为北纬37°10′06″，东经79°38′05″。庄园西面是墨玉县蚕种厂（蚕种厂前面也有一条路），东面是田地，南北两面都是田地和树，庄园东北两个方向1~3公里范围均有农民居住的房子，往北500米还有乡村公路。

夏合勒克封建庄园原为一典型的维吾尔农村庄园（图一）。庄园原有三幢主要建筑，还有大门以及附属建筑，现大部分已拆除。现存建筑是一处26.4亩的庄园，园中有树木1000多株，有几棵老树为庄园主买吐送罕阿吉由国外引进的珍奇树木。

图一　夏合勒克庄园外景

二、历史沿革

约在 1946 年，墨玉县大地主买吐送罕阿吉建造夏合勒克封建庄园。1948 年，买吐送罕阿吉去国外定居，其女儿铁米尔汗留在本地。20 世纪 50 年代初，有关单位曾对夏合勒克封建庄园进行了调查。1962 年庄园被自治区人民政府公布为自治区级文物保护单位（图二）。买吐送

图二　夏合勒克封建庄园保护标志牌

罕阿吉出国后，他在扎瓦乡的四个地方遗留的房产在土改中被分掉一部分，另有11间房屋约281平方米，由和田地区文管所专门管理，包括26.4亩的庄园在内。1980年1月，和田地区首次对夏合勒克封建庄园进行调查。1990年全疆文物普查队工作组对夏合勒克庄园进行全面的调查。1993年7月，和田地区文物局曾对庄园房屋的墙壁进行支护。

三、建筑布局及现存情况

夏合勒克封建庄园总面积为26.4亩，目前仅剩一幢房屋。房屋平面布局呈倒“L”形，大小共7间房屋，建筑面积209平方米。庄园房屋规模较大，房屋类型从客厅、客房、卧室、大厨房、磨房、鸽堂、畜舍乃至牢房，一应俱全。屋前有木柱回廊墙壁，门窗饰有精美雕刻，室内陈列豪华。

基础：为卵石砌筑，厚度为440毫米，外抹水泥砂浆保护层。由于庄园内是大面积的果园，而且浇灌采取的是地面漫灌法，使附近地表下的土质水分含量增大，地下水位提高。加上庄园在建造时基础未做防潮处理，使基础和墙体表面局部出现酥碱现象。建议对基础表面重新处理，增强基础的防水功能。

地面：室内除了一号房内为木地板外其余均为生土地面，木地板厚40毫米，地板下有520毫米的支撑。目前地板表面油漆已褪色，需重刷油漆。木地板结构部分保存基本完好，只有局部需要更换，更换数量约为总量的10%。

木地板下支撑：支撑高约520毫米，直径为390毫米，个别支撑有破损，约占总量的5%。木支撑的上面为直径120毫米的木龙骨，通过勘察发现木龙骨保存基本完好。

勒脚：墙体勒脚高度为260毫米，为青砖砌筑，南面第一间房屋的勒脚上留有通气孔，尺寸为140毫米×140毫米。由于地下水的影响，局部勒脚出现泛潮现象。

台阶：南北两个方向的台阶均为青砖砌筑，表面抹石灰浆。台阶为两个踏步，踢脚高175毫米，踏步宽为560毫米，表面已酥碱腐蚀，而且都出现了下沉，北面的台阶下沉现象比较严重，下沉约120毫米，建议整个台基重做。

青砖：此次勘察发现青砖有两种尺寸：260毫米×140毫米×60毫米和350毫米×200毫米×60毫米。规格小的青砖用于台阶的踏跺和基础，大的青砖用于台阶的踏步。台阶的青砖已经糟朽，需要更换。

门窗：所有门窗均为木质，已经看不出表面是否刷过油漆。部分门窗已经变形，需要矫正。门窗上的玻璃几乎全部缺损，需要重新更换。

圈梁：圈梁为木制，沿墙体两侧布置，中间为土坯填充。圈梁分底部和上部圈梁。底部圈梁位于勒脚上部，距室外地面460毫米，截面尺寸为110毫米×150毫米；上部圈梁截面尺寸为150毫米×200毫米，距底部圈梁2.7米。圈梁之间为榫卯连接。局部圈梁由于受潮，木质疏松已经腐朽，需要更换的数量约为15米。

墙体：内外墙体均为土坯砌筑，砌筑厚度为680毫米。靠外墙皮7厘米处有直径为60毫米的一排暗木柱，间距为15厘米。在内外墙交接处、门窗洞口、拐角处及烟道后部均设暗柱，其边长为120毫米。暗柱与上下圈梁采用榫卯连接在一起，主要作用是增加墙体的整体稳定性，同时有利于房屋的抗震。勘察发现墙体底部出现小面积酥碱，墙体表面有不同程度的泛潮水印，而且墙皮脱落，土质疏松。目前这种情况主要发生在地面以上1米以下的墙体及檐口部位的墙体，主要与地下水位上升和屋面失去防水功能有关。1993年，和田地区文管所曾对房屋四周勒脚部位做水泥支撑支护，目前仍在使用。

墙面：墙面刷白色石灰浆。由于屋面漏雨，部分墙面被污染，表面有宽度为1~2厘米左右的裂缝和小面积的脱皮现象。建议修补裂缝重新粉刷。

廊柱：为木制方柱，截面尺寸为120毫米×120毫米，共10根。柱底均有柱础，直径约为200毫米。个别廊柱底部已经糟朽，并出现歪闪、下沉等现象。北面台阶两侧的柱子尤为明显，下沉约7厘米，歪闪达6.5厘米左右。经勘察确定需要更换4根廊柱。

吊顶：只有一号和六号房间内有吊顶，其余房间都没有。吊顶的材质为三合板，厚3厘米。由于屋面漏水，吊顶局部被腐蚀，而且吊顶的油漆也已掉色，约有10%左右已经不能使用。

屋架：房内及走廊内的梁、椽及密板约有15%被雨水腐蚀，已经不能使用。梁的高宽分别为160毫米×130毫米，间距约为370毫米，椽子直径70毫米，间距200毫米，密板宽厚分别为70毫米×400毫米。

屋面：为上人平屋顶，从上到下结构层依次为120毫米厚草泥，一层厚度约2厘米的草席，40毫米厚密板。勘察发现屋面的草泥由于长期踩踏和自然风化，土质疏松，厚度减小，屋面的漏雨渗水现象非常严重，已经出现大小不一的孔洞，屋面的基本功能已经失去。屋顶木结构层受到雨水不同程度的腐蚀，部分草席和梁架甚至发霉腐烂，需要重做屋顶。

壁炉和烟囱：壁炉为土坯砌筑，共设有4个壁炉，局部有破损但基本上还可以使用，表面被污染，建议重新粉刷；屋顶上共设有四个烟囱，截面尺寸均为380毫米×380毫米，材质为土坯，伸出屋面的高度和距外墙的距离都不相同，具体尺寸及位置见屋面排水图。此次勘察发现烟囱的漏雨现象比较严重，墙体及室内的壁炉均受到影响，目前已经不能使用，建议重砌，并在烟囱顶部做雨帽，防止雨水落入烟道腐蚀墙体。

屋面排水：屋面向后坡度约为2%，南北两面共设有3个雨水口，属于有组织排水，具体位置见屋面排水图。建议重新做屋面排水。

凉棚：一端搭在屋檐上，另一端由5根柱子支撑，方柱尺寸为150毫米×150毫米，凉棚上的草席子已经残损丢失，需要更换。

花饰：由于自然原因，房屋的屋檐、门窗及木构架上的花饰均遭到不同程度的破坏，需要按原样式重新恢复。

消防：房屋内线路应该严格按照相关规定规划线路，并作好消防措施。

通过对封建庄园的详细勘察，建议对封建庄园采用局部维修，并恢复装修。

四、残破状况及相关原因分析

夏合勒克庄园现状图表（表1~表4）。

表 1　墨玉县夏合勒克封建庄园现状

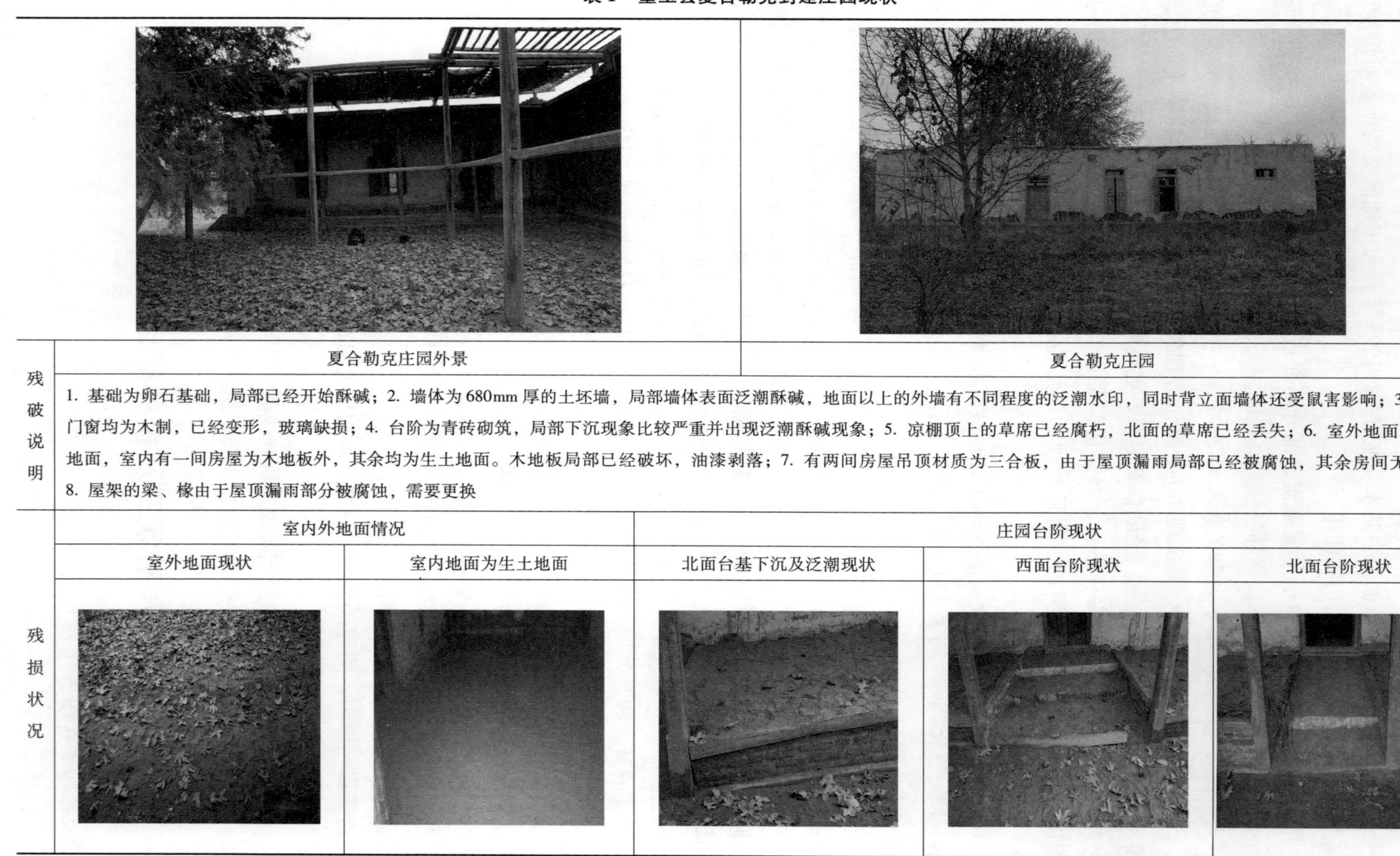

	夏合勒克庄园外景			夏合勒克庄园	
残破说明	1. 基础为卵石基础，局部已经开始酥碱；2. 墙体为680mm厚的土坯墙，局部墙体表面泛潮酥碱，地面以上的外墙有不同程度的泛潮水印，同时背立面墙体还受鼠害影响；3. 所有门窗均为木制，已经变形，玻璃缺损；4. 台阶为青砖砌筑，局部下沉现象比较严重并出现泛潮酥碱现象；5. 凉棚顶上的草席已经腐朽，北面的草席已经丢失；6. 室外地面为生土地面，室内有一间房屋为木地板外，其余均为生土地面。木地板局部已经破坏，油漆剥落；7. 有两间房屋吊顶材质为三合板，由于屋顶漏雨局部已经被腐蚀，其余房间无吊顶；8. 屋架的梁、椽由于屋顶漏雨部分被腐蚀，需要更换				
残损状况	室内外地面情况		庄园台阶现状		
	室外地面现状	室内地面为生土地面	北面台基下沉及泛潮现状	西面台阶现状	北面台阶现状

表 2　庄园现状

<table>
<tr><td rowspan="9">残破程度</td><td colspan="5">庄园局部残损现状</td></tr>
<tr><td>西面靠南第一间房内木地板现状</td><td>庄园卵石基础现状</td><td>门侧墙皮脱落情况</td><td>西面入口处门槛现状</td><td>北面靠西第一间房内的门槛现状</td></tr>
<tr><td></td><td></td><td></td><td></td><td></td></tr>
<tr><td colspan="5">庄园墙体残损现状</td></tr>
<tr><td>墙体下部被剥蚀现状</td><td>台基泛碱潮湿及下沉情况</td><td>墙体与柱结合部位的现状</td><td>墙体背立面被掏蚀及鼠害情况</td><td>廊柱的柱础现状</td></tr>
<tr><td></td><td></td><td></td><td></td><td></td></tr>
<tr><td colspan="5">庄园门窗现状</td></tr>
<tr><td>墙体下碱部位留通风孔情况</td><td>西墙入口处门扇现状</td><td>背立面窗户现状</td><td>正面窗户现状及玻璃残损现状</td><td>窗亮上墙体破损情况</td></tr>
<tr><td></td><td></td><td></td><td></td><td></td></tr>
</table>

表 3　庄园现状

残破程度	墙体破坏情况				
	室内墙体土坯剥落情况	屋顶漏雨及墙面污染情况	外墙人为破坏情况	屋顶漏雨及梁架结构被腐蚀情况	室内采光情况及壁炉现状
	室内现状及墙体破坏情况				
	室内壁炉现状	室内情况及墙体装饰现状	地基不均匀沉降引起窗上角墙体开裂	室内墙体破损情况	大梁由于屋顶漏雨被腐蚀发霉
	木构架残损现状				
	北面第一间房屋室内吊顶现状	走廊内屋架现状	屋檐处墙体及屋架的残损现状	走廊内柱支撑及梁架现状	电线线路不符合消防规范要求

表4 庄园现状

残破程度	凉棚的搭接情况及现状				
	凉棚宽3.38米一端搭在屋檐上，一端由柱子支撑	凉棚上席子的残损情况	凉棚在屋檐上的搭接情况	L形凉棚拐角处搭接情况	北面凉棚上席子的缺失情况
		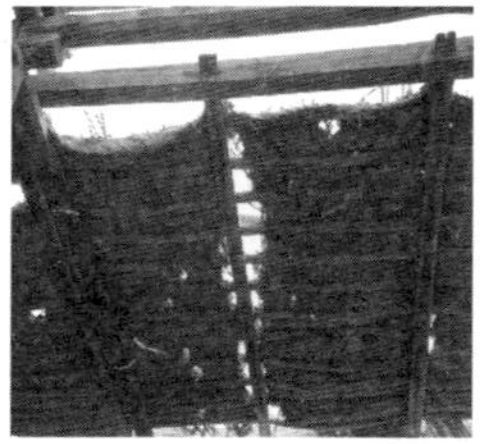			
	屋顶现状及大门破坏情况				
	屋顶残破现状	屋面排水不利导致墙体被污染	屋顶烟囱残破现状	屋顶局部塌陷，漏雨现象严重	烟道漏雨情况
				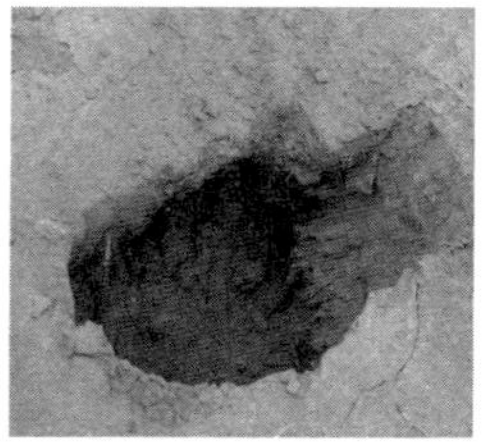	
	现存木制排水槽和滴水现状	庄园大门及保护标志残破现状	庄园内百年珍奇古树		

五、评　　估

（一）价值评估

（1）夏合勒克封建庄园虽有损毁，但是依然保存了最初的基本形态。它是解放以前和田地区少有的保存至今的封建庄园，是重要的历史研究实物材料。

（2）夏合勒克封建庄园布局合理，建筑施工精细，表现出较强的地域特色与民族特色，对于近代和田地区的民居建筑艺术研究具有重要的参考价值，是研究新疆地方建筑史的宝贵资料。

（3）维修墨玉县夏合勒克封建庄园这一少数民族地区的文化遗产，有利于加强各民族之间团结和构建和谐社会。同时，作为自治区级重点文物保护单位，这一封建庄园还具有对外展示的人文景观价值，对于促进地方经济发展有现实意义。

（二）管理条件评估

和田地区文物保护管理所成立于1979年，内设文物保护科、综合科、陈列宣教科、行政执法监察科等科室。现有工作人员16名。2005年12月，正式成立和田地区文物局，负责全地区文物保护点工作。

（三）现状评估

（1）整座封建庄园有独特的民族建筑结构风格，虽然有一些建筑已经毁坏，但建筑外观及布局保存比较好。

（2）建筑整体结构保存较好，但是屋面漏雨现象比较严重，墙体出现酥碱和脱皮现象，地基局部下沉，梁架结构老化等现象。如果不及时进行抢修和保护，这座属于自治区级文物保护单位的封建庄园将被破坏。

（3）封建庄园内的陈列设备、照明及供暖情况比较差，需要进一步的改善。

综上所述，在保存现状的前提下，进行抢救性的修缮。

第二部分　修缮设计方案

一、修缮依据

（1）按照《中华人民共和国文物保护法》关于“保护为主，抢救第一，加强管理，合理利用”的文物保护原则，修缮尽量保留现存文物建筑的基本特色和构件，适当恢复文物建筑原状；

（2）《中华人民共和国文物保护法实施条例》（2003年）；

（3）《文物保护工程管理办法》（2003 年）；

（4）《中国文物古迹保护准则》（2004 年修订）；

（5）《建筑抗震设计规范》（GB50011-2001）；

（6）《建筑抗震设防分类标准》（GB50223-95）；

（7）《夏合勒克封建庄园现场勘察测量报告》；

（8）参照《夏合勒克封建庄园维修项目建议书》的有关原则及修缮要求进行修缮；

（9）相关文献资料。

二、修缮设计原则

严格遵守“不改变文物原状”的原则，尽可能真实完整的保存庄园内建筑的历史原貌和建筑特色。在维修过程中以原建筑现有传统做法为主，尽可能使用原有建筑材料，完整保存并归安原有的建筑构件；维修工程的补配构件，要做到原材料、原工艺，按原形制修复；加固补强部分要与原结构、原构件连接可靠；新补配的构件需要详细档案记载。

三、修缮性质

经过现场勘察，决定对夏合勒克封建庄园采取局部修缮，恢复装修。本次维修旨在通过对建筑的维修及对配套设施的建立和完善，消除建筑物的各种安全隐患。

（1）重点修缮：封建庄园文物本体。

（2）其他修缮工程：大门、围墙、排水、甬道、消防、照明及避雷等设施。

四、修缮方案

1. 封建庄园本体

局部修缮，恢复装修。

基础：由于卵石基础表面的水泥砂浆保护层已经酥碱，失去了防水功能，修缮工程中需要清除酥碱部分，重做水泥砂浆保护层，对基础进行防水处理。同时，为了防止地下水对基础和墙体的腐蚀，沿基础四周两米处增设梯形卵石挡水墙。挡水墙具体做法及尺寸详见基础设计平面图。

室内地面：拆除房间内已经腐蚀的木地板，更换数量约占总量的 10% 。地板油漆已经剥落，故需重刷一道油漆。做法：把表面清理干净后，人工涂刷。在施工中必须按原有颜色进行涂刷。其他房间仍为生土地面。

台阶：拆除现有台阶，按照原尺寸重新砌筑，在拆除过程中妥善保存原有较好的青砖。

散水：在墙体四周设宽为 800 毫米的散水。具体做法：铺一层厚 60 毫米的砂石天然级配垫层，表面为 40 毫米厚细石混凝土面层，散水的坡度为 2% 。散水与墙体接触部分要抹一层防水砂浆。

圈梁：拆除腐朽部分，更换数量约为 15 米。按照原有样式和尺寸更换，并做防腐处理。

门窗：重刷油漆一道并矫正变形门窗。窗户上大约 80% 的玻璃都已经缺失，需要重新安装。涂刷油漆做法：在施工中需要把表面清理干净后，按原有颜色人工涂刷并做防腐处理。

墙体：清理土坯表面已经酥碱的部分，根据土坯酥碱程度确定不同的补砌方式。局部破坏严重的需要重新砌筑，约占 10% 左右，其余部分采用草泥抹面。原有墙面石灰浆已经剥落，需要重新粉刷。

吊顶及木龙骨：据勘察显示，吊顶约有 10% 被破坏需要更换。木龙骨保存完好，需要做防腐处理。

屋面：拆除屋面，屋面从下至上的具体结构层依次为：一层 20 毫米厚芦苇席子、20 毫米草泥找平层，一层 SBS 防水卷材，100 毫米厚的草泥。

梁架结构：经检修大部分梁架结构保存完好，约有 5% 的梁板因为屋顶漏雨被腐蚀需要更换。具体做法：先把原有损坏部分的梁、椽拆除，换上规格统一的梁、椽，要求搭接一定要牢固，并做防腐处理。

廊柱：个别柱子底部腐朽出现下沉、歪闪现象，勘察发现约有 4 根柱子需要更换。所有柱子的表面油漆都有不同程度的剥落，需按原有颜色重刷，并做防腐处理。

壁炉和烟囱：壁炉表面重新粉刷石灰浆，烟囱由于雨水的侵害，土坯严重剥落酥碱，需要按原有尺寸及样式重新砌筑，并在烟囱顶部做雨帽，雨帽的材质为普通红砖。

屋面排水说明：屋顶采用有组织的外排水，屋面坡度为 2%，具体排水情况及做法见屋面排水详图。

油漆彩绘：按原有样式恢复花纹并重新涂刷油漆。做法：把表面清理干净后，人工刷漆。

2. 照明、消防、避雷

照明应符合《建筑电气工程施工质量验收规范》（GB50303）的要求，拆除原有照明线路，按照要求将电线引入室内；消防方面根据夏合勒克的现有条件，按照消防要求配置必要的消防设施；避雷方面按照避雷要求进行安装。

五、周边环境整治

（1）因年久失修，封建庄园的大门已经不能满足使用功能的要求，所以决定重做大门。在施工中必须按照原有结构样式和颜色进行施工。

（2）庄园四周的围墙早已坍塌，现在是由树枝堆砌而成。需按原有样式重新砌筑，具体尺寸见图纸。

（3）封建庄园的保护标志牌由于年久失修，已经残破不堪，字迹模糊不清，需要重新树立标志牌。具体样式和尺寸详见图纸。

（4）甬道：从庄园大门处到房前院内铺设一条宽 2 米的甬道，具体做法：平整场地，铺一层厚度为 30 毫米的细砂垫层，上铺尺寸为 240 毫米 ×115 毫米 ×53 毫米的普通红砖，并在甬道两侧设置路牙，材质也为普通红砖。

（5）建议果园采用滴灌法，降低地下水位，以减少地下水对房屋的影响。

六、注意事项

（1）由于现场勘测时间有限，有些部位勘测还不是很完善，有些地方难免有所疏漏，待保护工程进行时再做进一步补充完善施工图。

（2）工程施工前应认真进行现场核对，如发现夏合勒克封建庄园遭到新的破坏，现场状况与设计不符时，应及时联系设计单位，进行设计变更后方可进行施工。

（3）方案中的梁、椽子、短柱的更换数量均按百分比表述。具体数量详见预算表。

（4）在施工过程中要注意建筑本体及施工人员的安全。

（5）由于现场测绘条件有限，施工时若发现构件尺寸和个别隐蔽部位与图纸不符时，应以现存实物为主；本说明与施工图参照阅读，如施工遇到特殊情况及施工中出现的技术性问题，需及时通知设计单位，协商解决。

参考资料

[1] 新疆地方志编撰委员会编：《墨玉县志》，新疆人民出版社，2008年。
[2] 当地文物部门提供的部分资料和部分照片为依据。
[3] 新疆文物局编：《新疆维吾尔自治区文物“四有”档案》（内部资料）。

项目主持：梁　涛
项目负责：阿布都艾尼·阿不都拉
报告编写：徐桂玲
主要参加人员：梁　涛　阿布都艾尼·阿不都拉　阿里木·阿布都热合曼
陆继财　冶　飞　徐桂玲　何　林　雪克来提　赵永升
丁炫炫　师　洋　路　霞

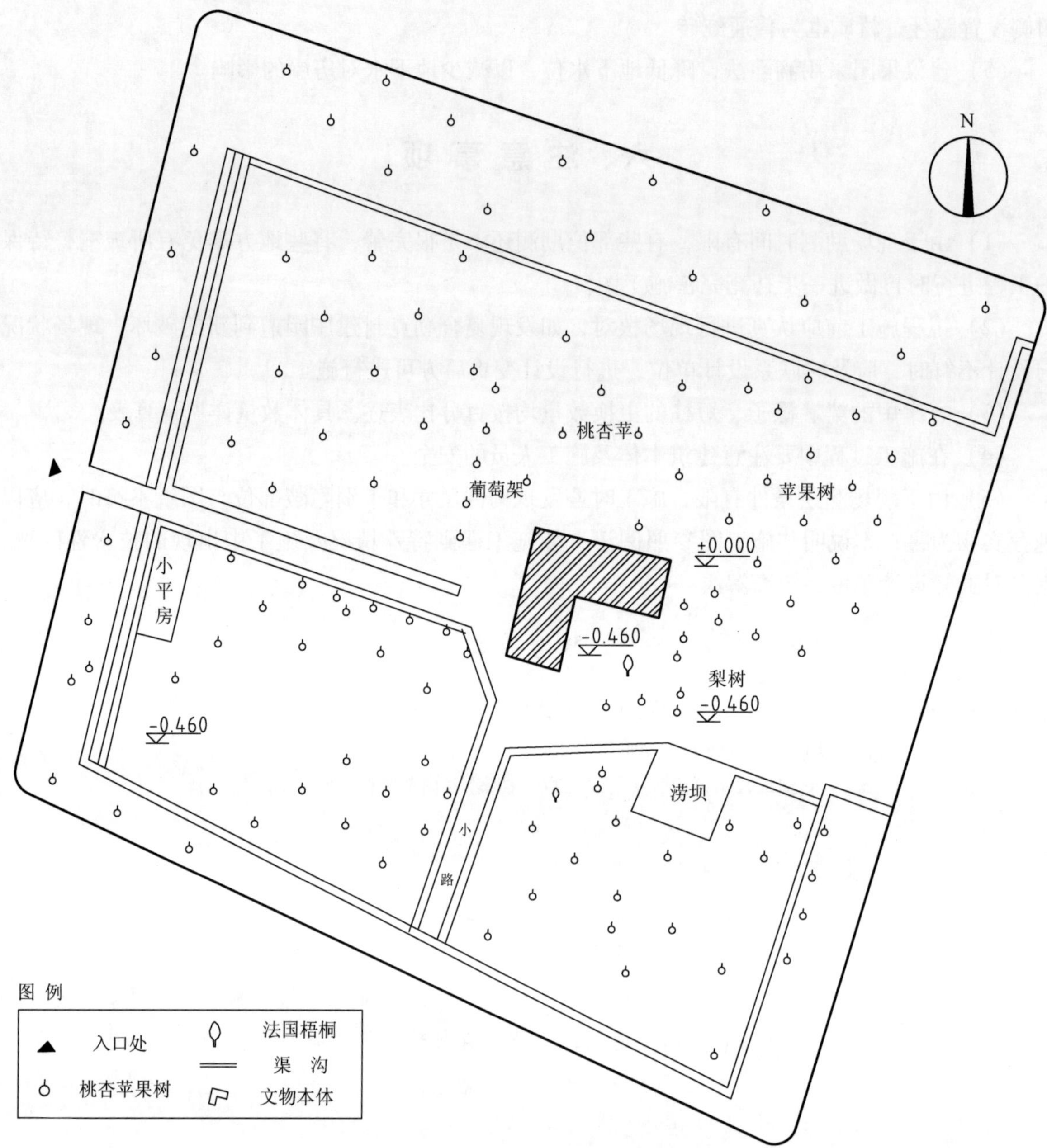

附图1　夏合勒克庄园总平面图

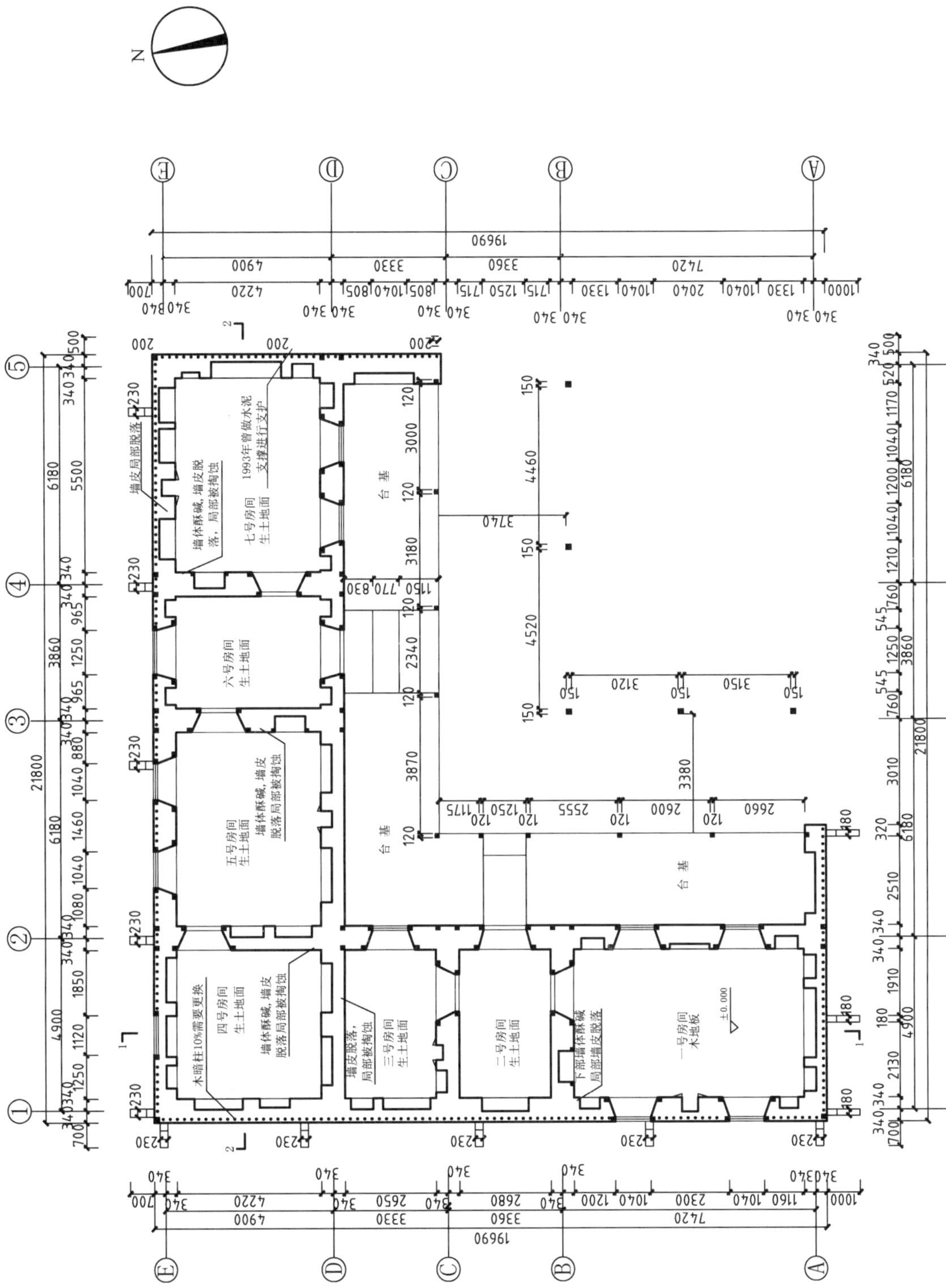

台基

七号房间
生土地面

墙体酥碱，墙皮脱落，局部被掏蚀

1993年曾做水泥支撑进行支护

墙皮局部脱落

六号房间
生土地面

五号房间
生土地面

墙体酥碱，墙皮脱落局部被掏蚀

四号房间
生土地面

墙体酥碱，墙皮脱落局部被掏蚀

木暗柱10%需要更换

三号房间
生土地面

墙皮脱落，局部被掏蚀

二号房间
生土地面

一号房间
木地板

±0.000

下部墙体酥碱
局部墙皮脱落

附图2　夏合勒克庄园建筑平面图

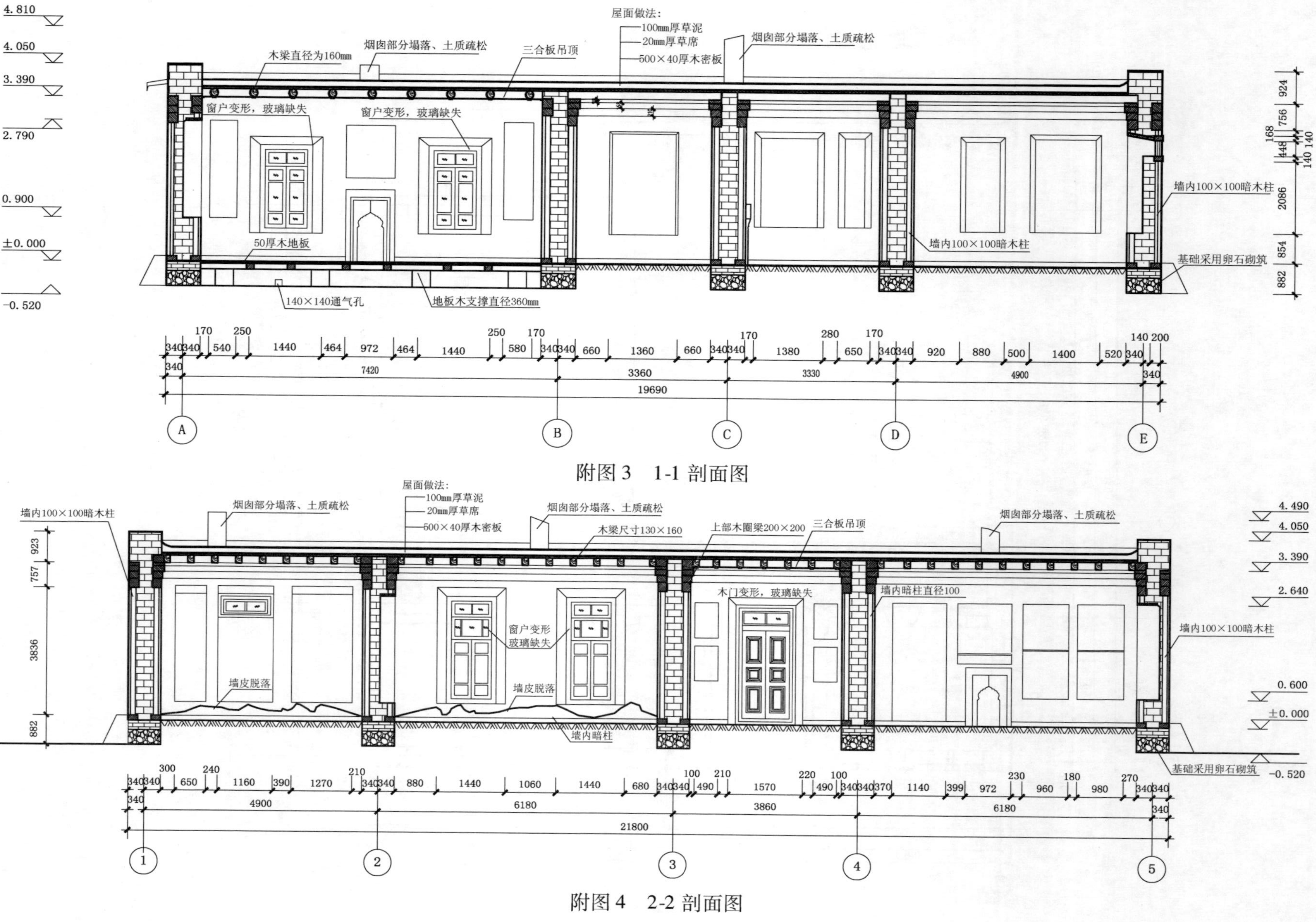

附图3　1-1剖面图

附图4　2-2剖面图

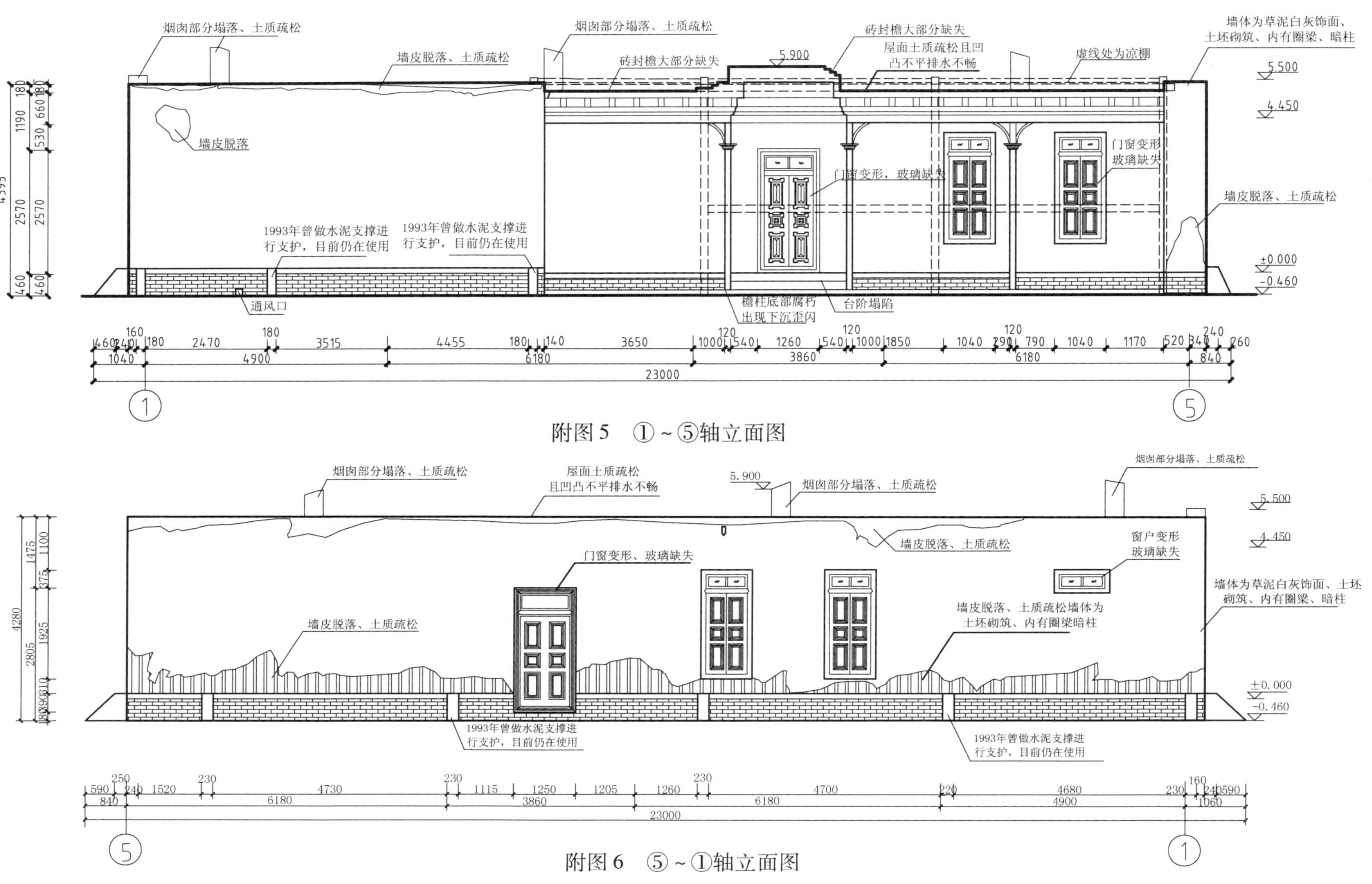

附图5 ①～⑤轴立面图

附图6 ⑤～①轴立面图

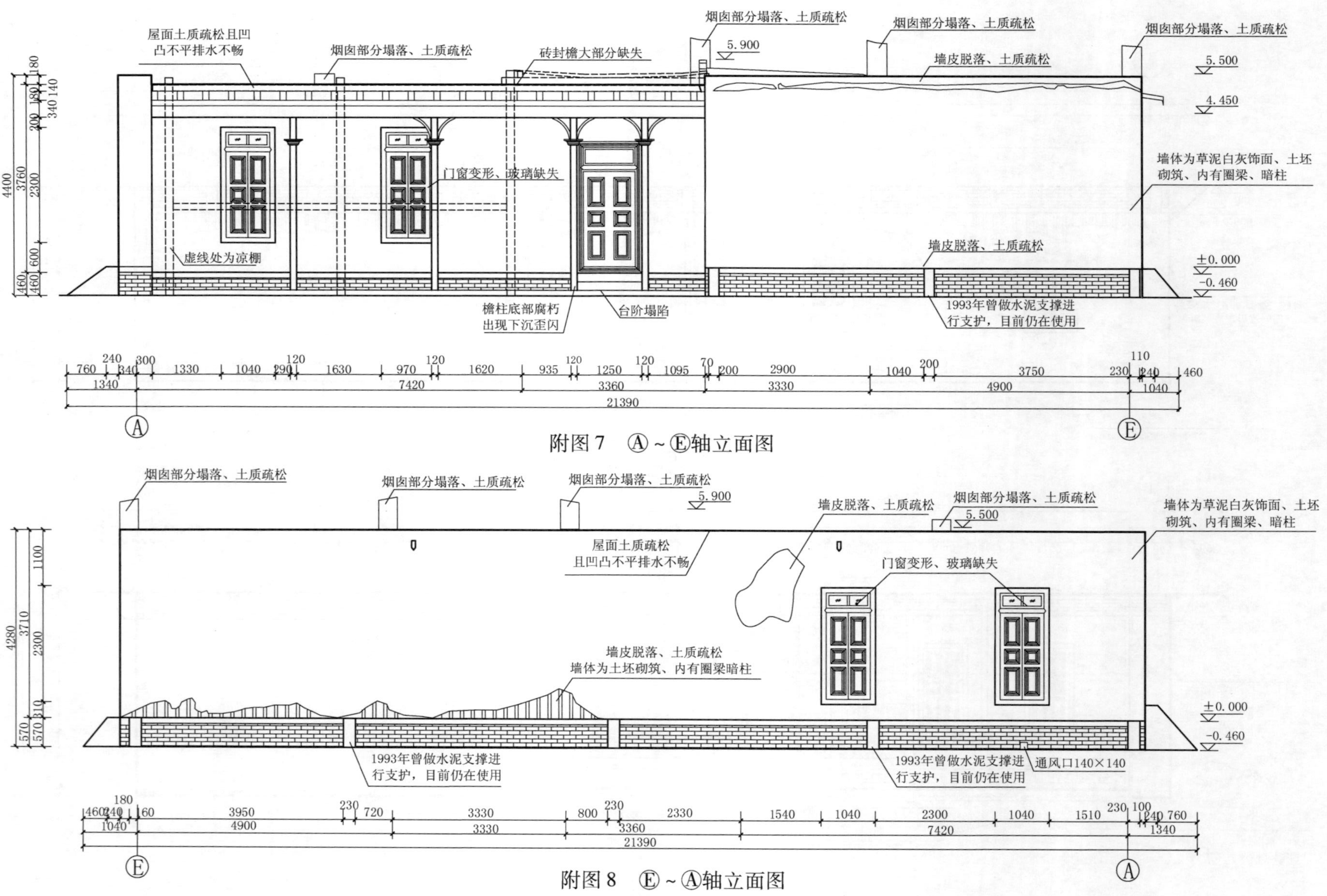

附图7　Ⓐ～Ⓔ轴立面图

附图8　Ⓔ～Ⓐ轴立面图

N
木椽部分受潮后发霉约10%需要更换
木椽部分受潮后发霉约有10%需要更换
木椽部分受潮后发霉约10%需要更换
木椽部分受潮后发霉，约10%需要更换
350×70
3855×130
620×330
500×70
2520×130
2240×130
4220×130
390×40
390×70
2320×70
800×380
19690
21800

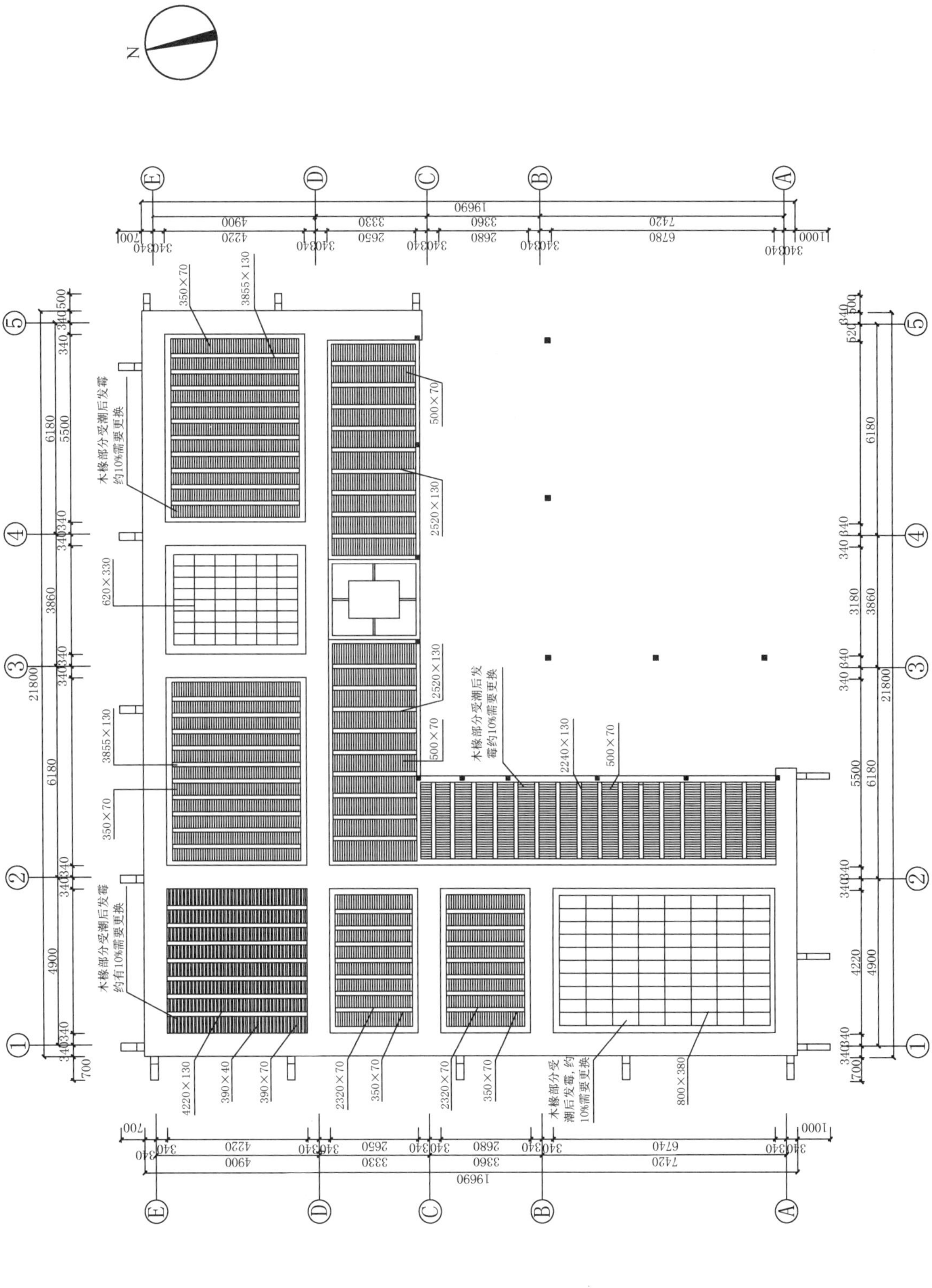

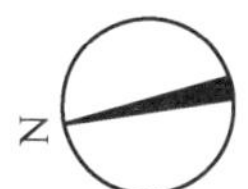

附图9 结构仰视图

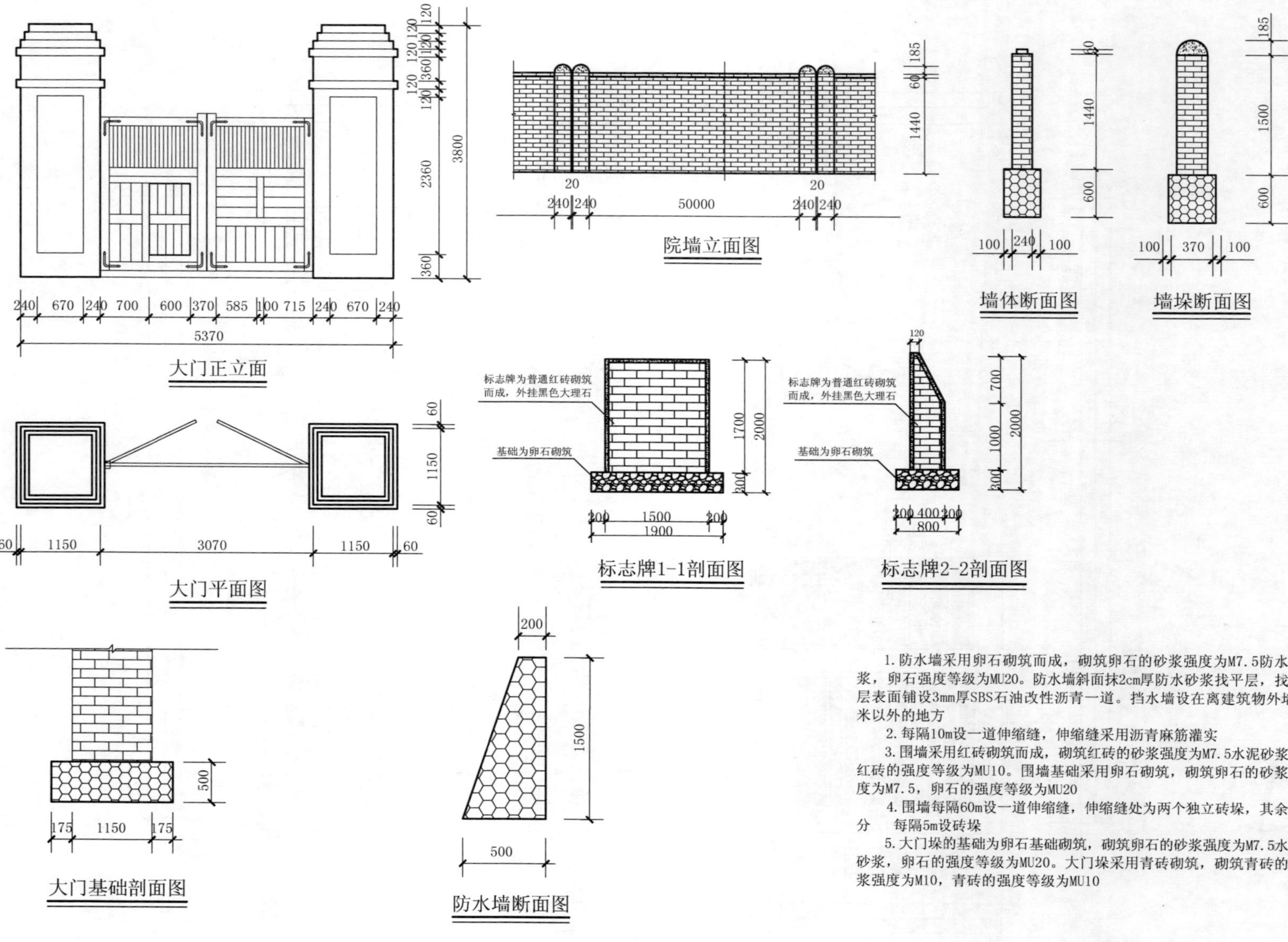
大门正立面
大门平面图
大门基础剖面图
院墙立面图
标志牌1-1剖面图
标志牌2-2剖面图
防水墙断面图
墙体断面图
墙垛断面图
标志牌为普通红砖砌筑而成，外挂黑色大理石
基础为卵石砌筑
1.防水墙采用卵石砌筑而成，砌筑卵石的砂浆强度为M7.5防水砂浆，卵石强度等级为MU20。防水墙斜面抹2cm厚防水砂浆找平层，找平层表面铺设3mm厚SBS石油改性沥青一道。挡水墙设在离建筑物外墙2米以外的地方
2.每隔10m设一道伸缩缝，伸缩缝采用沥青麻筋灌实
3.围墙采用红砖砌筑而成，砌筑红砖的砂浆强度为M7.5水泥砂浆，红砖的强度等级为MU10。围墙基础采用卵石砌筑，砌筑卵石的砂浆强度为M7.5，卵石的强度等级为MU20
4.围墙每隔60m设一道伸缩缝，伸缩缝处为两个独立砖垛，其余部分　每隔5m设砖垛
5.大门垛的基础为卵石基础砌筑，砌筑卵石的砂浆强度为M7.5水泥砂浆，卵石的强度等级为MU20。大门垛采用青砖砌筑，砌筑青砖的砂浆强度为M10，青砖的强度等级为MU10

附图 10　大样图

新疆于田县艾提卡清真寺勘察报告及修缮设计方案

第一部分 勘 察 报 告

一、基 本 概 况

于田县位于新疆维吾尔自治区南部，塔克拉玛干沙漠南缘，东临民丰县，南与西藏自治区改则县、日吐县相连，西与策勒县相邻，北与沙雅县接壤，南北长约466公里，东西宽30～120公里，地形呈牛腿状。全县总面积4.032万平方公里，辖13个乡、2个镇、3场、1个老城区办事处和175个行政村。该县是一个以农为主，农牧结合的农业县，全县耕地面积为38万亩，人均耕地面积1.73亩。全县总人口21万，其中维吾尔族20万人，占总人口的98.3%，汉族人口3562人，占1.68%，其他还有回、哈、柯、满等民族，是一个以维吾尔族为主的少数民族聚居区。全县属暖温带内陆干旱沙漠气候，本县气候的主要特点是：四季分明，昼夜温差大，热量资源丰富，光照充足，降水稀少，蒸发量大，春夏多风沙和浮尘等灾害天气。多年平均气温为11.6℃，多年平均降水量为47.7毫米，蒸发量为2432.1毫米，多年平均相对湿度42%，年日照总数为2769.5小时，日照率为62%，无霜期为213天，年有效积温为4208.1℃。平原绿洲年平均风速1.8米/秒，风速以春季最大，盛行东北风，平均2.2米/秒。

图一　于田艾提卡清真寺外景

艾提卡大清真寺位于于田县城老城区的市场附近（图一）。该清真寺总面积为6666.7平方米，比新疆最大的喀什艾提尕尔大清真寺还要大。一般居玛日（星期五）做礼拜的群众达4000～6000人，肉孜节、库尔班节有10000～16000人做礼拜。大清真寺为砖木结构建筑，南北各建一个大门，中间有3000余平方米的念经堂，还建有洗浴室，具有浓郁的维吾尔建筑艺术的特点。历史上该清真寺曾多次进行扩建、维修，对和田地区近代建筑研究具有极高的价值。1999年被自治区人民政府公布为自治区级文物保护单位（图二）。

图二　保护标志牌

二、历史沿革

艾提卡大清真寺始建于公元1200年，此后就一直作为宗教场所使用。

1665年，由当地几位宗教人士共同上报当时的莎车王阿不都拉汗，希望维修和扩建清真寺。阿不都拉汗王同意，随即动员附近的居民搬迁。同时从莎车委派专业技工对清真寺进行了维修扩建，还从莎车运来枣树植入寺内，所以当地人又称之为“枣园清真寺”。艾提卡大清真寺在进行第三次的扩建维修中，由于枣树在清真寺扩建范围内，不得不将枣树挖除。1947年，当地宗教人士对大清真寺进行第四次维修，当年10月竣工。

1966年至1986年，为了防止遭到破坏，清真寺一直处于关闭状态。1980年进行了一次大面积维修。

1985年至1988年，对清真寺按照原貌进行了第六次维修。

1997年至1998年，进行了第七次扩建。

1997年后，和田地区文物保护管理所、县文体局负责建筑本保护，县民宗委和统战部负责管理工作。

三、建筑布局与各单体建筑结构及现存情况

（一）建筑布局

于田艾提卡大清真寺是一座砖木结构的建筑。西部有县政治学校，北面是公路，东面是居民区。大清真寺由念经堂、南门、北门、洗浴房组成。念经堂内分为11个空间，有153根大立柱。念经堂长71.68米，宽41.98米，建筑面积为3009.7平方米。北门门楼高24米，其中有三层房屋，屋顶有9个观望塔和一个圆形顶棚，建筑风格与阿图什苏丹沙图克博格热汗陵墓相似，做工非常精巧。南门建筑面积115.4平方米，两端各有一个装饰性的塔柱，高16.235米，门侧有螺旋式楼梯可以通往二层平台。平台上有一间5平方米大小的两层小阁楼，高4.43米，门两侧有精美的伊斯兰风格彩绘，由于年久失修油漆已经褪色。

（二）念经堂（图三）

基础：墙下基础为深40厘米的卵石基础，柱下为混凝土单独基础。由于柱径尺寸的不同，柱础尺寸也分为直径420毫米和300毫米两种，其厚度均为230毫米。由于于田县特殊的地理环境和干旱的沙漠气候，基础保存的比较完好，并未出现泛潮、酥碱等常见病害，有足够的承载能力。

图三　念经堂内景

地面：前廊和念经堂内目前均为水泥地面。2003 年 8 月维修时，对大清真寺的院落和大门前空地进行了绿化和硬化，总面积 6537 平方米。其中铺四方砖 3096 平方米，红砖 3441 平方米，绿化面积 1200 平方米，种植了核桃树、石榴树等经济树种。在此次勘察中发现了原始青砖，尺寸为 300 毫米 ×150 毫米 ×55 毫米。

台阶：念经堂东面有三个台阶，中间台阶为圆弧形，两侧为条形台阶。踏步由方砖砌筑而成，方砖外围为木板。此次勘察发现：圆弧形台阶的踏步表面严重磨损，木板有多处开裂。建议重做台阶。

台基：念经堂东南两面的台基高 1.47 米，台基每隔 0.97 米就有一个 3100 毫米 ×1200 毫米的矩形砖砌装饰，共 20 个。每个装饰的图案都不一样，很有民族特色。西立面台基高 90 厘米，北面台基高 40 厘米。除了西面台基由卵石砌筑外，其余三面均为红砖砌筑。台基装饰部分底部出现局部掏蚀，需要补修。

墙体：东南两面墙体的厚度为 1000 毫米，墙体由砖包土坯的方法砌筑而成。其中砖的砌筑厚度为 250 毫米，土坯的砌筑厚度为 750 毫米；西北两面墙体为 570 毫米厚的砖墙。墙体基本完好，只有局部墙面由于屋顶漏雨被污染，需要重新粉刷。另外，院墙西南角有 5 米多墙体已经倒塌，建议维修时按照原样式重新砌筑。

门窗：所有的现存门窗结构基本完好，门窗均为木质，但油漆已褪色，局部有小变形，需要重新刷漆和矫正。门窗上有 80% 玻璃由于人为因素已经残损，需要更换。进入念经堂的南北两扇门是由原来两扇窗户改装而成的，目的是为了满足消防要求。

屋面：为上人平屋顶，从下到上结构层依次为：30 毫米厚望板，10 毫米厚干草、5 毫米厚的塑料膜和 80 毫米厚草泥组成。勘察发现屋面的草泥由于长期踩踏和自然风化，土质疏松，厚度减小。塑料膜已经失去防水功能，屋面的漏雨渗水现象非常严重，屋顶木结构层受到雨水不同程度的腐蚀。建议在保持屋面结构不变的情况下，重做屋面及防水。

屋面排水：目前念经堂屋顶现状为中间屋面东高西低，坡度约为 10%。西面檐口位置共设有 8 个排水口，属于有组织排水；南北两端屋面几乎无坡度，也无任何排水口，属于无组织排水。建议重新做屋面排水。

屋架：屋顶的梁板结构部分被雨水腐蚀已经糟朽，约有 30% 需要更换。屋架中横梁高约 320 毫米，表面蓝色油漆及彩绘已经褪色；横梁上每隔 60 厘米有一道密梁，其截面尺寸为 180 毫米 ×240 毫米；屋面的望板厚 30 毫米，表面黄色油漆已经剥落，需要按原来颜色恢复油饰彩绘部分。

穹顶及保护棚：由于年久失修和自然因素的影响，木构件已经腐朽，基本上丧失了承载能力，面临坍塌，已经威胁到信教群众的生命安全。由于破坏严重，时间紧迫，只能先由当地有关部门借款进行维修。

柱子：念经堂共有 153 根立柱，前廊内 33 根，尺寸为 320 毫米 ×320 毫米；檐柱 36 根，尺寸为 240 毫米 ×240 毫米；室内 84 根柱子分两种尺寸：380 毫米 ×380 毫米和 280 毫米 ×280 毫米。由于年久失修，柱子表面油漆剥落，柱底劈裂，尤其是檐柱的开裂和歪闪现象比较严重。

现场勘察发现：①轴由东向西第3、5、8和第9根檐柱的柱身都出现了2至3厘米的通长裂缝，第6和第8根柱子歪闪偏离轴线达17厘米，其余柱子也都出现不同程度的歪闪；Ⓐ轴由北向南第一根檐柱底部开裂宽约3厘米，柱身向内倾斜，导致屋面局部出现错层和开裂；⑱轴的檐柱几乎每根柱子底部和柱身都出现裂缝，裂缝宽度在1至2厘米不等。前廊内的柱子主要问题是柱身油漆剥落，柱群表面被污染，局部有细小裂缝；念经堂内柱子存在的问题是：在柱身上钉灯具开关盒，衣帽架等，对柱子造成破坏。

木栅栏：扶手和带雕花栅栏出现开裂现象比较严重，需要按原样更换50%左右。

油饰：由于自然原因，念经堂的油漆彩绘部分均遭到不同程度的破坏，需要按原来颜色涂刷。

消防：念经堂内线路不符合相关电线线路安全规定。应该严格按照相关规定规范线路并作好消防措施。

（三）南门（图四）

基础：为卵石基础，深40厘米。由于于田县特殊的地理环境和干旱的沙漠气候，基础基本上完好，并未出现泛潮、酥碱等常见病害，但是地基为软土层。为了防止出现地基不均匀沉降，建议对基础采用局部灌浆加固。

图四　南门外景

楼梯：门塔侧门通往二层平台的楼梯为砖木螺旋式楼梯，楼梯间呈圆柱状，半径为1020毫米，共27个台阶。楼梯间内由于年久失修，无人打扫，尘土堆积，残破不堪，楼梯间墙体多处开裂，而且砖的摆砌方式杂乱无章。踏步面层为木板，下层为砖，由于长时间的踩踏，踏步面层已经磨损，个别踏步面层的木板已经丢失。建议重新修砌楼梯破损部分。

墙体：基本保存完好。南北两面墙体上都有券顶装饰，北面的大门过道墙体上局部有开裂，但不影响墙体的整体性和稳定性。

阁楼：分上下两层，每层5平方米左右。一层阁楼四周有砖砌体维护和门窗框，二层只剩下阁楼框架，顶层有1平方米大小的上人孔。门为木制大门，高4.53米，宽3.72米。门扇四周有雕花装饰，门板上的裂缝在前次维修时曾用铁件进行剔补加固过。侧门已经严重破损，需要按原来的尺寸重做。

油漆彩绘：由于年久失修，油漆剥落比较严重，需要按原有颜色重新油饰。

消防：门塔顶原有照明灯具已经丢失，电线残留在建筑上，不符合相关电线线路安全规定，应严格按照相关规定规范线路并作好消防措施。

（四）北门（图五）

北门有三层房屋，门塔总面积227平方米，门楼高24米。屋顶有9个观望塔和一个圆形顶棚，建筑风格与阿图什苏丹沙图克博格热汗陵墓相似，做工非常精巧。

由于是重建时间不长，此次勘察未发现病害，结构和外观上都很完好。

图五　北门外景

（五）洗浴房

洗浴房在清真寺的东南角，是用来做礼拜时清洗身体的房间（图六）。洗浴房为砖木结构，

图六　洗浴房

隔壁为厕所。洗浴房正中间为洗手池，东、南、北三面设洗浴隔挡，每个隔挡内都有水龙头，并用布帘隔开。洗手池四个角有四根木柱支撑上方屋顶的天窗。室内的排水比较困难，建议修建一条排水管道。

通过对艾提卡大清真寺的详细勘察，建议对念经堂采用揭顶修缮，恢复装修；南门和洗浴房局部修缮。

四、残破状况及相关原因分析

于田县艾提卡清真寺建筑现状及残损情况图表。

（一）念经堂建筑现状及残损情况图表（表1～表5）

（二）南门建筑现状及残损情况图表（表6～表8）

（三）北门建筑现状及残损情况图表（表9）

表 1　念经堂现状（一）

<table>
<tr><td colspan="6">
念经堂东立面

念经堂南立面</td></tr>
<tr><td>残破说明</td><td colspan="5">1. 基础为卵石基础，没有出现下沉现象，有足够的承载力；2. 地面基本平整，2003 年 8 月对院落进行整治，铺方砖和红砖路面共 6537m^2；3. 东南两面墙体为砖包土坯，厚 1000mm，西北两面墙体为砖墙，厚 570mm，由于屋顶漏雨，墙面受到不同程度的污染；4. 所有门窗结构完好，均为木门窗，但是有 80% 的玻璃缺失，门窗油漆已经剥落；5. 台阶由木板和砖砌筑而成，木板开裂比较严重；6. 横梁、密梁、檐板、柱等各种花饰的油漆都有不同程度的剥落；7. 梁架结构基本上完好，但是局部梁架由于屋顶漏雨被腐蚀需要更换，数量为 30% 左右，柱的歪闪现象比较严重，甚至达到 17 厘米；8. 屋面漏雨现象比较严重，已经失去了防水功能，突出屋面的装饰性穹顶为砖木结构，结构基本上已经失稳，没有任何安全可靠度</td></tr>
<tr><td rowspan="3">残损状况</td><td colspan="2">地面情况</td><td colspan="3">台阶现状</td></tr>
<tr><td>东面院内路面一半方砖、一半红砖
北门内外路面均为方砖</td><td>念经堂南北两面院内路面均为红砖</td><td>东立面主入口处台阶现状</td><td>门厅处台阶现状</td><td>东立面南北两个入口处的台阶现状</td></tr>
<tr><td colspan="5">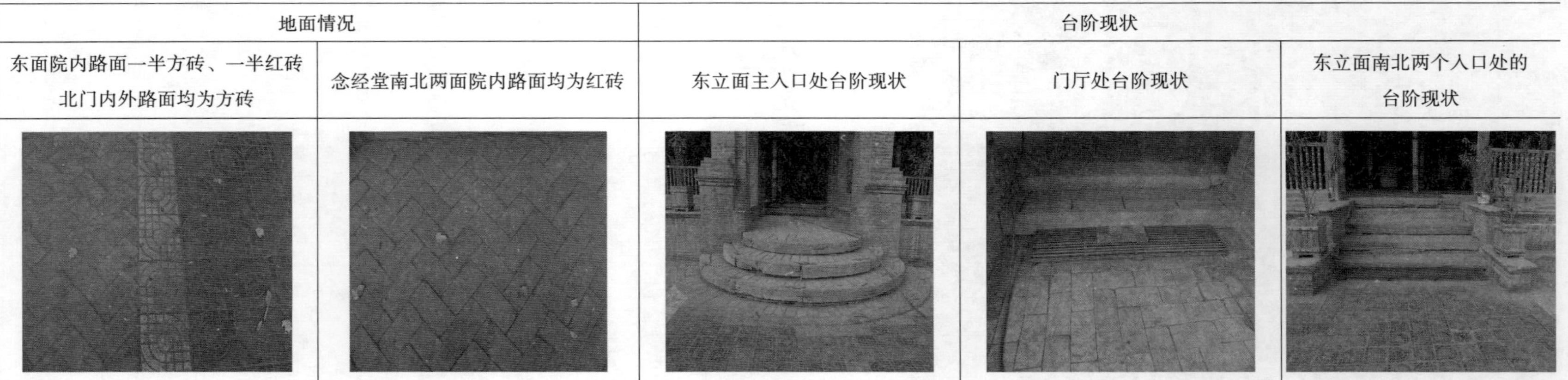</td></tr>
</table>

表2　念经堂现状（二）

残破程度	念经堂门窗情况				
	经改造后的念经堂南北方向入口处大门的现状	念经堂东立面侧门现状	念经堂西面院墙上的侧门现状	念经堂储藏室后门现状	念经堂西墙上的圣龛造型

	念经堂门窗情况				
	念经堂南立面的窗户现状及玻璃破损情况	念经堂东立面窗户现状	窗户为双层平开窗，外层有防护栏	室内高窗现状及墙面被雨水污染情况	念经堂东面墙体上的圣龛现状

	木构件破坏情况			台基装饰部分现状	
	屋檐由于柱子歪闪，受力不均开裂	雀替底部干裂情况	围栏扶手部分干裂现象普遍，木栏杆有50%开裂需要更换	念经堂台基部分残损现状	念经堂台基装饰部分
	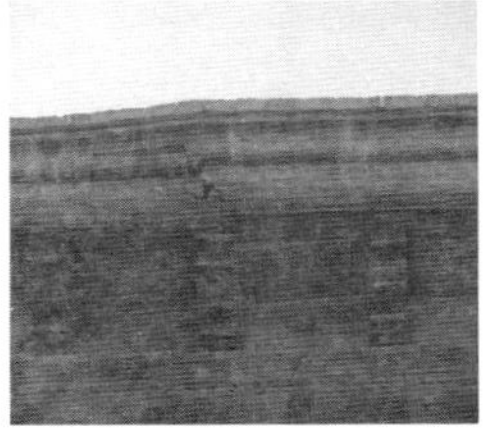				

表 3　念经堂现状（三）

残破程度	念经堂屋面情况				
	念经堂屋顶现状	穹顶保护棚梁架结构现状	穹顶保护棚立面现状	念经堂天窗立面现状	屋顶结构为 20mm 干草，一层塑料膜，上覆 80mm 厚草泥

	念经堂穹顶保护棚结构残损情况				
	屋顶东西方向有 5% 的坡度	北面檐口部分人为破坏的情况	穹顶保护棚维修后现状	穹顶保护棚内新换构件现状	维修穹顶的现场情况

	穹顶保护棚现状		念经堂柱的破坏现状		
	穹顶内四周油漆装饰残损现状	穹顶新刷油漆现状	室内发现原始柱础	念经堂檐柱开裂情况	雀替错位开裂情况

表 4　念经堂现状（四）

残破程度	念经堂木构件破坏情况				
	横梁搭接部分错位，檐柱开裂情况	后人维修时添加的柱间装饰	檐柱开裂围栏破损现状	木柱中间砌 280mm × 170mm 的砖柱上部梁和雀替错位	照明灯具开关盒安装位置不合理

	念经堂油漆彩绘部分现状				
	室内柱子开裂及油漆剥落情况	念经堂密梁彩绘情况及油漆剥落现状	圣龛侧面局部油漆彩绘现状	圣龛上方油漆彩绘现状	圣龛左上方彩绘现状
	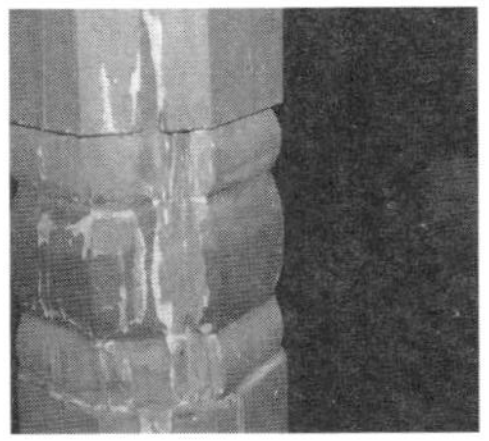	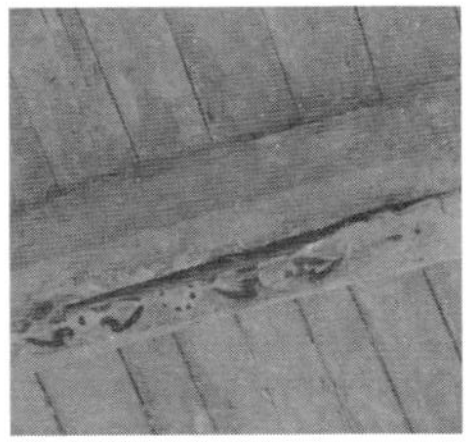	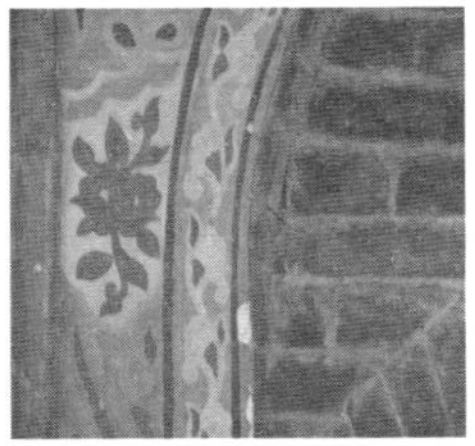		
	念经堂油漆彩绘部分现状				
	柱头、雀替及横梁上的油漆彩绘剥落情况	念经堂东立面大门两侧的石刻雕花现状	横梁及密梁上的油饰现状	门厅石膏顶棚彩绘现状	雀替上方横梁彩绘残损现状
				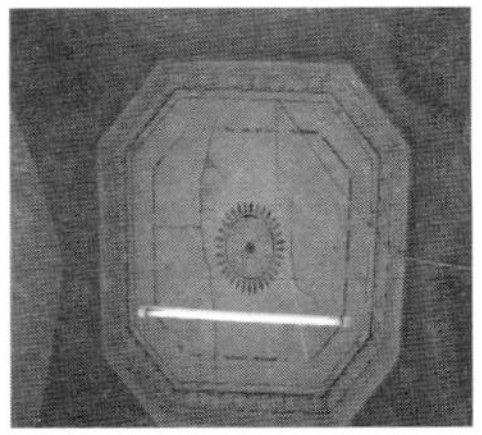	

表 5　念经堂现状（五）

	原始柱础和青砖情况		线路安全方面的情况		
残破现状	柱础一种为：直径 420mm、厚度 230mm 另一种为：直径 300mm、厚度 230mm	原始青砖尺寸为 300mm × 150mm × 55mm	电闸距离地面仅有 1.5m 左右，十分危险而且不符合相关配电线路安全规定		

表6　南门现状

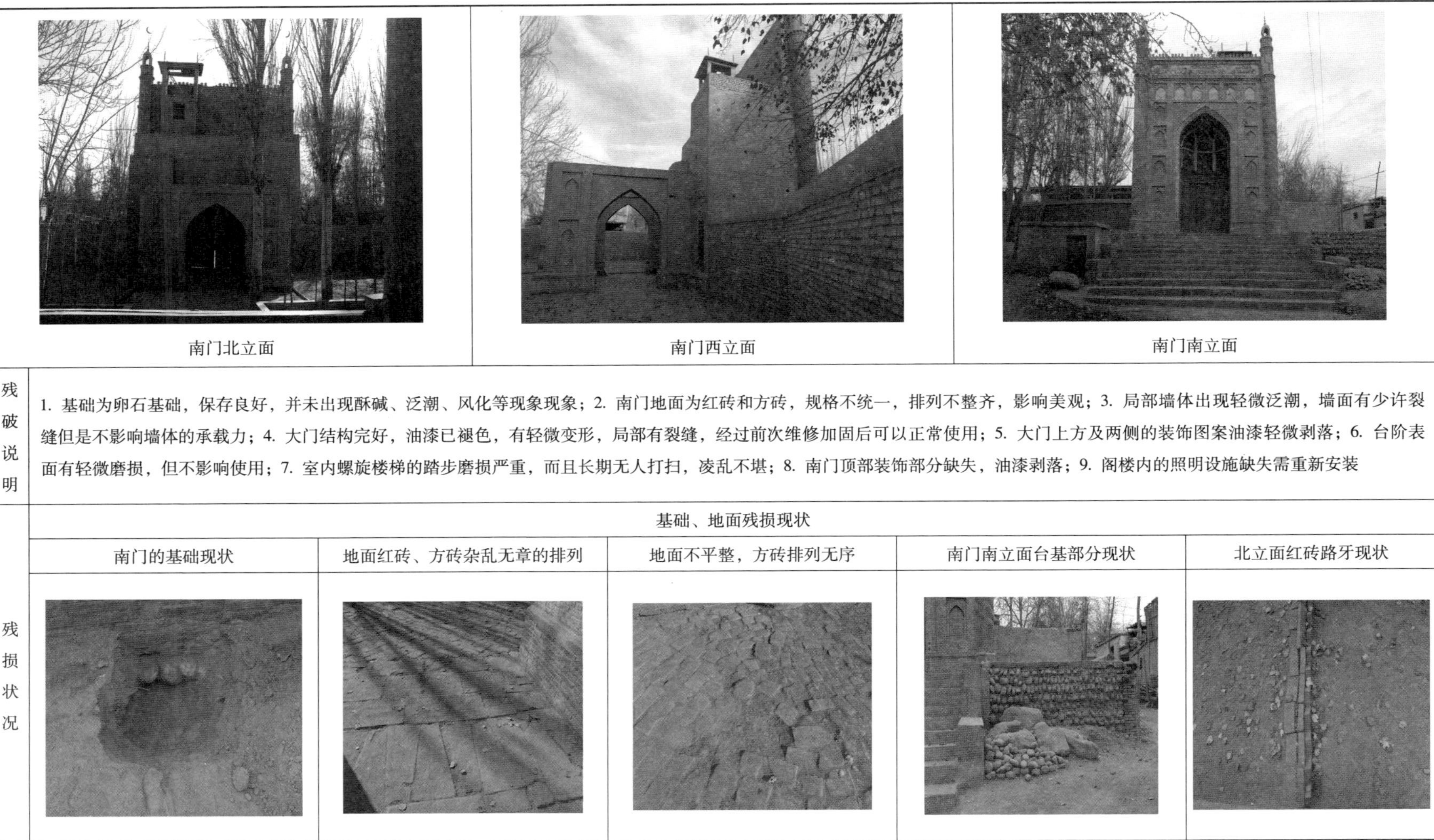

	南门北立面		南门西立面		南门南立面
残破说明	1. 基础为卵石基础，保存良好，并未出现酥碱、泛潮、风化等现象现象；2. 南门地面为红砖和方砖，规格不统一，排列不整齐，影响美观；3. 局部墙体出现轻微泛潮，墙面有少许裂缝但是不影响墙体的承载力；4. 大门结构完好，油漆已褪色，有轻微变形，局部有裂缝，经过前次维修加固后可以正常使用；5. 大门上方及两侧的装饰图案油漆轻微剥落；6. 台阶表面有轻微磨损，但不影响使用；7. 室内螺旋楼梯的踏步磨损严重，而且长期无人打扫，凌乱不堪；8. 南门顶部装饰部分缺失，油漆剥落；9. 阁楼内的照明设施缺失需重新安装				
残损状况	基础、地面残损现状				
	南门的基础现状	地面红砖、方砖杂乱无章的排列	地面不平整，方砖排列无序	南门南立面台基部分现状	北立面红砖路牙现状

表7　南门现状

残破程度	南门墙体的残损状况				
	大门过道墙体底部残缺现状 	墙体的局部材料缺损现象 	墙体装饰残损现状 	大门塔底座油漆剥落及表面污染情况	大门过道墙体开裂情况 
	二层阁楼台阶及墙体的残损现状				
	大门二层阁楼水泥立柱现状及钢筋锈蚀情况 	螺旋楼梯在二层的出口处现状 	大门塔顶层阁楼残损现状 	大门塔二层阁楼东侧墙体的破坏情况 	二层阁楼通往顶层的台阶现状 
	门窗的残损现状				
	玻璃全失，窗框残留 	门上槛的受力及支撑情况 	螺旋楼梯入口处的侧门现状 	门扇开裂处铁件加固情况 	门板破损处铁皮修补情况 

表 8　南门现状

残破程度	南门楼梯、台阶残损现状				
	大门西侧的螺旋式楼梯现状	楼梯踏步残破不堪，尘土堆积楼梯间光线不足	楼梯间内砖的摆砌方式墙体受力开裂情况	楼梯踏步残损现状：面层为木板，下层为砖	大门南立面台阶有细小裂缝和磨损，不影响使用
	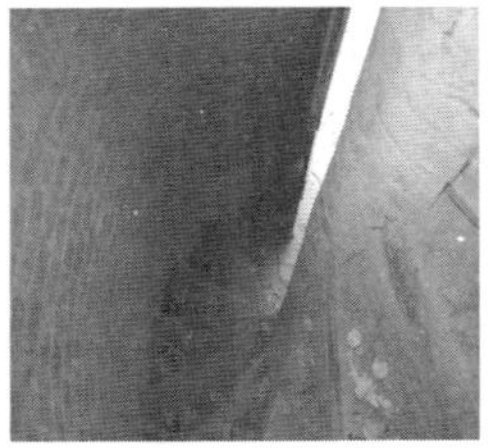				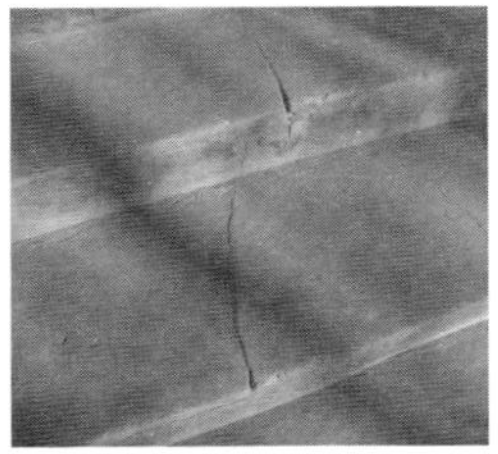
	油漆彩绘现状				
	大门南立面两侧雕饰彩绘现状，彩绘部分油漆褪色，陈旧不堪	门洞两侧彩绘现状	门上石膏装饰	大门塔顶装饰残缺现状	门扇四周雕花装饰
					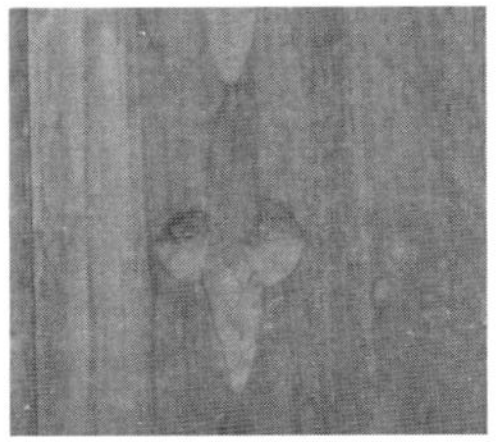
	用电线路安全现状	院墙部分现状			
	照明线路不符合防火规范	南门东侧的院墙小门现状			

表 9　北门现状

	 于田大清真寺北门北立面	 于田大清真寺北门南立面
残破说明	于田艾提卡大清真寺建于公元 1200 年左右，总面积 13449 平方米，其中寺内面积为 3066 平方米，院内面积 10439 平方米。1997～1998 年重建北门，门塔总面积为 227 平方米，这是第七次扩建，北大门门楼高 24 米，其中有三层房屋，屋顶有 9 个观望塔和一个圆形顶棚，建筑风格与阿图什苏丹沙图克博格热汗陵墓相似，做工非常精巧。于田县艾提卡大清真寺于 1999 年被评为自治区级文物保护单位	
	圆形顶棚	保护标志牌

五、评　　估

（一）价值评估

（1）艾提卡清真寺是南疆著名的伊斯兰教建筑，是于田县最大的宗教活动场所。自建成以来，这座清真寺长时间作为当地信教群众举行宗教活动的场所一直沿用至今。维修艾提卡清真寺，改善其建筑状况，为广大群众提供方便，对于贯彻我国的民族宗教政策，加强民族团结，构建和谐社会具有重要的现实意义。

（2）艾提卡清真寺建造年代久远，历史悠久，对于研究和田，乃至新疆的伊斯兰教史，有重要参考价值。

（3）艾提卡清真寺虽历尽沧桑，部分建筑有所损坏，但其建筑整体布局合理，功能明确，体现了当地的民族地域特色，为我们研究伊斯兰教建筑艺术提供了第一手的实物资料。

（二）管理条件评估

和田地区文物保护管理所成立于1979年，内设文物保护科、综合科、陈列宣教科、行政执法监察科等科室。现有工作人员16名。2005年12月，和田地区正式成立文物局，负责全地区文物遗址的保护工作。

（三）现状评估

（1）整座清真寺宏大壮观，有独特的民族建筑结构风格。虽然有一些建筑已经毁坏，但建筑外观及布局保存比较好。

（2）建筑整体结构保存较好，但是念经堂的屋面漏雨渗水现象比较严重，梁架结构都已经老化，尤其是屋顶上的穹顶及保护棚，木构件已经腐朽，基本丧失承载能力，面临坍塌。如果不及时进行抢修和保护，这座属于自治区级文物保护单位的大清真寺将被破坏。

（3）大清真寺内的陈列设备、照明及供暖情况比较差，需要进一步的改善和提高。

综上所述，在保存现状的前提下，进行抢救性的修缮。

第二部分　修缮设计方案

一、修 缮 依 据

（1）按照《中华人民共和国文物保护法》关于“保护为主，抢救第一，加强管理，合理利用”的文物工作方针，修缮尽量保留现存文物建筑的基本特色和构件，适当恢复文物建筑原状；

（2）《中华人民共和国文物保护法实施条例》（2003年）；

（3）《文物保护工程管理办法》（2003年）；

（4）《中国文物古迹保护准则》（2004 年修订）；

（5）《建筑抗震设计规范》（GB50011-2001）；

（6）《建筑抗震设防分类标准》（GB50223-95）；

（7）《于田艾提卡大清真寺现场勘察测量报告》；

（8）参照《于田艾提卡大清真寺维修项目建议书》的有关原则及修缮要求进行修缮；

（9）相关文献资料。

二、修缮设计原则

严格遵守"不改变文物"原状的原则，尽可能真实完整的保存寺内建筑的历史原貌和建筑特色。在维修过程中以原建筑现有传统做法为主，尽可能使用原有建筑材料，完整保存并归安原有的建筑构件；维修工程的补配构件，要做到原材料、原工艺，按原形制修复；加固补强部分要与原结构、原构件连接可靠；新补配的构件需要详细档案记载。

三、修缮性质

经过现场勘察，决定对念经堂采取揭顶修缮，对南门进行局部修缮。本次维修旨在通过对建筑的维修及建立和完善配套设施，消除建筑物的各种安全隐患，展现古建筑的风貌形象。

（1）重点修缮：念经堂和南门。

（2）其他修缮工程：排水、消防、照明及避雷等设施。

四、修缮方案

1. 念经堂

揭顶修缮，恢复装修。

墙体：局部墙面由于屋顶漏雨被污染，需要重新粉刷，经现场勘察约占墙面总量的 10% 左右。具体做法：在粉刷墙面时，需先把原有涂料表面的污垢清理干净；然后再粉刷。在施工过程中必须按原有颜色和样式进行修复。

门窗：重刷一道油漆并矫正变形门窗。窗户上大约 80% 的玻璃都已经缺失，需要重新安装。涂刷油漆做法：在施工中需要把表面清理干净后，按原有颜色人工涂刷。

台阶：念经堂东面的三个台阶，其中弧形台阶的踏步开裂现象比较严重，表面木板已经磨损，需要拆除此台阶，重新用青砖砌筑，踏步表面仍然按原有材料砌筑；另外两个台阶的垂带底部有青砖缺损现象，此次维修时应按原有样式补砌。

台基：砖砌的台基装饰部分在底部出现局部掏蚀，需要补砌。

梁架结构：经检修大部分梁架结构保存完好，约有 30% 的梁板因为屋顶漏雨被腐蚀需要更换。具体做法：先把原有损坏部分的梁、柱、椽拆除，换上规格统一的梁、柱、椽。搭接一定要牢固，并做防腐处理。

木栅栏：更换木栅栏（扶手和带雕花的围栏）约50%左右，表面刷防腐漆。

柱子：约有25根柱子开裂现象比较严重，裂缝宽度在1至3厘米的柱子采用铁件加固，裂缝宽度大于3厘米的需要更换。此次勘察发现约有4根柱子需要更换。所有柱子的表面油漆都有不同程度的剥落，需按原有颜色重刷，并做防腐处理。

屋顶：拆除重做，由下到上分别为：30毫米厚望板，10毫米厚干草，20毫米厚草泥找平层，一层SBS防水卷材和100毫米厚草泥，望板做防腐处理。

穹顶及保护棚：在已经维修过的基础上，位于穹顶西面靠墙部位增设两根直径为280毫米×280毫米木柱，以减轻其余5根柱子承受穹顶传来的压力。

屋面排水：采用材料找坡的方式。这种找坡法是把屋面板平置，屋面坡度由铺设在屋面板上的厚度有变化的找坡层形成，使念经堂南北两端屋面产生向穹顶方向的不小于5%的坡度，屋面东西方向坡度为10%，使雨水顺东西方向流入雨水口排出。

2. 南门

局部修缮。

基础：由于卵石基础下为软土层，为了避免基础出现不均匀沉降，对基础采用灌浆加固。具体做法：首先把门塔东南角基础下部的1/4土方挖去，浇筑C20混凝土。待混凝土强度达到标准强度时，再做西南角。混凝土的厚度为300毫米，其他两边各比基础多宽200毫米。浇筑完毕后应注意混凝土的养护。

地面：整平地面，并重新砌砖牙。

墙体：只对缺损部分进行修补，经现场勘察约占墙体总量的5%需要修补。

门：矫正变形部分，重刷一道油漆。做法：把表面清理干净后，人工涂刷。在施工中必须按原有颜色进行涂刷。侧门需要按照原来尺寸重做。

螺旋式楼梯：修砌楼梯破损部分，踏步要按原有样式修补，面层为木板，下层为红砖砌筑。楼梯间墙体开裂处要进行局部修补，并建议在楼梯间内增设照明设施。

油漆彩绘：按原有样式恢复花纹并重新涂刷油漆。做法：把表面清理干净后，人工刷漆。

3. 洗浴房

根据洗浴房的现状，在东面设排水管道以改善室内排水困难的现状。北门由于是1998年重建，此次勘察没有发现需要维修的地方。

4. 照明、消防、避雷

照明应符合《建筑电气工程施工质量验收规范》（GB50303）的要求，拆除原有照明线路，按照要求将电线引入室内；消防方面根据清真寺的现有条件，室内按照消防要求配置消火栓；避雷方面按照要求安装有关避雷设施。

五、周边环境整治

建议在清真寺院内开展绿化。

六、注 意 事 项

（1）由于现场勘测时间有限，有些部位勘测还不是很完善，有些地方难免有所疏漏，待保护工程进行时再做进一步补充完善施工图。

（2）工程施工前应认真进行现场核对，如发现于田大清真寺遭到新的破坏，现场状况与设计不符时，应及时联系设计单位，进行设计变更后方可进行施工。

（3）方案中的梁、椽子、短柱的更换数量均按百分比表述，具体数量详见预算表。

（4）在施工过程中要注意建筑本体及施工人员的安全。

（5）由于现场测绘条件有限，施工时若发现构件尺寸和个别隐蔽部位与图纸不符时，应以现存实物为主；本说明与施工图参照阅读，如施工遇到特殊情况及施工中出现的技术性问题需及时通知设计单位，协商解决。

参 考 资 料

[1]　于田县地方志编纂委员会：《于田县志》，新疆人民出版社，2006年。
[2]　当地文物部门提供的部分资料和部分照片为依据。
[3]　新疆文物局编：《新疆维吾尔自治区文物“四有”档案》（内部资料）。
[4]　中国伊斯兰协会编：《中国的穆斯林》，民族出版社，1955年。

项目主持：梁　涛
项目负责：阿里木·阿布都热合曼
报告编写：徐桂玲
参加人员：梁　涛　阿布都艾尼·阿不都拉　阿里木·阿布都热合曼
陆继财　冶　飞　徐桂玲　何　林　雪克来提　赵永升
丁炫炫　师　洋　路　霞

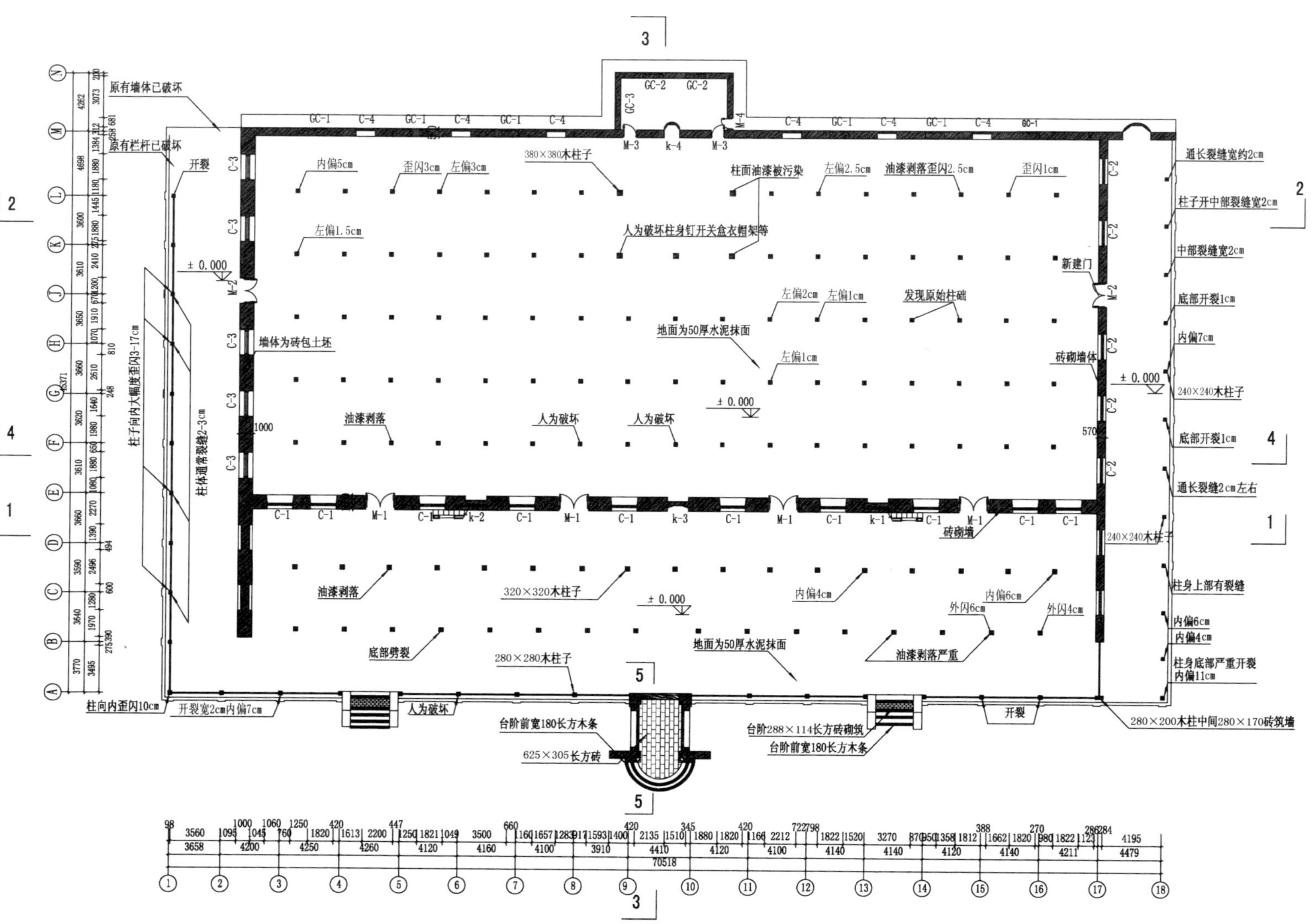

附图1 于田县艾提卡清真寺主殿平面图

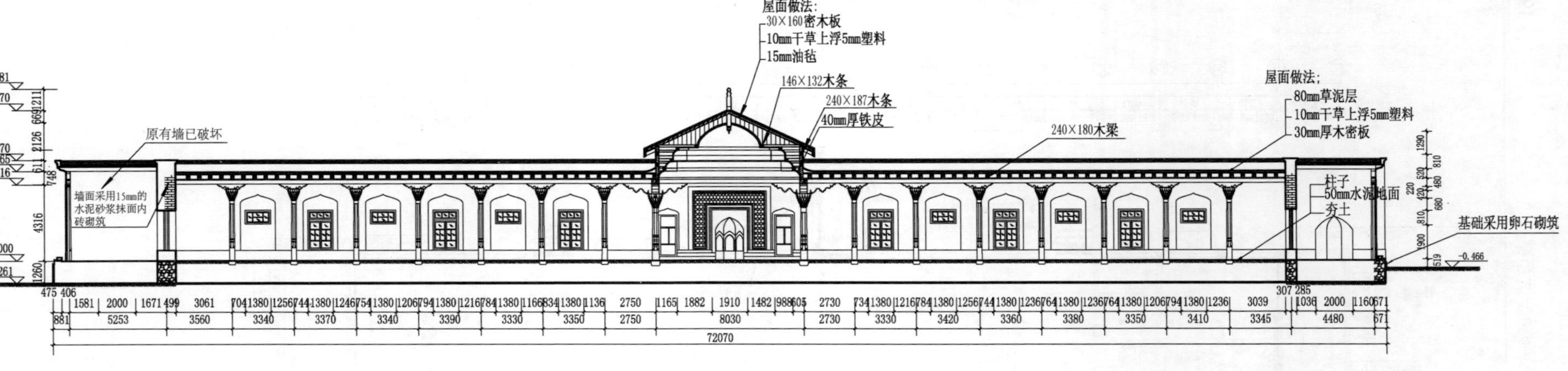

附图 2　主殿 2-2 剖面图

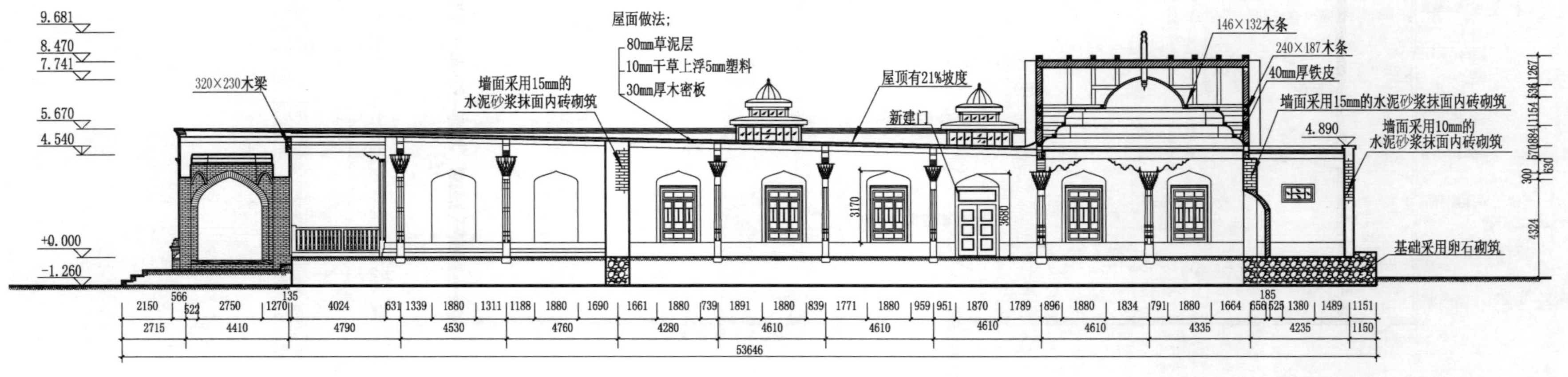

附图 3　主殿 3-3 剖面图

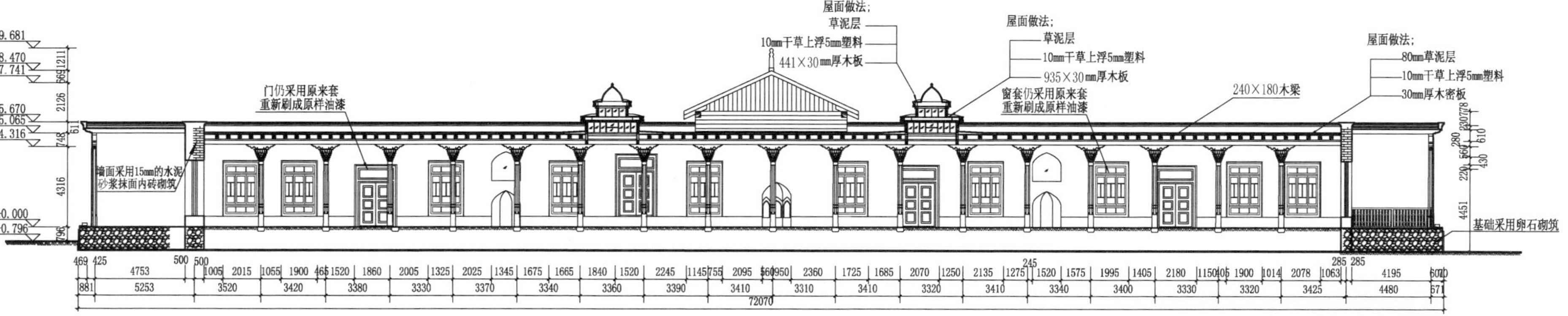
屋面做法:
草泥层
10mm干草上浮5mm塑料
441×30mm厚木板
屋面做法:
草泥层
10mm干草上浮5mm塑料
935×30mm厚木板
窗套仍采用原来套
重新刷成原样油漆
屋面做法:
80mm草泥层
10mm干草上浮5mm塑料
30mm厚木密板
240×180木梁
门仍采用原来套
重新刷成原样油漆
墙面采用15mm的水泥
砂浆抹面内砖砌筑
基础采用卵石砌筑
9.681
8.470
7.741
5.670
5.065
4.316
±0.000
-0.796
72070

附图4 主殿4-4剖面图

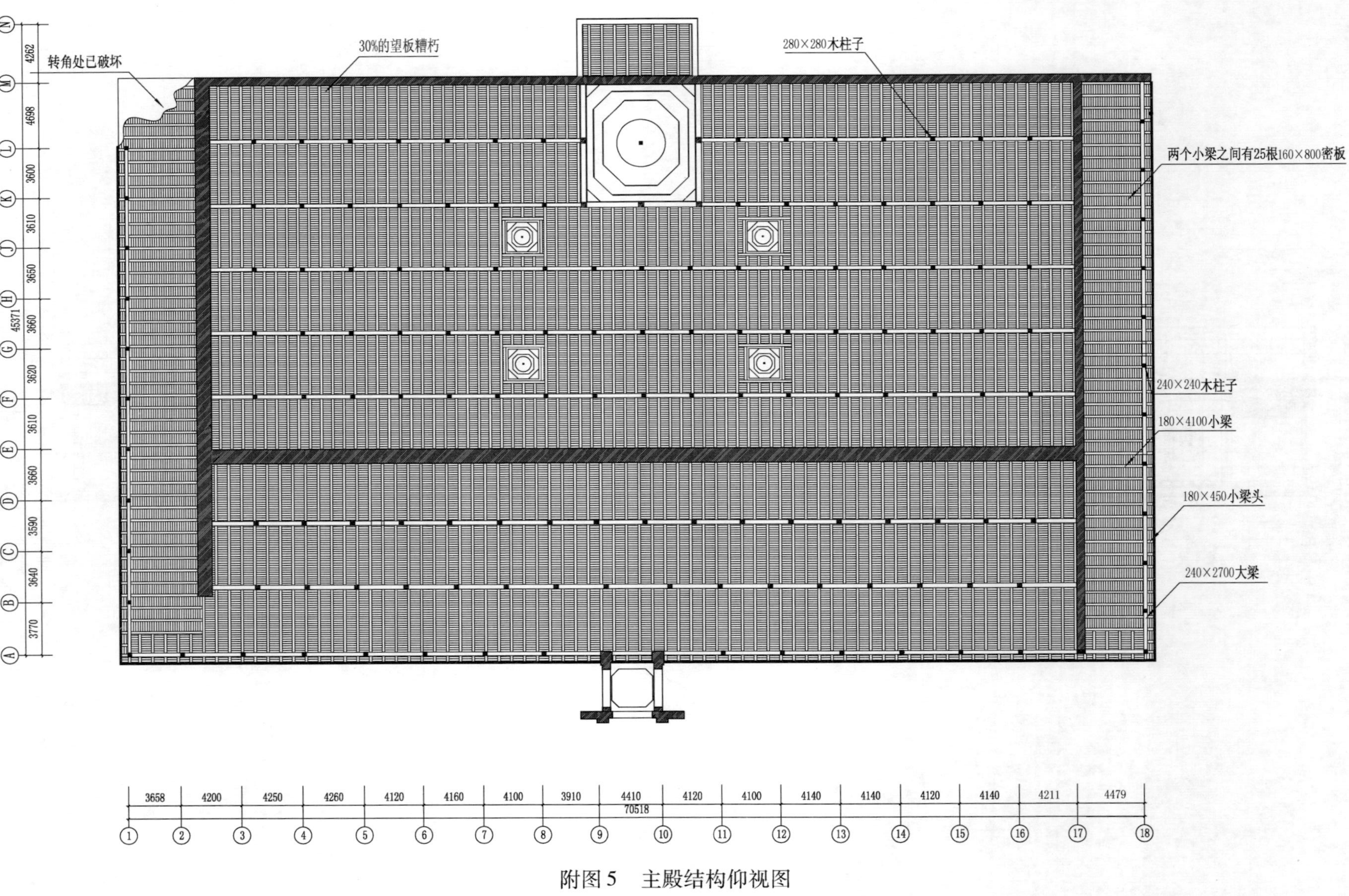
转角处已破坏
30%的望板糟朽
280×280木柱子
两个小梁之间有25根160×800密板
240×240木柱子
180×4100小梁
180×450小梁头
240×2700大梁
N
4262
M
4698
L
3600
K
3610
J
3650
H
3660
45371
G
3620
F
3610
E
3660
D
3590
C
3640
B
3770
A
3658
4200
4250
4260
4120
4160
4100
3910
4410
70518
4120
4100
4140
4140
4120
4140
4211
4479
1
2
3
4
5
6
7
8
9
10
11
12
13
14
15
16
17
18

附图5　主殿结构仰视图

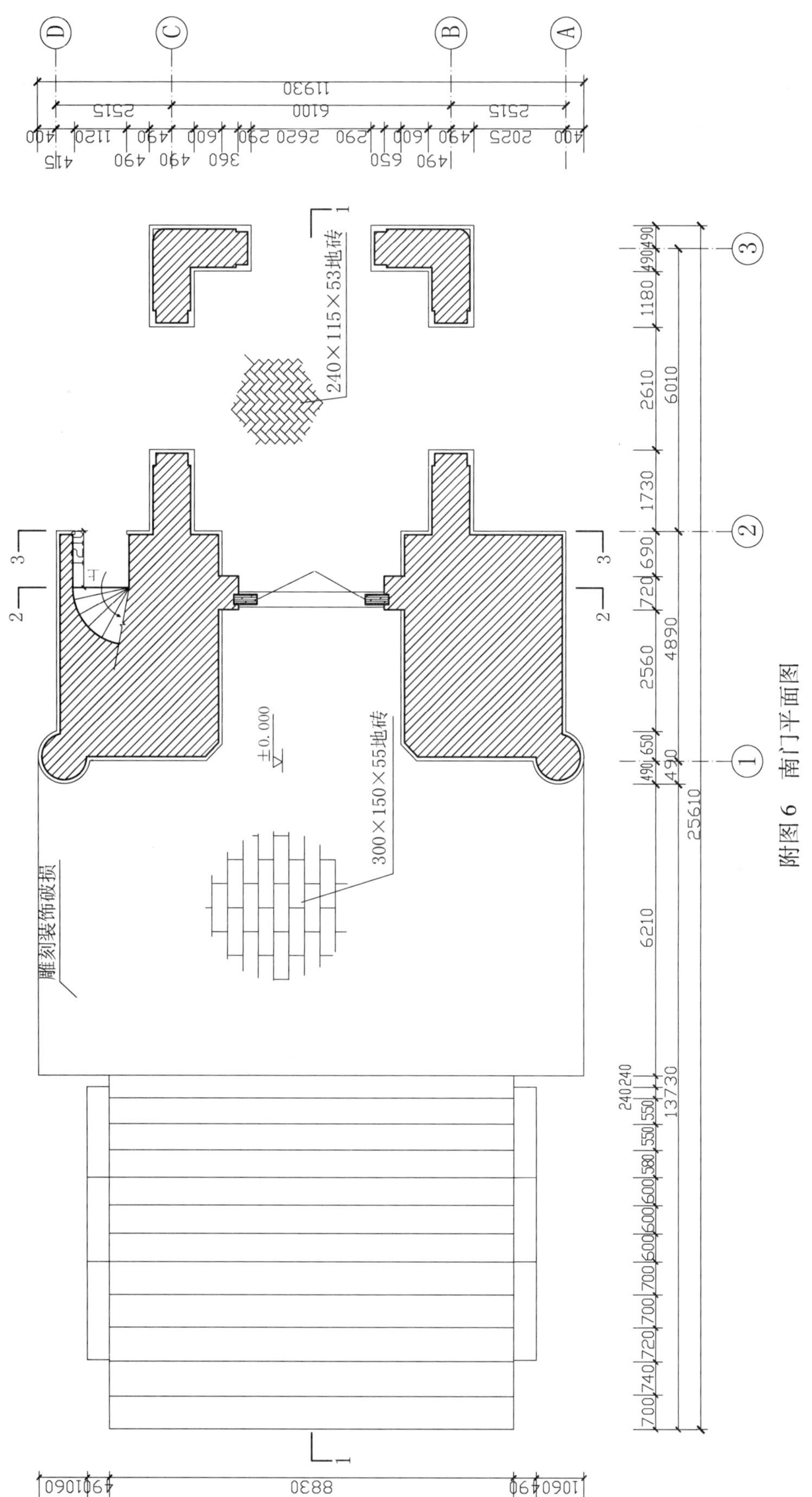

附图6 南门平面图

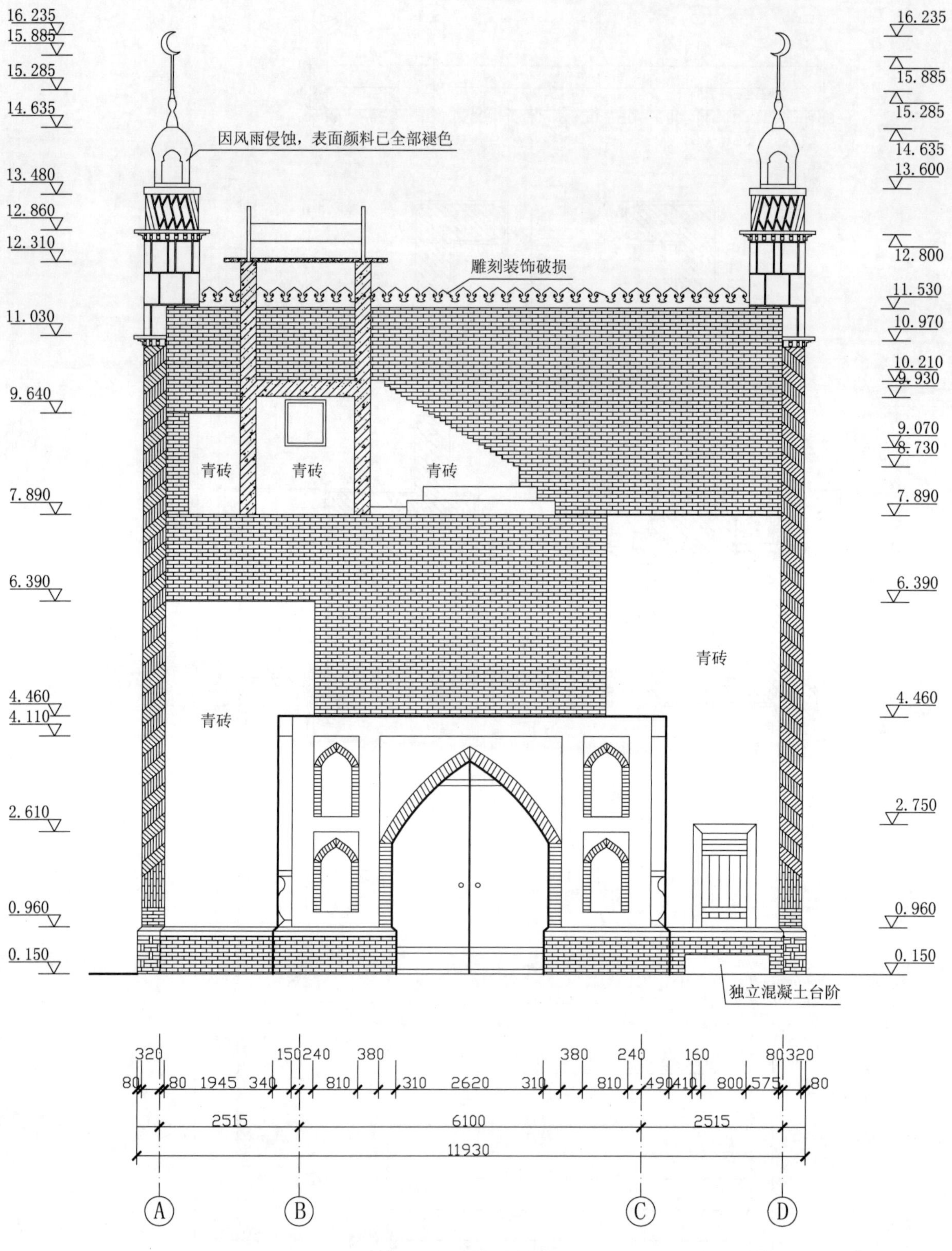
16.235
15.885
15.285
14.635
13.480
12.860
12.310
11.030
9.640
7.890
6.390
4.460
4.110
2.610
0.960
0.150
16.235
15.885
15.285
14.635
13.600
12.800
11.530
10.970
10.210
9.930
9.070
8.730
7.890
6.390
4.460
2.750
0.960
0.150
因风雨侵蚀，表面颜料已全部褪色
雕刻装饰破损
青砖
青砖
青砖
青砖
青砖
独立混凝土台阶
320
150
240
380
380
240
160
80
320
80
80
1945
340
810
310
2620
310
810
490
410
800
575
80
2515
6100
2515
11930
A
B
C
D

附图7　南门北立面

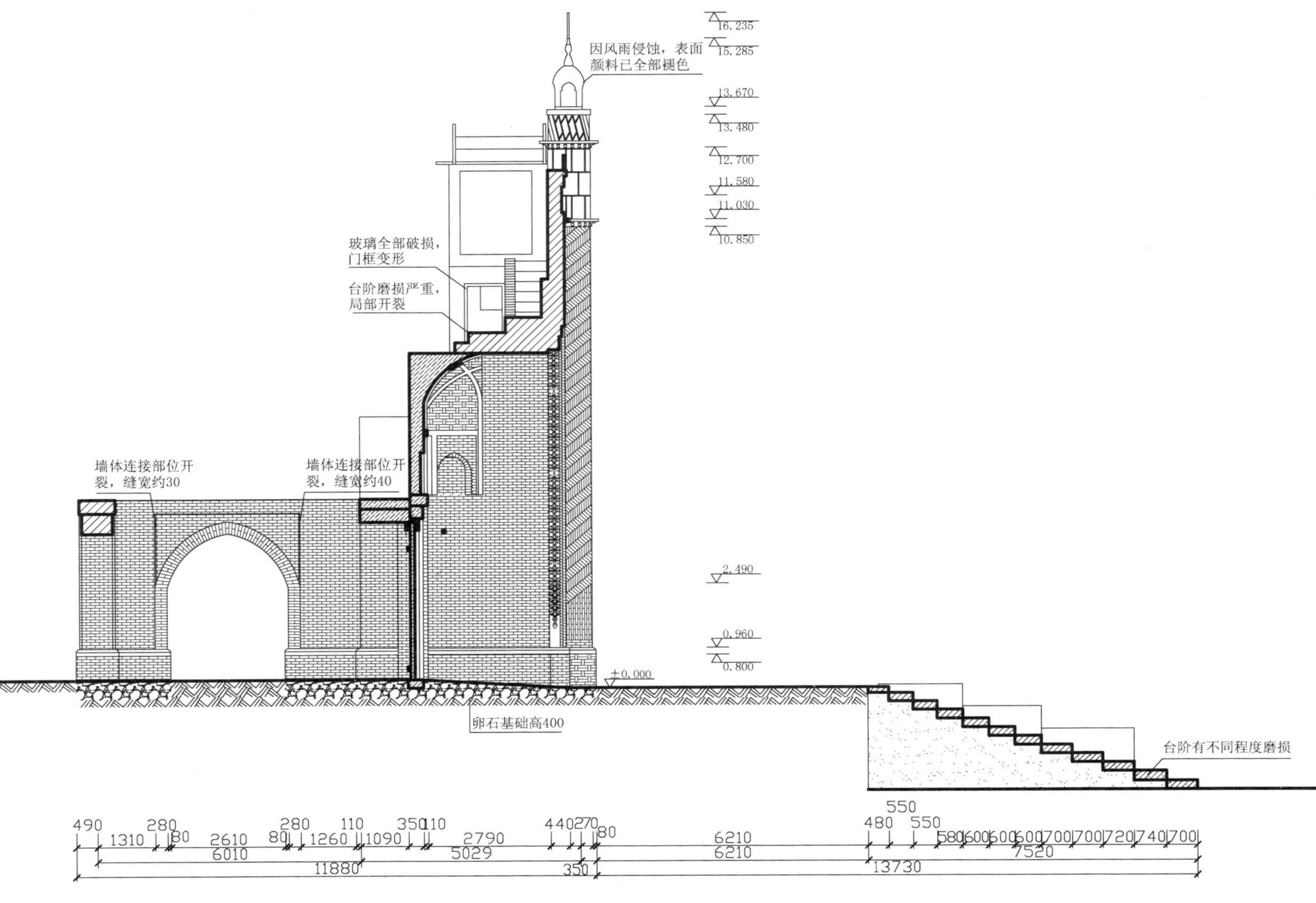
因风雨侵蚀，表面颜料已全部褪色
玻璃全部破损，门框变形
台阶磨损严重，局部开裂
墙体连接部位开裂，缝宽约30
墙体连接部位开裂，缝宽约40
卵石基础高400
台阶有不同程度磨损

附图8 南门1-1剖面图

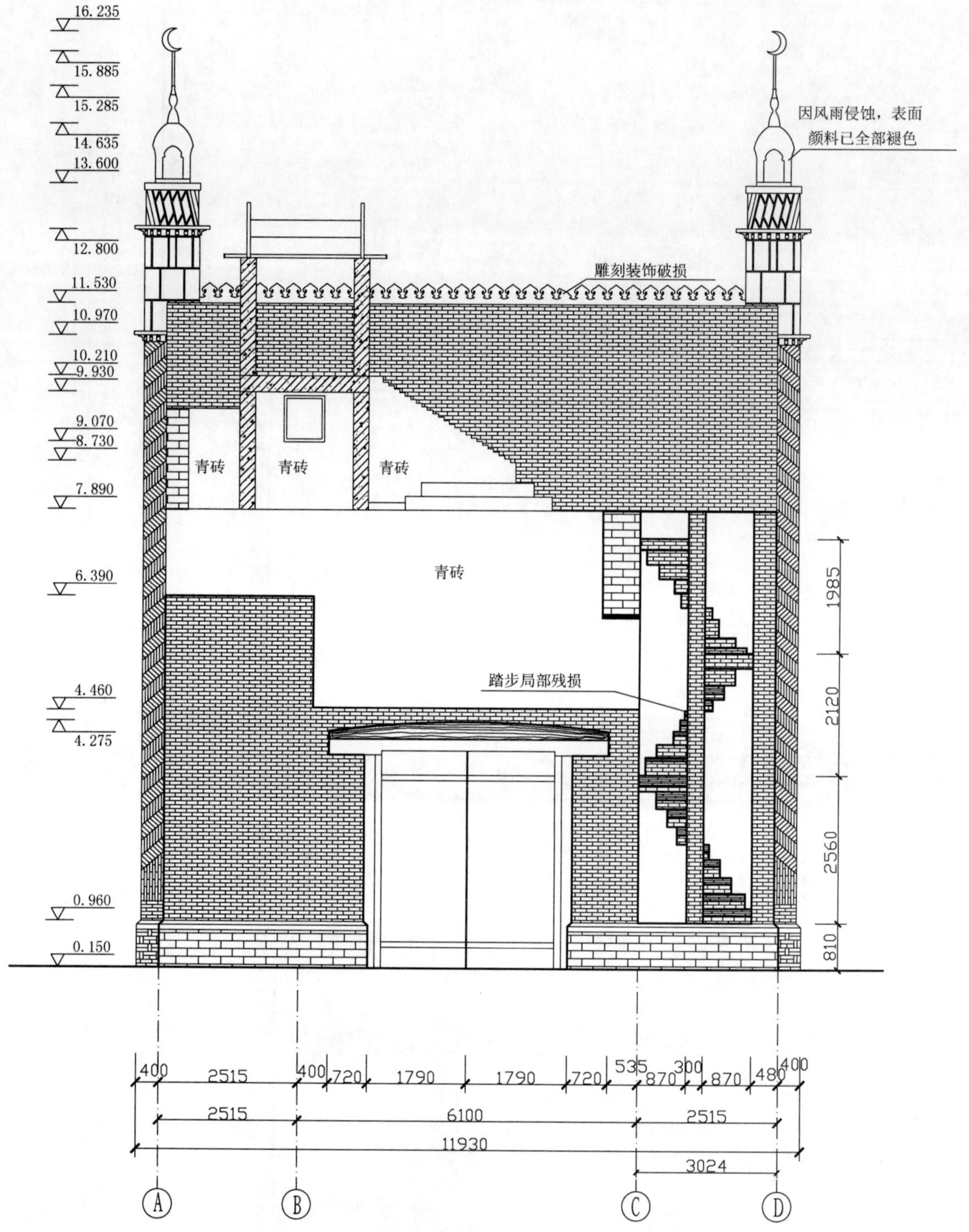
16.235
15.885
15.285
14.635
13.600
12.800
11.530
10.970
10.210
9.930
9.070
8.730
7.890
6.390
4.460
4.275
0.960
0.150
因风雨侵蚀，表面
颜料已全部褪色
雕刻装饰破损
青砖
青砖
青砖
青砖
踏步局部残损
1985
2120
2560
810
400
2515
400
720
1790
1790
720
535
870
300
870
480
400
2515
6100
2515
11930
3024
A
B
C
D

附图9　南门2-2剖面图

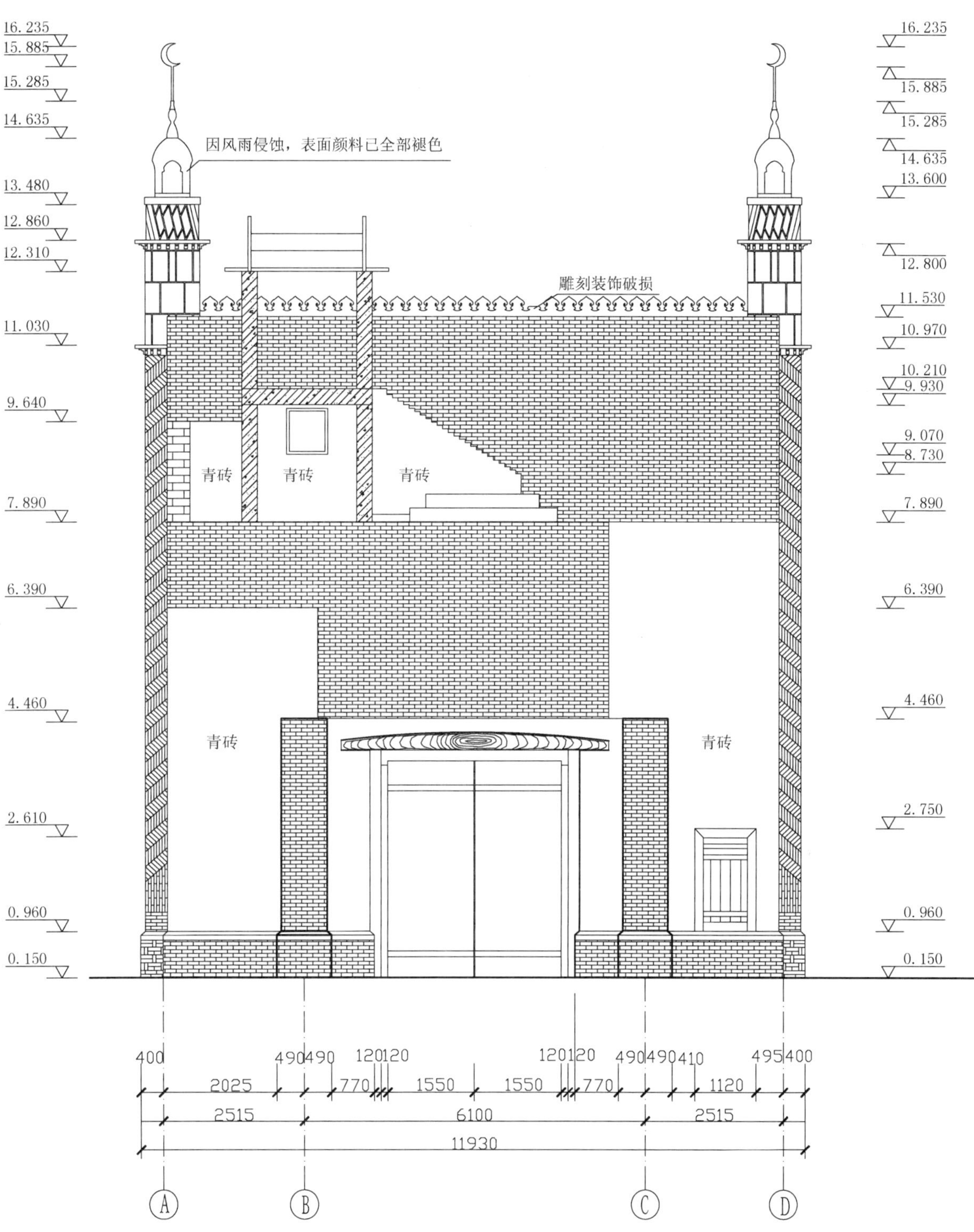

附图 10　南门 3-3 剖面图

新疆木垒县四道沟原始村落遗址保护方案设计

第一部分　勘察报告

一、概　　况

木垒哈萨克自治县是新疆昌吉回族自治州最东面的一个以牧业为主的县，位于新疆维吾尔自治区天山东段北麓、准噶尔盆地东南缘。东与巴里坤哈萨克自治县及哈密市为邻，西与奇台县接壤，南隔天山与鄯善县相望，北与青河县毗连，东北角与蒙古国交界。地理坐标为东经89°56′~92°19′，北纬43°14′~45°17′。南北最大长度为198公里，东西最大宽度为138公里，总面积22171平方公里。

木垒县地处欧亚大陆中心，远离海洋。冬季寒冷而漫长，春夏多风，属大陆性气候。木垒县地形复杂，因地势、地表的差别，气象要素的反应也不一样，温差较大，气温具有明显的垂直差异性。全年平均气温5℃~6℃，极端最低气温-42℃。年日照数3037.8小时，年日照百分率69%，光照仅次于青藏高原。境内平均风速4.1米/秒，≥3米/秒的风速5100小时/年~6600小时/年，≥6米/秒的风速1825小时/年~2190小时/年。这里的强风危害性极大，常常损毁农舍，农作物，剥蚀土壤，给当地居民带来严重的灾害，也是损毁遗址的主要因素。

木垒县在地质构造上处于准噶尔地块、阿尔泰地槽及天山地槽的东翼——博格达山地槽三大构造体系的复合处。在不同构造内力下，形成不同的地势，地质结构复杂。

木垒县北、东、南三面环山，西面开阔，南部博格达山，山势由西向东逐渐降低，海拔大部分在3000米以下，三山相接围绕，使整个地形成为南北东三面高、中部低的半壁槽状盆地。

四道沟遗址是新疆维吾尔自治区人民政府公布的第三批自治区级重点文物保护单位，它地处天山东段博格达山脉东北部，位于昌吉回族自治州木垒县城西南10公里的东城乡回回槽村，地理坐标为东经90°10′32″，北纬43°46′21″，海拔1275米。

二、历史沿革

木垒县境内很早就有人类活动的踪迹。西汉时，这里为蒲类后国地，唐代属庭州蒲类县。据《西域地名》考证，即北庭都护府之独山守捉。宋代属高昌回鹘。成吉思汗统兵西征，在此建独山城。元代属别失八里东境。明代为瓦剌游牧地。1732 年（清雍正十年）宁远大将军岳钟琪在木垒筑城，与巴里坤城“互为犄角”。乾隆年间设北路营塘，称“木垒塘”。置木垒河巡检，属奇台县。1912 年，重筑木垒城，1917 年，设木垒河县佐，隶属奇台县。1930 年从奇台县析置木垒河县，属迪化行政区。1950 年 3 月 1 日，建立木垒河县人民政府，隶属迪化专员公署。1954 年 7 月 14 日，成立木垒哈萨克自治区，次年 2 月 14 日改为木垒哈萨克自治县，属乌鲁木齐专区。1958 年 5 月，划归昌吉回族自治州至今。

1976 年 10 月至 1977 年 3 月期间，自治区博物馆曾两次调查四道沟遗址。1977 年 5 月至 7 月，自治区博物馆对遗址进行了发掘清理工作。其工作成果《木垒四道河遗址发掘简报》发表于《考古》1982 年第 2 期。1988 年 8 月 5 日，由木垒县文物所、昌吉州文管所和自治区博物馆有关人员组成的新疆文物普查小组来此调查并做了绘图、拍照等工作，有关资料收入《昌吉州文物普查资料》，发表于《新疆文物》1990 年第 3 期。此外，自 20 世纪 70 年代以来，著名考古学家王炳华、陈戈多次对该遗址进行了考察。1990 年 12 月 9 日，四道沟遗址被新疆维吾尔自治区人民政府公布为第三批自治区级重点文物保护单位。

三、遗址概况

木垒县四道沟遗址是我区原始社会晚期的重要遗址之一。根据国家文物局文物研究所测定的年代，早期距今 3010 年，晚期距今 2345 年。遗址的时代相当西周至战国时代。

遗址范围南北狭长，北部较宽，东、西、南三面为山丘，西边百米左右有一条干涸的古河床（图一）。遗址坐落在山梁上，高出古河床 7 米。据发现遗物和灰坑的情况估计，遗址面积

图一　木垒县四道沟遗址全景

1 万平方米。遗址文化层堆积共分 5 层，由上向下，第一层：近代扰土层，褐色土，厚约 20 厘米。出土有陶片和卵石块。第二层：厚 20 ~ 40 厘米，土色为灰色土和灰黄色土。出土有石磨盘、石球、陶杯、陶釜和陶片等。第三层：厚 20 ~ 40 厘米，土色为黄色土和和黑灰色土。出土有石磨盘、杵和陶片。第四层：厚 32 ~ 80 厘米，土色为杂色土和黑灰色土。出土有陶钵、纺轮及陶片。第五层：厚约 70 厘米，土色为黄色土。出土有石磨盘、杵、钻、骨针、镞、陶罐、盆和陶片等。

四、遗址病害及相关原因分析

（一）自然因素引起的病害

1. 水蚀

由于遗址地处山区，大气降水，尤其是雨量较多，短时间内水流汇集，容易形成洪水。目前，遗址两侧就有自然形成的泄洪沟。由于经常遭受洪水侵蚀冲刷，有时甚至暂时被水淹没，造成遗址东西两侧崩塌严重，多处已形成高达数米的陡崖。另外，由于雨水淋滤，毛细水把水中盐分带入遗址，而且土遗址自身带有可溶盐在结构松散时，遇到各种水的侵蚀后也会引起剥落和崩解。可以说，水蚀是造成遗址破坏的主要自然原因。

2. 风蚀

新疆地区每年均有沙尘暴。携带沙粒的强风，也使遗址不断销蚀。

3. 生物风化

在遗址表层土壤里生长的植物，它们的根系发育以及枝叶腐败降解后产生的酸性物质也在腐蚀着遗址的土壤。

4. 遗址常年暴露于野外，直接受到阳光暴晒

季节变化，寒暑交替，使得温湿度不断变化，不断发生的物理冻胀作用和化学风化作用，造成遗址风化、剥落、坍塌。再加上地震的破坏作用，使得遗址已处在十分有害的环境中。

（二）人为因素的损害

由于遗址地处偏僻地区，路途遥远，交通困难，长期缺乏有效管理，保护范围和建设控制地带不明确。再加上当地居民保护文物意识淡薄，对遗址重要价值缺乏认识，随意在遗址内挖土、烧砖、耕地灌溉、放牧、盖房，对遗址造成较大损害。

四道沟原始村落遗址病害图表（表 1）。

表 1　木垒县四道沟原始村落遗址病害照片

牲畜对遗址践踏	洪水冲刷遗址两侧崩塌严重	农田水利灌溉对遗址严重破坏

自然河沟造成遗址两侧崩塌严重	洪水冲刷遗址两侧崩塌严重	人为盖房对遗址的破坏

五、评　估

（一）价值评估

（1）四道沟遗址是新疆地区原始社会晚期的重要遗存。它时代早、面积大，出土文物丰富，具有典型性，为研究新疆地区早期人类活动的历史，提供了重要的实物资料。

（2）四道沟该遗址共分5个文化层，每个层均有不同特征的器物出土，地层关系清楚，出土器物序列性强，对于建立新疆地区考古学上的层位学及类型学具有科学的参考价值。

（3）木垒县四道沟原始村落遗址是天山东段北麓我区原始社会晚期人类活动的一处重要场所。遗址本身蕴涵的历史文化价值决定了它所具有的人文景观价值。努力改善保存环境，保持遗址原有的历史风貌，有利于开发当地旅游产业，拉动地方经济的发展。

（二）管理条件评估

1985年1月，木垒县文物保护管理所成立。2006年10月，县文物局成立，现有在编人员10名，内设文物保护科、综合科、陈列宣传教育科、行政执法监察科和博物馆部。

四道沟遗址没有专门的文物遗址看护人员，现有看护人员为当地义务看护员。由于遗址地处偏远地区，道路遥远，经费短缺，交通困难，缺乏有效管理。

（三）现状评估

由于自然和人为的原因，尤其是洪水的冲刷，遗址损毁严重，面积日益缩小。如果不采取切实可行的保护措施，遗址的病害有进一步发展的趋势。

第二部分　保护方案设计

一、设计依据

（1）《中华人民共和国文物保护法》及其实施条例中关于“不改变文物原状”的文物修缮原则等有关规定。

（2）《中国文物古迹保护准则》相关内容。

（3）《文物保护工程管理办法》。

（4）《新疆维吾尔自治区文物保护管理若干规定》（1997年）。

（5）四道沟遗址现存实际状况及价值所决定的长远发展和保护利用的需要。

（6）《木垒县四道沟遗址勘察报告》。

（7）相关文献资料。

二、工程性质及设计原则

整治遗址的主要病害，达到排除险情的目的，不涉及对本体进行加固。凡是不影响遗址安全的残状，均“保持原状”。重点是将遗址东西两侧的无组织的自然河道改为有组织的渠道，建立预防人为、牲畜破坏的围栏保护设施。

三、保护工程设计

（一）排导沟有组织引水措施

根据现场勘察得知，四道沟原始村落遗址地处山区地带，雨量充沛，常年遭受暴雨洪水的冲刷，遗址两侧的天然河道在下雨和洪水期对遗址东西两壁的冲刷和侵蚀，造成遗址东西两侧崩塌。天然河道的无组织排水就是对遗址造成破坏的主要病害，因此我们拟在遗址两侧建立两条有组织排导沟，以减少洪水对遗址的冲刷和破坏。

（1）排导沟采用U形预制水槽，综合地形、地质、洪水流向按自然河道布置。

（2）排导沟宜走天然沟渠。在必须改线时，宜选择地形平缓、地质稳定的位置。

（3）河道尽量顺直，与自然河道走向应基本一致。

（4）排导沟进口应与天然沟岸直接连接，设置八字形导流堤，其单侧平面收缩角为10°~15°。

（5）排导沟应与遗址保持一定的距离。

（6）排导沟以窄深为宜，其宽度可比照自然河道宽度确定。

（二）防洪堤保护措施

根据对现场勘察，遗址南面在洪水期常遭到洪水直接冲刷。为了减少洪水对遗址的直接破坏，我们拟在遗址南面筑建一道1米高，长10米的混凝土防洪堤。防洪堤的设计应在方案实施阶段查明当地的洪水流量，根据实际情况设计。

（三）围栏保护措施

由于遗址就坐落在当地居民区旁，遗址北面相连的就是农民的碾麦场，遗址东西两面相连的就是耕地，人员、牲畜可以随意进入攀登践踏，对遗址造成严重危害，为此我们拟在遗址四周布设铁丝围栏，尽可能杜绝人员、牲畜随意进入遗址区，有效地防止人为和牲畜对遗址的破坏。

铁丝围栏的布设应与遗址保持一定的距离。在布设时尽可能减少对遗址的扰动，铁丝围栏的布设应是临时保护设施。

四、注 意 事 项

（1）本方案属方案设计阶段，在具体设计过程中应查明东城乡当地水文地质情况，以及自然河道在丰水期时水的流量等各项数据，根据实际情况设计排导沟。

（2）一切施工行为要以保护遗址为首要前提。

（3）由于现场勘测时间有限，有些部位勘测还不是很完善，有些地方难免有所疏漏，待保护工程设计阶段时再做进一步补充完善。

（4）工程施工过程中，应按照有关文物保护工程法规的要求进行相应的考古调查。

参 考 资 料

［1］ 木垒哈萨克自治县地方志编纂委员会编：《木垒哈萨克自治县志》，新疆人民出版社，2003 年。

［2］ 昌吉回族自治州重点文物保护记录档案。

［3］ 当地文物部门提供的部分资料和照片。

［4］ 羊毅勇：《新疆木垒县四道沟遗址》，载《考古》1982 年第 2 期，113～120 页。

项目主持：梁　涛

项目负责：阿里木·阿不都热合曼

报告编写：赵永升

参加人员：梁　涛　阿布都艾尼·阿不都拉

阿里木·阿不都热合曼　赵永升

徐桂玲　冶　飞　雪克来提

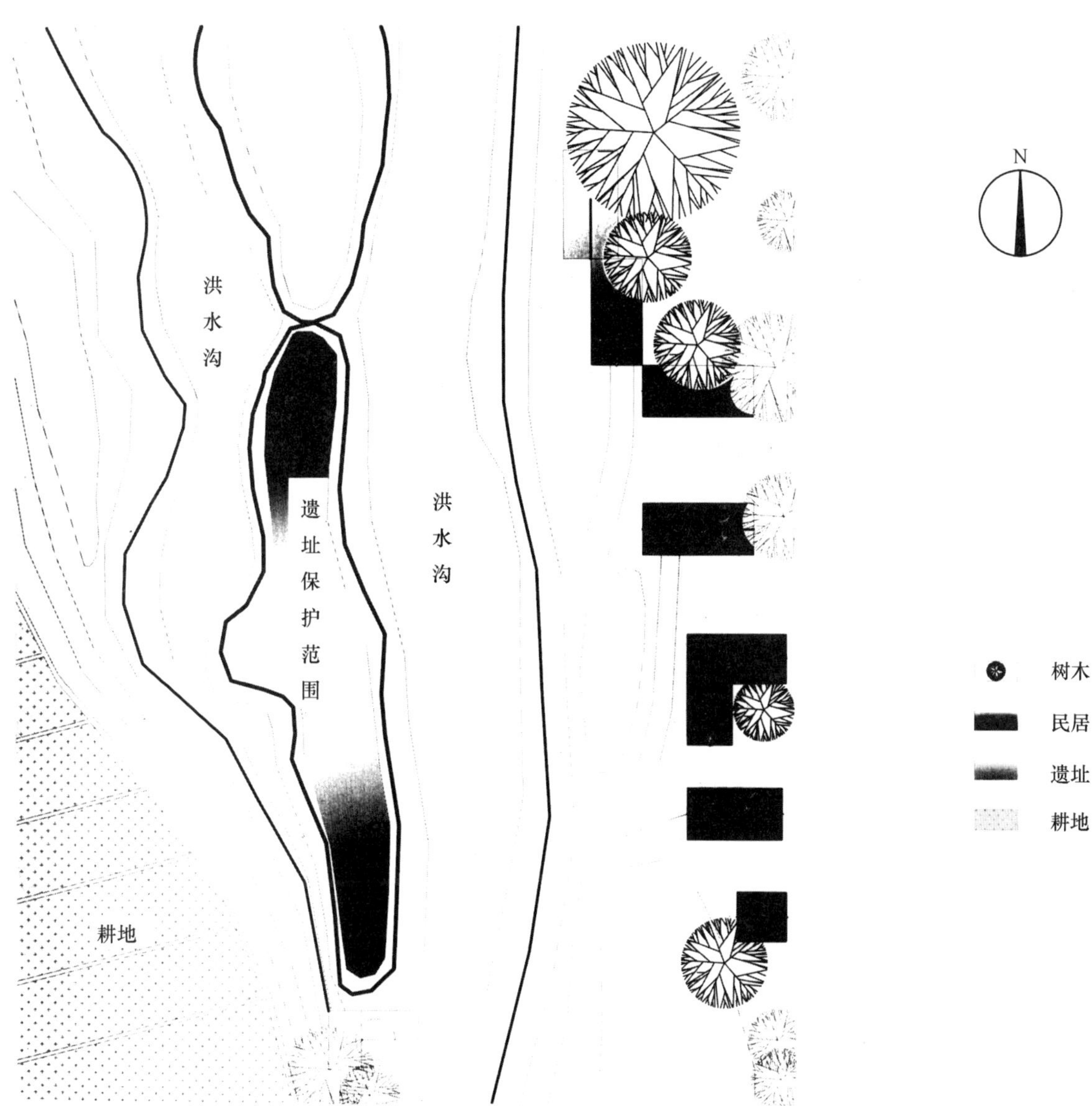

附图1 四道沟原始村落遗址平面图

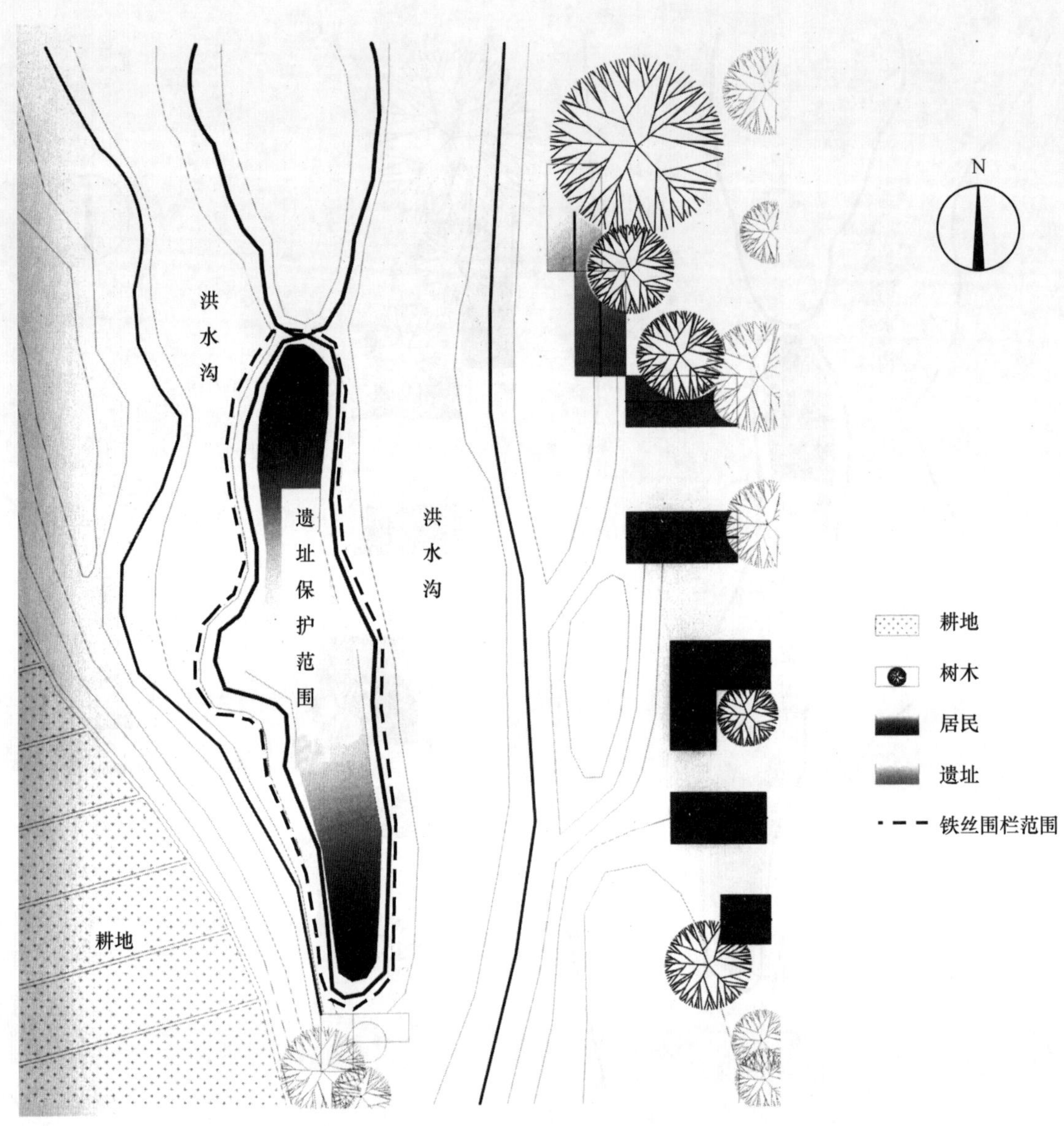
洪
水
沟
遗
址
保
护
范
围
洪
水
沟
耕地
N
耕地
树木
居民
遗址
铁丝围栏范围

附图2　铁丝围栏分布图

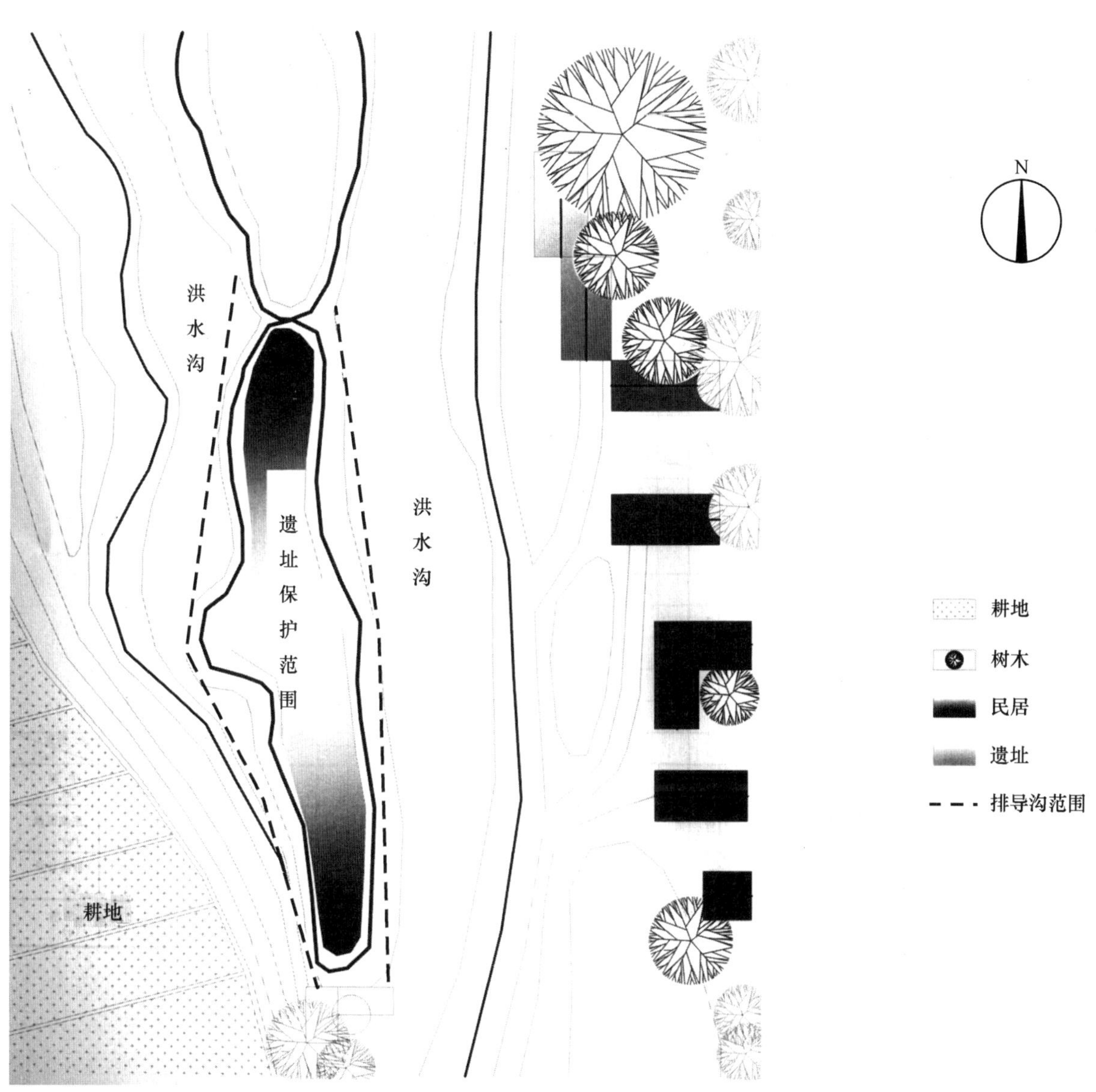
洪水沟
遗址保护范围
洪水沟
耕地
N
耕地
树木
民居
遗址
排导沟范围

附图3 排导沟范围图

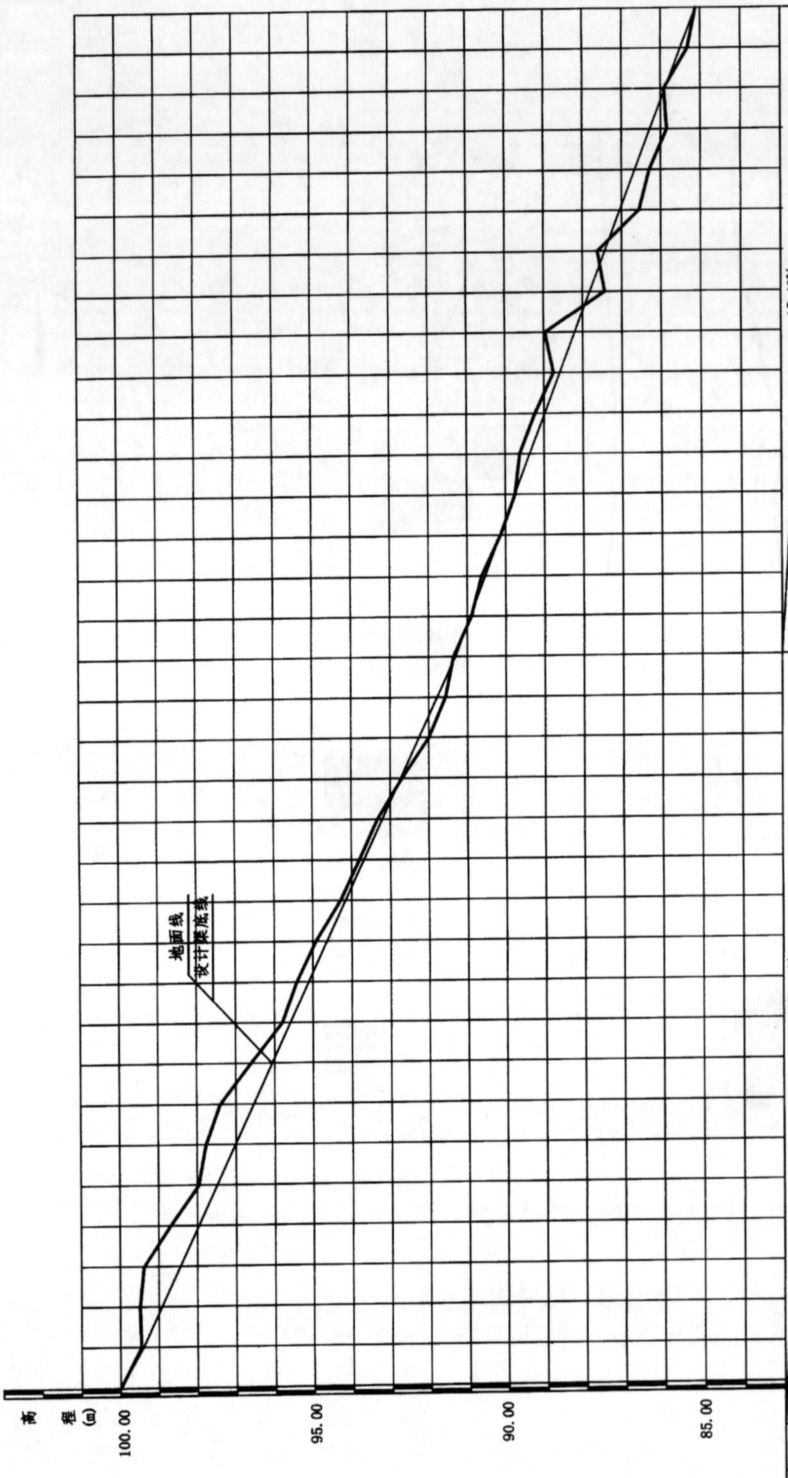

高程(m)

100.00

95.00

90.00

85.00

地面线

设计渠底线

坡度（‰）/(m)	桩号(m)	地面高程(m)	设计高程(m)	挖深(m)
19.00‰ 450(m)	0+000	100.00	100.00	0.00
	0+025	99.455	99.40	0.05
	0+050	99.49	98.92	0.57
	0+075	99.385	98.44	0.95
	0+100	98.70	97.97	0.73
	0+125	97.971	97.49	0.48
	0+150	97.781	97.02	0.76
	0+175	97.412	96.54	0.87
	0+200	96.614	96.06	0.55
	0+225	95.798	95.59	0.21
	0+250	95.426	95.11	0.32
	0+275	94.926	94.64	0.29
	0+300	94.291	94.16	0.13
	0+325	93.796	93.68	0.12
	0+350	93.331	93.21	0.12
	0+375	92.696	92.73	-0.03
	0+400	91.986	92.25	-0.26
	0+425	91.56	91.77	-0.21
15.46‰ 400	0+450	91.346	91.30	0.05
	0+475	90.886	90.91	-0.02
	0+500	90.620	90.53	0.09
	0+525	90.130	90.14	-0.01
	0+550	89.742	89.75	-0.01
	0+575	89.623	89.37	0.25
	0+600	89.230	88.98	0.25
	0+625	88.756	88.59	0.17
	0+650	88.966	88.21	0.76
	0+675	87.436	87.82	-0.38
	0+700	87.621	87.44	0.18
	0+725	86.556	87.05	-0.50
	0+750	86.289	86.66	-0.37
	0+775	85.844	86.28	-0.44
	0+800	85.916	85.89	0.03
	0+825	85.323	85.50	-0.18
	0+850	85.116	85.12	0.00

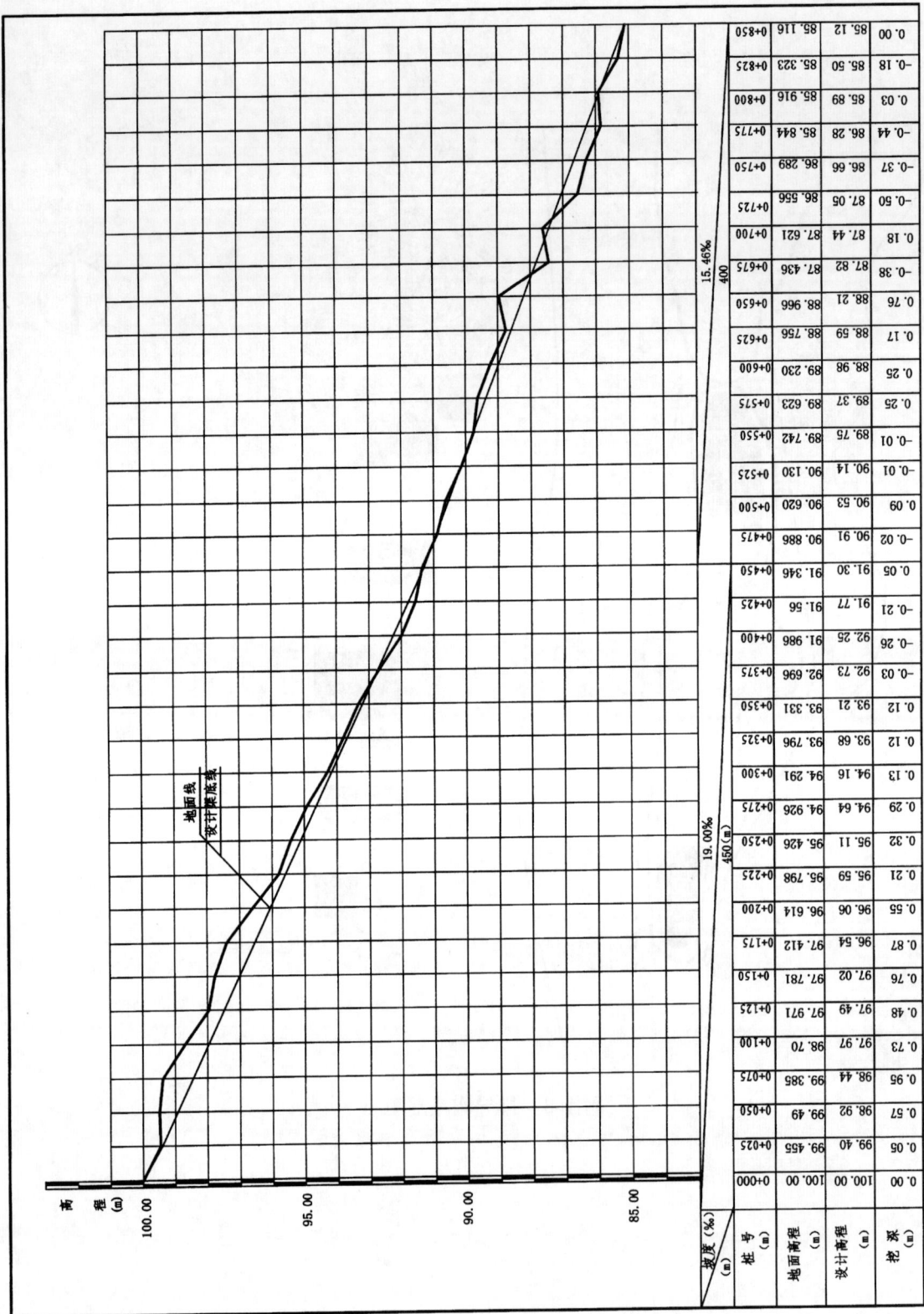

附图4　排导沟纵剖面图

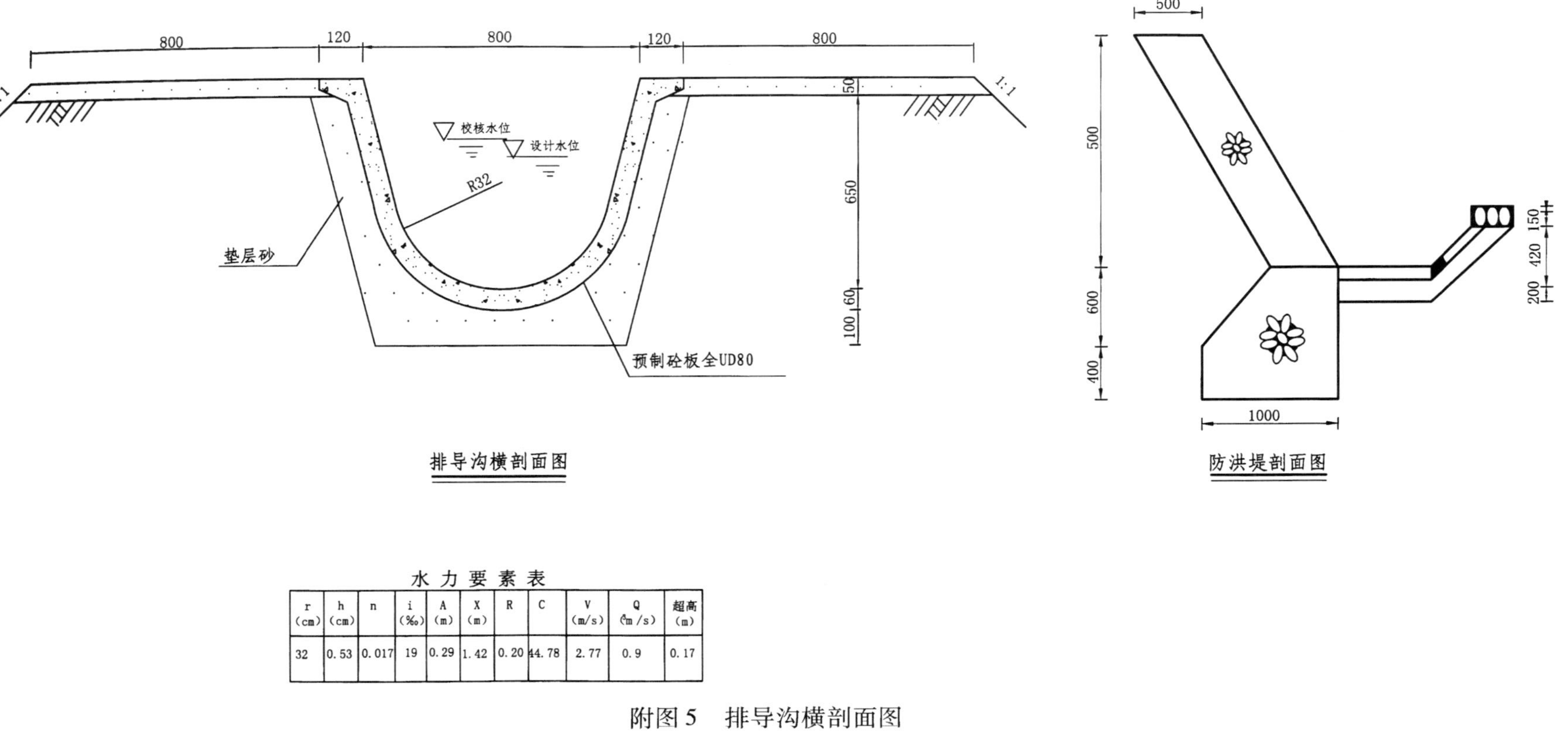

水 力 要 素 表

r (cm)	h (cm)	n	i (‰)	A (m)	X (m)	R	C	V (m/s)	Q (m³/s)	超高 (m)
32	0.53	0.017	19	0.29	1.42	0.20	44.78	2.77	0.9	0.17

附图5 排导沟横剖面图

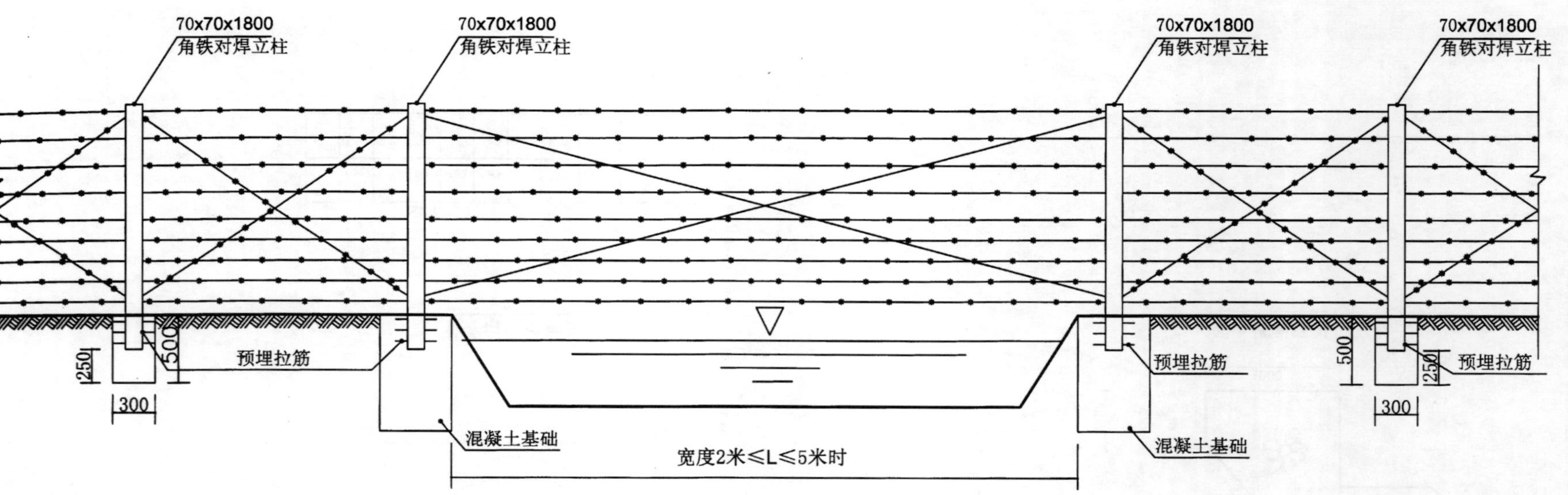

注：

1. 此种开口方式用于隔离或跨越宽度小于5m但大于2m的水渠等构造物
2. 图中尺寸均以毫米为记
3. 刺铁丝采用12号镀锌刺铁丝，刺距10cm
4. 预埋铁拉筋采用$\phi 8$钢筋焊接在角铁立柱上
5. 横向与斜向铁丝相交处均应用11号镀锌铁丝帮扎固定

附图6　铁丝围栏做法详图（1）

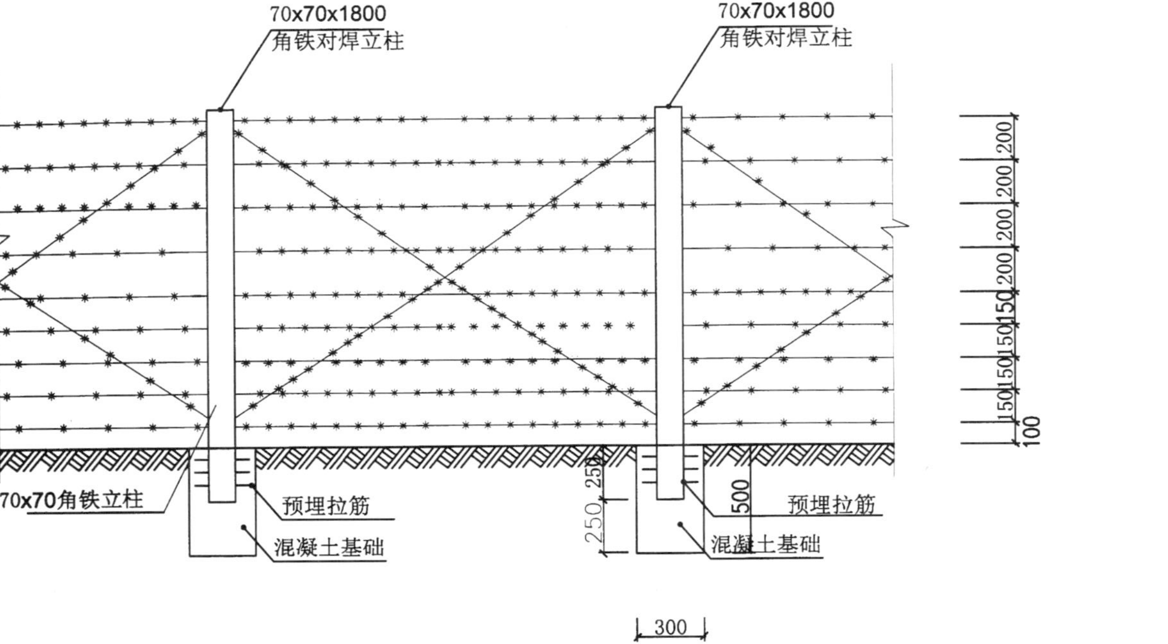

70x70x1800
角铁对焊

70

1550

1-1断面

250
250
300

侧立面图

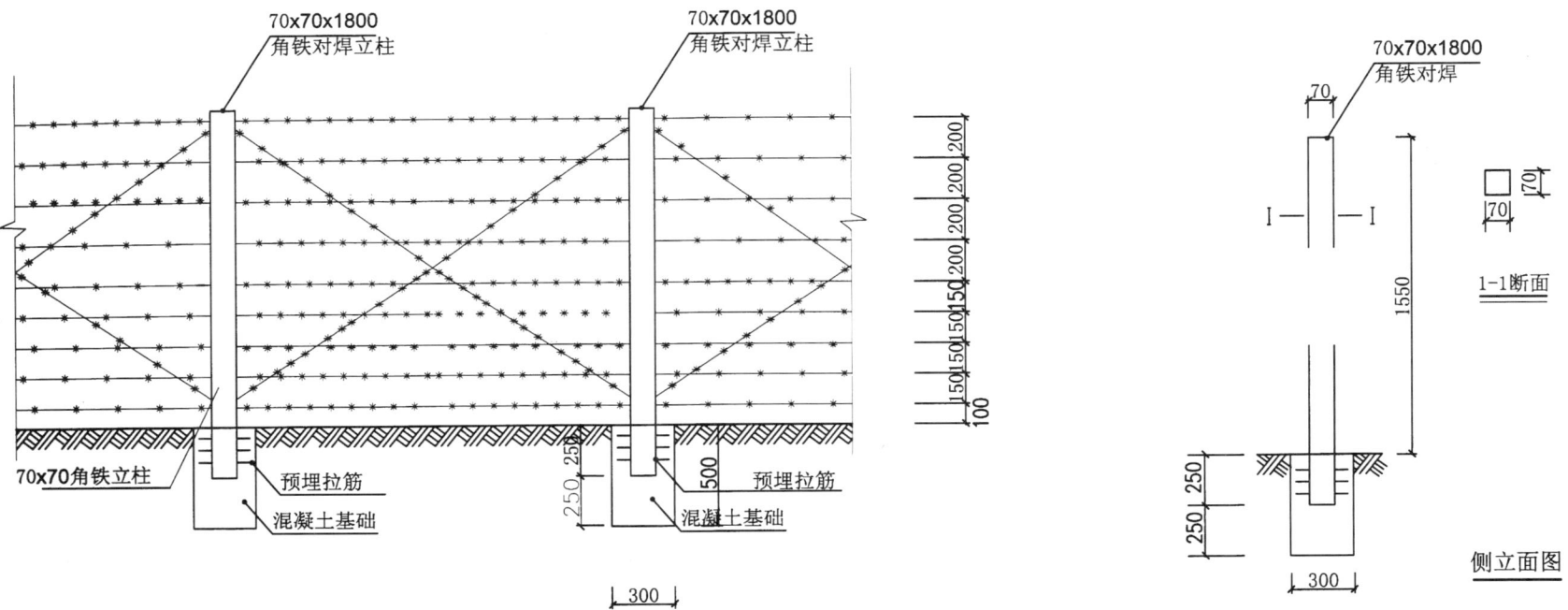

注：
1. 图中尺寸均以毫米为记
2. 刺铁丝采用12号镀锌刺铁丝，刺距10cm
3. 预埋铁拉筋采用ϕ8钢筋焊接在角铁立柱上
4. 横向与斜向铁丝相交处均应用11号镀锌铁丝帮扎固定

附图7 铁丝围栏做法详图（2）及围栏侧立面图

新疆木垒县铁木尔汗·霍加麻扎、艾贤木汗·霍加麻扎勘察报告及修缮设计方案

第一部分　勘 察 报 告

一、基 本 概 况

木垒哈萨克自治县是昌吉回族自治州最东面的一个以牧业为主的县，位于天山东段北麓，准噶尔盆地东南缘。东与哈密地区巴里坤县接壤，南隔天山与鄯善县相望，西与奇台县毗邻，北与蒙古国交界。地理坐标为东经89°56′~92°19′，北纬43°14′~45°17′。木垒县总面积22171平方公里，南北长198公里，东西最大宽度为138公里，地势南高北低，自东南向西北倾斜，海拔在1150~3105米。

木垒县辖8乡、3镇、2场、59个行政村，目前总人口约8.8万人，由哈萨克、汉、维吾尔、回、乌孜别克等14个民族组成，其中少数民族占29%。

木垒地处欧亚大陆中心，远离海洋。境内气候特点：冬季寒冷而漫长，夏季短促而凉爽，光照充足，春夏多风，降水少，多年平均降水量只有295毫米，属大陆性气候。由于地形复杂，地势和地表的差别，气象要素的反映也不一样。温差较大，气温具有明显的垂直差异性。全年年平均气温在5℃~6.6℃，极端最高气温42℃，极端最低气温-42℃。境内主要农业区无霜期为150~154天。

木垒交通便利，省道303线通至木垒，木（木垒）巴（巴里坤）公路贯通县城。县乡公路四通八达，通讯方便快捷。

铁木尔汗·霍加麻扎位于木垒县博斯塘乡东南约20公里的霍加墓沟上端（图一），地理坐标为东经90°00′48″，北纬43°37′52″，海拔1828米。麻扎下方西北处有一圣水泉和一大片麻扎（坟茔）。山顶处为铁木尔汗·霍加麻扎，其下方约80米处为艾贤木汗·霍加麻扎（图二）。

铁木尔汗·霍加麻扎是木垒、奇台、巴里坤、青河、富蕴、阿勒泰及鄯善、吐鲁番等地伊斯兰教信徒朝拜的圣地。1994年3月，昌吉回族自治州人民政府将其列为州级重点文物保护单位。

图一 铁木尔汗·霍加麻扎外景

图二 艾贤木汗·霍加麻扎外景

二、历史沿革

博斯坦霍加麻扎在当地信仰伊斯兰教的维吾尔族、哈萨克族和回族教民中间有许多富有宗教传奇色彩的传说，其中尤以神话传说最为动人。

相传，很久以前，铁木尔汗和妹妹艾贤木汗两位圣人在带领教民们东迁途中，遇到一群魔鬼，魔鬼们仗着人多势重，十分凶恶，欲全部消灭铁木尔汗和他的教民们。在力量悬殊的情况下，铁木尔汗和他的教民们逃到了现在的博斯坦以东的圣水泉处。为保护教民们的生命安全，铁木尔汗决定由他和妹妹艾贤木汗向东南方向跑，吸引魔鬼们追赶，让教民们悄悄向西下山躲藏，伺机逃生。教民们拼命西逃，果然保住了生命（现在圣水泉西边的大片石板上还能清晰地看到许多大人、小孩的脚印和骆驼蹄印及马蹄印。据说，这些就是当年教民们西逃时留下的痕迹）。铁木尔汗和妹妹艾贤木汗共骑一峰骆驼，向圣水泉方向跑了两公里，就到了山顶处，后面紧追不舍的魔鬼们也快追了上来，铁木尔汗见前无出路，后有追兵，即向真主祈祷，请求救助。这时，山顶处突然裂开了两道石缝，铁木尔汗躲在了上面的石缝内，妹妹则藏在了下面的石缝中。魔鬼们追来后只看到铁木尔汗兄妹俩的坐骑，人却没见着，他们四处搜寻，很快发现了山上裂开的石缝，但是却没有发现人，魔鬼们就认为兄妹俩跳崖了，当他们去抓那峰骆驼时，谁知那骆驼早已经变成了石头（至今在铁木尔汗霍加麻扎附近的山坡上仍有一块状似骆驼的巨石），魔鬼们只好悻悻离去，铁木尔汗兄妹在石缝中归了真。后来，教民们为了纪念舍己为人的兄妹，在他们归真的地方分别建起了两座霍加麻扎。

以上只是一个民间传说，实际两座麻扎始建于清乾隆年间，为砖木结构，至清光绪十六年（1890 年）重建，改为纯木结构。

1984 年，穆斯林群众翻修后，铁木尔汗·霍加麻扎变为石木结构，艾贤木汗·霍加麻扎变为砖灰结构的建筑物。

1988 年 8 月 9 日，由博斯坦牧场文化干事乌满尔扎克指导引路，自治区文物古迹保护中心工作人员对两座麻扎进行了现场测量、拍照、绘图和文字记录。

1991 年，前来朝拜的信徒自发对两座麻扎进行过局部维修。

1994 年 3 月，昌吉回族自治州人民政府将其列为州级重点文物保护单位。

三、建筑布局及现存情况

铁木尔汗·霍加麻扎位于木垒县博斯塘乡东南约 20 公里处，占地面积 55.44 平方米。建筑坐西向东，屋脊高 2.5 米。整个建筑分为前后室。前室面积 10 平方米，为过厅或朝拜处；后室面积约 16 平方米，正中有一东西走向的青砖棺。砖棺的前后左右共有 6 块刻有铭文方砖。铭文是阿拉伯文字，分阴刻和阳刻两种，内容均为《古兰经》中语句。

艾贤木汗·霍加麻扎为坐西向东，整个建筑分为前后两室，中间有木板门相隔。前室高约 2 米，面积 10 平方米，为过厅和朝拜处；后室为尖顶圆屋（拱北），高 3.3 米，面积约 18 平方米，中间有一东西走向木棺。

（一）铁木尔汗·霍加麻扎

台基：为片石垒砌，厚度为300毫米。局部台基的片石出现松动，缺失现象也比较严重，而且四周的台基宽度不一，分别为东面1.4米，南面1.0米，西面1.1米，北面1.0米。根据1988年8月，博斯坦牧场文化干事乌满尔扎克的照片和文字记录显示，麻扎的南面有残存的片石台阶。建议此次维修对台基进行修整，使其宽度统一。

地面：麻扎室内的地面均为红砖铺设，由于年久失修，红砖表面已经磨损，高低不平，局部有缺失现象，约占室内面积的20%。建议此次维修给地面找平、补全缺失和磨损较为严重的红砖。

台阶：麻扎正面有台阶，为片石砌筑，长宽高尺寸分别为1430毫米×300毫米×440毫米。用于黏结片石的泥浆由于雨水的冲刷，已经不复存在。考虑到保存年限的因素，建议采用水泥砂浆重新砌筑台阶。

门窗：所有门窗均为木质，看不出表面是否刷过油漆。门窗各部件的连接均为榫卯连接。内室的门框有轻微变形，是否有门扇已无法考证；外室的门残破不堪，门板已经所剩无几，而且由于长时间的风雨侵蚀已经腐朽，门框需要做局部修整；窗户尺寸为700毫米×760毫米，窗框上挂满布条，现场勘察没有发现安装玻璃的痕迹。具体门窗形式及尺寸详见勘察图纸大样。建议重做门窗并矫正门框。

墙体：外墙墙体均为片石砌筑，砌筑厚度为600毫米，内墙为木板隔墙，厚250毫米。勘察发现，用于砌筑片石的泥浆由于长时间受风雨的侵蚀，已经剥落。这种现象室外较严重。木板隔墙保存的比较完好。

屋架：前后室的梁、椽及密板约有15%被雨水腐蚀已经不能使用。梁及密板的尺寸详见勘察屋面结构仰视图。建议更换腐朽不能使用的梁和密板等。

屋面：从上到下结构层依次为：100毫米厚草泥，40毫米厚密板组成。勘察发现屋面的砖是1991年信徒自发组织维修时摆放的，目前缺失现象比较严重，砖块只在屋檐四周有。屋面的草泥由于长期的风吹雨淋，土质疏松，厚度减小。屋面的漏雨渗水现象比较严重，已经出现大小不一的孔洞，屋面的基本功能已经失去，这种现象麻扎的前室较为严重。屋顶木结构层受到雨水不同程度的腐蚀，需要重做屋顶。

屋面排水：麻扎后室的屋顶前坡后坡均为25%。前室屋面属于平屋顶，没有设雨水口，属于无组织排水，建议重新做屋面排水。

青砖棺：位于麻扎后室正中，其长宽高尺寸分别为：2210毫米×1180毫米×1130毫米，棺底垫两层红砖，顶上盖着前来朝拜的信徒带来的各种颜色的布匹。勘察发现棺体保存完好。

消防照明措施：房屋内无任何消防和照明设施。

（二）艾贤木汗·霍加麻扎

台基：台基厚度为750毫米，上层为大块平整片石，下层是小块片石用泥浆砌筑，局部台基的片石出现松动，缺失现象不是很严重。四周的台基宽度不一，分别为东面2.4米，南面3.25米，西面2.5米，北面3.1米。建议此次维修对台基松动部位进行修整加固。

地面：麻扎室内的地面为红砖铺设，前室约有 2. 5 平方米为生土地面，没有铺砖。由于以前没有做防潮层或者防水层，目前地面泛潮现象比较严重，这种现象后室的西北角尤为严重。

台阶：麻扎正面有台阶，为片石砌筑，长宽高尺寸分别为 1100 毫米 × 1750 毫米 × 750 毫米。用于黏结片石的泥浆由于雨水的冲刷，已经不复存在。考虑到保存年限的因素，建议采用水泥砂浆重新砌筑台阶。

门窗：所有门窗均为木质，看不出表面是否刷过油漆。门窗各部件的连接均为榫卯连接。内室的门框有轻微变形，门扇缺失；外室的门由于长时间的风雨侵蚀已经变形腐朽，门框需要做局部修整；窗户尺寸为 700 毫米 × 550 毫米，门窗框上挂满布条，现场勘察没有发现安装玻璃的痕迹。具体门窗形式及尺寸详见勘察图纸大样。建议重做内门并矫正变形的门框。

墙体：在 1991 年，前来朝拜的信徒自发组织起来对这座麻扎进行过局部维修，其中艾贤木汗 · 霍加麻扎的内外墙及后室的屋顶都进行了维修和砌筑。内外墙的厚度均为 370 毫米，墙裙高 420 毫米，为片石砌筑，墙裙以上部分为砖砌，目前只有前室东面墙体是土坯砌筑。此次勘察发现，墙体泛潮、酥碱现象比较严重，这种情况主要发生在自地面以上 1 米以下的墙体部位，室内墙体表现最为明显。另外，土坯墙体由于年久失修和屋顶漏雨等原因，已经出现裂缝、脱落等病害，需要进行修补加固。

屋架：前室的梁、椽及密板约有 15% 被雨水腐蚀需要更换。梁及密板的尺寸详见勘察图纸中的屋面结构仰视图。后室为新修的拱拜孜，没有木构架。建议更换腐朽不能使用的梁和密板等。

屋面：前室的屋面从上到下结构层依次为 30 毫米厚草泥，30 毫米厚密板组成，后室屋顶的拱拜孜为红砖砌筑水泥摸面，保存较为完好。勘察发现前室屋面的草泥由于长期的风吹雨淋，土质疏松，厚度减小，屋面的漏雨渗水现象比较严重，已经出现大小不一的孔洞，在前后室连接处较为严重，屋面的基本功能已经失去。前室的木结构层受到雨水不同程度的腐蚀，需要重做屋顶。

屋面排水：前室屋面中间起拱，东西方向带 5% 的坡度，但是没有设雨水口。由于屋面草泥层已经被破坏，建议重新做屋面排水。

木棺：位于麻扎后室正中，其长宽高尺寸分别为：2200 毫米 × 980 毫米 × 890 毫米，棺底垫两层红砖，顶上盖着前来朝拜的信徒带来的各种颜色的布匹。勘察发现棺体保存完好。

消防照明措施：房屋内无任何照明器具。

通过对两座麻扎的详细勘查，建议对铁木尔汗 · 霍加麻扎采用揭顶修缮，局部维修并恢复装修；对艾贤木汗 · 霍加麻扎的前室采用揭顶修缮，其他部位进行局部维修，恢复装饰。

四、残破状况及相关原因分析

（一）铁木尔汗 · 霍加麻扎现状图表（表 1、表 2）

（二）艾贤木汗 · 霍加麻扎现状图表（表 3、表 4）

表1 铁木尔汗·霍加麻扎现状（一）

<table>
<tr><td colspan="6"></td></tr>
<tr><td>残破说明</td><td colspan="5">1. 该麻扎无基础，在地表上用片石砌筑高越30cm的台基，由于年久失修无人管理，台基四周宽窄不一，缺失现象严重；2. 墙厚600mm，为片石砌筑，部分墙体缝隙中的泥浆已经缺失，出现孔洞，室内局部墙体有泛潮现象；3. 所有门窗均为木制，已经变形残破不堪；4. 台阶为片石简单垒砌，高宽不成比例；5；室内梁板结构约有20%由于屋顶漏雨腐朽需要更换，其余木构件基本完好；6. 室内为普通红砖铺地，局部地面的红砖已经缺失；7. 屋面由于长时间没有维修护理，草泥层已经破坏，失去保护作用，屋顶漏雨现象比较严重</td></tr>
<tr><td rowspan="3">残损状况</td><td colspan="3">四周台基及墙体现状</td><td colspan="2">麻扎门窗现状</td></tr>
<tr><td>麻扎地基现状</td><td>麻扎南面台基残损现状</td><td>麻扎正面台基及墙体残损现状</td><td>麻扎外门残存现状</td><td>麻扎木窗残存现状</td></tr>
<tr><td> </td><td> </td><td> </td><td> </td><td> </td></tr>
</table>

表 2　铁木尔汗 · 霍加麻扎现状（二）

残破程度	麻扎局部残损现状			
	室内墙体现状 	麻扎后室中的青砖棺现状 	分隔前后室的木板隔墙及木门现状 	前室中木门窗及墙体现状 
	麻扎局部残损现状			
	前室的屋面结构层残损现状 	后室的木构架保存基本完好 	麻扎屋面残破现状 	屋面草泥保护层破坏，有多处孔洞，漏雨现象严重 

表3 艾贤木汗·霍加麻扎现状（一）

<table>
<tr><td>残破说明</td><td colspan="5">1. 麻扎地下无基础，在地表上用片石砌筑高约75cm的台基，由于距上次维修时间不长，整体现状比较完好；2. 墙厚370mm，为红砖砌筑，前后室的部分墙体有泛潮现象，其中前室东面的外墙遭雨蚀现象比较严重；3. 所有门窗均为木制，有轻微变形；4. 台阶为片石垒砌，高宽不成比例；5. 室内梁板结构基本完好；6. 室内为普通红砖铺地，地面泛潮现象较为严重；7. 后室的拱拜孜保存较完好，前室的屋面保护层局部有脱落，有漏雨现象</td></tr>
<tr><td rowspan="3">残损状况</td><td colspan="5">台基、地面及墙体现状</td></tr>
<tr><td>麻扎地基现状</td><td>麻扎前室地面及墙体现状</td><td>麻扎前室部分地面为生土地面</td><td>麻扎后室地面及墙体泛潮现象严重</td><td>前室外墙面多处开裂，
抹面遭雨蚀现象严重</td></tr>
<tr><td> </td><td> </td><td> </td><td> </td><td> </td></tr>
</table>

表4　艾贤木汗·霍加麻扎现状（二）

残破程度	麻扎局部残损现状			
	麻扎台阶部分现状 	麻扎北面台基部分现状 	麻扎的门窗及正面墙体现状 	麻扎木窗现状 
	麻扎局部残损现状			
	正门门框及门槛现状 	麻扎内门保存比较完好 	麻扎前室外墙残破现状 	前室的屋顶木构架保存现状 
	麻扎局部残损现状			
	麻扎后室顶部的拱拜孜 	麻扎后室顶部的拱拜孜 		

五、评　　估

（一）价值评估

（1）铁木尔汗·霍加麻扎和艾贤木汗·霍加麻扎虽然规模都不大，但它们是木垒、奇台、巴里坤、青河、富蕴、阿勒泰及鄯善、吐鲁番等地众多伊斯兰教信徒朝拜的圣地。1994年3月昌吉回族自治州人民政府将其列为州级重点文物保护单位。

（2）维修木垒县铁木尔汗和艾贤木汗这两座少数民族地区的文化遗产，有利于加强各民族之间团结和维护社会稳定，在昌吉回族自治州，民族宗教工作是政治工作的一个重要组成部分，木垒县约有30%以上的群众都信仰伊斯兰教，宗教氛围非常浓厚，积极引导宗教与社会主义相适应，压缩非法宗教活动的生存空间，就成为加强民族团结和社会稳定的头等大事。对于加强民族团结、维护国家统一、保持社会稳定具有重要的意义。在当前寻求新疆大稳定的形势下实施西部大开发，进行汉族离不开少数民族，少数民族离不开汉族，各民族谁也离不开谁的思想教育，进一步做好维护新疆稳定的各项工作。维修这两个麻扎是昌吉回族自治州广大群众的共同心声。

（二）管理条件评估

木垒县文物局成立于2006年10月，单位负责人徐延珍，内设科室文物保护科、综合科、陈列宣传教育科、行政执法监察科和博物馆部。现有工作人员10名（有编制），负责全县所有文物保护点的保护工作。

（三）现状评估

（1）铁木尔汗·霍加麻扎和艾贤木汗·霍加麻扎这两座麻扎具有独特的民族建筑风格，虽然麻扎的局部已经被毁坏，但建筑外观保存比较好。

（2）建筑整体结构保存较好，但是由于铁木尔汗·霍加麻扎和艾贤木汗·霍加麻扎地处天山山脉北麓之中，离县城路途遥远，交通不便，给文物看护和保护工程带来很多困难，目前麻扎已经残破不堪，屋顶保护层已经失去作用，多处漏雨，梁架结构也受到不同程度的腐蚀。如果不及时进行抢修和保护，这座属于州级文物保护单位的麻扎将遭到更为严重的破坏。

（3）两座麻扎既无照明器具也无采暖措施，需要进一步改善现存状况。

综上所述，在保存现状的前提下，进行抢救性的修缮。

第二部分　修缮设计方案

一、修缮依据

（1）按照《中华人民共和国文物保护法》关于“保护为主，抢救第一，加强管理，合理利用”的文物保护原则，修缮尽量保留现存文物建筑的基本特色和构件，适当恢复文物建筑原状；

（2）《中华人民共和国文物保护法实施条例》（2003 年）；

（3）《文物保护工程管理办法》（2003 年）；

（4）《中国文物古迹保护准则》（2004 年修订）；

（5）《建筑抗震设计规范》（GB50011-2001）；

（6）《建筑抗震设防分类标准》（GB50223-95）；

（7）《铁木尔汗和艾贤木汗霍加麻扎现场勘察测量报告》；

（8）参照《铁木尔汗和艾贤木汗霍加麻扎维修项目建议书》的有关原则及修缮要求进行修缮；

（9）相关文献资料。

二、修缮设计原则

严格遵守“不改变文物原状”的原则，尽可能真实完整保存两座麻扎的历史原貌和建筑特色。原状保护是以文物点被公布为州级文物保护单位时的形状为依据进行修缮设计。在维修过程中以本建筑现有传统做法为主的修复方法。尽可能使用原有建筑材料，完整保存并归安原有的建筑构件；维修工程的补配构件，要做到原材料、原工艺，按原形制修复；加固补强部分要与原结构、原构件连接可靠；新补配的构件需要详细档案记载。

三、修缮性质

经过现场勘察，决定对铁木尔汗・霍加麻扎采取揭顶修缮，局部维修；对艾贤木汗・霍加麻扎的前室采用揭顶修缮，其他部位采用局部维修。本次维修旨在通过对建筑的维修、及对配套设施的建立和完善，消除建筑物的各种安全隐患。

（1）重点修缮：铁木尔汗・霍加麻扎和艾贤木汗・霍加麻扎本体。

（2）其他修缮工程：排水、照明及避雷等设施。

四、修缮方案

1. 铁木尔汗·霍加麻扎本体

揭顶修缮，局部维修。

台基：重新砌筑松动部位的片石并补全缺失部位的片石，并把四周的宽度统一成 1.4 米。由于当时砌筑片石用的是泥浆，考虑到使用年限的问题，此次改为 M7.5 水泥砂浆砌筑。

室内地面：更换已经磨损的红砖并补全局部缺失的红砖，更换数量约占总量的 15% 左右。做法：把磨损的砖拆除后，铺一层厚 30 毫米的细砂垫层找平后再铺红砖。

台阶：拆除现有片石台阶，按照原尺寸用水泥砂浆重新用片石砌筑，在拆除过程中妥善保存原有较好的片石。

门窗：矫正已经变形的门窗框，局部进行整修，按照原有样式及材质重新做一扇外门，尺寸为：1500 毫米 × 730 毫米，材质为木材，所有门窗刷一道清漆并做防腐处理。

墙体：清理片石墙体上已经松动和快要脱落的泥块，采用砂浆灌缝，使水平灰缝和竖缝的沙浆饱满度不低于 80%。灰缝在最后用 1∶1 水泥砂浆统一勾缝，勾缝前先将灰缝刮深 20 ~ 30 毫米，墙面喷水湿润，所勾石缝尽量保持石墙的自然缝。

屋面：拆除并按照原有坡度及样式重做屋面，屋面从上至下的结构层依次为：一层 10 毫米厚草泥，一层 SBS 防水卷材，100 毫米厚草泥，一层 40 毫米厚密板。

梁架结构：经检修大部分梁架结构保存完好，约有 15% 的梁板因为屋顶漏雨被腐蚀需要更换。具体做法：先把原有损坏部分的梁、椽拆除，换上规格统一的梁、椽，要求搭接一定要牢固，并做防腐处理。

屋面排水说明：采用有组织外排水，在麻扎南北两个方向各设两个排水口，具体排水情况及做法见屋面排水详图。

照明、消防、避雷：按照相关规定和要求并结合当地实际情况，配置必要的照明和避雷设施。

2. 艾贤木汗·霍加麻扎本体

前室采用揭顶修缮，其他部位采用局部维修。

台基：重新砌筑松动部位的片石，补全缺失部位的片石，四周的宽度保持不变。由于当时砌筑片石用的是泥浆，考虑到使用年限的问题，此次改为 M7.5 水泥砂浆砌筑。

室内地面：拆除现有红砖地面（除木棺底部），妥善保存好可以继续使用的砖，然后铺设一层 30 毫米厚的细砂垫层，找平后再重新铺砖。

台阶：拆除现有片石台阶，按照原尺寸用水泥沙浆重新砌筑，在拆除过程中妥善保存原有较好的片石。

门窗：矫正已经变形的门窗框，局部进行整修，按照原有样式和材质重新做一扇内门，尺寸为：1490 毫米 × 750 毫米，所有门窗刷一道清漆并做防腐处理。

墙体：拆除前室的土坯墙体，按照原有尺寸用红砖重新砌筑。拆除前需要对屋顶和侧墙进行必要的支护以防倒塌。

屋面：仅拆除前室的屋面，并按照原有坡度及样式重做屋面，屋面从上至下的结构层依次为：一层30毫米厚草泥，一层SBS防水卷材，100毫米厚草泥，一层40毫米厚密板。

梁架结构：经检修大部分梁架结构保存完好，约有15%的梁板因为屋顶漏雨被腐蚀需要更换。具体做法：先把原有损坏部分的梁板拆除，换上规格统一的梁、密板，要求搭接一定要牢固，并做防腐处理。

屋面排水说明：采用有组织外排水，在麻扎前室的东西方向各设两个排水口，具体排水情况及做法见屋面排水详图。

照明、消防、避雷：按照相关规定和要求并结合当地实际情况，配置必要的照明和避雷设施。

五、周边环境整治

（1）在两个麻扎附近各修一块文物保护标志牌，标志牌距文物本体约10米左右，具体位置见平面图。标志牌材质为普通红砖砌筑外抹水泥作旧，长宽高尺寸分别为：1200毫米×800毫米×1200毫米，正面贴一块1000毫米×600毫米的大理石，上面用维、汉和哈语三种文字刻上麻扎的名称，并将立牌日期和昌吉回族自治州人民政府将其列为州级重点文物保护单位的时间刻在上面，其具体样式及尺寸详见设计图纸。

（2）在圣水泉下方修建一处砖混结构的看护房，面积约50平方米，供看护人员以及前来朝拜的人们休息，并在看护房前修一条宽2米、长200米的砖路，详见图纸。

（3）将两个麻扎周围的砖块、碎石、朽木及施工时废弃的垃圾及时清理出去，尽量做到不破坏文物本体周边的自然环境。

六、注 意 事 项

（1）由于现场勘测时间有限，有些部位勘测还不是很完善，有些地方难免有所疏漏，待保护工程进行时再做进一步补充完善施工图。

（2）工程施工前应认真进行现场核对，如发现两个麻扎遭到新的破坏，现场状况与设计不符时，应及时联系设计单位，进行设计变更后方可进行施工。

（3）方案中的梁、密板、红砖和片石的更换数量均按百分比表述，具体数量详见预算表。

（4）在拆除、施工过程中要注意建筑本体及施工人员的安全。

（5）由于现场测绘条件有限，施工时若发现构件尺寸和个别隐蔽部位与图纸不符时，应以现存实物为主；本说明与施工图参照阅读，如施工遇到特殊情况及施工中出现的技术问题需及时通知设计单位，协商解决。

参考资料

[1] 《木垒哈萨克自治县志》编撰委员会编:《木垒哈萨克自治县志》,新疆人民出版社,2003年。
[2] 当地文物部门提供的部分资料和部分照片为依据。
[3] 新疆文物局编:《新疆维吾尔自治区文物“四有”档案》(内部资料)。

项目主持:梁 涛
项目负责:阿里木·阿布都热合曼
报告编写:徐桂玲
参加人员:梁 涛 阿布都艾尼·阿不都拉
阿里木·阿布都热合曼 徐桂玲
赵永升 冶 飞 雪克来提

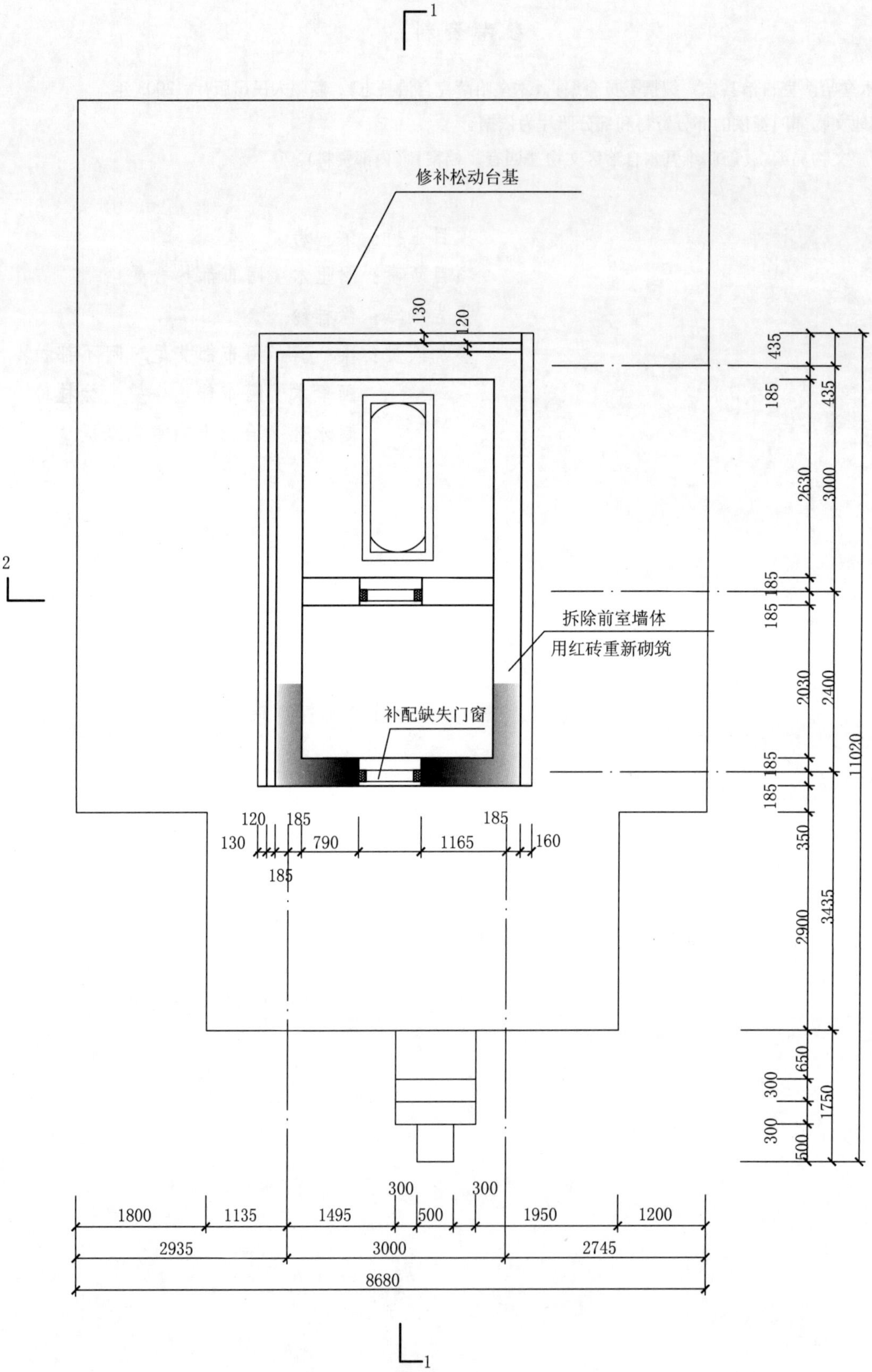

修补松动台基

拆除前室墙体
用红砖重新砌筑

补配缺失门窗

附图 1　艾贤木汗 · 霍加麻扎平面图

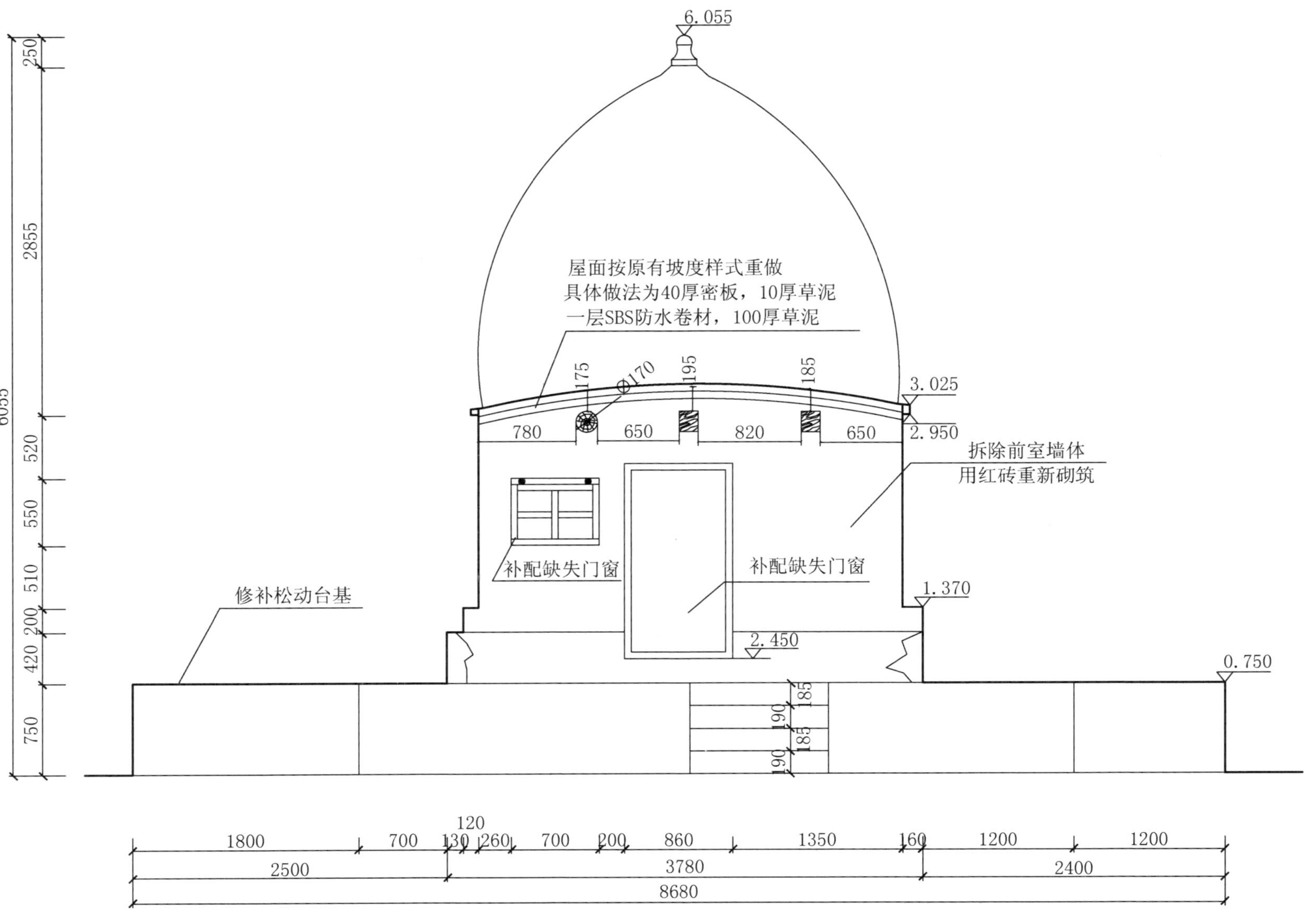

附图 2　艾贤木汗·霍加麻扎正立面图

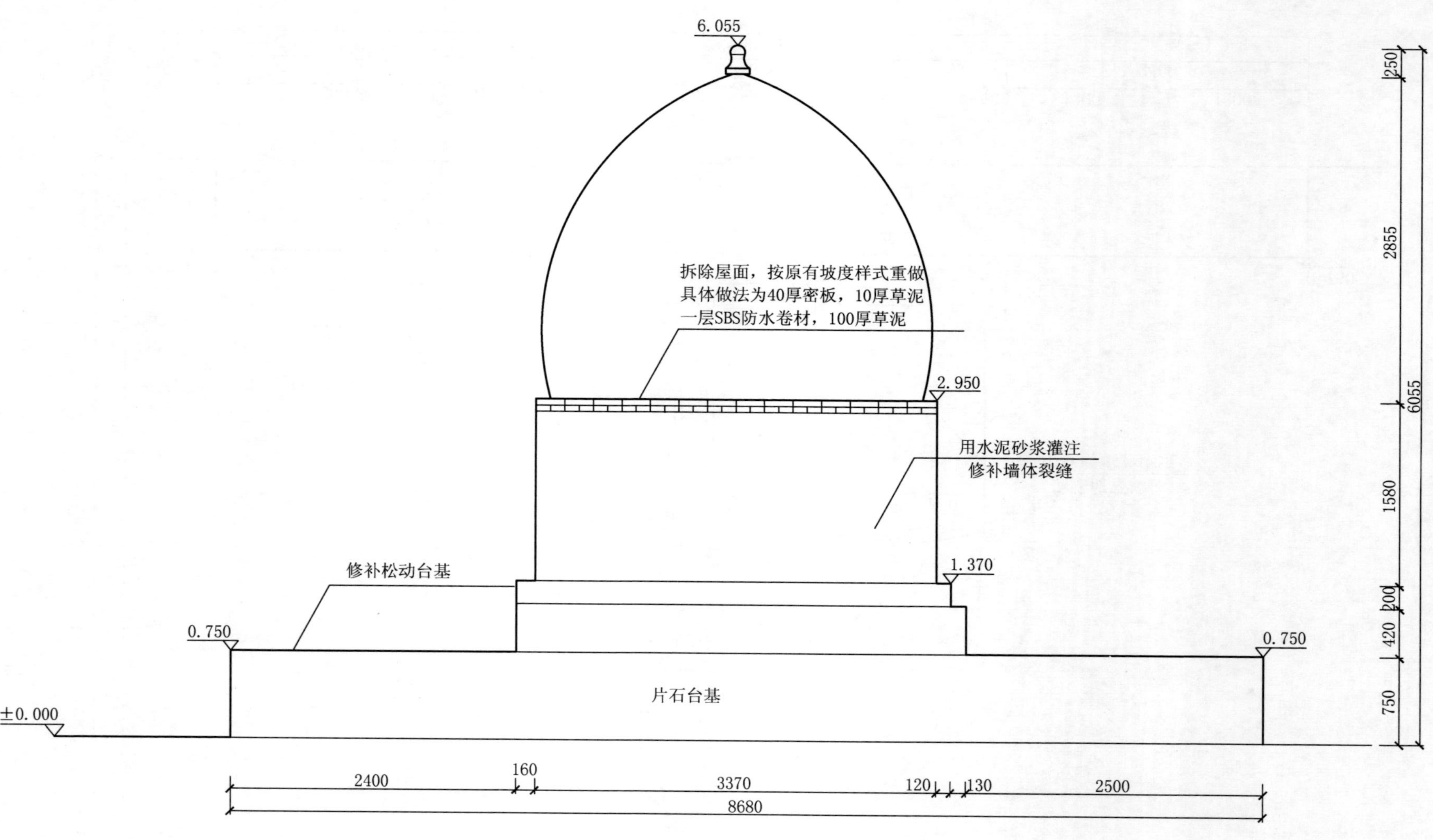
6.055
拆除屋面，按原有坡度样式重做
具体做法为40厚密板，10厚草泥
一层SBS防水卷材，100厚草泥
2.950
用水泥砂浆灌注
修补墙体裂缝
1.370
修补松动台基
0.750
0.750
片石台基
±0.000
2400
160
3370
120
130
2500
8680
250
2855
6055
1580
200
420
750

附图3　艾贤木汗·霍加麻扎背立面图

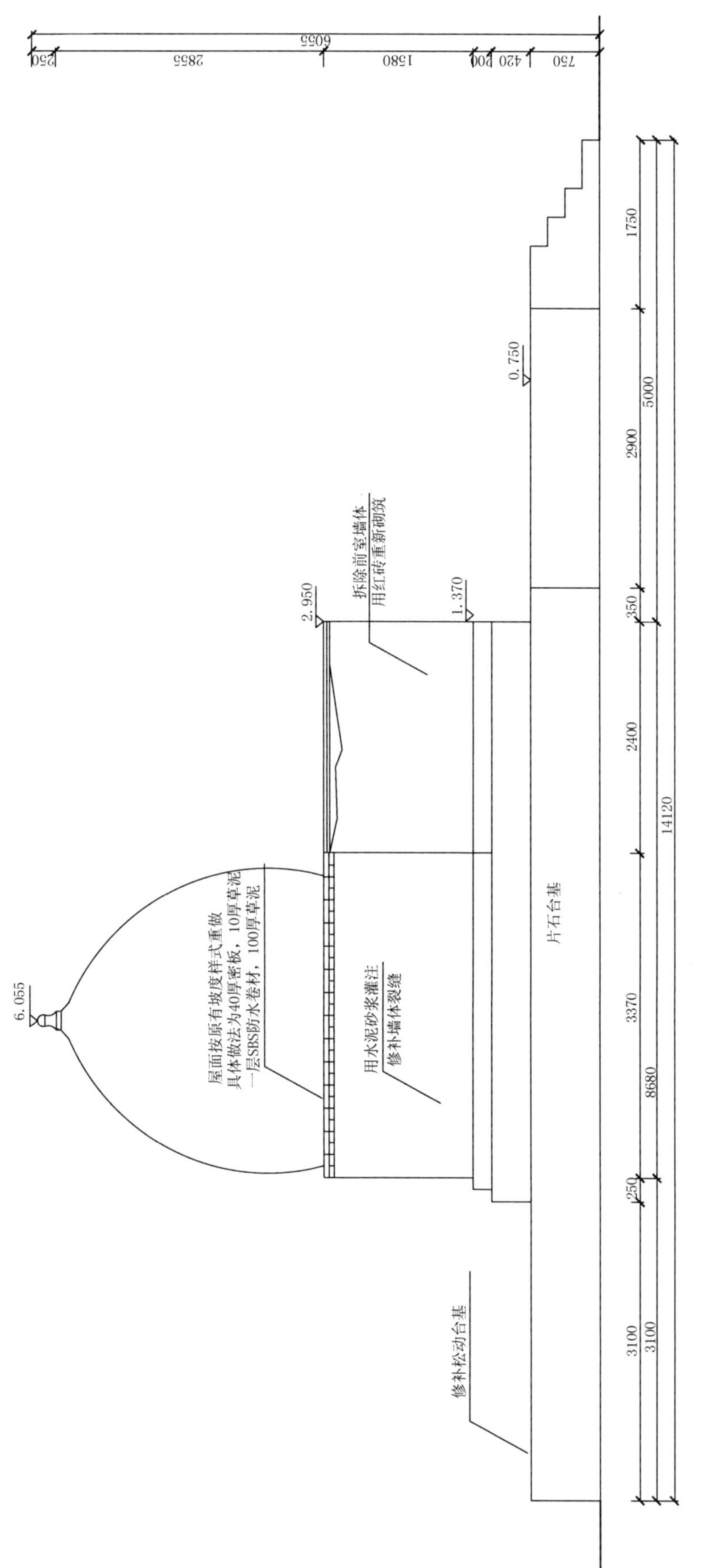
6055
250
2855
1580
200
420
750
6.055
2.950
1.370
0.750
屋面按原有坡度样式重做
具体做法为40厚密板，10厚草泥
一层SBS防水卷材，100厚草泥
拆除前室墙体
用红砖重新砌筑
用水泥砂浆灌注
修补墙体裂缝
片石台基
修补松动台基
1750
5000
2900
350
2400
14120
3370
8680
250
3100
3100

附图4 艾贤木汗·霍加麻扎侧立面图

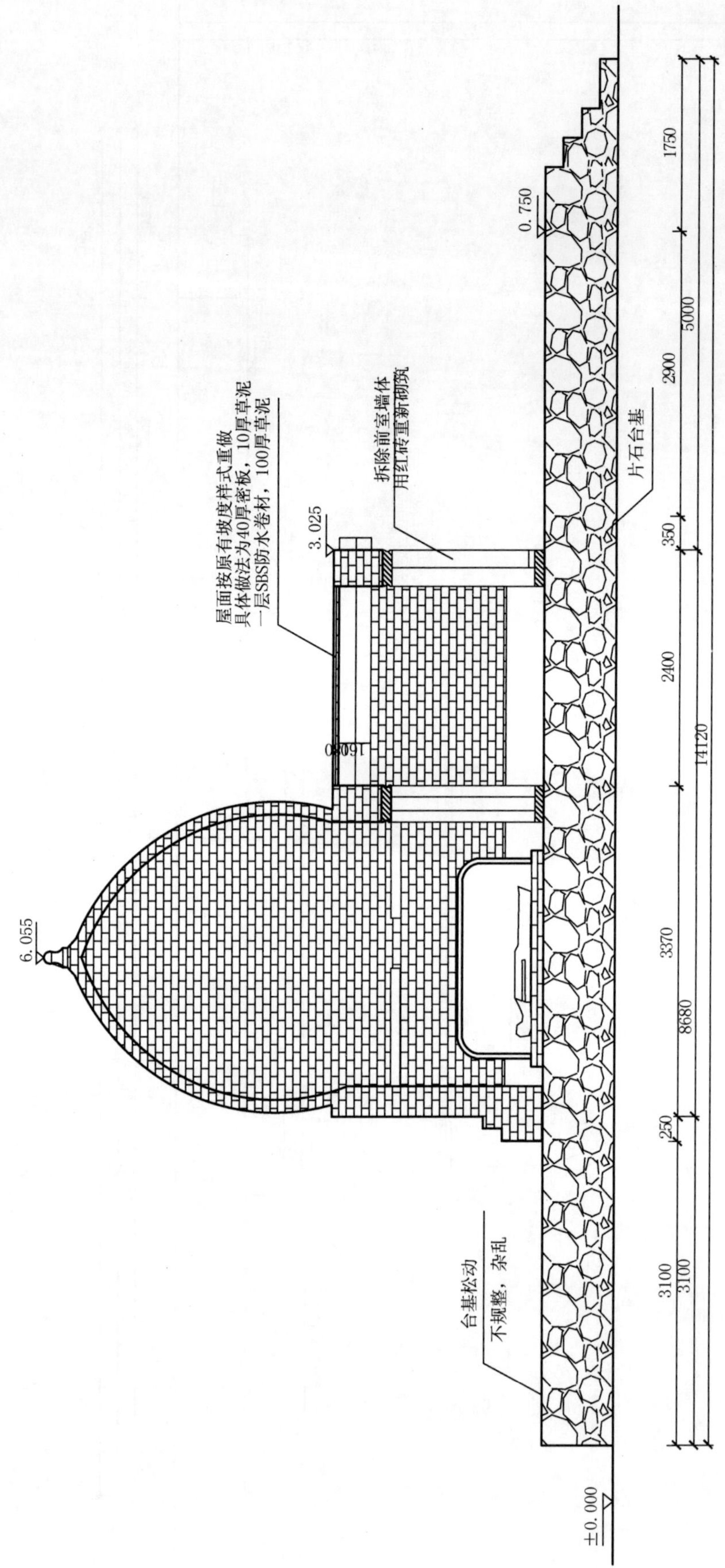

附图5　艾贤木汗·霍加麻扎 1-1 剖面图

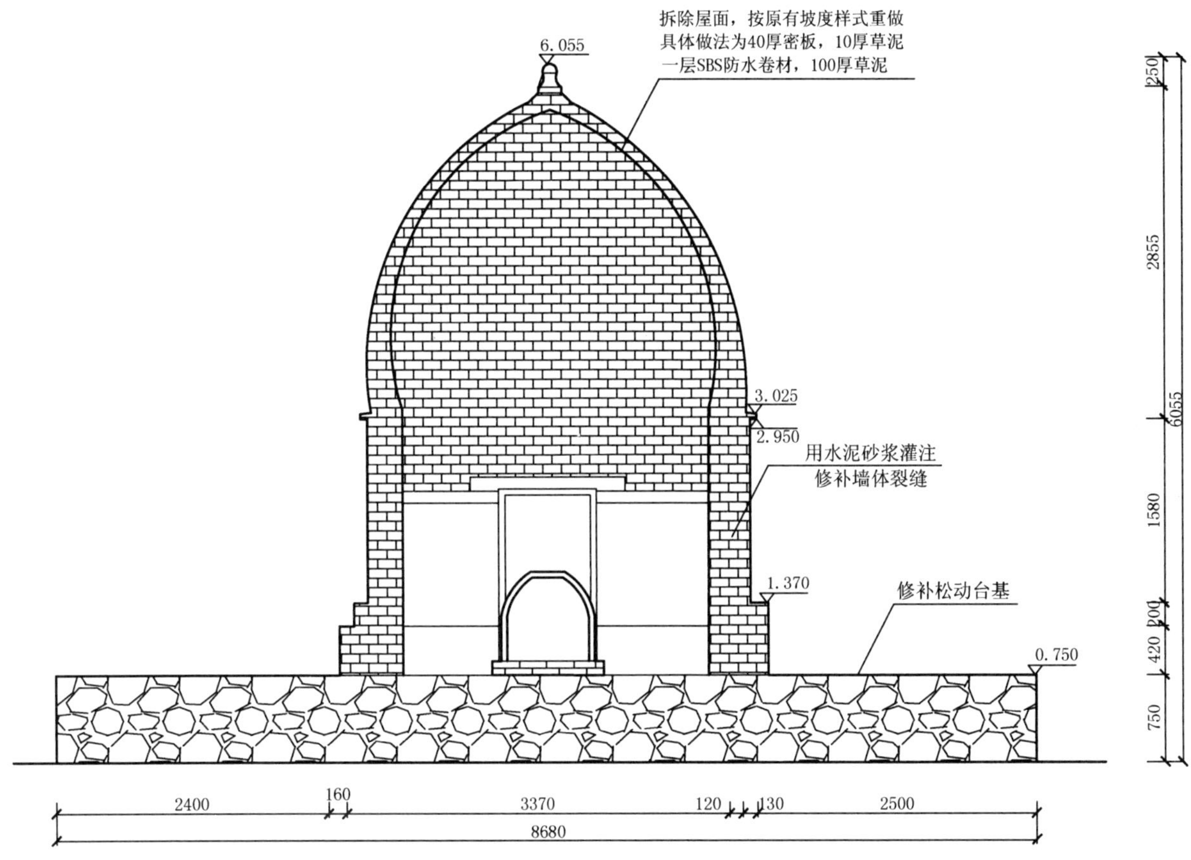

附图6 艾贤木汗·霍加麻扎2-2剖面图

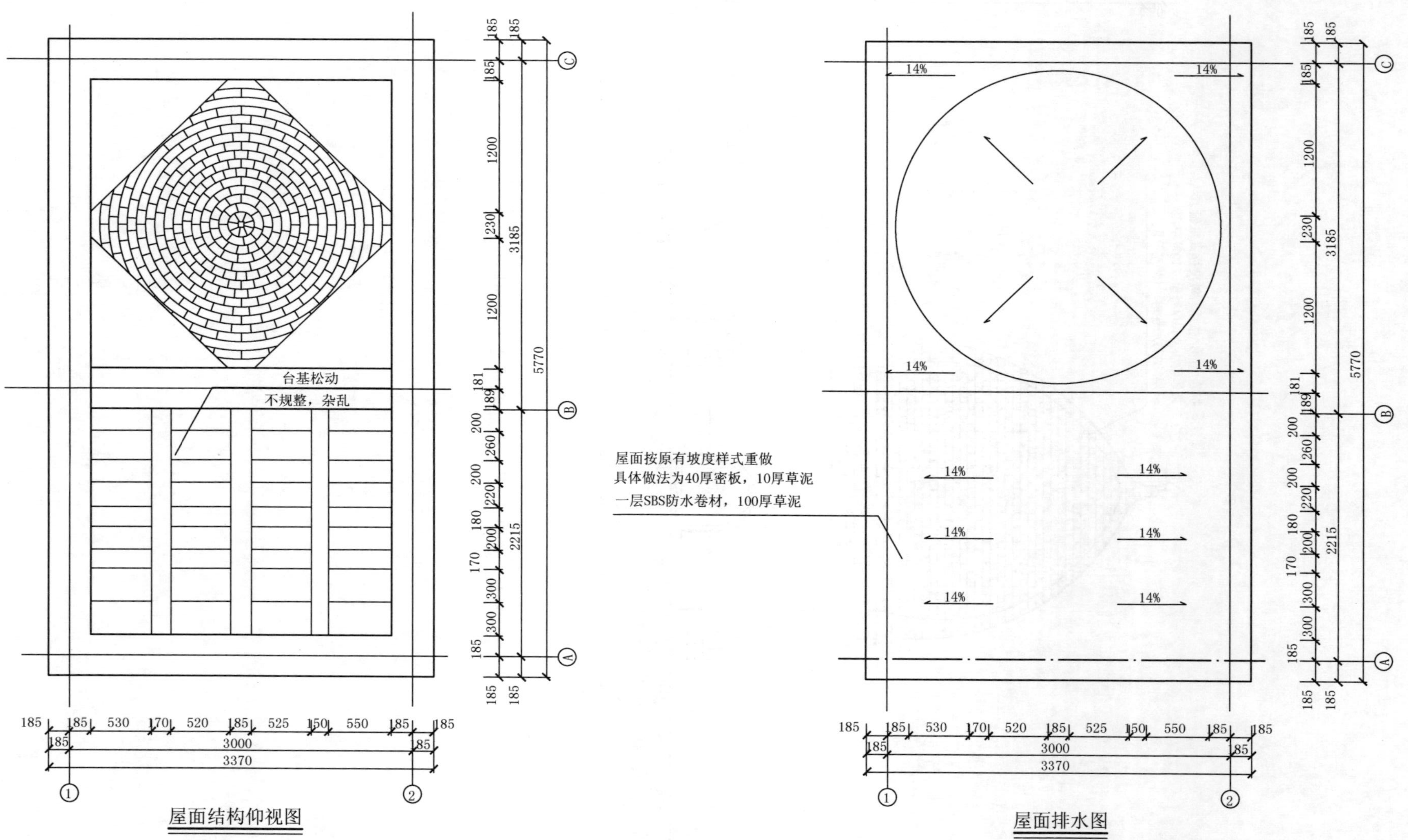

附图7　艾贤木汗·霍加麻扎屋面结构仰视图、屋面排水图

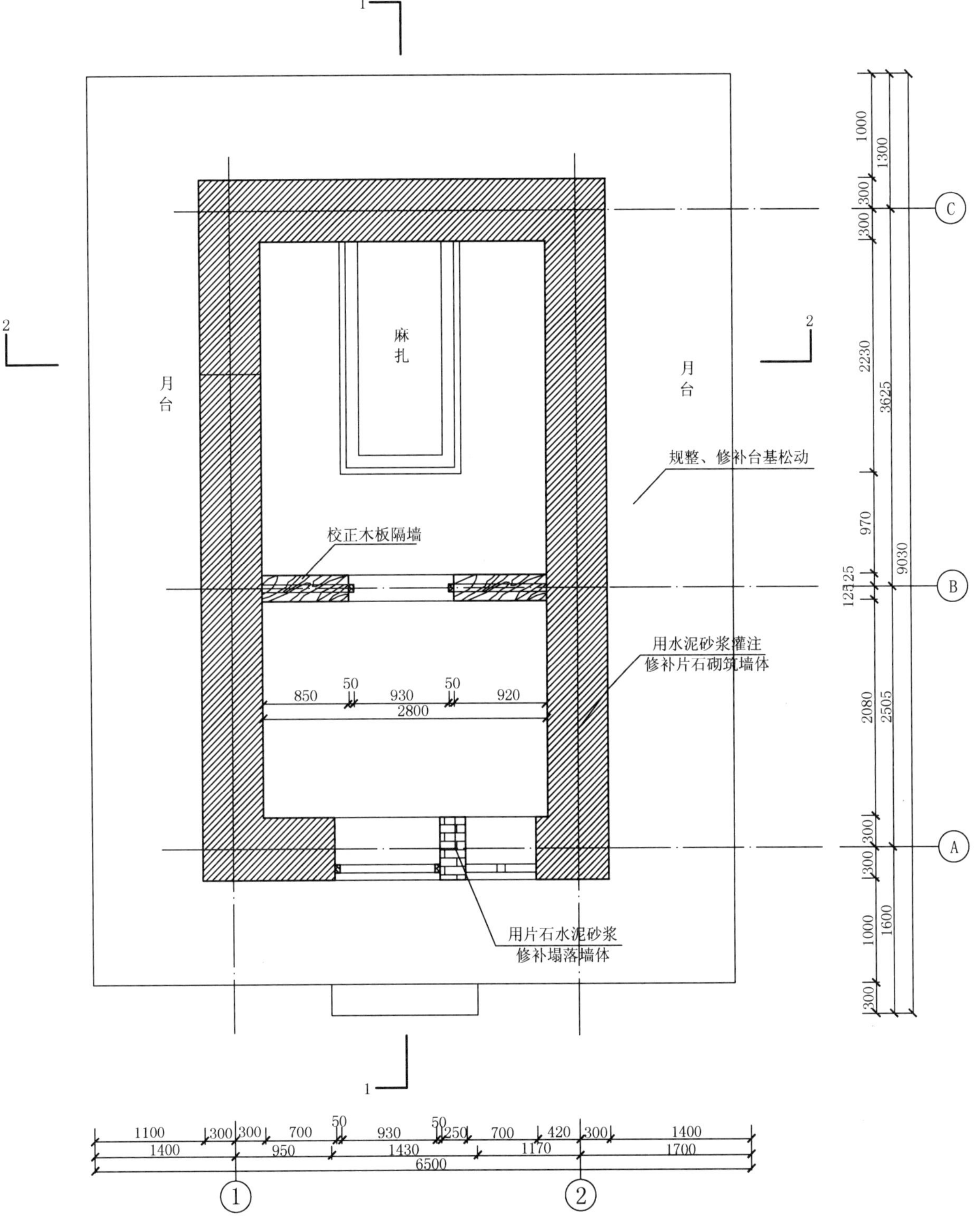
麻
扎
月
台
月
台
规整、修补台基松动
校正木板隔墙
用水泥砂浆灌注
修补片石砌筑墙体
850
50
930
50
920
2800
用片石水泥砂浆
修补塌落墙体
1000
1300
300
300
2230
3625
970
125
125
9030
2080
2505
300
300
1000
1600
300
1100
300
300
700
50
930
50
250
700
420
300
1400
1400
950
1430
1170
1700
6500
1
2
A
B
C

附图8　铁木尔汗·霍加麻扎平面图

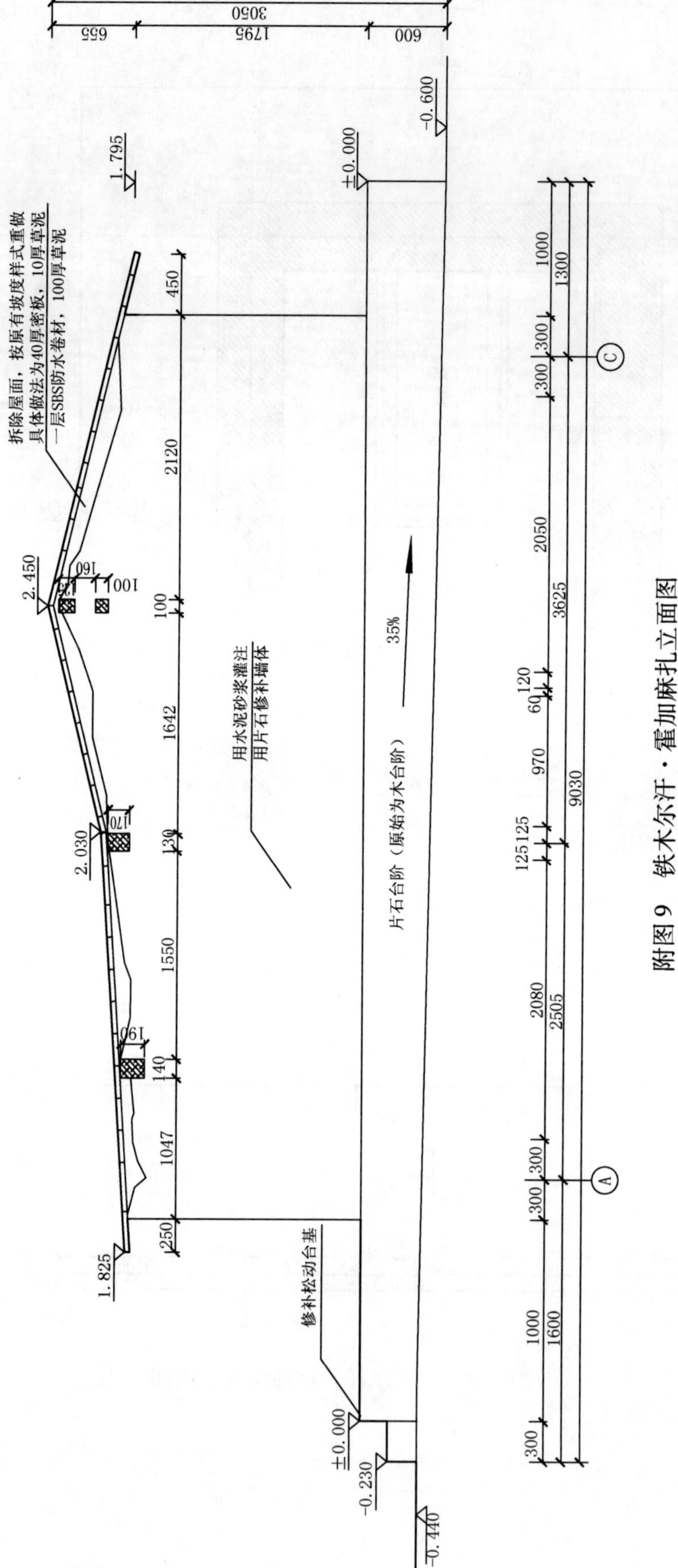
拆除屋面，按原有坡度样式重做
具体做法为40厚密板，10厚草泥
一层SBS防水卷材，100厚草泥
用水泥砂浆灌注
用片石修补墙体
片石台阶（原始为木台阶）
35%
修补松动台基
1.795
2.450
2.030
1.825
±0.000
-0.600
-0.230
-0.440
3050
655
1795
600
9030
3625
2505
1600
1300

附图9　铁木尔汗·霍加麻扎立面图

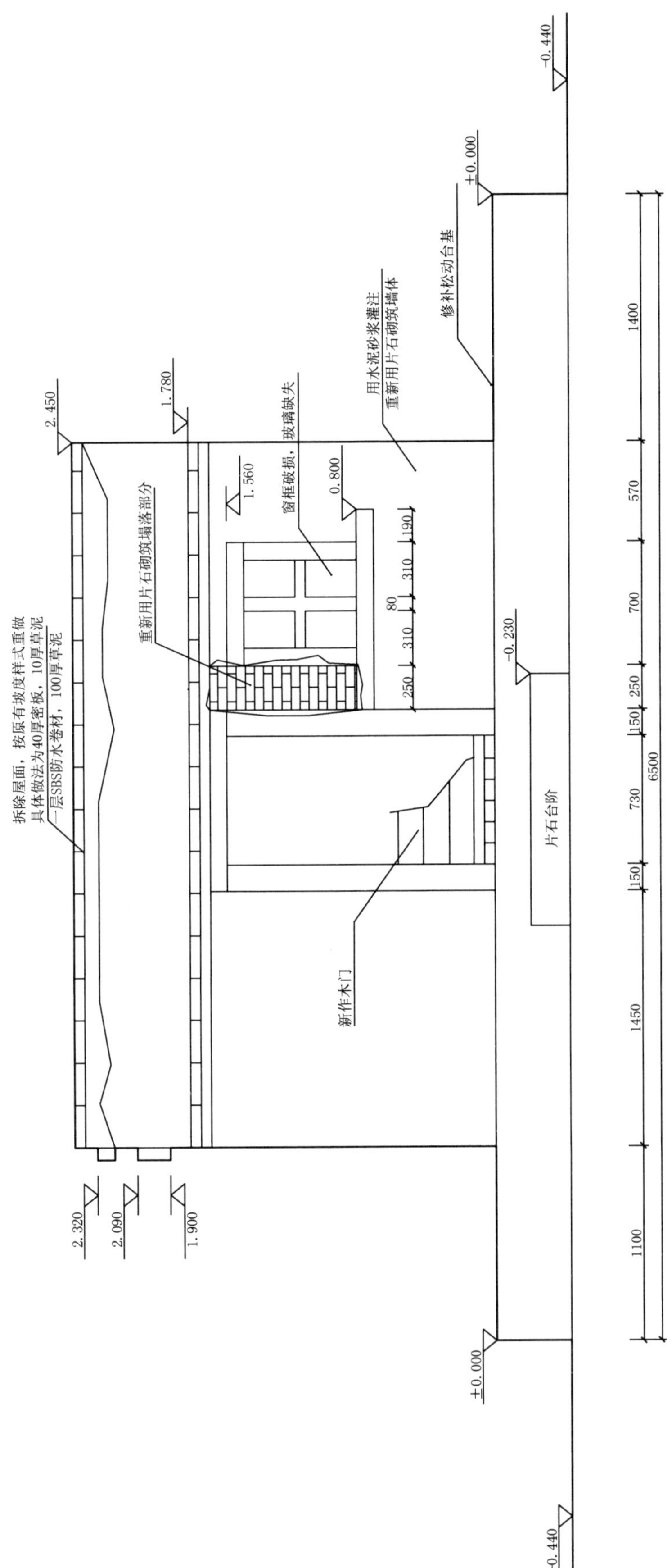
拆除屋面，按原有坡度样式重做
具体做法为40厚密板，10厚草泥
一层SBS防水卷材，100厚草泥
重新用片石砌筑塌落部分
窗框破损，玻璃缺失
用水泥砂浆灌注
重新用片石砌筑墙体
修补松动台基
片石台阶
新作木门
2.450
1.780
1.560
0.800
-0.230
±0.000
-0.440
2.320
2.090
1.900
1400
570
700
250
150
730
150
1450
1100
6500
190
310
80
310
250

附图10 铁木尔汗·霍加麻扎东立面图

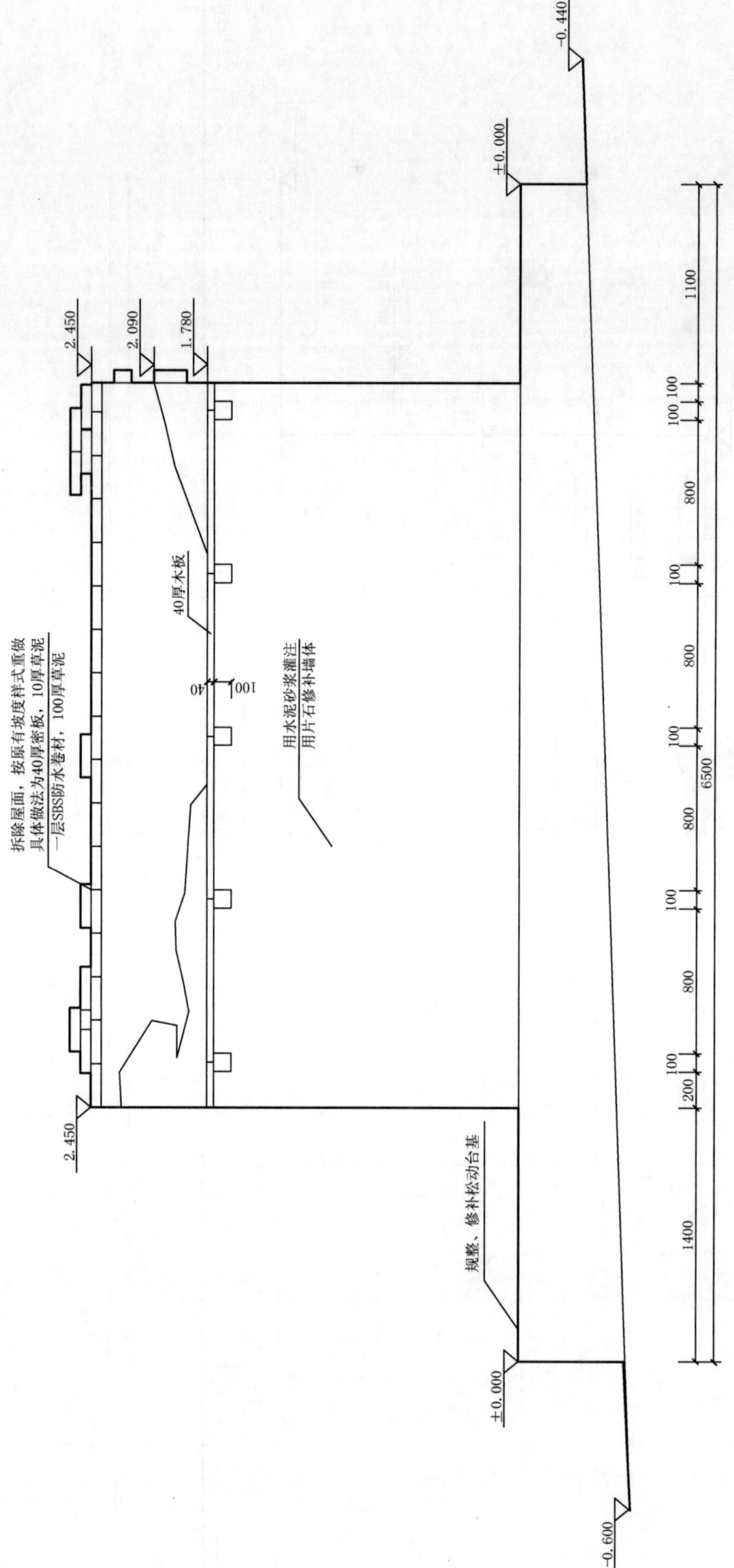

附图 11　铁木尔汗·霍加麻扎西立面图

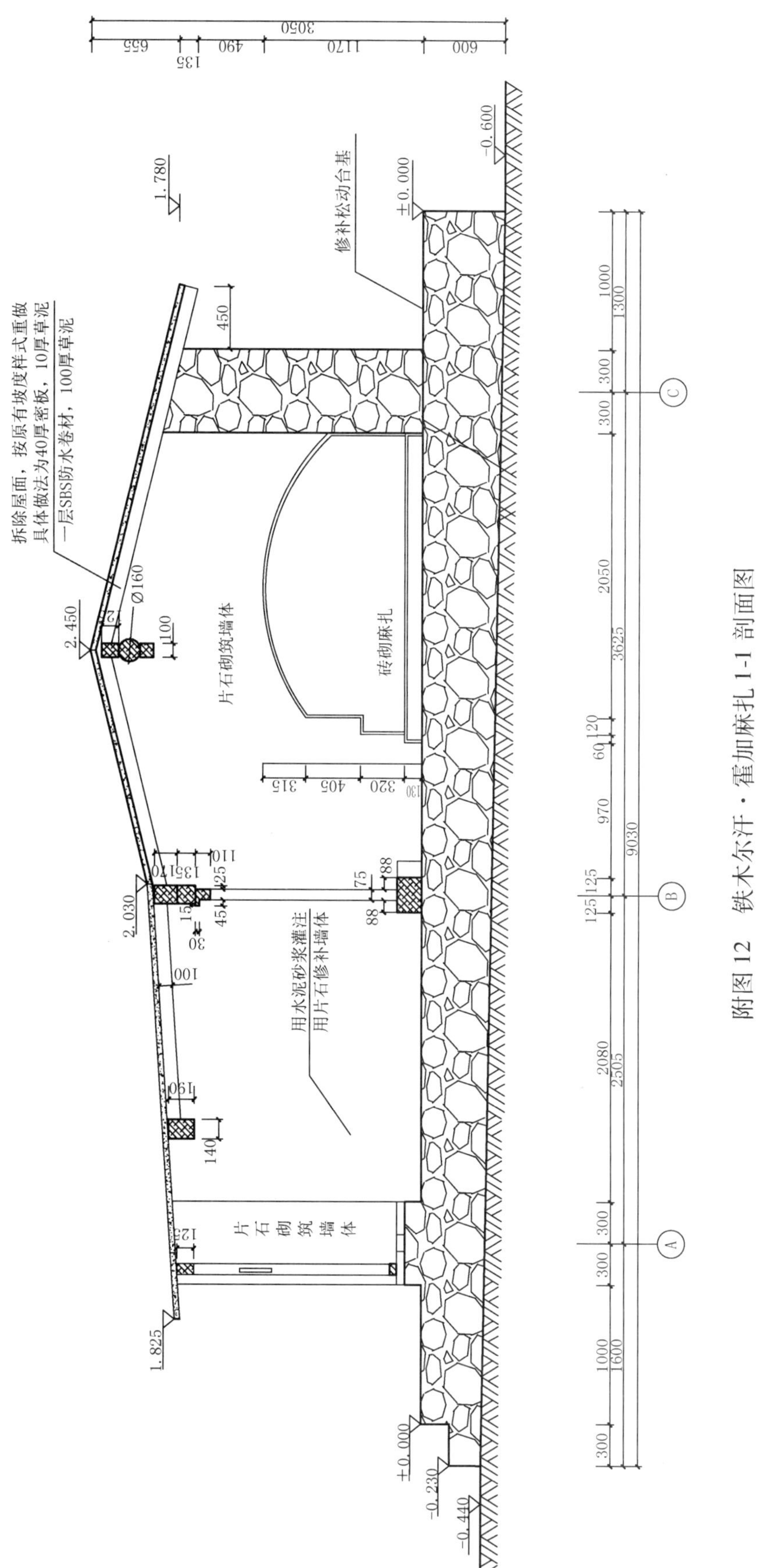

附图12 铁木尔汗·霍加麻扎1-1剖面图

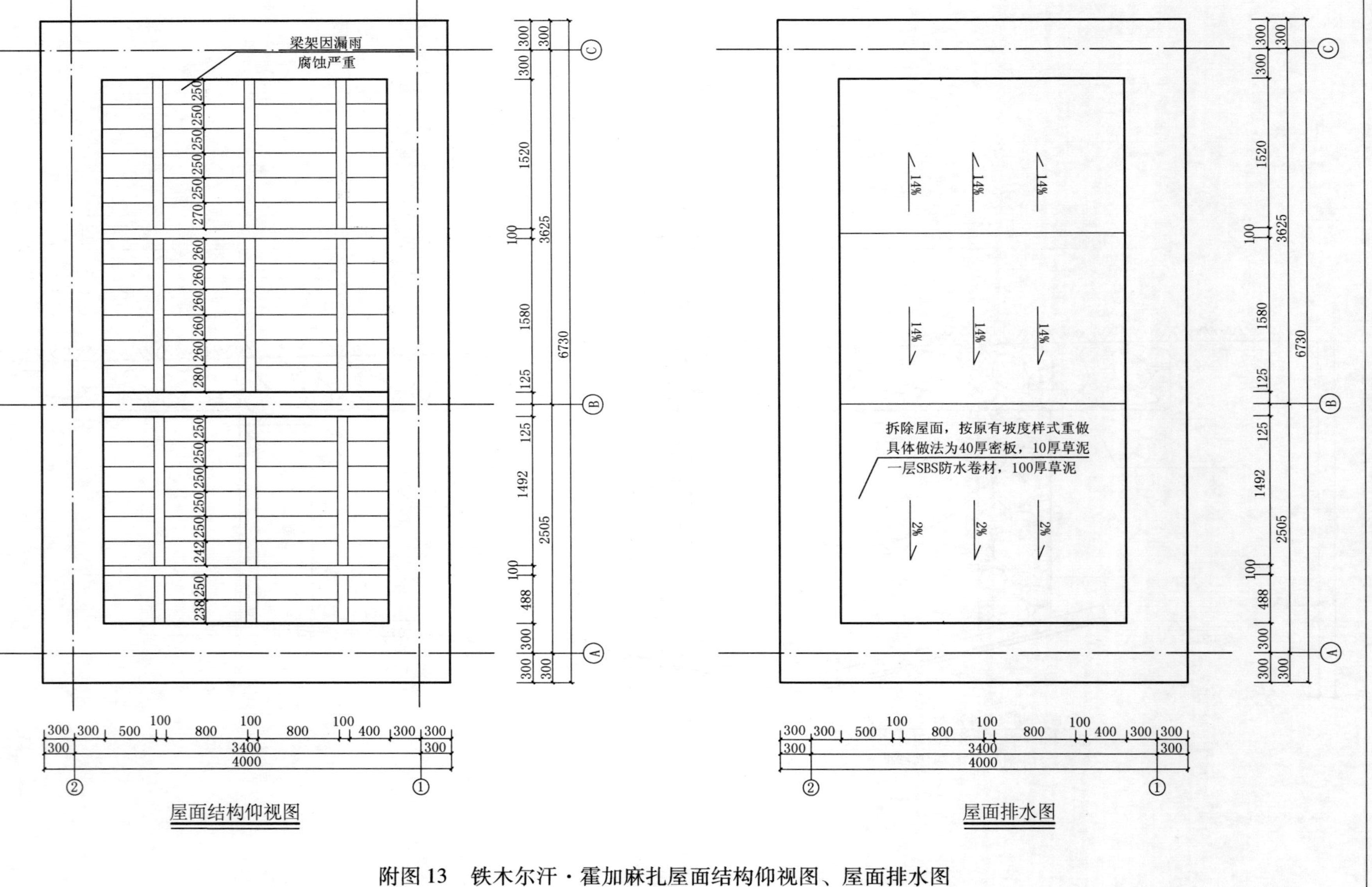

附图 13　铁木尔汗・霍加麻扎屋面结构仰视图、屋面排水图

乌鲁木齐市旗杆楼修缮工程勘察报告及维修设计方案

第一部分　勘 察 报 告

一、基 本 概 况

乌鲁木齐市是新疆维吾尔自治区的首府，位于新疆中部天山北麓的准噶尔盆地南缘。辖区东与吐鲁番市接壤，西与昌吉市为界，南与托克逊县、和硕县毗连，西南与和静县为邻，北部与吉木萨尔县、阜康市、米泉市分界。乌鲁木齐市境南北最宽处约153公里，东西最长约190公里。地理坐标为东经86°37′33″～88°58′24″，北纬42°45′32″～44°08′00″。

乌鲁木齐是一个多民族聚居的城市，现辖7区1县，总面积12000平方公里，居住着汉、维吾尔、回、哈萨克、蒙古等49个民族、总人口208.2万人（全国第五次人口普查口径），其中少数民族人口占24.6%，市区人口占83.5%。

乌鲁木齐市是全疆政治、经济、文化、科技的中心，南北疆交通的枢纽，也是第二座欧亚大陆桥中国西段的桥头堡，航空、铁路、公路交通线四通八达。现有国际、国内航空线30余条，公路交通可直达各地、州、市县。

乌鲁木齐市区三面环山，地势东南高、西北低，平均海拔800米。属中温带半干旱大陆性气候，其特征是：温差大，寒暑变化剧烈，降水量少，且随高度垂直递增；冬季漫长，四季分配不均，春秋多大风，冬季有逆温层出现。年平均温度7.3℃，年平均降水236毫米。年平均日照2775小时，无霜期为105～168天，乌鲁木齐地区太阳辐射资源丰富，光照时间长，但各地太阳总辐射量分布不均衡。达坂城谷地最强，北部平原地区次之，市区较少，山区日照时数最少。

旗杆楼坐落于乌鲁木齐市天山区胜利路193号文化大院内，与邻近的苏联总领事馆办公楼是同一时代的建筑，两建筑距离仅几十米远。旗杆楼东西两侧为林带，北邻医院办公楼，南靠阿尔曼超市库房。

二、历史沿革及近年来的维修、管理情况

乌鲁木齐，古准噶尔蒙古语，意为“优美的牧场”。远在新石器时代人类就在这里生息繁衍。战国时，属古车师人活动范围。西汉时期，乌鲁木齐及其周围地区居住着十几个部落的游牧民，史称“十三国之地”。到了东汉，乌鲁木齐成为车师六国的一部分。公元648年（唐贞观二十二年），唐政府在距今乌鲁木齐以南10公里处设置轮台城，作为当时丝绸之路新北道上唯一的收税城、管理城和供给城。这称得上是乌鲁木齐第一城。18世纪中叶，城市雏形开始形成。1763年（清乾隆二十八年），乾隆帝将扩展后的城池命名为“迪化”。1884年（光绪十年），新疆设置行省，以迪化为省会，遂取代伊犁成为臂控天山南北的政治中心。新中国成立后，迪化成为自治区首府。1954年2月1日，更名为乌鲁木齐。

新疆与俄罗斯的正式商贸关系，始于19世纪中叶，以时任伊犁将军奕山于1851年与俄罗斯签订《伊塔通商章程》开始，俄罗斯与新疆建立正式商贸关系。1861年（咸丰十年），清朝政府与俄罗斯订立《中俄北京继约》，俄国始在伊犁、塔城、喀什设立领事馆。俄领事馆主要职责是处理商务，裁判俄商诉讼，同时兼营副业，如办银行、邮政、学校等。

1895年（光绪二十一年），旗杆楼与领事馆办公楼开始兴建。1962年，中苏关系恶化，苏联撤走领事，旗杆楼闲置，后被当做居住民宅和仓库使用。

三、建筑布局、建筑结构、地基土工程性能及现存情况

（一）建筑布局、建筑结构

旗杆楼为坐东朝西、局部三层砖木结构的苏式建筑，平面接近于长方形，建筑面积为760平方米。屋面为铁皮顶，开老虎窗，墙体为较厚的土坯墙。侧门口处有四根木柱支顶雨棚，砖檐砌为波浪形，墙面砌矩形，窗户分为圆拱形和长方形，墙体以黄色为主，檐以灰色点缀，窗以红色点缀，外观端庄华贵，建筑结构安全及现存状况较差。

（二）地基土工程性能

根据新疆岩土工程勘察设计研究院提供的《原苏联总领事馆及旗杆楼岩土工程勘查报告》，各土层主要物理力学性质指标及地基土的野外特征如下：

本次勘察，在勘探深度范围内，场地地层自上而下主要由杂填土、卵石构成。现分述如下：

（1）第一层杂填土：杂色－土黄色，层厚1.4～2.0米，主要成分以砾砂、粉土为主，表层多混有生活、建筑垃圾；下部粉土中含砾石、碎砖，植物根系较发育，土质结构松散－稍密，湿。场地内均有分布，不得作为地基持力层。

（2）第二层卵石：青色－土黄色，埋深1.4～2.0米，最大揭露厚度5.6米，卵石层未揭穿。卵石磨圆度为亚圆－次棱角状，骨架颗粒部分接触，一般粒径20～100毫米，填充中、细砂。卵石层中含有漂石，可见最大粒径400毫米。土质结构稍密－中密，稍湿－干。该层在整个场地均有分布、范围广、稳定性较好，宜做建筑物基础持力层。

地下水：根据地勘报告数据显示，在本次勘察深度范围内无地下水，可不考虑地下水对工程的影响。

本次勘察在场地内未发现不良地质现象，属稳定场地。场地土类型为中硬土，建筑场地类别为Ⅱ类，本场地环境类别为Ⅲ类，属抗震有利地段。根据土化学分析结果，场地土对混凝土结构无腐蚀性，对混凝土中钢筋均具有弱腐蚀性。

原建筑室外散水是采用灰土填筑处理，基础下部土质较干燥，防水效果较好。基础砌筑使用的青砖现还保持有较好的完整性和强度。

（三）现存状况

1. 基础及散水

旗杆楼的基础为墙下条形基础形式。墙下基础为毛石砌筑，基础埋深0.5米。此次勘察发现基础保存完好，结构安全，只需局部修补。基础具体截面尺寸详见大样图。散水为青砖做法。宽度为1000毫米，90%的散水已经破坏，需要更换。

2. 木地板及龙骨

室内地面保留了以往的铺设方式。一层地面原为木地板，目前局部被更换成水泥或青砖地面。现存木地板厚40毫米，宽度为200毫米，表面刷红色油漆。目前所有木地板表面的油漆磨损严重，有些地板的接头部位已经糟朽，约有50%的地板不能继续使用；局部二、三层木地板地面糟朽约为30%。建议此次维修拆除后期更换的地面，修补或者更换不能继续使用的木地板，并将所有地板按照原来的颜色重新刷漆。

木龙骨：木地板下的龙骨边长为220毫米×220毫米，间距在1630毫米之间。通过勘察发现，龙骨的尺寸规格不统一，有更换过的痕迹。约有40%的龙骨出现不同程度的糟朽，主要是由于木构件长期在地面以下，通风口堵塞，通风不畅、受潮腐朽。建议更换不能使用的木龙骨，同时定期清理疏通通风口，保持地下空间通风干燥。

龙骨下支撑：木龙骨下每隔1.5米设置一个400毫米×400毫米的片石砌筑的支撑。勘察发现约有60%的片石需要修补，10%的片石支撑被青砖更换。建议维修时将后期替换的青砖支撑拆除，用片石重新砌筑。

3. 墙体

墙体的材料分为两种，青砖和土坯材料，从基础向上840毫米为青砖墙体，其余均为土坯墙体，外刷米黄色涂料。具体墙体结构详见勘察剖面图。

墙体厚度分为1070毫米、860毫米、780毫米、760毫米、640毫米、400毫米、350毫米等多种。此次勘察发现墙体坍塌、土坯酥碱、墙皮空鼓、脱皮和装修裂缝等病害较多，部分墙体由于屋顶缺失而被雨雪水浸泡致塌，外墙面的污染尤为严重。建议拆除后期增加的墙体，对失去强度的墙体拆除，重新砌筑。定时清理地下室，疏通通风口，保持地下室干燥。

4. 柱

旗杆楼侧门口雨棚下共有四个木柱子。木柱直径160毫米，表面油漆全部脱落，柱体全部糟朽，需要更换。对于墙体中的暗柱拟在将来维修过程中再做详细勘察。

5. 梁架

勘察中没有发现虫蛀现象，但是约有50%左右的梁架由于屋顶漏雨渗水遭到腐蚀，还有30%左右的梁、板及斜撑由于干缩出现裂缝。开裂严重的部位在前次维修时进行过简单加固。此次维修建议更换被雨水腐蚀的梁架。另外，采取一些必要的措施防止干缩裂缝的进一步发展。

6. 屋面及排水

旗杆楼的屋面按照坡数分为双坡和四坡屋面。屋面上共设有四个用来通风采光的老虎天窗和九个烟囱，具体位置见屋面排水图。屋面以前是铁皮屋面刷深绿色油漆，后来由于铁皮老化，多处漏雨，维修时直接在铁皮屋面上增加了两层油毡。屋顶从下到上结构层依次为：40毫米厚屋面板、一层铁皮、两层沥青油毡。此次勘察发现，油毡由于长期暴露在日光下照射，有些地方已经老化，并且在接口处有漏雨渗水现象，致使梁架结构遭到雨水的腐蚀，约有30%的屋面破损。建议在保持屋面结构不变的情况下，恢复铁皮屋面，并定期刷防锈漆。

屋面排水：屋面的排水为有组织的外排水，屋面四周共设有10个铁皮排水槽。勘察中发现排水槽已经锈蚀，失去了原来的功用。旗杆楼建筑以前在每个排水槽下设有直径为200毫米的铁皮排水管，排水管刷深绿色油漆。目前排水管已经全部缺失，在排水槽下方的墙体上只残留了圆环状的固定在墙上的铁皮圈。考虑乌鲁木齐特殊的气候条件，建议此次维修时采用有效合理的排水方式。

7. 楼梯及扶手

旗杆楼内设有一处楼梯，通往二层。楼梯为木制，落满灰尘，踏步的拼接处已经松动，扶手全部丢失。建议维修时用同种材质重新制作安装。

8. 阳台、雨篷

在侧门处有一个雨棚，主要材料为木制。此雨棚已经残破不堪，需要重新制作。在勘察中还发现，二楼门口处残留阳台的痕迹。建议维修时按原样恢复。

9. 门窗及装饰

现存的门窗存在变形、油漆剥落、玻璃缺失等现象，约有80%的门窗丢失、破坏，已经无法满足正常使用功能，还有一些门窗现在被封闭不再使用；屋檐下的砖装饰约有40%破损。维修时建议全部按照原有尺寸规格、材质及样式风格补修或更换门窗及五金制品。

10. 吊顶及屋面结构

楼内各房间原来吊顶均应为木制，但在后期的使用过程中约有60%的吊顶被改造成了多种样式。由于屋顶漏雨遭到腐蚀和污染的吊顶约占10%。建议维修时更换被雨水污染、腐蚀和被改造过的吊顶。屋面结构层从下至上依次为50毫米厚吊顶木板、边长为220毫米×220毫米的梁、50毫米厚屋面板、100毫米厚草泥。

11. 壁炉、烟道

由于后期维修改建，楼内的壁炉已经不复存在，只剩下墙内的烟道。烟道具体位置见屋面排水图，烟囱突出屋面1000毫米左右，为青砖砌筑。由于烟囱口上方没有雨帽遮挡，雨雪水顺烟囱渗入墙体进行侵蚀。建议此次维修时对烟囱口做必要的防水措施。

12. 照明

楼内的照明线路不符合相关电线线路安全架设规定，直接在梁架结构上固定，室内线路目前也是杂乱无章。建议严格按照相关规定规范线路。

13. 供暖

目前楼内仍采用的是独立供暖。地下用于供暖的管道及锅炉都已经锈蚀不能使用。建议维修时全部拆除，采用集中供暖，完善供暖设备。

14. 消防、避雷

目前在勘察过程中发现楼内没有消防栓和灭火器，不符合消防规范规定。建议在维修过程中完善消防设施，严格按国家相关规定执行；旗杆楼没有设置避雷设施，建议在维修过程中完善避雷设施，严格按国家相关规定执行。

通过对旗杆楼的详细勘察，建议对它采用落架维修的方法，并完善照明、消防、避雷、上下水及供暖等设备。

四、残破状况及相关原因分析

乌鲁木齐市旗杆楼现状及残损情况图表（表1）。

表 1　乌鲁木齐市旗杆楼现状及残损情况图表

<table>
<tr><td colspan="2">
西立面</td><td>
旗杆楼层顶</td><td>
东立面</td></tr>
<tr><td>残损归纳</td><td colspan="3">旗杆楼建于清光绪二十一年（1895 年），位于天山区胜利路 193 号自治区文化厅院内。旗杆楼坐西朝东，平面呈长方形，为局部三层砖木结构的苏式建筑，建筑面积 760 平方米，楼前树木杂乱无章。旗杆楼残损现状概括如下：
1. 基础：基础为片石砌筑，埋深 0.5 米，后期由于供水的需要，在基础上开洞安装了供水管道，局部基础也遭到破坏；
2. 木龙骨：用来支撑木地板的龙骨，边长约为 220 毫米 × 220 毫米，由于通风不畅，约有 30% 受潮糟朽，需要更换；
3. 龙骨支撑：为片石砌筑，高 0.63 米，截面尺寸为 400 毫米 × 400 毫米，此次勘察发现约为 40% 的支撑被破坏；
4. 木地板：地板表面油漆磨损非常严重，表面的地板胶几乎全部破损，局部接头部位出现小面积的糟朽；部分房间的木地板已经被水泥地面代替；
5. 楼梯：楼梯保存基本完好，只有扶手缺失；
6. 墙体：墙体为土坯砌筑而成，宽度从 400 毫米到 1070 毫米不等，共六种厚度的墙体，后期增加的墙体都需要拆除，墙体脱皮和装修裂缝等病害较多，部分墙体由于屋顶漏雨而污染，外墙面的污染尤为严重，局部墙体被更换成红砖墙体；
7. 门窗及五金：现存的门窗有 70% 都存在变形、油漆剥落、玻璃缺失等现象，约有 30% 的门窗丢失，门窗的小五金缺失现象严重；
8. 木柱子：雨篷下的四个木柱，柱子直径为 160 毫米，已变形扭曲，需要更换；
9. 梁架：部分梁架由于失火而烧毁，约占 10%，还有 20% 的梁、板由于干缩出现裂缝；
10. 吊顶：为木制吊顶，只有个别房间保存完好，约占 30%，其余都被更换；
11. 屋面排水：以前的铁皮屋面被油毡代替，目前局部已经风化，有漏雨现象；
12. 照明消防避雷：旗杆楼内照明线路不符合相关电线线路安全架设规定，直接在木构架上固定，室内线路更是杂乱无章；楼内设有消防栓，但没有灭火器，不符合消防规范规定；旗杆楼顶没有设置避雷设施，不符合现行相关避雷规范规定</td></tr>
</table>

续表

残损部位	基础及支撑现状			
	基础	基础遭人为破坏	木地板下龙骨及支撑情况	
残损照片				
说明	基础为毛石砌筑，埋深0.5米，基础保存完好，无不均匀沉降现象		木地板龙骨下的支撑为0.63米高的片石砌筑，截面尺寸为400毫米×400毫米，目前约40%破坏	
残损部位	室内外地面			
	室内地面	木地板接口处	旗杆楼内房间地板	室外地面现状
残损照片			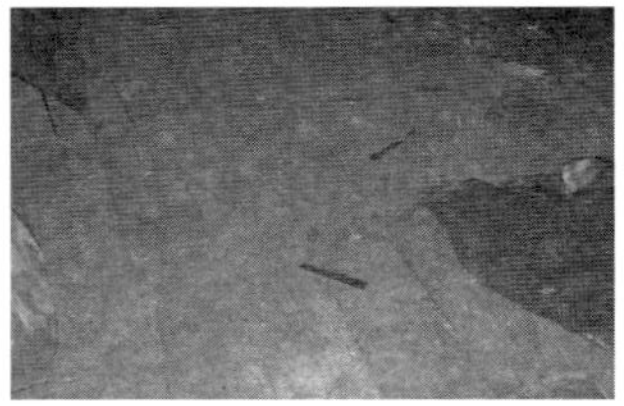	
说明	木地板地面已经被水泥地面代替	现存木地板表现油漆磨损严重，接头部位出现糟朽现象，有80%木地板已经缺失		地面坑洼不平，树木杂乱无章，垃圾满地，环境恶劣
残损部位	室内外墙体情况			
	室外墙体	室外墙体酥碱	室内墙体情况	室外墙体情况
残损照片				
说明	此墙体为土坯砌筑而成，现改为红砖墙体	由于毛细水的升腾作用，导致墙体酥碱、掏蚀	室内墙体酥碱、掏蚀	被改造过的墙体

续表

残损部位	门窗现状			
	门窗情况	窗户情况	窗户情况	室内门窗情况
残损照片				
说明	门窗残破不堪，部分窗户被封堵，已经改变原来的面貌		窗框及玻璃丢失	门被封堵现状
残损部位	梁架现状情况			
	立柱现状	梁架情况	梁架情况	梁架情况
残损照片				
说明	立柱及梁架结构出现干缩裂缝	梁架被火烧后的现状，表面已经炭化，屋面也遭到破坏，基本失去使用功能		电线直接架设在梁架上，不符合相关线路架设规定
残损部位	屋面现状情况			
	屋顶现状		烟囱现状	屋面情况
残损照片				
说明	层面铁皮翘起，屋面板糟朽严重	层面油毡、铁皮丢失使屋顶产生漏洞	烟囱局部坍塌，不能继续使用	屋面糟朽，油毡老化，基本失去使用功能

五、地基承载力的验算

地基承载力特征值是指在保证地基稳定的条件下，地基单位面积上所能承受的最大应力。根据地质勘察报告中得到的分析数据，原苏联总领事馆办公楼及旗杆楼的地基承载力特征值为 fak = 300Kpa，活荷载 $q_1 = 2.5KN/m^2$，乌鲁木齐市的雪荷载标准值 $q_2 = 0.8KN/m^2$，活荷载分项系数 $r_1 = 1.4$。考虑到该建筑物建成已经110多年，地基已经趋于稳定，所以恒荷载分项系数取 $r_2 = 1.0$；检阅楼恒荷载 $q_3 = 85.9KN/m^2$，旗杆楼恒荷载 $q_4 = 61.5KN/m^2$。

由于活荷载 $q_1 = 2.5KN/m^2$ > 雪荷载 $q_2 = 0.8KN/m^2$，所以活荷载取 $2.5KN/m^2$。$F_1 = r_1 q_1 + r_2 q_3 = 1.4 \times 2.5 + 1.0 \times 85.9 = 89.4KPa < fak = 300Kpa$

$F_2 = r_1 q_1 + r_2 q_4 = 1.4 \times 2.5 + 1.0 \times 61.5 = 65KPa < fak = 300Kpa$

F_1——原苏联总领事馆办公楼地基承载力计算值（KPa）

F_2——旗杆楼地基承载力计算值（KPa）

所以原苏联总领事馆办公楼和旗杆楼两处地基的承载力能够满足承载力特征值的要求。

六、评　　估

（一）价值评估

（1）该建筑为乌鲁木齐市较早的苏式建筑，其风格古朴，造型独特，且保存较完整，是研究新疆建筑史重要的实物材料之一。

（2）旗杆楼是中俄，中苏相互交流的历史见证。1851年至1962年的100多年的时间内新疆与俄国，苏联的贸易交往中，有过令人不悦的不平等阶段，但促进经济发展，互通有无的积极作用不能否认。不同历史时期的新疆对苏（俄）贸易虽然有不同的性质和特点，但作为一个不同地区、不同国度的贸易交流能够持续不断地往来近四百年，这本身就是一个值得认真研究的课题。苏式建筑在当时的一段时间内，对新疆建筑的发展史有一定的促进作用。

（3）旗杆楼作为文物保护单位，有着特殊的历史、艺术、科学、文物价值。

（4）目前，随着改革开放的不断深入和经济快速发展，广大人民群众的精神文化需求日益强烈。维修后的旗杆楼将作为非物质文化遗产陈列馆的组成部分，利用这个平台，推介优秀的非物质文化遗产融入人们的日常生活，培养、优化非物质文化遗产传承和发展的文化生态环境。可以在学生中普及非物质文化遗产保护知识，激发青少年热爱祖国优秀传统文化的热情，让各级学校的艺术教育承担起民族民间艺术的传承义务。

综上所述，旗杆楼具有丰富的历史信息和深厚的文化内涵。

（二）管理现状

新疆维吾尔自治区文化厅是新疆维吾尔自治区人民政府派出分管全自治区文化事业的管理机构，是新疆维吾尔自治区人民政府的组成部分。目前由自治区文化厅机关后勤管理中心对旗杆楼进行管理。

（三）现状评估

（1）旗杆楼宏伟壮观，有独特的苏式建筑风格，虽然目前建筑破损较严重，后期的改造也在一定程度上破坏了建筑物原来风格和特点，但建筑外观及布局保存比较完好。

（2）旗杆楼内后期改造的墙体、屋面漏雨、梁架结构腐蚀、地板的糟朽、门窗变形，管道锈蚀，电线老化，如果不及时进行维修和保护，旗杆楼将会继续遭到破坏，随着时间的推移，它将会消失。

（3）旗杆楼内的照明、供暖、避雷及水暖等设施情况比较差，需要进一步的改善。

综上所述，旗杆楼需要进行修缮保护。

第二部分　维修设计方案

一、维修设计依据及原则

（一）维修设计依据

（1）设计合同和甲方提供的历史资料。

（2）《中华人民共和国文物保护法》（2002 年）。

（3）《中华人民共和国文物保护法实施细则》（2003 年）。

（4）《纪念建筑、古建筑、石窟寺等修缮工程管理办法》（1986 年）。

（5）《文物保护工程管理办法》（2003 年）。

（6）《中国文物古迹保护准则》（2004 年）。

（7）《建筑结构荷载规范》（GB50009-2001）。

（8）《建筑地基基础设计规范》（GB50007-2002）。

（9）《建筑抗震设防分类标准》（GB50223-95）。

（10）《新疆乌鲁木齐市旗杆楼现场勘察测量报告》。

（二）维修设计原则

（1）不改变文物原状的原则：切实保持好文物的历史信息，保持原有建筑的风貌和特征。对建筑的布局、形式、结构等方面进行原状保护，以最大限度地保留文物的整体完整性。

（2）真实性原则：文物是不可替代与不可再生的，维修的目的是真实地保存并延续其存在时限，保护它本身的多种价值。

（3）最低干预原则：在保证文物本体安全的前提下，在最低限度干预的基础上最大限度地保护建筑的历史真实性。

（4）可逆性原则：维修文物所采用的技术和材料必须具有可逆性，所用技术措施应当不妨碍再次对原物进行保护处理，以免导致文物的更大损害。

（5）坚持原材料、原尺寸、原工艺原则：对缺损丢失的构件必要时进行局部的补配，做到原材料、原结构、原工艺、按原形制修复，保持文物的风格和特点。

二、工程概述

（一）工程性质

本次工程属于现状修整的修缮工程。

（二）工程内容

旗杆楼修缮内容包括：

（1）维修主体建筑，拆除所有后加墙体、门窗，恢复建筑的原来面貌。

（2）更换屋面防水层。

（3）修补部分装修，重做室外散水。

（4）重新粉刷墙面，清理地下室，并做日常性养护。

（5）完善给排水、供暖、照明、消防、避雷等设施。

三、工程说明

1. 基础

经过勘察，旗杆楼基础已趋于稳定，无不均匀沉降状况。局部独立基础及条形基础残破，需补砌青砖；基础上原有的大部分通风口都已被粉尘封堵，本次维修要清除所有基础通风口上的粉尘，以保证一层木地板下通风干燥。

2. 室外地面及散水

根据本次现场勘察，旗杆楼的室外地面为水泥砂浆地面，地面基本完好。办公楼的散水破坏较严重，已经失去了正常的功作，所以本次修缮时重新做散水，厚100毫米，宽1000毫米。用防水砂浆制作。铲除勒脚上的水泥砂浆层，恢复被封堵的通风口。

3. 木地板和木龙骨

对室内地面油漆脱落严重的木地板重新刷漆。更换部分接头处糟朽严重不能继续使用的木地板，约有30%。对于一楼大厅的地面（现为水磨石地面），据了解以前也是木地板，后在维修中因破坏严重，更换为水磨石地面，本次维修中维持原状。对于二楼四合板的地面，按照原有木地板样式恢复。地下室地面为红砖地面。由于人为和自然的破坏，缺失比较严重，需要全部更换。

更换因受潮、腐朽、开裂等不能继续使用的木龙骨，约有10%。木龙骨下的支撑体为500毫米×600毫米砖墩，在后来的维修中部分用直径为240毫米木柱或者片石砌筑的支撑代替。

本次维修中把所用的木柱、片石支撑全部拆除，更换为砖墩（具体更换数量详见基础平面图）。

4. 墙体

铲除旗杆楼已空鼓、脱皮的墙体，按照原有工艺和颜色重新粉刷。为了还原建筑原来的面貌，减轻建筑的自重，对于后期增加的墙体，全部拆除（拆除墙体详见平面图）。在拆除后加墙体之前，施工单位必须事先采取可靠有效的支护措施，以防建筑本体遭到二次破坏。

5. 柱子

柱子为混凝土柱。目前所有柱子整体保存较好，尚能继续使用。对于混凝土表面的涂料层脱落，将采取传统工艺重新粉刷。屋架上的柱子为木柱，局部有裂缝。用干燥旧木条嵌补裂缝，用结构胶（改性环氧树脂）粘牢，再视具体情况看是否需要加铁箍。

6. 梁架

更换被雨水侵蚀严重不能继续使用的梁架结构（约 15%），根据梁、板及斜撑开裂程度和腐朽程度的不同，分别采取用扁铁连接或加铁箍以及做防腐处理等方式加固。

7. 屋面及排水

由于年久失修，现有屋面上的沥青油毡已基本老化，开裂现象较严重。屋面的部分屋面板因被雨水腐蚀，部分已不能继续使用，导致室内漏雨，墙面被污染。本次维修重做屋面防水（二毡三油），更换被腐蚀不能继续使用的屋面板（10%）。屋面的结构层从上向下依次为：2 毫米铁皮、2 层沥青油毡、屋面板。

排水情况和措施详见屋顶排水图。

8. 楼梯和护栏

由于年久失修已经残破不堪，落满灰尘，踏步的拼接处已经松动，栏杆扶手已经不能使用，所以对于西侧的辅楼梯采取按照原样式和工艺重新制作，具体做法详见图纸。主楼梯和东侧楼梯为钢筋混凝土双跑楼梯，保存较好，对于不符合《民用建筑设计通则》规定的栏杆扶手，必须进行修整，并对所有护栏重新刷漆。

9. 门窗

一、二楼的门窗存在变形、油漆剥落、玻璃缺失等现象。对于此将采取矫正门窗、补刷油漆、安装缺失玻璃等措施。把所有塑钢窗更换为木窗户，维修时全部按照原有尺寸规格、材质及样式风格补修或更换门窗的五金制品。地下室的门破损严重，需全部更换；地下室的窗户 30% 需要维修，70% 需要更换。办公楼西侧地下室的窗户需要恢复采光井，具体做法详见采光井图纸。

需要矫正的门窗编号及规格表（M—门，C—窗）

门窗编号	规格尺寸（mm）（宽×高）	门窗编号	规格尺寸（mm）（宽×高）
M-1	1070×2070	M-7	1510×2800
M-2	1040×2000	M-8	960×2070
M-3	1400×2500	M-9	1400×2310
M-4	1230×2140	M-10	1520×2440
M-5	1400×2310	M-11	1100×2130
M-6	1800×3150	M-13	1350×3260
M-14	1450×3320	C-9	1620×2660
M-15	1360×2900	C-10	1400×2340
M-16	1400×2800	C-12	1700×2890
M-17	1400×3020	C-13	1200×2340
C-7	1200×1920	C-14	1620×6750

10. 内装修（包括吊顶和雕饰）

吊顶：更换被雨水侵蚀严重不能继续使用的吊顶（约10%），按照原有颜色重新粉刷所有吊顶。一楼两间房屋现有的吊顶为后期维修时的矿棉板吊顶，本次维修中将现有的矿棉板吊顶全部拆除，按原来样式重做。

雕饰：因年久失修，旗杆楼室内外装饰的部分石膏雕饰及油漆已脱落（约30%），本次维修时用原材料按原样式补修。

11. 壁炉及烟囱

壁炉：由于后期维修改建，办公楼内的壁炉已经不复存在，本次维修不考虑壁炉的恢复问题。

烟囱：为青砖砌筑保存较好，但未做相应处理。雨水可以直接从烟囱落入墙体，长此以往会使墙体内部潮湿，影响墙体结构稳定，且维修后将采用集中供热的方式，所以本次维修时用砖把烟囱内部封堵，并做防水处理。

12. 给排水、供暖、照明、消防、避雷

给排水：无给排水系统，需严格按照给排水设计图纸的要求进行布设。

供暖：严格按照供暖设计图纸的要求进行布设。

照明：照明线路杂乱无章，需严格按照照明规定规范线路，重新架设。

消防：无消防设施，需严格按照消防规范的要求进行配备。

避雷：本次维修严格按照避雷规范要求做避雷保护措施，合理利用三楼的旗杆，把避雷针按放到旗杆上，沿建筑物四角用钢筋接地。

四、周边环境整治

（1）拆除旗杆楼楼旁自建的一个车库。

（2）拆除旗杆楼办公楼院内自建的两间库房。

（3）在原有卫生间处重新恢复卫生间。

（4）修剪旗杆楼办公楼旁边的树木。

（5）规划旗杆楼办公楼院内的绿化。

（6）新建一栋二层办公楼，面积约为440平方米，具体位置见图纸。

五、注 意 事 项

（1）在组织维修施工前，首先组织施工技术人员进行施工前的勘测，了解该建筑的结构情况和残破状态，把握好维修尺度，搭好防护设施，确保维修范围内一切文物的安全。

（2）设计中选用的各种建筑材料，必须有出厂合格证，并符合国家或主管部门颁发的产品标准，地方传统建材必须满足优良等级的质量标准。

（3）屋面工程施工前，做好屋面防护工程搭设，严防梁架等木构件被风雨损坏。

（4）方案中的梁、椽、柱的更换数量均按百分比表述，具体数量详见预算表。

（5）由于现场勘测时间有限，有些部位勘测还不是很完善，有些地方难免有所疏漏，待保护工程进行时再进一步补充完善施工图。

（6）工程施工前应认真进行现场核对，如发现旗杆楼办公楼遭受到新的破坏，现场状况与设计不符时，应及时联系设计单位，进行设计变更后方可进行施工。

参 考 资 料

[1] 新疆乌鲁木齐市党史地方志编纂委员会编写：《乌鲁木齐市志》，新疆人民出版社，1994年。

[2] 政协乌鲁木齐市委员会文史资料研究委员会编辑：《乌鲁木齐文史资料》（第一辑），新疆青少年出版社，1983年。

[3] 新疆社会科学院历史研究所编辑：《新疆地方历史资料选辑》，人民出版社，1987年。

[4] 新疆文物局编：《新疆维吾尔自治区文物“四有”档案》（内部资料）。

[5] 当地文物部门提供的部分资料和部分照片。

项目主持：梁　涛

项目负责：徐桂玲

参加人员：梁　涛　阿布都艾尼·阿不都拉

阿里木·阿布都热合曼

徐桂玲　冶　飞　陆继财

赵永升　雪克来提

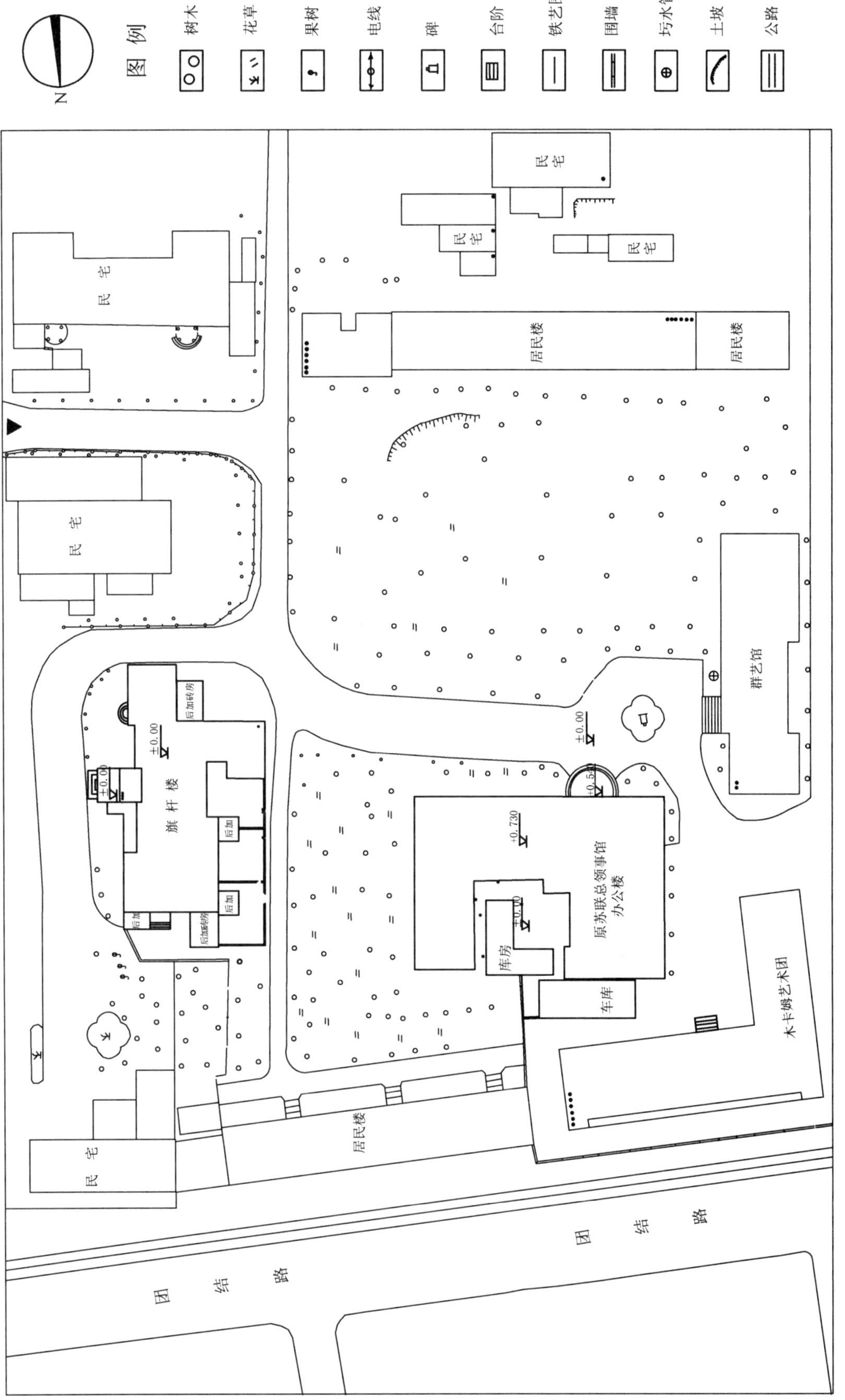
N
图例
树木
花草
果树
电线
碑
台阶
铁艺围栏
围墙
污水管道
土坡
公路
民宅
居民楼
群艺馆
旗杆楼
后加砖房
后加
±0.00
+0.730
原苏联总领事馆办公楼
库房
车库
木卡姆艺术团
团结路

附图1 旗杆楼总平面图

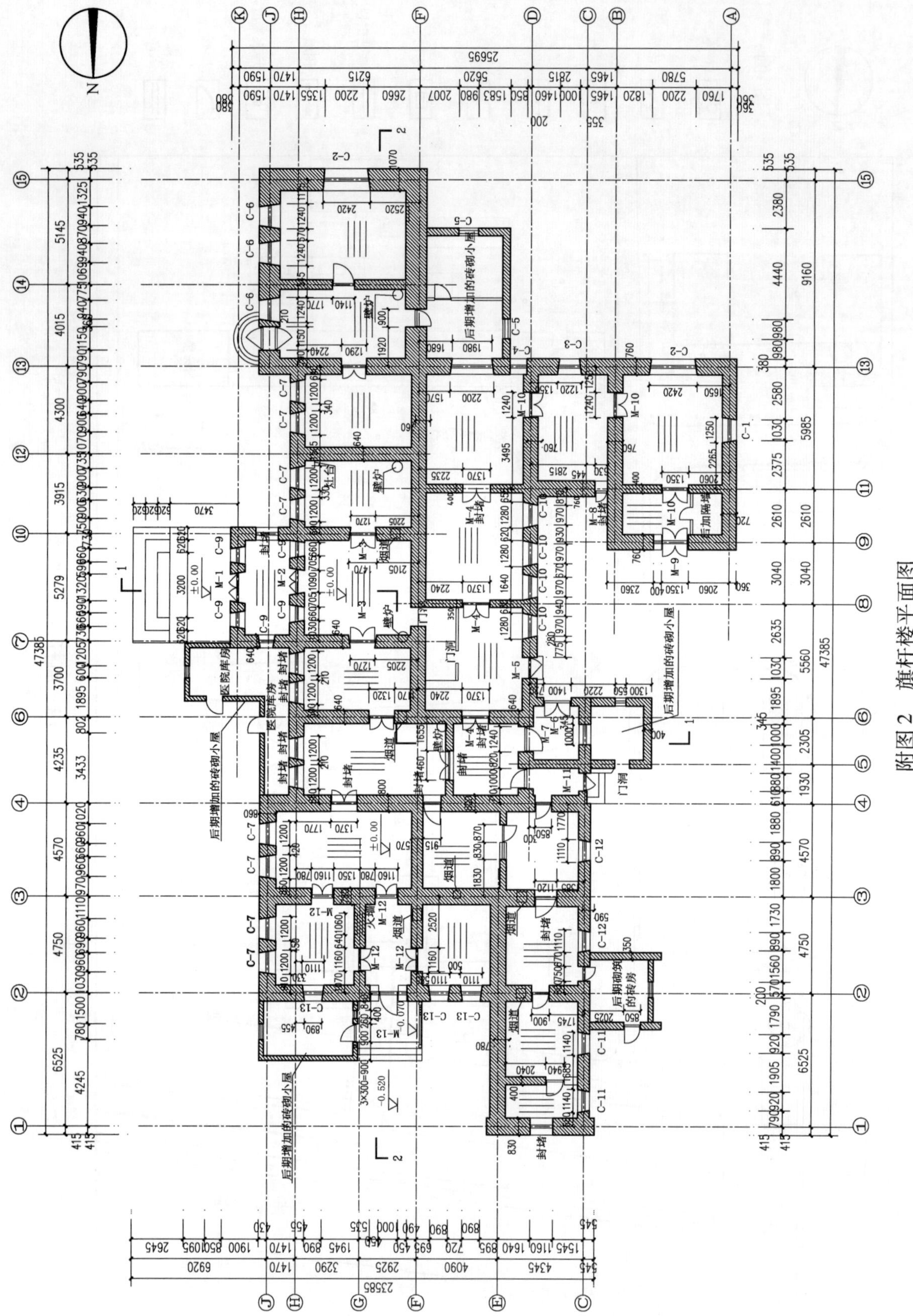

附图2　旗杆楼平面图

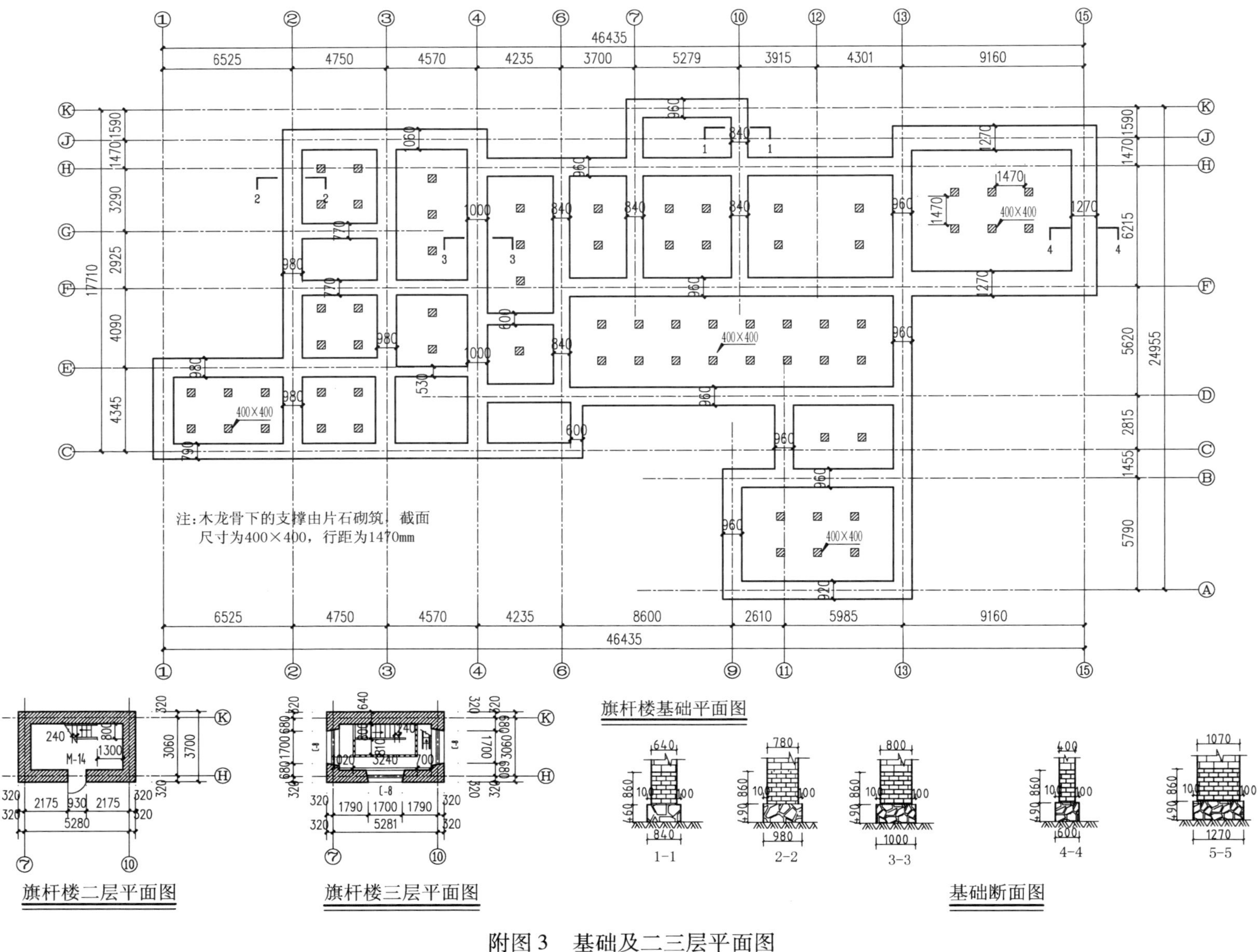

附图3 基础及二三层平面图

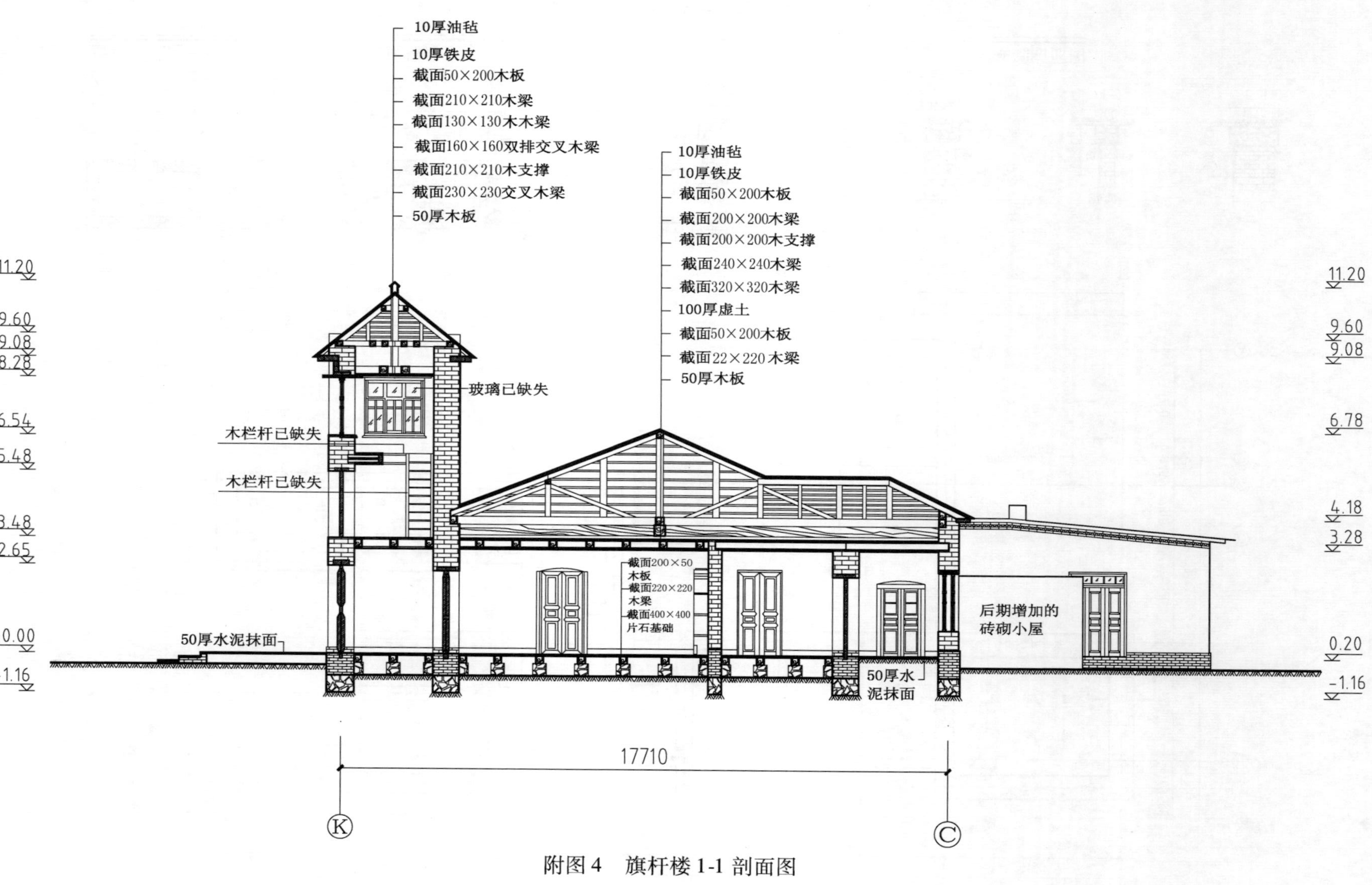
10厚油毡
10厚铁皮
截面50×200木板
截面210×210木梁
截面130×130木木梁
截面160×160双排交叉木梁
截面210×210木支撑
截面230×230交叉木梁
50厚木板
10厚油毡
10厚铁皮
截面50×200木板
截面200×200木梁
截面200×200木支撑
截面240×240木梁
截面320×320木梁
100厚虚土
截面50×200木板
截面22×220木梁
50厚木板
11.20
9.60
9.08
8.28
6.54
5.48
3.48
2.65
±0.00
-1.16
玻璃已缺失
木栏杆已缺失
木栏杆已缺失
50厚水泥抹面
截面200×50
木板
截面220×220
木梁
截面400×400
片石基础
后期增加的
砖砌小屋
50厚水
泥抹面
11.20
9.60
9.08
6.78
4.18
3.28
0.20
-1.16
17710
K
C

附图 4　旗杆楼 1-1 剖面图

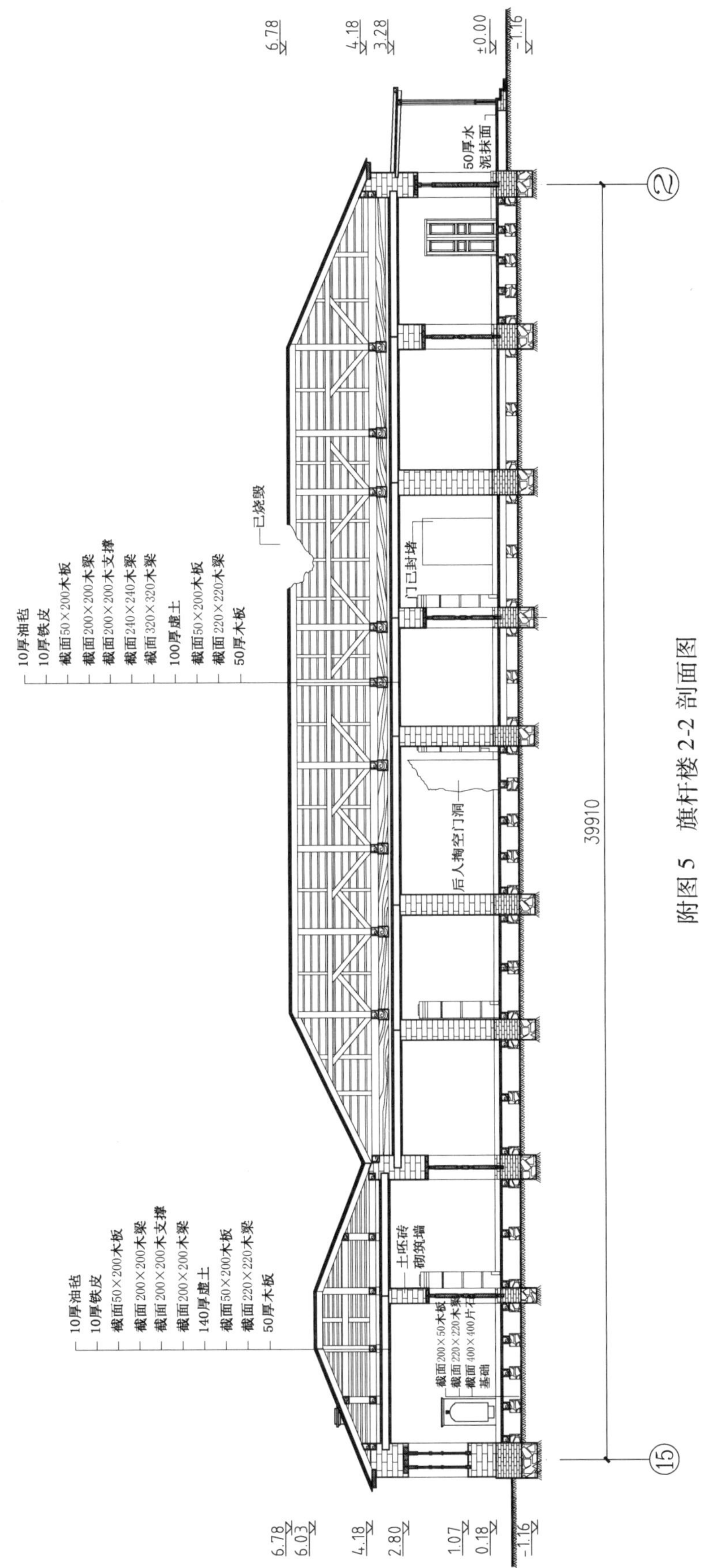
10厚油毡
10厚铁皮
截面50×200木板
截面200×200木梁
截面200×200木支撑
截面200×200木梁
140厚虚土
截面50×200木板
截面220×220木梁
50厚木板
10厚油毡
10厚铁皮
截面50×200木板
截面200×200木梁
截面200×200木支撑
截面240×240木梁
截面320×320木梁
100厚虚土
截面50×200木板
截面220×220木梁
50厚木板
已烧毁
6.78
6.03
4.18
2.80
1.07
0.18
-1.16
6.78
4.18
3.28
±0.00
-1.16
土坯砖
砌筑墙
截面200×50木板
截面220×220木梁
截面400×400片石
基础
后人掏空门洞
门已封堵
50厚水
泥抹面
39910
⑮
②
附图5　旗杆楼2-2剖面图

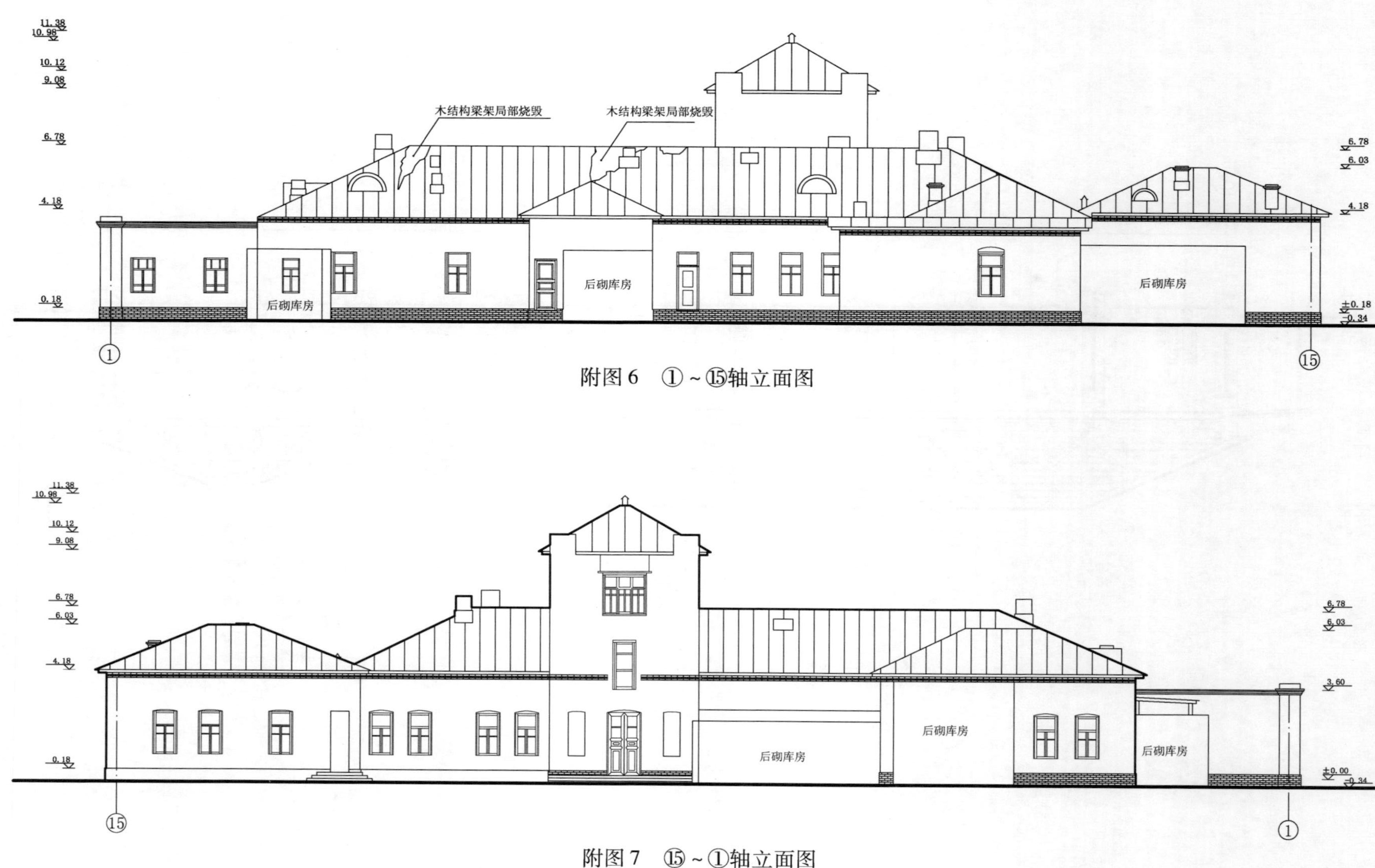

附图6 ①～⑮轴立面图

附图7 ⑮～①轴立面图

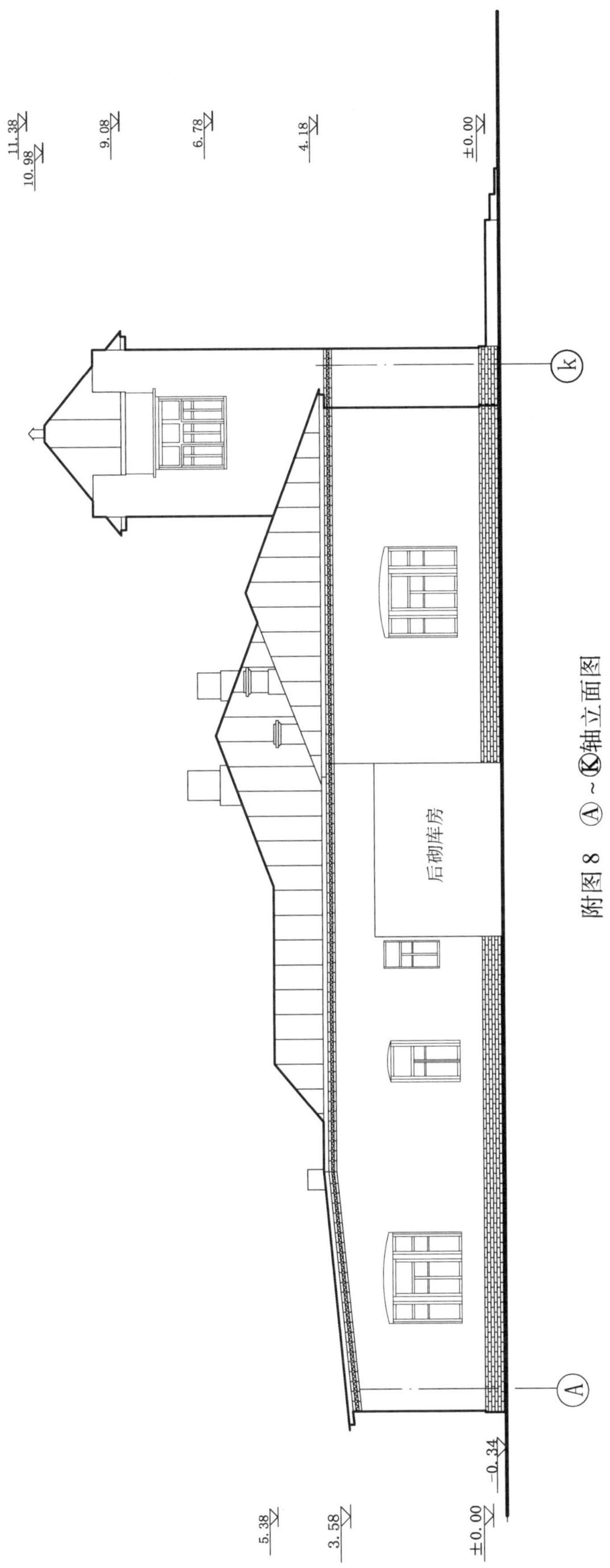

附图 8 Ⓐ～Ⓚ轴立面图

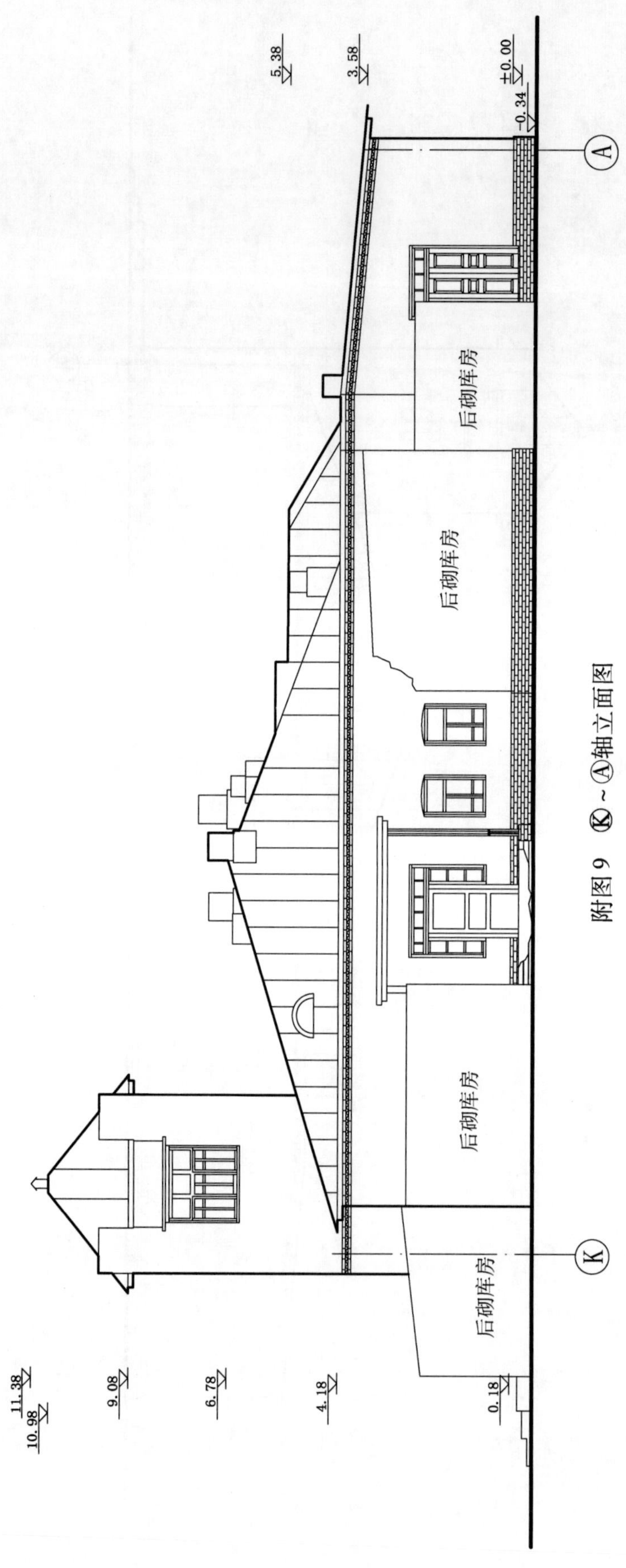
5.38
3.58
±0.00
-0.34
A
后砌库房
后砌库房
后砌库房
后砌库房
K
11.38
10.98
9.08
6.78
4.18
0.18

附图9　Ⓚ～Ⓐ轴立面图

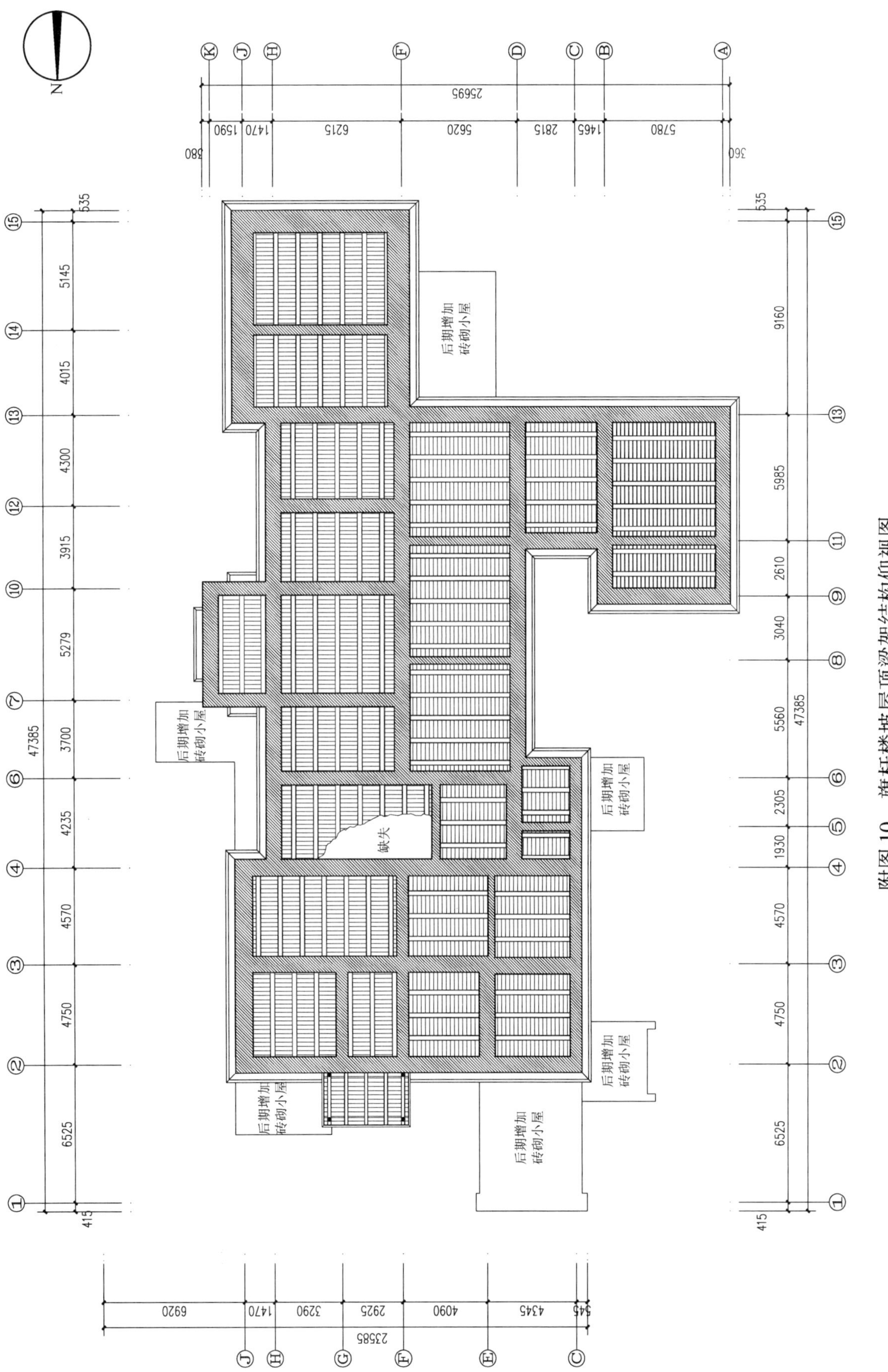

附图10 旗杆楼坡屋顶梁架结构仰视图

新疆乌鲁木齐市原苏联总领事馆办公楼修缮工程勘察报告及设计方案

第一部分　勘察报告

一、基本概况

乌鲁木齐市是新疆维吾尔自治区的首府，位于新疆中部天山北麓的准噶尔盆地南缘。辖区东与吐鲁番市接壤；西与昌吉市为界；南与托克逊县、和硕县毗连；西南与和静县为邻；北部与吉木萨尔县、阜康市、米泉市分界。乌鲁木齐市境南北最宽处约153公里，东西最长约190公里。地理坐标为东经86°37′33″~88°58′24″，北纬42°45′32″~44°08′00″。

乌鲁木齐是一个多民族聚居的城市，现辖7区1县，总面积12000平方公里，居住着汉、维吾尔、回、哈萨克、蒙古等49个民族、总人口208.2万人（全国第五次人口普查口径）。其中少数民族人口占24.6%，市区人口占83.5%。

乌鲁木齐市是全疆政治、经济、文化、科技的中心，南北疆交通的枢纽，也是第二座欧亚大陆桥中国西段的桥头堡，航空、铁路、公路交通线四通八达。现有国际、国内航空线30余条，公路交通可直达各地、州、市县。乌鲁木齐既是兰新铁路的终点，又是北疆铁路（又名兰新铁路西段）和南疆铁路的起点，交通十分便利。

乌鲁木齐市区三面环山，地势东南高、西北低，平均海拔800米。属中温带半干旱大陆性气候，其特征是：温差大，寒暑变化剧烈，降水量少，且随高度垂直递增；冬季漫长，四季分配不均，春秋多大风，冬季有逆温层出现。年平均温度7.3℃，年平均降水236毫米。年平均日照2775小时，无霜期为105~168天，乌鲁木齐地区太阳辐射资源丰富，光照时间长，但各地太阳总辐射量分布不均衡。达坂城谷地最强，北部平原地区次之，市区较少，山区日照时数最少。

苏联总领事馆办公楼原名苏联驻迪化领事馆，位于乌鲁木齐市天山区胜利路193号文化大院内。院内绿树参天，环境优美，东南两侧为林带，北邻木卡姆艺术团办公楼，西南为歌舞团排练厅。一尊列宁半身像花坛屹立在领事馆办公楼前。

原苏联总领事馆办公楼的四至范围（GPS数据）是：

办公楼门前坐标：北纬43°46′61″，东经87°37′70″；

东南角：北纬 43°46′61″，东经 87°36′74″；

西南角：北纬 43°46′62″，东经 87°36′70″；

西北角：北纬 43°46′64″，东经 87°36′70″；

东北角：北纬 43°46′63″，东经 87°36′75″。

二、历史沿革及近年来的维修、管理情况

乌鲁木齐，古准噶尔蒙古语，意为“优美的牧场”。远在新石器时代人类就在这里生息繁衍。战国时，属古车师人活动范围。西汉时期，乌鲁木齐及其周围地区居住着十几个部落的游牧民，史称“十三国之地”。到了东汉，乌鲁木齐成为车师六国的一部分。唐贞观二十二年（公元 648 年），唐政府在距今乌鲁木齐以南 10 公里处设置轮台城，作为当时丝绸之路新北道上唯一的收税城、管理城和供给城。这是乌鲁木齐第一城。18 世纪中叶，城市雏形开始形成。清乾隆二十八年（1763 年），清乾隆帝将扩展后的城池命名为“迪化”。光绪十年（1884 年），新疆设置行省，以迪化为省会，遂取代伊犁成为臂控天山南北的政治中心。新中国成立后，1954 年 2 月 1 日，迪化改称乌鲁木齐，成为新疆维吾尔自治区首府。

新疆与俄罗斯的正式商贸关系，始于 19 世纪中叶，以时任伊犁将军奕山于 1851 年与俄罗斯签订《伊塔通商章程》开始，俄罗斯与新疆建立正式商贸关系。咸丰十年（1861 年），清朝政府与俄罗斯订立《中俄北京条约》，俄国始在伊犁、塔城、喀什设立领事馆。俄领事馆主要职责是处理商务，裁判俄商诉讼，同时兼营副业，如办银行、邮政、学校等。

1896 年，俄罗斯提出撤销吐鲁番领事馆，改在省城迪化设立总领事馆，清朝政府同意了这一要求。

1917 年“十月”革命后，苏维埃政权成立，废除了俄罗斯与新疆签订的条约。

1924 年，“苏联驻迪化总领事馆”设立，首任总领事为贝斯特洛夫。

1962 年，中苏关系恶化，苏联撤走领事，领事馆办公楼闲置。

1963 年，自治区卫生厅将领事馆办公楼作为办公地点。

1964 年，新疆歌舞团将领事馆办公楼作为办公地点和库房。

1994 年 3 月，原苏联总领事馆办公楼被公布为乌鲁木齐市文物保护单位。

2003 年 2 月 9 日，原苏联总领事馆办公楼被公布为新疆维吾尔自治区级文物保护单位。

三、建筑布局、建筑结构及现存情况

（一）建筑布局、建筑结构

原苏联总领事馆办公楼建筑为坐北朝南的二层砖木结构的苏式建筑（图一）。平面呈“凹”字形，正立面呈“凸”字形，建筑面积 1800 平方米。屋面为铁皮顶，开老虎窗。耸立旗杆的阁楼前沿竖立四个绿色葫芦形装饰。门口的圆形踏步上为六根爱奥尼式柱支撑的圆形柱廊，柱身稍有收分，柱头为四涡卷；二层楼西侧也有爱奥尼式壁柱六根，与之呼应协调。砖檐砌为直

图一　原苏联总领事馆办公楼正门

齿形，墙面砌矩形，墙体以黄色为主。窗户呈圆拱形。檐、窗以灰色点缀，外观端庄华贵。

（二）现存状况

1. 基础

原苏联总领事馆办公楼的基础分墙下条形基础和柱下独立基础两种形式。墙下基础为毛石砌筑，基础埋深1米。此次勘察发现由于后期采暖的需要，在基础上的墙体上开了一些不规则的洞口安装管道，局部基础已受到破坏。建议维修时补砌；一楼大门处的混凝土柱基为独立基础，具体截面尺寸详见基础大样图。

2. 木地板及龙骨

领事馆办公楼室内地面保留了以往的铺设方式，一二层地面原均为木地板。一楼大厅由于人流量较大，木地板破坏较早，用水磨石地面代替了木地板，目前大厅地面保存较好。原木地板厚40毫米，宽200毫米，表面刷红色油漆。目前所有木地板表面的油漆磨损严重，有些地板的接头部位已经糟朽，约有30%的地板不能继续使用；二楼部分房间在以往维修时更换为四合板地面。建议此次维修拆除后期更换的四合板地面，修补或者更换不能继续使用的木地板，并将所有地板按照原来的颜色重新刷漆。

木龙骨：木地板下的龙骨直径为190毫米，间距在1140～1250毫米之间。通过勘察发现：龙骨的尺寸规格不统一，有更换过的痕迹；约有10%的龙骨出现不同程度的糟朽，主要是由于木构件长期在地面以下，通风口堵塞，通风不畅而受潮腐朽。建议更换不能使用的木龙骨，同时定期清理疏通通风口，保持地下空间能通风干燥。

龙骨下支撑：木龙骨下每隔1.8米设置一个500毫米×600毫米的砖墩支撑。勘察发现约有80%的砖墩支撑已经由直径为240毫米的木柱或者片石砌筑的支撑代替。建议维修时将后期替换的木支撑和片石支撑拆除，用青砖重新砌筑。

3. 墙体

领事馆办公楼的墙体为青砖砌筑，外刷米黄色涂料。1964 年，新疆歌舞团将领事馆办公楼作为办公地点和库房后，利用一楼主楼梯后的空间做成两间卫生间使用；增加了一楼Ⓑ ~ Ⓗ轴大开间演出厅⑤轴上的部分墙体，改变了原来敞开式的房屋布局；二楼增加了铝合金玻璃隔挡和木隔墙，隔墙厚度为 120 毫米，并将二楼Ⓕ轴房间内的门封堵。具体位置详见勘察平面图。

领事馆办公楼墙体厚度分为以下几种：外墙 700 毫米，内墙 400 毫米，隔墙分 240 毫米和 120 毫米两种。地下室外墙厚 700 毫米，内墙厚 400 毫米。此次勘察发现墙皮空鼓、脱皮和装修裂缝等病害较多。部分墙体由于屋顶漏雨而污染，外墙面的污染尤为严重；地下室的墙体由于通风口被堵塞，窗户也被封闭，通风不畅，泛潮现象比较严重，墙体出现大面积脱皮和酥碱。建议拆除后期增加的墙体，按照原有样式恢复，粉刷墙面，定时清理疏通通风口，保持地下室干燥。

4. 柱

领事馆办公楼一楼门口及二楼西侧均立有六根爱奥尼式柱子。柱子底部直径 450 毫米，柱身稍有收分，柱头为四涡卷。柱子目前保存完好，只是表面油漆褪色，需要重新粉刷；室内的柱子多为青砖砌筑的方柱，尺寸有 500 毫米 ×500 毫米，640 毫米 ×640 毫米，400 毫米 ×400 毫米，1150 毫米 ×1180 毫米。另有直径为 450 毫米的圆柱。勘察中发现，柱子保存基本完好。墙体中的暗柱拟在将来维修过程中再做详细勘察。

5. 梁架

勘察中没有发现虫蛀现象，但是约有 15% 左右的梁架由于屋顶渗水漏雨遭到腐蚀，还有 10% 左右的梁、板及斜撑由于干缩出现裂缝。开裂严重的部位在前次维修时曾进行过简单加固。此次维修建议更换被雨水腐蚀的梁架。另外，采取一些必要的措施，防止干缩裂缝的进一步发展。

6. 屋面及排水

屋面按照坡数分为双坡和四坡屋面，屋面上共设有七个用来通风和采光的老虎天窗和七个烟囱（图二），具体位置见屋面排水图。屋面以前是铁皮屋面，刷有深绿色油漆。后来由于铁皮老化，多处漏雨，以往维修时直接在铁皮屋面上增加了两层油毡。屋顶从下到上结构层依次为：50 毫米厚屋面板、一层铁皮、两层沥青油毡。此次勘察发现，由于长期暴露在日光下照射，有些地方的油毡已经老化，在接口处有漏雨渗水现象，致使梁架结构遭到雨水的腐蚀。建议在保持屋面结构不变的情况下，恢复铁皮屋面，并定期刷防锈漆。

屋面排水：原苏联总领事馆办公楼的屋面的排水可以分为三部分，从下图照片中可以看出：除西面屋顶为双坡屋面，其余屋面均为四坡屋面。屋面四周共设有 10 个铁皮排水槽，勘察中发现排水槽边缘结有冰凌。走访当地熟悉领事馆并在领事馆工作过的马超华老人时，了解到该建筑物以前在每个排水槽下设有直径为 200 毫米的铁皮排水管，排水管刷有深绿色油漆。

图二　原苏联总领事馆办公楼屋面

目前排水管已经全部缺失，在排水槽下方的墙体上只残留了圆环状的铁皮圈固定在墙上。考虑乌鲁木齐特殊的气候条件，建议此次维修时采用有效合理的排水方式。

7. 楼梯及扶手

领事馆办公楼内共设有三处楼梯，大厅内为主楼梯，两侧为辅楼梯。西侧楼梯为木制单跑楼梯，通往地下室的楼梯踏步和栏杆扶手均为木制，由于年久失修已经残破不堪，落满灰尘；踏步的拼接处已经松动，栏杆扶手已经不能使用；主楼梯和东侧楼梯为钢筋混凝土双跑楼梯。踏步宽300毫米，扶手高950毫米，基本保存完好，栏杆间距270毫米，不符合现行《民用建筑设计通则》中“垂直杆件净距不应大于0.11米”的规定。建议维修时按照有关规定对栏杆扶手进行修整；东侧通往三楼的楼梯是可移动的木制爬梯，目前已经丢失。建议维修时用同种材质重新制作安装。

8. 阳台、雨篷

领事馆办公楼一楼雨篷上方是二楼的阳台，呈半圆形，面积约20平方米。在正立面 $\frac{1}{10}$ 轴和 $\frac{1}{11}$ 轴处各有一个面积为10平方米的长方形挑出式阳台，两处阳台的周围都是白色的铁艺围栏。走访以往工作人员了解到：阳台的围栏原来是带瓶状花纹的木栏杆。建议维修时拆除后期添加的构件，按照原来风格、样式及颜色恢复。另外，在勘察中还发现，通往办公楼院内的门框上方墙体上以及靠近⑪轴的门4下方墙体上都残留着构件缺失的痕迹。经分析，我们推断墙体缺失一个悬挑式雨篷和阳台。建议维修时按原样恢复。

9. 门窗及装饰

现存的门窗存在变形、油漆剥落、玻璃缺失等现象，地下室的门窗尤为严重，约有90%的门窗都已经无法满足正常使用功能。还有一些门窗现在被封闭不再使用，一、二楼几乎所有的木窗户被改为塑钢窗，而且门窗上原来的铜制门环、把手、插销等小五金，有70%存在更换或者缺失现象。建议维修时全部按照原有尺寸规格、材质及样式风格补修或更换。另外，地下室靠近院内的窗户外围的采光井受到雨雪水的侵蚀。建议维修时做必要的处理。

10. 吊顶

领事馆办公楼内（不包括地下室）各房间吊顶均为石膏吊顶。吊顶正中位置做环状装饰，并留有装灯位置。个别房间的吊顶有石膏线条装饰。一楼Ⓗ轴和Ⓝ轴的两间办公室在歌舞团使用期间被重新装修过，吊顶材料改为矿棉板。目前各房间内的吊顶都有不同程度的破坏，由于屋顶漏雨遭到腐蚀和污染的吊顶约占10%。建议维修时更换被雨水污染和腐蚀的吊顶。

11. 壁炉、烟道

由于后期维修改建，办公楼内的壁炉已经不复存在，只剩下墙内的烟道。烟道具体位置见屋面排水图。烟道尺寸为500毫米×500毫米。烟囱突出屋面1020毫米左右，为青砖砌筑。由于烟囱口上方没有雨帽遮挡，雨雪水顺烟囱渗入，侵蚀了墙体。建议此次维修时对烟囱口采取必要的防水措施。

12. 照明

原苏联总领事馆办公楼的照明线路不符合相关电线线路安全架设规定，直接在梁架结构上固定，室内线路目前杂乱无章。建议严格按照相关规定规范线路。

13. 供暖

目前办公楼内仍采用的是独立供暖，地下室内用于供暖的管道及锅炉都已经锈蚀不能使用。建议维修时全部拆除，采用集中供暖，完善供暖设备。

14. 消防、避雷

目前在勘察过程中发现原苏联总领事馆办公楼设有消防栓，但是没有灭火器，不符合消防规范规定。建议在维修过程中完善消防设施，严格按国家相关规定执行；领事馆办公楼没有设置避雷设施。建议在维修过程中完善避雷设施，严格按国家相关规定执行。

通过对原苏联总领事馆办公楼的详细勘察，建议对它采用的修缮方案为：恢复屋面为铁皮屋面，定期更换屋面下的防水油毡；拆除后期添加的隔墙，恢复装修；局部维修加固；对木构件进行防腐、防火处理，完善照明、消防、避雷、上下水及供暖等设备。

四、残破状况及相关原因分析

原苏联总领事馆办公楼现状及残损情况图表（表1）。

表 1　乌鲁木齐市原苏联总领事馆办公楼现状及残损情况图表

<table>
<tr><td colspan="2">
正立面</td><td>
领事馆办公楼鸟瞰图</td><td>
东立面</td></tr>
<tr><td>残损归纳</td><td colspan="3">乌鲁木齐市原苏联总领事馆办公楼建于清光绪二十一年（1895 年），位于天山区胜利路 193 号文化大院内。办公楼坐北朝南，平面呈“凹”字形，为二层砖木结构的苏式建筑，建筑面积 1800 平方米，楼前立有列宁半身像。办公楼残损现状概括如下：
1. 基础：基础为毛石砌筑，埋深 1 米，后期由于采暖的需要，在基础上的墙体开洞安装了采暖管道，局部基础也遭到破坏；
2. 木龙骨：用来支撑木地板的龙骨，直径约为 190 毫米，由于通风不畅，约有 20% 受潮糟朽，需要更换；
3. 龙骨支撑：为青砖砌筑，高 1.2 米，截面尺寸为 500 毫米 ×600 毫米，此次勘察发现约有 70% 的支撑被直径为 200 毫米的木柱或者片石简易垒砌的支撑代替；
4. 木地板：地板表面油漆磨损非常严重，表面的地板胶几乎全部破损，局部接头部位出现小面积的糟朽；部分房间的木地板已经被四合板和水磨石地面代替；
5. 楼梯：楼梯保存基本完好，只有通往三楼的木楼梯缺失；
6. 墙体：后期增加的墙体及玻璃隔断都需要拆除，墙体脱皮和装修裂缝等病害较多，部分墙体由于屋顶漏雨和污染，外墙面的污染尤为严重，由于通风口被堵塞，通风不畅，地下室的墙体泛潮现象比较严重，墙体出现大面积脱皮和酥碱；后期由于采暖的需要，在墙体上开洞安装了采暖管道，对墙体的整体性影响较大；
7. 门窗及五金：现存的门窗有 70% 都存在变形、油漆剥落、玻璃缺失等现象，地下室的窗户破坏程度更为严重，基本不能继续使用。门窗的小五金缺失现象严重，约有 80% 是后期补换的；
8. 柱子：楼前六根爱奥尼式柱和墙体内的砖柱保存完好，部分木柱存在干缩开裂现象，但不影响构件的承载能力；
9. 梁架：部分梁架由于屋顶漏雨遭到腐蚀，约占 10%，还有 20% 的梁、板由于干缩出现裂缝，部分开裂严重的部位在前次维修时已经用钢筋和铁件进行加固过；
10. 吊顶：为石膏吊顶，一二楼的部分房间内顶部做石膏线条，基本保存完好；
11. 屋面排水：以前的铁皮屋面被油毡代替，目前局部已经风化，有漏水现象；
12. 照明、消防、避雷：苏联领事馆办公楼内照明线路不符合相关电线线路安全架设规定，直接在木构架上固定，室内线路更是杂乱无章；楼内设有消防栓，但没有灭火器，不符合消防规范规定；办公楼顶没有调协避雷设施，不符合现行相关避雷规范规定</td></tr>
</table>

续表

残损部位	基础及支撑现状			
	基础	基础遭人为破坏	木地板下龙骨及支撑情况	
残损照片				
说明	基础为毛石砌筑，埋深1米，后期由于采暖的需要，在基础上方开洞安装了采暖管道，对基础有一定的破坏		木地板龙骨下的支撑为1.2米高的青砖砌筑，截面尺寸为600毫米×500毫米，目前已经被大量木柱代替	
残损部位	室内外地面			
	木龙骨及支撑	木地板接口处	一楼房间内地板	二楼房间内地面
残损照片				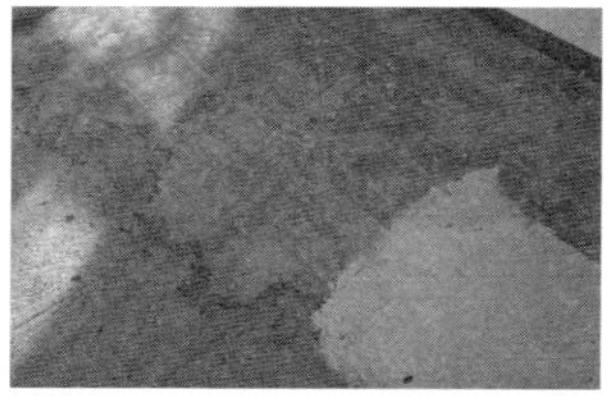
说明	地板下的木龙骨尺寸规格不一，存在干缩裂缝的现象，龙骨下的青砖支撑被简易片石砌筑代替	最早木地板上的带花纹咖啡色的地板胶基本全部缺失，现存木地板表面油漆磨损严重，接头部位出现糟朽现象，局部地板表面后期抹过水泥和石膏		
残损部位	室内外地面现状			
	大厅地面	地下室地面	改造过地面现状	散水现状
残损照片				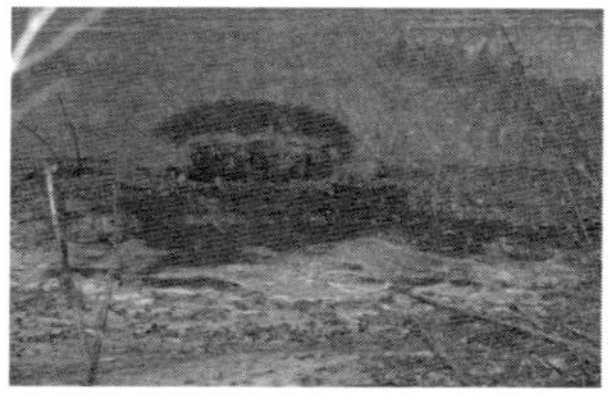
说明	入口处大厅的地面已经改造成水磨石地面	地下室地面为235毫米×120毫米×55毫米青砖铺设	房间地面出现塌陷，地面为后期改造过的红砖地面	建筑外围宽1.2米的水泥散水，顶部排水槽将雨雪水汇集在此。由于天气寒冷，散水上的积水都已经结冰

续表

残损部位	室外地面、台阶及勒脚现状			
	室外现状台阶	东立面出口处台阶	东立面勒脚	北立面墙下勒脚
残损照片				
说明	正立面半圆形台阶的水泥面层有局部磨损现象	红砖砌筑台阶，由于台阶表面没有做任何防护处理，红砖已经磨损，并有酥碱现象	勒脚部位青砖缺失现象，黏结层脱落	勒脚部位出现泛潮和酥碱现象，墙皮大面积脱落
残损部位	室内外墙体情况			
	一楼隔墙	地下室墙面	墙体扇门	一楼演出厅墙体
残损照片			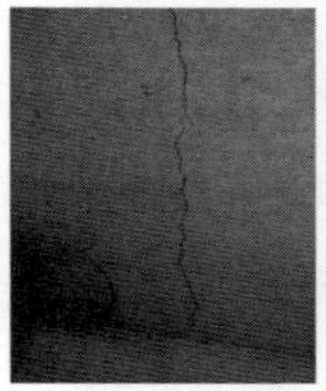	
说明	走廊内隔墙做法：中间为木板条，两侧是芦苇席，表面抹石膏最后刷油漆，目前隔墙底部已经糟朽	地下室墙体泛潮酥碱现象比较严重，墙皮大面积脱落	墙体裂缝处原来是扇门，后期封闭后不再使用	后期添加的墙体，改变了原先敞开式的房间布局
残损部位	柱子		后期改造的墙体现状	
	大门入口处柱子现状		卫生间	二楼隔墙
残损照片		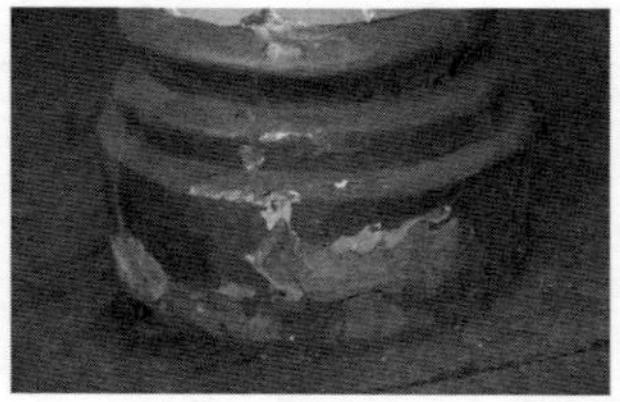		
说明	一楼入口处六根圆形爱奥尼式柱子，柱子身带收分，表面油漆褪色剥落现象较明显	柱子底部造型表面油漆剥落，落满尘土	一楼主楼梯后的空间后期被改造成卫生间使用	后期添加的铝合金玻璃段，目前保存完好

五、评　估

（一）价值评估

（1）乌鲁木齐市原苏联总领事馆曾是近现代苏联政府派驻新疆的最重要的外交机构。总领事馆办公楼不仅是1851～1962年100多年间中俄、中苏商业贸易交往的历史见证，而且还是新疆近现代史上一些重要历史事件的发生场所，具有重要的历史价值。现为自治区级重点文物保护单位。

（2）原苏联总领事馆办公楼是乌鲁木齐市最早的苏式建筑，其风格古朴，造型独特，且保存比较完整，是研究新疆近现代建筑史重要的实物材料。

（3）目前，随着改革开放的不断深入和经济快速发展，广大人民群众的精神文化需求日益强烈。据了解，维修后的原苏联总领事馆办公楼将作为自治区非物质文化遗产的陈列馆，向普通民众普及介绍新疆优秀的文化遗产。此举不仅可以保护原有建筑，而且还能使它发挥出更大的实际作用。

（二）管理现状

自治区文化厅是新疆维吾尔自治区人民政府派出分管全区文化事业的管理机构，是自治区人民政府的组成部分。目前，由自治区文化厅机关后勤管理中心对原苏联总领事馆办公楼进行管理。

（三）现状评估

（1）整座苏联总领事馆办公楼宏伟壮观，有独特的苏式建筑风格，虽然目前建筑内破损较严重，后期的局部改造也在一定程度上破坏了建筑物原来风格和特点，但建筑外观及布局整体保存比较好。

（2）原苏联总领事馆办公楼内的照明、供暖、避雷及水暖等设施情况比较差，需要做认真整改。

（3）原苏联总领事馆办公楼内存在后期墙体改造、屋面漏雨、梁架结构腐蚀、地板糟朽、门窗变形、管道锈蚀等病害。如果不及时进行维修和保护，该办公楼的破坏将会进一步加深。长此以往，必将危机建筑本体的安全。

综上所述，原苏联总领事馆办公楼需要进行修缮保护。

第二部分　修缮设计方案

一、修缮设计依据及原则

（一）修缮设计依据

（1）设计合同和甲方提供的历史资料。

（2）《中华人民共和国文物保护法》（2002 年）。

（3）《中华人民共和国文物保护法实施细则》（2003 年）。

（4）《纪念建筑、古建筑、石窟寺等修缮工程管理办法》（1986 年）。

（5）《文物保护工程管理办法》（2003 年）。

（6）《中国文物古迹保护准则》（2004 年）。

（7）《建筑结构荷载规范》（GB50009－2001）。

（8）《建筑地基基础设计规范》（GB50007－2002）。

（9）《建筑抗震设防分类标准》（GB50223-95）。

（10）《新疆乌鲁木齐市原苏联总领事馆办公楼现场勘察测量报告》关于建筑残破现状及相关原因分析。

（二）修缮设计原则

（1）不改变文物原状的原则：切实保持好文物的历史信息，保持原有建筑的风貌和特征。对建筑的布局、形式、结构等方面进行原状保护，以最大限度地保留文物的整体完整性。

（2）真实性原则：文物是不可替代与不可再生的，维修的目的是真实地保存并延续其存在时限，保护它本身的多种价值。

（3）最低干预原则：在保证文物本体安全的前提下，在最低限度干预的基础上最大限度地保护建筑的历史真实性。

（4）可逆性原则：维修文物所采用的技术和材料必须具有可逆性，所用技术措施应当不妨碍再次对原物进行保护处理，以免导致文物的更大损害。

（5）坚持原材料、原尺寸、原工艺原则：对缺损丢失的构件必要时进行局部的补配，做到原材料、原结构、原工艺、按原形制修复，保持文物的风格和特点。

二、工程概述

（一）工程性质

本次工程属于现状修整的修缮工程。

（二）工程内容

原苏联总领事馆办公楼修缮内容包括：

（1）维修主体建筑，拆除所有后加墙体、门窗，恢复建筑的原来面貌。

（2）更换屋面防水层。

（3）修补部分装修，重做室外散水。

（4）重新粉刷墙面，清理地下室，并做日常性养护。

（5）重新设计卫生间，在不改变原貌的情况下，要满足使用要求。

（6）完善给排水、供暖、照明、消防、避雷等设施。

三、工 程 说 明

1. 基础

经过勘察，原苏联总领事馆办公楼基础已趋于稳定，无不均匀沉降状况。局部独立基础及条形基础残破，需补砌青砖；基础上原有的大部分通风口都已被粉尘封堵，本次维修要清除所有基础通风口上的粉尘，以保证一层木地板下通风干燥。

2. 室外地面及散水

根据本次现场勘察，苏联领事馆办公楼的室外地面为水泥砂浆地面，地面基本完好。办公楼的散水破坏较严重，已经失去了正常的功作，所以本次修缮时重新做散水，厚100毫米，宽1000毫米。用防水砂浆制作。铲除勒脚上的水泥砂浆层，恢复被封堵的通风口。

3. 木地板和木龙骨

对室内地面油漆脱落严重的木地板重新刷漆。更换部分接头处糟朽严重不能继续使用的木地板，约有30%。对于一楼大厅的地面（现为水磨石地面），据了解以前也是木地板，后在维修中因破坏严重，更换为水磨石地面，本次维修中维持原状。对于二楼四合板的地面，按照原有木地板样式恢复。地下室地面为红砖地面。由于人为和自然的破坏，缺失比较严重，需要全部更换。

更换因受潮、腐朽、开裂等不能继续使用的木龙骨，约有10%。木龙骨下的支撑体为500毫米×600毫米砖墩，在后来的维修中部分用直径为240毫米木柱或者片石砌筑的支撑代替。本次维修中把所用的木柱、片石支撑全部拆除，更换为砖墩（具体更换数量详见基础平面图）。

4. 墙体

铲除领事馆办公楼已空鼓、脱皮的墙体，按照原有工艺和颜色重新粉刷。为了还原建筑原来的面貌，减轻建筑的自重，对于后期增加的墙体，全部拆除（拆除墙体详见平面图）。在拆除后加墙体之前，施工单位必须事先采取可靠有效的支护措施，以防建筑本体遭到二次破坏。

5. 柱子

柱子为混凝土柱。目前所有柱子整体保存较好，尚能继续使用。对于混凝土表面的涂料层脱落，将采取传统工艺重新粉刷。屋架上的柱子为木柱，局部有裂缝。用干燥旧木条嵌补裂缝，用结构胶（改性环氧树脂）粘牢，再视具体情况看是否需要加铁箍。

6. 梁架

更换被雨水侵蚀严重不能继续使用的梁架结构（约 15%），根据梁、板及斜撑开裂程度和腐朽程度的不同，分别采取用扁铁连接或加铁箍以及做防腐处理等方式加固。

7. 屋面及排水

由于年久失修，现有屋面上的沥青油毡已基本老化，开裂现象较严重。屋面的部分屋面板因被雨水腐蚀，部分已不能继续使用，导致室内漏雨，墙面被污染。本次维修重做屋面防水（二毡三油），更换被腐蚀不能继续使用的屋面板（10%）。屋面的结构层从上向下依次为：2 毫米铁皮、2 层沥青油毡、屋面板。

排水情况和措施详见屋顶排水图。

8. 楼梯和护栏

领事馆办公楼内共设有三处楼梯，大厅内为主楼梯，两侧为辅楼梯。西侧楼梯为木制单跑楼梯，通往地下室的楼梯踏步和栏杆扶手均为木制。由于年久失修已经残破不堪，落满灰尘，踏步的拼接处已经松动，栏杆扶手已经不能使用，所以对于西侧的辅楼梯采取按照原样式和工艺重新制作，具体做法详见图纸。主楼梯和东侧楼梯为钢筋混凝土双跑楼梯，保存较好，对于不符合《民用建筑设计通则》规定的栏杆扶手，必须进行修整，并对所有护栏重新刷漆。

9. 阳台、雨篷

经走访以往工作人员，确认阳台的围栏原来是带瓶状花纹的木栏杆。本次维修时拆除后期添加的构件，按照原来风格、样式及颜色恢复。在通往办公楼院内门上方墙体以及靠近⑪轴的门 4 下方墙体上残留着构件缺失的痕迹，经我们推断墙体缺失一个悬挑式雨篷和阳台，本次维修时按原样恢复。

10. 门窗

一、二楼的门窗存在变形、油漆剥落、玻璃缺失等现象。对于此将采取矫正门窗、补刷油漆、安装缺失玻璃等措施（表 2）。把所有塑钢窗更换为木窗户，维修时全部按照原有尺寸规格、材质及样式风格补修或更换门窗的五金制品。地下室的门破损严重，需全部更换；地下室的窗户 30% 需要维修，70% 需要更换。办公楼西侧地下室的窗户需要恢复采光井，具体做法详见采光井图纸。

表 2　门窗矫正编号及规格表（M—门，C—窗）

门窗编号	规格尺寸（毫米）（宽×高）	门窗编号	规格尺寸（毫米）（宽×高）
M-1	1070×2070	M-7	1510×2800
M-2	1040×2000	M-8	960×2070
M-3	1400×2500	M-9	1400×2310
M-4	1230×2140	M-10	1520×2440
M-5	1400×2310	M-11	1100×2130
M-6	1800×3150	M-13	1350X×3260
M-14	1450×3320	C-9	1620×2660
M-15	1360×2900	C-10	1400×2340
M-16	1400×2800	C-12	1700×2890
M-17	1400×3020	C-13	1200×2340
C-7	1200×1920	C-14	1620×6750

11. 内装修（包括吊顶和雕饰）

吊顶：更换被雨水侵蚀严重不能继续使用的吊顶（约 10%），按照原有颜色重新粉刷所有吊顶。一楼两间房屋现有的吊顶为后期维修时的矿棉板吊顶，本次维修中将现有的矿棉板吊顶全部拆除，按原来样式重做。

雕饰：因年久失修，领事馆办公楼室内外装饰的部分石膏雕饰及油漆已脱落（约 30%），本次维修时用原材料按原样式补修。

12. 壁炉及烟囱

壁炉：由于后期维修改建，办公楼内的壁炉已经不复存在，本次维修不考虑壁炉的恢复问题。

烟囱：为青砖砌筑保存较好，但未做相应处理。雨水可以直接从烟囱落入墙体，长此以往会使墙体内部潮湿，影响墙体结构稳定，且维修后将采用集中供热的方式，所以本次维修时用砖把烟囱内部封堵，并做防水处理。

13. 给排水、供暖、照明、消防、避雷

给排水：无给排水系统，需严格按照给排水设计图纸的要求进行布设。

供暖：严格按照供暖设计图纸的要求进行布设。

照明：照明线路杂乱无章，需严格按照照明规定规范线路，重新架设。

消防：无消防设施，需严格按照消防规范的要求进行配备。

避雷：本次维修严格按照避雷规范要求做避雷保护措施。

四、周边环境整治

（1）拆除领事馆办公楼旁自建的一个车库。

（2）拆除领事馆办公楼院内自建的两间库房。

（3）在原有卫生间处重新恢复卫生间。

（4）修剪领事馆办公楼旁边的树木。

（5）规划领事馆办公楼院内的绿化。

（6）新建一栋二层办公楼，面积约为440平方米，具体位置见图纸。

五、注意事项

（1）在组织维修施工前，首先组织施工技术人员进行施工前的勘测，了解该建筑的结构情况和残破状态，把握好维修尺度，搭好防护设施，确保维修范围内一切文物的安全。

（2）设计中选用的各种建筑材料，必须有出厂合格证，并符合国家或主管部门颁发的产品标准，地方传统建材必须满足优良等级的质量标准。

（3）屋面工程施工前，做好屋面防护工程搭设，严防梁架等木构件被风雨损坏。

（4）方案中的梁、椽、柱的更换数量均按百分比表述，具体数量详见预算表。

（5）由于现场勘测时间有限，有些部位勘测还不是很完善，有些地方难免有所疏漏，待保护工程进行时再进一步补充完善施工图。

（6）工程施工前应认真进行现场核对，如发现领事馆办公楼遭受到新的破坏，现场状况与设计不符时，应及时联系设计单位，进行设计变更后方可进行施工。

参考资料

[1] 新疆乌鲁木齐市党史地方志编纂委员会编:《乌鲁木齐市志》，新疆人民出版社，1994年。

[2] 政协乌鲁木齐市委员会文史资料研究委员会编:《乌鲁木齐文史资料》（第一辑），新疆青少年出版社，1983年。

[3] 新疆社会科学院历史研究所编辑:《新疆地方历史资料选辑》，人民出版社，1987年。

[4] 新疆文物事业管理局编:《文物四有档案》(内部资料)，2003年。

[5] 当地文物部门提供的部分资料和部分照片。

项目主持：梁　涛

项目负责：徐桂玲

参加人员：梁　涛　阿布都艾尼·阿不都拉

阿里木·阿布都热合曼　徐桂玲

冶　飞　陆继财　赵永升　雪克来提

附：新疆乌鲁木齐市原苏联总领事馆办公楼修缮做法一览表

木构件修缮做法：

构件名称	残损现状	修缮说明	备　注 原苏联总领事馆
梁	10mm＜裂缝宽度＜20mm，长度不超过1/2L（长度）	用干燥旧木条嵌补，用结构胶粘牢，视具体情况看是否加铁箍；结构胶为改性环氧树脂，根据使用调整配比，区别室内外环境及木材的要求	嵌补量估算为10根
	裂缝宽度＞20mm，长、深均不超过1/4B（宽度）时	除嵌补外，需加铁箍1～2道，铁箍宽50～100mm，厚3～4mm	估算为2根
	糟朽深度＜30mm时 糟朽深度＞30mm时	现场进行防腐处理 试现场情况剔补拼接或更换	现场进行防腐处理的约为10根，更换的估算为1根
椽子 屋面板	裂缝宽度＞10mm时	进行更换	约占所有椽子的5%
	被雨水腐蚀遭朽深度＜10mm时	剔补干净做防腐处理	约占所有椽子的15%
	被雨水腐蚀遭朽深度＞10mm时	剔补用干燥旧木条粘补拼接或更换	约占所有椽子的20%
屋面板	糟朽严重	进行更换	约占10%
柱子	10mm＜裂缝宽度＜30mm，	用干燥旧木条嵌补，用结构胶（改性环氧树脂）粘牢	估算量约为5根
	裂缝宽度＞30mm	除粘补外还需加铁箍1～2道，铁箍宽80～100mm，厚3～4mm	估算为1根
	柱根表皮糟朽。深度不超过1/4D（直径）时	防腐处理和剔补	估算约为2根
	柱根糟朽。高度不超过1/5H（直径）时	用干燥木料墩接，并加铁箍1道，铁箍宽80～100mm，厚3～4mm	估算约为1根
木地板	50mm＜糟朽长度＜100mm	剔补做防腐处理并用干燥旧木条粘补拼接	约占木地板的20%
	糟朽长度＞100mm	剔补更换	约占木地板的30%
	表面油漆脱落	重新补刷油漆	约占木地板的60%
木龙骨	糟朽深度＜30mm时 糟朽深度＞30mm时	现场进行防腐处理 视现场情况剔补拼接或更换	约占木龙骨的30% 约占木龙骨的10%
门窗装修	门窗框变形	归安矫正，紧固榫卯	约为$40m^2$
	局部糟朽	修补或更换	约为$20m^2$
	局部缺失	填配，修补整齐	约为$30m^2$
	不符合原有形制部分	按原形制复原	约为$100m^2$

墙体墙面做法：

构件名称	残损现状	修缮说明	备　注 原苏联总领事馆
墙体	个别断裂单砖，酥碱青砖剥落深度＞15mm时	更换补砌，按原规格砖和灰浆补砌牢靠	剔补量约为10%
	墙面砖出现空鼓	局部拆砌	约为$10m^2$
	墙体出现裂缝、局部松动后砌不整齐处	局部拆砌	约为$20m^2$
室外墙面	墙皮出现裂缝、空鼓、脱落严重	铲除重做并粉刷墙面	全部粉刷
室内墙面	墙皮出现裂缝、空鼓、脱落严重	铲除重新并粉刷墙面	全部粉刷

续表

地面做法：

构件名称	残损现状	修缮说明	原苏联总领事馆
室外地面	局部为水泥地面	水泥地面保持不变	
	地面缺失部分青砖	补配缺失青砖	
	夯土地面	添加路砖地面，路砖尺寸及规格有建设单位自定	路砖地面约为270m^2
排水沟散水	做过散水	沿建筑物四周做防水砂浆散水，散水厚为100mm、宽为1000mm	散水地面约为150m^2
	排水沟	试建筑具体情况增设排水沟	

屋面做法：

构件名称	残损现状	修缮说明	备　注
			原苏联总领事馆
屋面	沥青油毡老化、开裂严重	拆除原来沥青油毡，重做屋面防水（两毡三油）	约为1200m^2
	屋面铁皮锈蚀严重，导致室内漏雨	更换锈蚀严重的铁皮，并对所有铁皮刷防锈剂	

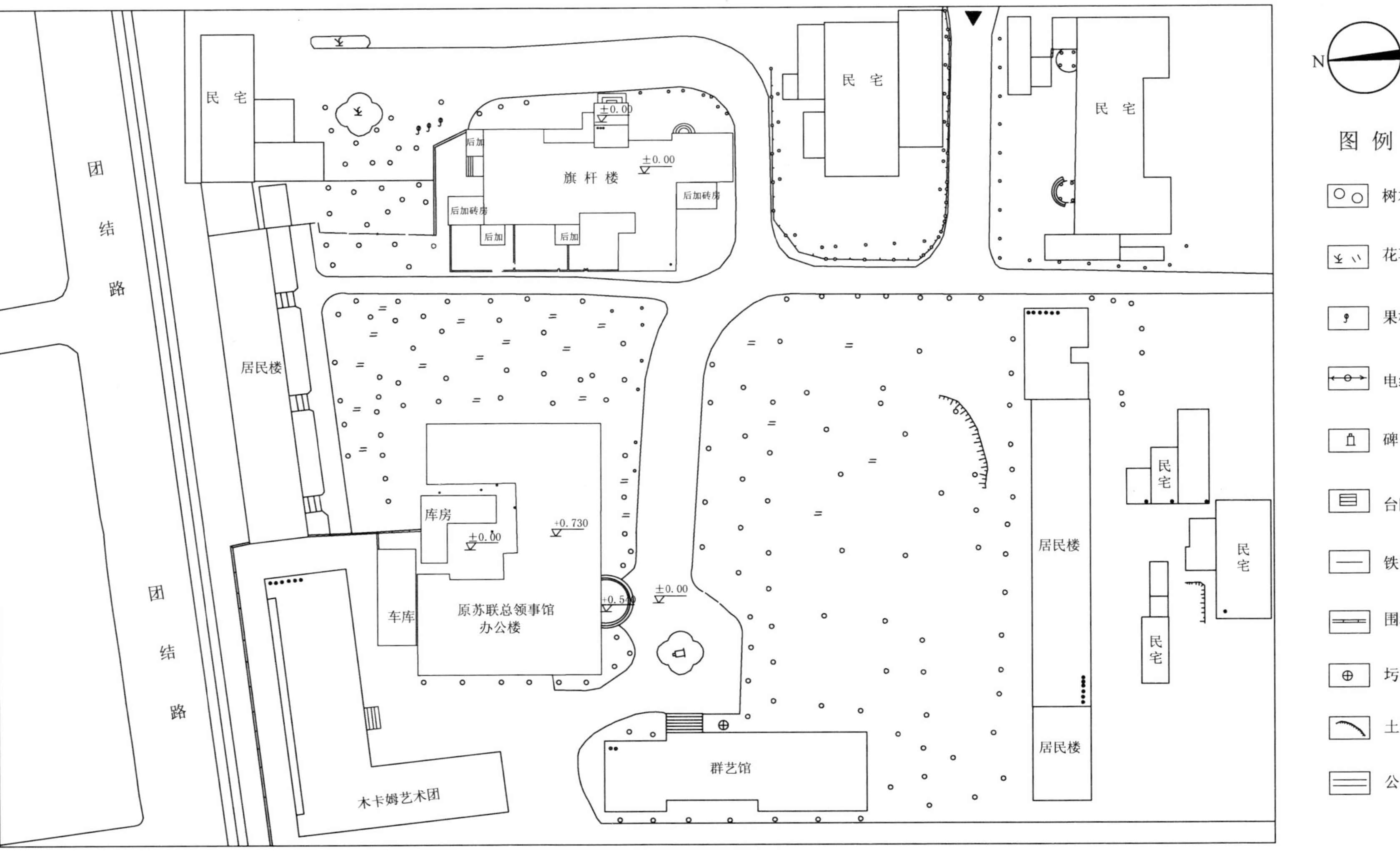

附图1　原苏联总领事馆办公楼总平面图

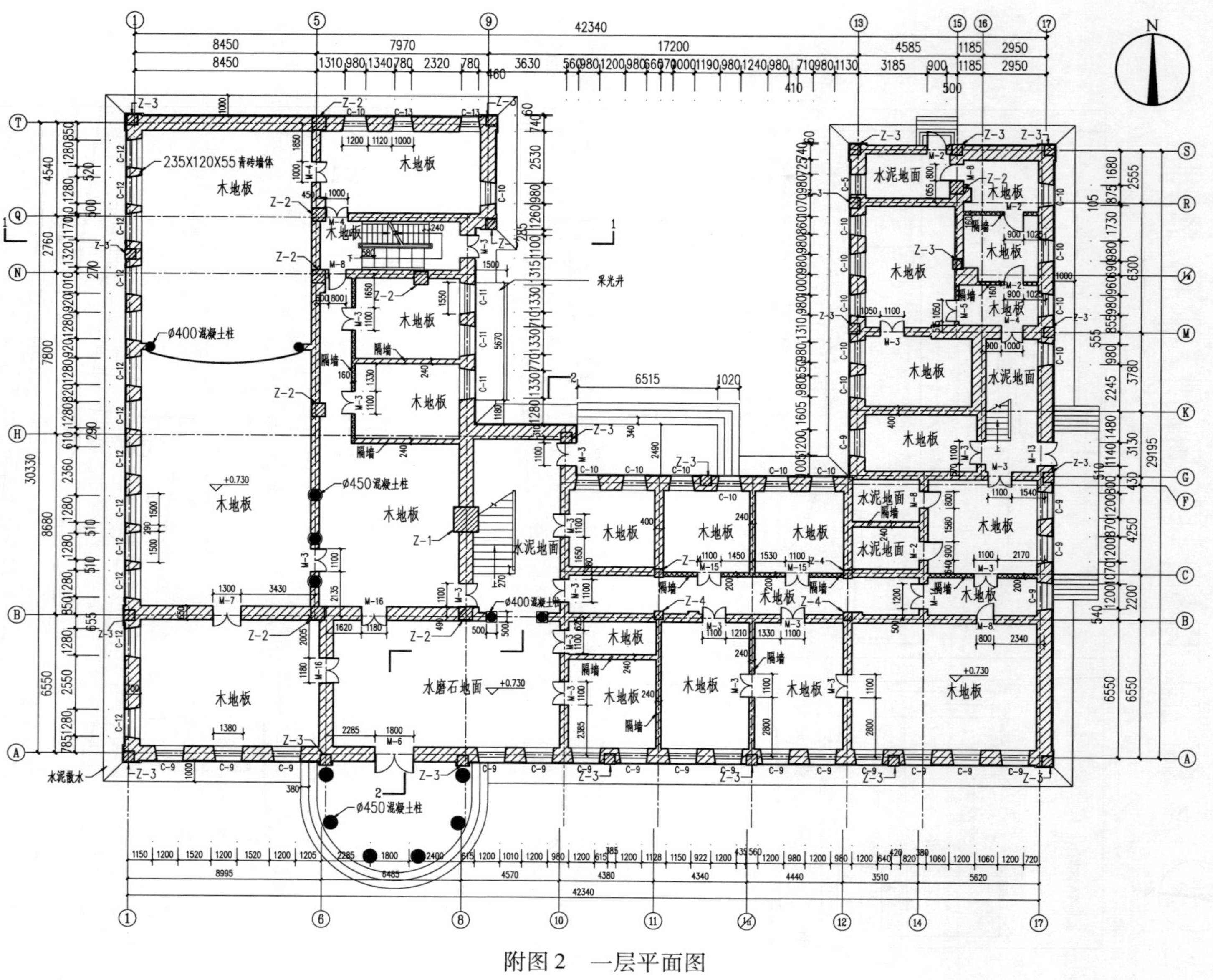
N
木地板
水泥地面
水磨石地面
隔墙
采光井
235X120X55青砖墙体
ø400混凝土柱
ø450混凝土柱
水泥散水

附图2 一层平面图

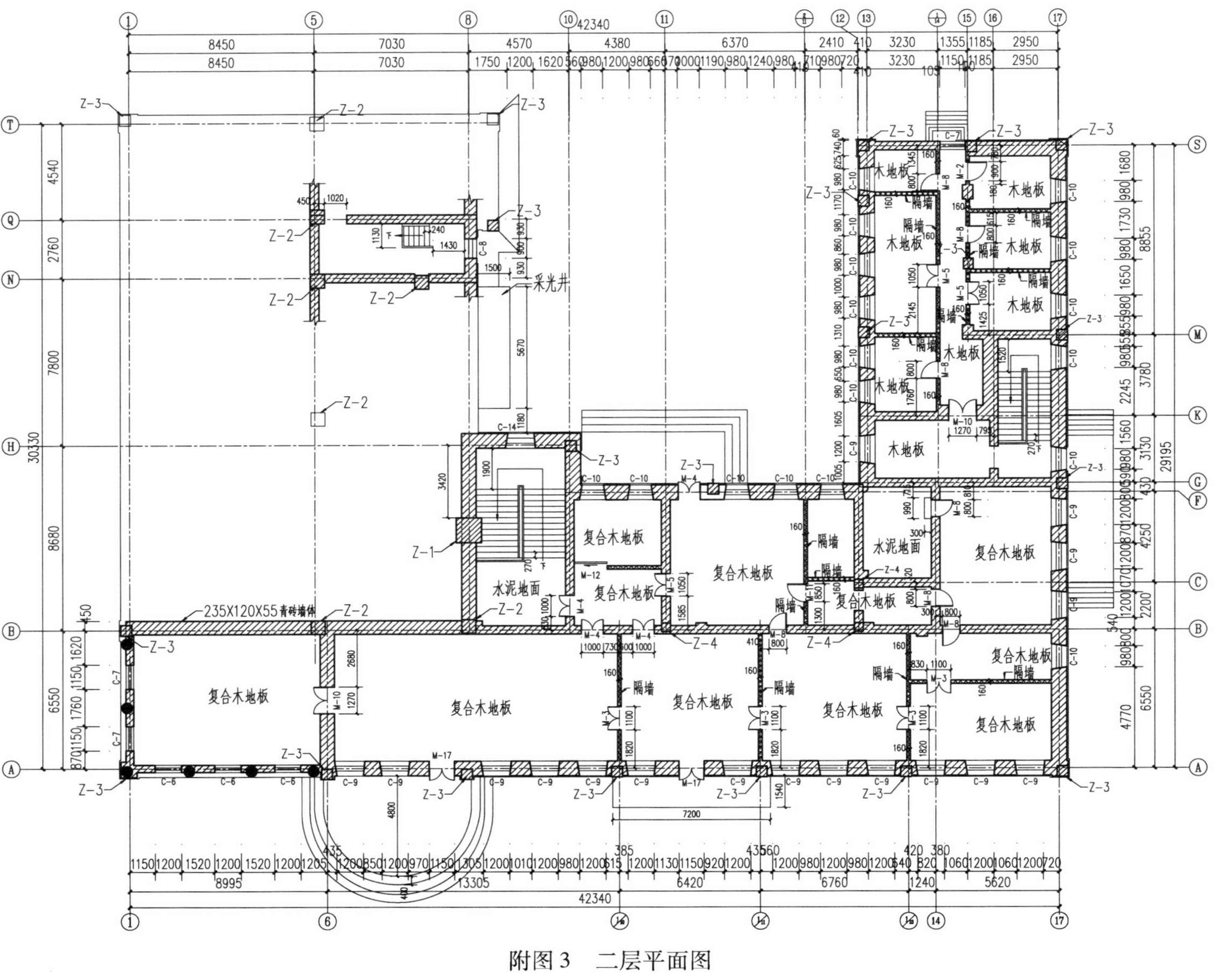

附图3 二层平面图

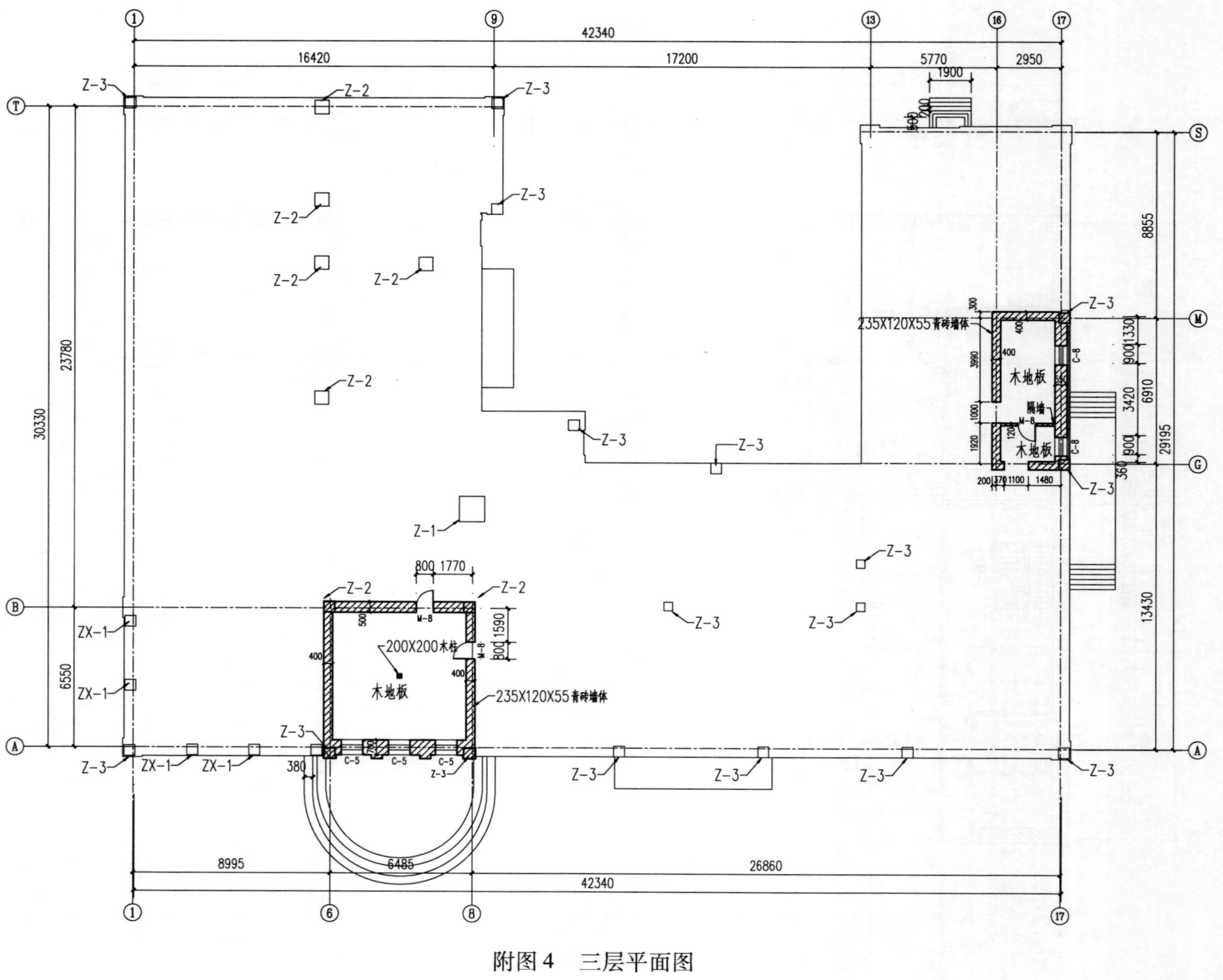

木地板
隔墙
200X200木柱
235X120X55青砖墙体
Z-1
Z-2
Z-3
ZX-1
C-8
C-5
M-8
42340
16420
17200
5770
2950
1900
30330
23780
6550
29195
13430
8855
6910
3420
8995
6485
26860

附图 4　三层平面图

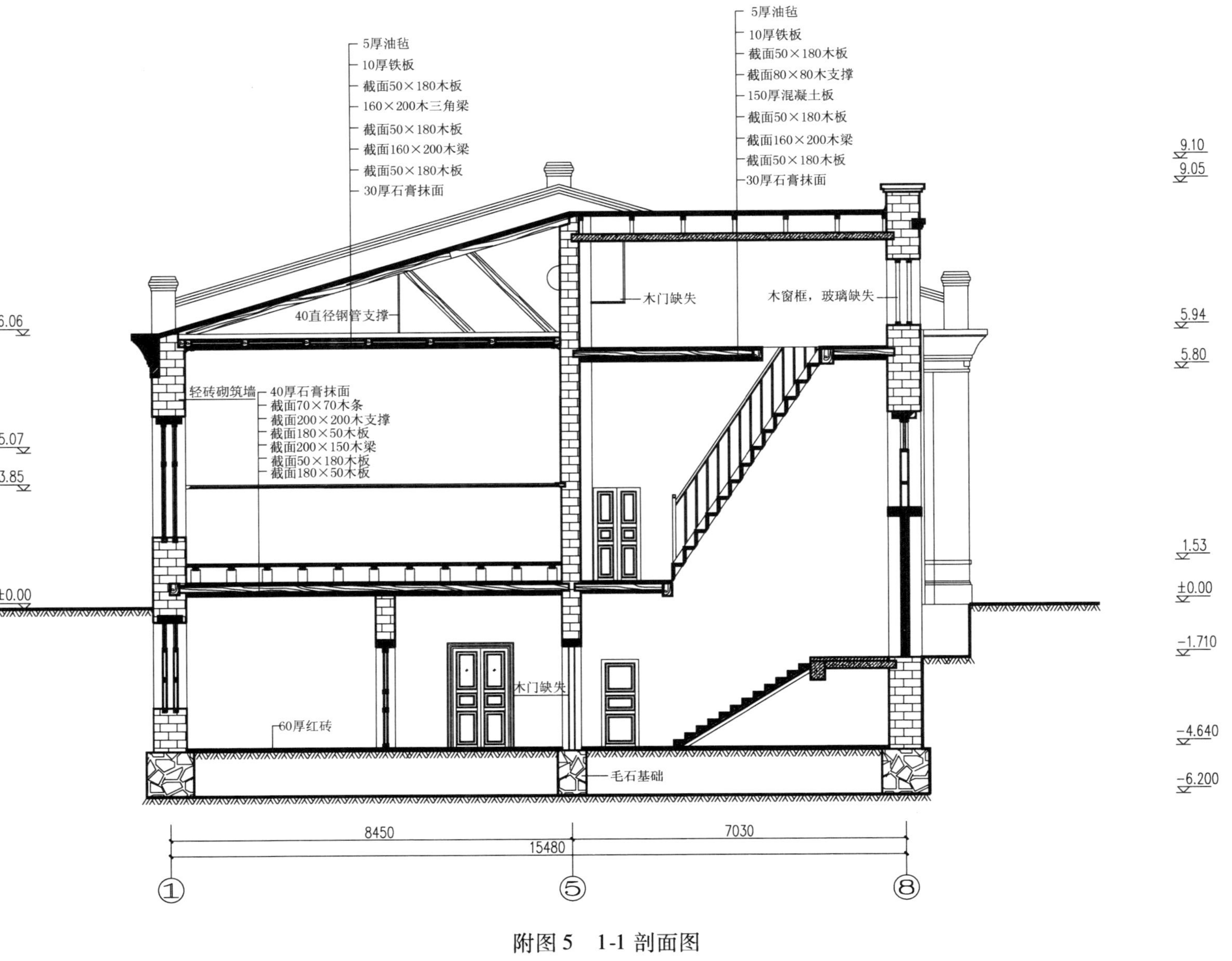
5厚油毡
10厚铁板
截面50×180木板
160×200木三角梁
截面50×180木板
截面160×200木梁
截面50×180木板
30厚石膏抹面
5厚油毡
10厚铁板
截面50×180木板
截面80×80木支撑
150厚混凝土板
截面50×180木板
截面160×200木梁
截面50×180木板
30厚石膏抹面
9.10
9.05
40直径钢管支撑
木门缺失
木窗框，玻璃缺失
6.06
5.94
5.80
轻砖砌筑墙
40厚石膏抹面
截面70×70木条
截面200×200木支撑
截面180×50木板
截面200×150木梁
截面50×180木板
截面180×50木板
5.07
3.85
1.53
±0.00
±0.00
-1.710
木门缺失
60厚红砖
-4.640
毛石基础
-6.200
8450
7030
15480
①
⑤
⑧

附图5 1-1剖面图

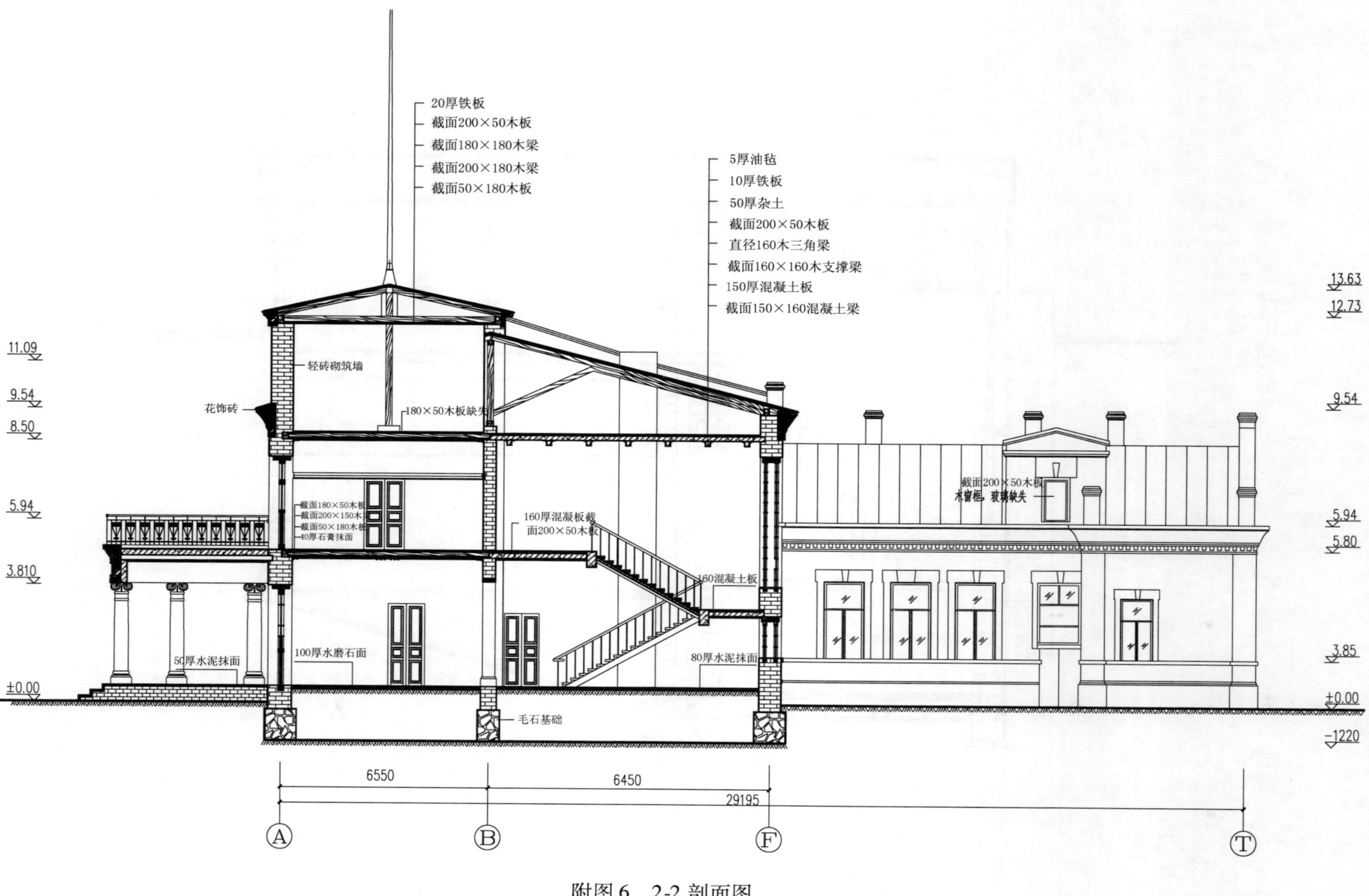
20厚铁板
截面200×50木板
截面180×180木梁
截面200×180木梁
截面50×180木板
5厚油毡
10厚铁板
50厚杂土
截面200×50木板
直径160木三角梁
截面160×160木支撑梁
150厚混凝土板
截面150×160混凝土梁
11.09
9.54
8.50
5.94
3.810
±0.00
13.63
12.73
5.80
3.85
-1220
轻砖砌筑墙
花饰砖
180×50木板缺失
截面180×50木板
截面200×150木
截面50×180木板
40厚石膏抹面
160厚混凝板截面200×50木板
160混凝土板
截面200×50木板
木窗框、玻璃缺失
50厚水泥抹面
100厚水磨石面
80厚水泥抹面
毛石基础
6550
6450
29195
A
B
F
T

附图6　2-2剖面图

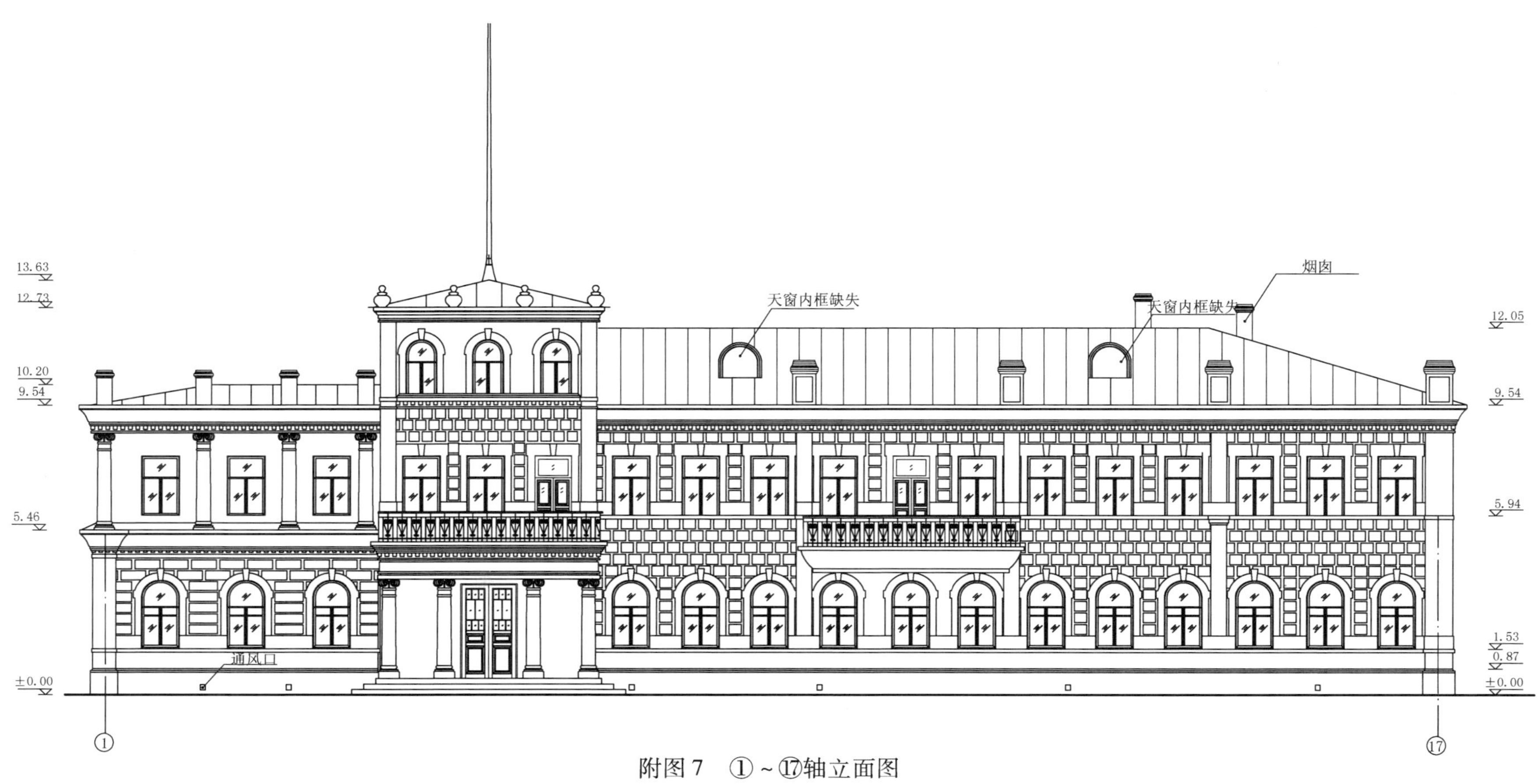
13.63
12.73
10.20
9.54
5.46
±0.00
天窗内框缺失
天窗内框缺失
烟囱
通风口
12.05
9.54
5.94
1.53
0.87
±0.00
①
⑰

附图7 ①～⑰轴立面图

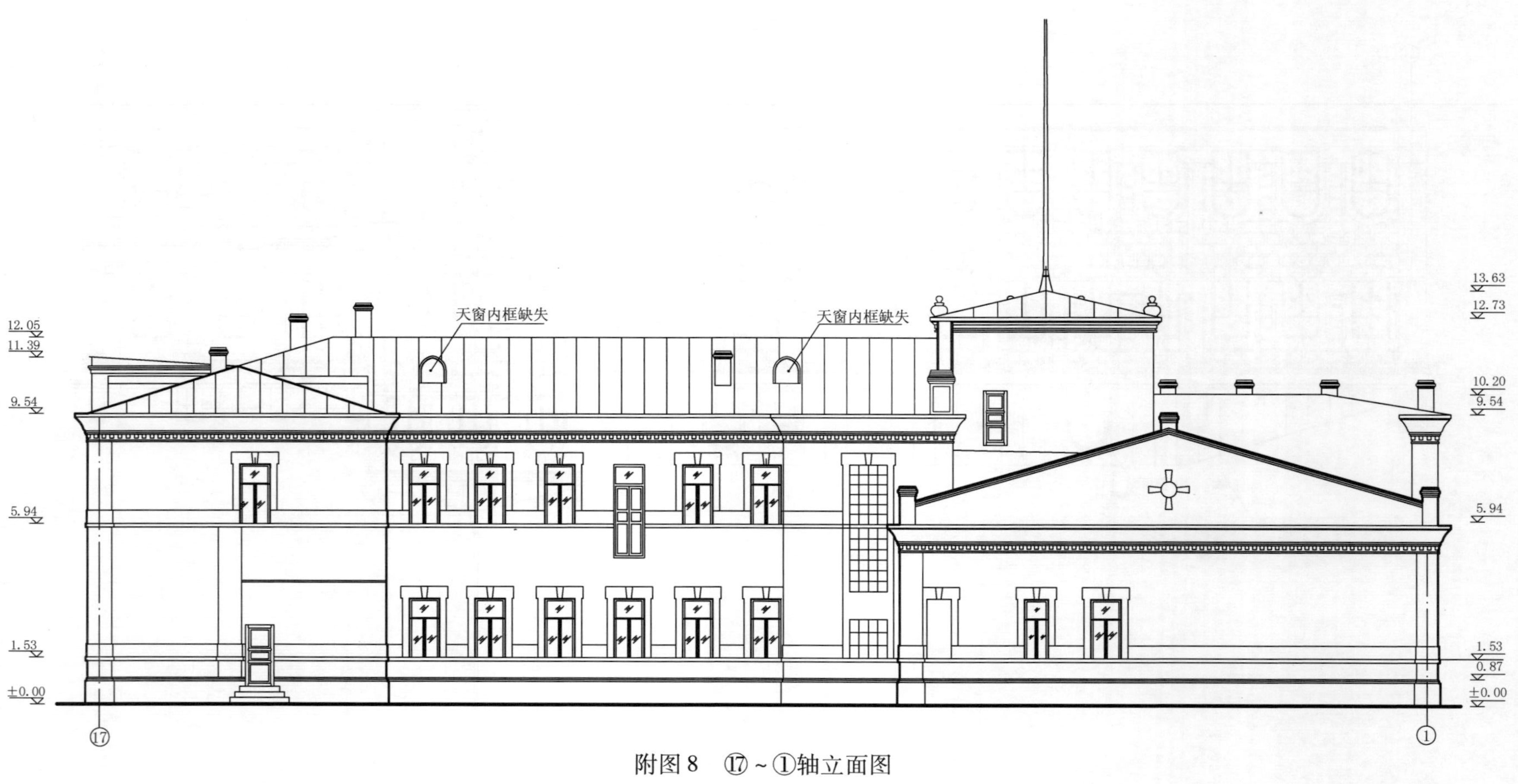
12.05
11.39
9.54
5.94
1.53
±0.00
天窗内框缺失
天窗内框缺失
13.63
12.73
10.20
9.54
5.94
1.53
0.87
±0.00
⑰
①

附图8　⑰～①轴立面图

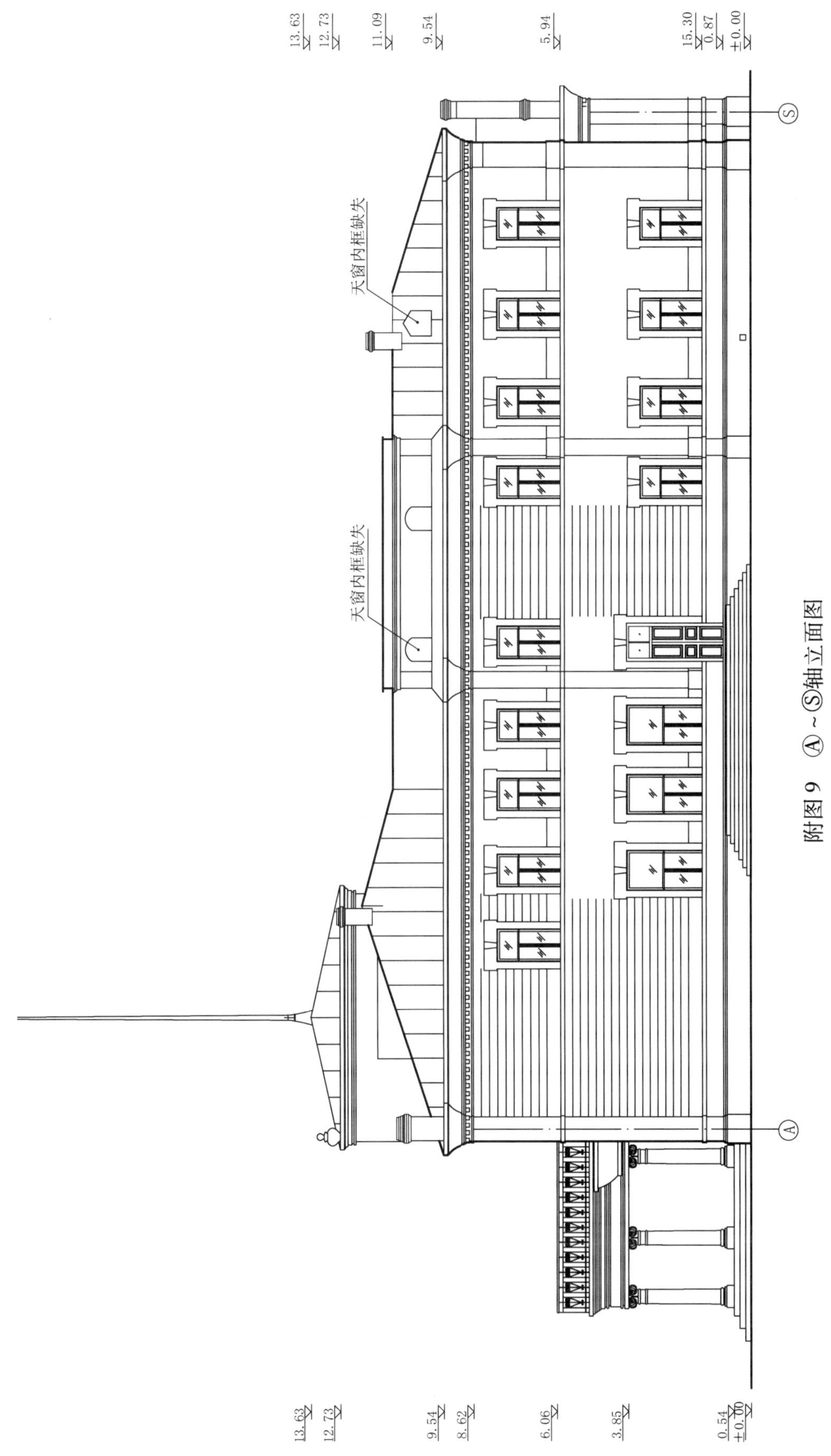
13.63
12.73
11.09
9.54
5.94
15.30
0.87
±0.00
天窗内框缺失
天窗内框缺失
Ⓢ
Ⓐ
13.63
12.73
9.54
8.62
6.06
3.85
0.54
±0.00

附图9 Ⓐ～Ⓢ轴立面图

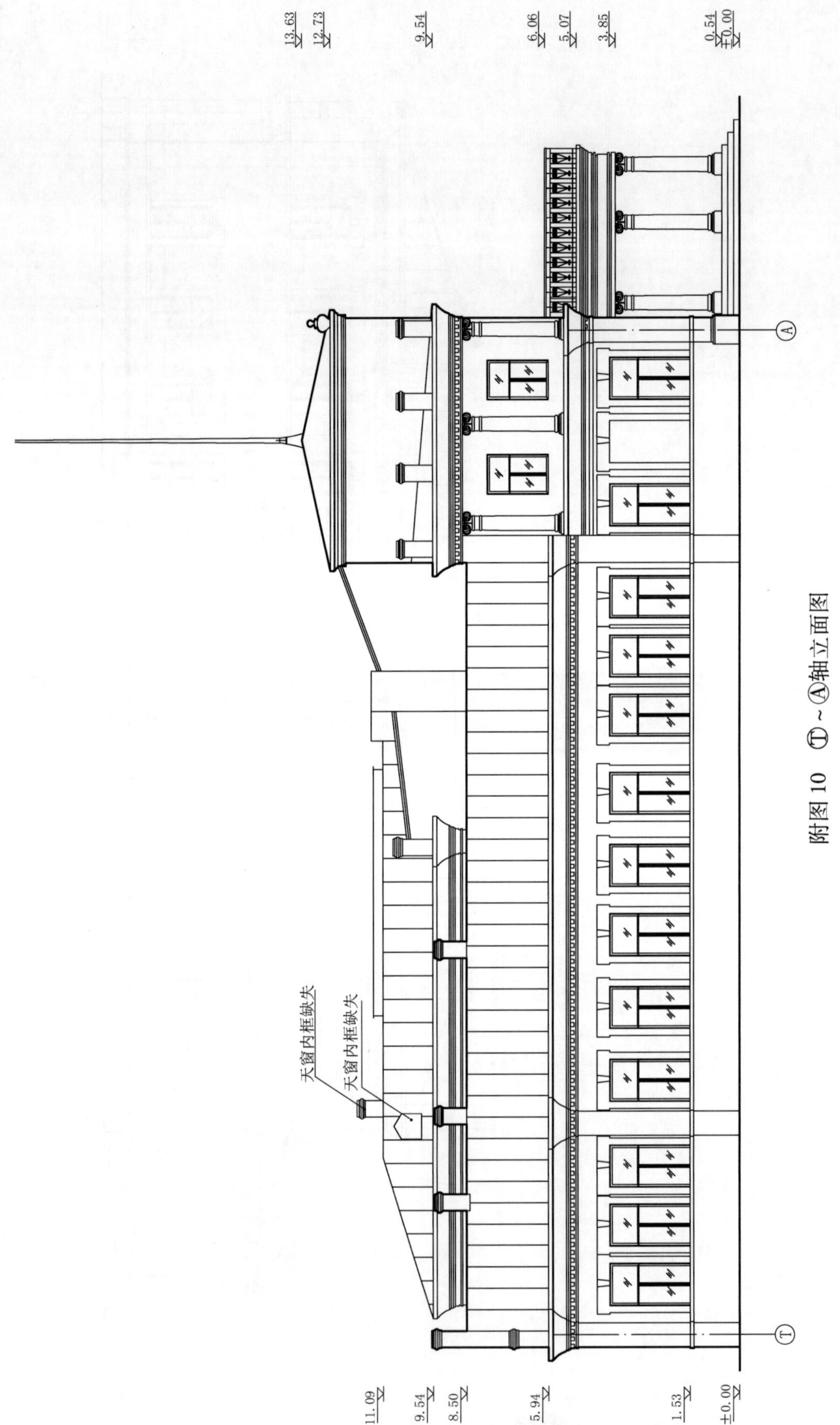
13.63
12.73
9.54
6.06
5.07
3.85
0.54
±0.00
Ⓐ
天窗内框缺失
天窗内框缺失
Ⓣ
11.09
9.54
8.50
5.94
1.53
±0.00

附图 10　Ⓣ～Ⓐ轴立面图

附图 11　一层梁架结构仰视图

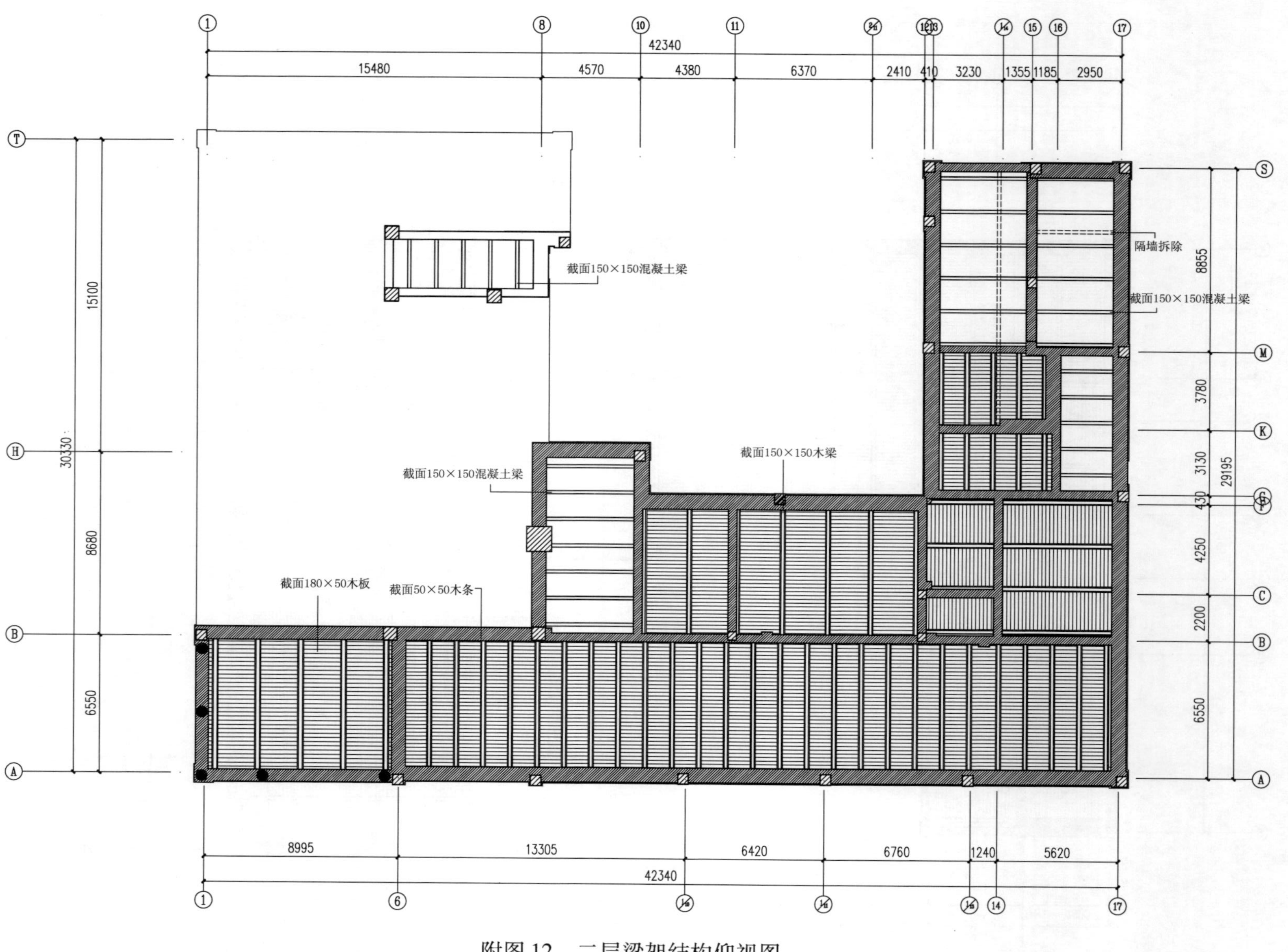

附图 12　二层梁架结构仰视图

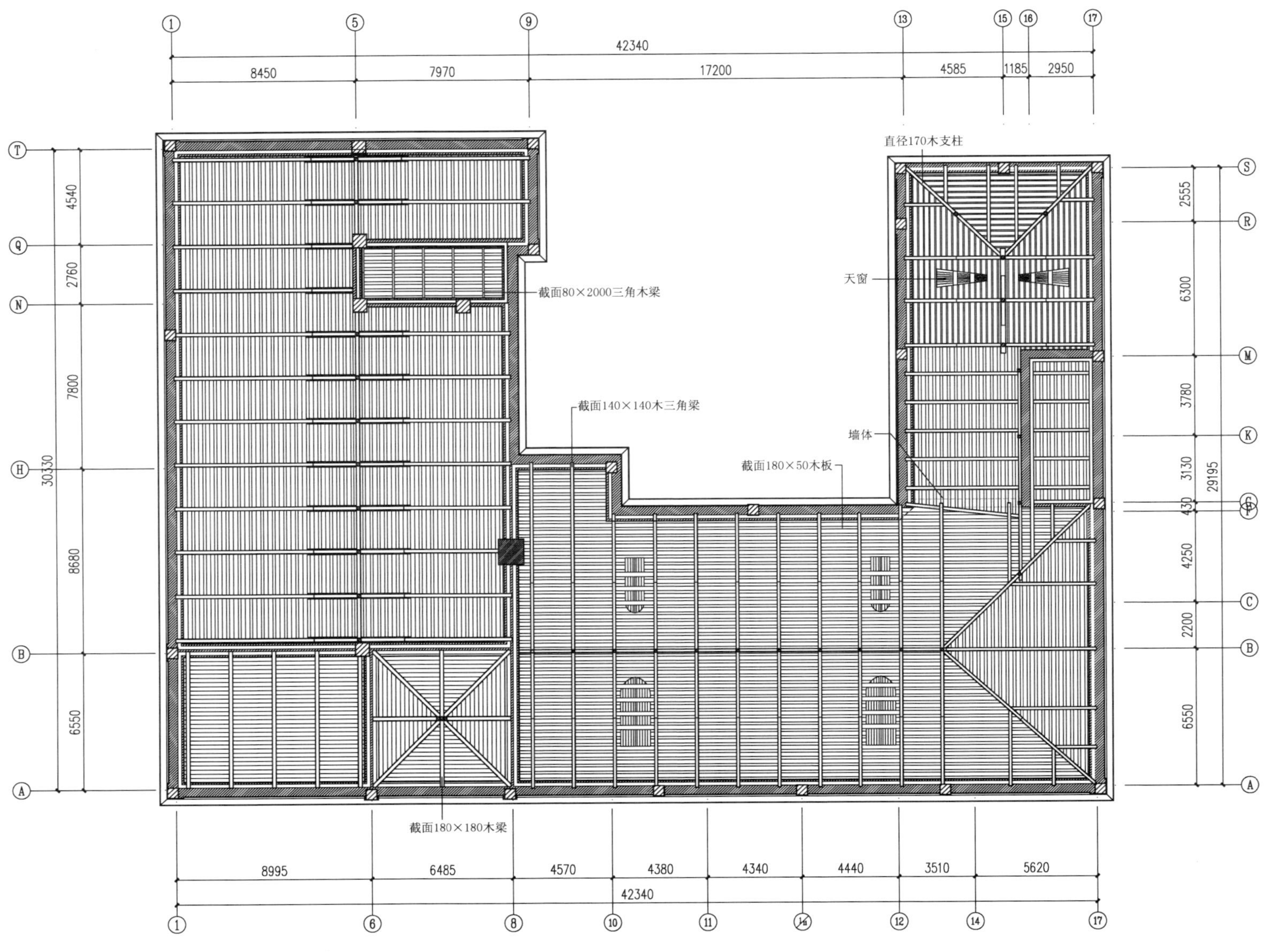

附图13 三层（夹层）坡屋顶木结构仰视图

新疆奇台县甘省会馆（前、后殿）修缮工程设计方案

第一部分　勘察报告

一、基本概况

奇台县地处新疆维吾尔自治区东段北麓，准噶尔盆地南缘，昌吉回族自治州东部。地理坐标为东经89°13′~91°22′，北纬43°25′~49°29′。东与木垒哈萨克自治县相邻，南隔天山与吐鲁番、鄯善县相望，西连吉木萨尔县，北接阿勒泰地区的富蕴县、青河县，东北部与蒙古国接壤。它是新疆的边境县之一，边界线长131.47公里，境内有对蒙古国开放的国家级口岸—乌拉斯台口岸，具有良好的边贸优势。县城距自治区首府乌鲁木齐207公里，自治州首府昌吉市242公里。奇台县的气候属中温带大陆性干旱半干旱气候，夏季炎热、冬季寒冷、四季分明、干燥少雨。农区年平均气温为4.7℃，7月份极端最高气温43℃。

奇台县城又名古城，在清代是新疆的商埠重镇，道路四通八达，是商品集散地，入进新疆的门户。城区地势平坦四周为农业区，海拔700米，城东有一条水磨河（季节性河），南距天山50公里，北距沙漠25公里。

甘省会馆位于奇台县县城内36912部队后勤院内，该院内共有三处古建筑遗址，分别是直隶会馆、甘省会馆（前后殿）两处。其中，甘省会馆是奇台县内目前保存比较完整的古建筑之一，两殿之间相隔30米。该会馆占地面积为1800平方米，总建筑面积706平方米。甘省会馆现为自治区级重点文物保护单位。

二、历史沿革

奇台县汉代时为车师后国。这里地域辽阔，土地肥沃，汉、唐起始屯田。三国时，蠕蠕国。晋为铁勒。突厥部唐贞观十四年（640年）设蒲类县，为庭州所辖。宋辽、金时（960~1279年），为辽部落领地。元代隶属别失里元帅府。明初为回鹘五城之地，属瓦剌部；永乐十六年（1418年）后，为准噶尔游牧地区。清乾隆四十一年（1776年）设奇台县，属迪化州。民国初期，先后属新疆省或迪化州所辖。中华人民共和国成立后，隶属乌鲁木齐专区。1958年

划为昌吉回族自州管辖。

据《奇台县志》记载："奇台县建于清乾隆四十一年，县址设在老奇台，由于当地缺水，光绪十二年将县址迁到古城，古城工商业突飞猛进，成为大西北富庶之区，甘省民众举家迁此，占据古城人口的半数。种地经商发迹的甘省富户集资捐款修建了甘省会馆，作为联络本地民众携手经商、排忧解难、增强本地民众内聚力的场所。"会馆是民众自发的民间组织，边疆地区独有的会馆文化，它维护着人与人之间的平和；赞助社会公益事业，兴办教育，它传承民族传统，弘扬民族文化，为社会安定做出了贡献。

根据文献记载，甘省会馆是在民国十三年（1924 年）由一个叫张治贤的人倡修，会馆曾经从事各种艺术表演活动，后来办过学校，半个世纪前走西口的农工子女都在此上学，该会馆使用至 1951 年，此后为公房，由当地驻军使用，并被纳为军事用地范围，前殿为文物管理所管理。1984 年 1 月 4 日，奇台县人民政府批准为第二批县级重点文物保护单位。2007 年 6 月，自治区人民政府公布为第六批自治区级文物保护单位。甘省会馆后殿两次被新疆电影制片厂选为旧社会富豪人家的宅院场景。

1984 年文物管理所接管会馆之后，先后两次对会馆的前后殿进行维修：第一次是前殿西墙加固，第二次是后殿屋架倾斜扶正。

三、建筑布局与各单体建筑结构及现存情况

（一）建筑布局与单体建筑结构

甘省会馆前后殿在样式上有很多相似之处，犹如孪生子，前后相映生辉。20 世纪 50 年代初被当地驻军使用，并被纳为军事用地范围，据了解当地驻军主要是作为仓库使用，为了充分发挥前后殿的作用，在殿内后砌了很多土坯隔墙，并在墙体上开设了门窗洞口。

前殿是一座硬山结构的土木建筑（图一），总长 19. 72 米，总宽 11. 54 米，建筑面积 294 平

图一　前殿外景

方米；后殿是一座一殿一卷悬山式的土木结构建筑，总长 21.76 米，总宽 18.93 米，建筑面积 411.92 平方米。现在两处建筑已破旧不堪，门窗基本都已丢失，很多木构件也都残缺不全，屋面漏雨情况也比较严重，房间内多处位置已被后人改动，目前基本处于废弃状态。

（二）前殿现存状况

基础：墙下无基础，仅有三层 225 毫米 ×110 毫米 ×55 毫米青砖，由于地面泛潮现象严重，导致三层青砖出现不同程度的酥碱、开裂等现象。柱顶石形状为圆鼓形，鼓径 400 毫米，高 200 毫米；柱基础为 400 毫米 ×400 毫米的正方形石基，厚度为 100 毫米，柱础因长期被埋在地面以下或被包裹在墙体内，均出现不同程度的磨损、酥碱等现象，部分柱础已不能满足承载力的要求需要更换约 20%。

垂带、踏跺：现存垂带和踏跺均为后人改造过的，用普通红砖砌筑，面层抹水泥砂浆。目前垂带和踏跺的红砖酥碱碎裂，水泥面层破损严重，已基本不能使用，建议将垂带踏跺恢复为石制。

台帮、台面：现存台帮为红砖砌筑，台帮表面抹水泥砂浆，目前台帮大部分因年久失修已出现酥碱脱落等现象。台面抹水泥砂浆，台面也出现大面积开裂脱落现象，据现场详细勘测调查确认原来的台帮应为青砖砌筑，台面为方砖，所以建议在将来维修过程中用青砖和方砖按原型重做台帮和台面。

地面：室内用 230 毫米 ×230 毫米 ×40 毫米的方砖十字缝铺砌地面，目前大部分方砖已经被水泥地面和普通红砖代替，只有极少部分方砖仍能继续使用。此次维修估计需要更换约 95% 的方砖地面。

墙体：前殿的东南走向的山墙和后墙为原有墙体，砌筑方式为砖包土坯；其余墙体均为后期土坯砌筑而成。墙厚分为三种，外墙 550 毫米，东南角房屋内的隔墙为 240 毫米，其他内隔墙均为 370 毫米，所有内墙面上均刷大白浆。前殿西北走向的山墙曾坍塌过，在 1987 年奇台县文管所对墙体进行修葺，并在山墙两侧砌筑砖垛支护，防止墙体外倾。目前两面山墙再次出现外倾、大面积脱皮、起鼓和局部坍塌等现象。墙体病害主要分三种：其一，是室内墙体泛潮酥碱现象比较严重。主要出现在地面以上，1 米以下的墙体，北面墙体这种现象比较严重。原因在于原来的青砖地面被水泥地面代替，地下水的蒸发受到阻碍；其二，后期改造的墙体上设置了窗户，勘察发现却没有设门窗过梁，致使门窗上部墙体都出现不少裂缝；其三，局部墙体由于屋面漏雨也遭到不同程度的腐蚀。建议拆除所有后来增加的墙体，并对两侧山墙及后墙重新砌筑。

门窗：现存的所有门窗均为后加门窗，尺寸规格及样式风格均与原来不同，而且现存的门窗框破损变形严重，玻璃全部缺失，无法满足正常使用功能。建议全部拆除更换，恢复原来门窗装修。

柱子：前殿共有 24 根直径为 260 毫米木柱组成，柱子下粗上细，有一定的收分但不明显，收分尺寸约为柱子高度的 1/100，木柱表面刷桐油，目前油饰已经全部脱落，被后人刷成蓝色油漆，大部分木柱因年久失修普遍存在干缩开裂现象，部分柱头上的卯口已经糟朽，需要采取墩接或者柱根包镶等方法修缮。经勘察共需更换的木柱数量为 3 根，墙体中的木柱在将来维修过程中依据破损情况而定，还有约 20% 的柱子出现不同程度的倾斜，需要矫正。对于开裂现象不严重的，建议采取措施进行控制，防止裂缝加宽。

梁架：所有两架梁、四架梁、六架梁基本都保存完好，有极少数存在开裂变形，但对结构影响不。梁架上绘有精美的图案，虽然长时间无人打扫，落满灰尘，但颜色至今仍然很鲜艳。

枋：大部分枋仍然保存完好，约有 30% 的出现干缩开裂和变形，需要采取一定的措施对其局部进行加固或者更换。

檩：绝大部分檩子保存完好，部分出现干缩开裂。金柱上和外檐柱上的檩均绘有彩画，檐檩因被雨水侵蚀出现不同程度的破损，表面上的彩画脱落。建议恢复彩画。

垫板：垫板基本保存完好，约有 30% 出现开裂需要更换。

小木构件：因檐柱部分被后砌墙体封住，所以外檐柱上的斗拱、木雕饰情况暂不明确，待维修过程中根据具体情况确定。

草席：屋面的草席为两层，因年久失修，糟朽严重，需全部更换。

椽子：椽子直径为 90 毫米，间距为 145 毫米，室内椽子大部分完好，室外飞椽糟朽严重，檐椽被雨水侵蚀严重，大约共有 60% 的椽子需要更换，所有飞椽均需更换。

吊顶：所有吊顶均为后加吊顶，目前各房间内的吊顶都有不同程度的破坏。建议拆除所有后加吊顶。

望板：望板因被雨水侵蚀严重，约有 80% 糟朽不能继续使用。

大连檐、小连檐：大小连檐约有 50% 已丢失，残留下来的也都已糟朽严重不能继续使用。建议全部更换。

闸档板：因年久失修，闸档板被雨水侵蚀严重，大部分都已断裂、糟朽，30% 的已丢失。

瓦口木：90% 的瓦口木都已丢失。建议按原形制重做。

沟头滴水：全部丢失。建议按照原样恢复沟头滴水。

屋面：屋面为不上人屋顶，从下到上结构层依次为：直径 90 毫米的椽子，2 层厚草席，80 毫米的草泥层，230 毫米 ×230 毫米 ×40 毫米厚的方砖层，瓦件。屋顶上有四口烟囱，为后人增加，目前已经有两口坍塌，具体位置见屋面图。建议维修时全部拆除。屋面的瓦件约有 98% 缺失，残留下来的瓦件因年久失修断裂、风化严重都已基本不能继续使用。

照明、消防：前殿的照明线路不符合相关电线线路安全架设规定，直接在外檐的木构架上固定，建议应该严格按照相关规定规范线路。目前在勘察过程中为发现有消防设施，建议在维修过程中完善消防设施，严格按国家相关规定执行。

通过对甘省会馆前殿的详细勘查，建议对前殿采用揭顶修缮，拆除墙体恢复装修的修缮方案。

（三）后殿现存状况（图二）

基础：墙下无基础，仅有三层 225 毫米 ×110 毫米 ×55 毫米青砖，由于地面泛潮现象严重，导致三层青砖出现不同程度的酥碱、开裂等现象。柱顶石形状为圆鼓形，直径 450 毫米，鼓径为 490 毫米，高为 190 毫米；下层为 490 毫米 ×490 毫米 ×170 毫米的正方形石基，柱顶石和柱子基础因长期被埋于地面以下或被包裹在墙体内，均出现不同程度的磨损、酥碱等现象，部分

图二　后殿外景

柱顶石已不能满足承载力的要求需要更换约 40% 。

垂带、踏跺：原来的垂带、踏跺都已不存在，现存垂带和踏跺均为后人改造，用普通红砖砌筑，面层抹水泥砂浆，目前垂带和踏跺的红砖酥碱碎裂严重，水泥面层都已脱落，都已基本不能使用，建议将垂带踏跺按原形制恢复。

台帮、台面：现存台帮为红砖砌筑，台帮表面抹水泥砂浆，目前台帮大部分因年久失修已出现酥碱脱落等现象，台面抹水泥砂浆，台面也出现大面积开裂脱落现象。据现场详细勘测调查确认原来的台帮应为青砖砌筑，台面为方砖，所以建议在将来维修过程中用青砖和方砖按原型重做台帮和台面。

地面：室内用 230 毫米 ×230 毫米 ×40 毫米的方砖十字缝铺砌地面，约有 70% 的方砖丢失破损，丢失的方砖被后人用普通红砖替代，部分方砖仍能继续使用约占 30% 。

墙体：墙体有原来砌筑的和后来砌筑的两种，墙厚共有三种，其中主殿的三面山墙均为原来砌筑的，东西段山墙厚 600 毫米，其中 750 毫米以下室内外各为 230 毫米厚的青砖，中间为土坯砌筑，750 毫米以上室外用厚 230 毫米的青砖，室内全用土坯砌筑，因两段墙体上各有两个后加的窗户，导致两段墙体都出现多条较大的裂缝；靠近北面的墙体厚为 500 毫米，其中 240 毫米以下室内外各为 230 毫米厚青砖，中间为土坯砌筑，240 毫米以上室外用厚 230 毫米的青砖，室内全用土坯砌筑，此段墙体 1 米以下因受潮影响沿墙通长方向土坯出现泛潮、酥碱现象严重，墙体上部东北角因屋面坍塌，被雨水侵蚀严重；抱厦的所有墙体均是用土坯砌筑的后砌墙体，墙厚有 400 毫米、500 毫米、600 毫米三种，所有内墙面上均刷大白浆。建议抱厦的所有墙体在维修中全部拆除，主殿的墙体重新砌筑。

门窗：现有的所有门窗均为后加门窗，尺寸规格及样式风格均与原来不同，且都已破损严重，也无法满足正常使用功能。建议全部拆除，恢复原来门窗装修。

柱子：整个后殿共用 40 个直径为 350 毫米木柱组成，所有木柱上的油饰基本全部脱落，大部分木柱因年久失修普遍存在干缩开裂现象，部分柱头部位的卯口已经糟朽，需要重新墩接约为 20%；经勘察共需更换的木柱数量为 6 根，墙体中的木柱在将来维修过程中依据破损情况而定，还有约 20% 的柱子出现不同程度的倾斜，需要矫正。

梁架：所有二架梁、三架梁、四架梁、五架梁、六架梁、七架梁基本都保存完好，有极少数存在轻微变形，但对结构不会造成影响。在有些梁上还绘有精美的彩画，彩画上落有粉尘，但颜色至今为止仍然很鲜艳。

枋：大部分枋仍然保存完好，约有 20% 的出现干缩开裂和变形较严重，需要更换。

檩：绝大部分檩子保存完好，部分出现干缩开裂，金柱上和外檐柱上的檩均绘有彩画，檐檩因被雨水侵蚀出现不同程度的破损，表面上的彩画脱落。

垫板：垫板基本保存完好，约有 30% 出现开裂需要更换。

小木构件：檐柱部分外檐柱上的斗拱残破、开裂较严重，木雕装饰部分开裂约 40%，还有约 60% 的木构件已经丢失。

草席：屋面的草席为两层，因年久失修，糟朽严重，需全部更换。

椽子：椽子直径为 90 毫米，间距为 140 毫米，室内椽子大部分完好，室外飞椽糟朽严重，檐椽被雨侵蚀严重，主殿东北角檐椽、飞椽缺失较多，大约共有 65% 的椽子需要更换，所有飞椽均需更换。

吊顶：吊顶是用 10 毫米左右厚的木板做成的，除主殿靠近北面山墙处的残留吊顶为原来吊顶外，其他所有吊顶均为后加吊顶。建议重做原来缺失吊顶约 70%，拆除所有后加吊顶。

望板：望板因被雨水侵蚀严重，约有 80% 糟朽不能继续使用。

大连檐、小连檐：大连檐、小连檐约有 50% 已丢失，残留下来的也都已糟朽严重不能继续使用。建议全部更换。

闸档板：因年久失修，闸档板被雨水侵蚀严重，大部分都已断裂、糟朽，30% 的已丢失。

瓦口木：90% 的瓦口木都已丢失，建议按原形制重做。

沟头滴水：基本已全部丢失。建议按照原样恢复沟头滴水。

屋面：屋面为不上人屋顶，从下到上结构层依次为：直径 90 毫米的椽子，2 层厚草席，80 毫米的草泥层，230 毫米 ×230 毫米 ×40 毫米的方砖层。屋面约有 80% 瓦件缺失，残留下来的瓦件因年久失修断裂、风化严重都已基本不能继续使用。

博风板：原来的博风板已丢失，现在用青砖代替。建议维修过程中按原形制复原。

消防：后殿内的线路不符合相关电线线路安全规定，直接在外檐的木构架上搭设，建议应该严格按照相关规定规范线路；目前在勘察过程中为发现有消防设施，建议在维修过程中完善消防设施，严格按国家相关规定执行。

通过对甘省会馆后殿的详细勘查，建议对后殿采用揭顶修缮，拆除墙体恢复装修的修缮方案。

四、残破状况及相关原因分析

（一）甘省会馆前殿现状图表（表 1 ~ 表 3）

（二）甘省会馆后殿现状图表（表 4 ~ 表 6）

表 1　甘省会馆前殿现状（一）

<table>
<tr><td>残破说明</td><td colspan="5">1. 台帮：为青砖砌筑，在 1988 年维修时表面做水泥面层，目前东南角破坏情况比较严重；2. 地面：室内原为 230 × 230mm 方砖铺设，在 60 年代末，部分地面被改为水泥地面；3. 墙体：据有关资料显示，甘省会馆前殿只有两侧山墙和后墙，其余内外墙均为 20 世纪 60 年代末后人改造，目前部分墙体出现外鼓、脱皮、底部掏蚀等病害，南山墙尤为严重，东山墙在 1988 年按照原样重新修葺，目前也出现倾斜外鼓脱皮现象；4. 木构架：屋内梁架为六架梁，除部分梁、枋、垫板有开裂现象基本保存完好，柱体开裂情况比较严重，裂缝宽度可达 30mm，而且歪闪情况比较普遍；5. 屋顶：单檐硬山式结构，由于年久失修，屋面瓦价缺失量达到 98%，沟头滴水全部丢失；6. 门窗：均为后人改造，尺寸规格不一，现在已经残破不堪，基本失去功能要求，需要按原来尺寸全部更换；7. 彩画：在山墙内侧上有残留的彩绘，颜色及花样保存比较完整 ；8. 油饰：柱表面原来为桐油，现为蓝色油漆取代</td></tr>
<tr><td rowspan="3">残损状况</td><td colspan="5">台帮、台阶及地面散水等破损情况</td></tr>
<tr><td>柱及柱顶石保存现状</td><td>南端台帮残损现状</td><td>垂带踏垛残损现状</td><td>台帮青砖酥碱及阶条破损情况</td><td>墙体下部掏蚀情况</td></tr>
<tr><td> </td><td> </td><td> 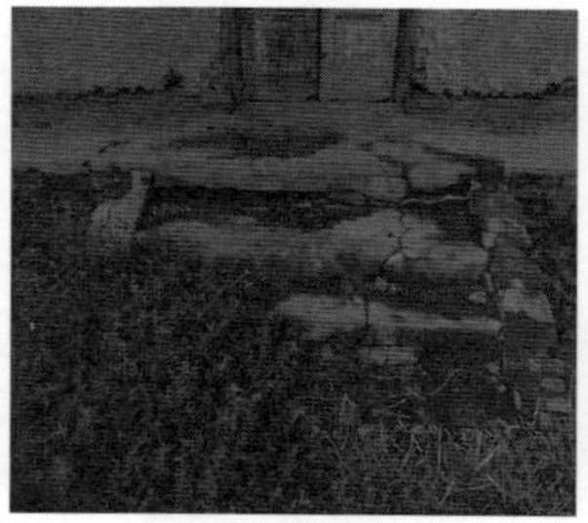</td><td> </td><td> </td></tr>
</table>

表 2　甘省会馆前殿现状（二）

残破程度	室内地面情况	柱子现状		墙体破损情况	
	室内地面青砖铺设情况 	柱身开榫位置 	柱身刷蓝油漆代替桐油 	山墙为砖包土坯砌筑 	墙体开裂，墙基下沉 
	墙体残损现状				
	前殿东立面墙体破坏情况 	前殿南立面山墙破损现状 	墙体开裂情况 	墙体大面积剥落，梁架结构外露 	山墙上图案缺失情况 
	支护	室内墙体现状		前殿门窗现状	
	1988 年当地文管所做砖砌支护 	室内漏雨情况 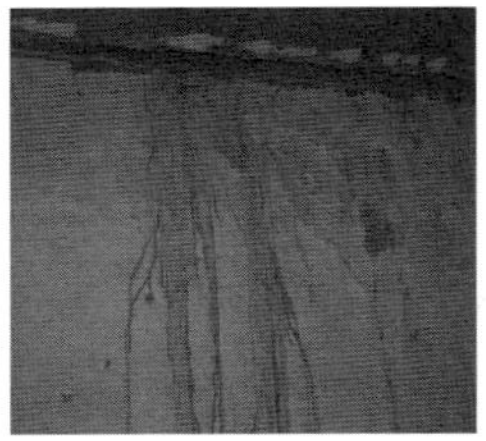	墙体开裂情况 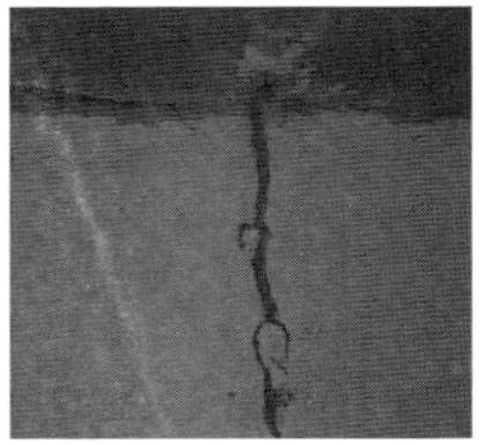	前殿大门现状 	室内门窗的颜色及样式 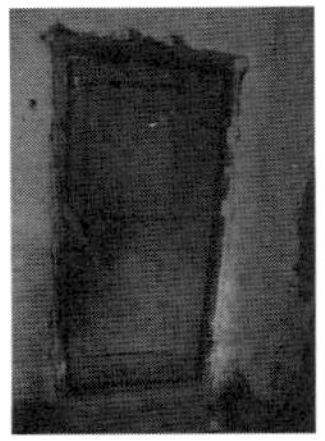

表 3　甘省会馆前殿现状（三）

残破程度	前殿门窗现状		室内吊顶现状		
	前殿门窗颜色及样式	门窗残损现状	室内吊顶残损现状	吊顶及木龙骨现状	屋顶烟囱坍塌洞口现状

	梁架结构现状		梁架结构现状		
	柱身开榫位置	室内梁架结构	山墙上彩绘残留现状	脊檩上文字及彩绘现状	屋面结构

	斗拱、穿插枋现状			细部构件现状	
	穿插枋侧面现状	穿插枋立面	柱头斗拱情况	吊顶层上电线在木龙骨上钉装情况	后加的排水槽
			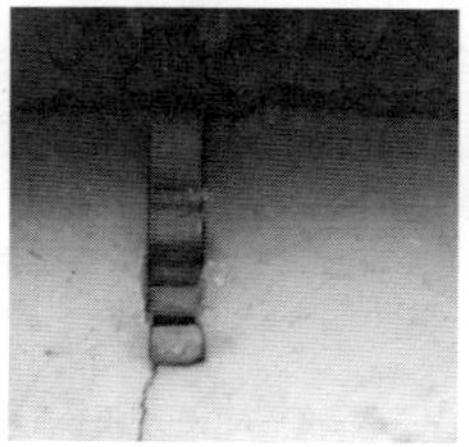	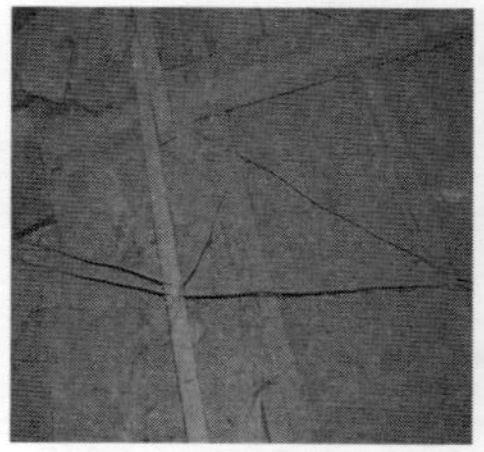	

表 4　甘肃会馆后殿现状（一）

<table>
<tr><td colspan="6"> </td></tr>
<tr><td>残损说明</td><td colspan="5">1. 台帮、台面：原为青砖砌筑，现为红砖砌筑，表面为水泥砂浆抹面，目前台帮四面酥碱严重，水泥面层部分脱落；台面为后人改造的水泥地面。2. 踏跺、垂带：踏跺原为 225×110×55mm 青砖砌筑，在后来维修时改为红砖砌筑，表面抹水泥砂浆，目前踏跺破损严重，垂带缺失。3. 地面：室内地面为 230×230×40mm 的方砖地面，部分缺失用红砖替代。4. 柱顶石、柱础、柱顶石为直径 450mm，鼓径为 490mm，高 190mm，柱础为 490×490×170mm 的方石，石基表面部分酥碱脱落。5. 墙基：墙下用三层青砖做基础，由于地下潮湿，砖基受潮酥碱严重。6. 墙体：主殿的三面山墙为原来墙体，外包青砖，内为土坯，其他墙体均是用土坯砌筑的后砌墙体。7. 门窗：所有门窗均为后加门窗，大小规格均不统一，也不能满足正常使用功能的要求。8. 柱子：所有木柱上油饰基本全部脱落，普遍存在干缩开裂。9. 木构架：梁架、枋、垫板、檩基本保存完好，部分大梁上还绘有彩画，室内椽子部分被雨水侵蚀，椽子、飞子糟朽、缺失较严重，基本都已不能继续使用。10. 屋面：由于年久失修，瓦件、勾头、滴水等缺失严重，残留下的也都基本能使用。11. 照明、消防：照明线路不符合相关电线线路安全架设规定，直接在外檐的木构架上固定，消防设施基本没有</td></tr>
<tr><td rowspan="3">残损现状</td><td colspan="5">台帮、台面、踏跺、地面、柱础等破损现状</td></tr>
<tr><td>柱础保存现状</td><td>台帮保存现状</td><td>台面保存现状</td><td>踏跺保存现状</td><td>室内地面现状</td></tr>
<tr><td></td><td></td><td></td><td></td><td></td></tr>
</table>

表 5　甘肃会馆后殿现状（二）

	室内现状				
残损现状	后加的窗户和洞口	后砌筑的墙体现状	后加的门现状	缺失吊顶现状	吊顶上彩绘现状
	屋面草席破损现状	屋顶后凿的烟囱口	后加砖垛现状	后加吊顶现状	走马板破损现状
	室内墙体酥碱现状	室内墙体泛潮现状	木柱干缩开裂现状	木柱上残留的卯口	墙体被雨侵蚀现状

表6 甘肃会馆后殿现状（三）

	室外现状				
残破程度	屋面瓦件破损现状 	屋面塌陷现状 	斗拱构件缺失 	飞椽、檐椽缺失 	椽、檐椽被雨水侵蚀 
	山墙上后加窗户 	木构件上雕饰现状 	墙体开裂现状 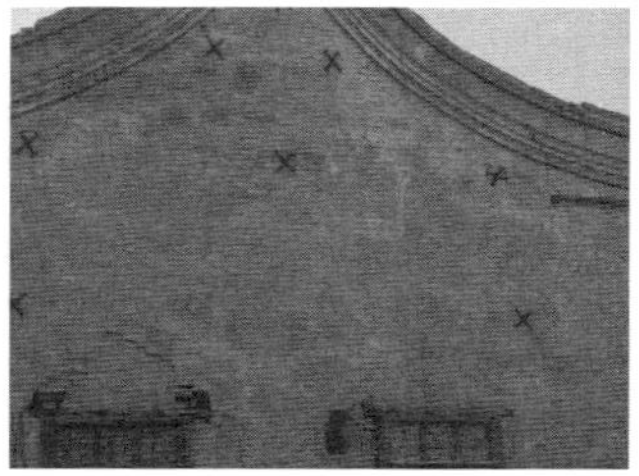	墙体开裂严重 	墙体上被后凿的洞 
	屋面瓦件缺失现状 	木构件缺失 	外墙酥碱现状 	盘头开裂、外闪 	山墙上缺失的圆形装饰 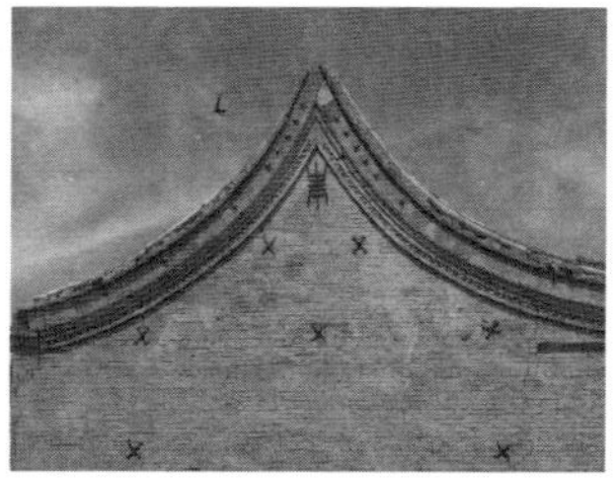

五、评　　估

（一）价值评估

（1）甘省会馆建于清光绪二十七年，是典型的北方民居，会馆前后殿在样式上也有很多相似之处，犹如孪生子，前后相映生辉，整个殿堂在古榆树的映衬下显得肃静庄严，恬静而雍容大度，是古代人民艺术杰作，其严谨的结构造型富有深奥的科学内涵，成为传统文化遗产。会馆曾经从事各种艺术表演活动，凝聚着老一代戏剧老人的毕生记忆，很多甘肃老人怀念逝去的创业经历，看见会馆心潮澎湃，这是一个历史时期的情感结晶。

（2）目前，随着改革开放的不断深入和经济快速发展，广大群众的精神文化需求日益强烈，抢救维修和合理利用这些祖辈们遗留下来的古建筑是当地广大群众的共同心声。同时维修甘省会馆还可以促进奇台县文化旅游业的发展，进而带动一方经济的快速发展。

（3）维修甘省会馆还可以弘扬民族文化，集中展示奇台县的城市形象。维修后的甘省会馆必将促进奇台县的经济发展，为社会提供再就业的机会。

（二）管理条件评估

奇台县文管所成立于1984年，属于事业单位编制，现有在编人员6人，外聘人员2人，目前和奇台县博物馆为一体共同办公。隶属于奇台县文体局。

（三）现状评估

（1）有着悠久历史的奇台县甘省会馆建筑布局合理，建筑施工精细，具有典型的区域建筑特色。整个会馆宏伟壮观，前后殿都具有独特的建筑结构风格，尤其是后殿这种一殿一卷的建筑风格，在奇台县的古建筑遗中迹也是难得一见，虽然目前建筑外观破损比较严重，屋面瓦件丢失较多，但是整个建筑大木构架以及室内木构架上的彩画保存还是比较完整的。

（2）建筑形式和建筑格局保存较好，前后殿山墙墙体根部都已经酥碱、掏蚀，墙体上因后开门窗较多，现在墙面已出现大面积脱皮墙体开裂等现象，部分木构件丢失严重。如果不及时进行抢修和保护，这座属于自治区级文物保护单位的会馆很快会从人们的视线中消失。

（3）从历史记载看，在奇台县曾经有不同规模的会馆近10处，庙宇50余座，其中尤其是各大会馆曾被堪称古城一大景观，但可惜的是从抗日战争时期开始先后多处都已被毁，现在仅存的会馆已为数不多，如果再不及时进行抢修和保护，剩下几座仅存的会馆很快也会消失。

（4）该会馆前后殿的照明、消防等设施情况比较差，需要进一步的改善。

综上所述，甘省会馆急需进行抢救性的修缮保护。

第二部分　修缮工程设计方案

一、修缮依据

（1）《中华人民共和国文物保护法》及其实施条例中关于“不改变文物原状”的文物修缮原则等有关规定。

（2）《甘省会馆勘察报告》及其实测图。

（3）《中国文物古迹保护准则》相关内容。

（4）《文物保护工程管理办法》。

（5）《建筑抗震设计规范》（GB50011-2001）。

（6）《建筑抗震防范分类标准》（GB50223-95）。

（7）甘省会馆现存实际状况及甘省会馆价值所决定的长远发展和保护利用的需要。

（8）相关文献资料。

二、修缮设计原则

严格遵守“不改变文物原状”的原则，尽可能真实完整的保存建筑的历史原貌和建筑特色。在维修过程中以本建筑现有传统做法为主要的修复方法。尽可能地使用原有建筑材料，完整保存并归安原有的建筑构件；维修工程的补配构件要做到原材料、原工艺，按原形制修复；加固补强部分要与原结构、原构件连接可靠；新补配的构件需要详细档案记载。

三、修缮性质及修缮原则

经过现场勘察，决定采取揭顶修缮，拆除墙体恢复装修的修缮方案。本次维修旨在通过对其建筑的维修及对配套设施的建立和完善，消除建筑物的各种安全隐患，展现原建筑健康、整体的形象。

（1）重点修缮：甘省会馆（前、后殿）建筑本体。

（2）院落整治和环境政治。

（3）其他修缮工程：甘省会馆避雷消防照明工程。其原则是避雷消防照明在消除古建筑安全隐患的同时，应尽量减少对古建筑自身风貌的影响。

基础：①因墙下无基础，仅有三层青砖，根据残破情况更换墙下酥碱、泛潮及断裂的青砖。②柱顶石，更换磨损风化严重的柱顶石，矫正错位下沉的柱础，对部分不能满足承载力要求的柱础进行更换，其中前殿约有 20%，后殿约 40% 需要更换。

垂带、踏跺：拆除后人用红砖改造过的踏跺，并按原形制用条石重做以前的踏跺、垂带。

台帮、台面：拆除被后人改造的红砖台帮，用225毫米×110毫米×55毫米青砖重新砌筑台帮。拆除现有的水泥台面，用230毫米×230毫米×40毫米的方砖重做台面。

地面：拆除室内的部分红砖，补配更换缺失、破损方砖约95%，对保存较好的方砖继续使用。室内地面仍采用230毫米×230毫米×40毫米方砖十字对缝的铺砌方式，部分地面按原有铺砌样式铺砌，方砖下铺20~25毫米的中砂垫层。

墙体：拆除所有后砌墙体，恢复建筑原貌。对于原来的山墙部分由于后开门窗较多，裂缝宽度较大，坍塌部分较多，已不能满足承载力的要求，所以也采用拆除后重砌筑的方法，对拆下来保存较好的青砖都要编号，以便在将来重砌山墙时把它们重新利用，所有内墙面上均刷大白浆。

门窗：拆除所有后加门窗，按原来形制复原门窗装修。

柱子：更换开裂变形严重不能继续使用的木柱，前殿需要更换的数量约为3根，后殿需要更换的约为6根。需要墩接的柱子占20%，校正倾斜的柱子约20%，约20%的柱头需要墩接。对于干缩开裂轻微的柱子，把缝重新填补即可继续使用，对所有木柱重新做地仗层、刷桐油，最后刷红色颜料。

梁架：填补所有梁架上干缩开裂的缝隙，对所有梁架上有彩绘图案的梁、檩、枋进行除尘处理。

枋：因枋保存较好，基本不做处理，仅对部分枋上干缩开裂的缝进行填补即可。

檩：填补檩上所有干缩开裂的缝隙，对绘有彩绘的檩进行除尘，复原在檩上被雨水侵蚀的彩画。

垫板：更换开裂严重不能继续使用的垫板约30%。

小木构件：前殿因檐柱部分被后砌墙体封住，所以外檐柱上的斗拱、木雕饰情况暂不明确，待维修过程中根据具体情况确定。后殿外檐柱上斗拱按原形制全部更换，重雕开裂不能使用的木构件约40%，复原已丢失的木构件部分约60%。

草席：因草席年久失修，糟朽严重，全部更换。

椽子：更换糟朽严重、缺失的椽子前殿约60%，后殿约65%所有飞椽均需更换。

吊顶：拆除前后殿所有后加吊顶，恢复建筑原来面貌。对后殿原有的缺失的吊顶按原形制重做约70%。

望板：更换被雨水侵蚀和破损严重的望板，约为80%。

大连檐、小连檐：大连檐、小连檐全部进行更换。

闸档板：闸档板全部进行更换。

瓦口木：因瓦口木基本全部丢失，所以全部按原形制重做。

沟头滴水：所有沟头滴水按照原形制重做。

屋面：屋面揭顶，对能继续使用的方砖、瓦片都要继续使用，屋面结构层从下往上顺序为：椽子、草席两层、厚80毫米草泥、230毫米×230毫米×40毫米方砖、瓦面。

博风板：拆除用青砖做的博风板，用50毫米的木板按原形制复原。

照明、消防：照明应从就近电源处把电引入室内，但应符合《建筑电气工程施工质量验收规范》（GB50303）的要求。

消防：消防方面应酌情按照消防要求进行配置。

根据甘省会馆现有条件，室内配置按消防要求配置消火栓，照明拆除原有照明线路《建筑电气工程施工质量验收规范》（GB50303）要求引入室内。

避雷：避雷方面应酌情按照避雷要求进行安装。

院落整治和环境整治：

① 目前甘省会馆前后殿室外地面均为夯土地面，每逢遇到雨雪天时，地面都是泥泞不堪，行走十分不便，会馆在维修完工后将来也要对外开放，为了改善建筑周围环境，方便游人的出入，在前后殿室外地面铺设250毫米×250毫米×50毫米青砖地面，青砖下铺100毫米厚中砂垫层，总面积约为750平方米。

② 拆除前后殿之间的砖墙，在前后殿之间用220毫米×115毫米×55毫米的仿古青砖重砌围墙，围墙宽240毫米，高2.2米，围墙下做350毫米×300毫米的卵石基础。整个围墙总长约为165米。在会馆入口处的围墙上做一个2500毫米×2500毫米板式大门（详见总平面图）。

四、注意事项

（1）所有设计说明中除注明前后殿区分开的，其他做法两殿均一致。

（2）由于现场勘测时间有限，有些部位勘测还不是很完善，有些地方难免有所疏漏，待保护工程进行时再做进一步补充完善施工图。

（3）工程施工前应认真进行现场核对，如发现甘省会馆遭受到新的破坏，现场状况与设计不符时，应及时联系设计单位，进行设计变更后方可进行施工。

（4）方案中的梁、椽子、短柱的更换数量均按百分比表述，具体数量详见预算表。

（5）在拆除、施工工程中要注意文物及施工人员的安全。

（6）由于现场测绘条件所限，施工时若发现构件尺寸和个别隐蔽部位与图纸不符时，应以现存实物为准；本说明与施工图参照阅读，如施工遇到特殊情况及施工中出现的技术性问题需及时通知设计单位，协商解决。

参考资料

[1] 《奇台县志》编撰委员会编：《奇台县志》，新疆大学出版社，1994年。
[2] 《奇台文史》（内部资料）。
[3] 新疆文物局编辑：《新疆维吾尔自治区文物“四有”档案》（内部资料）。
[4] 当地文物部门提供的部分资料和部分照片为依据。

项目主持：梁　涛
项目负责：阿布都艾尼·阿不都拉
报告编写：冶　飞　徐桂玲
参加人员：梁　涛　阿布都艾尼·阿不都拉
阿里木·阿布都热合曼　何　林
冶　飞　徐桂玲　路　霞　赵永升
陆继财　雪克来提　丁炫炫

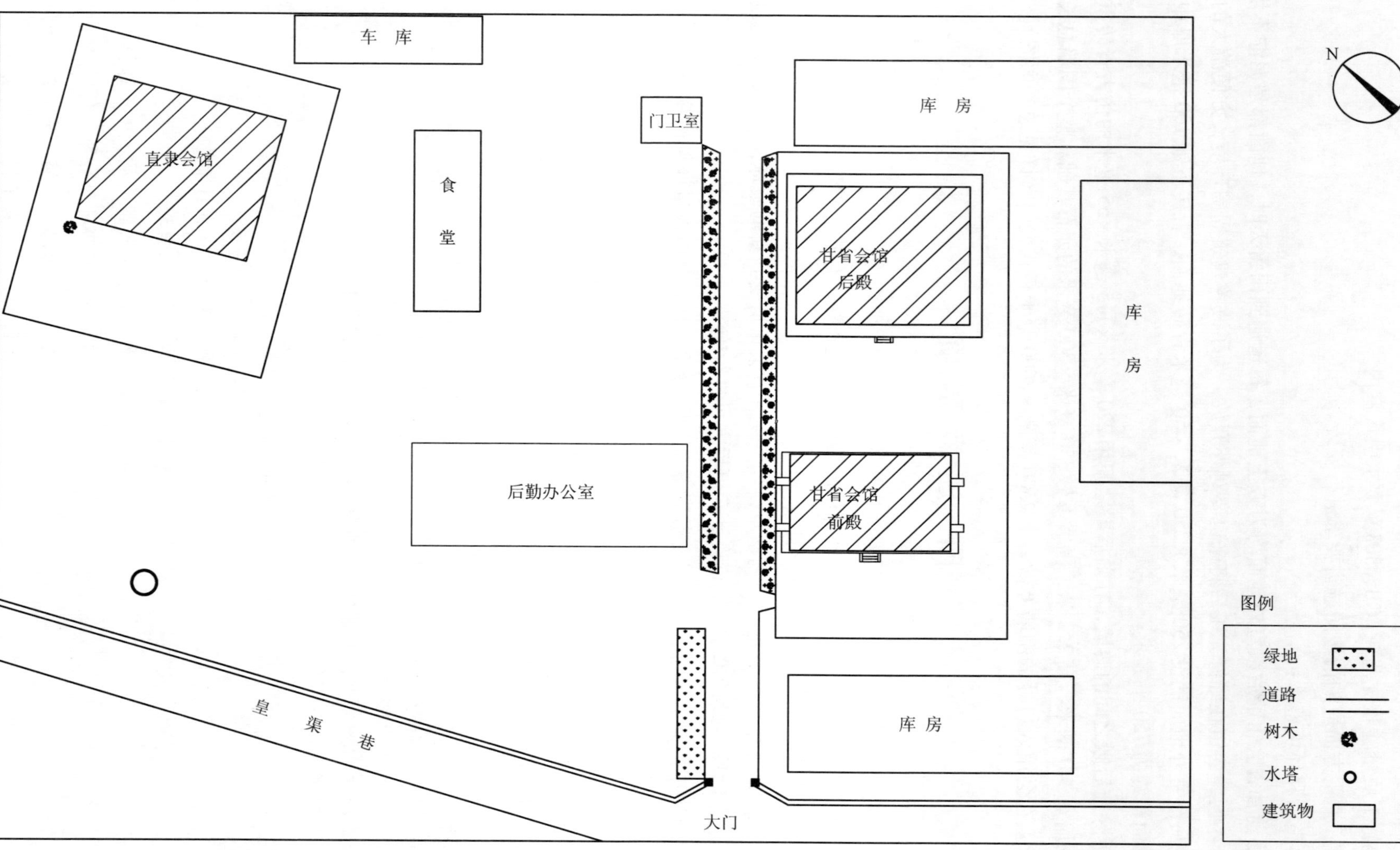

附图1 甘省会馆、直隶会馆总平面图

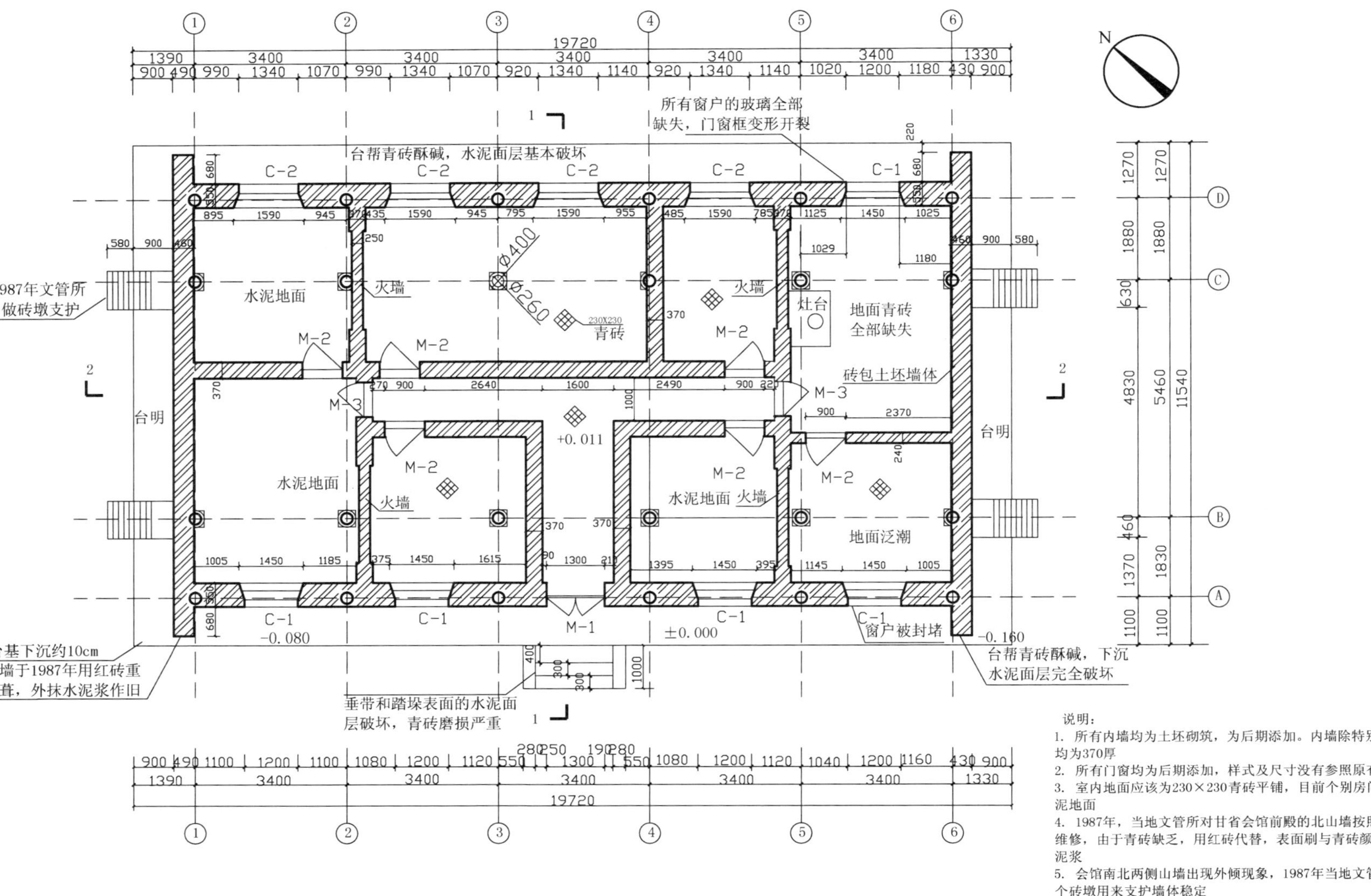
所有窗户的玻璃全部
缺失，门窗框变形开裂
台帮青砖酥碱，水泥面层基本破坏
C-2
C-1
1987年文管所
做砖墩支护
水泥地面
火墙
M-2
青砖
灶台
地面青砖
全部缺失
砖包土坯墙体
M-3
台明
+0.011
地面泛潮
M-1
-0.080
±0.000
-0.160
窗户被封堵
台基下沉约10cm
该山墙于1987年用红砖重
新修葺，外抹水泥浆作旧
垂带和踏垛表面的水泥面
层破坏，青砖磨损严重
台帮青砖酥碱，下沉
水泥面层完全破坏
说明：
1. 所有内墙均为土坯砌筑，为后期添加。内墙除特别标注外，均为370厚
2. 所有门窗均为后期添加，样式及尺寸没有参照原有门窗
3. 室内地面应该为230×230青砖平铺，目前个别房间被改为水泥地面
4. 1987年，当地文管所对甘省会馆前殿的北山墙按照原样进行维修，由于青砖缺乏，用红砖代替，表面刷与青砖颜色相似水泥浆
5. 会馆南北两侧山墙出现外倾现象，1987年当地文管所修砌四个砖墩用来支护墙体稳定

附图2　前殿平面图

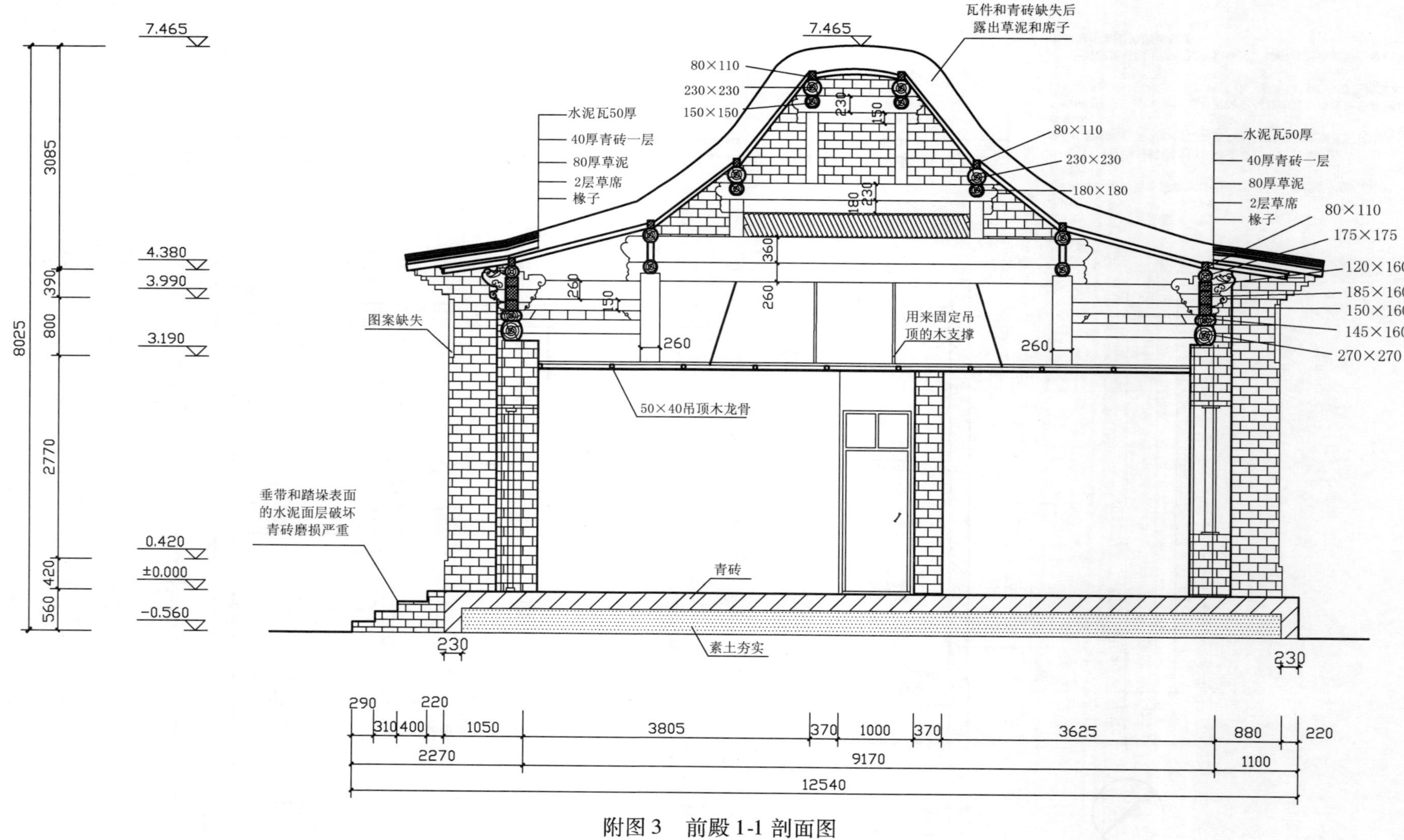

7.465
7.465
瓦件和青砖缺失后露出草泥和席子
80×110
230×230
150×150
230
150
水泥瓦50厚
40厚青砖一层
80厚草泥
2层草席
椽子
80×110
230×230
180×180
180
230
水泥瓦50厚
40厚青砖一层
80厚草泥
2层草席
椽子
80×110
175×175
120×160
185×160
150×160
145×160
270×270
4.380
3.990
3.190
360
260
260
150
260
260
图案缺失
用来固定吊顶的木支撑
50×40吊顶木龙骨
垂带和踏垛表面的水泥面层破坏青砖磨损严重
0.420
±0.000
-0.560
青砖
素土夯实
230
230
3085
390
800
2770
420
560
8025
290
310
400
220
1050
3805
370
1000
370
3625
880
220
2270
9170
1100
12540

附图3　前殿1-1剖面图

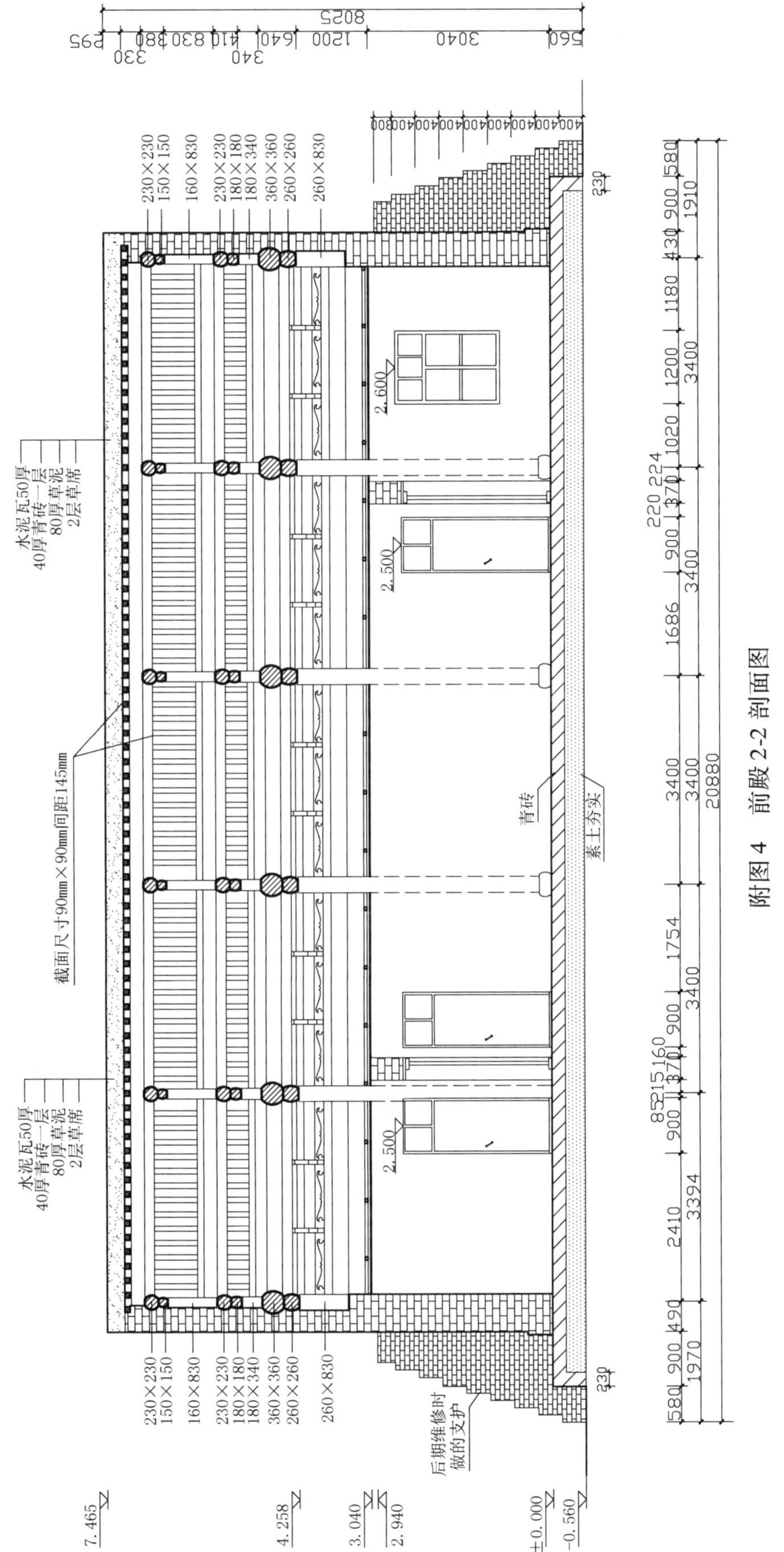
水泥瓦50厚
40厚青砖一层
80厚草泥
2层草席
截面尺寸90mm×90mm间距145mm
青砖
素土夯实
后期维修时做的支护

附图4　前殿2-2剖面图

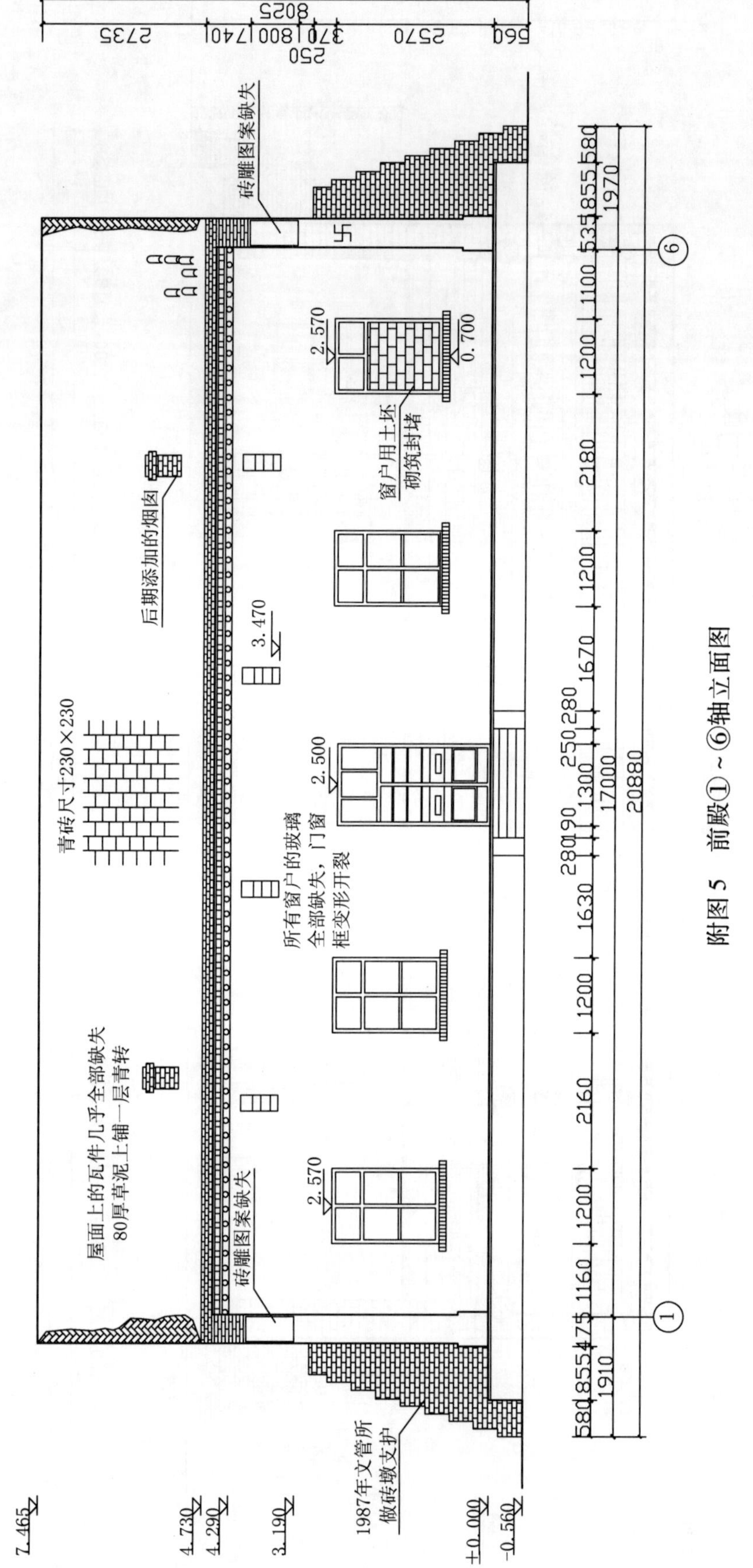

附图5　前殿①～⑥轴立面图

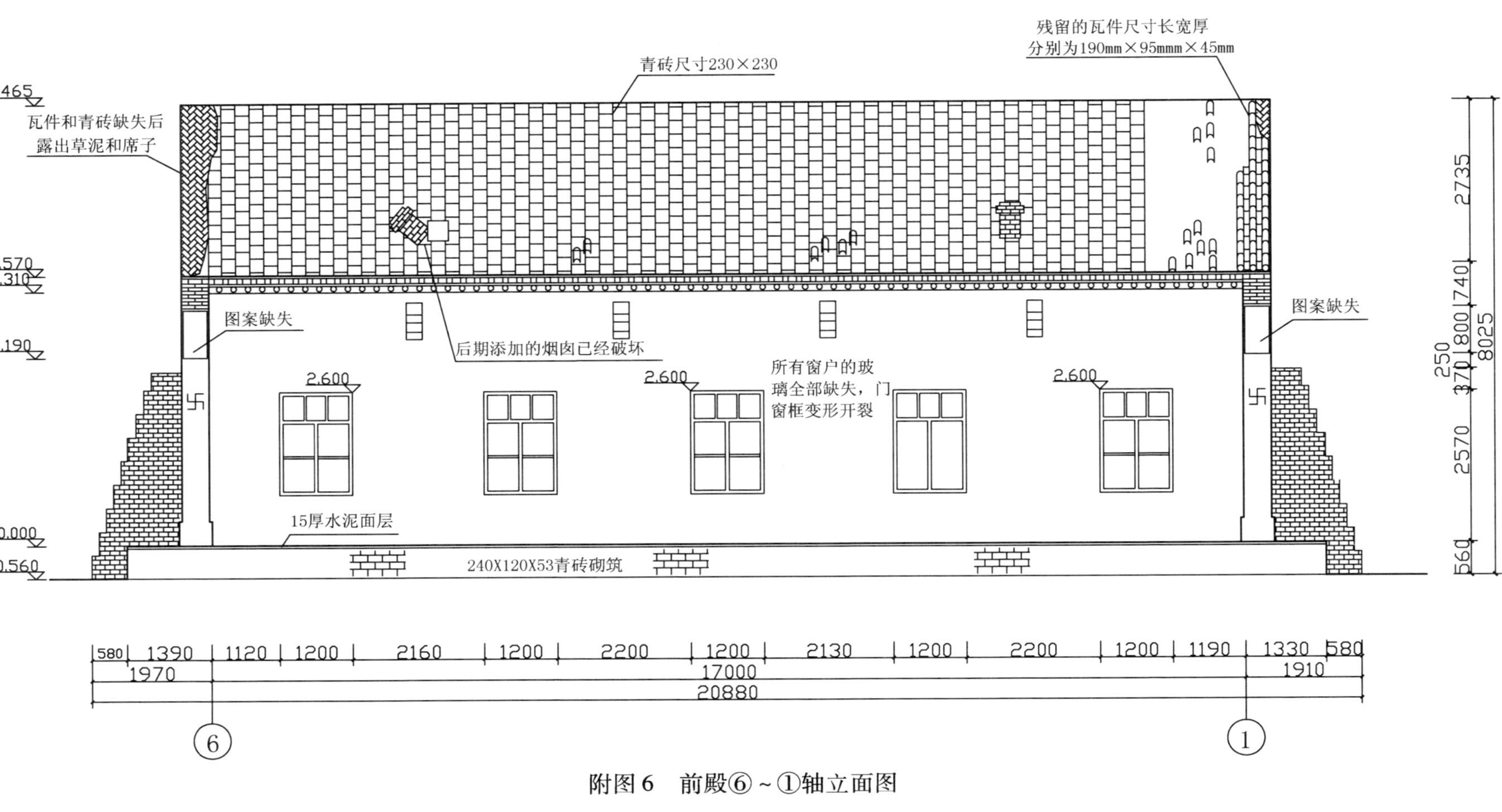

附图6　前殿⑥～①轴立面图

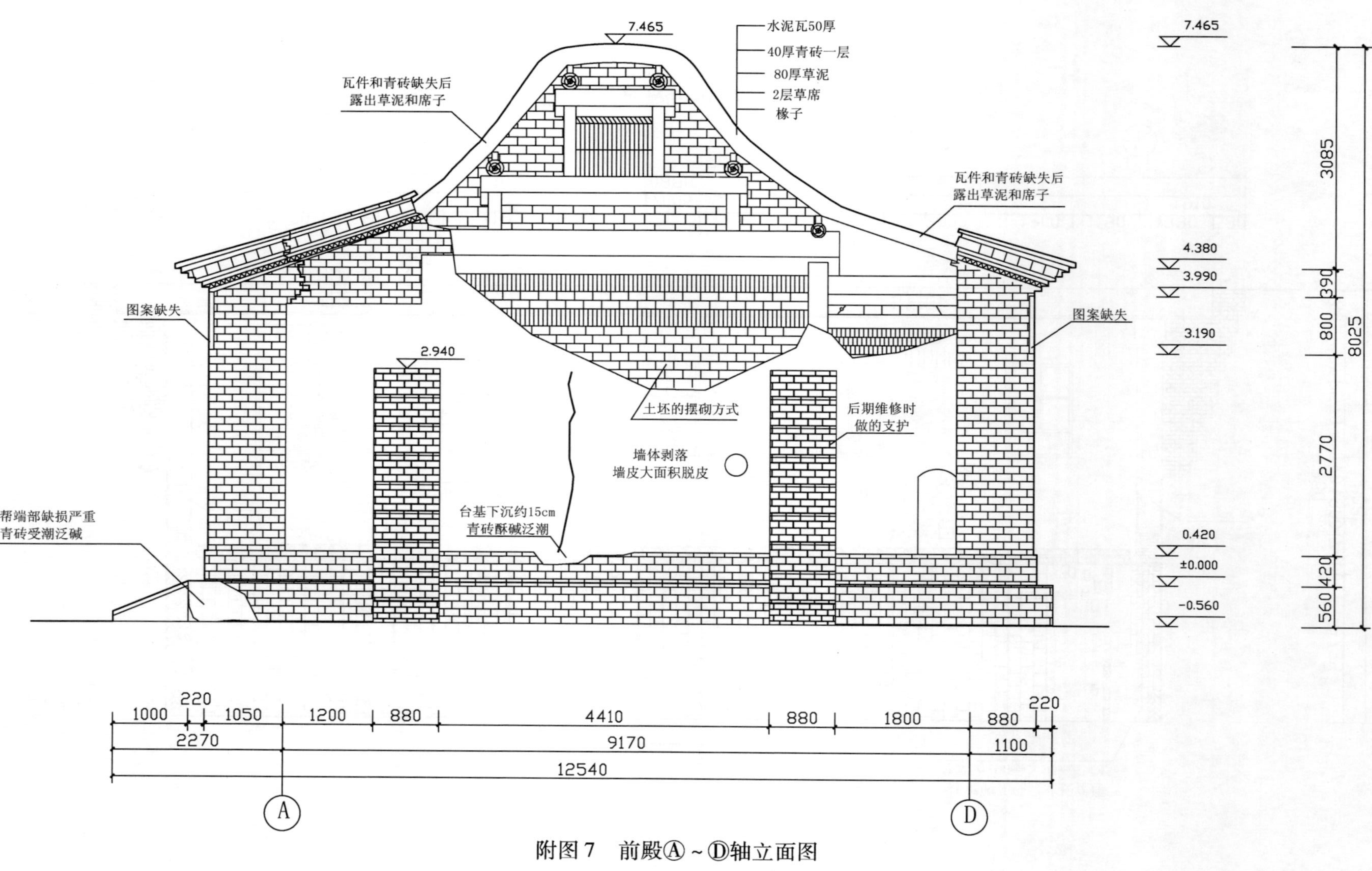
7.465
水泥瓦50厚
40厚青砖一层
80厚草泥
2层草席
椽子
瓦件和青砖缺失后
露出草泥和席子
瓦件和青砖缺失后
露出草泥和席子
图案缺失
图案缺失
2.940
土坯的摆砌方式
后期维修时
做的支护
墙体剥落
墙皮大面积脱皮
台帮端部缺损严重
青砖受潮泛碱
台基下沉约15cm
青砖酥碱泛潮
7.465
4.380
3.990
3.190
0.420
±0.000
-0.560
3085
390
800
2770
420
560
8025
1000
220
1050
1200
880
4410
880
1800
880
220
2270
9170
1100
12540
A
D

附图7　前殿Ⓐ~Ⓓ轴立面图

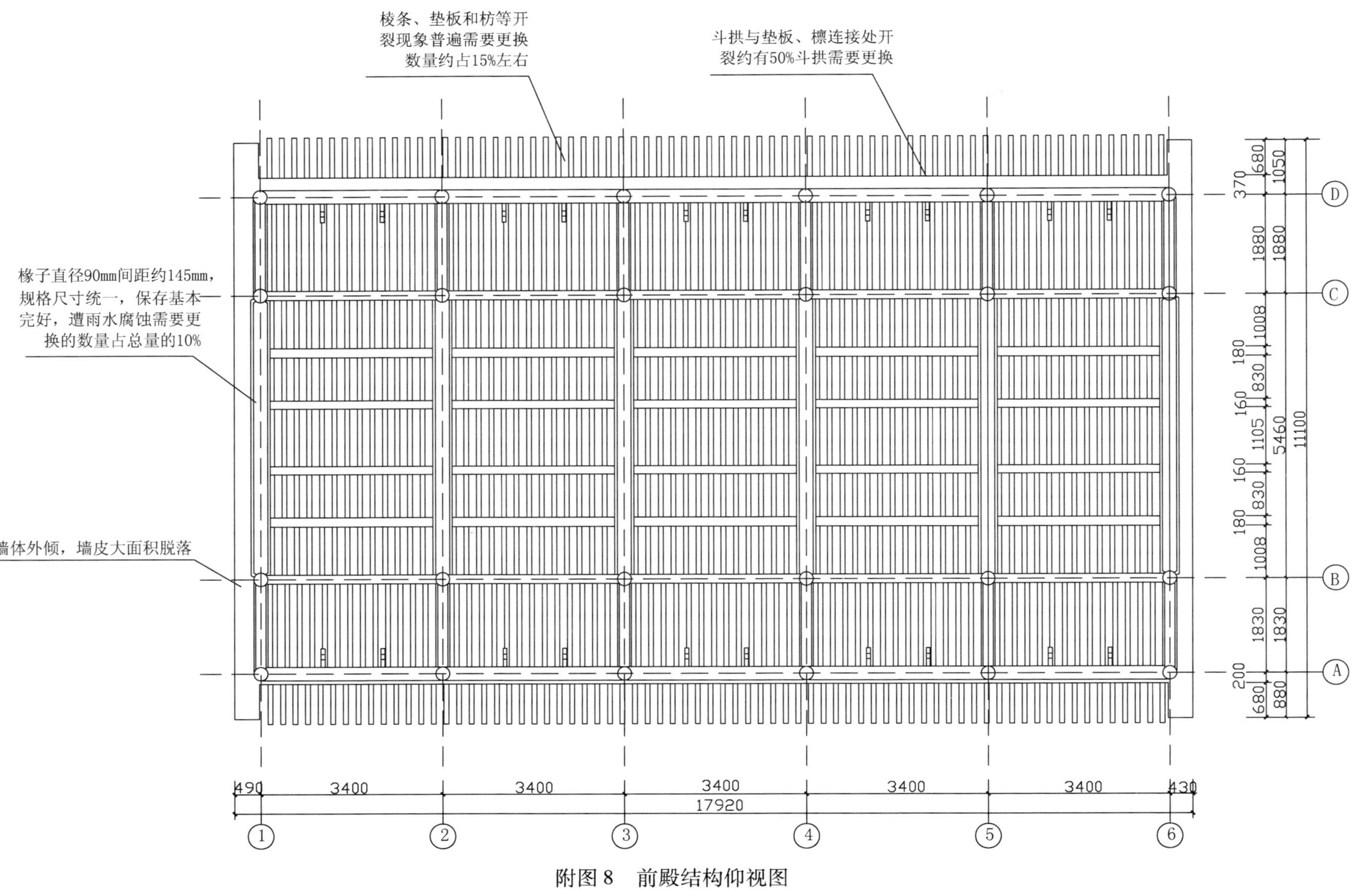

棱条、垫板和枋等开裂现象普遍需要更换数量约占15%左右
斗拱与垫板、檩连接处开裂约有50%斗拱需要更换
椽子直径90mm间距约145mm，规格尺寸统一，保存基本完好，遭雨水腐蚀需要更换的数量占总量的10%
墙体外倾，墙皮大面积脱落
D
C
B
A
680
1050
370
1880
1880
1008
180
830
160
1105
5460
11100
160
830
180
1008
1830
1830
200
680
880
490
3400
3400
3400
3400
3400
430
17920
1
2
3
4
5
6

附图8 前殿结构仰视图

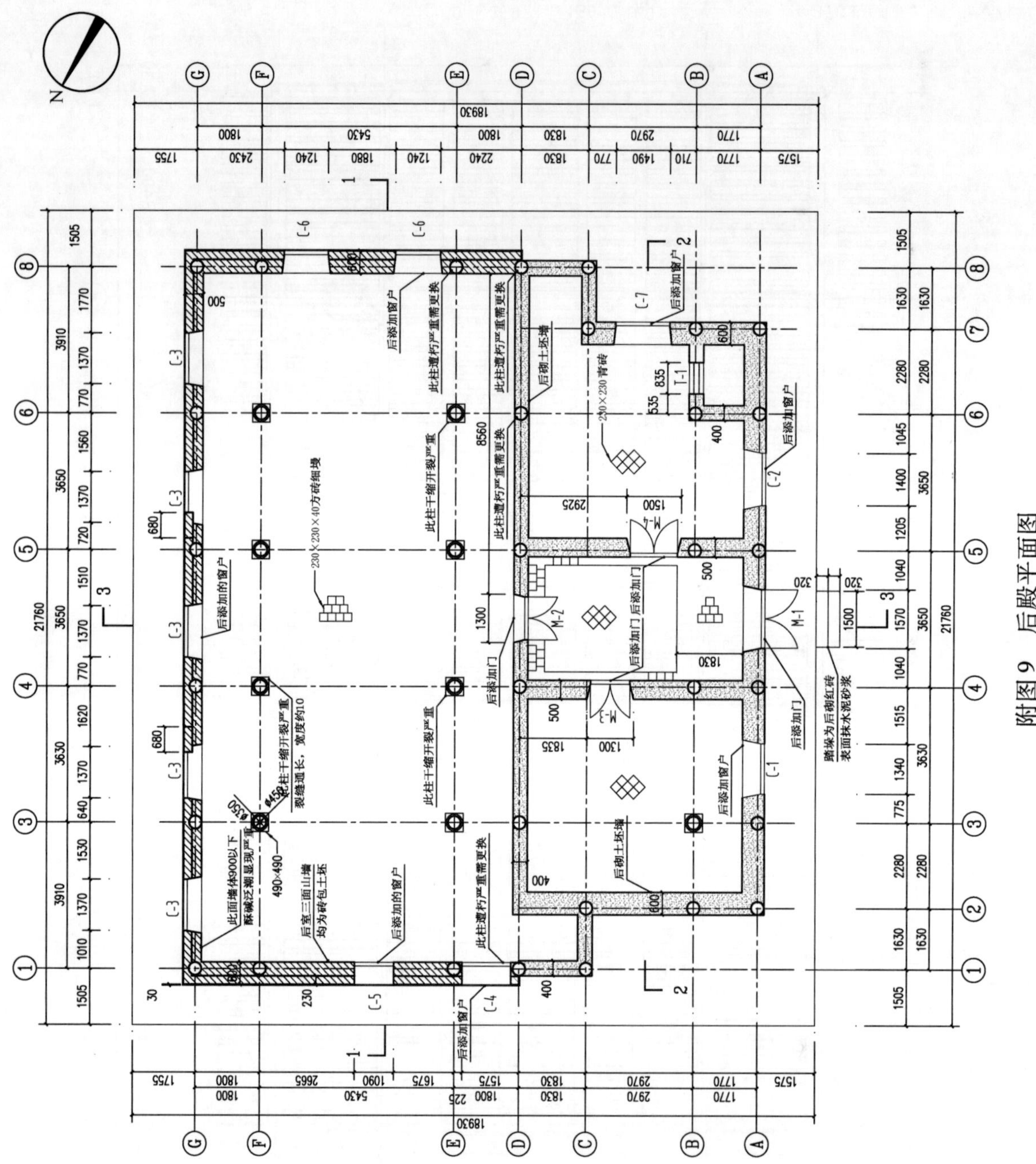
N
此柱遭朽严重需更换
此柱干缩开裂严重
230×230×40方砖细墁
后添加的窗户
后添加窗户
后添加门
后砌土坯墙
230×230青砖
此面墙体900以下
酥碱泛潮显现严重
此柱干缩开裂严重
裂缝通长，宽度约10
后室三面山墙
均为砖包土坯
踏垛为后砌红砖
表面抹水泥砂浆
M-1
M-2
M-3
M-4
21760
18930

附图 9　后殿平面图

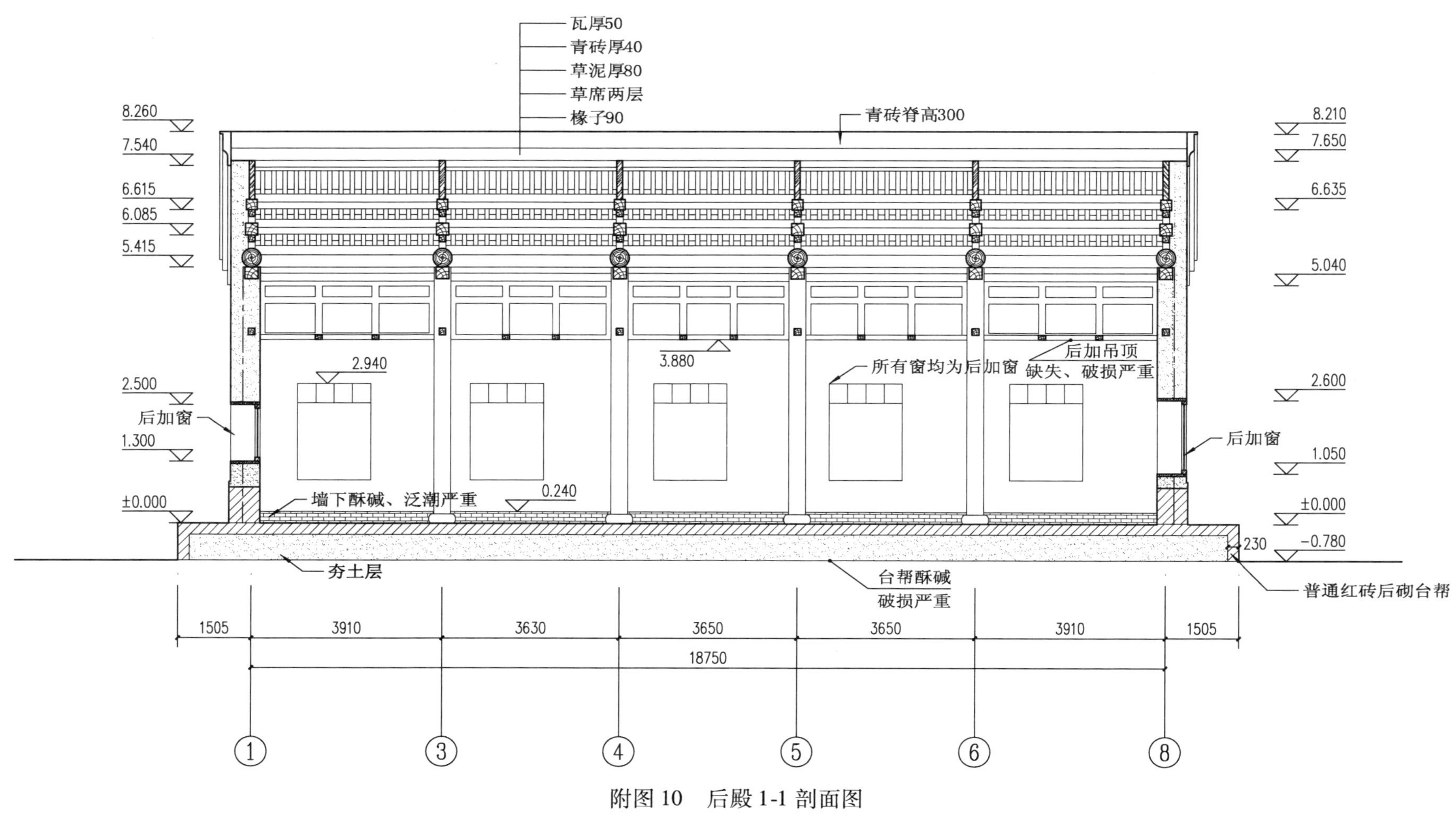
瓦厚50
青砖厚40
草泥厚80
草席两层
椽子90
青砖脊高300
8.260
7.540
6.615
6.085
5.415
2.500
后加窗
1.300
±0.000
8.210
7.650
6.635
5.040
2.600
后加窗
1.050
±0.000
-0.780
230
2.940
3.880
所有窗均为后加窗
后加吊顶
缺失、破损严重
墙下酥碱、泛潮严重
0.240
夯土层
台帮酥碱
破损严重
普通红砖后砌台帮
1505
3910
3630
3650
3650
3910
1505
18750
1
3
4
5
6
8

附图10 后殿1-1剖面图

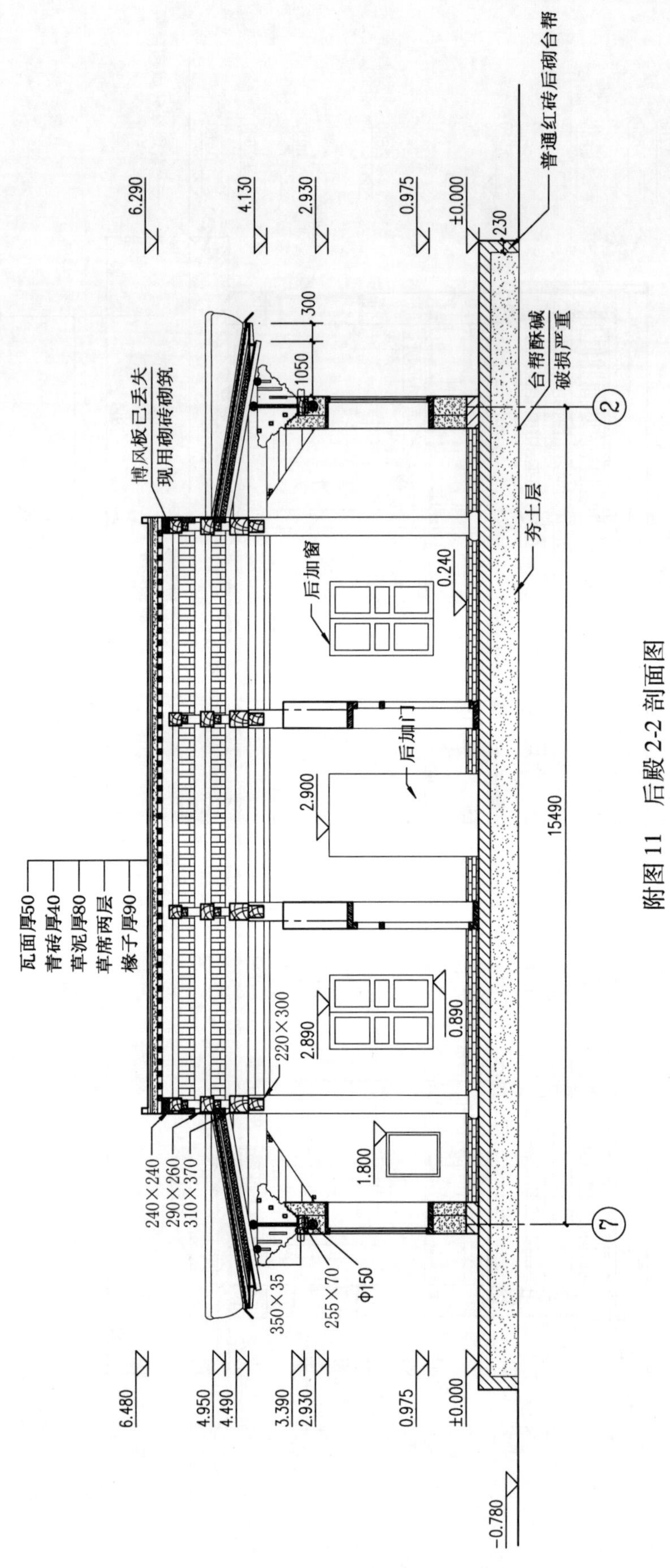
6.290
4.130
2.930
0.975
±0.000
230
普通红砖后砌台帮
300
1050
台帮酥碱破损严重
②
博风板已丢失
现用砌砖砌筑
夯土层
后加窗
0.240
后加门
2.900
15490
瓦面厚50
青砖厚40
草泥厚80
草席两层
椽子厚90
220×300
2.890
0.890
1.800
240×240
290×260
310×370
350×35
255×70
Φ150
⑦
6.480
4.950
4.490
3.390
2.930
0.975
±0.000
-0.780

附图 11　后殿 2-2 剖面图

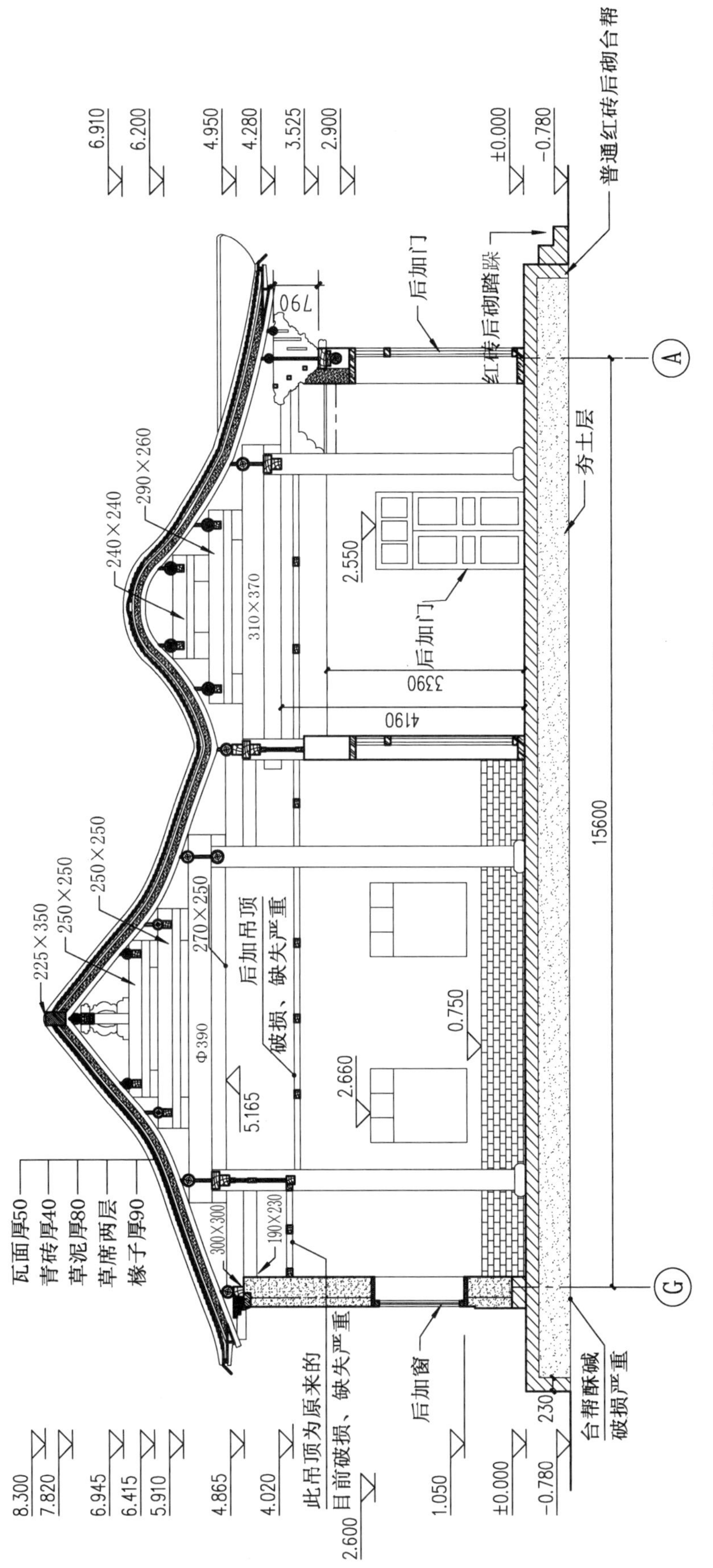

6.910
6.200
4.950
4.280
3.525
2.900
±0.000
-0.780
普通红砖后砌台帮
后加门
红砖后砌踏跺
790
夯土层
240×240
290×260
310×370
2.550
后加门
3390
4190
15600
225×350
250×250
250×250
270×250
后加吊顶
破损、缺失严重
Φ390
5.165
0.750
2.660
瓦面厚50
青砖厚40
草泥厚80
草席两层
椽子厚90
300×300
190×230
此吊顶为原来的
目前破损、缺失严重
后加窗
台帮酥碱
破损严重
230
8.300
7.820
6.945
6.415
5.910
4.865
4.020
2.600
1.050
±0.000
-0.780
A
G

附图 12　后殿 3-3 剖面图

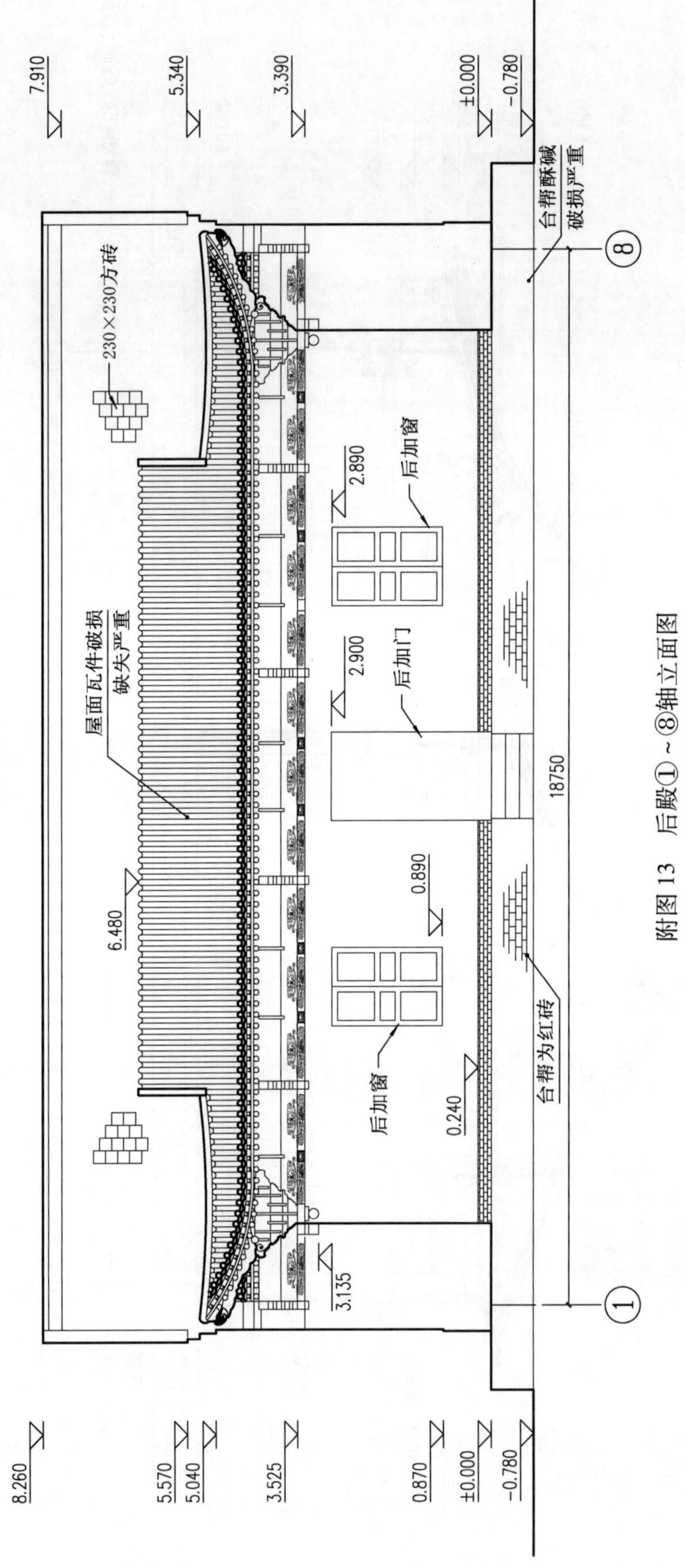

附图 13 后殿①～⑧轴立面图

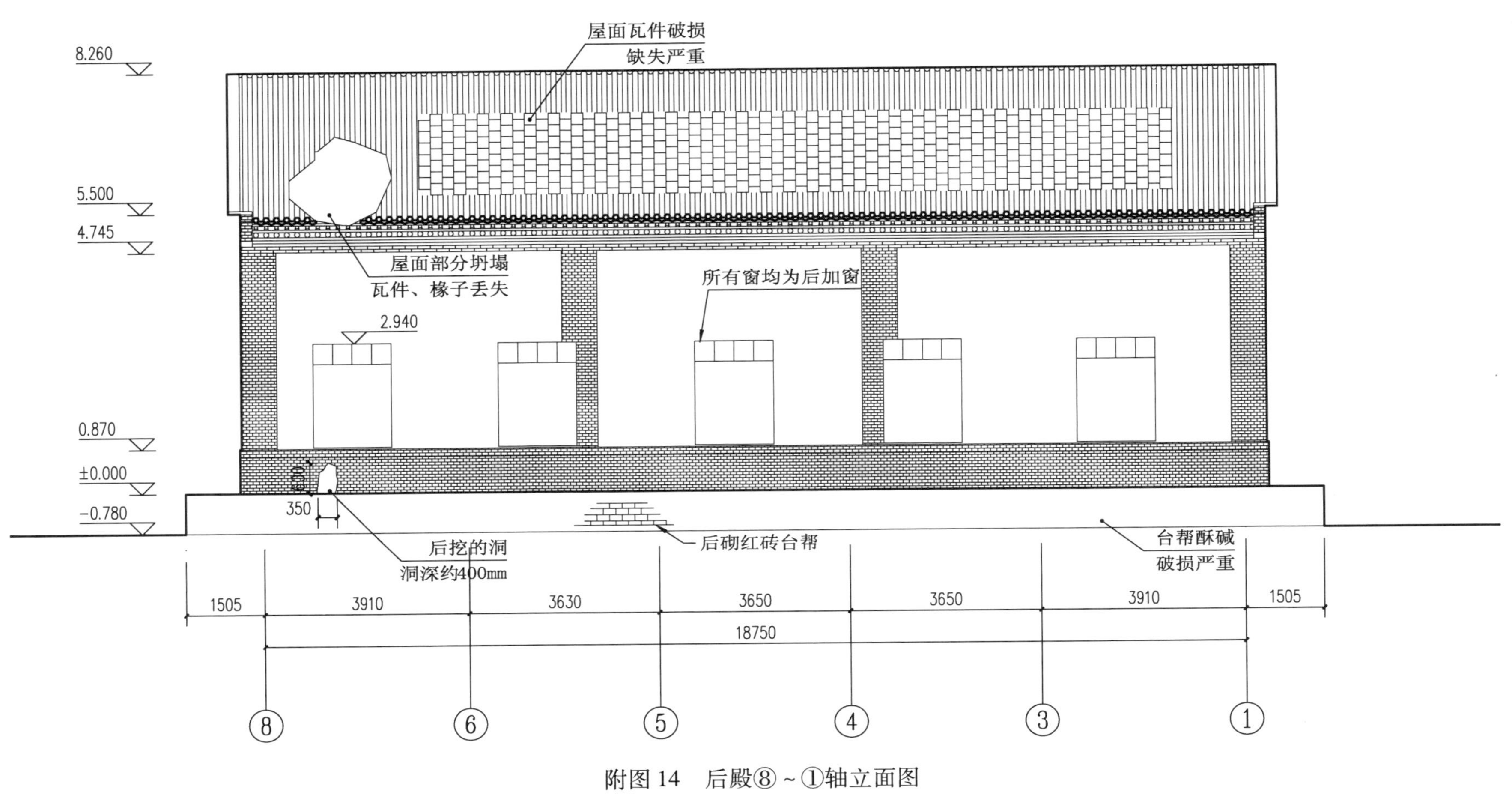

附图14 后殿⑧～①轴立面图

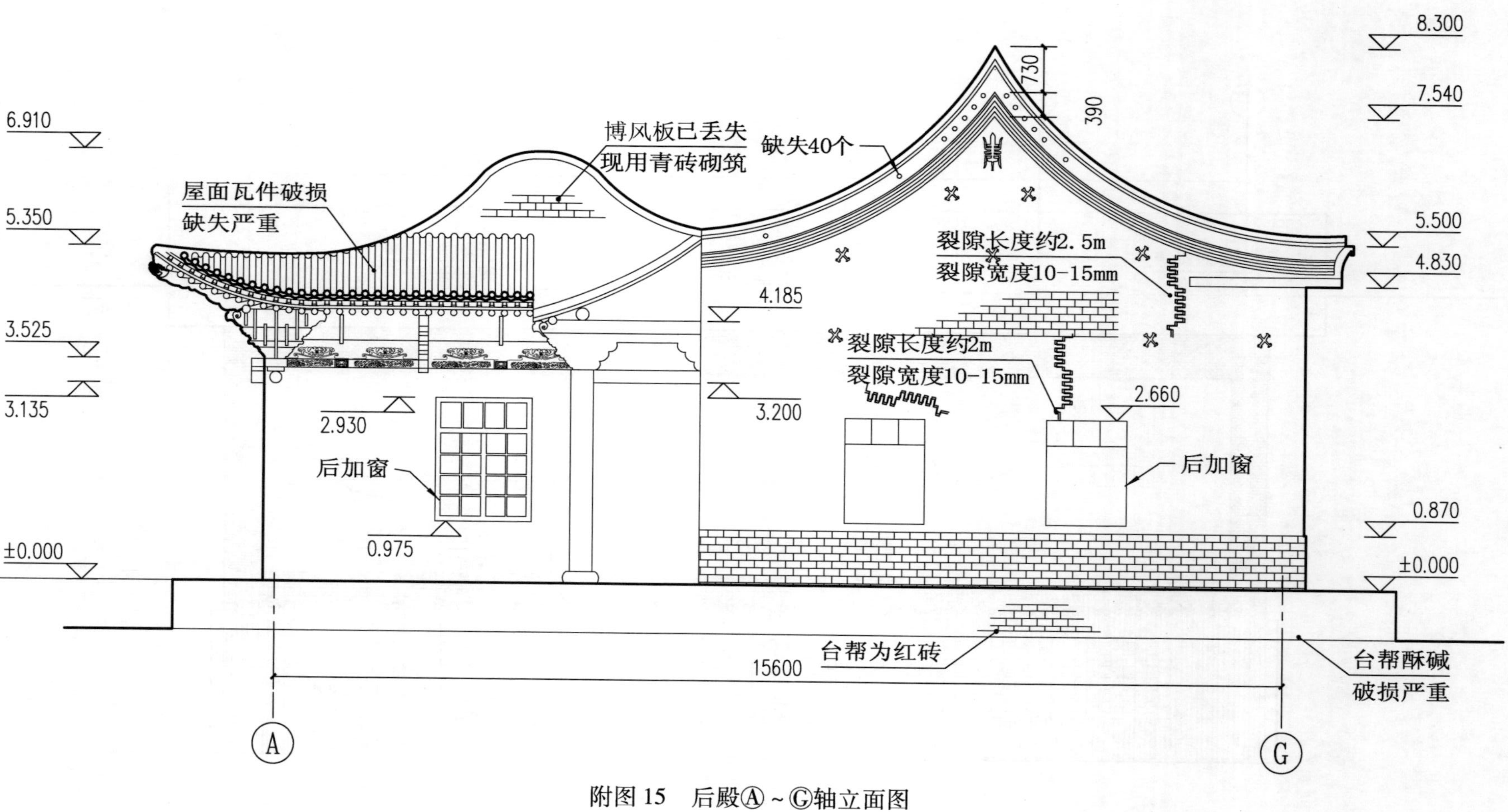
6.910
5.350
3.525
3.135
±0.000
屋面瓦件破损
缺失严重
博风板已丢失
现用青砖砌筑
缺失40个
730
390
8.300
7.540
5.500
4.830
裂隙长度约2.5m
裂隙宽度10–15mm
4.185
3.200
裂隙长度约2m
裂隙宽度10–15mm
2.930
后加窗
0.975
2.660
后加窗
0.870
±0.000
台帮为红砖
15600
台帮酥碱
破损严重
A
G

附图 15　后殿Ⓐ～Ⓖ轴立面图

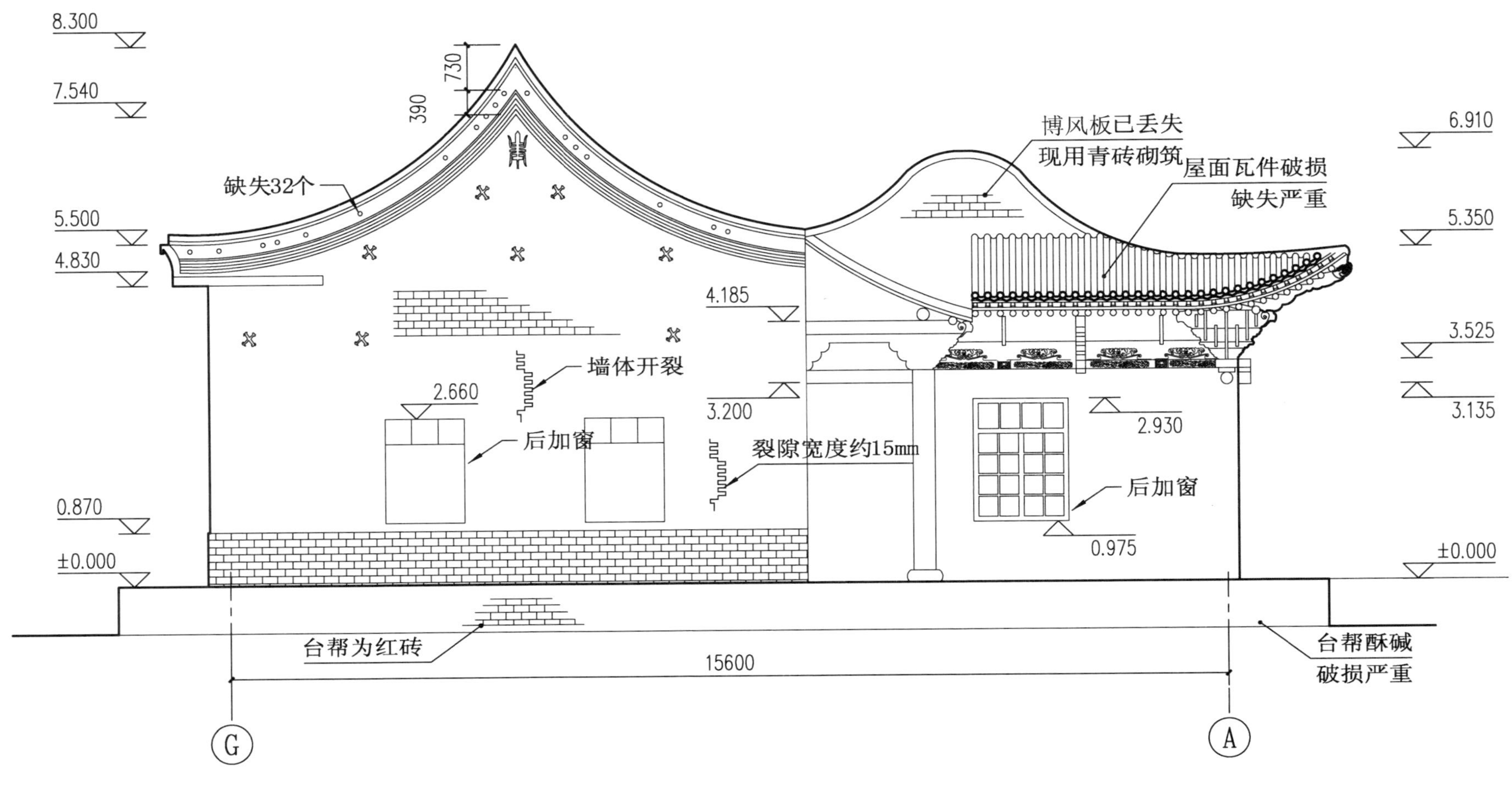
8.300
7.540
5.500
4.830
0.870
±0.000
730
390
缺失32个
墙体开裂
2.660
后加窗
4.185
3.200
裂隙宽度约15mm
博风板已丢失
现用青砖砌筑
屋面瓦件破损
缺失严重
2.930
后加窗
0.975
6.910
5.350
3.525
3.135
±0.000
台帮为红砖
15600
台帮酥碱
破损严重
G
A

附图16　后殿Ⓖ～Ⓐ轴立面图

新疆奇台县直隶会馆修缮工程勘察报告及修缮工程设计方案

第一部分　勘 察 报 告

一、基 本 概 况

奇台县地处新疆维吾尔自治区天山东段北麓，准噶尔盆地南缘，昌吉回族自治州东部。地理坐标为东经为89°13′~91°22′，北纬43°25′~49°29′。奇台县东与木垒哈萨克自治县相邻，南隔天山与吐鲁番、鄯善县相望，西连吉木萨尔县，北接阿勒泰地区的富蕴县、青河县，东北部与蒙古国接壤，是新疆的边境县。边界线长131.47公里，境内有对蒙古国开放的国家级口岸乌拉斯台口岸，具有良好的边贸优势。县城距自治区首府乌鲁木齐207公里，自治州首府昌吉市242公里。奇台县的气候属中温带大陆性干旱半干旱气候，夏季炎热，冬季寒冷，四季分明，干燥少雨。农区年平均气温为4.7℃，7月份极端最高气温43℃。

奇台县城又名古城，在清代是新疆的商埠重镇，道路四通八达，是商品集散地，入进新疆的门户。城区地势平坦四周为农业区，海拔700米。城东有一条水磨河（季节性河），南距天山50公里，北距沙漠25公里。

直隶会馆和甘省会馆均位于县城36912部队后勤院内。其中，前者在后者北侧约150米，坐东朝西，属古街道的临街建筑，现为自治区级重点文物保护单位。

二、历 史 沿 革

奇台县历史悠久。由于地域辽阔，土地肥沃，早在汉唐时期中央王朝就在此驻军屯田。这里还曾经是历史上车师、铁勒、突厥、回鹘、蒙古（包括准噶尔）的游牧地。1776年（乾隆四十一年），清政府设奇台县，属迪化州。民国初期，先后属新疆省或迪化州所辖。中华人民共和国成立后，隶属乌鲁木齐专区。1958年划归昌吉回族自州管辖至今。

1886年（光绪十二年），奇台县城由老奇台迁到古城。此后，古城工商业突飞猛进，成为大西北富庶之区。直隶会馆建于1914年（民国3年），正值古城商业鼎盛期。直隶商户人称京津商人，几乎垄断京津百货生意，供给新疆地区的日用百货。颇具实力的京津商人出资建起“直隶会馆”，旨在维护本帮派行业的自身利益，同时也作为调解商业行业利益纠纷的地方。会馆称得上是古城商业的根据地。

直隶会馆一直使用至1951年，此后划为公房，由当地驻军使用，并归纳为军事用地范围。1983年，被公布为县级重点文物保护单位，多次进行局部维修。2007年6月，自治区人民政府公布为第六批自治区级文物保护单位。

三、建筑布局与各单体建筑结构现存情况

（一）建筑布局与单体建筑结构

直隶会馆面宽5间，进深4间，前廊对称分布，属一殿一卷硬山式的土木结构建筑（图一）。建筑总体长17.7米，宽14.3米，建筑总面积约254平方米。

据了解，20世纪50年代初当地驻军进入时，主要是作为军属住宅使用。为了充分发挥前后殿的作用，当时在殿内加砌了很多土坯隔墙，并在墙体上开设了门窗洞口。

现在建筑已破旧不堪，门窗已全部丢失，很多木构件也都残缺不全，屋面漏雨情况也比较严重，房间内多处位置已被后人改动，目前基本处于废弃状态。

图一　奇台县直隶会馆外景

（二）现存状况

基础：墙下无基础，仅有三层240毫米×120毫米×60毫米青砖。由于地面泛潮现象严重，导致三层青砖出现不同程度的酥碱、开裂等现象。柱顶石形状为圆鼓形，鼓径450毫米，高300毫米；础方450毫米×450毫米，厚度为100毫米。因长期被埋在地面以下或被包裹在墙体

内，柱顶石均出现不同程度的酥碱等现象，柱础已不能满足承载力的要求，需全部更换。

台基：由于室外地面全部被杂土掩埋，台基情况不详，加之没有地质勘察报告，目前还无法判断基础稳定性。在施工中应根据实际情况来确定如何对基础加固。如在施工中发现有台基等，建议按照原形制、原尺寸复原。

地面：室内和廊下铺装方式为230毫米×230毫米×40毫米方砖粗斜墁，十字缝组合。室内大部分地面被杂土覆盖。此次维修估计需要更换约90%的方砖地面。

墙体：东西山墙和后墙为原有墙体，其他均为后砌墙。山墙体砌筑方式为砖包土坯。墙厚560毫米，外层为一层青砖，由下碱和上身组成。下碱为11皮，三顺一丁槽砌，砖体规格240毫米×120毫米×60毫米；墙体上身为槽砌，砖体规格240毫米×120毫米×60毫米，内包340毫米×190毫米×70毫米的土坯。内墙皮为草泥并刷有白灰。目前东西山墙坍塌了50%，且有通体裂缝和局部裂缝，最宽处约40毫米，总长约24米。由于年久失修，屋面漏雨及地面排水不畅，导致墙体出现严重酥碱、空鼓现象，后墙已全部倒塌。

其余墙体均为后期用土坯砌筑而成，后砌墙体中南北方向的隔墙为400毫米宽，东西向的隔墙为480毫米宽。所有内墙面上均刷大白浆。

木构架：屋内梁架为七檩六架梁和八檩七架梁，下施随梁。梁间以瓜柱上下承托。前后廊施单步抱头梁，半榫出头，上托檐檩。檩下仅施垫板和枋，檩上承托圆形檐椽和方形飞椽，其上为横望板。檐柱柱头之间以额枋相连，上托平身科斗拱，每间四攒。

柱子：由于根部长年被杂土掩埋，导致60%柱根部糟朽，需要墩接，作法在将来维修过程中依据破损情况而定。约50%的柱子出现不同程度的干缩开裂。对于开裂不严重的，建议采取相应措施进行控制，防止裂缝加宽。约50%的柱子出现不同程度的歪闪，需打牮拨正。

梁：保存基本完好，有极少数存在干缩裂缝，但对结构影响不大。

枋：大部分枋仍然保存完好，约有30%的出现干缩开裂和变形，部分枋头糟朽，需要采取一定的措施对其局部进行加固或者更换。

檩：绝大部分檩子保存完好，部分出现干缩开裂，部分檩头糟朽。檐檩因被雨水侵蚀出现不同程度的破损。

垫板：垫板基本保存完好，约有30%出现开裂，需要更换。

椽子：截面为圆形，直径为90毫米，间距为145毫米。脑椽、花架椽保存较好。花架椽上人为锯断后安装了烟囱。檐椽被雨水侵蚀严重，大约有95%的椽子需要更换。所有飞椽均需更换。

草席：屋面的草席为两层。因年久失修，糟朽严重，需全部更换。

吊顶：所有吊顶均为后加吊顶。目前各房间内的吊顶都有不同程度的破坏，建议拆除所有吊顶。

望板：望板为横望板。因被雨水侵蚀严重，全部不能继续使用。

大小连檐：约有50%已丢失，残留下来的也都已糟朽严重，不能继续使用。建议全部更换。

闸档板：因年久失修，闸档板被雨水侵蚀严重，大部分都已断裂、糟朽。约30%的已丢失，残留下来的也都已糟朽严重，不能继续使用。建议全部更换。

瓦口木：约 90% 已丢失。建议按原形制重做。

小木构件：部分构件被后砌墙体封住，具体情况待维修过程中才能了解。开裂不能使用的木构件约 40%，已丢失的木构件部分约 50%。

屋面：屋面为不上人屋顶。从下到上结构层依次为：直径 90 毫米的椽子、两层厚草席、一层竹篾、80 毫米厚的草泥层、230 毫米 ×230 毫米 ×40 毫米厚的方砖层、80 毫米厚的草泥层、瓦件。前后两坡面垂脊外侧为排山铃铛，其下为博风砖和五层拔檐砖。瓦件约 70% 丢失，圆形装饰构件缺失约 80%。残留下来的瓦件因年久失修断裂、风化严重已基本不能继续使用，博风砖上装饰构件丢失严重，小跑全部佚失。建议补齐。

屋顶上有四口烟囱，为后人增加。目前已经有两口坍塌，具体位置见屋面图。建议维修时全部拆除。

装修：经后人多次改建，目前未发现装修构件，具体情况不详。

油饰：已经全部退色剥落。

彩画：外檐彩画，风格素净淡雅，因年长日久已出现脱落，全部落满灰尘；内檐彩画保存较完整，颜色至今仍然很鲜艳。两稍间梁之间绘有苏式彩画。各七架梁上均绘有彩画。

树木：会馆西南角，距建筑 800 毫米处有一棵榆树，树冠直径约 2 米。由于距离建筑太近，如由其继续生长会影响到建筑基础，建议移走。

照明、消防：照明线路不符合相关电线线路安全架设规定，直接在外檐的木构架上固定。建议严格按照相关规定规范线路；目前在勘察过程中未发现有消防设施。建议严格按国家相关规定，在维修过程中完善消防设施。

通过对直隶会馆前殿的详细勘查，建议对会馆采用打牮拨正，揭顶修缮，拆除墙体，恢复装修的修缮方案。

四、残破状况及相关原因分析

奇台县直隶会馆现状及残损情况图表（表 1）。

五、评　　估

（一）价值评估

（1）直隶会馆建于民国初年，作为奇台县近代工商业发展的产物，它见证了当地的历史文化演变，对于新疆近代社会经济，尤其是商业文化的研究具有较为重要的参考价值。2006 年，会馆被公布为自治区重点文物保护单位。

（2）直隶会馆是典型的北方民居建筑，现存的建筑结构严谨，布局合理，古朴大方。它是新疆现存少有的近现代建筑例证，对于民国时期新疆建筑艺术的研究具有参考价值。

表1　奇台县直隶会馆现状及残损情况图表

<table>
<tr><td>建筑概况</td><td colspan="4">奇台县直隶会馆位于奇台县老城区36912部队后勤院内，距甘省会馆北侧150米，属于旧街道，坐东朝西，临街房，直隶会馆，面宽5间，进深4间，前廊，对称分布，一殿一卷硬山式的土木结构建筑，总长17.7米，总宽14.3米，建筑面积254平方米；
1. 散水、地面、台基：室内外地面全部被杂土掩埋，散水、地面及台基、柱顶石不详待查。室内和廊下铺装方式为230毫米×230毫米×40毫米方砖粗斜墁，十字缝组合；
2. 墙体：墙体为砖包坯，由下碱和上身组成，下碱为11皮，三顺一丁槽砌，砖体规格240毫米×120毫米×60毫米；墙体上身为槽砌，砖体规格240毫米×120毫米×60毫米，内包土坯，砖体规格340毫米×190毫米×70毫米，内墙皮为草泥并刷白灰；
3. 构架及木基层：屋内梁架为六架梁和七架梁，下施随梁，檩下皆施垫板和枋，檩上为圆形椽。梁之间以瓜柱上下承托。前后廊施单步抱头梁，半榫出头，上托檐檩，檩下仅施垫枋，檩上承托圆形檐椽和方形飞椽，其上为横望板；
4. 斗拱：檐柱柱头之间以额枋相联，上托平身科斗拱，平生科每间2攒；
5. 屋顶：单檐一殿一卷硬山式结构，前后两坡面垂脊外侧为排山铃铛，其下为博风砖和5层拔檐砖；
6. 装修：经多个单位的改建，未发现装修构件，不详；
7. 油饰：柱子外部应为银朱油皮，由于剥落严重目前不详；
8. 彩画：外檐彩画，风格素静淡雅，因年长日久，大部分彩画退色或脱落。内檐彩画保存较完整，两稍间梁之间绘有苏式彩画。各7架梁上均绘有彩画；
目前建筑残破不堪，大木构架保存状况较好，未使用现已经废弃</td></tr>
<tr><td colspan="2">
南立面</td><td>
西立面</td><td>
北立面</td><td>
东立面</td></tr>
</table>

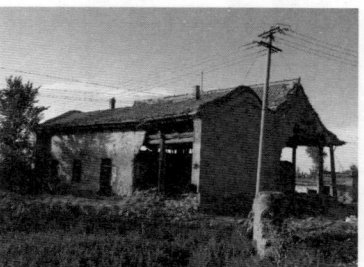

续表

<table>
<tr><td>残损归纳</td><td colspan="4">1. 地面：室外地面、散水大面积被杂土掩埋，方砖酥松、断裂、缺失约 70%，柱顶石全部酥碱，排水、台基、待查；
2. 墙体：山墙无基础，仅有 5 层 240 毫米×120 毫米×60 毫米青砖，由于地面泛潮现象严重，导致青砖出现不同程度的酥碱、开裂等现象；山墙外刷红浆，已基本褪色；北山墙全部坍塌，东西山墙坍塌 50%，且各有 1 条通体裂隙，上部有较大裂隙，总长约 20 米，最宽处约 40 毫米；东西山墙下残缺、碱酥碱约 80%，室内有后加土坯墙，将室内隔成 9 间，并有吊顶；
3. 构架：90% 柱根部糟朽，30% 柱干缩开裂，墙内柱待查；梁、檩、枋基本完好，但普遍存在干缩开裂，最大约 20 毫米，部分檩、枋头糟朽，局部有轻微弯曲变形和老雨渍；
4. 椽望：椽飞糟朽、开裂，飞椽 100%、檐椽约 95%；在花架椽部位人为将椽锯断安装烟囱；连檐、望板、瓦口木全部被雨水侵蚀且糟朽，缺失 50%；
5. 屋顶：屋面瓦件缺失严重约 70%；人为在屋面挖洞安装 4 个烟囱；排山铃铛缺失 85%；垂脊残破 80%，小跑全部佚失；
6. 装修：人为后加门窗，原有门窗未发现，不详；
7. 油饰：内外檐油饰全部褪色、剥落；
8. 彩画：内、外檐彩画起甲，剥落、褪色、地仗老化，浮尘覆盖严重，外檐约占 90%，内檐约占 30%；
9. 其他：会馆西南角，距建筑 800 毫米处有一棵榆树，树冠直径约 2 米</td></tr>
<tr><td colspan="5">残损照片</td></tr>
<tr><td rowspan="2">残损部位</td><td colspan="4">室外地面</td></tr>
<tr><td colspan="4">地　面</td></tr>
<tr><td>残损照片</td><td> </td><td> </td><td> </td><td> </td></tr>
<tr><td>残损说明</td><td colspan="2">室外地面全部被杂土掩埋，散水、台基不详</td><td colspan="2">室内地面、方砖酥松、断裂、缺失约 70%，柱顶石全部酥碱，散水、台基待查</td></tr>
</table>

续表

	墙体			
	山墙			

	北面山墙全部倒塌	山墙外刷红浆，已基本褪色，东西面山墙50%倒塌，且各有1条通体裂隙，上部有较大裂隙，总长约20米，最宽处约40毫米		
残损部位	墙体		构架	
	山墙	内墙	柱子	
残损照片				
残损说明	山墙无基础，仅有5层240毫米×120毫米×60毫米青砖，由于地面泛潮现象严重，导致青砖出现不同程度的酥碱、开裂等现象	室内有后加土坯墙，将室内隔成9间，并有吊顶	30%柱干缩开裂，墙内柱待查	

续表

残损部位	构　架		椽　望	
	梁、檩、枋		椽	
残损照片				
残损说明	梁、檩、枋基本完好，但普遍存在干缩开裂，最大约 20 毫米，局部有弯曲变形和雨渍		椽飞糟朽、开裂，飞椽 100%、檐椽约 95%	在花架椽部位人为将椽锯断安装烟囱
残损部位	椽　望	屋　顶		
	望板、大小连檐、瓦口木	瓦件		排山铃铛
残损照片				
残损说明	连檐、望板、瓦口木全部被雨水侵蚀且糟朽，缺失 50%	屋面瓦件缺失严重约 70%	人为在屋面挖洞安装 4 个烟囱	排山铃铛缺失 85%

续表

残损部位	装修	油饰	彩画	
	门窗	内外檐油饰	内、外檐彩画	
残损照片				
残损说明	人为后加门窗，原有门窗未发现，不详	内外檐油饰全部褪色、剥落	内、外檐彩画起甲，剥落、褪色、地仗老化，浮尘覆盖严重，外檐约占90%，内檐约占30%	

(3) 目前，随着改革开放的不断深入和经济快速发展，广大群众的精神文化需求日益强烈，抢救维修和合理利用这些祖辈们遗留下来的建筑是当地广大群众的共同心声。同时，甘省会馆本身所具有的人文内涵，对于促进奇台县文化旅游业的发展，进而带动地方经济，具有较强的现实意义。

（二）管理条件评估

奇台县文管所成立于1984年，隶属于奇台县文体局，属行政事业单位。现有在编人员6人，外聘人员2人。目前和奇台县博物馆为一体共同办公。

（三）现状评估

(1) 奇台县直隶会馆建筑布局合理，建筑施工精细，具有典型的区域建筑特色。虽然目前建筑外观破损比较严重，屋面瓦件丢失较多，但是整个建筑大木构架以及室内木构架上的彩画保存还是比较完整的。

(2) 建筑形式和建筑格局基本保存，前后殿山墙墙体根部都已经酥碱、掏蚀，墙体上因后开门窗较多，现在墙面已出现大面积脱皮墙体开裂等现象，部分木构件丢失严重。

(3) 如果不及时对直隶会馆进行抢修和保护，这座属于自治区级文物保护单位很快会从人们的视线中消失。

综上所述，直隶会馆急需进行抢救性的修缮保护。

第二部分　修缮设计方案

一、修缮依据

(1)《中华人民共和国文物保护法》。
(2)《奇台县直隶会馆勘察报告》及其实测图。
(3)《中国文物古迹保护准则》。
(4)《文物保护工程管理办法》。
(5)《建筑抗震设计规范》(GB50011-2001)。
(6)《建筑抗震防范分类标准》(GB50223-95)。
(7) 直隶会馆本身价值所决定的长远发展和保护利用的需要。
(8) 相关文献资料。

二、修缮设计原则

严格遵守“不改变文物原状”的原则，尽可能真实完整的保存建筑的历史原貌和建筑特色。在维修过程中以本建筑现有传统做法为主，尽可能使用原有建筑材料，完整保存并归安原有的建筑构件；维修工程的补配构件要做到原材料、原工艺，按原形制修复；加固补强部分要与原结构、原构件连接可靠；新补配的构件需要详细档案记载。

三、修缮性质及修缮原则

经过现场勘察，决定采取揭顶修缮、拆除墙体、恢复装修的修缮方案。本次维修旨在通过对建筑的维修及对配套设施的完善，消除建筑物的各种安全隐患。

（1）重点修缮：直隶会馆建筑本体。

（2）院落整治和环境整治。

（3）其他修缮工程：直隶会馆避雷、消防、照明工程。其原则是在消除建筑安全隐患的同时，尽量减少对建筑自身风貌的影响。

基础：①因墙下无基础，仅有 5 层青砖，根据残破情况更换墙下酥碱、泛潮及断裂的青砖。②柱顶石，更换磨损风化严重的柱顶石，矫正错位下沉的柱础，对部分不能满足承载力要求的柱础更换。其中部分需要全部更换，具体比例在施工过程中根据承载需要决定。

台基：由于室外地面全部被杂土掩埋，台基情况不详，加之目前没有地质勘察报告，无法判断基础稳定性。在施工中应按照实际情况确定做法，加固基础。如在施工中发现有台基等，建议按照原形制、原尺寸复原。

地面：补配更换缺失、破损方砖约 90%。保存较好的方砖可继续使用。室内地面仍采用 230 毫米 ×230 毫米 ×40 毫米方砖粗斜墁，十字缝组合。具体铺装完全按照实际情况原样复原。方砖下铺 80 ~ 85 毫米的中砂垫层。室内外杂土需要清理。

墙体：拆除所有后砌墙体，恢复建筑原貌。原来的山墙部分由于坍塌约 50%，且有宽度较大的通体裂缝，已经失去承载力，不能满足承载力的要求，所以也采用拆除后重砌筑的方法。对拆下来保存较好的青砖都要编号，以便在将来重砌山墙时重新利用。所有内墙面上均刷大白浆。

盘头墙砖需要清洗。

后加墙及门窗全部拆除。

装修：拆除所有后加门窗，按原来形制复原门窗装修。

柱子：更换开裂变形严重不能继续使用的木柱。需要更换的数量约为 10 根，需要墩接的柱子占 60%，校正倾斜的柱子约 50%。对于干缩开裂轻微的柱子，重新填补缝隙，可继续使用。

梁架：填补所有梁架上干缩开裂的缝隙。对于只有枋、檩、垫板榫卯头糟朽的添加钢筋处理。

枋：因枋保存较好，基本不做处理，仅对部分枋上干缩开裂的缝隙进行填补即可。对于只有枋榫卯头糟朽的进行添加钢筋处理。

檩：填补檩上所有干缩开裂的缝隙，对于只有檩榫卯头糟朽的进行加钢筋处理。

垫板：更换开裂严重不能继续使用的垫板约 30%。对于垫板榫卯头糟朽的进行添加钢筋处理。

小木构件：部分构件被后砌墙体封住，待维修时根据具体情况确定做法。重雕开裂不能使用的木构件约40%，复原丢失的木构件部分约50%。

草席：因年久失修，糟朽严重，需全部更换。

椽子：更换糟朽严重或缺失的椽子约10%。所有飞椽均需更换。

吊顶：拆除所有后加吊顶，恢复建筑原来面貌。

望板：更换全部被雨水侵蚀和破损严重的望板。

大小连檐：全部进行更换。

闸档板：全部进行更换。

瓦口木：因基本丢失，所以全部按原形制重做。

瓦件：按原样全部更换。

屋面：屋面揭顶，对状况较好的方砖、瓦片都要继续使用。屋面结构层从下往上顺序为：直径90毫米的椽子、两层厚草席、一层竹篾，80毫米厚的草泥层、230毫米×230毫米×40毫米厚的方砖层、80毫米厚的草泥层、瓦件。前后两坡面垂脊外侧为排山铃铛，其下为博风砖和五层拔檐砖。

博风砖：填补丢失的砖块约50%。添补砖上缺失圆形装饰构件70%。

油饰：对所有木柱重新做地仗层，外刷广红油。

彩画：对所有梁架上有彩绘图案的梁、檩、枋进行除尘处理，重绘外檐彩画。

树木：距离建筑800毫米的树，需要移走。

照明、消防：根据直隶会馆现有条件，照明应从就近电源处把电引入室内，但应符合《建筑电气工程施工质量验收规范》（GB50303）的要求。消防应酌情按照相关要求在室内配置消火栓等必要设备。

避雷：酌情按照相关要求安装避雷设施。

四、院落整治和环境整治

（1）目前直隶会馆室外地面均为泥土地坪，每逢雨雪天时，地面都是泥泞不堪，行走十分不便。考虑到会馆在维修完工后将来也要对外开放，为了改善建筑周围环境，方便游人的出入，在前后殿室外地面铺设240毫米×120毫米×60毫米青砖地面，青砖下铺100毫米厚中砂垫层，总面积约为750平方米。

（2）在会馆周围用240毫米×120毫米×60毫米的仿古青砖重砌围墙。围墙宽240毫米，高2.2米。墙下做350毫米×300毫米的卵石基础。整个围墙总长约为140米。在会馆入口处的围墙上做一个2500毫米×2500毫米板式大门（详见总平面图）。

五、注 意 事 项

（1）由于现场勘测时间有限，有些部位勘测还不是很完善，有些地方难免有所疏漏，待保护工程进行时再进一步补充完善施工图。

（2）工程施工前应认真进行现场核对，如发现直隶会馆遭受到新的破坏，现场状况与设计不符时，应及时联系设计单位，进行设计变更后方可进行施工。

（3）方案中的梁、椽子、短柱的更换数量均按百分比表述，具体数量详见预算表。

（4）在施工中要注意文物及施工人员的安全。

（5）由于现场测绘条件所限，施工时若发现构件尺寸和个别隐蔽部位与图纸不符时，应以现存实物为主；本说明与施工图参照阅读，如施工中遇到特殊情况，尤其是出现技术性问题，需及时通知设计单位，协商解决。

参考资料

[1] 奇台县史志编纂委员会编：《奇台县志》，新疆大学出版社，1994年。

[2] 奇台县政协文史资料委员会编：《奇台文史》（内部资料）。

[3] 新疆文物局编：《新疆维吾尔自治区文物“四有”档案》（内部资料）。

[4] 当地文物部门提供的部分资料和部分照片。

项目主持：梁　涛

项目负责：冶　飞

报告编写：路　霞

参加人员：梁　涛　阿布都艾尼·阿不都拉　何　林

阿里木·阿布都热合曼　路　霞　冶　飞

徐桂玲　赵永升　陆继财　雪克来提　丁炫炫

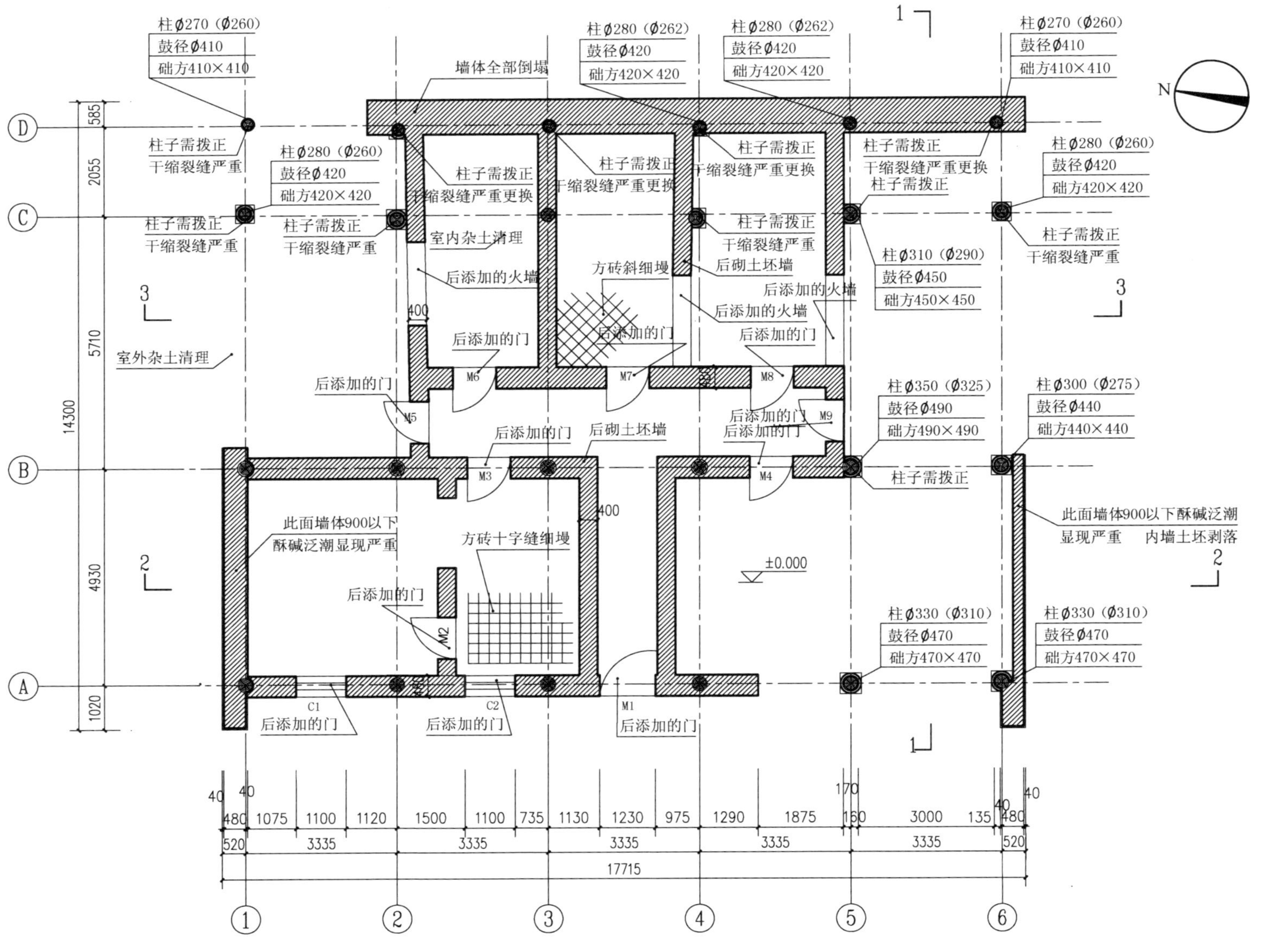
柱Ø270（Ø260）
鼓径Ø410
础方410×410
柱子需拨正
干缩裂缝严重
柱Ø280（Ø260）
鼓径Ø420
础方420×420
墙体全部倒塌
柱Ø280（Ø262）
鼓径Ø420
础方420×420
柱子需拨正
干缩裂缝严重更换
室内杂土清理
后添加的火墙
方砖斜细墁
后砌土坯墙
后添加的门
室外杂土清理
柱Ø310（Ø290）
鼓径Ø450
础方450×450
柱Ø350（Ø325）
鼓径Ø490
础方490×490
柱Ø300（Ø275）
鼓径Ø440
础方440×440
柱子需拨正
后砌土坯墙
此面墙体900以下酥碱泛潮显现严重
方砖十字缝细墁
此面墙体900以下酥碱泛潮
显现严重　内墙土坯剥落
±0.000
柱Ø330（Ø310）
鼓径Ø470
础方470×470
M1 M2 M3 M4 M5 M6 M7 M8 M9 C1 C2
585 2055 5710 4930 1020 14300
480 1075 1100 1120 1500 1100 735 1130 1230 975 1290 1875 150 3000 135 480
520 3335 3335 3335 3335 3335 520
17715

附图1　直隶会馆平面图

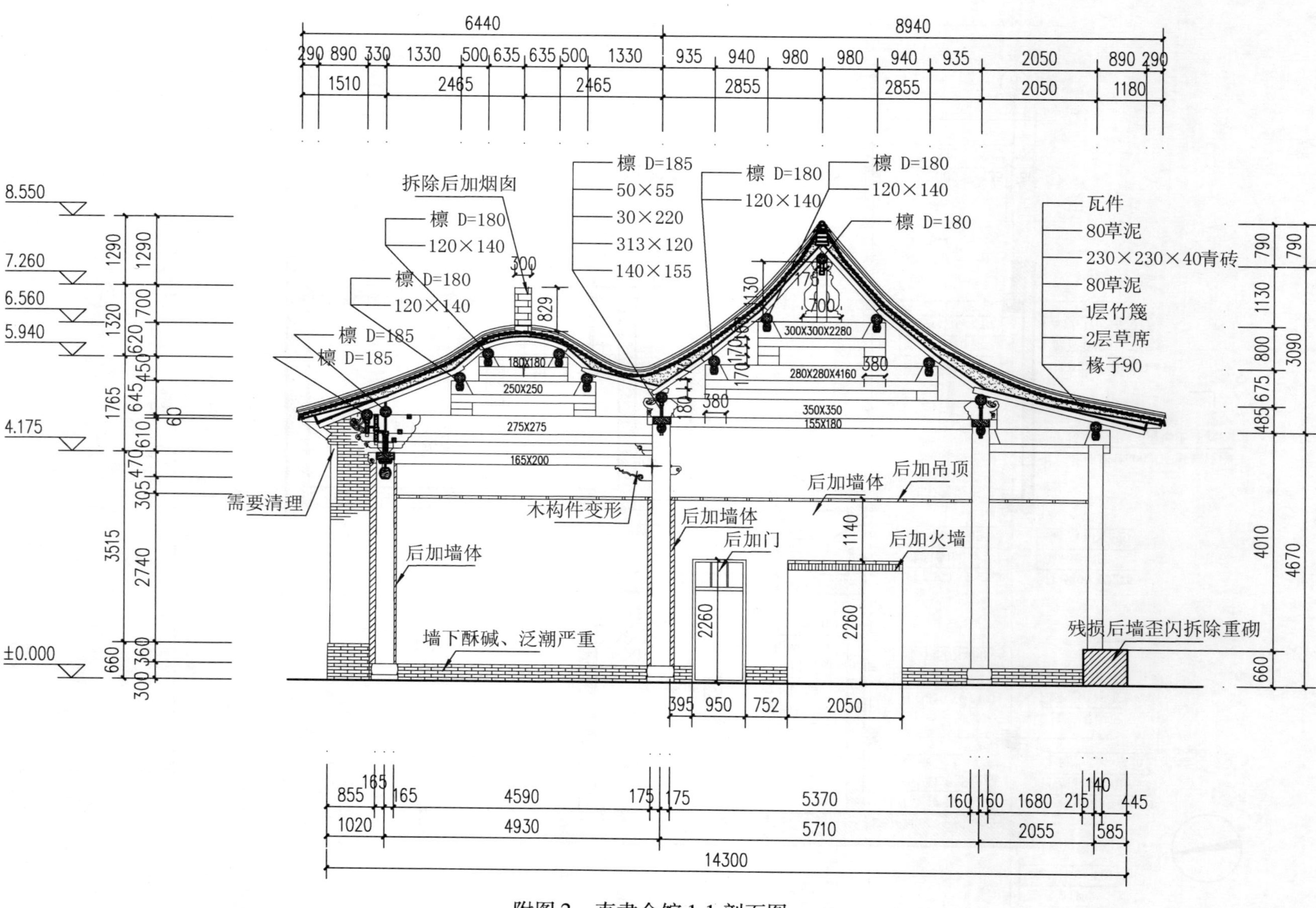
拆除后加烟囱
檩 D=180
120×140
檩 D=185
50×55
30×220
313×120
140×155
瓦件
80草泥
230×230×40青砖
80草泥
1层竹篾
2层草席
椽子90
需要清理
木构件变形
后加墙体
后加吊顶
后加门
后加火墙
墙下酥碱、泛潮严重
残损后墙歪闪拆除重砌
8.550
7.260
6.560
5.940
4.175
±0.000

附图2　直隶会馆 1-1 剖面图

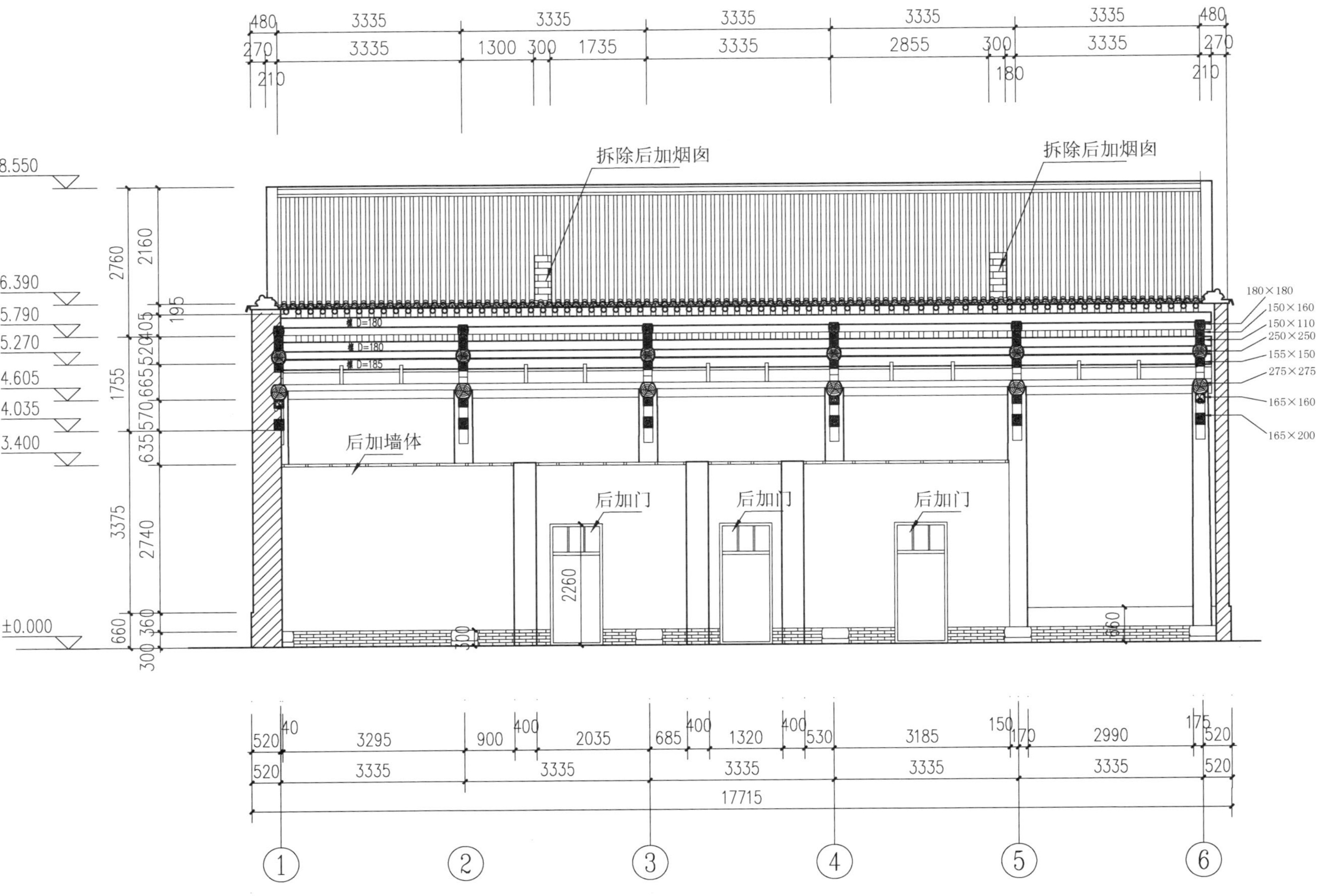

附图 3　直隶会馆 2-2 剖面图

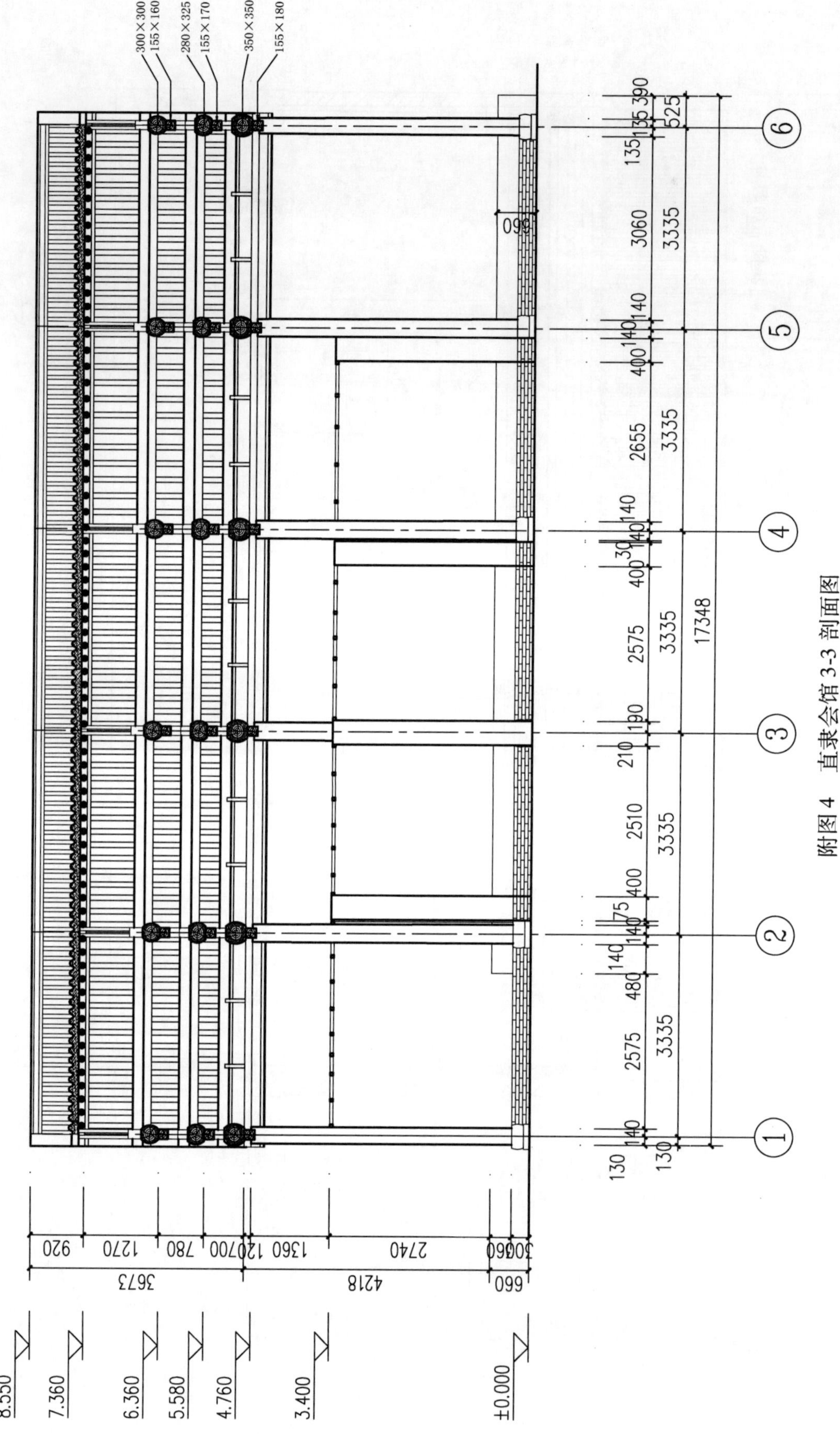

附图 4　直隶会馆 3-3 剖面图

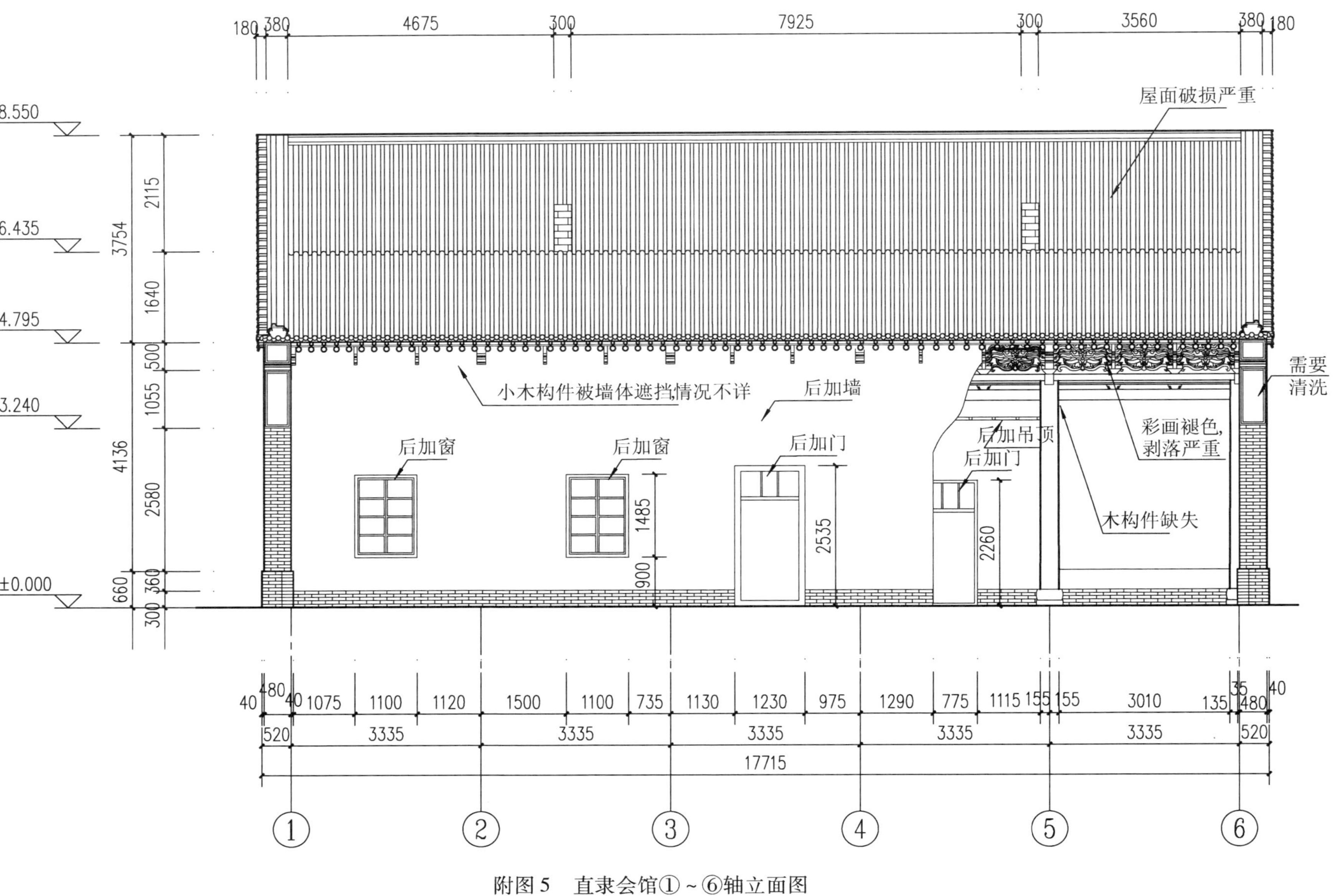

附图5 直隶会馆①~⑥轴立面图

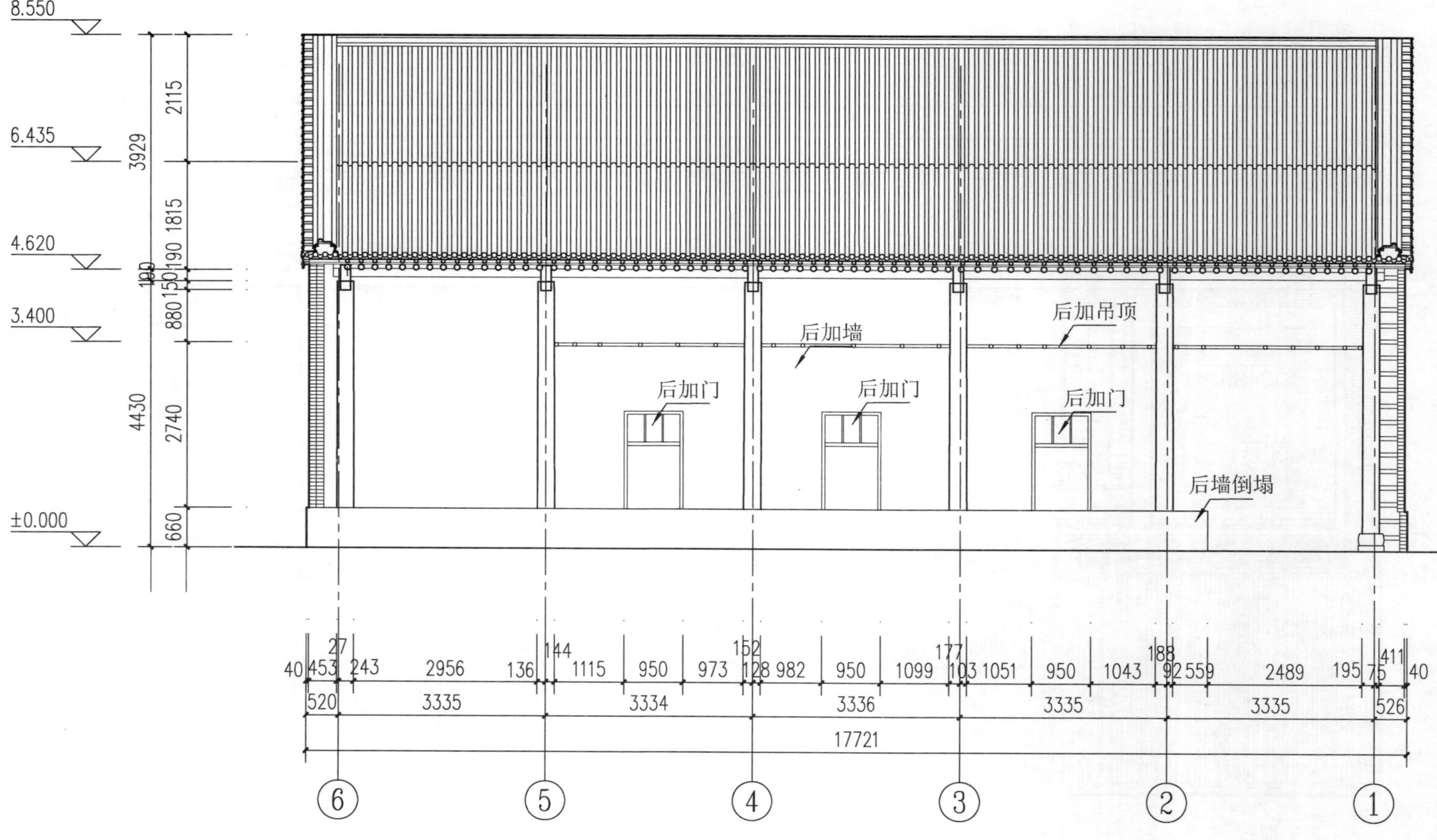

附图6　直隶会馆⑥～①轴立面图

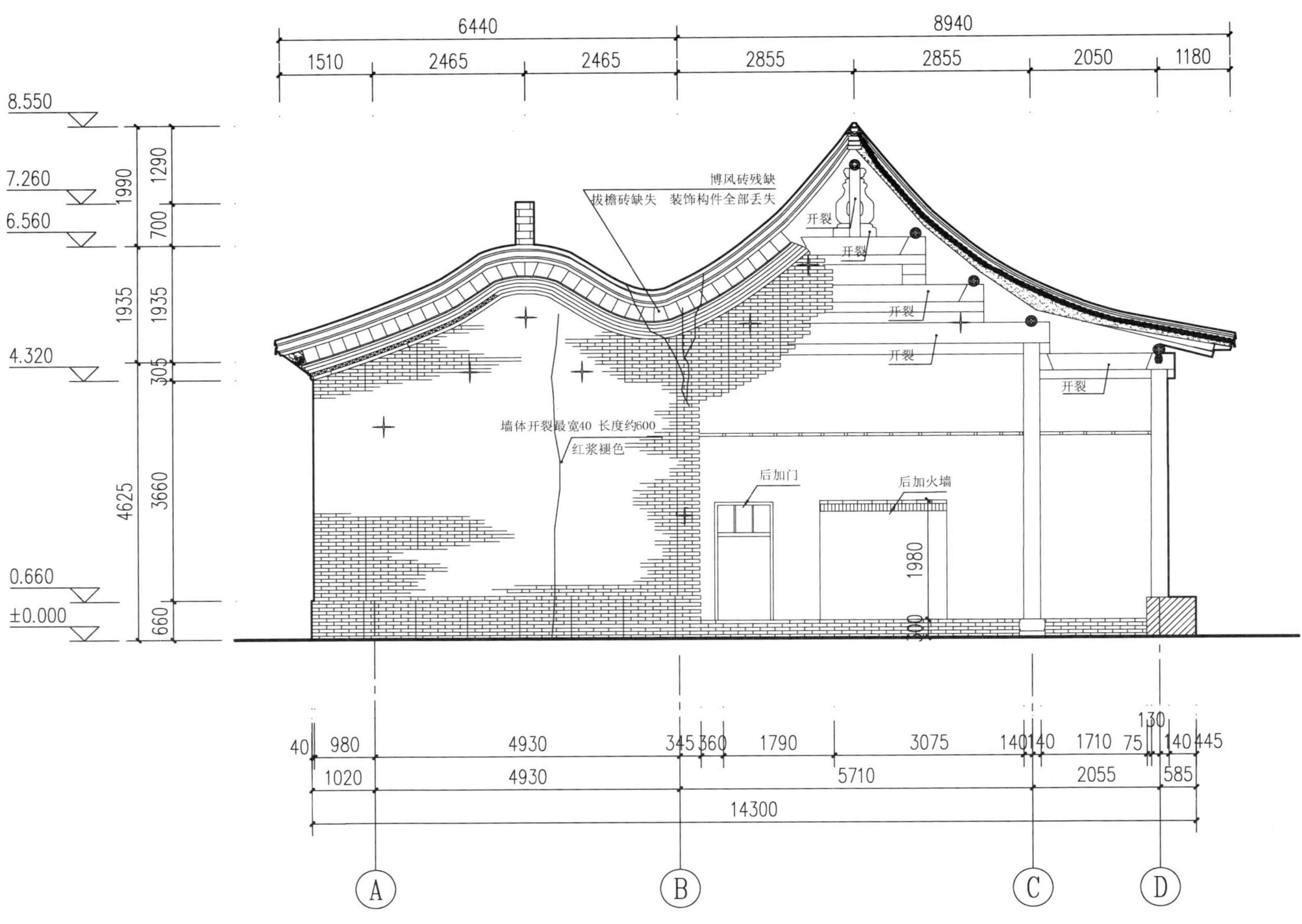

附图7　直隶会馆Ⓐ~Ⓓ轴立面图

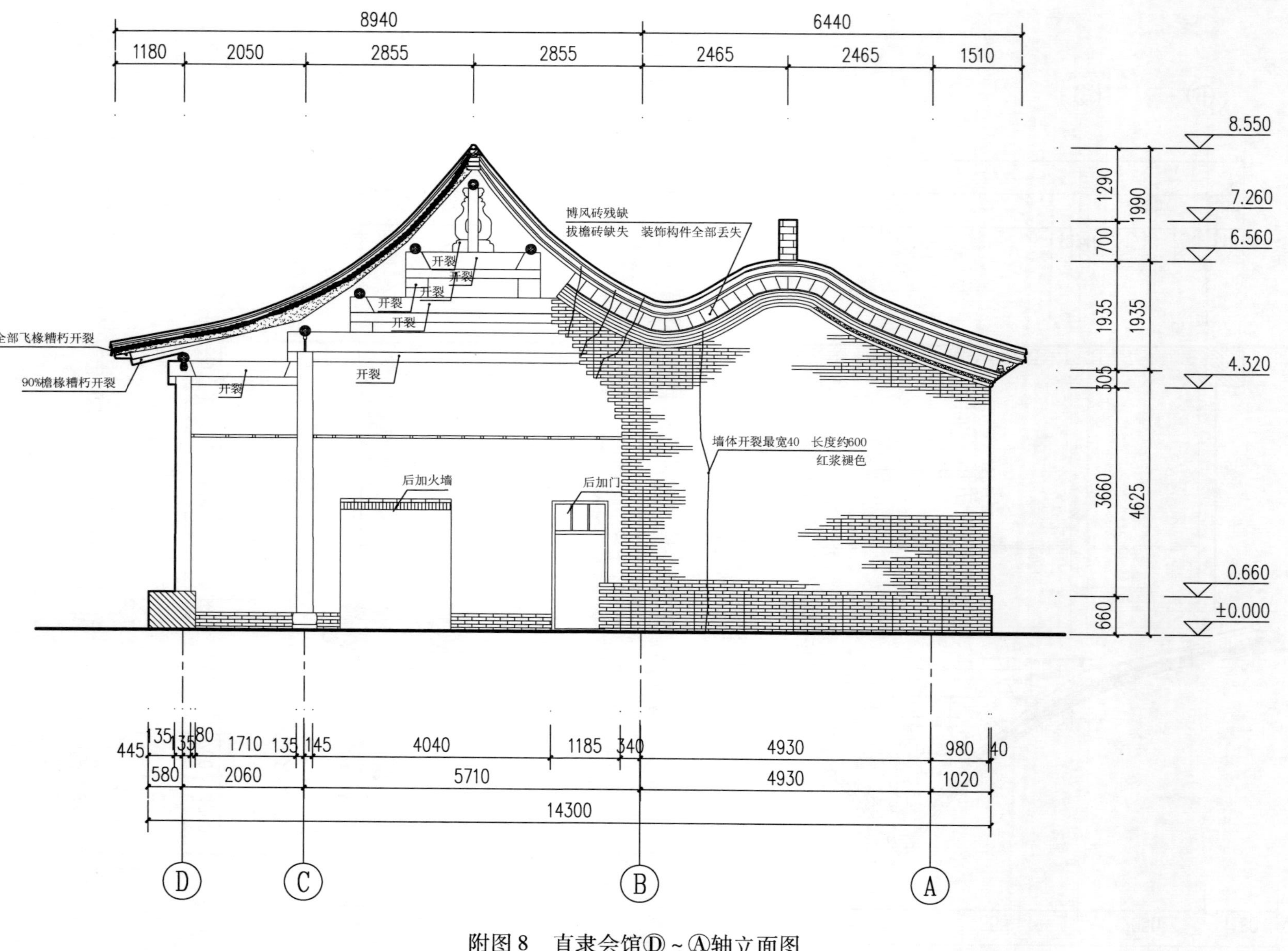

附图 8　直隶会馆Ⓓ～Ⓐ轴立面图

新疆三区革命政府政治文化活动中心旧址修缮工程勘察报告及维修设计方案

第一部分　勘 察 报 告

一、基 本 概 况

伊宁市位于新疆的西北边陲，地处伊犁河谷盆地中央，北纬43°50′～44°09′、东经80°04′～81°29′，东连伊宁县，西邻霍城县，南濒伊犁河与察布查尔锡伯自治县隔河相望，北依天山支脉科古尔琴山，南北长52.08公里，东西宽35.3公里，呈L形，总面积524.26平方公里，市中心海拔639米。

伊宁市是伊犁哈萨克自治州和伊犁地区的首府，也是伊犁地区的政治、经济、文化中心。伊宁市建成已200余年，是1864年回、维人民起义的中心，也是1944年伊犁、塔城、阿勒泰三区革命临时政府所在地，人口密集，交通发达，东距（直线距离）新疆维吾尔自治区首府乌鲁木齐市537公里，有空中航线和公路与之连接，北至欧亚大陆桥精河火车站267公里，西距霍尔果斯口岸88公里，距哈萨克斯坦共和国阿拉木图市仅346公里。

伊宁市属中温带大陆性气候，其特点是：春季温暖，但不稳定，常有倒春寒；夏季炎热，少雨；秋季凉爽，天气晴朗；冬季寒冷，雪大，冻土不深。全年盛行山谷风，大风日少。伊宁市年平均气温8.4℃，全年1月最冷，平均气温－9.8℃，7月最热，平均气温22.4℃。年平均降水量247.8毫米，年平均无霜期为159天。

三区革命政府政治文化活动中心旧址位于伊宁市人民公园内，地理坐标为东经81°18′19″、北纬43°55′03″，于1949年夏竣工。旧址为典型的苏式建筑群，由检阅观礼台、露天剧场和舞台三部分组成，东西长100米，南北宽53.3米，建筑面积5330平方米，为砖木结构建筑。活动中心是在三区革命同盟会主席阿合买提江·卡斯木的倡导下兴建的，是当时伊宁一处重要的政治文化活动场所。

三区革命政府政治文化活动中心旧址建筑风格为典型的苏式建筑，为研究建国以前伊犁乃至新疆建筑史提供了珍贵的实物资料。2006年5月25日，三区革命政府政治文化活动中心被公布为全国重点文物保护单位。

二、历史沿革及近年来的维修、管理情况

伊宁市是古丝绸之路上的一颗明珠，我国西部的一个重要商埠。自古就是我国西北边陲的著名重镇和繁华商埠。其境内的丝绸通道，不仅沟通中亚、西亚各地，而且许多支线和南亚及欧洲各地连接。清乾隆二十七年（1762年）开始筑建城郭定名“宁远”，光绪十四年（1888年）改制成宁远县。1914年改名为伊宁县。新中国成立后于1952年5月始建省辖伊宁市。1955年1月因成立伊犁哈萨克自治州而将伊宁改为州辖市，1985年伊犁地区专署成立，伊宁又被改为地区辖市。

1948年，三区革命政府政治文化中心旧址动工。1949年夏，工程竣工，投入使用。检阅观礼台供三区革命政府领导人出席检阅，观看大型群众晚会和各种军事、文化、体育活动。夏季，在舞台和露天剧场为各族群众放映电影，演出文艺节目，成为当时重要的文化活动中心。

1950年后，伊宁市园林处，伊宁市团委等机构开始陆续进入三区革命政府政治文化活动中心旧址，将其作为办公地点。

1990年12月，自治区人民政府公布三区革命政府政治文化活动中心旧址为自治区级文物保护单位。

1991年11月，长期占用三区革命政府政治文化活动中心旧址的园林处等单位搬出，由伊犁地区文管所负责维修和管理。

1992年，三区革命政府政治文化活动中心旧址维修工程竣工，伊犁地区文管所进驻，进行保护和管理。

1993年8月，将三区革命政府政治文化活动中心旧址检阅观礼台一楼部分改建为伊犁地区博物馆。

2001年3月，伊犁州管理体制变动，伊犁地区文管所归并到伊犁州文管所，三区革命政府政治文化中心旧址由伊犁州文管所保护和管理，伊犁地区博物馆改称伊犁州博物馆。

2001年12月，授予旧址为自治区级“青少年爱国主义教育基地”。

2004年8月，由于伊犁州博物馆建成新馆，州博物馆搬迁出三区革命政府政治文化活动中心旧址，目前群艺馆在该旧址办公。

三、建筑布局与各单体建筑结构及现存情况

（一）建筑布局与单体建筑结构

三区革命政府政治文化活动中心旧址坐西向东，整个建筑群自东向西依次由检阅观礼台、露天剧场和舞台三部分组成，东西长100米，南北宽53.3米，占地面积5330平方米，为砖木结构建筑。

检阅观礼台是一座二层苏式建筑（图一），楼前为占地150平方米的水泥平台，经过平台进入检阅观礼台一楼。一楼大厅中央是通往二层的楼梯，东西两侧各有一间办公室。二楼布局与一楼相同，检阅观礼台一、二层地面铺木地板，天棚亦为木制。

图一 检阅观礼台外景

出检阅观礼台向西是露天剧场和舞台。露天剧场大约能容纳1000多名观众，目前场内杂草丛生；舞台东西长30米，南北宽23米，高10.7米，占地面积约520平方米，分为演出舞台和化妆间两部分，地面均为木地板，舞台的乐池设置比较特别。为了不影响观众视线，乐池设置在地面以下。演出舞台后墙正中的小门可以通往化妆间走廊，走廊左右两侧各有两间化妆室，舞台的房顶为坡面铁皮屋顶。

（二）检阅观礼台现存状况

1. 地基土工程性能

根据新疆伊犁州水利水电勘测设计研究院提供的《伊犁州三区革命政府政治文化活动中心岩土工程勘察报告》，各土层主要物理力学性质指标及地基土的野外特征如下：

（1）第一层杂填土：杂色；松散、含生活垃圾、粉土、砂砾石；层厚0.3～1.5米。不能作建筑物的持力层。

（2）第二层粉土：浅黄色，该层为干-稍湿，稍密，中压缩性，土层厚度3.5～5.7米，属非自重湿陷性黄土，湿陷等级为Ⅱ（中），最大湿陷量$\triangle s = 350mm$，承载力特征值$f_k = 60kPa$。不宜做建筑物的持力层，土层对混凝土无腐蚀性。

（3）第三层圆砾：灰色，最大粒径80毫米，厚度大于5米，不良级配，承载力特征值$f_k = 180kPa$，是良好的建筑物持力层。

地下水：根据地勘报告数据显示，在本次勘察深度范围内无地下水，可不考虑地下水对工程的影响。最大冻土深度1.2米。

2. 基础

检阅观礼台的基础分墙下条形基础和柱下独立基础两种形式。根据基础埋置深度和材质又分为以下几种情况：后墙基础为青砖砌筑的条形基础，深1.45米，其余墙下基础深600毫米，上层为青砖砌筑，下层有120毫米的卵石砌筑；柱下独立基础为青砖砌筑，埋深800毫米，具体截面尺寸详见基础大样图。基础上原有的通风口基本上都已被粉尘封堵。建议本次维修时清理。

3. 室外地面

观礼台前是面积约150平方米的水泥地面，水泥地面是当地文物局后期铺筑的。根据当地老人回忆，原来为青砖地面，青砖尺寸为250毫米×250毫米×50毫米。建议此次维修时恢复为青砖地面。

4. 木地板及龙骨

观礼台室内地面保留了以往的铺设方式，一二层地面均为木地板，仅观礼台二层大厅两侧的外廊地面为水泥面层。木地板厚50毫米，宽度为200毫米，表面刷红色油漆。目前地板表面的油漆磨损较严重，特别是人流量较大的地方尤为明显。另外，二楼大厅的局部地板由于年久失修，磨损严重，有些地板的接头部位已经糟朽，不能继续使用。建议修补或者更换这些地板，并将所有地板按照原来油漆的颜色重新刷漆。

木龙骨：木地板下的龙骨直径为200毫米，间距在1360～1600毫米，通过勘察发现约有20%的龙骨出现不同程度的糟朽，主要是由于长期在地面以下，通风口堵塞，通风不良，受潮腐朽。建议更换不能使用的木龙骨，同时将通风口定期打扫疏通，保持地下空间能通风干燥。

龙骨下支撑：木龙骨下每隔1米设置一个360毫米×360毫米的砖墩支撑，勘察发现部分砖墩支撑已经由直径为200毫米的木柱代替，而且木柱有20%出现倾斜现象，基本失去支撑的作用。

5. 墙体

检阅观礼台墙体为青砖砌筑，外抹水泥砂浆，然后刷大白浆。1993年8月，由于要将观礼台一楼改成博物馆，所以将敞开式的观礼台进行了改造，增加了一、二楼的后墙，并将观礼楼两侧楼梯出口处封闭，同时在二楼增加了三间办公室，其墙体为厚度120毫米的木制隔墙。观礼台的后墙厚度为320毫米，山墙和其他房间墙体厚度均为520毫米。此次勘察发现墙体基本完好，只有一楼后期修建的墙体由于受潮，在距离地面1米左右的墙体上出现墙皮脱落现象。另外，由于屋顶漏雨致使墙面受到污染，需要重新粉刷。建议拆除后期改建的墙体和办公室，按照原有样式恢复，这在一定程度上可以减轻建筑物的自重。

6. 柱子

观礼台的木柱有三种尺寸：直径250毫米的圆柱、边长240毫米×280毫米方柱和边长290毫米×300毫米的方柱。二楼大厅的十根带造型的柱子做法是：中间是直径250毫米的圆木柱，外围用砖包砌后找平，再将雕刻好的石膏花饰粘上。具体样式详见大样图。大部分木柱因年久失修普遍存在干缩开裂现象，墙体中的暗柱在将来维修过程中再做详细勘察。对于开裂现象不严重的，建议采取措施进行控制，防止裂缝加宽。

7. 梁架

勘察中没有发现虫蛀现象，但是约有15%左右的梁架由于屋顶渗水漏雨遭到腐蚀，还有30%

左右的梁、板由于干缩出现裂缝，开裂严重的部位在1992年已经用钢筋和铁件进行加固过。此次维修建议更换被雨水腐蚀的梁架，另外，采取一些必要的措施防止干缩裂缝的进一步发展。

8. 屋面及排水

检阅观礼台屋面④～⑨轴为上人双坡屋顶，其余各轴线间屋面均为上人平屋顶。屋顶从下到上结构层依次为：30毫米厚屋面板和2层沥青油毡。屋顶四周设600毫米高女儿墙。此次勘察发现，沥青油毡由于长期暴露在日光下照射，有些地方已经老化，并且在接口处漏雨渗水现象较严重，致使梁架结构遭到雨水的腐蚀。建议在保持屋面结构不变的情况下，定期更换沥青油毡。

屋面排水：屋面④～⑨轴屋顶由正中向南北两面的坡度为18%，其余各轴线间屋面自东向西坡度约为3%，雨水由西面屋檐设置的6个雨水槽排出，属于有组织排水。排水槽材质为5毫米厚钢板。

9. 楼梯及护栏

观礼台楼梯为木制双分平行式楼梯，踏步宽300毫米，扶手高900毫米，栏杆上雕有精美的图案，详见细部大样图。二楼楼梯现状保存良好，据当地文物局办公人员介绍，一楼楼梯是在1992年维修时修复的，但表面没有刷漆，局部有轻微磨损，建议此次维修时参照二楼楼梯的颜色重新刷漆。

扶手、护栏：根据当地文物部门提供原始的资料和照片，一、二楼后墙、二楼大厅及走廊外围都是木制护栏和扶手，并非现在的墙体和水泥栏板。建议维修时拆除后期添加的构件，按照原来风格、样式及颜色恢复。

10. 门窗及装饰

现存的门窗部分是后期添加的，如：一二楼后墙上的所有窗户，新增办公室的门窗、二层放映室的门以及地下室的门，其尺寸及样式风格均与原来不同，而且现存的门窗有20%都存在变形、油漆剥落、玻璃缺失等现象，已经无法满足正常使用功能；根据历史资料显示，二楼四号窗原先为门，而且底部设有挑檐和护栏，目前已经缺失。建议维修时按原样恢复。还有一些门窗现在被封闭不再使用，建议全部拆除更换，恢复原来门窗装修。

小木构件：屋檐部位的小木构件、一楼拱券部位的木构件由于年久失修，目前已经糟朽，还有一些木构件在墙体内，情况暂不明确，待维修过程中根据具体情况确定更换数量。

11. 内装修（包括吊顶和雕饰）

吊顶：观礼台所有房间都设有吊顶，除一楼和二楼大厅的吊顶为石膏顶外，其余所有吊顶均为20毫米厚木板吊顶，表面刷绿色油漆。前次维修将部分木板吊顶更换成三合板吊顶，目前各房间内的吊顶有不同程度的破坏，油漆剥落等现象，局部吊顶接头位置松动。建议维修时加固松动的吊顶，更换约30%被雨水腐蚀的吊顶，并重新刷油漆。

雕饰：门窗周围的石膏雕花成长条状，宽度为150毫米，颜色为白蓝相间，色彩鲜艳，花饰精美。观礼楼正面檐口下也有类似的雕花，宽220毫米，具体花样见详图。由于风雨等自然现象的破坏，目前大部分所有雕饰都出现褪色、脱落等病害。建议维修时按照原有样式和材质将其补修完整。

12. 壁炉、烟道

由于后期多次维修改建，壁炉已经不复存在，只剩下墙内的烟道。烟道位置在④轴和⑨轴这两道墙体上，烟道尺寸为360毫米×630毫米，烟囱突出屋面800毫米左右，为红砖砌筑，由于烟囱口上方没有雨帽遮挡，雨雪水顺烟囱渗入墙体进行侵蚀。建议此次维修时参照当时的风格及样式恢复壁炉并对烟囱口做必要的防护措施。

13. 照明

观礼台的照明线路不符合相关电线线路安全架设规定，直接在外檐的木构架上固定，室内线路更是杂乱无章。建议严格按照相关规定规范线路。

14. 消防、避雷

目前在勘察过程中发现观礼台楼内设有灭火器，但是灭火器的使用年限已经过期，也没有定期检查和更换，不符合消防规范规定。建议在维修过程中完善消防设施，严格按国家相关规定执行；观礼台没有设置任何避雷设施，建议在维修过程中完善避雷设施，严格按国家相关规定执行。

通过对检阅观礼台的详细勘察，建议对观礼台采用：定期更换屋面沥青油毡，拆除后期添加的墙体、恢复装修、局部维修加固、木构件进行防腐防火处理，完善照明、消防和避雷等防范措施的修缮方案。

（三）露天剧场及院墙现存状况（图二）

1. 围墙

为土坯砌筑，外抹石灰浆，围墙的下碱部位和顶部各有8层青砖，土坯尺寸为380毫米×140毫米×80毫米，青砖尺寸为250毫米×250毫米×50毫米。围墙高2670毫米，宽670毫米，每隔3米左右设一个砖垛，垛高3150毫米，墙垛上的青砖已经松动，局部有脱落现象，围墙底部出现墙面脱皮和掏蚀现象。围墙西北角处约有3米长围墙为后期红砖砌筑，目前被当地居民当做车库后墙使用。建议拆除车库，重新修砌围墙。后期修建的舞台南侧耳房拆除后，当地文物局用红砖将围墙延伸至化妆间外墙处闭合，每年春季，舞台顶部的积雪融化后，大量雪水都集中排到了该墙角，使围墙及舞台西南角墙体受到侵蚀。建议此次维修时做排水沟，使雨雪水能够及时排出。

2. 基础

围墙的基础为夯土基础，由于长期的风雨掏蚀，使不少墙体下已经悬空。建议维修时对掏空部位采用青砖砌筑。

图二　露天剧场

3. 大门

南北两面围墙共设有六扇大门。目前只有北面围墙一扇大门在使用，其余两扇被封堵；南面的三扇门已经不再使用。大门由于年久失修，出现油漆剥落、门框弯曲变形等病害。建议维修时对变形门框进行矫正，破损部位加固，并做防腐处理；对已经封堵的两扇大门要恢复使用。

4. 露天剧场

根据走访当地熟悉三区革命政府政治文化活动中心旧址的维吾尔老人亚克浦 · 玉素甫回忆说，露天剧场内原先设有能够容纳 1000 人左右的长条木凳，木凳共分四列，每列中间有 2 米宽的通道。剧场内的地势自东向西逐渐降低，利于群众观看演出。目前，剧场内杂草丛生。

通过对露天剧场的勘察，建议对剧场采用补砌围墙，加固基础，恢复剧场内观众坐席等的修缮方案。

（四）舞台现存状况（图三）

1. 地基土工程性能

物理力学性质指标及地基土的野外特征分析同检阅台。

地下水：根据地勘报告数据显示：在本次勘察深度范围内无地下水，可不考虑地下水对工程的影响。最大冻土深度 1. 2 米。

2. 基础

舞台的基础分墙下条形基础和柱下独立基础两种形式。墙基础为青砖砌筑，深 600 毫米，墙体底部设置 150 毫米 × 120 毫米的通风口，与基础交界处设有一层隔离潮气的塑料薄膜。柱

图三　舞台

下为 500 毫米 × 500 毫米水泥柱础，未发现残损病害；舞台地下室墙体基础宽 620 毫米，埋深为 180 毫米。

3. 乐池、地下室

乐池：设置在舞台地面下，占地面积为 55 平方米，地面铺设青砖，乐池接近于半圆形，北面设台阶上下人。局部地面的青砖有缺失现象，约占 10% 。乐池外围为青砖砌筑，表面抹水泥砂浆，勘察发现乐池造型的局部出现水泥面层脱落，墙面上的大白浆几乎全部脱落。建议维修时修补脱落的水泥面层，铲除原来的灰浆，重新刷白。

地下室：面积为 138 平方米，为生土地面，室内共有 12 根边长为 350 毫米的方木柱，靠西面墙体设有两个木楼梯可以直接通往上层舞台。由于长期闲置不用，落满尘土。地下室墙体为青砖砌筑，墙厚 500 毫米。建议对地下室的所有木构件做防腐处理。

4. 木地板及龙骨

木地板：舞台地面为厚 50 毫米的木地板，表面刷红色油漆。由于年久失修，目前地板表面的油漆磨损较严重，特别是进出口处表现尤为明显，部分地板磨损较严重，有些地板的接头部位甚至糟朽，约有 5% 已经不能使用，建议更换这些地板并将所有地板按照原来颜色重新刷漆。

木龙骨：地板下的木龙骨直径为 230 毫米，间距为 630 毫米。由于长期在地面以下，通风不良，有轻微受潮现象。建议维修时，所有木龙骨做防腐处理，同时将通风口定期打扫疏通，保持地下空间能通风干燥。

5. 墙体

舞台墙体为土坯砌筑，外抹草泥刷大白浆，墙厚分为 780 毫米、750 毫米和 590 毫米三种尺寸，具体部位详见平面图。由于每年春季，舞台顶部的积雪融化后，大量雪水集中排到了舞台的西南角，使围墙及舞台西南角墙体受到积水的侵蚀，舞台南墙在2006年出现局部倒塌，当地文物局已对其重新修砌。建议此次维修时墙体四周做散水，使雨雪水能够及时排出，防止积水对墙体的侵蚀。对已经受到雨水污染的墙面，建议重新粉刷。舞台室内的西墙上有长约2米，宽1.5厘米的一条垂直裂缝，裂缝是在2006年南墙倒塌时受拉开裂。建议对该裂缝进行变形观测。

6. 柱子

舞台共有10根木柱，柱子直径均为450毫米，外围包有木条，然后在木条表面做石膏造型。室内只有一根柱子底部石膏造型被人为破坏，具体位置见平面图。建议对该柱进行维修，其余柱子保存良好。对于墙体中的暗柱在将来维修过程中依据实际破损情况而定，对于干缩开裂现象不严重的，建议采取措施进行控制，防止裂缝加宽。

7. 梁架

勘察中未发现虫蛀现象，但是约有5%左右的梁架由于屋顶渗水漏雨遭到腐蚀，还有10%左右的梁、板由于干缩出现裂缝。此次维修建议更换被雨水腐蚀的梁架，另外，采取一些必要的措施防止干缩裂缝的进一步发展，并刷防腐漆。

8. 内装修（吊顶和雕饰）

吊顶：舞台内设木吊顶，吊顶厚20毫米，表面刷蓝色油漆。目前舞台的吊顶整体保存良好，局部由于屋顶漏雨被腐蚀，油漆已经褪色。化妆间走廊的吊顶为前次维修过，目前未发现病害。建议维修时更换糟朽的吊顶，并按照原来的颜色重新刷漆。

雕饰：舞台正立面上的石膏雕花颜色为白蓝相间，色彩鲜艳，花饰精美，具体见详图。由于自然因素的破坏，目前大部分雕花出现褪色和脱落现象。建议维修时按照原有样式和材质将其补修完整并重新着色。

9. 屋面及排水

屋面：舞台屋顶为非上人双坡铁皮屋顶，从上到下结构层依次为：3毫米厚铁皮和30毫米厚屋面板。目前铁皮已经锈蚀，尤其是铁皮接口处漏雨现象较严重，梁架结构也受到一定程度的腐蚀，建议更换屋面铁皮，并对接口部位采取必要的措施；檐口上方的女儿墙局部由于铁皮屋面泛水处理不当，使雨雪水渗入墙体，反复冻融后，该部位产生长约1米，宽10毫米的裂缝。另外，化妆间为上人平屋顶，屋顶三面设180毫米高女儿墙，屋顶从上到下结构层依次为：2层沥青油毡、2层芦苇、30毫米厚屋面板。勘察发现，沥青油毡由于长期暴露在日光下照射，有些地方已经老化，并且在接口处漏雨渗水现象比较严重，致使梁架结构遭到雨水的腐蚀。建议在保持屋面结构不变的情况下，定期更换沥青油毡。

屋面排水：舞台屋面由正中向南北两面的坡度约为13%，属于无组织排水。舞台后化妆间屋面坡度为2%，屋檐没有设置雨水口，也属于无组织排水。在舞台和化妆间相连的屋面漏雨现象比较严重。建议此次维修时对舞台和化妆间连接部位做必要的处理，并在化妆间屋面设置一定数量的排水槽。

10. 门窗装修

舞台西面和南面墙体上的三扇门目前已被封闭，不再使用。其余门窗框有20%都存在变形、表面油漆剥落、玻璃缺失等现象，已经无法满足正常使用功能。建议矫正变形门窗，安装玻璃，重新刷漆。

小木构件：乐池挑檐部位的装饰木构件，由于年久失修已经缺失过半，需要按照原有样式及颜色恢复。

11. 烟囱

化妆间④轴墙体上设有两个烟囱，目前已经不再使用，烟囱口尺寸为360毫米×360毫米，突出屋面的残存部分高110毫米，为红砖砌筑。据资料记载，烟囱经过维修。

12. 照明

舞台室内的照明线路几乎全部缺失，化妆间室内线路杂乱无章，线路不符合相关电线线路安全架设规定。建议严格按照相关规定规范线路。

13. 消防、避雷

目前在勘察过程中发现舞台内没有任何消防设施。建议在维修过程中完善消防设施，严格按国家相关规定执行。舞台没有设置任何避雷设施。建议在维修过程中完善避雷设施，严格按国家相关规定执行。

通过对舞台的详细勘察，建议对舞台采用更换屋面的铁皮、恢复装修、局部维修加固、完善照明、消防和避雷等防范措施的修缮方案。

四、残破状况及相关原因分析

（一）检阅观礼楼现状及残损情况图表（表1）

（二）露天剧场现状及残损情况图表（表2）

（三）舞台现状及残损情况图表（表3）

表 1　检阅观礼楼现状及残损情况图表

<table>
<tr><td>
东立面</td><td>
南立面</td><td>
西立面</td></tr>
<tr><td>残损归纳</td><td colspan="2">三区革命政府政治文化活动中心旧址位于伊宁市人民公园内，是一座苏式建筑风格的建筑，主要由检阅观礼台、露天剧场和舞台三部分组成。检阅楼是一座两层苏式建筑，长58.7米，宽24.6米，建筑面积为1445平方米，为砖木结构。
1. 基础：为青砖砌筑，局部出现泛潮现象，其余保存基本良好；
2. 木龙骨：用来支撑木地板的龙骨，由于通风不畅，约有20%受潮糟朽，需要更换；
3. 木地板：地板表面油漆磨损较严重，局部接头部位出现小面积的糟朽；室外地面为后期铺筑的水泥地面，局部面层剥落，维修时按照原样恢复青砖地面；
4. 楼梯：一楼楼梯为后期制作安装，表面没有刷漆，二楼楼梯现状保存较好；
5. 墙体：后期增加的墙体及办公室墙体都需要拆除，部分墙体由于屋顶漏雨而污染需要重新粉刷，外墙面的污染尤为严重；
6. 门窗：现存的门窗有20%都存在变形、油漆剥落、玻璃缺失等现象；
7. 柱子：大部分木柱存在干缩开裂现象，但不影响构件的承载能力；
8. 梁架：部分梁架由于屋顶漏雨遭到腐蚀，约占10%，还有20%的梁、板由于干缩出现裂缝，部分开裂严重的部位1992年维修时已经用钢筋和铁件进行加固过；
9. 吊顶：为木制，普遍出现油漆剥落现象，局部有松动和被雨水腐蚀现象；二楼大厅的吊顶缺失现象较严重，约占20%；
10. 屋面排水：沥青油毡已经老化，有漏雨现象；
11. 雕饰：由于自然因素，出现老化，褪色，缺失等现象；
12. 照明、消防、避雷：检阅楼内照明线路不符合相关电线线路安全架设规定，直接在外檐的木构架上固定，室内线路更是杂乱无章；楼内现存干粉灭火器都已经过期，没有定期检查和更换，不符合消防规范规定；检阅楼没有设置任何避雷设施，不符合现行相关避雷规范规定</td></tr>
</table>

续表

残损部位	基础及地下实况			
	基础及通风口现状	木地板下龙骨及支撑情况		地下室
残损照片				
残损说明	通风口由于长期无人疏通，导致地下潮气无法排出，局部基础有泛潮现象	用来支撑木龙骨的砖墩基础部分已经被短木柱代替，目前已经有20% 出现倾斜歪倒现象		地下室的地面和墙体泛潮严重，主要是因为地下室内通风不畅，地下潮气无法排出
残损部位	室内外地面情况			
	室外地面	室内地板现状		
残损照片				
残损说明	后期增加的平台，水泥面层剥落，台阶磨损	室内地板表面磨损严重，油漆剥落，在入口处尤为明显	地板在接口处的破坏情况	二楼地板在 1993 年维修时，局部已经更换过
残损部位	室内外墙体现状			
	检阅楼东西两面外墙破坏情况		室内墙体	
残损照片				
残损说明	墙体出现大面积墙皮脱落现象，约 5 平方米	墙体表面残损现状和污染情况	1993 年维修时在二楼增加了三间办公室，墙体为 120 毫米厚木隔墙	墙体下部表层脱落现状

续表

残损部位	柱子			
	廊柱		室内二楼柱子	一二楼西立面原始柱子情况
残损照片				
残损说明	柱子表面水泥面层磨损情况	两廊柱之间的拱券表层脱落，里面的木条和草席都已糟朽	二楼大厅的柱子，木柱直径250毫米，外围用青砖包砌，然后用石膏在表面做线条造型，目前表面石膏脱离	这是1993年维修前的照片，一二楼的西立面是敞开式的，现在改建后都变成320毫米厚的墙体了
残损部位	吊顶			
	二楼大厅吊顶	上人口周围吊顶现状	二楼大厅	房间内吊顶
残损照片		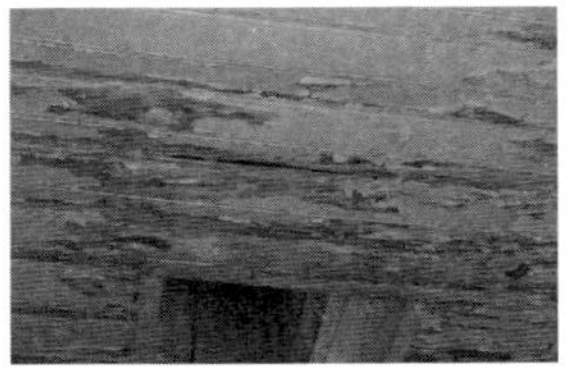		
残损说明	吊顶表面的石膏线条脱落	吊顶厚20毫米，表面油漆剥落	1993年维修时用三合板更换了破损的吊顶	由于屋顶漏雨导致吊顶腐蚀，墙面污染
残损部位	梁架		屋面	
	④~⑨轴三角形屋架现状		沥青油毡屋面	烟囱
残损照片			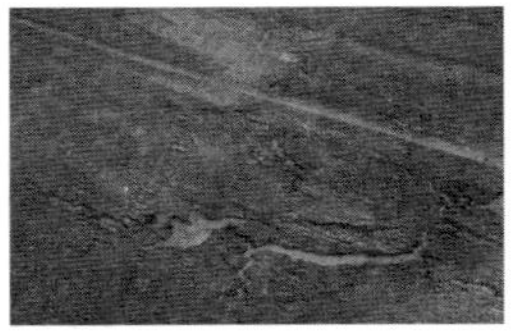	
残损说明	屋面板上直接铺设的沥青油毡，部分梁架在上次维修时用钢筋加固过	梁架结构基本完好，部分存在干缩裂缝，局部有轻微变形和雨渍	长期暴露在日光下，已经出现老化漏雨现象	1992年维修过该烟囱，由于烟囱口没有遮挡物，雨水顺烟道渗如墙体

续表

残损部位	屋面	屋檐		
	上人口	屋檐	檐下石膏装饰	屋檐小木构件
残损照片				
残损说明	屋面上人口的简易支护	由于年久失修，檐口处的装饰已经老化、脱落、开裂	石膏彩画局部的缺失情况，约占5%	小木构件缺失现状
残损部位	门窗		护栏	
	窗户	门	二楼护栏现状	
残损照片				
残损说明	这是1993年维修前的照片，检阅楼的二楼侧门带挑檐和护栏，此次维修按照原样恢复	楼两端的出口目前都被封堵，不再使用	护栏油漆褪色、老化以及被雨水腐蚀情况	在1993年维修时，在护栏内侧增加了水泥板护栏
残损部位	楼梯		消防设施	照明
	主楼梯	次楼梯	灭火器	电线
残损照片				
残损说明	楼梯目前现状保存良好	楼梯已经闲置不用，落满灰尘	室内设置灭火器，但是已过期，不符合消防规范要求	线路架设杂乱无章，不符合相关规范规定

表 2　露天剧场现状及残损情况图表

<table>
<tr><td>建筑概况及残损归纳</td><td colspan="2">露天剧场和舞台在夏季为各族群众放映电影，演出文艺节目，成为当时重要的文化活动中心。剧场位于检阅楼和舞台中间，占地面积约 3000 平米，根据走访当地熟悉三区革命政府政治文化活动中心旧址的老人叙述，露天剧场内原先设有能够容纳 1000 人左右的座席，座位共分四列，每列中间有 2 米宽的通道。剧场内的地势自东向西逐渐降低，利于群众观看演出。目前，剧场内杂草丛生。
基础：围墙的基础为夯土基础，由于长期的风雨掏蚀，局部墙体底部出现悬空。
大门：南北两面围墙共设有六扇大门，目前只有北面围墙一扇大门在使用，其余两扇被封堵，南面的三扇门已经不再使用。大门由于年久失修，出现油漆剥落、门框弯曲变形等病害。
围墙：为土坯砌筑，外抹石灰浆，围墙的下碱部位和顶部各有 8 层青砖，土坯尺寸为 380 毫米 ×140 毫米 ×80 毫米，青砖尺寸为 250 毫米 ×250 毫米 ×50 毫米。围墙高 2670 毫米，宽 670 毫米，每隔 3 米左右设一个砖垛，垛高 3150 毫米。围墙西北角处约有 3 米长围墙为后期砌筑，目前被当地居民当作车库后墙使用。后期修建的舞台南侧耳房拆除后，当地文物局用红砖将围墙延伸至化妆间外墙处闭合，每年春季，舞台顶部的积雪融化后，大量雪水都集中排到了该墙角，使围墙及舞台西南角墙体受到积水的侵蚀，建议此次维修时做排水沟，使雨雪水能够及时排出</td></tr>
<tr><td>
露天剧场内杂草丛生</td><td>
北面围墙</td><td>
南面围墙</td></tr>
</table>

续表

残损部位	大门		围墙	
	大门现状		西南角	西北角
残损照片				
残损说明	北面围墙上的两扇大门目前都已经被封堵，不再使用	目前唯一使用的大门，局部用铁件加固过，存在变形、油漆剥落等现象	后期修建的西北角围墙，现在被附近居民作为车库后墙使用	后期修建南侧耳房拆除后，当地文物局用红砖将围墙延伸至化妆间外墙处闭合
残损部位	围墙			地面
	墙体		墙垛	剧场内的地面
残损照片				
残损说明	墙面脱皮，围墙底部掏蚀现象较严重，局部墙体下出现悬空		墙垛上的青砖已经松动，局部有脱落现象	北面围墙入口处的地面有 7 平米左右铺设了红砖，剧场内其他场地都是生土地面

表 3　舞台现状及残损情况图表

<table>
<tr><td colspan="2"></td><td></td><td></td></tr>
<tr><td colspan="2">东立面</td><td>西立面</td><td>北立面</td></tr>
<tr><td>残损归纳</td><td colspan="3">舞台为典型的苏式建筑，分舞台演出部分和化妆间。东西长 28 米，南北宽 22 米，高 10.7 米，乐池的设置比较特别，为了不影响观众视线将乐池设置在地面以下。舞台地面为木地板，舞台后有走廊，走廊两侧各有两间化妆室，舞台的房顶为欧式铁皮顶。
1. 基础：为青砖砌筑，局部出现泛潮现象，其余保存基本良好；
2. 木龙骨：用来支撑木地板的龙骨，由于通风不畅，约有 20% 受潮糟朽，需要更换；
3. 木地板：地板表面油漆磨损严重，局部接头部位出现小面积的糟朽；
4. 地下室：为生土地面，梁架结构保存完好，墙体有雨渍，目前被看护员用来圈羊。建议对地下室的所有木构件做防腐处理；
5. 墙体：大面积的墙面受到雨水污染，建议重新粉刷。舞台室内的西墙上有长约 2 米，宽 1.5 厘米的一条垂直裂缝，裂缝是在 2006 年南墙倒塌时受拉开裂，目前变形观测数据尚未确定；
6. 门窗：现存的门窗有 20% 都存在变形、油漆剥落、玻璃缺失等现象；
7. 柱子：大部分木柱存在干缩开裂现象，但不影响构件的承载能力；只有一根柱子底部石膏造型被人为破坏；
8. 梁架：约有 5% 左右的梁架由于屋顶渗水漏雨遭到腐蚀，还有 10% 左右的梁、板由于干缩出现裂缝；
9. 吊顶：局部由于屋顶漏雨被腐蚀，油漆已经褪色；
10. 屋面排水：属于无组织排水，屋面铁皮已经锈蚀，在舞台和化妆间屋面的连接处漏雨现象比较严重；
11. 雕饰：由于自然因素，出现老化，褪色，缺失等现象；
12. 照明、消防、避雷：检阅楼内照明线路不符合相关电线线路安全架设规定，直接在外檐的木构架上固定，室内线路更是杂乱无章；楼内现存干粉灭火器都已经过期，没有定期检查和更换，不符合消防规范规定；检阅楼没有设置任何避雷设施，不符合现行相关避雷规范规定</td></tr>
</table>

续表

残损部位	基础和地下室			
	基础及通风口现状	地下室现状		地板下砖墩基础
残损照片				
残损说明	两侧山墙的基础深600毫米，为青砖砌筑，舞台只有南面墙体上设有150毫米×120毫米通风口，其余墙体上未发现通风口	地下室为生土地面，室内共有12根边长为350毫米的方柱，梁架上有雨渍，现在被看护员用来圈羊使用	靠西面墙体设有两个木爬梯可以直接通往上层舞台，落满灰尘，已经不再使用	地板下用来支撑龙骨的砖墩基础上有雨渍，而且有浮土和生活垃圾堆积
残损部位	乐池	室内外墙面情况		
	乐池地面	南立面墙体	舞台西面墙体	东面墙体
残损照片				
	乐池地面有青砖缺失现象，约占5%；台阶的青砖也有轻微的磨损现象，不影响正常使用	墙体四周长满杂草，勘察未发现散水	墙体底部墙皮剥落	墙体面层大面积剥落，墙面遭雨水污染
残损部位	室内外墙体现状			
	舞台室内墙体		北面墙体	屋檐部位的墙体
残损照片		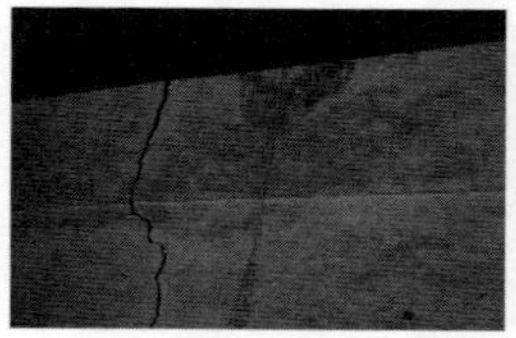		
残损说明	舞台与化妆间屋面的连接部位漏雨现象比较严重	舞台西南角墙体出现一条宽1厘米，长约2米的裂缝	整面墙体出现脱皮现象，小区居民紧靠舞台外墙修建了一个车库	女儿墙上流下的雨雪水渗到檐口部位，反复冻融使该部位产生温度逢，长约1米，宽10毫米

续表

残损部位	柱子		化妆间屋顶	
	室内柱子分布情况	柱础	化妆间屋顶糟朽现状	
残损照片				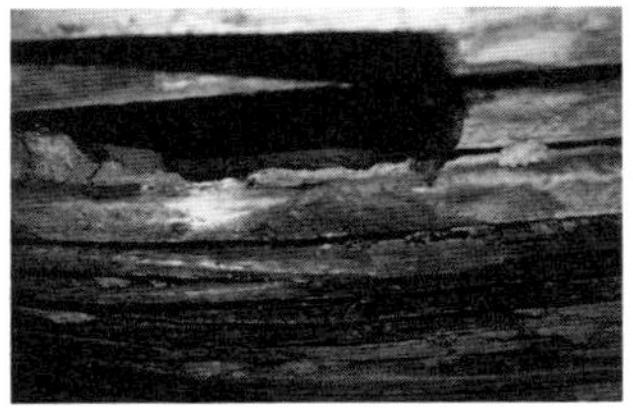
说明	室内每面五根柱子，柱子表面石膏被污染	由于人为原因，柱子底部石膏造型被破坏	化妆间屋顶出现大面积的石膏脱落，条状屋面板受雨水腐蚀而糟朽，占化妆间面积的 40%	
残损部位	屋架		舞台	屋面
	舞台三角形屋架		西面墙体上的出口	舞台铁皮屋面
残损照片				
残损说明	局部在 1993 年维修时用钢筋加固过，部分梁架上有雨渍		舞台西面墙体上的出口目前已经封死，不再使用，墙面受到雨水的污染	铁皮屋面出现锈蚀，接口部位有漏雨现象屋面的排水方式如照片所示

续表

残损部位	门窗现状			
	化妆间内的壁柜	化妆间西面墙体上的窗户	化妆间走廊出口处的大门	舞台东立面窗户
残损照片				
残损说明	目前该房间由看护员使用，用来存放服装的壁柜保存完好	窗户褪色，目前窗户从外面被封闭，已经不再使用	局部用铁皮修补过，属于后期制作的门窗	玻璃缺失，窗框变形，油漆剥落，两侧花饰及墙面也被污染
残损部位	屋面	装饰		
	化妆间烟囱	石膏彩画		
残损照片				
残损说明	1992 年做屋面防水时，维修过烟囱。由于烟囱上无雨帽，雨雪水顺烟囱渗入墙体	舞台室内侧面吊顶的石膏彩画局部缺失，约占 10%	由于年久失修，石膏彩画已经褪色、老化、局部出现脱落	

五、地基承载力的验算

地基承载力特征值是指在保证地基稳定的条件下，地基单位面积上所能承受的最大应力。根据地质勘察报告中得到的分析数据，检阅楼和舞台的地基承载力特征值为 $f_k=60Kpa$，活荷载 $q_1=2.0KN/m^2$。伊犁地区的雪荷载标准值 $q_2=1.0\ KN/m^2$，活荷载分项系数 $r_1=1.4$；考虑到该建筑物建成已经60年，地基已经趋于稳定，所以恒荷载分项系数取 $r_2=1.0$；检阅楼恒荷载 $q_3=49\ KN/m^2$，舞台恒荷载 $q_4=55.4\ KN/m^2$。

由于活荷载 $q_1=2.0KN/m^2>$ 雪荷载 $q_2=1.0\ KN/m^2$，所以活荷载取 $2.0\ KN/m^2$；

$F_1=r_1q_1+r_2q_3=1.4\times2.0+1.0\times49=51.8\ KPa<f_k=60kpa$；

$F_2=r_1q_1+r_2q_4=1.4\times2.0+1.0\times55.4=58.2KPa<f_k=60kpa$；

F_1——检阅楼地基承载力计算值（KPa）；

F2——舞台地基承载力计算值（KPa）。

所以检阅楼和舞台两处地基的承载力能够满足承载力特征值的要求。

六、评　　估

（一）价值评估

（1）历史价值：三区革命政府政治文化活动中心旧址是伊犁州现存唯一的三区革命时期的建筑物，也是伊宁市唯一的一处国家级重点文物保护单位。三区革命是一场反对国民党对新疆统治的重要历史事件，在新疆民族民主革命历史上影响深远，它推翻了国民党在伊犁、塔城、阿勒泰的反动统治，沉重地打击了国民党在新疆的势力，牵制了国民党在新疆的大批军队，为新疆的和平解放起了积极作用。1949年8月，毛泽东同志在给阿合买提江等人的信中，对新疆三区革命作了评价，他指出：“你们多年来的奋斗，是我全中国人民民主革命运动的一部分”。三区革命政府政治文化活动中心旧址正是那一历史时期的产物和历史见证。

（2）艺术价值：三区革命政府政治文化活动中心旧址建筑是典型苏式建筑，也是三区革命时期的优秀建筑。旧址布局得体，平面左右呈中轴对称，平面规矩，中间高两边低，结构严谨，雕饰精美，功能齐全，构筑精巧，且保存十分完整，具有很高的研究价值，是研究解放以前新疆建筑史的重要实物例证。

（3）社会经济价值：目前，随着改革开放的不断深入和经济快速发展，广大人民群众的精神文化需求日益强烈，抢救维修和合理利用这些历史遗留下来的革命纪念性近现代建筑是当地广大群众的共同心声。三区革命政府政治文化活动中心旧址作为伊宁市重要的文化遗产，在弘扬优秀传统文化，增强民族凝聚力，加强爱国主义教育，促进整个伊宁市乃至整个新疆的文化传播与经济发展中将起到重要作用。维修后还可以促进伊宁市文化旅游业的发展，进而带动一方经济的快速发展。

综上所述，三区革命政府政治活动中心旧址具有丰富的历史信息和深厚的文化内涵。

（二）管理条件评估

伊犁州文物局成立于1985年，属于事业单位编制，现有在编人员22人，外聘人员18人，目前和伊犁州博物馆为一体共同办公。

（三）现状评估

（1）整座三区革命政府政治文化活动中心旧址宏伟壮观，有独特的苏式建筑风格，检阅台供三区革命政府领导人出席检阅，观看各种群众晚会和各种军事、文化、体育活动；夏季，在舞台和露天剧场为各族群众放映电影，演出文艺节目，成为当时重要的文化活动中心。虽然目前建筑的局部破损较严重，后期改造也在一定程度上破坏了建筑物原来风格和特点，但建筑外观及布局保存比较完好。

（2）检阅观礼台墙体的后期改造、屋面漏雨、梁架结构腐蚀、地板的糟朽；舞台出现屋面漏雨、门窗变形，墙体开裂，露天剧场上的观众坐席全部缺失，围墙基础遭风雨掏蚀等病害。如果不及时进行维修和保护，三区革命政府政治文化活动中心旧址将会继续遭到破坏。

（3）三区革命政府政治文化活动中心旧址前后两栋建筑内的照明、消防、供暖、避雷和绿化等设施情况比较差，需要进一步的改善。

综上所述，三区革命政府政治文化活动中心旧址急需进行修缮保护。

第二部分　维修设计说明

一、维修设计依据及原则

（一）维修设计依据

（1）设计合同和甲方提供的历史资料。

（2）《中华人民共和国文物保护法》（2002年）。

（3）《中华人民共和国文物保护法实施细则》（2003年）。

（4）《纪念建筑、古建筑、石窟寺等修缮工程管理办法》（1986年）。

（5）《文物保护工程管理办法》（2003年）。

（6）《中国文物古迹保护准则》（2004年）。

（7）《建筑结构荷载规范》（GB50009-2001）。

（8）《建筑地基基础设计规范》（GB50007-2002）。

（二）维修设计原则

（1）不改变文物原状的原则：切实保持好文物的历史信息，保持原有文物的风貌和特征。对文物的布局、形式、结构等方面进行原状保护，最大限度地保留文物因素保持文物的整体完整性。

（2）真实性原则：文物是不可替代与不可再生的，维修的目的是真实的保存并延续其文物实体，保护它的历史信息及价值。

（3）最低干预原则：在保证安全的前提下，对文物尽量减少干预，以延续真实的历史信息。在最低限度干预的基础上最大限度地保护文物建筑的历史真实性。

（4）可逆性原则：所采用的技术和材料必须具有可逆性，所用技术措施应当不妨碍再次对原物进行保护处理，以免导致文物的更大损害。

（5）坚持原材料、原尺寸、原工艺原则：对缺损丢失的构件必要时进行局部的补配，做到原材料、原结构、原工艺，按原形制修复，保护文物的风格和特点。

二、工程概述

（一）工程性质

本次工程属于现状修整的修缮工程。

（二）工程内容

1. 检阅观礼台部分

（1）维修主体建筑，拆除所有后加墙体、门窗，恢复建筑的原来面貌。
（2）更换屋面防水层。
（3）修补部分装修，重做室外地面。
（4）重新粉刷墙面，清理地下室，进行日常性养护。
（5）完善照明、消防、避雷等设施。

2. 舞台部分

（1）屋面整修，涂刷防锈剂。
（2）修补门窗的装修部分，重新粉刷墙面。

3. 露天剧场部分

（1）修整剧场两侧墙体，平整剧场场地并铺设青砖。
（2）修补部分装修，设置剧场内的木凳。

三、工 程 说 明

（一）检阅观礼台

1. 基础

经过勘察和详细计算，检阅观礼台基础已趋于可靠稳定，本次维修不再做处理。但基础上原有的大部分通风口都已被粉尘封堵，本次维修要清除所有基础通风口上的粉尘，以保证一层木地板下保持通风干燥。

2. 室外地面

根据本次现场勘察，观礼台的室外地面原本铺设的是250毫米×250毫米×50毫米的青砖，面积大约150平方米左右，但在后来的维修过程中改为红砖地面，面层抹水泥砂浆，在本次维修中拆除现有红砖地面，用250毫米×250毫米×50毫米的青砖重做室外地面，面积仍然控制在150平方米左右，并将室外地面恢复到原来的标高面，铲除勒脚上的水泥砂浆层，恢复被封堵的通风口。

3. 木地板和木龙骨

室内为木地板，对油漆脱落严重的木地板重新刷漆，更换部分接头处遭朽严重不能继续使用的木地板，约有5%。对于二楼走廊两侧的地面（现为水泥地面），据了解以前也是木地板，后在维修中因雨水侵蚀严重，故更换为水泥地面，考虑这两处地面是露天的，如果恢复成以前的木地板还会存在被雨水侵蚀的问题，所以本次维修中就不再修复，维持现状。

更换因受潮、腐朽、开裂等原因不能继续使用的木龙骨，约有20%。木龙骨下的支撑体原本都为360毫米×360毫米砖墩，在后来的维修中部分用直径为200毫米木柱代替。本次维修中把所用的木柱全部拆除，全部更换为砖墩（具体更换数量详见基础平面图）。

4. 楼梯和护栏

一楼大厅内的楼梯是在后来维修中按原样式重做的，但未刷油漆，本次维修中按二楼楼梯油漆颜色重新刷漆，其他楼梯保存较好。二楼大厅正面的水泥栏板和二楼外廊两侧的红砖护栏均为后做的，据调查以前是都是木制护栏，形制与二楼正面的护栏一样。在本次维修中拆除所有后加现护栏，按二楼的正面样式的护栏重做，并对所有护栏重新刷漆。

5. 墙体

1993年维修时，因当时伊犁州文物局要在此处办公并将一楼作为博物馆使用，为了改善办公条件和保证博物馆的安全，在观礼台的背立面增加了外墙和窗户，在室内一、二楼上增加了部分隔墙（详见勘查平面图）。所有后加墙体仅起围护和封堵作用，不作承重墙使用。为了还原建筑原来的面貌，减轻建筑的自重，本次维修中将拆除所有的后加外墙和隔墙，恢复建筑原来面貌（详见设计图）；在拆除后加墙体之前施工单位必须做可靠有效的支护措施，以防建筑本体遭到二次破坏。

6. 柱子

目前绝大部分木柱整体上都保存较好能继续使用，对于部分木柱出现不同程度的干缩开裂现象，采取用干燥木条嵌补、加铁箍、用结构胶粘牢等加固措施加固。墙体中的暗柱在将来维修过程中依据实际破损程度，可采取墩接、加铁箍、更换等，视具体情况而定。木柱外包裹的装饰石膏花饰部分也已开裂、脱落，本次维修中对开裂、脱落严重的按原样式补做。

7. 梁架

更换被雨水侵蚀严重不能继续使用的梁架（约 15%），根据梁架开裂程度和腐朽程度的不同，采取用扁铁连接或加铁箍、做防腐处理等方式加固。

8. 屋面

现有屋面由于年久失修，屋面上的沥青油毡都已基本老化，开裂现象很严重，屋面的部分屋面板因被雨水腐蚀，部分已不能继续使用，导致室内漏雨，墙面被污染。本次维修重做屋面防水（二毡三油），更换被腐蚀不能继续使用的屋面板（10%）。

9. 门窗装修

因在后期的维修中增加了部分围护墙体，同时墙体上也增加了部分门窗，在本次维修中随着这些后加墙体的拆除，所有后加的门窗也全部拆除；在 1993 年维修中因一楼作博物馆使用，考虑到博物馆的安全，当时封堵了一些门窗洞口。目前博物馆已搬迁，本次维修将恢复这些门窗原来面貌；对现存原来的门窗出现的门窗框变形、油漆剥落、玻璃破损、缺失等情况，在本次维修中将全部维修，对所有门窗重新刷漆，矫正变形门窗，更换门窗上破损、缺失的玻璃。

室外大部分用来做外装饰的小木构件都还存在，部分破损或者丢失。本次维修时根据现有遗留下来的样式更换这些破损，丢失的小木构件。

10. 内装修（包括吊顶和雕饰）

吊顶：更换被雨水侵蚀严重不能继续使用的吊顶（约 30%），重新粉刷所有吊顶的油漆，二楼大厅上现有的吊顶为后期维修时重做的三合板吊顶，样式和形制都已改变，据调查原来的吊顶应为石膏吊顶，样式和二楼大厅的基本一致，有老照片为依据。本次维修中将现有的三合板吊顶全部拆除，按原来样式重做。

雕饰：因年久失修，观礼台室内外装饰的部分石膏雕饰已脱落（约 10%）。本次维修时用原材料按原样式补修。

壁炉：按当地同时代的苏式建筑壁炉样式恢复壁炉（具体尺寸详见大样图）。

11. 烟囱

化妆间上烟囱保存较好，但未做相应处理，雨水可以直接从烟囱落入墙体，长此以往会使墙体内部潮湿，墙体坍塌。本次维修时用砖把烟囱顶部封堵。

12. 照明、消防、避雷

现有的照明线路大部分都是明线，直接架设在木构件上，存在一定的安全隐患，消防设施也不全，仅配备有几个灭火器，且都已不能使用，屋顶也未作避雷措施。本次维修中将按相关规范要求重新布置电线电缆，完善消防设施，屋顶做避雷装置。

（二）露天剧场

1. 围墙

补砌围墙底部断裂、顶部缺失的青砖（约5%），修补部分墙身脱落的草泥（约30平方米）；因靠近舞台的两侧围墙离舞台建筑本体距离太近，最窄处为1.3米，每逢遇到较大的雨雪天气，雪水、雨水就会在次处汇集，无法排出，对舞台墙体造成破坏，2006年舞台的南面墙体就曾因此倒塌过一次。为了避免类似事故再次发生，本次维修时在这两侧围墙处各设置一条长15米，宽0.3米，深0.5米的排水沟，排水沟上部用ø20间距100毫米的钢筋做防护罩，以防杂物掉入沟内（详见设计图）。

2. 围墙基础

经现场勘察，由于风蚀严重，围墙底部的夯土层已出现不同程度的掏蚀。本次维修中首先对掏蚀部分进行清理，把表面松动的浮土清理干净，然后用土坯进行砌补。

3. 围墙大门

围墙上共设有六个大门，目前两处大门被土坯封堵，其他四处大门破损也比较严重，门框都出现不同程度的变形，门扇开裂。本次维修时拆除被封堵的门洞口，按现有的大门样式重新做丢失的门框和门扇，并安装在被封堵的门洞口上，对其他四处大门根据破损的不同程度对门框进行归安修正，对开裂门扇进行嵌补加铁箍等措施，对围墙上所有的大门做防腐处理并重新刷漆。

4. 露天剧场

目前露天剧场内是杂草丛生，高低不平，还有少量的生活垃圾。据调查走访居住在当地的老人牙克浦·玉素甫回忆，剧场内早先还有排列整齐长条木凳（现已全部丢失），用来观看电影演出等，在20世纪50年代初还在次剧场上演过家喻户晓的话剧《白毛女》。通过与当地文物局部门的沟通，此剧场在维修后将对外开放，在遇重大纪念日以及重要演出时仍使用本剧场。考虑上述因素，根据现有依据本次维修中将复原所有木凳（具体尺寸见设计图），木凳形式为可移动的，当有需要时便搬出使用，其他时间可保存在室内，木凳做防腐处理并刷蓝色油漆。

（三）舞台

1. 乐池及乐池地面

乐池形制保存较完整，破损较轻。本次维修时修补乐池外立面上脱落的水泥砂浆，用大白浆重粉刷乐池内侧，补齐乐池地面缺失的青砖（约10%）。

2. 木地板和木龙骨

舞台上铺设的木地板基本保存完好，但表面油漆被磨损，部分木地板接头处糟朽（约5%），本次维修按原来油漆颜色重刷掉色的木地板油漆，更换接头处糟朽严重的木地板。

木地板下龙骨为木龙骨，保存较好。本次维修时根据勘察中木龙骨出现的不同病害，分别用铁件加固、做防腐处理，更换构件等方法做处理；同时对地下室的各个通风口进行清理疏通，保持地下室长期处于通风干燥状态，以延长地下室的木构件使用年限。

3. 墙体

舞台室内西面墙上有长约2米，宽1.5厘米的一条垂直裂缝，初步判读裂缝是因2006年南墙倒塌时受拉开裂，通过对墙体基础勘察未发现基础有沉降迹象，因此认为此裂缝对建筑架构安全不构成影响，但为确保安全，在本次勘察时对此裂缝做了变形观测，待将来维修时根据变形观测数据再做具体处理。若裂缝宽度未增大，维修时用泥浆修补裂缝即可。若裂缝继续扩大，视具体情况再做相应处理；室外Ⓑ轴女儿墙因未做泛水，导致女儿墙产生5毫米左右的裂缝开裂。本次维修对室内墙面的裂缝采用泥浆修补即可；对室外女儿墙处的裂缝进行修补，并在女儿墙顶部用铁皮做泛水。

舞台室内墙皮脱落也较为严重，室外也未做过散水，每逢有雨雪天气外墙面污染比较严重，因此在本次维修中将重新粉刷室内墙面，并在室外墙体四周用青砖做散水，散水宽度为0.9米。

4. 门窗装修

目前有三处门洞口被封堵，部分门窗框变形，油漆剥落，玻璃破损。本次维修中拆除被封堵的三处门洞口，按现有的门样式重新做缺失的门，并安装在相应的门洞口位置，重刷所有门窗的油漆，矫正变形的门窗框（约20%），安装门窗上破损、缺失的玻璃。乐池挑檐部位的装饰木构件，由于年久失修已缺失过半，本次维修中按原有样式和颜色重做。

5. 柱子

地下室的木柱保存较好，但仍有部分木柱出现不同程度的干缩开裂现象。本次维修采取用干燥木条嵌补、加铁箍、用结构胶粘牢、做防腐处理等措施加固。

舞台上共有10根木柱，保存较好，木柱外均做有石膏造型，目前仅有一个木柱的石膏造型底部被人为破坏。维修时按原样补修即可。

舞台吊顶上有较多短木柱，用于做屋面支撑，这些木柱保存较好，有个别短柱有干缩开裂、糟朽现象。本次维修对开裂木柱用干燥木条嵌补、加铁箍、用结构胶粘、做防腐处理等方式。对墙体中的暗柱在将来维修过程中依据实际破损程度，可采取墩接、加铁箍、更换等方式处理，待将来维修时视具体情况而定。

6. 梁架

更换被雨水侵蚀严重不能继续使用的梁架（约15%），根据梁架开裂程度和腐朽程度的不同，采取用扁铁连接或加铁箍、做防腐处理等方式加固。

7. 内装修（包括吊顶和雕饰）

吊顶：舞台吊顶基本保存完好，仅有一处被人为破坏需要修补，化妆间内有两处吊顶由于屋面漏雨，被雨水侵蚀较严重。本次维修时修补舞台上被人为破坏的吊顶部分，更换化妆间被雨水侵蚀不能继续使用的吊顶，并重刷油漆。

雕饰：因年久失修，舞台室内外装饰的部分石膏雕饰已脱落。本次维修时用原材料按原样式补修。

8. 屋面

舞台屋面约70%铁皮锈蚀严重，化妆间屋面上沥青油毡，由于年久失修，油毡基本都已老化，开裂现象特别严重，致使屋内漏雨现象比较严重，墙面被污染。本次维修更换舞台屋面锈蚀不能继续使用的铁皮，并对所用铁皮刷防锈漆，重做化妆间屋面防水（二毡三油），化妆间和舞台交汇处做高640毫米的泛水处理，在屋面檐口处设置钢制排水槽两个。

9. 烟囱

化妆间上烟囱保存较好，但未做相应处理，雨水可以直接从烟囱落入墙体，长此以往会使墙体内部潮湿，对墙体产生一定破坏。本次维修中用砖将烟囱顶部封堵。

10. 照明、消防、避雷

现有的照明线路大部分都是明线，直接架设在木构件上，存在一定的安全隐患。消防设施也不全，未发现有任何消防器具，屋顶也未作避雷措施。本次维修中将按相关规范要求重新布置电线电缆，完善消防设施，舞台屋顶做避雷装置。

四、周边环境整治

（1）拆除舞台旁自建的停车库一个。

（2）拆除检阅观礼台旁边的旱厕。

（3）清理露天剧场内的生活垃圾和杂草。

五、注 意 事 项

（1）在组织维修施工前，首先组织施工技术人员进行施工前的勘测，了解该建筑的结构情况和残破状态，把握好维修尺度，搭好防护设施，确保维修范围内一切文物的安全。

（2）设计中选用的各种建筑材料，必须有出厂合格证，并符合国家或主管部门颁发的产品标准，地方传统建材必须满足优良等级的质量标准。

（3）屋面工程施工前，做好屋面防护工程搭设，严防梁架等木构件被风雨损坏。

（4）方案中的梁、椽、柱的更换数量均按百分比表述，具体数量详见预算表。

参 考 资 料

[1] 伊宁市地方志编纂委员会编：《伊宁市志》，新疆人民出版社，2002年。

[2] 新疆伊犁哈萨克自治州地方志编纂委员会编：《伊犁哈萨克自治州志》，新疆人民出版社，2004年。

[3] 新疆文物局编：《新疆维吾尔自治区文物“四有”档案》（内部资料）。

[4] 中国人民政治协商会议伊犁哈萨克自治州委员会编：《伊犁文史资料》，伊犁日报出版社，1994年。

[5] 当地文物部门提供的部分资料和部分照片。

项目主持：梁 涛

项目负责：徐桂玲

参加人员：梁 涛 阿布都艾尼·阿不都拉 阿里木·阿布都热合曼
冶 飞 徐桂玲 陆继财 雪克来提

附：新疆三区革命政府文化活动中心旧址修缮做法一览表

木构件修缮做法：

构件名称	残损现状	修缮说明	备注		
			检阅观礼台	舞台	露天剧场
梁	10mm < 裂缝宽度 < 20mm，长度不超过1/2L（长度）	用干燥旧木条嵌补，用结构胶粘牢，视具体情况看是否加铁箍；结构胶为改性环氧树脂，根据使用调整配比，区别室内外环境及木材的要求	嵌补量估算为8根	嵌补量估算为2根	
	裂缝宽度 > 20mm，长、深均不超过1/4B（宽度）时	除嵌补外，需加铁箍1～2道，铁箍宽50～100mm，厚3～4mm	估算为2根	估算为2根	
	糟朽深度 < 30mm时 糟朽深度 > 30mm时	现场进行防腐处理 视现场情况剔补拼接或更换	现场进行防腐处理的约为6根，更换的估算为1根	现场进行防腐处理的约为2根，更换的估算为1根	
椽子屋面板	裂缝宽度 > 10mm时	进行更换	约占所有椽子的5%	约占所有椽子的5%	
	被雨水腐蚀糟朽深度 < 10mm时	剔补干净做防腐处理	约占所有椽子的15%	约占所有椽子的10%	
	被雨水腐蚀糟朽深度 > 10mm时	剔补用干燥旧木条粘补拼接或更换	约占所有椽子的10%	约占所有椽子的10%	
屋面板	糟朽严重	进行更换	约占5%	约占10%	
柱子	10mm < 裂缝宽度 < 30mm	用干燥旧木条嵌补，用结构胶（改性环氧树脂）粘牢	估算量约为5根	估算为2根	
	裂缝宽度 > 30mm	除粘补外还需加铁箍1～2道，铁箍宽80～100mm，厚3～4mm	估算为2根	估算为4根	
	柱根表皮糟朽。深度不超过1/4D（直径）时	防腐处理和剔补	估算约为6根	估算为4根	
	柱根糟朽。高度不超过1/5H（直径）时	用干燥木料墩接，并加铁箍1道，铁箍宽80～100mm，厚3～4mm	估算约为4根	估算为1根	

续表

构件名称	残损现状	修缮说明	备注		
			检阅观礼台	舞台	露天剧场
木地板	50mm＜糟朽长度＜100mm	剔补做防腐处理并用干燥旧木条粘补拼接	约占木地板的 15%	约占 10%	
	糟朽深度＞100mm	剔补更换	约占木地板的 10%	约占 5%	
	表面油漆脱落	重新补刷油漆	约占木地板的 40%	约占 20%	
木龙骨	糟朽深度＜30mm 时 糟朽深度＞30mm 时	现场进行防腐处理 视现场情况剔补拼接或更换	约占木地板的 10% 约占木地板的 10%	约占 15% 约占 5%	
门窗装修	门窗框变形	归安矫正，紧固榫卯	约为 $2m^2$	约为 $1.5m^2$	约为 $5m^2$
	局部糟朽	修补或更换			约为 $4m^2$
	局部缺失	添配，修补整齐			约为 $6m^2$
	不符合原有形制部分	按原形制复原	约为 $7m^2$		

墙体墙面做法：

构件名称	残损现状	修缮说明	备注		
			检阅观礼台	舞台	露天剧场
墙体	个别断裂单砖，酥碱土坯剥落深度＞15mm 时	更换补砌，按原规格砖和灰浆补砌牢靠	剔补量约为 1%	剔补量约为 2%	剔补量约为 5%
	墙面砖出现空鼓	局部拆砌			
	墙体出现裂缝、局部松动活后砌不整齐处	局部拆砌	约为 $20m^2$	约为 $10m^2$	约为 $10m^2$
室外墙面	墙皮出现裂缝、空鼓、脱落严重	铲除重做并粉刷墙面	全部粉刷	全部粉刷	全部粉刷
室内墙面	墙皮出现裂缝、空鼓、脱落严重	铲除重新并粉刷墙面	全部粉刷	全部粉刷	全部粉刷

地面做法：

续表

构件名称	残损现状	修缮说明	备注		
			检阅观礼台	舞台	露天剧场
室外地面	原为青砖地面，后人改造为水泥地面	拆除水泥地面，按原规格青砖重做地面	约为 150m^2		
	地面缺失部分青砖	补配缺失青砖		约为 3m^2	
	夯土地面	添加青砖地面，青砖尺寸 250mm×250mm×50mm			约为 300m^2
排水沟 散水	未做过散水	视建筑具体情况增做散水，散水材料用青砖，青砖尺寸 400mm×400mm×50mm		约为 54m	
	排水沟	视建筑具体情况增设排水沟			共计 30m

屋面做法：

构件名称	残损现状	修缮说明	备注		
			检阅观礼台	舞台	露天剧场
屋面	沥青油毡老化、开裂严重	拆除原来沥青油毡，重做屋面防水（二毡三油）	约为 500m^2	约为 114m^2	
	屋面铁皮锈蚀严重，导致室内漏雨	更换锈蚀严重的铁皮，并对所有铁皮刷防锈剂		约为 403m^2	

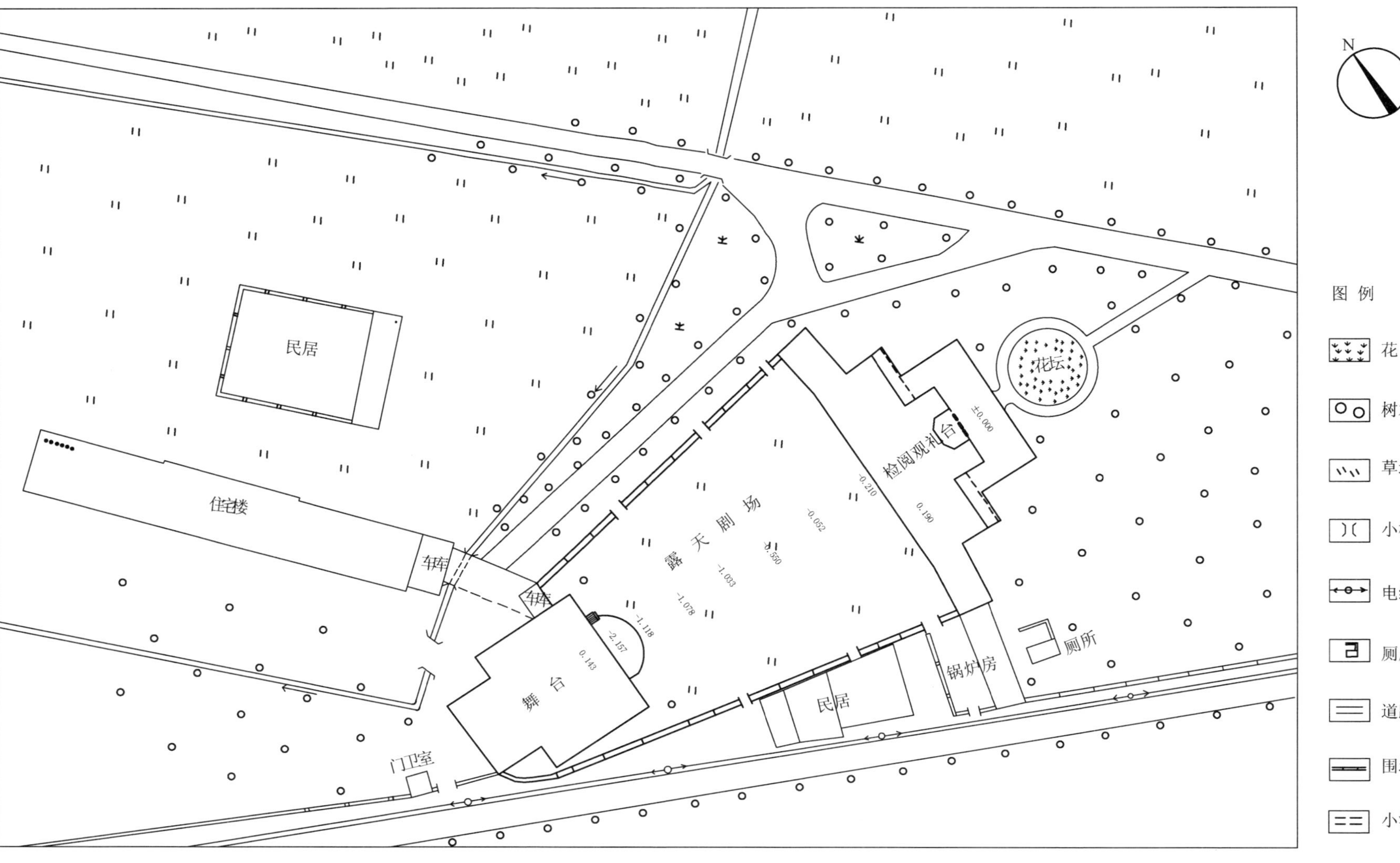

附图1 三区革命政府旧址总平面图

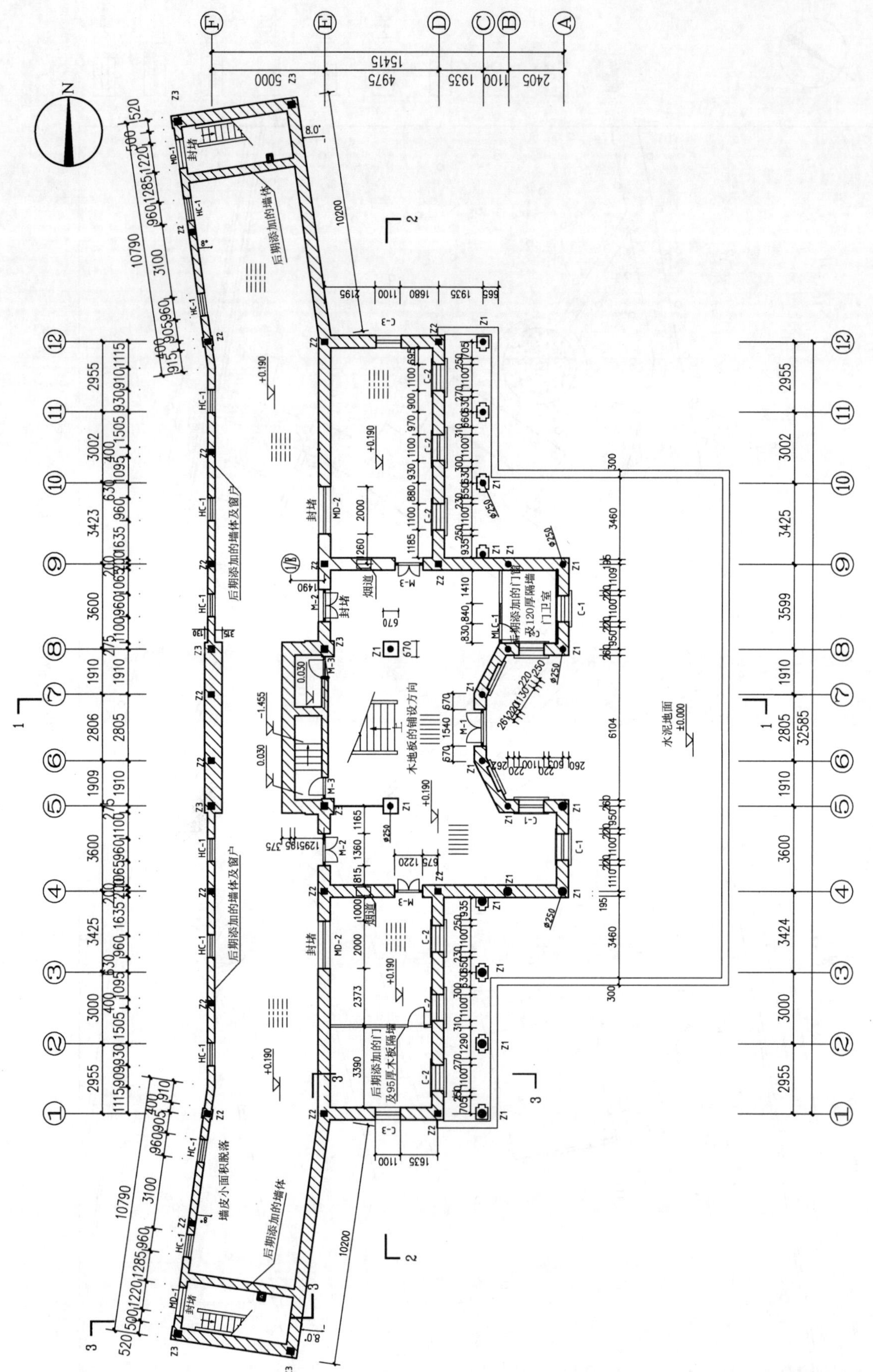

附图 2　检阅观礼台一层平面图

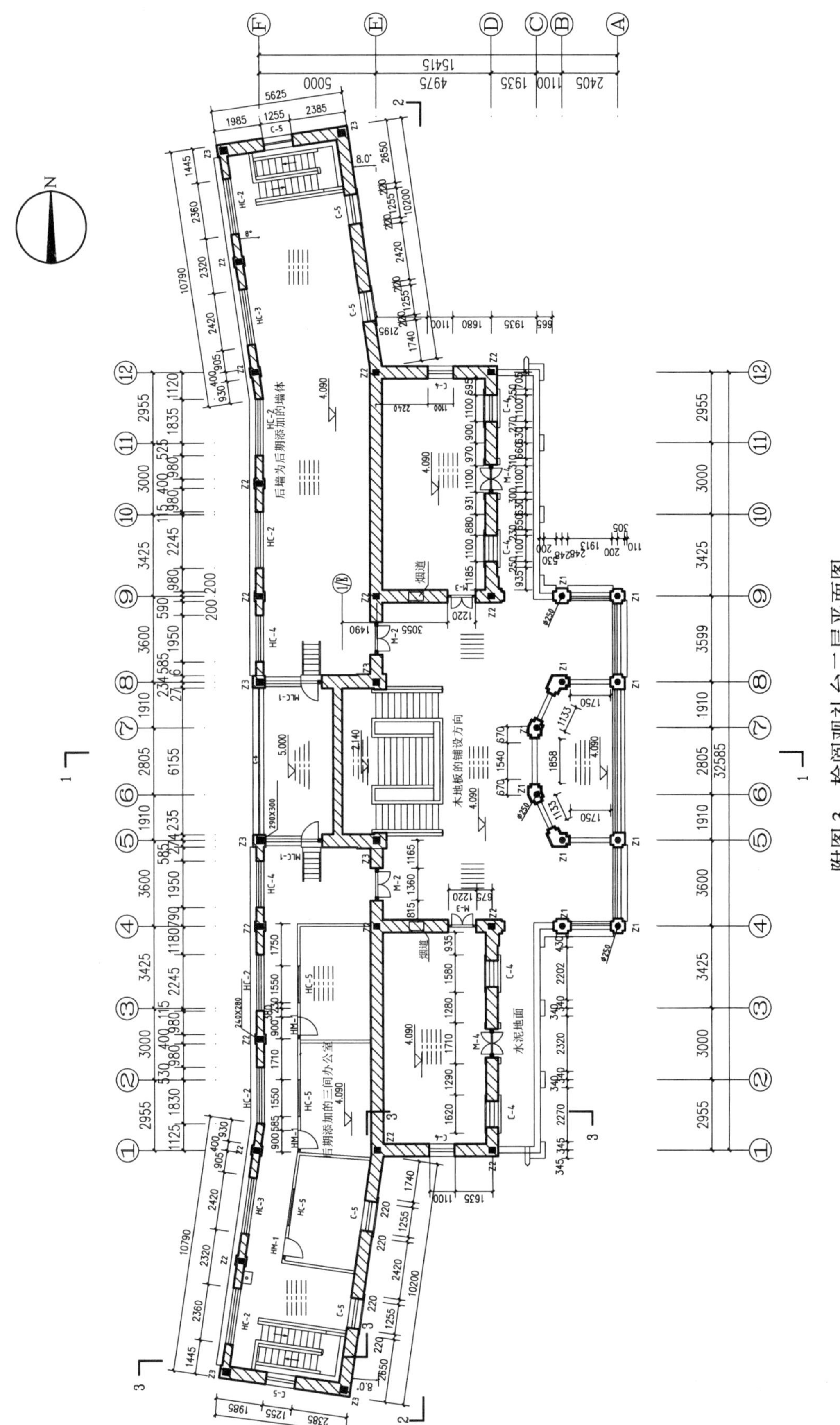

附图 3 检阅观礼台二层平面图

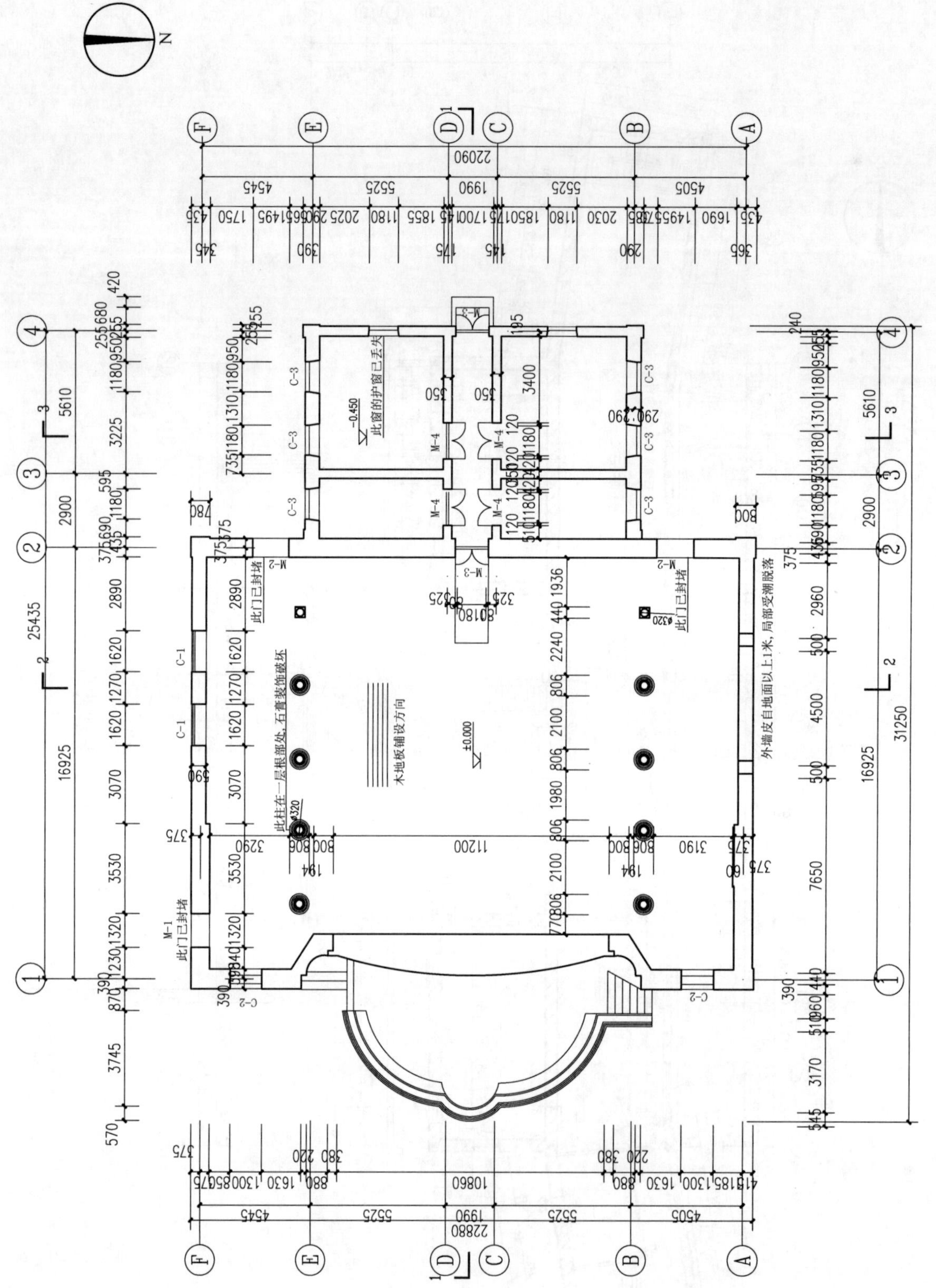

附图 4　舞台一层平面图

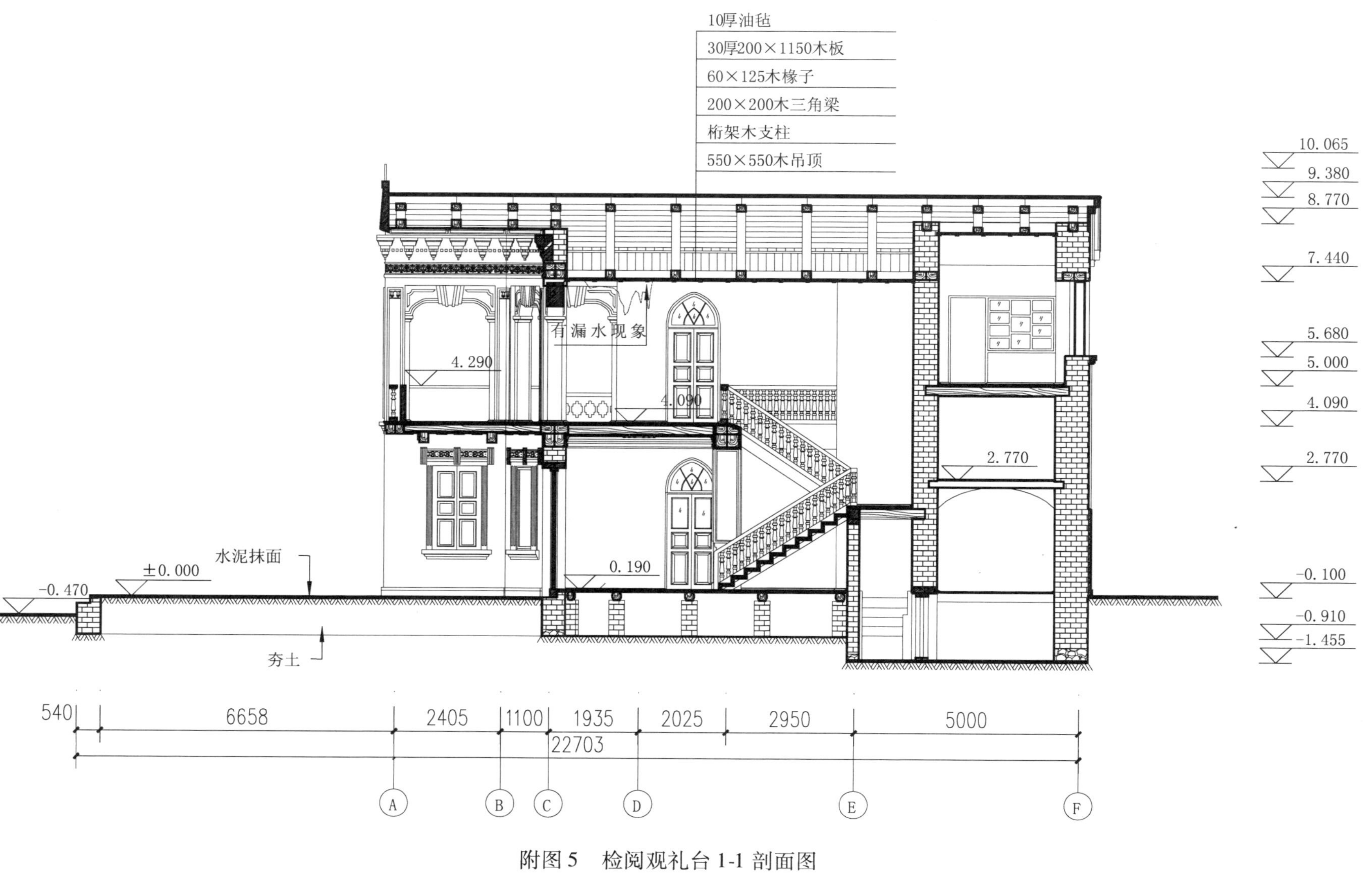
10厚油毡
30厚200×1150木板
60×125木椽子
200×200木三角梁
桁架木支柱
550×550木吊顶
10.065
9.380
8.770
7.440
5.680
5.000
4.090
2.770
-0.100
-0.910
-1.455
有漏水现象
4.290
4.090
2.770
0.190
水泥抹面
±0.000
-0.470
夯土
540
6658
2405
1100
1935
2025
2950
5000
22703
A
B
C
D
E
F

附图5 检阅观礼台1-1剖面图

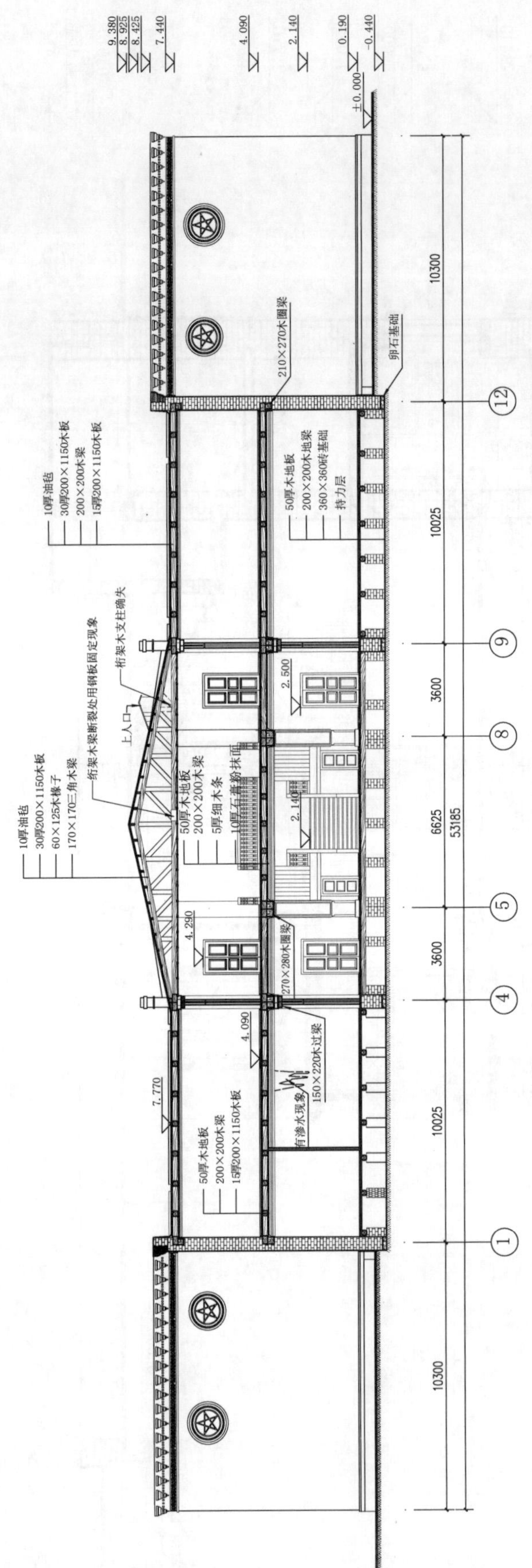

附图6　检阅观礼台2-2剖面图

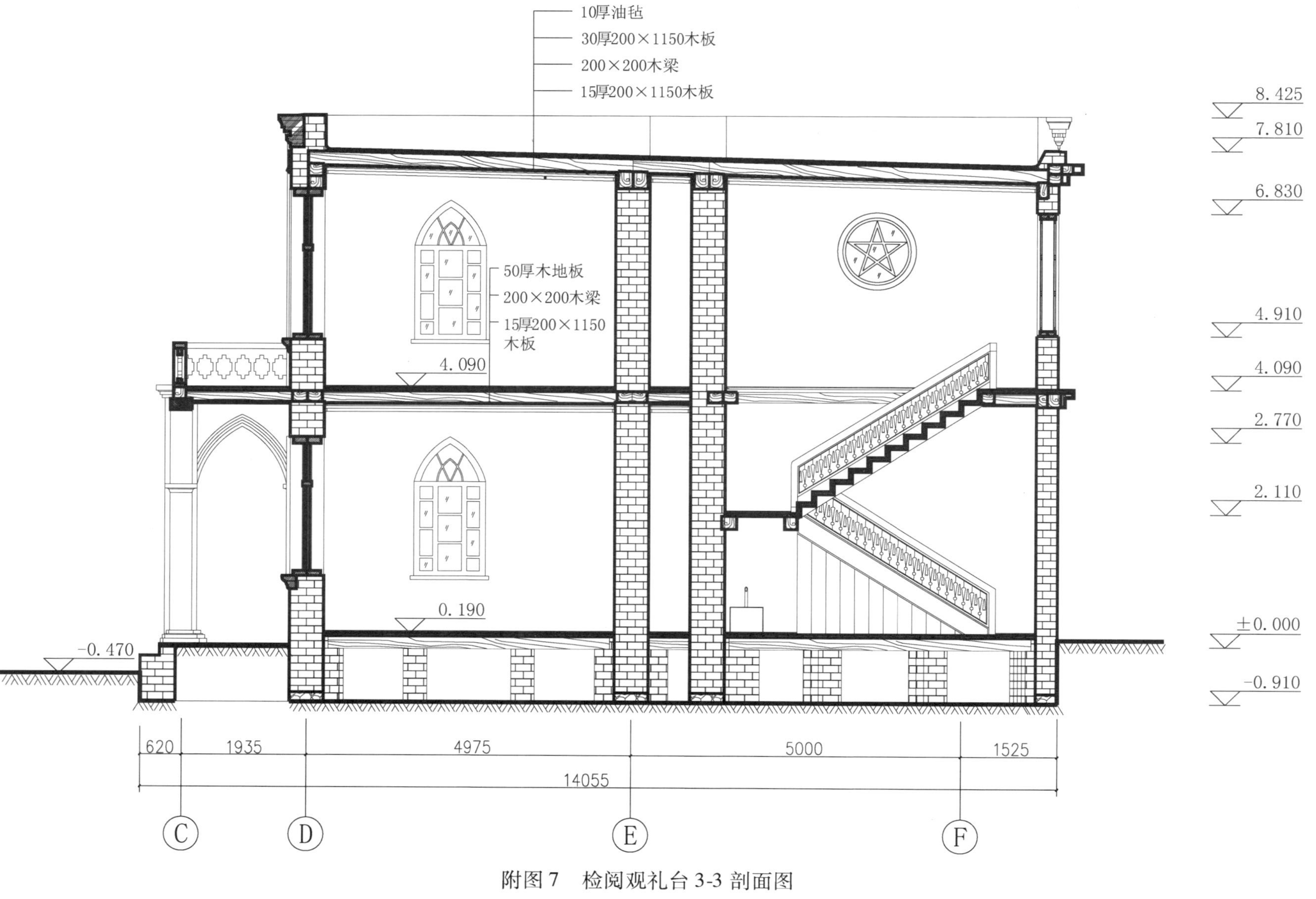

10厚油毡
30厚200×1150木板
200×200木梁
15厚200×1150木板
50厚木地板
200×200木梁
15厚200×1150
木板
4.090
0.190
-0.470
8.425
7.810
6.830
4.910
4.090
2.770
2.110
±0.000
-0.910
620
1935
4975
5000
1525
14055
C
D
E
F

附图7　检阅观礼台3-3剖面图

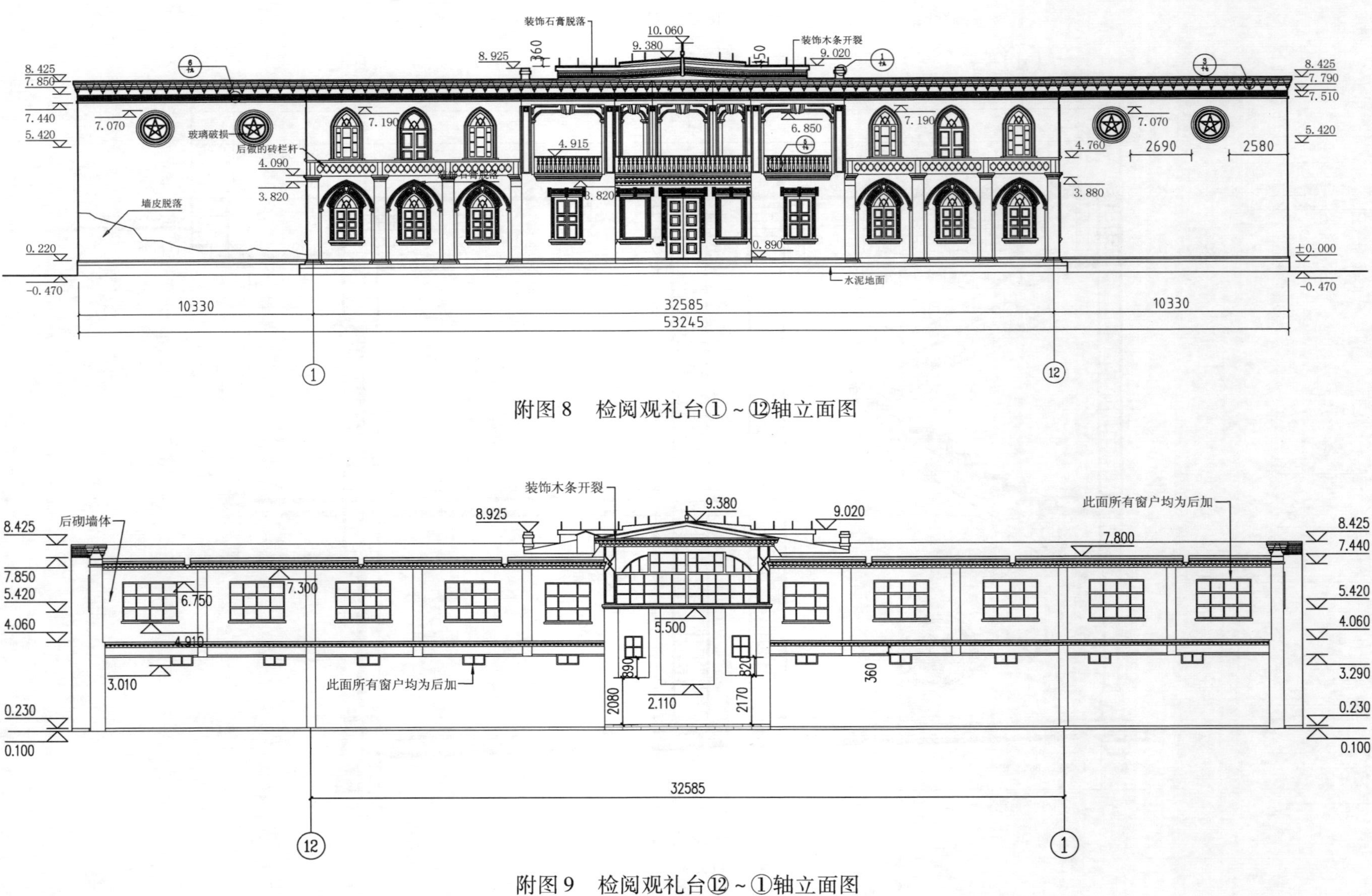

附图 8　检阅观礼台①～⑫轴立面图

附图 9　检阅观礼台⑫～①轴立面图

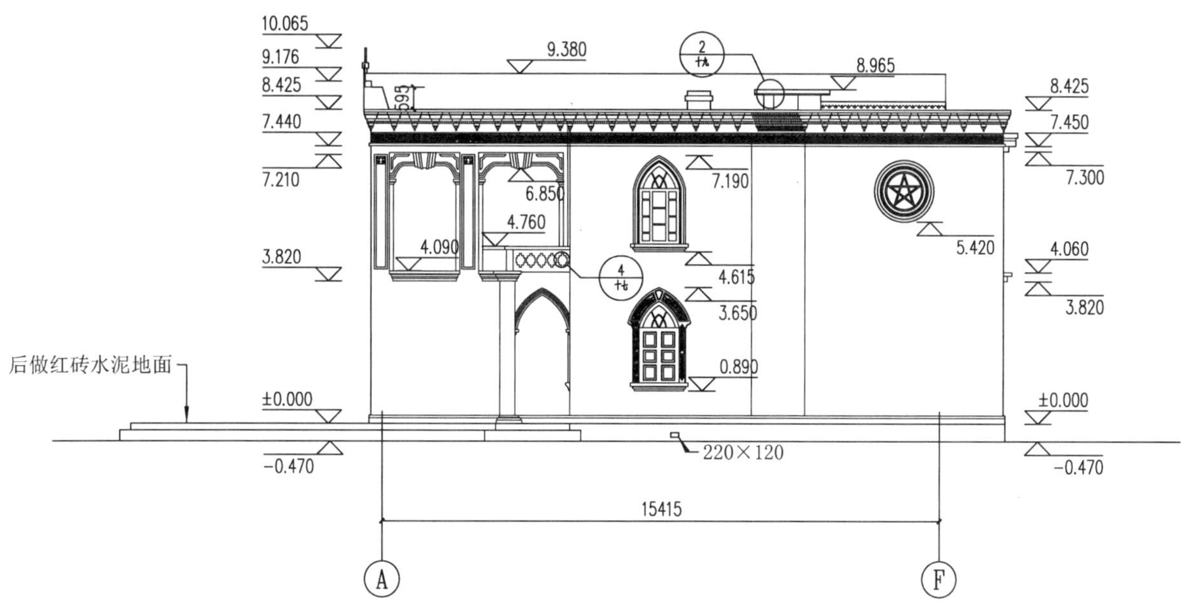

附图 10 检阅观礼台Ⓐ～Ⓕ轴立面图

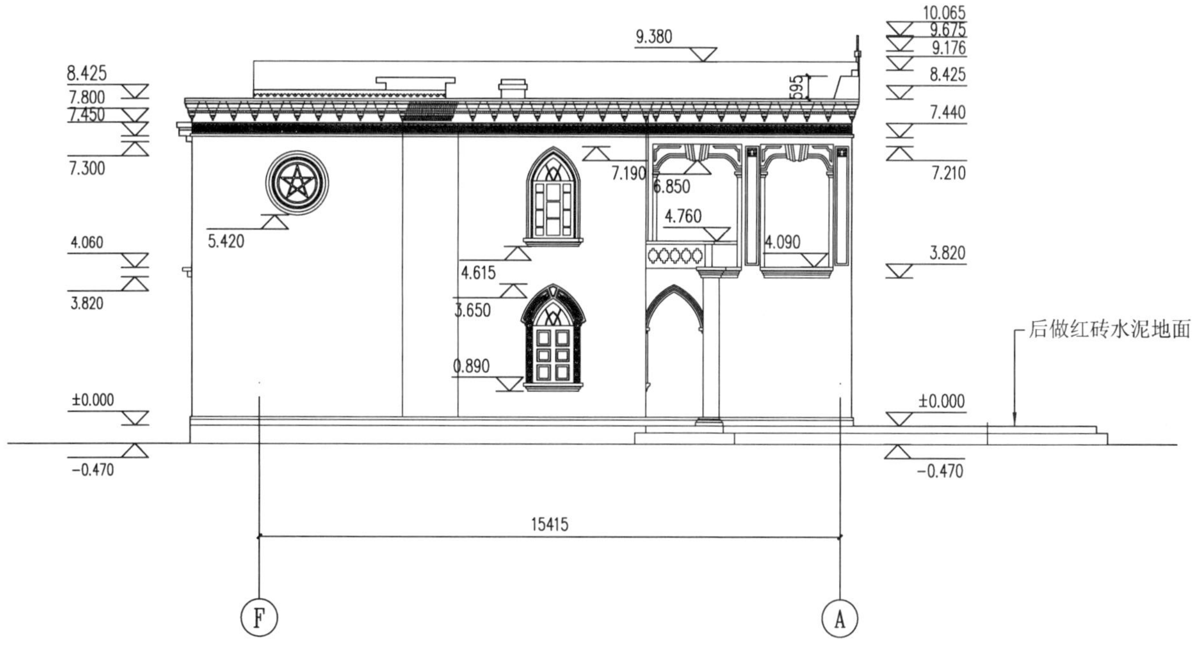

附图 11 检阅观礼台Ⓕ～Ⓐ轴立面图

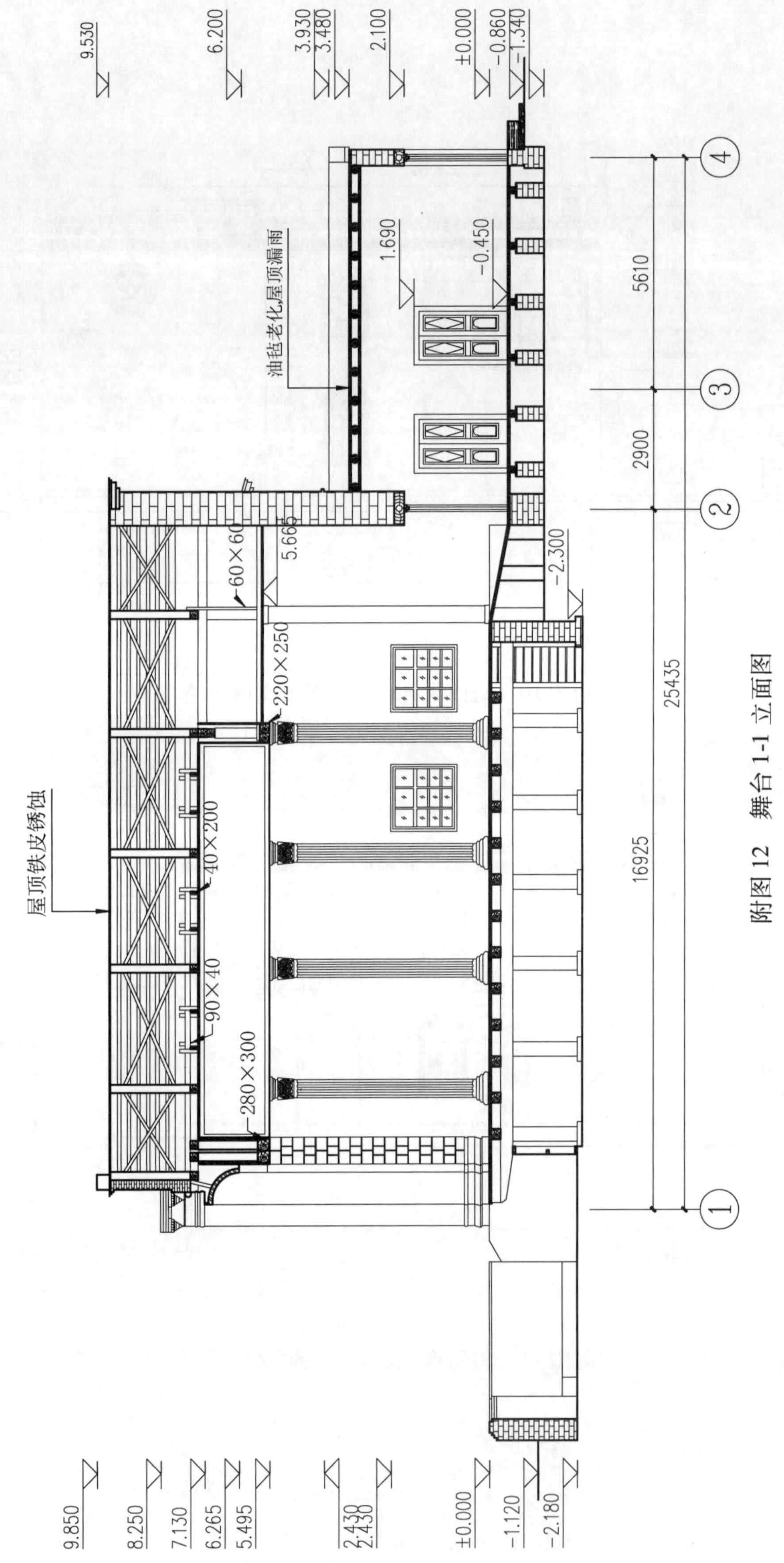
9.530
6.200
3.930
3.480
2.100
±0.000
−0.860
−1.340
油毡老化屋顶漏雨
1.690
−0.450
5610
2900
5.665
60×60
−2.300
220×250
40×200
90×40
280×300
屋顶铁皮锈蚀
25435
16925
④
③
②
①
9.850
8.250
7.130
6.265
5.495
2.430
2.430
±0.000
−1.120
−2.180

附图 12　舞台 1-1 立面图

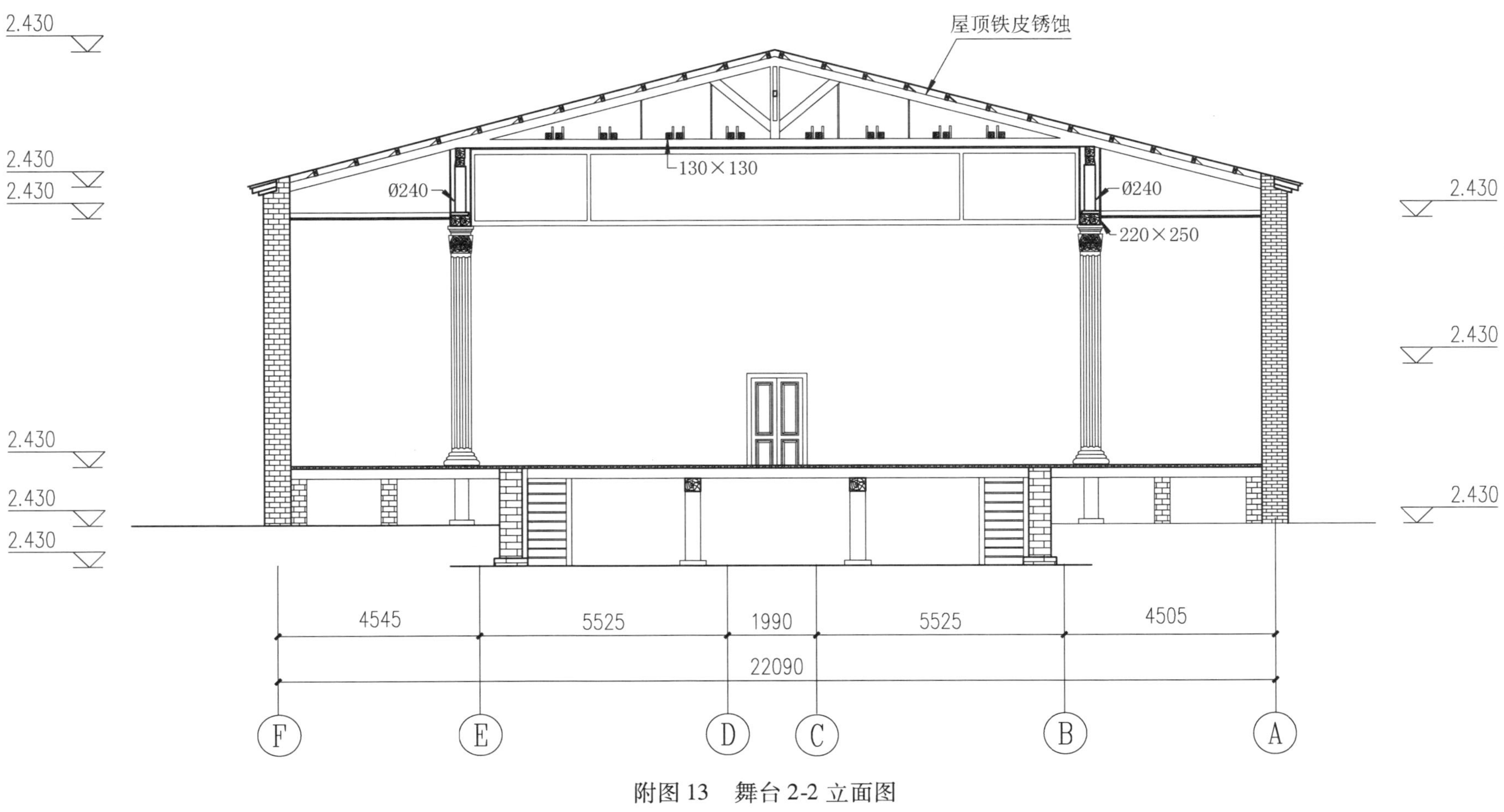

附图 13　舞台 2-2 立面图

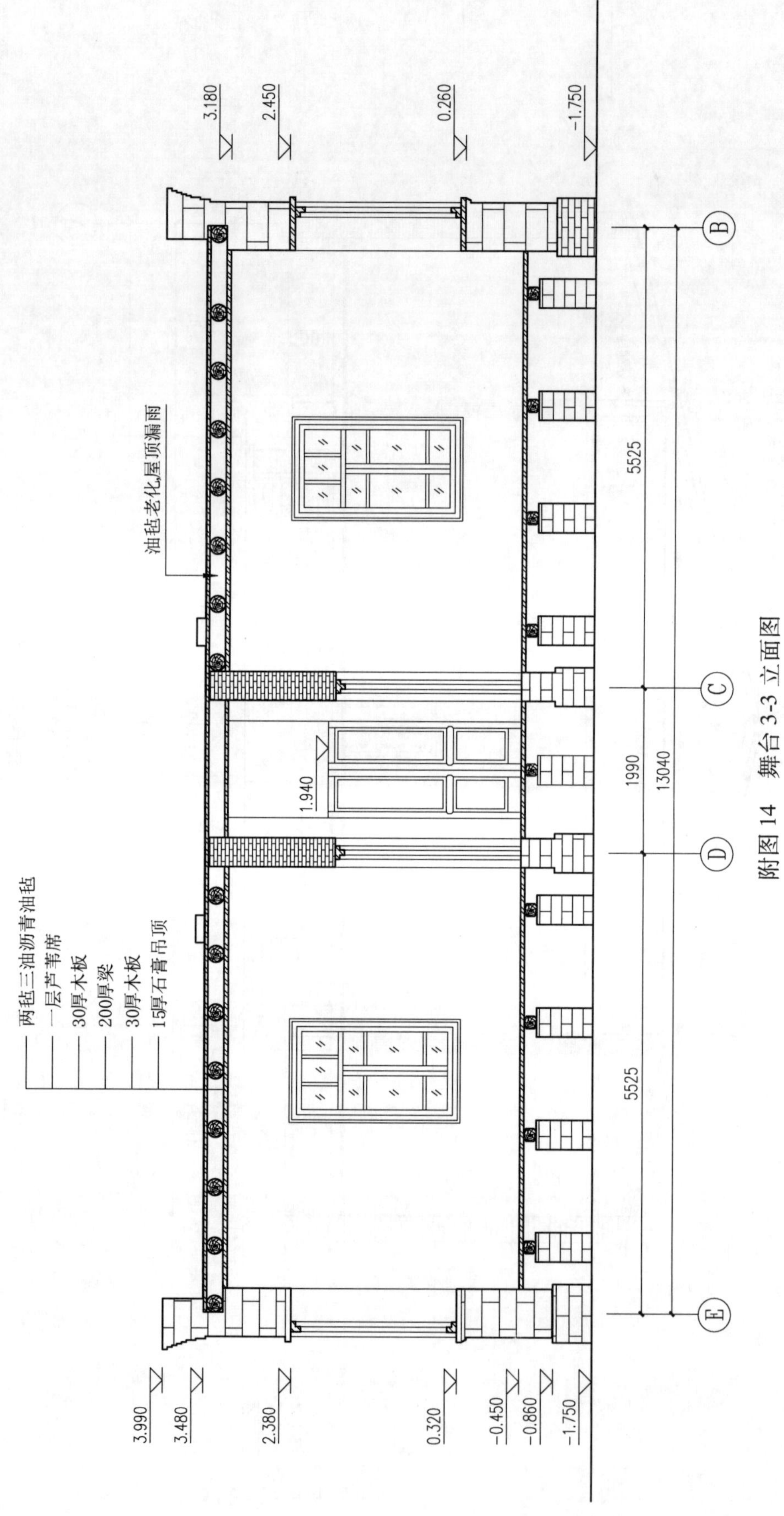

3.180
2.450
0.260
-1.750
油毡老化,屋顶漏雨
两毡三油沥青油毡
一层芦苇席
30厚木板
200厚梁
30厚木板
15厚石膏吊顶
1.940
5525
1990
13040
5525
B
C
D
E
3.990
3.480
2.380
0.320
-0.450
-0.860
-1.750

附图14 舞台3-3立面图

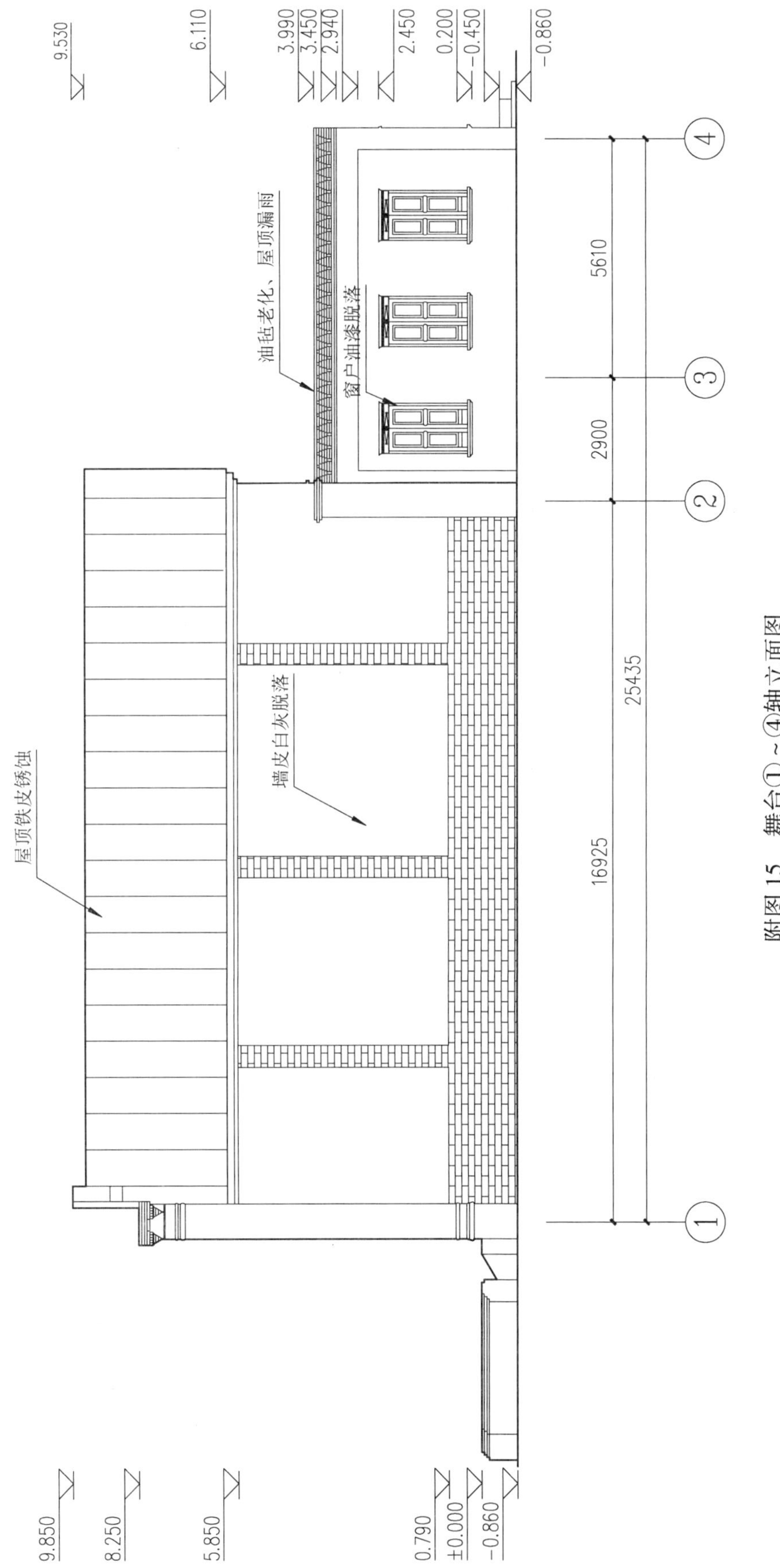
9.530
6.110
3.990
3.450
2.940
2.450
0.200
-0.450
-0.860
油毡老化、屋顶漏雨
窗户油漆脱落
屋顶铁皮锈蚀
墙皮白灰脱落
5610
2900
16925
25435
4
3
2
1
9.850
8.250
5.850
0.790
±0.000
-0.860

附图15　舞台①～④轴立面图

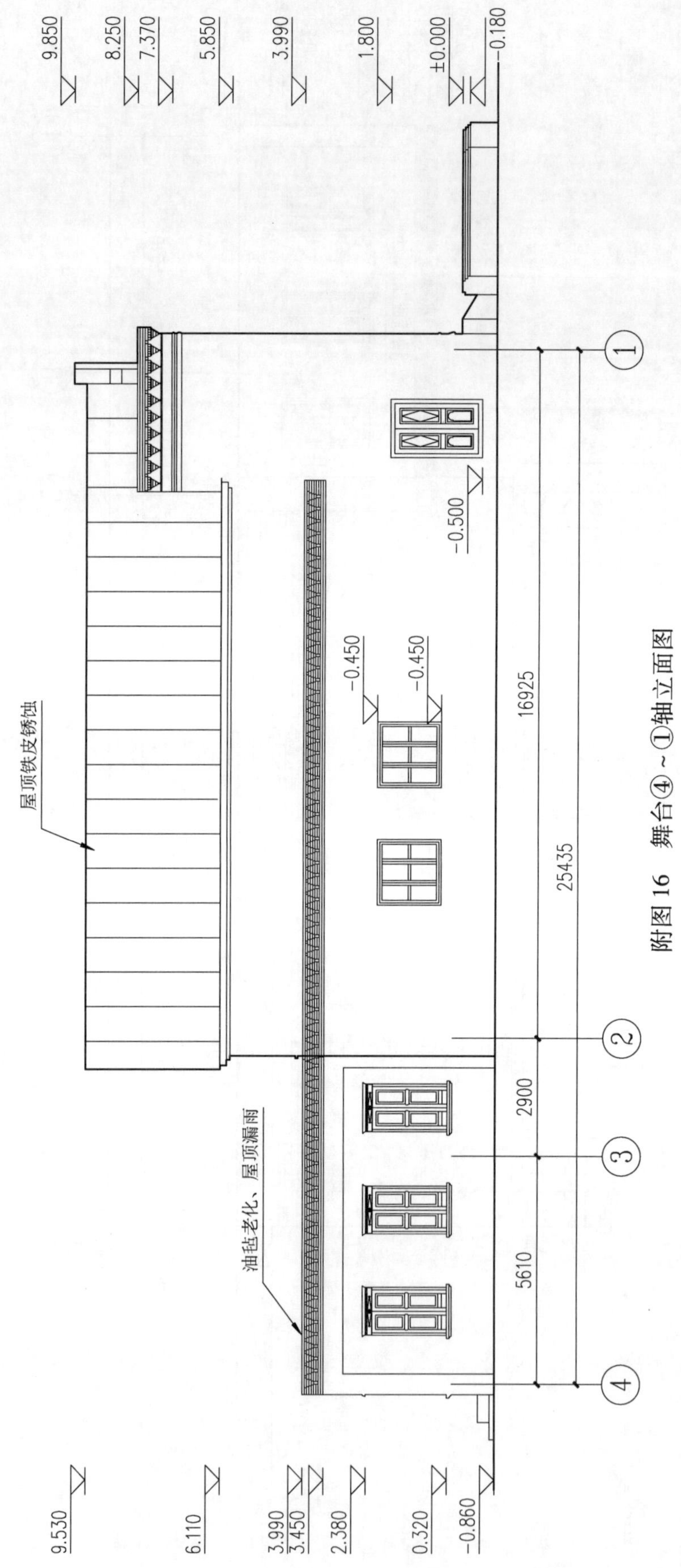

9.850
8.250
7.370
5.850
3.990
1.800
±0.000
-0.180
-0.500
-0.450
-0.450
屋顶铁皮锈蚀
油毡老化、屋顶漏雨
16925
25435
2900
5610
①
②
③
④
9.530
6.110
3.990
3.450
2.380
0.320
-0.860

附图16　舞台④～①轴立面图

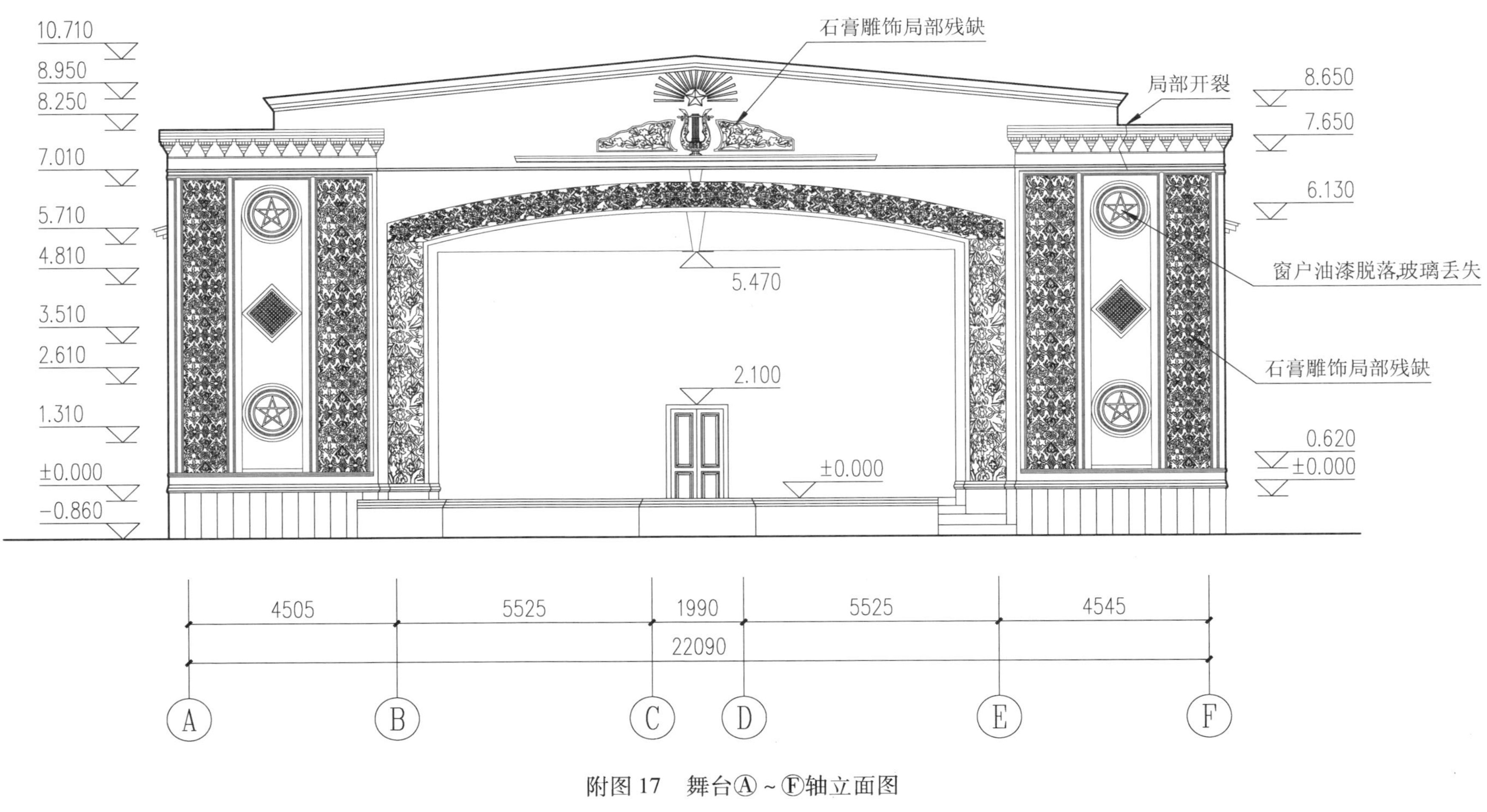
石膏雕饰局部残缺
局部开裂
窗户油漆脱落,玻璃丢失
石膏雕饰局部残缺
10.710
8.950
8.250
7.010
5.710
4.810
3.510
2.610
1.310
±0.000
-0.860
8.650
7.650
6.130
0.620
±0.000
5.470
2.100
±0.000
4505
5525
1990
5525
4545
22090
A
B
C
D
E
F

附图 17　舞台Ⓐ~Ⓕ轴立面图

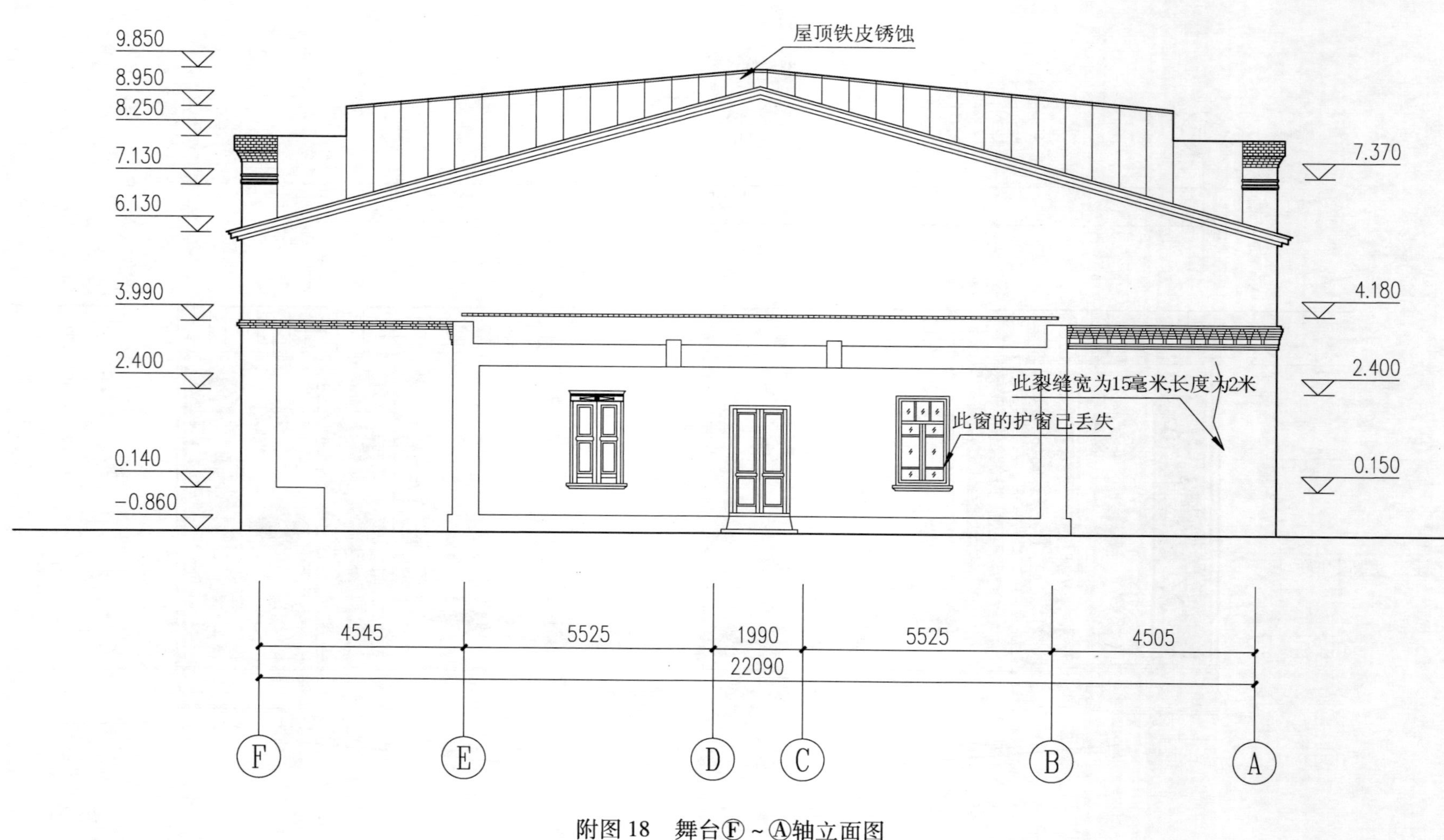
9.850
8.950
8.250
7.130
6.130
3.990
2.400
0.140
-0.860
屋顶铁皮锈蚀
7.370
4.180
2.400
0.150
此裂缝宽为15毫米,长度为2米
此窗的护窗已丢失
4545
5525
1990
5525
4505
22090
F
E
D
C
B
A

附图 18　舞台Ⓕ～Ⓐ轴立面图

独山子石油工人俱乐部修缮工程勘察报告及维修方案设计

第一部分　勘 察 报 告

一、基 本 概 况

新疆克拉玛依市独山子区地处天山北麓，准噶尔盆地西南边缘，南屏天山，北隔乌伊公路（312 国道）与奎屯市毗邻，西邻乌苏市，东与沙湾县接壤。区境内南部为丘陵山区，北部为洪积冲积平原，中部的独山子山海拔 1283.4 米，全区地势呈西南高、东北低走势。独山子深居亚欧大陆腹地，地理坐标为北纬 44°07′，东经 85°06′。距自治区首府乌鲁木齐市 250 千米，距克拉玛依市区 150 千米。

全区总面积 448 平方千米，建城区面积 20 多平方千米。全区总人口 7.5 万余人。独山子地名来源于区境内的独山。独山呈东西走向“一”字形，因不与其他山体相边，独立于戈壁中而得名。在维吾尔语和哈萨克语中，称独山子为“玛依塔克”和“玛依套”，意思是“油山”。独山子是我国石油工业的发祥地之一，是集炼油、化工和炼化工程建设、检维修一体化的我国西部重要的石油化工基地，被列为全国八大石化基地之一。

独山子区属典型大陆性气候，干旱少雨、春秋多风是其突出的气候特征。冬季寒冷，夏季炎热，春秋季较短，冬夏温差大。年平均大风日数 71.3 天，年平均气温 8.1℃，无霜期 225 天，平均日照时数 2705.6 小时。初霜一般在 11 月上旬出现，终霜一般在 3 月下旬结束。一年中最高月平均气温为 7 月，平均气温 27.6℃，最低月为 1 月，平均为 -16.3℃，年平均降水量 108.9 毫米，年平均蒸发量达 3008.9 毫米，为降水量的 20.8 倍。

独山子系多民族聚居区。民国 25 年（1936 年）年独山子炼油厂成立后，汉、维吾尔、哈萨克、俄罗斯等民族职工开始在独山子定居。1955 年，独山子境内有汉、维吾尔、哈萨克、回、柯尔克孜、蒙古、锡伯、俄罗斯、乌孜别克、塔塔尔、满、达斡尔等 12 个民族，总人口为 6636 人。20 世纪 60 ~ 90 年代，随着炼油生产的发展，独山子少数民族及人口不断增加。2000 年，独山子区共有汉、维吾尔、哈萨克、回等 13 个民族，全年人口为 54531 人，除汉族之外，其余 30 个少数民族共有 12184 人，占总人口的 22.34% 。

独山子石油工人俱乐部位于克拉玛依市独山子区喀什路 2 号，地理坐标为北纬 44° 19′ 11.4″，东经 84° 51′ 17.2″。俱乐部建筑面积有 4300 平方米，主要部分有：剧场、图书阅览室、游戏室、健身房、讲座室、中苏友好室、食品部、休息室和多功能室等，可容纳1500人。建筑周围绿树成荫、环境优美，在经历了50多年的风雨后，石油工人俱乐部现在依然还保持着当年娱乐和健身的功能，在前楼有乒乓球室、台球室和图书室等，在后楼则是独山子热电厂职工的健身场所。俱乐部现由独山子职工退休站和热力发电厂使用，并由独山子动力公司负责日常的维护。

二、历史沿革及近年来的维修、管理情况

独山子石油开采始于清光绪二十三年（1897年）。“民国”二十五年（1936年）开始引进苏联技术装备，在独山子（山）北坡形成石油工人聚居的矿区，即独山子矿区。新中国成立后，生产迅速发展，到1953年已发展成万余人的新型城镇。1955年2月22日建立独山子矿区地方行政工作委员会。1956年后改为“新疆维吾尔自治区独山子镇人民委员会”（县级建制），由自治区人民委员会直接领导。

1958年克拉玛依市成立，独山子划归为克拉玛依市的1个区（县级建制）。1970年成立政企合一的矿区革命委员会。1982年6月召开第六届人民代表大会，成立区人民政府。1984年自治区决定克拉玛依市为直辖不设区的市，撤销克拉玛依市独山子区，成立克拉玛依市独山子镇人民政府（县级建制）。1990年自治区恢复克拉玛依市为设区的市，独山子区人民政府重新成立。

1955年12月，独山子石油工人俱乐部竣工，1956年1月石油工人俱乐部投入使用，并长期举办美术、书法、摄影等学习班，许多职工在石油工人俱乐部参加文艺创作，绘画、写诗和学习乐器。

20世纪60~70年代，独山子职工群众在石油工人俱乐部编排并上演了多个歌舞剧和话剧。

20世纪80年代，石油工人俱乐部每年组织职工业余演出队，创作以反映时事政治、生产形势、先进人物为主的小节目。除传统的舞蹈、独唱、小话剧外，还有小品、通俗歌曲、现代舞、健美操等。

1983年6月，独山子区人民政府对石油工人俱乐部进行了抗震和楼体加固维修。

1989年10月，独山子区人民政府对石油工人俱乐部进行楼体加固维修。

1992年，因独山子明珠电影院的建成，独山子石油工人俱乐部一楼改用作独山子石化总厂离退休职工管理处二区退休管理站，二楼改作独山子热电厂职工健身中心。

2007年6月4日，独山子石油工人俱乐部被确定为新疆维吾尔自治区级文物保护单位，并于10月29日由新疆维吾尔自治区人民政府在独山子石油工人俱乐部前立保护标志碑一座。

三、建筑布局、建筑结构及现存情况

（一）建筑布局与建筑结构

独山子石油工人俱乐部是苏联专家按照苏联少年文化宫设计的。这座米黄色的建筑物共有

三层楼和一层地下室，建筑面积有4300平方米，砖木结构。主要部分有：剧场、图书阅览室、游戏室、健身房、讲座室、中苏友好室、食品部、休息室和多功能室等，可容纳1500人。

（二）现存状况

1. 地基土工程性能

根据乌鲁木齐地质工程勘察院提供的《独山子石油工人俱乐部修缮工程岩土工程勘察报告》，各土层主要物理力学性质指标及地基土的野外特征如下：

（1）第一层杂填土：分布于地表，层厚1.3～1.8米，杂填土：褐灰色－杂色，含碎石、塑料、砖块等建筑生活垃圾，松散、不均匀，工程性质差。

（2）第二层表土：埋深1.3～1.8米，层厚0.2～0.5米，土黄色，由砂土、砾石等组成，植物根系较发达，土质松散、稍湿。含有较多砂砾和硬质结核，具有中等压缩性，经轻便动力触探试验$N_{10}=17-21$击，该综合分析承载力特征值（f_{ak}）可达130kPa，压缩模量（E_S）为5.1MPa。

（3）第三层圆砾：在场地内广泛分布，埋深1.8～2.0米，最大可见厚度8.1米，灰黄色、青灰色，主要由卵石、圆砾组成，砂土填充，母岩为硬质岩成分，磨岩度较好，一半粒经15～50毫米，最大粒径200毫米，局部含约5～10毫米细砂薄层，稍中密，稍湿。经重型动力触探试验$N_{63.5}=13-35$击，该综合分析承载力特征值（f_{ak}）可达350kPa。

2. 基础

石油工人俱乐部于1983年6月和1989年10月进行过两次抗震和基础、楼体加固维修。根据乌鲁木齐地质工程勘察院提供的《独山子石油工人俱乐部修缮工程岩土工程勘察报告》，得知建筑物基础形式为混凝土条形基础，无腐蚀现象，目前保存良好。建议维修时清理所有基础通风口，以保证一层木地板下保持通风干燥。

3. 木地板及龙骨

俱乐部室内部分地面保留了以往的木地板铺设方式，在一楼大厅和各层走廊部位，由于人流量较大，木地板破坏较早，用水磨石地面代替了木地板，个别位置也出现了裂缝，建议维修时进行修复。目前所有木地板表面的油漆磨损严重，有些地板的接头部位已经糟朽，约有20%的地板不能继续使用，二楼部分房间在上次维修时更换为四合板地面。建议此次维修拆除后期更换的四合板地面，修补或者更换不能继续使用的木地板和龙骨，并将所有地板按照原来油漆的颜色重新刷漆。

4. 楼梯、护栏、台阶

西立面两侧的楼梯是后期为满足安全疏散要求而增设的，在前次维修时经过加固。目前室外楼梯栏杆形式陈旧，栏杆间距过大，楼梯板下及侧面的涂料基本脱落，面层开裂、脱落严重，加固的槽钢锈蚀。建议维修时按照原样重新修建。俱乐部东立面和西北角的台阶踏步磨损现象较严重，需要进行修复。

5. 墙体

俱乐部墙体厚度分为以下几种：外墙 590 毫米，内墙 380 毫米，隔墙分 240 毫米和 120 毫米两种。此次勘察发现墙皮空鼓、脱皮和装修裂缝等病害较多，部分墙体由于屋顶漏雨而污染；地下室的墙体由于通风口被堵塞，窗户也被封闭，通风不畅，泛潮现象较严重。在后期使用中，室内增加了部分隔墙。建议维修中拆除后期增加的隔墙，对墙体脱皮、空鼓、开裂等现象进行修复，对整个建筑的内外墙体按照原有颜色重新粉刷。

6. 柱

俱乐部正立面入口处砖柱尺寸为 980 毫米 ×980 毫米，背立面入口处砖柱直径 1140 毫米，建筑内部柱子尺寸为 580 毫米 ×580 毫米。在 1983 年 6 月和 1989 年 10 月进行过两次抗震和楼体加固维修，目前各砖柱保存完好，只有表面油漆褪色，需要重新粉刷。对于墙体中的暗柱在将来维修过程中再做详细勘察。

7. 梁架

勘察中没有发现虫蛀现象，但是约有 15% 左右的梁架由于屋顶渗水漏雨遭到腐蚀，还有 10% 左右的梁、板及斜撑由于干缩出现裂缝，开裂严重的部位在前次维修时用进行过简单加固。建议此次维修时更换被雨水腐蚀的梁架。另外，采取一些必要的措施防止干缩裂缝的进一步发展。

8. 屋面及排水

俱乐部屋面按照坡数分为双坡和四坡屋面，屋面上设有天窗和烟囱，具体位置见屋面排水图。屋面以前是铁皮屋面，后来由于铁皮老化，多处漏雨。维修时直接在铁皮屋面上增加了两层油毡。屋顶从下到上结构层依次为：50 毫米厚屋面板，1 层铁皮，2 层沥青油毡。此次勘察发现：油毡由于长期暴露在日光下照射，有些地方已经老化，并且在接口处有漏雨渗水现象，致使梁架结构遭到雨水的腐蚀。建议在保持屋面结构不变的情况下，恢复铁皮屋面。屋面采用有组织外排水，屋面四周设铁皮排水管，勘察中发现排水管部分已经缺失，建议此次维修时补全缺失的排水管。

9. 门窗及装饰

现存的门窗存在变形、油漆剥落、玻璃缺失等现象，地下室的门窗尤为严重，约有 90% 的门窗都已经无法满足正常使用功能，还有一些门窗现在被封闭不再使用，门窗上的门环、把手、插销等小五金缺失现象严重。维修时建议全部按照原有尺寸规格、材质及样式风格补修或更换门窗及五金制品。

10. 吊顶

俱乐部内各房间吊顶均为石膏吊顶，吊顶正中位置做环状装饰，并留有装灯位置，个别房间的吊顶做石膏线条装饰。目前各房间内的吊顶都有不同程度的破坏，特别是三楼房间的吊顶，由于屋顶漏雨，破坏比较严重，需要拆除重新制作。其余房间的吊顶需要维修。

11. 天窗、烟囱

天窗的窗框和百叶部分缺失，建议维修时按照原样补全；由于后期维修改建，俱乐部内采用集中供暖，烟囱已不再使用。由于烟囱口上方没有雨帽遮挡，雨雪水顺烟囱渗入墙体进行侵蚀。建议此次维修时对烟囱口做必要的防水措施，并在天窗和烟囱四周做泛水。

12. 室外售票房改造

售票房位于俱乐部西北角处，保存比较完好。建议维修时拆除已经封堵的窗户并进行修复，外墙参照俱乐部墙体颜色进行粉刷，尽量保持相同的风格。

13. 电气设备

电力系统用电负荷单一、等级较低、用电量小、配电间狭小等基础设施建设标准已不适应目前需要；再加上使用时间较长，楼内的电气线路老化严重，存在严重的安全隐患。楼内系统混乱，弱电部分无电话及网络系统。建议维修时重新按照使用要求进行设计。

14. 供暖

目前俱乐部内采用的是集中供暖，由于长期使用，地下室内用于供暖的管道及锅炉都已经锈蚀，出现漏水现象。建议维修时全部拆除，更换并完善供暖设备。

15. 消防、避雷

楼内消防系统上设置了消火栓给水系统，建议在维修过程中完善消防和避雷设施，严格按国家相关规定执行。

通过对石油工人俱乐部的详细勘察，建议对它采用：恢复屋面为铁皮屋面，定期更换屋面下的防水油毡，拆除后期添加的隔墙、恢复装修、局部维修加固、木构件进行防腐防火处理，完善照明、消防、避雷、上下水及供暖等设备的修缮方案。

四、残破状况及相关原因分析

独山子石油工人俱乐部现状及残损状况说明图表（表1）。

表1　独山子石油工人俱乐部现状及残损状况说明图表

<table>
<tr><td colspan="2">
西立面</td><td>
东立面</td><td>
南立面</td></tr>
<tr><td>残损归纳</td><td colspan="3">独山子石油工人俱乐部是苏联专家按照苏联少年文化宫设计的。这座米黄色的建筑物长48.06米、宽41.2米、高17.26米。共有三层楼和一层地下室，建筑面积有4300平方米，砖木结构。主要部分有：剧场、图书阅览室、游戏室、健身房、讲座室、中苏友好室、食品部、休息室和多功能室等，可容纳1500人。俱乐部残损现状概括如下：
1. 基础：因1983年和1989年进行过两次抗震和基础、楼体加固维修，俱乐部基础形式为混凝土条形基础，无腐蚀现象，目前保存良好。
2. 木地板：地板表面油漆磨损严重，局部接头部位出现小面积的糟朽；部分房间的木地板已经被水磨石地面代替。
3. 楼梯：西立面两侧的楼梯是后期为满足安全疏散要求而增设的，在前次维修时经过加固。目前室外楼梯栏杆形式陈旧，栏杆间距过大，楼梯板下及侧面的涂料基本脱落，面层开裂、脱落严重，加固的槽钢锈蚀；俱乐部东立面和西北角的台阶踏步磨损现象较严重，需要进行修复。
4. 墙体：勘察发现墙皮空鼓、脱皮和装修裂缝等病害较多，部分墙体由于屋顶漏雨而污染；地下室的墙体由于通风口被堵塞，窗户也被封闭，通风不畅，泛潮现象较严重。在后期使用中，室内增加了部分隔墙，需要拆除。
5. 门窗及五金：现存的门窗存在变形、油漆剥落、玻璃缺失等现象，地下室的门窗尤为严重，约有90%的门窗都已经无法满足正常使用功能，还有一些门窗现在被封闭不再使用，门窗上的门环、把手、插销等小五金缺失现象严重。
6. 柱子：目前各砖柱保存完好，只有表面油漆褪色，需要重新粉刷，对于墙体中的暗柱在将来维修过程中再做详细勘察。
7. 梁架：勘察中没有发现虫蛀现象，但是约有15%左右的梁架由于屋顶渗水漏雨遭到腐蚀，还有10%左右的梁、板及斜撑由于干缩出现裂缝，开裂严重的部位在前次维修时进行过简单加固。
8. 吊顶：各房间内的吊顶都有不同程度的破坏，特别是三楼房间的吊顶，由于屋顶漏雨，破坏比较严重，需要拆除重新制作，其余房间的吊顶需要维修。
9. 屋面及排水：油毡由于长期暴露在日光下照射，有些地方已经老化，并且在接口处有漏雨渗水现象，致使梁架结构遭到雨水的腐蚀。建议在保持屋面结构不变的情况下，恢复铁皮屋面；屋面采用有组织外排水，屋面四周设铁皮排水管。勘察中发现排水管部分已经缺失，建议此次维修时补全缺失的排水管。
10. 电气、设备：俱乐部内的所有电气、设备、消防、避雷等设施均出现不同程度的病害，需要严格按国家相关规定完善照明、消防、避雷、上下水及供暖等设备</td></tr>
</table>

续表

部位	室内地面		正立面楼梯踏步	
残损照片				
说明	后期改造的水磨石地面局部开裂	木地板表面油漆磨损严重	楼梯板下及侧面的面层开裂、脱落、磨损严重，钢筋锈蚀	
部位	室外台阶		墙体	
残损照片				
说明	俱乐部背立面台阶踏步水泥面层脱落，红砖酥碱		室内墙体由于屋顶漏雨而污染	墙体上的通风孔
部位	室内外墙体		室内外墙体	
残损照片	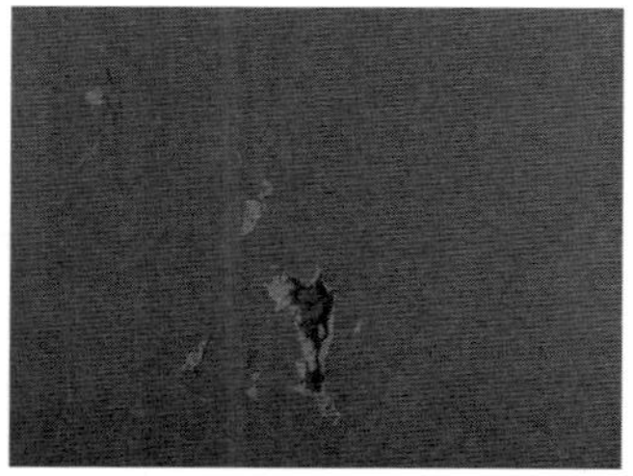		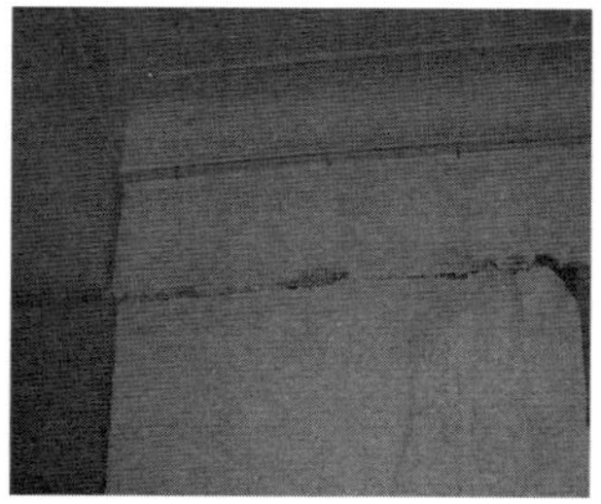	
说明	墙体表面空鼓	墙体大面积遭到破坏和污染	墙体上的水平裂缝	墙体和柱表层涂料大面积脱落，需重新粉刷

续表

部位	门窗及五金现状		门窗及五金现状	
残损照片				
说明	窗户及护栏残破不堪，玻璃缺失，铁件锈蚀，窗框变形，油漆剥落		门及护栏残破不堪，铁件锈蚀，门框变形，油漆剥落。五金缺失	
部位	屋檐装饰	室内石膏线条	吊顶	剧场
残损照片				
说明	俱乐部背立面围栏下檐的残损现状	房间内石膏装饰线条脱落	吊顶遭雨水腐蚀，表层脱落、变形	二层舞台剧场现状
部位	屋架现状		屋檐	线路
残损照片				
说明	线路杂乱无章，直接架设在木构件上	屋架在前次维修中用型钢加固过	屋檐四周铁栅栏残破现状	开关插座现状

续表

部位	电气设备		电气设备	
残损照片				
说明	管道锈蚀已经不再使用		地下一层的离心式风机现状	地下一层现存的电力设备
部位	电气设备		周边环境	
残损照片	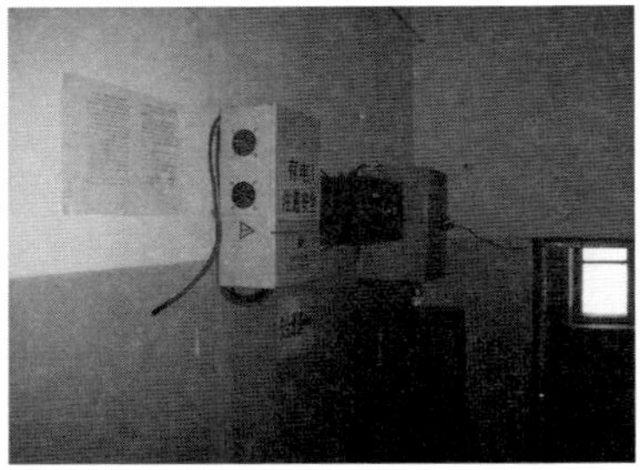			
说明	现存配电箱和消防栓现状		位于俱乐部西北角的原售票房	俱乐部正面道路及周边环境

五、评　估

（一）价值评估

（1）独山子石油工人俱乐部为典型的苏式风格建筑，其风格古朴，造型独特，且保存十分完整，是研究新疆建筑史重要的实物材料之一。

（2）独山子石油工人俱乐部是新疆石油工业最早的职工文化活动中心。该俱乐部建立50余年来，见证了新疆石油工业的曲折发展、蓬勃壮大，为丰富独山子石油职工的文化生活和培养艺术性人才作出了巨大贡献。现被列为爱国主义教育基地。

（3）目前，随着改革开放的不断深入和经济快速发展，广大人民群众的精神文化需求日益强烈。维修后的独山子石油工人俱乐部将作为石油文化的陈列馆，利用这个平台，宣传优秀的石油文化，激发青少年热爱祖国优秀文化的热情。

综上所述，独山子石油工人俱乐部具有丰富的历史信息和深厚的文化内涵。

（二）管理现状

独山子区文体局成立于1998年，属于政府行政机构，下设文体活动管理中心和文化市场管理办公室两个部门，现有工作人员3人。目前由独山子区文体局负责管理独山子石油工人俱乐部。

（三）现状评估

（1）整座石油工人俱乐部宏伟壮观，有独特的苏式建筑风格，虽然目前建筑内存在一些病害，后期的局部改造也在一定程度上破坏了建筑物原来风格和特点，但建筑外观及布局保存比较完好。

（2）石油工人俱乐部内后期改造的墙体、屋面漏雨、梁架结构腐蚀、地板的糟朽、门窗变形，管道锈蚀，电线老化。如果不及时进行维修和保护，石油工人俱乐部将会继续遭到破坏。

（3）石油工人俱乐部内的照明、供暖、避雷及水暖等设施情况比较差，需要进一步的改善。

综上所述，石油工人俱乐部需要进行修缮保护。

第二部分　修缮设计方案

一、建筑修缮设计说明

（一）修缮设计依据

（1）甲方提供的资料。

（2）《中华人民共和国文物保护法》（2002年）。

（3）《中华人民共和国文物保护法实施细则》（2003 年）。

（4）《纪念建筑、古建筑、石窟寺等修缮工程管理办法》（1986 年）。

（5）《文物保护工程管理办法》（2003 年）。

（6）《中国文物古迹保护准则》（2004 年）。

（7）《建筑结构荷载规范》（GB50009－2001）。

（8）《建筑地基基础设计规范》（GB50007－2002）。

（二）修缮设计原则

（1）不改变文物原状的原则：切实保持好文物的历史信息，保持原有文物的风貌和特征。对文物的布局、形式、结构等方面进行原状保护，以最大限度地保留文物因素保持文物的整体完整性。

（2）真实性原则：文物是不可替代与不可再生的，维修的目的是真实的保存并延续其文物实体，保护它的历史信息及价值。

（3）最低干预原则：在保证安全的前提下，对文物尽量减少干预，以延续真实的历史信息。在最低限度干预的基础上最大限度地保护文物建筑的历史真实性。

（4）可逆性原则：所采用的技术和材料必须具有可逆性，所用技术措施应当不妨碍再次对原物进行保护处理，以免导致文物的更大损害。

（5）坚持原材料、原尺寸、原工艺原则：对缺损丢失的构件必要是进行局部的补配，做到原材料、原结构、原工艺、按原形制修复，保护文物的风格和特点。

（三）工程概况

独山子石油工人俱乐部位于克拉玛依市独山子区喀什路 2 号，始建于 1955 年，是前苏联专家按照苏联少年文化宫形式设计的。建筑物东西长 48.06 米、南北长 41.2 米、高 17.26 米，建筑面积约 4300 平方米，分地上三层，地下一层。包括剧场、图书阅览室、健身房、讲座室和多功能室等，可同时容纳 1500 人左右，是新疆石油工业史上最早创办的职工文化活动中心。

由于年久失修，俱乐部内外墙面、楼地面、门窗、顶棚、室外设施等均出现了不同程度的房屋病害。

（四）工程性质及工程内容

1. 本次工程属于修缮工程

2. 工程内容

（1）修复开裂、表层剥落的墙体，内外墙按照原有颜色重新粉刷。

（2）修补和更换糟朽的木地板及龙骨，重新刷漆，清理通风孔并保持干燥。

（3）更换被雨水腐蚀的梁架、屋面板及吊顶，增加屋面防水层，更换锈蚀的铁皮屋面。

（4）矫正变形门窗，更换玻璃，拆除后期改造的门窗，按原样恢复。

（5）修补屋檐及墙面的石膏装饰。

（6）根据使用要求，新做正立面两侧的楼梯，修复背立面台阶。

（7）售票房改为值班室，将水、电、暖等设施引入值班室，外观形式、色彩应与俱乐部风格相统一。

（五）工程说明

1. 基础

石油工人俱乐部于1983年6月和1989年10月进行过两次抗震和楼体加固维修。基础目前保存良好，本次维修主要是清理所有基础通风口，以保证一层木地板下保持通风干燥。

2. 木地板和木龙骨

室内为木地板，对油漆脱落严重的木地板重新刷漆，更换部分接头处槽朽严重不能继续使用的木地板。对于部分后期改造过的地面（现为水磨石地面），在本次维修中不做处理，仅对开裂处进行修复处理。

3. 楼梯、护栏、台阶

正立面两侧的楼梯是后期为满足安全疏散要求而增设的，前期经过加固。但目前室外楼梯栏杆形式陈旧，栏杆间距过大，楼梯板下及侧面的涂料基本脱落，面层开裂、脱落严重，加固的槽钢锈蚀。此次维修中拆除现有正立面楼梯，并严格按照疏散楼梯要求进行重新修建，栏杆扶手样式应与背立面二层的栏杆扶手风格相符。室内楼梯护栏间距及扶手高度不符合现行规范规定，需要进行调整和修改。俱乐部背立面的台阶踏步磨损现象较严重，需要拆除重新砌筑。

4. 墙体

在后期使用中，室内增加了部分隔墙，隔墙仅起围护和封堵作用，不作承重墙使用。为了还原建筑原来的面貌，减轻自重，本次维修中拆除后期增加的隔墙，恢复建筑原来面貌（详见设计图）；在拆除后加墙体之前施工单位必须做可靠有效的支护措施，以防建筑本体遭到二次破坏。另外，针对部分墙体面层有空鼓、脱皮和开裂现象进行维修，具体做法见修缮做法一览表。最后，对整个建筑的墙体按照原有颜色重新粉刷。

5. 柱子

根据现场勘测，大部分柱子经过加固，并且保存较好，能继续使用。对于部分柱体表层油漆剥落现象，维修时铲除表层后重新粉刷。

6. 梁架

勘察发现梁架结构经过加固，目前节点牢固，梁架结构基本保存完好。对个别梁、椽出现干缩开裂现象，采取用干燥木条嵌补、加铁箍、用结构胶粘牢等加固措施加固。

7. 屋面及排水

现有屋面由于年久失修，屋面上的沥青油毡出现老化，有漏雨现象，部分屋面板被雨水腐蚀，室内墙面被污染。本次维修更换铁皮屋面，重做屋面防水（二毡三油）。屋面属于有组织排水，本次维修主要是补全缺失的排水管。

8. 门窗装修

本次维修中拆除后期封堵、改造和增加的门窗，恢复这些门窗原来面貌；对现存门窗出现的门窗框变形、油漆剥落、玻璃破损、缺失等情况，在本次维修中将全部维修。对所有门窗重新刷漆，矫正变形门窗，更换门窗上破损、缺失的玻璃。

9. 内装修（包括吊顶和雕饰）

吊顶：更换被雨水侵蚀严重不能继续使用的吊顶，重新粉刷。

雕饰：因年久失修，俱乐部室外装饰的大部分石膏雕饰已脱落。本次维修时用原材料按原样式补修。

10. 天窗、烟囱

部分烟囱出现铁皮锈蚀需要更换，天窗保存较好。此次维修时在烟囱和天窗四周做泛水，防止漏雨渗水，并恢复百叶天窗。

11. 售票房改造

将水、电、暖等设施引入值班室，满足值班室的功能要求；拆除已经封堵的窗户并进行修复，外墙参照俱乐部墙体颜色进行粉刷，尽量保持相同的风格。

（六）注意事项

（1）在组织维修施工前，首先组织施工技术人员进行施工前的勘测，了解该建筑的结构情况和残破状态，把握好维修尺度，搭好防护设施，确保维修范围内一切文物的安全。

（2）设计中选用的各种建筑材料，必须有出厂合格证，并符合国家或主管部门颁发的产品标准，地方传统建材必须满足优良等级的质量标准。

（3）屋面工程施工前，做好屋面防护工程搭设，严防梁架等木构件被风雨损坏。

（4）方案中的梁、椽、柱的更换数量均按百分比表述，具体数量详见概算表。

二、给排水系统设计说明

1. 设计依据

（1）《建筑给水排水设计规范》（GB50015-2003）。

（2）《室外给水设计规范》（GB50013-2006）。

（3）《室外排水设计规范》（GB50014-2006）。

（4）其他有关的设计规范、规程及设计文件。

（5）建筑专业提供的建筑图纸。

2. 工程概况（编者略）

3. 设计范围

建筑物内的给排水系统。

4. 基础设施现状

（1）给水系统现状：本建筑给水由④~Ⓖ轴引入，接管管径为DN70，本建筑物给水系统接市政给水管网。

（2）排水系统现状：本建筑物排水系统排入市政排水管网，院内排水经管径ϕ200的钢筋混凝土管排入市政排水管网。

5. 系统设计

（1）给水系统

①给水系统水源：市政供水，生活给水系统不分区，引入管要求：管径DN70，水压≥0.35MPa。

②生活给水系统用水量估算（表2）。

表2　生活给水用水量估算

名称	用水标准	使用人数	用水时间	小时变化系统	最高日用水量	最大时用水量
俱乐部	5L/人日	1500人	3h	1.5	7.5m^3/d	3.75m^3/h
未预见用水量		10%最高日用水量为0.75m^3/d				

最高日生活给水用水量总计8.25m^3/d。

③管网、管材及连接方式

给水管网为支状供水，室内管沟里的给水管线应在高点放气，低点泄水；与其它管线交错时应加套管防护，给水方式为下供上给式。给水管道管材采用PP-R管，热熔连接。阀门当管径≤DN25时，采用球阀；当DN32≤管径≤DN50时，采用铜质截止阀；当管径>DN50时采用闸阀。

（2）排水系统

①日排水量：日排水水量约为7.5m^3/ d。

②管网及管材：本工程室内排水系统采用污、废合流，设伸顶通气管，排水系统管道采用柔性铸铁管，卡箍连接。

（3）节水、节能措施。

选用节水型卫生洁具及配水件，公共卫生间采用感应式水嘴和感应式小便器冲洗阀，蹲便器采用自闭式冲洗阀，洗脸盆采用陶瓷片密闭水龙头。

（4）主要设备表（表3）。

表3 主要设备表

编号	名称	规格型号	单位	数量	备注
1	手提灭火器	MF/ABC 3A	具	24	设置在走道
2	蹲便器		位	10	
3	坐式便器	成品	套	2	
4	拖布池	成品	套	2	
5	小便器	成品	套	3	
6	雨水斗	DN100	个	2	
7	洗手盆	成品	套	6	
8	地漏	DN50	个	5	
9	伞形通气帽	DN100	个	3	

三、暖通系统设计说明

1. 设计依据

(1)《采暖通风与空气调节设计规范》(GB50019-2003)。
(2)《公共建筑节能设计标准》(GB50189-2005)。
(3)《建筑设计防火规范》(GB50016-2006)。
(4)《中小学建筑设计规范》(GBJ99-86)。
(5)《全国民用建筑工程设计技术措施——暖通空调》(2009 年)。
(6)其他有关的规程及设计文件。
(7)建筑专业提供的建筑图纸。

2. 工程概况(编者略)

3. 设计范围

建筑物内采暖系统设计;卫生间通风系统设计。

4. 基础设施现状

采暖系统现状:本建筑给水由④~Ⓖ轴引入,接管管径为 DN80,本建筑物采暖系统接集中供热管网。供回水温度 95℃~70℃。

5. 室内外设计参数

(1)室外设计参数(表4)。

（2）室内设计参数（表5）。

表4　室外设计参数

冬季参数	
室外风速（m/s）	2.0
室外采暖计算温度（℃）	-25
最大冻土深度（m）	1.5

表5　室内设计参数

名称	温度（℃）
办公室、展厅、值班室	18
楼梯间、卫生间、走道、库房	16

6. 系统设计

（1）采暖系统及采暖热源。

①采暖系统

本工程采暖形式为散热器采暖系统，散热器选用钢铝复合700系列散热器，$\Delta t = 64.5$℃，单片散热量149W，散热器明装。采暖热负荷320kW。

②采暖热源

散热器采暖热源城市集中供热管网供给。

③系统形式

室内散热器采暖系统形式为水平单管跨越系统。每组散热器的跨越管上设一调节阀，可进行分室温调节控制；采暖系统各供回水分支环路上均设检修阀门（回水支管上设置的阀门为流量平衡阀）。采暖入户处设热计量表。

④管材及连接方式

室内散热器采暖系统采用焊接钢管，当管径DN≥80时，连接方式为焊接；当DN＜80时为丝扣连接。敷设在非采暖区域的采暖管道刷防锈漆，保温材料采用超玻璃棉，保温厚度$\delta =$ 50mm；做法详见《新02系列暖通空调标准设计图集》（第二册）第11页的（3）。

（2）通风系统设计。

室内卫生间设有机械排风系统，换气次数为10次/h。

（3）节能设施。

①采暖系统均设置了温控设施，以利于节能。

②所有设备均选用高效能产品。

（4）主要材料表（表6）。

表6　主要材料表

编号	名称	规格型号	单位	数量	备注
1	卫生间吊顶通风器	风量1000m^3/d 风压150Pa	套	2	
2	卫生间吊顶通风器	风量500m^3/d 风压100Pa	套	2	

四、消防系统设计说明

1. 设计依据

（1）《建筑设计防火规范》（GB50016-2006）。

（2）《建筑灭火器配置设计规范》（GB50140-2005）。

（3）《建筑给水排水设计规范》（GB50015-2003）。

（4）《气体灭火系统设计规范》（GB50370-2005）。

2. 工程概况（编者略）

3. 消防给水系统现状

消防给水系统由市政给水管网供给，室外设有环状消防管网，本建筑周围设有两个相距80米的室外地下式消火栓。

4. 消防系统

（1）消防用水量。

本建筑按《建筑设计防火规范》（GB50016-2006）第8.4.1条、第8.2.2条规定，设置消火栓消防给水系统，用水量见表7。

表7 消防用水量表

系统名称	用水量（L/s）	活在延续时间（h）	用水量（m^3/次）	供水方式
室外消火栓系统	20	2	144	市政给水管网
室内消火栓系统	15	2	108	市政给水管网

消防总用水量：252m^3。

（2）消火栓系统。

①室外消火栓系统：详见室外管网设计。

②室内消火栓系统：室内消防管网成环状布置，入户处设倒流防止器，每层设消火栓4具，消火栓充实水柱10m，保证每点均有两股水柱同时到达；消火栓栓口SN65，25m麻质水龙带，水枪Φ19mm。

③管材：消火栓系统采用焊接钢管，焊接或法兰连接，阀门采用蝶阀。工作压力1.0MPa。

（3）建筑灭火的配置。

①本工程属严重危险级按A类活在配置场所灭火器的配置基准进行设计（表8）。灭火级别3A，最大保护距离20m。

表8　灭火器配置

名称（层数）	面积（m^2）	修正系数K	U（m^2/A）	公式 Q = KS/U	QeA	数量N具
俱乐部	4300	0.9	50	40	72A	24

②本工程内配电室设无管网气体灭火系统。

（4）排烟系统。本工程所有房间均为自然排烟房间。

五、电气设备设计说明

（一）设计依据

1. 建筑概况

（1）本项目为独山子石油工人俱乐部保护、改造维修工程。

（2）本工程系独山子石油工人俱乐部，位于克拉玛依市独山子区喀什路2号。

（3）建筑基本状况：独山子石油工人俱乐部是苏联专家按照苏联少年文化宫设计的。建筑物长48.06米、宽41.2米、高17.26米。共有三层楼和一层地下室，建筑面积有4300平方米。主要部分有：剧场、图书阅览室、游戏室、健身房、讲座室、中苏友好室、食品部、休息室和多功能室等，可容纳1500人。

（4）电气基本状况：1992年仅对独山子石油工人俱乐部一楼电气进行改造。改造现状为：照明、插座共用一个回路，不能满足现行规范。地下室、二层及三层电气设备（配电箱、柜、电缆、导线、灯具、开关）已过使用寿命，敷设管体腐蚀严重，无法正常运行及二次维修使用，且原设计没有插座，无法满足维修后功能的使用要求。

2. 遵循的主要设计规范、标准及法规

（1）《民用建筑电气设计规范》（JGJ16-2008）。

（2）《低压配电设计规范》（GB50054-95）。

（3）《供配电系统设计规范》（GB50052-95）。

（4）《建筑设计防火规范》（GB50016-2006）。

（5）《剧场建筑设计规范》（JGJ57-2000）。

（6）《建筑物防雷设计规范》（GB50057-94；2000年）。

（7）《有线电视系统工程技术规范》（GB50200-94）。

（8）《智能建筑设计标准》（GB/T50314-2006）。

（9）《建筑照明设计标准》（GB50034-2004）。

（10）《建筑物电子信息系统防雷技术规范》（GB50343-2004）。

（11）《火灾自动报警系统设计规范》（GB50116-98）。

（12）《全国民用建筑工程设计技术措施/电气》（2009年）。

（13）其他有关国家及地方的现行规程、规范及标准。

3. 设计范围

（1）本工程设计包括红线内的以下电气系统。

①红线以内建筑的220/380V配电系统、照明（应急照明）系统；

②建筑物动力、空调、插座系统；

③建筑物防雷保护、安全措施及接地系统；

④有线电视系统；

⑤电话系统；

⑥网络布线系统；

⑦火灾自动报警系统。

（2）本工程电源低压进线由室外变配电室采用YJV22－1kV电缆直埋引至建筑物外墙后穿钢管明敷设引入。

（二）220/380V供配电系统

1. 负荷等级及各类负荷容量

二级负荷：风机、应急照明、疏散照明、火灾自动报警控制柜其容量估算为35kW。

三级负荷：其他电力负荷。

剧场用电指标为40～80W/m^2。

本工程按60W/m^2估算，其他电力负荷容量为240kW。

2. 供电电源及电压等级

从室外变配电室引来一路220/380V电源作为本工程的常用电源。本工程采用蓄电池作为二级负荷的备用电源。连续供电时间不应小于30min。

3. 导体选择及管线敷设

进户电缆选用YJV22-1kV交联聚乙烯电力铠装电缆穿钢管直埋冻土层下引入本工程总配电箱。

配电干线选用BV－0.45/0.75Kvt铜芯绝缘导线穿钢管沿地面、墙明敷至各分配电箱。

照明、插座支线选用BV－0.45/0.75Kvt铜芯绝缘导线穿KBG管明敷于墙壁、顶板。

本工程采用放射式和树干式相结合的混合方式配电。

4. 照明系统

（1）光源。

展厅、办公室、观众厅等场所采用高显色光源，采用T5节能性荧光灯并配置电子镇流器，$\cos\Phi>0.9$；门厅、走廊、楼道采用吸顶节能灯。卫生间、盥洗间采用防水防尘节能灯。

主要房间照度要求：办公室为 300Lx，观众厅为 100Lx，排演厅为 300Lx，后台为 500Lx，展厅为 200Lx。

（2）应急、疏散照明。

在楼梯间、走廊、安全出口、展厅、观众厅等场所设置应急照明和疏散指示标志。

（3）照明配电。

①照明、插座分别由不同的支路供电。

②各插座支路均设置漏电保护装置。

③所有Ⅰ类灯具及安装高度低于 2.4m 的灯具，均设置与相线同截面的 PE 线。

④房间的照明平行于外窗方向顺序手动集中控制。

5. 设备安装

开关、插座分别距地 1.5m、1.5m 暗装。卫生间内开关、插座采用防潮、防溅型面板；有淋浴、浴缸的卫生间内开关、插座设置在 2 区以外。

（三）防雷、接地系统

（1）经计算本工程属于三级防雷保护。

（2）建筑物的防雷装置应满足防直击雷、雷电感应及雷电波的侵入，并设置总等电位联结。

（3）接闪器：在屋顶采用 Φ10 热镀锌圆钢作避雷带，屋顶避雷带连接线网格不大于 20m × 20m 或 24m × 16m。

（4）引下线：沿建筑物两侧墙分别明敷设两根 Φ10 镀锌圆钢作为引下线，其上端与避雷带可靠连接，下端与接地装置可靠连接，距地 1.8m 以下部分穿钢管保护，以防人体接触及机械损伤。建筑物侧墙引下线在室外地面上 0.5m 处设测试卡子。

（5）接地极：测试原有接地装置接地电阻，若阻值大于 1 欧姆，须由测试点引出室外做人工接地极。

（6）凡突出屋面的所有金属构件、金属通风管、金属屋面、金属屋架等均与避雷带可靠焊接。

（7）室外接地凡焊接处均刷沥青防腐。

（四）接地及安全措施

（1）本工程防雷接地、电气设备的保护接地、消防控制室等接地共用统一的接地极，要求接地电阻不大于 1 欧姆，实测不满足要求时，增设人工接地极。

（2）凡正常不带电，而当绝缘破坏有可能呈现电压的一切电气设备金属外壳均应可靠接地。

（3）本工程采用总等电位联结，总等电位板由紫铜板制成，应将建筑物内保护干线、设备进线总管等进行联结，总等电位连接线采用 BV－1 × 25mm PC32，总等电位联结均采用等电位卡子，禁止在金属管道上焊接。有淋浴室的卫生间采用局部等电位联结，从适当地方引出两根大于Φ16结构钢筋至局部等电位箱（LEB）。将卫生间内所有金属管道、金属构件联结。

（4）过电压保护：在电源总配电柜内装第一级电涌保护器（SPD），在各单体建筑物的电源进线总配电箱内设置第二级电涌保护器（SPD），有线电视系统引入端、电话引入端等处设第三级电涌保护器（SPD）。

（5）本工程接地型式采用TN－C－S系统，电源在进户处做重复接地，并与防雷接地共用接地极。

（五）有线电视系统

（1）电视信号由室外有线电视网的市政接口引来，在进户处暗埋一根SC50钢管。本工程共有用户终端数约9个。

（2）系统采用750MHz邻频传输，要求用户电平满足64±4dB；图像清晰度不低于4级。

（3）放大器箱及分支分配器箱均安装在墙壁上。挂墙明装，底边距地1.0m。

（4）干线电缆选用SYWV-75-9，穿SC32管。支线电缆选用SYWV-75-5，穿SC20管。沿墙及楼板明敷。电视插座设置于展厅，观众厅和门厅等场所。电视插座暗装，底边距地1.8m。

（六）电话系统

（1）本工程住户楼共使用50对电话线。

（2）电话插座设置于办公室、值班室、展厅等场所。

（3）市政电话电缆由室外引入至首层的总接线箱，再由总接线箱沿墙明敷设引至各层接线箱。各层接线箱分线给每个电话插座。

（4）电话电缆及电话线分别选用HYA和RVS型，穿金属管敷设。电话干线电缆沿墙及楼板明敷。电话支线沿墙及楼板明敷。

（5）每层的电话分线箱挂墙安装，底边距地1.0m。总配线箱在一层挂墙明装，底边距地1.5m。电话插座暗装，底边距地0.3m。

（七）网络系统

本工程网络由一根12芯多模光纤穿钢管至弱电机房。网络终端设置于办公室、展厅、值班室等场所。干线穿SC管明敷、水平支线穿SC管沿顶板或墙面明敷。

（八）火灾报警及联动控制系统

本工程设火灾自动报警系统，楼梯间、办公室、展厅等场所设置火灾感烟探测器、火灾手动报警按钮、消火栓按钮，每层公共场所设置火灾警报装置、广播系统及楼层显示器，在一层值班室设置火灾控制中心报警系统。

（九）施工技术说明及注意事项

（1）本工程所选设备、材料必须具有国家级检测中心的检测合格证书（3C认证）；必须满足与产品相关的国家标准；供电产品、消防产品应具有入网许可证。

（2）凡与施工有关而又未说明之处，参见国家、地方标准图集施工，或与设计院协商解决。

（3）为设计方便，所选设备型号仅供参考，招标所确定的设备规格，性能等技术指标，不应低于设计图纸要求。

（4）据国务院签发的《建设工程质量管理条例》。

① 本设计文件需报县级以上人民政府建设行政主管部门或其他有关部门审查批准后，方可用于施工。

② 建设方应提供电源、电信、电视等市政原始资料，原始资料应真实、准确、齐全。

③ 施工单位必须按照工程设计图纸和施工技术标准施工，不得擅自修改工程设计。施工单位在施工过程中发现设计文件和图纸有差错，应当及时提出意见和建议。

④ 建设工程竣工验收时，必须具备设计单位签署的质量合格文件。

（5）所有设备确定厂家后需建设、施工、设计、监理四方进行技术交底。

（6）消防系统必须经当地消防部门审查同意后，方可由专业施工单位同步施工。消防系统设备由甲方与消防安装部门确定。

（7）所有向消防用电设备供电的配电设备应设有明显标志。

（8）所有消防负荷的过负荷保护只作用于报警，不可切断工作电源。

（9）消防用电设备及联动控制系统管线明敷时，应刷防火涂料两道（但阻燃电缆在竖井内敷设时除外），火灾报警系统干线穿金属线槽敷设在吊顶时，也应刷防火涂料两道。

（10）当确定火灾后，消防控制室应能切断有关部位的非消防电源，并接通警报装置机火灾应急照明和疏散指示标志灯。

（11）待产品厂家落实后，根据产品技术资料再对系统进行适当调整。

（12）安装集图选用《新02系列电气标准设计图集》、《国家建筑标准设计图集》有关大样。

参考资料

[1] 独山子区地方志编纂委员会编：《独山子区市志》，新疆人民出版社，2003年。

[2] 政协克拉玛依市独山子区委员会文史资料研究委员会编：《独山子区文史资料》第三辑之四，新疆人民出版社，2010年。

[3] 新疆文物局编制：《文物“四有”档案》（内部资料）。

[4] 当地文物部门提供的部分资料和部分照片。

项目主持：梁　涛

项目负责：阿布都艾尼·阿不都拉

参加人员：阿布都艾尼·阿不都拉　徐桂玲　张德英　龚　雪
葛　忍　雪克来提　彭　杰

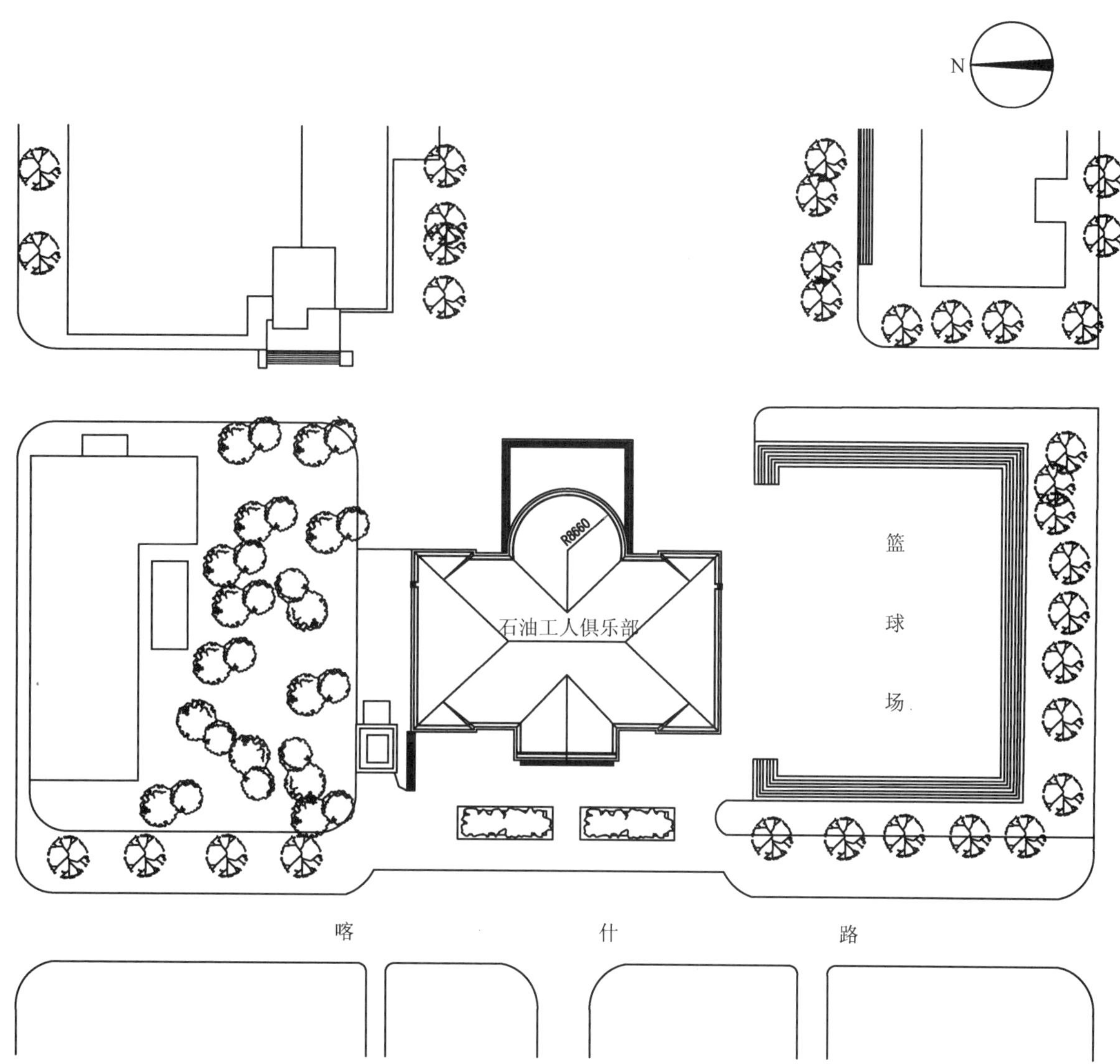

附图1 独山子石油工人俱乐部总平面图

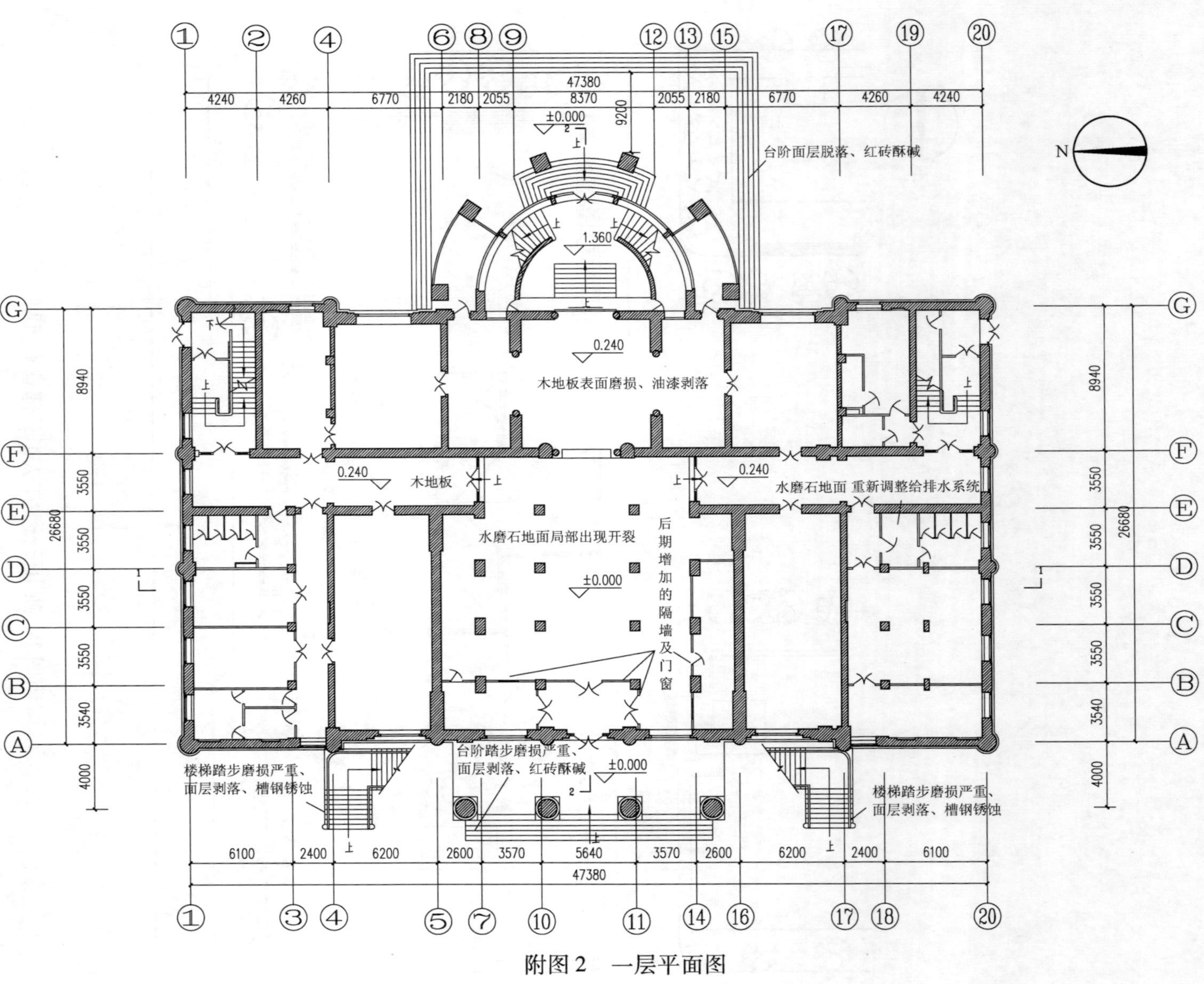
台阶面层脱落、红砖酥碱
木地板表面磨损、油漆剥落
木地板
水磨石地面 重新调整给排水系统
水磨石地面局部出现开裂
后期增加的隔墙及门窗
台阶踏步磨损严重、面层剥落、红砖酥碱
楼梯踏步磨损严重、面层剥落、槽钢锈蚀
楼梯踏步磨损严重、面层剥落、槽钢锈蚀
N
47380
26680
±0.000
1.360
0.240

附图2　一层平面图

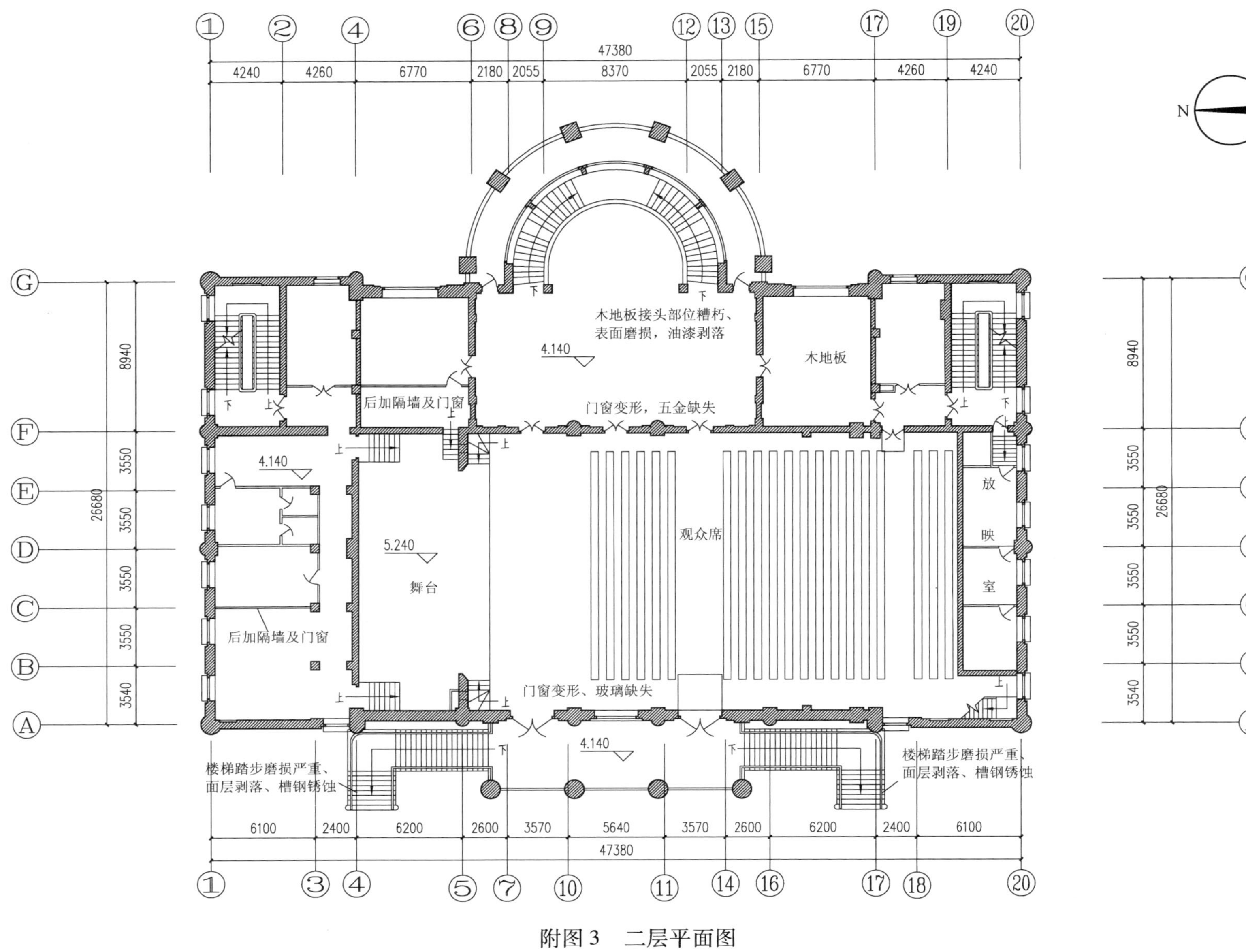
N
47380
4240
4260
6770
2180
2055
8370
2055
2180
6770
4260
4240
8940
3550
3550
3550
3540
26680
木地板接头部位糟朽、
表面磨损，油漆剥落
4.140
木地板
后加隔墙及门窗
门窗变形，五金缺失
4.140
5.240
舞台
观众席
放
映
室
后加隔墙及门窗
门窗变形、玻璃缺失
4.140
楼梯踏步磨损严重、
面层剥落、槽钢锈蚀
楼梯踏步磨损严重、
面层剥落、槽钢锈蚀
6100
2400
6200
2600
3570
5640
3570
2600
6200
2400
6100
47380

附图3 二层平面图

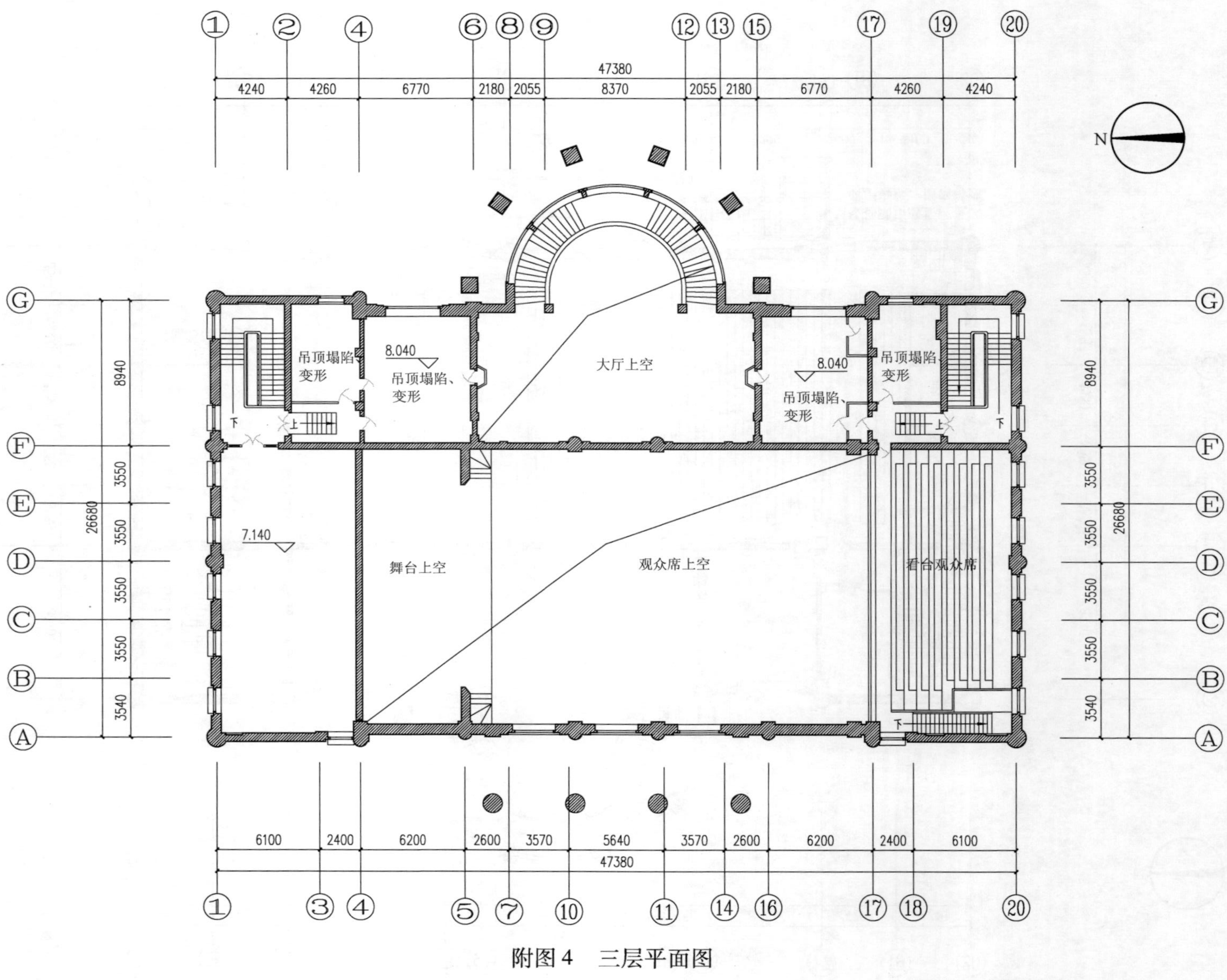
N
1
2
4
6
8
9
12
13
15
17
19
20
47380
4240
4260
6770
2180
2055
8370
2055
2180
6770
4260
4240
G
F
E
D
C
B
A
8940
3550
3550
3550
3550
3540
26680
吊顶塌陷
变形
8.040
吊顶塌陷、
变形
大厅上空
8.040
吊顶塌陷、
变形
吊顶塌陷、
变形
上
下
7.140
舞台上空
观众席上空
看台观众席
6100
2400
6200
2600
3570
5640
3570
2600
6200
2400
6100
47380
1
3
4
5
7
10
11
14
16
17
18
20

附图4　三层平面图

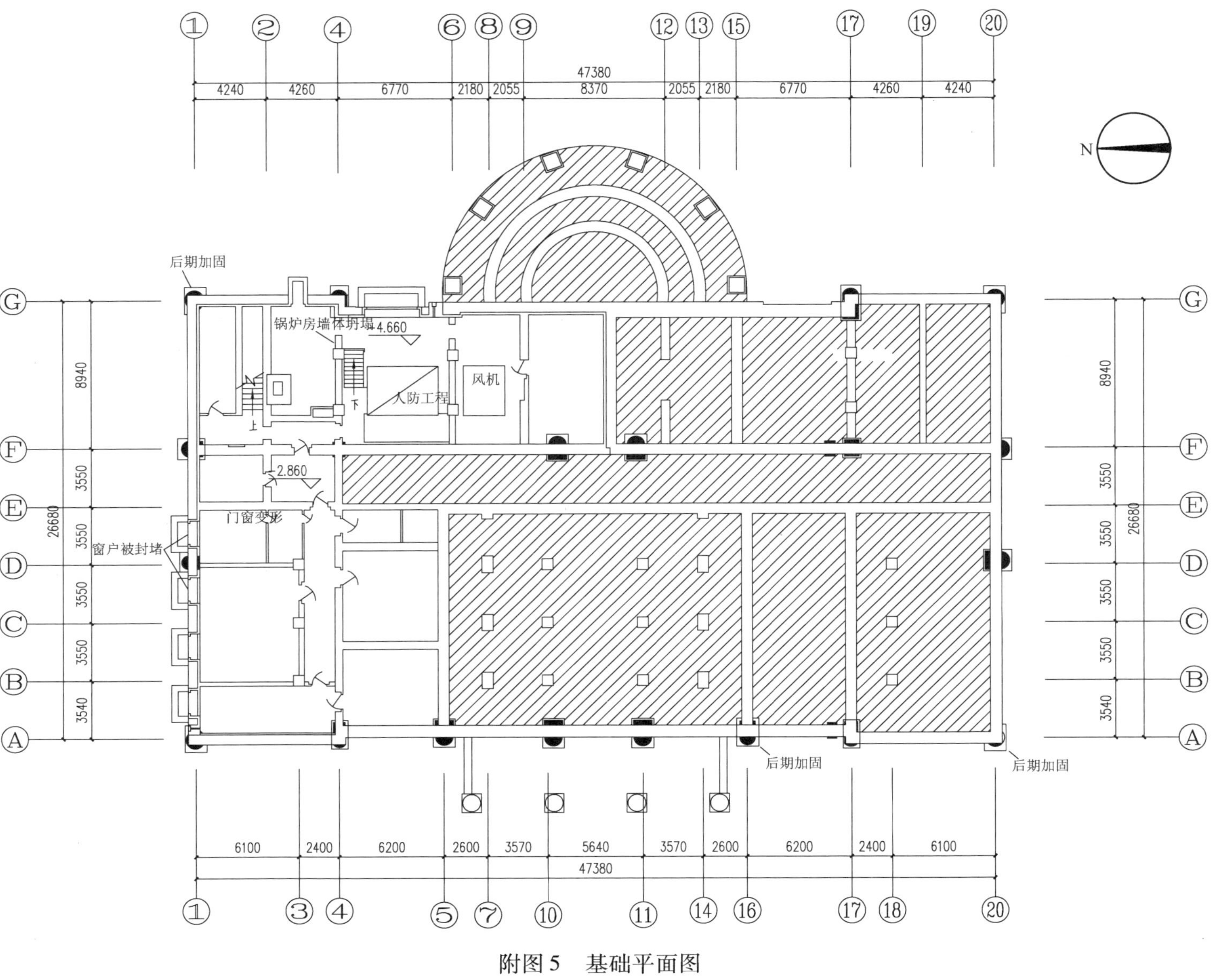
N
47380
4240
4260
6770
2180
2055
8370
26680
8940
3550
3540
6100
2400
6200
2600
3570
5640
后期加固
锅炉房墙体坍塌
4.660
2.860
风机
人防工程
门窗变形
窗户被封堵

附图5 基础平面图

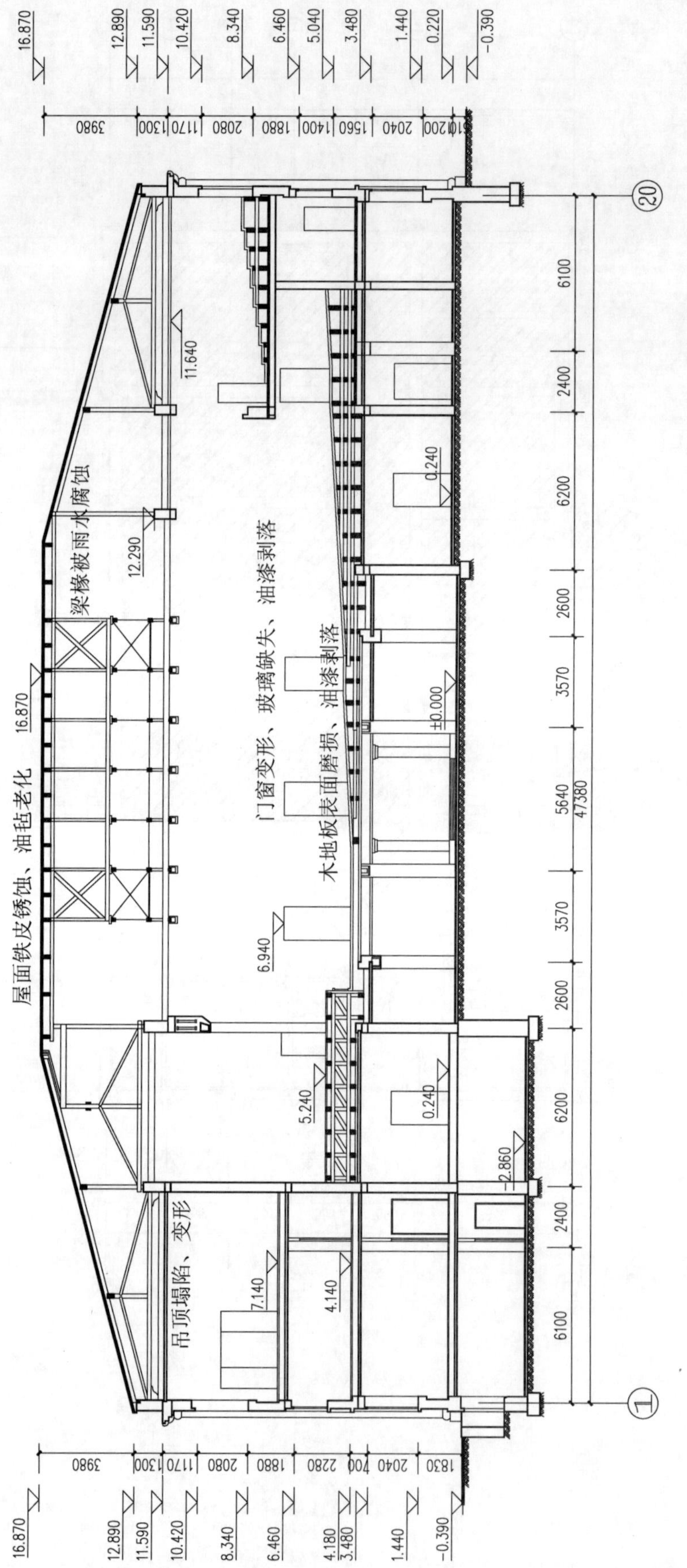

附图6　1-1剖面图

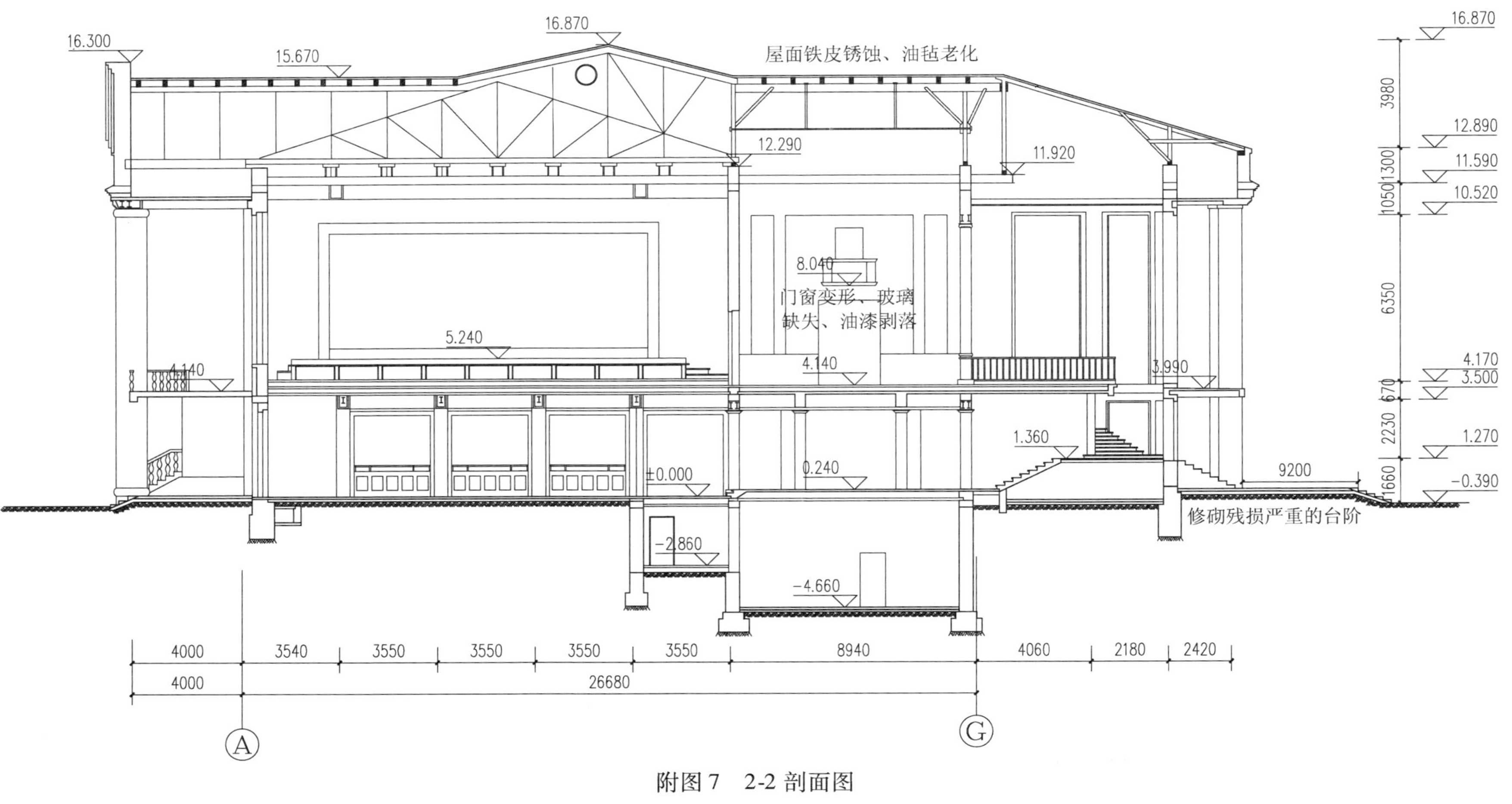

附图7 2-2剖面图

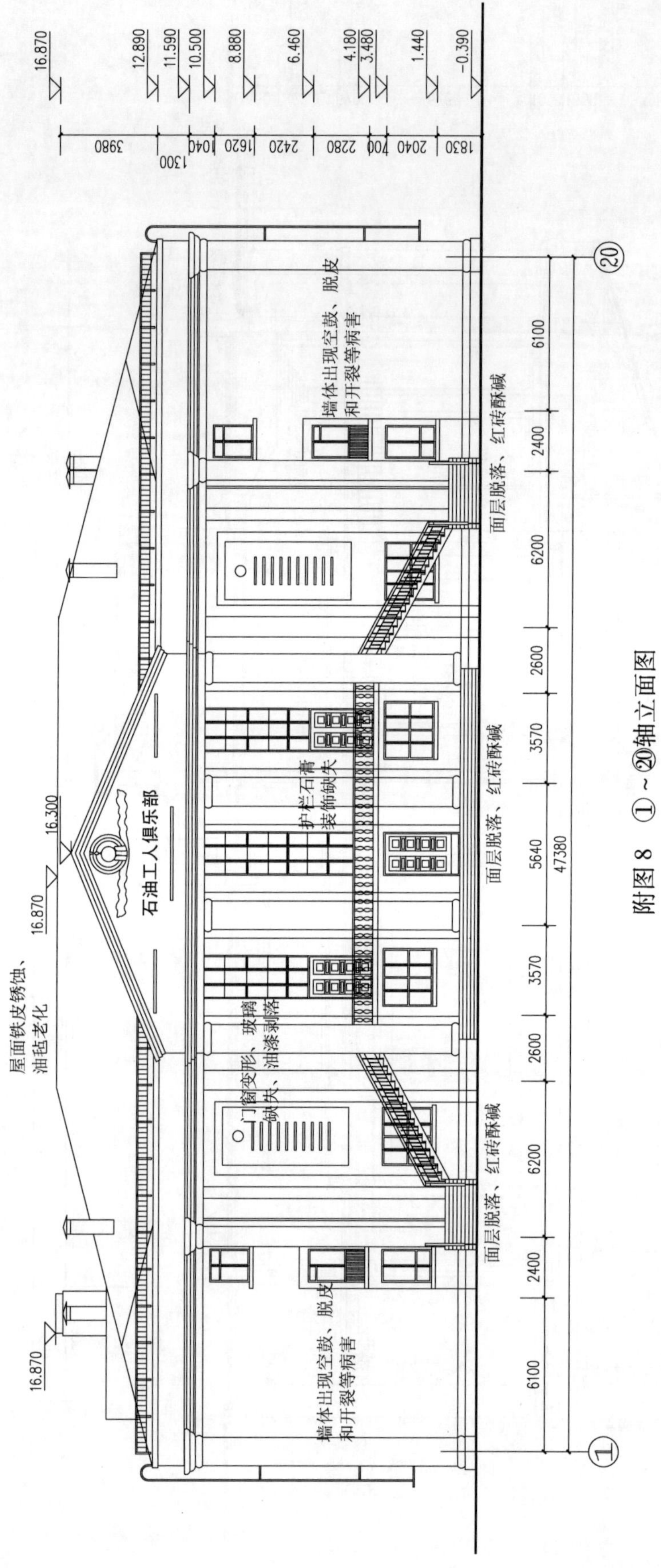
屋面铁皮锈蚀、油毡老化
石油工人俱乐部
门窗变形、玻璃缺失、油漆剥落
护栏石膏装饰缺失
墙体出现空鼓、脱皮和开裂等病害
墙体出现空鼓、脱皮和开裂等病害
面层脱落、红砖酥碱
面层脱落、红砖酥碱
面层脱落、红砖酥碱
面层脱落、红砖酥碱
16.870
16.300
16.870
12.890
11.590
10.500
8.880
6.460
4.180
3.480
1.440
-0.390
3980
1300
1040
1620
2420
2280
700
2040
1830
6100
2400
6200
2600
3570
5640
3570
2600
6200
2400
6100
47380
①
⑳

附图 8　①～⑳轴立面图

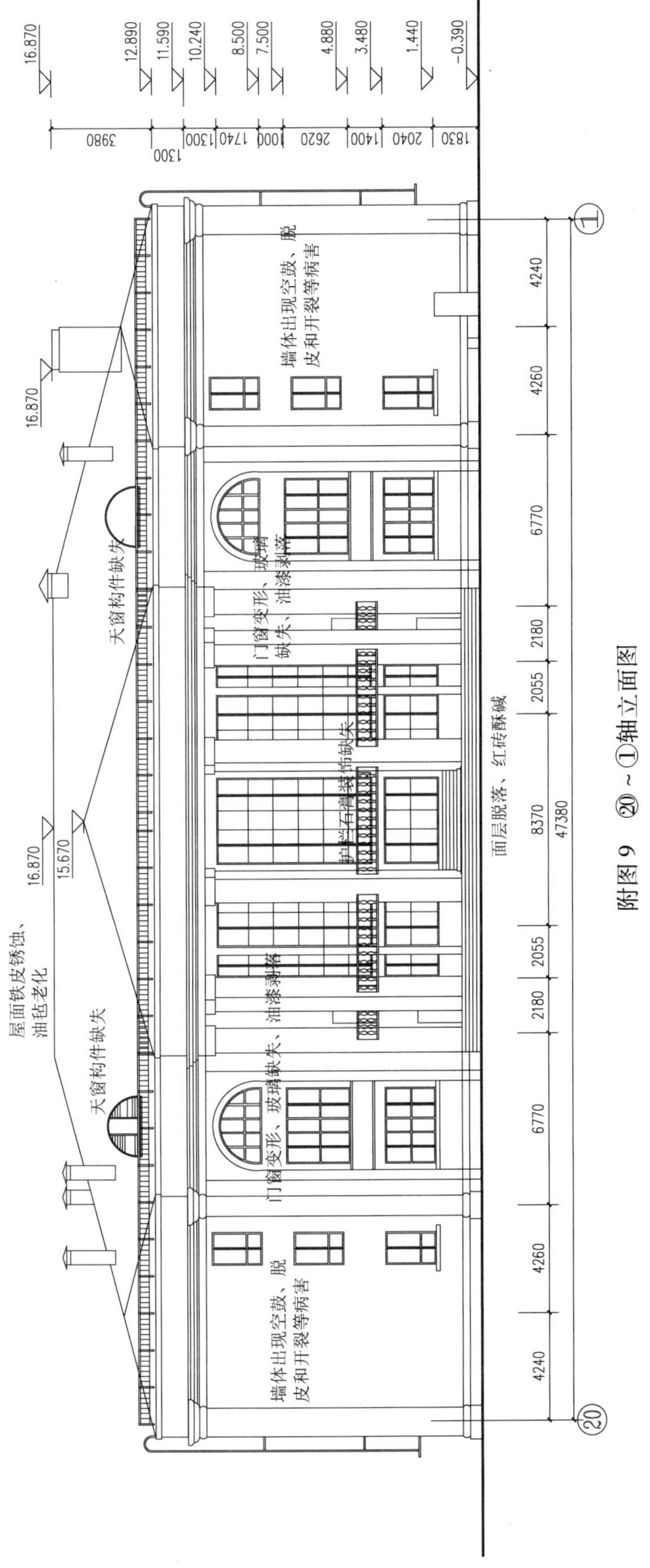
16.870
12.890
11.590
10.240
8.500
7.500
4.880
3.480
1.440
-0.390
3980
1300
1300
1740
1000
2620
1400
2040
1830
墙体出现空鼓、脱皮和开裂等病害
天窗构件缺失
门窗变形、玻璃缺失、油漆剥落
护栏石膏装饰缺失
面层脱落、红砖酥碱
屋面铁皮锈蚀、油毡老化
15.670
4240
4260
6770
2180
2055
8370
47380
①
⑳

附图9 ⑳~①轴立面图

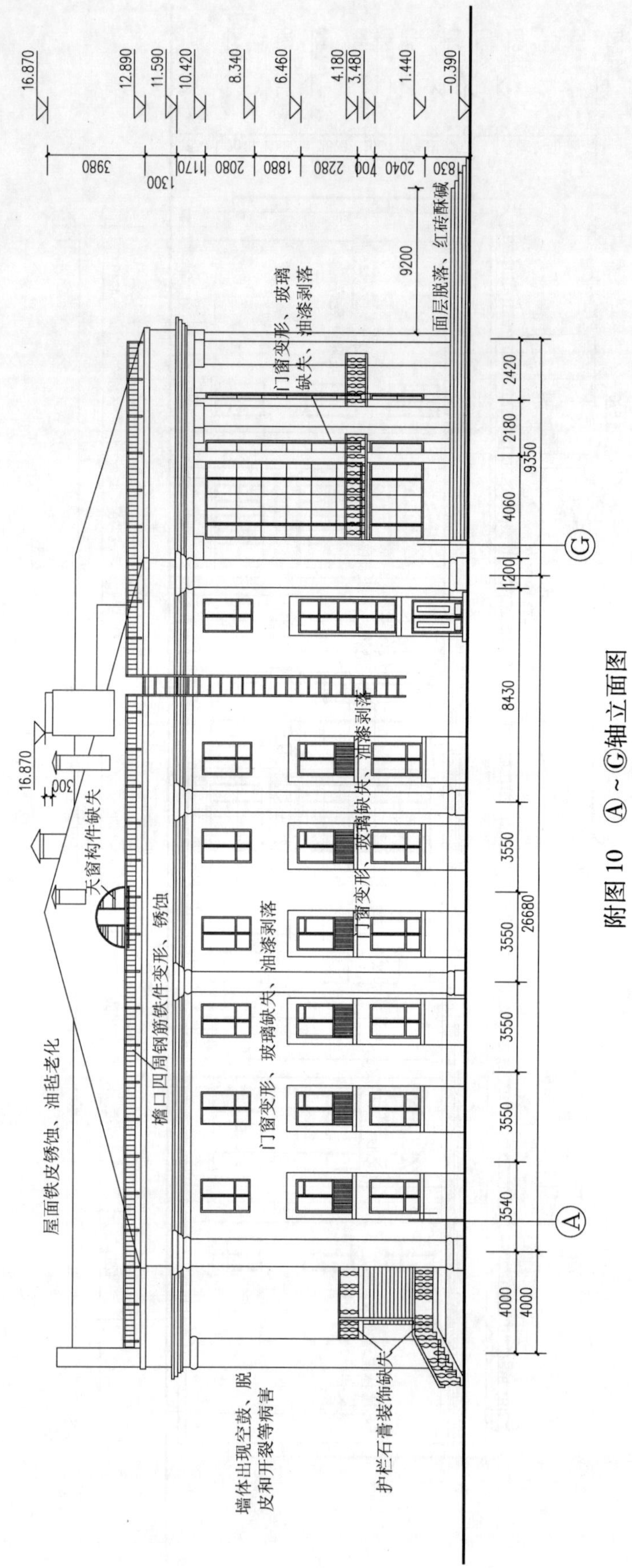
屋面铁皮锈蚀、油毡老化
天窗构件缺失
檐口四周钢筋铁件变形、锈蚀
门窗变形、玻璃缺失、油漆剥落
门窗变形、玻璃缺失、油漆剥落
门窗变形、玻璃缺失、油漆剥落
墙体出现空鼓、脱皮和开裂等病害
护栏石膏装饰缺失
面层脱落、红砖酥碱
16.870
12.890
11.590
10.420
8.340
6.460
4.180
3.480
1.440
-0.390
3980
1300
1170
2080
1880
2280
700
2040
1830
9200
4000
4000
3540
3550
3550
3550
3550
8430
1200
4060
2180
2420
26680
9350
300

附图 10　Ⓐ～Ⓖ轴立面图

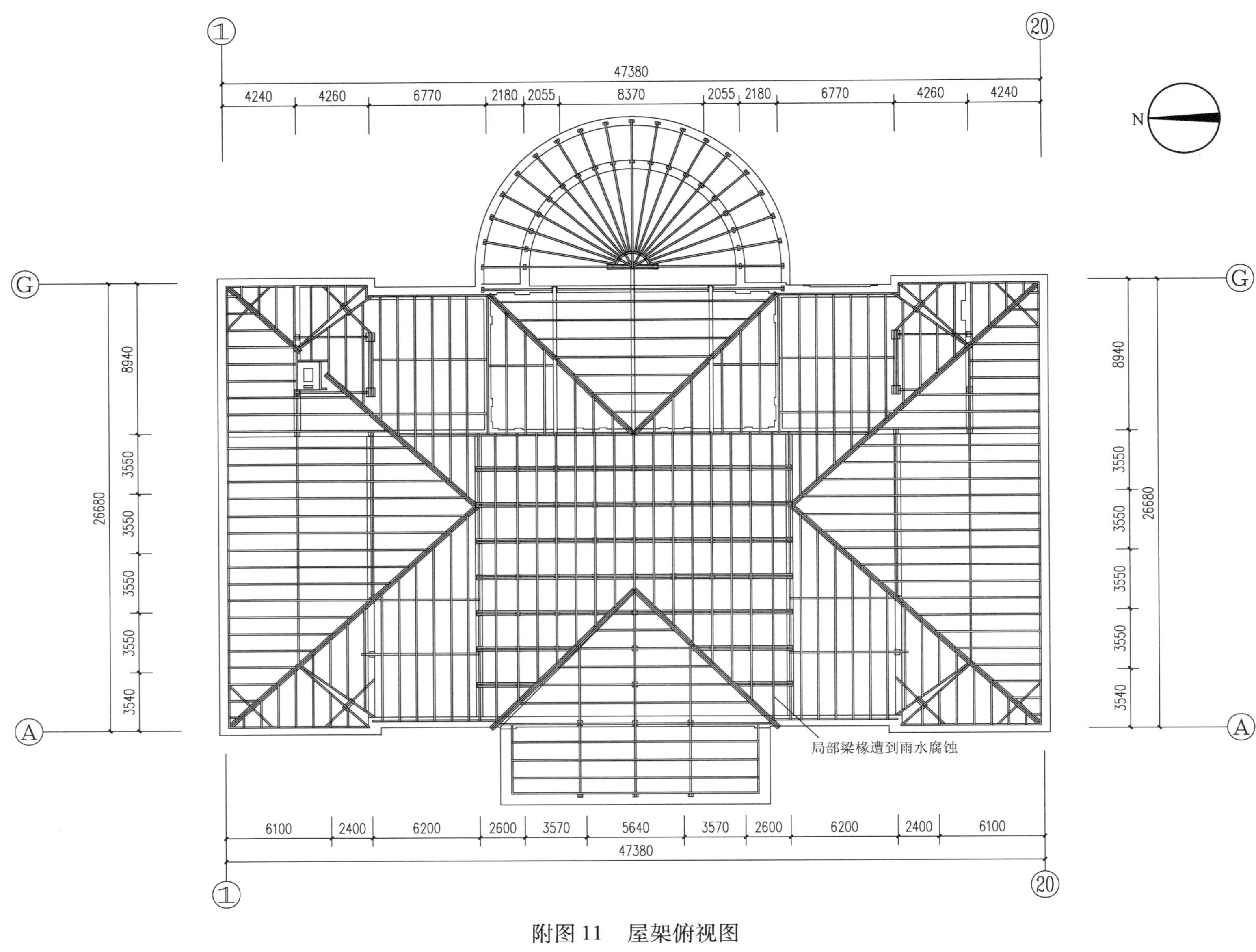
①
⑳
47380
4240
4260
6770
2180
2055
8370
2055
2180
6770
4260
4240
N
G
A
26680
8940
3550
3550
3550
3550
3540
局部梁椽遭到雨水腐蚀
6100
2400
6200
2600
3570
5640
3570
2600
6200
2400
6100
47380

附图11　屋架俯视图

后　　记

《新疆文物保护工程勘察设计方案集（一）》是根据2009年新疆文物古迹保护中心主任办公会议有关决定和要求编写的。本方案集主要选择收录了近10年来新疆文物古迹保护中心编制完成的新疆文物保护工程的勘察设计报告。

在所收录的16个勘察设计报告中，涉及新疆天山南北的多处古遗址、古建筑及近现代建筑。它们价值高，类型多，时代跨度大，具有较强的地域和民族特色，对于研究新疆的建筑历史文化有较为重要的参考价值。

本方案集主要由梁涛负责编写；彭杰对全书的文字部分进行了修订；丁炫炫、彭江南对图纸进行了技术处理。

在方案集的编写过程中，新疆维吾尔自治区文物局曾给予大力支持，在此表示衷心感谢。科学出版社孙莉和吴书雷两位编辑为方案集的出版付出了大量心血，在此一并表示感谢。

由于我们水平有限，方案集中一定存在一些不足之处，热诚欢迎读者批评指正。

编　者

2012年5月

（TU-1082.0101）
ISBN 978-7-03-036189-9

定价：**198.00元**